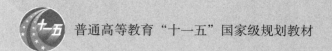 普通高等教育"十一五"国家级规划教材

 iCourse·教材

动物生理学

（第3版）

主　编　杨秀平　肖向红　李大鹏

副主编　王丙云　杜　荣　郭慧君

编　者（按姓氏拼音排序）

陈　韬（湖南农业大学）　　　　　陈胜锋（佛山科学技术学院）

杜　荣（山西农业大学）　　　　　郭慧君（山东农业大学）

李大鹏（华中农业大学）　　　　　李　莉（青海大学）

曲宪成（上海海洋大学）　　　　　王丙云（佛山科学技术学院）

王春阳（山东农业大学）　　　　　翁　强（北京林业大学）

伍晓雄（华中农业大学）　　　　　肖向红（东北林业大学）

杨秀平（华中农业大学）

高等教育出版社·北京

内容简介

《动物生理学》第3版修订广泛参考了国内外经典教材和专著，结合编者多年教学研究成果，重新整合了教材体系，以哺乳动物生理为主线，在讲透基础生理学原理的基础上，对不同门类的动物生理特性进行比较、融合，体现了动物生理功能多样性与功能进化的特点。全书共分3篇19章，在保持第2版特色基础上，更新、修订了原有的"绪论"（1章），"第一篇　动物生理学的细胞学基础"（5章），"第二篇　器官生理"（10章），创新性增加"第三篇　整合生理"（3章，即动物机体的神经、内分泌、免疫网络系统，机体的酸碱平衡，应激与适应）。

在教材的编排上，本教材包括纸质教材和数字课程。主教材图文并茂，每章前面均有引言、知识点导读图，章后有复习思考题。数字课程主要分为7个专题：发现之旅、系统功能进化、实验与技术应用、知识拓展、案例分析、本章小结、自测题及参考答案。以期拓宽学生的生理学的知识面，为其自主学习提供一个平台。部分内容还辅以动画，便于学生理解和掌握某些重要的生理机制问题。

本书主要面向全国高等农林院校的动物生产类专业和动物医学、生物科学及生物技术等专业本科生。也可作为综合性大学、师范院校等生物学有关专业本科生、研究生教学用书和科技工作者进行科学研究的参考书。

图书在版编目（CIP）数据

动物生理学／杨秀平，肖向红，李大鹏主编 . --3 版 . -- 北京：高等教育出版社，2016.2（2023.12重印）

ISBN 978-7-04-042894-0

Ⅰ．①动… Ⅱ．①杨… ②肖… ③李… Ⅲ．①动物学—生理学—高等学校—教材 Ⅳ．① Q4

中国版本图书馆 CIP 数据核字（2015）第 140187 号

策划编辑	李光跃　孟　丽　单舟东	**责任编辑**	单舟东	**装帧设计**	王　鹏

出版发行	高等教育出版社	网　　址	http://www.hep.edu.cn
社　　址	北京市西城区德外大街4号		http://www.hep.com.cn
邮政编码	100120	网上订购	http://www.landraco.com
印　　刷	北京瑞禾彩色印刷有限公司		http://www.landraco.com.cn
开　　本	889mm×1195mm　1/16	版　　次	2002年 9 月第 1 版
印　　张	23.75		2009年 2 月第 2 版
字　　数	630千字		2016年 2 月第 3 版
购书热线	010-58581118	印　　次	2023年 12 月第 10 次印刷
咨询电话	400-810-0598	定　　价	48.00元

数字课程（基础版）

动物生理学
（第3版）

主 编 杨秀平 肖向红 李大鹏

iCourse·教材

普通高等教育"十一五"国家级规划教材

动 物 生 理 学 （ 第 3 版 ）主编 杨秀平 肖向红 李大鹏

用户名 　　密码 　　验证码 　　3773　进入课程　　注册

内容介绍　　纸质教材　　版权信息　　联系方式

　　本数字课程与《动物生理学》（第3版）配套使用，是纸质教材的拓展和补充。内容包括发现之旅、系统功能进化、实验与技术应用、知识拓展、案例分析、本章小结、自测题及参考答案等，以方便广大教师教学和学生自学。

高等教育出版社

http://abook.hep.com.cn/42894

第 3 版前言

　　《动物生理学》第 3 版力求保持第 1 版和第 2 版教材的科学性、系统性、适用性和可读性等特点，仍以哺乳动物生理为主线，在讲透基础生理学原理的基础上，从整体和比较的观点对不同门类的动物生理特性进行了比较，体现动物生理功能多样性与功能进化的特点。比较生理的内容是本教材的一个特色，既有不同动物门类间生理活动差异性的对比，也有不同组织、细胞间生理过程差异的比较。

　　根据现代"生理学"学科研究及其教学研究发展趋势、成果和特点，第 3 版教材调整了整个教材结构体系，教材分为"动物生理学的细胞学基础""器官生理"和"整合生理"三大部分。"动物生理学的细胞学基础"对跨膜物质转运、生物电活动、信号转导、突触传递及肌细胞收缩等细胞主要生命活动的基础理论加强了系统叙述。"器官生理"部分削减了前两版教材中基础性的"细胞生理学"有关内容，突出了器官系统的生理功能特点及其完成和调控过程的阐述。"整合生理"则选择了神经 – 内分泌 – 免疫网络调控系统、机体的酸碱平衡、应激与适应等几个专题，尝试着从动物机体整体活动的视角，将相关知识点融合在一起，阐述各分子、细胞与组织器官系统的功能在整体生命活动中的作用、相互关系及协调机制，以此给学生提供一个如何观察利用、分析综合生理学知识，使之得到升华的范本，启发学生的整体思维和创新思维。对"整合生理"体系和内容的探索是 3 版教材的另一个特色，对于此部分的使用，教师可根据课程和学生的实际情况灵活掌握。

　　"动物生理学"教材建设总是与课程建设和教育教学思想及方法的改革密切配合的，《动物生理学》主编单位——华中农业大学和东北林业大学的"动物生理学"课程分别在 2004 年和 2005 年获得教育部"国家精品课程"称号，在此基础上，两校的"动物生理学"课程在 2013 年均被教育部评定为"国家级精品资源共享课"，并在"爱课程（iCourse）"网站面向社会公众开放。

　　本书作为"国家级精品资源共享课"的主讲教材，在高等教育出版社建议和大力支持下，3 版教材采用了"纸质教材＋数字课程"的新形态教材出版形式，其目的是为了进一步实现"学生为主体、教师起主导、教材是载体"的现代教育、教学思想理念并付诸于实践，达到激发学生学习"动物生理学"的兴趣、提高学生主动自学能力的教学目标。

　　除了图文并茂的纸质教材外，第 3 版教材还"一体化"设计了形式多样、内容丰富的数字课程（数字资源），主要分为 7 个专题："发现之旅""系统功能进化""实验与技术应用""知识拓展""案例分析""本章小结"和"自测题及自测题答案"。数字课程作为纸质教材的拓展，能让学生很好地了解生理学原理发现的历程、知识形成的背景与科学依据、系统生理功能进化特征等，提高学生对整个"生理学"的过去和未来的了解，启发他们对现代生理学学习的兴趣，同时还适度引入生理学前沿知识，反映其最新进展，可拓宽学生的"生理学"知识面，为其自主学习提供一个平台。为了帮助学生能正确理解和掌握生理功能机制，还引用了"动物生理学教学资源库"（由高等教育出版社出版）中的部分动画，以辅助学生学习。"案例分析""本章小结"和"自测题及自测题答案"能引导学生适时检查自己的学习效果。

　　参加第 3 版教材编写的教师都是长期工作在动物生理学教学和科研第一线的教授和副教授。编委会中有多人多次获得国家级、省部级或学校教学改革和教学质量奖以及科技奖励，有丰富的教学经验和科学研究成果。他们对各自编写章节的内容都做了认真的思考，并参考了国内外经典的和最新的动物生理学方面的教材和专著。《动物生理学》第 3 版总共有 19 章，编委主要分工为：肖向红编写了第 1 章、第 8 章和第 19 章部分内容；王春阳编写了第 2 章；陈韬编写了第 3 章；李大鹏编写了第 4 章、第 12 章；杨秀平编写了第 5 章、第 13 章、第 17 章及第 18 章；杜荣编写了第 6 章及 16 章部分内容；翁强编写了第 7 章；李莉编写了第 9 章和第 19 章部分内容；郭慧君编写了第 10 章；伍晓雄编写了第 11 章及第 14 章；王丙云、陈胜锋编写了第 15 章及第 19 章部分内容；曲宪成编写了第 16 章。另外，柴会龙博士和张晶钰博士参加了第 8 章和第 19 章部分内容的编写；汤蓉博士多次校阅了教材样稿，并提出了宝贵的修改建议。

限于我们的水平有限，书中难免存在错误和不足，诚恳希望广大读者对本书提出宝贵的批评意见和建议。

编　者

2015 年 5 月于武汉

第 2 版前言

《动物生理学》第 1 版出版以来，我们陆续完成了《动物生理学实验》《动物生理学学习指南》《动物生理学教学资源库》的编写（编制）和出版，《动物生理学》立体化教材体系基本形成。这套教材在推动"动物生理学"教学改革和课程建设方面起到了极为积极和重要的作用，在社会上引起了良好的反响。其中主编和参编单位——华中农业大学、东北林业大学的"动物生理学"课程分别于 2004 年和 2005 年获得教育部"国家精品课程"称号；主教材《动物生理学》获得高等教育出版社的"高等教育百门精品课程教材"（自选）称号，并被列入普通高等教育"十一五"国家级规划教材。

《动物生理学》第 2 版与第 1 版相比有以下主要特色：

1. 这是一部名副其实的"动物生理学"教材。本版在以脊椎动物生理为主的基础上，适当增加了其他动物门类的生理功能特征的论述，以适当的篇幅展现了生理功能进化论的观点。

2. 仍然保持了第 1 版《动物生理学》的适应性、实用性、新颖性特征。进一步淡化了专业界限，强调共性，突出个性，加强了基础生理学的论述；对第 1 版中的一些内容注意其新的提法，及时加以补充和更新。

为了适应不同类型学校、不同专业的培养目标要求，有重点、有针对性地选择适合的内容学习的需要，本教材注重了基础理论、基础知识、基本概念的论述，力求做到既有深度，又有广度，使其具有很好的适应性和可塑性。

3. 为了激发学生学习动物生理学的兴趣并提高他们的主动自学能力，第 2 版在每章前都设计了少量经典的、趣味的设问；每章中间或之后都有一两个案例分析或整体性的综合性论述，以帮助学生明确学习生理学理论（机制）的意义，培养综合分析能力，学会应用生理学知识解决生产实践中、兽医临床及野生动物资源保护与利用中的实际问题。在具体论述生命活动的过程中，顺势向学生简要地介绍生理学上发生的重大事件及其理论的发现，包括诺贝尔生理学或医学奖获得者主要成果，以此激励学生树立远大志向，激发其学习兴趣。

4. 为了不占用更多的纸质篇幅，体现现代多媒体技术在教学中的先进作用和我们已建立起来的立体化教材体系的优势，第 2 版采用了纸质与光盘资料相结合的方式。纸质教材主要讲解高等农林、水产院校的动物生产类（含畜牧、水产养殖、名贵经济动物养殖）、动物医学、野生动物保护与自然保护区管理、生物科学及生物技术等专业的本科学生必须学习和掌握的生理学知识，光盘资料是对纸质内容加以扩充和扩展，包括一些表格、数字资料以及重要的生理学事件和名人轶事。无论是纸质还是光盘资料，其中的插图来自我们的《动物生理学教学资源库》，并全部重新绘制，有些还作了创新性的修改。如果有一本《动物生理学》第 2 版教材，又有一张《动物生理学教学资源库》的光盘，对读者学习的帮助是再好不过了。

参加《动物生理学》第 2 版编写的教师都是长期工作在动物生理学教学第一线的教授和副教授，大部分具有博士学位，有多人、多次获得国家、省级及学校的教学改革和教学质量奖，有丰富的教学经验和科学研究成就。他们对各自编写章节的内容都作了认真思考并参考了国内外生理学和动物生理学教材的最新版本。《动物生理学》教材连同绪论共有 12 章，其中杨秀平编写了第 1 章和第 8 章，肖向红编写了绪论和第 3 章，杜荣编写了第 2 章和第 10 章，柳凤祥编写了第 4 章和第 6 章，伍晓雄编写了第 5 章和第 8 章，李大鹏编写了第 6 章和第 7 章，魏华编写了第 9 章，曲宪成编写了第 10 章，王丙云编写了第 1 章和第 11 章。

限于我们水平有限，书中难免有些错误和不足，诚恳希望读者能对本书提出批评和改进意见。

编　者

2008 年 8 月于武汉

第 1 版前言

《动物生理学》一书是教育部"高等教育面向 21 世纪教学内容和课程体系改革"项目的研究成果，是"面向 21 世纪课程教材"。

本书主要面向全国高等农林、水产院校的动物生产类（含畜牧、水产养殖、经济动物养殖）、动物医学、野生动物资源保护、生物科学及生物技术等专业的本科学生，他们已具备了动物学、动物形态和组织学及其相关前期课程的基础知识。

为了适应当前教育、教学改革，提倡学生自主学习的要求，适应课堂教学学时压缩、现代化教学手段的利用及课堂信息量剧增的特点，该书在编写过程中力求做到：①具有广泛的适用性。该书以哺乳动物为主要对象，论述生理学的基本理论，在此基础上对家畜、禽（鸟）类、鱼类及其他名贵、经济类动物生理的特异性加以比较和融合。因此，该书既是基础生理学，又是比较生理学，各类专业学生可根据需要选择相关部分学习。②强调生理学的基本理论在动物生产、动物医学、动物资源保护中的应用和意义，因此在保持生理学系统性、科学性、先进性方面做了有意义的尝试：本书以论述机体机能特征、机制为主，特别强调机制、调节及其规律的论述，对一些形态、组织结构、静态生理、经典生理学等内容根据需要进行了删减或简化。书中还以一定的篇幅，用小字介绍了生理学不同研究领域的新理论、新发现、发展趋势及前沿、交叉性学科新进展，以拓宽学生的知识面。③增强生理学理论的直观性、可读性。本书采用了大量图、表，图文并茂；在书中还穿插了一些有关生理学理论的发现及其实验方法建立的过程；生理学家们对人类和科学发展作出贡献的事例，可使学生在理论学习中得到一些做人与治学方面的启迪。

参加本书编写的编者共 7 位，他们都是目前活跃在教学、教改第一线的教授、副教授，有丰富的教学经验和现代教育、教学思想素质。其中杨秀平（华中农业大学）编写了第 1、7、11 章，肖向红（东北林业大学）编写了第 2、3、11 章，周洪琪（上海水产大学）编写了第 5 章，王秋芳、张森涛（西北农林科技大学）编写了第 9 章，柳凤祥（山东农业大学）编写了第 4、10 章，伍晓雄（华中农业大学）编写了绪论和第 6、8章。在编写过程中，编者对各自编写章节内容都作了认真思考，并参考了国内外生理学和动物生理学教材的最新版本。

本书在编写过程中得到各参编单位教学主管部门，特别是华中农业大学教务处和水产学院领导的大力支持。教育部"高等农林院校本科生物系列课程教学内容和课程体系改革的研究与实践"课题组组长李合生教授对本书的编写给予了极大的关怀。南京农业大学韩正康教授、大连水产学院桂远明教授以极大的热情为本书审稿，韩正康教授还为此书写了序。各位编者的研究生们对老师的编写工作也给予了大力的支持，在此一并表示深切的谢意。限于编者水平，书中难免有错误，诚恳希望读者能对本书提出批评和改进的意见。

编　者

2002 年 4 月于武汉

目 录

第一篇 动物生理学的细胞学基础

第二篇 器 官 生 理

第三篇 整 合 生 理

1 绪 论

【引言】
　　什么是生理学,生理学与生物学是什么关系,为什么说生理学是关于生命的科学? 生理学是如何发展的? 什么是动物生理学? 我们为什么要学习动物生理学? 动物生理学和我们的生活、生产、健康有何关系? 我们怎样才能学好动物生理学? 绪论将一一做出回答。

【知识点导读】

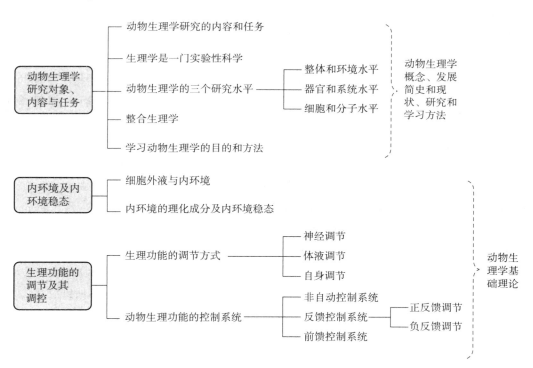

1.1 动物生理学研究对象、内容与任务

1.1.1 动物生理学研究的内容与任务

生物学（biology）是研究生命现象及其活动规律的科学。按照研究生命现象的不同角度或层面，又可分为形态学（morphology）和生理学（physiology）等。生理学作为生物学的一个分支，更偏重研究生物机体的基本生命活动现象、机体各个组成部分的功能以及这些功能的发生机制和发展规律。通常意义上的生理学是以人和高等动物为研究对象。根据研究对象，生理学可分为微生物生理学（microbial physiology）、植物生理学（plant physiology）、动物生理学（animal physiology）和人体生理学（human physiology）。其中动物生理学又可根据其研究的动物种类分为家畜生理学、禽类（鸟类）生理学、鱼类生理学和昆虫生理学等。根据比较各门类动物在进化过程中的生理活动特征、动物各物种之间的亲缘关系和进化过程等又可分为比较生理学（comparative physiology）、生态生理学（ecological physiology）、进化生理学（evolution physiology）和发育生理学（develop physiology）等。

生理学作为一门既古老而又年轻的科学，随着人类生产实践，社会活动和科学研究的深入，又出现了各种特殊环境条件下的生理学，如航空生理学（aviation physiology）、潜水生理学（diving physiology）、行为生理学（behavioral physiology）等。

随着科学的发展，生理学研究也不断汲取和应用各种新的科学理论和方法，使研究不断向纵深发展；同时，生理学研究还与其他学科的研究相结合，由此不断产生新的分支，其中许多分支已逐渐形成新的独立的学科，例如，生物化学（biochemistry）、生物物理学（biophysics）、内分泌学（endocrinology）、营养学（nutriology）、神经生物学（neurobiology）和神经科学（neuroscience）等。

从低等动物到高等动物，生命的基本活动（功能）包括：①以完成新陈代谢为主的基本活动，有支持、保护、运动、营养、呼吸、运输、排泄；②机体对内外环境变化作出适应性反应的一系列活动，如保持兴奋性、并能不断协调、整合各组成部分的活动；③为生命个体的保存与延续而进行的生殖活动等。新陈代谢（metabolism）、兴奋性（excitability）、适应性（adaptability）和生殖（reproduction）是生命活动的四大基本特征。

因为只有活着的机体，其器官和细胞才具有功能活动，因此动物生理学研究的对象是活着的正常动物机体。动物生理学的任务是研究动物机体的正常生命活动现象（功能）和这些活动的过程、发生的机制与条件。例如，动物是如何摄取、消化和吸收营养物质，又如何排泄其代谢产物的；气体是如何吸入体内，又如何排出的；血液及循环系统是如何执行运输、防御功能的；机体是如何繁衍后代的；阐明作为一个整体，各器官系统如何与外环境进行信息交流、协调各组成部分机能，使其更好地适应外部环境变化，进而维持个体生存及种族繁衍。

所谓"机制"（mechanism）原是指机器的构造和工作原理，生理学借用这个名词来表示功能的内在活动方式，包括有关功能与结构的关系、功能变化过程以及这些变化过程的理化性质等，即对生命活动现象给出一个较为本质的诠释，如肌肉收缩的机制、神经传导的机制、胃液分泌的机制等。

动物机体的生命活动与它的形态结构有着密切的关系，研究动物机体的生命活动也离不开与其相应的形态学的研究，动物生理学发展的早期就是以动物形态学为基础来推断分析动物机体的生理功能的，因此动物生理学是在动物形态学基础上发展起来的一门科学。机体作为一个结构和

功能统一的整体，其内在的结构和功能是密不可分的，并且在很大的程度上与生存环境、生活资源、疾病等息息相关。只有了解正常动物机体各个组成部分的功能，才能进一步理解和学习在某些特殊、异常或疾病情况下的动物机体的形态及功能变化；才能理解、认识环境与机体机能的关系。"生理学"在生物学科领域中为相关学科之间架起了桥梁。此外现代畜牧业、渔业发展，现代农业病虫害防治、野生动物保护等都需要了解动物的生理学知识，"生理学"在上述生命科学领域内占有举足轻重的地位。

1.1.2　生理学是一门实验性科学

纵观近代生理学发展史，在其发展的各个阶段，人们对生命活动规律的了解和认识都是以科学的研究方法作为基础，从对生命现象的观察和科学实验中总结出来的。每一种新的研究方法的应用和发展，均极大地推动和促进了生理学的重大发现和理论突破。例如，17 世纪初，英国的威廉·哈维（William Harvey，1578—1657）用大量活体动物解剖和科学实验，证明了心脏是血液循环的原动力，血液由心脏射入动脉，再由静脉回流入心脏，并在体内以循环方式流动。他于 1628 年发表了历史上第一本基于实验证据的著名生理学著作——《心血运动论》，提出心泵功能及肺循环理论，推翻了当时统治了西方学术界 1500 年之久的盖伦（Galen，129—199）的"血液从右心通过心室中隔流入左心"和"潮汐论"学说的错误观点。Harvey 的贡献还在于用实验的方法来解决生物学的问题，是生理学真正成为实验科学的里程碑。恩格斯曾给予极高评价：哈维发现血液循环，而将生理学确立为科学。

从研究方法和知识的获得而言，生理学是一门实验性科学，一切生理学中的理论知识均来自对生命现象的客观观察和实验。所谓观察，主要是指在不损害机体健康的自然生存条件下，如实地观察、记录和分析其功能活动的客观表现。所谓实验，就是人为创造一定条件，使通常不易被观察到的某种隐蔽的或细微的生理变化变得能够被观察，或某种生理变化的因果关系能够被认识。生理学的知识和理论建立时，通常是借助于数学、物理学、化学的基本原则、思维方法和研究技术或依据生物学界前人的研究成果对整体水平的生命现象、细胞和器官系统的功能活动进行观察，从而对各种生理活动的机制进行分析和推测。如果试验结果能被自己或他人重复，就可以对所观察的现象以及对现象背后的机制问题加以探讨、推测，提出一个假设（hypothesis）或学说；如果这个假设能被自己和他人反复证实并得到发展，就可成为被学术界所公认的知识或理论。所以在生理学的后来发展中，许多曾经被确认为正确的理论又会得到补充、完善、修订，甚至被推翻，为新的理论所替代。生理学的知识就是这样在一代一代学者的研究中得到积累和发展。

🄮 **发现之旅 1-1**
动物血液循环的发现及其研究

根据实验对象的不同，生理学实验可分为人体实验和动物实验两大类。常用的动物实验有急性实验（acute experiment）和慢性实验（chronic experiment），前者又可分为在体（*in vivo*）实验和离体（*in vitro*）实验。在体实验是指在完整的动物身上进行的观察或实验。离体实验是将器官或细胞从体内分离出来，在一定实验条件下进行的研究。

🄮 **知识拓展 1-1**
生理学的研究方法

1.1.3　动物生理学的三个研究水平

动物机体是由各器官系统（organ system）相互联系、相互作用而构成的一个复杂的整体，而器官系统又是由行使某一类生理功能的不同器官相互联系而成。组织、器官又是由结构和功能相似的细胞或细胞群体组成，细胞才是构成动物机体的最基本单位。构成细胞及其细胞器（organelle）的生物大分子，如脱氧核糖核酸（deoxyribonucleic acid,DNA）、核糖核酸（ribonucleic acid,RNA)和蛋白质（protein）等又决定着细胞的功能特性。然而在现实中，往往不可能在一个实验中同时观察到分子、细胞、器官、系统，乃至整体的各个水平上的生命活动，我们往往是从不同的角度、用不同的方法和技术，在不同的水平上对机体的某一功能进行观察和研究的。一般说来，动物生理学的研究是通过三个不同的层次、水平进行的。

1.1.3.1 整体和环境水平的研究

动物机体通常是以整体的形式存在，其中有两层含义：一是动物机体以整体的形式与外环境保持密切联系。当外界环境变化时，可以引起动物机体生命活动的改变，包括行为变化，如：当动物遇到食物时的捕食行为；遇到敌害时，表现的激怒或逃离行为。二是动物机体各器官系统的活动总是围绕生命活动而进行的。动物机体通过不断改变和协调各器官系统活动来适应环境的变化，例如剧烈运动时，在神经内分泌系统调节下，肌肉运动增强，心率、呼吸频率与强度也随之增加，而血管系统中的血流量发生重新分配，骨骼肌血流量增多，以保证肌肉活动的进行，同时消化、排泄系统活动相对减少，尿量减少，从而保证机体生命活动的正常进行。

整体水平的研究强调的是各器官、系统之间的相互影响和配合。研究机体在不同生理条件下各器官系统的功能活动规律及其调节、整合过程，以及机体与生活环境之间的相互作用，阐明当内外环境变化时机体功能活动的变化规律及机体在整体状况下的机能整合机制。这一水平的研究有比较生理学、环境生理学、生态生理学和进化生理学等。

1.1.3.2 器官和系统水平的研究

器官、系统水平的研究，主要阐明各个器官和系统的功能及其机制、在机体中所起的作用，影响和调控其功能的各种因素。例如，心脏如何射血，血管如何调配血液供应，血液在血管系统内流动的规律，以及神经、体液因素对心血管活动调节等规律。这些都是在器官和系统水平上进行的研究，因此又称为器官生理学（organ physiology），如循环生理学（cardiovascular physiology）、消化生理学（gastrointestinal physiology）、肾生理学（kidney physiology）等。

"动物生理学"中的基本知识多数是通过在器官水平上的大量研究获得的，所以本书的第二篇"器官生理"中将对这些器官系统的各种生理活动过程和规律，以及它们之间的关系进行专门阐述。

1.1.3.3 细胞和分子水平的研究

如上所述，细胞是构成机体的最基本结构和功能单位。因此，从细胞和分子水平上的研究主要揭示生命活动现象的细胞和分子生物学机制。包括从细胞、亚细胞及分子水平上研究细胞及其组成（特别是生物大分子）的理化特性、最基本的物理和化学变化过程、生物学特性，及其在器官系统活动中的作用，解释、回答类似于骨骼肌之所以能够收缩，是由于肌细胞内的各种特殊蛋白质分子具有一定的结合和空间排列方式，在某些离子浓度变化的影响下发生滑行的结果（见第6章）的问题等。

在细胞和分子水平的研究中通常采用离体方法，例如，利用细胞分离与培养技术、细胞内微电极记录与膜片钳技术等手段研究细胞膜上单个或几个离子通道、受体、离子泵等的结构与功能关系，揭示微观生理现象的奥秘。传统意义上将在细胞分子水平上的研究称为细胞生理学（cell physiology）或普通生理学（general physiology），而现今则称之为细胞分子生理学（cellular and molecular physiology）。

随着微观研究技术和分子生物学的快速发展，使得人类对机体功能及其调节机制的阐述已进入到细胞和分子水平，为此本书将"动物生理学的细胞学基础"作为第一篇，以期从"现代生理学"角度阐述与机体功能及其调控密切相关的、基础性的微观机制。

生理学的发展史告诉我们，人类对于生命活动的本质是可以认识的。生命现象是一个高度组织起来的物质，它具有物质的属性，既遵循一般物质运动的规律（包括物理、化学和数学规律），但又不完全一致。从细胞和分子水平到器官系统水平，再到整体和环境水平，生命活动会丢失一些物质的属性，又会产生一些新的物质属性。因此在研究动物机体生命活动时，既要承认生命现象的物质属性，又要注意到生命物质的特点及其运动规律。

1.1.4　整合生理学

整体水平上的研究比起细胞和分子水平上的研究要复杂得多，因此在过去很长一段时间里，生理科学的研究是按照"还原论"（reductionism）的思维方式从宏观水平逐步还原到细胞与分子水平，试图把研究简单化。不可否认利用这种还原论方法进行的研究使我们获得了大量的信息和知识，对生命现象（功能）的认识也不断得到深入。但现在越来越多的事实，使越来越多的人意识到不同水平上的研究，往往因出发点不同、研究方法与工具不同、思维方法和所要回答的问题与所得的结果也不相同，因此不能简单地说哪一个水平上的研究或用哪一种方法或技术的研究最准确或最重要。只有将在不同水平上的研究所得到的知识综合起来进行分析，才能对机体的功能有全面和完整的认识。我国著名生理学家王志均院士早在 1990 年就明确提出"应当把微观与宏观研究辩证结合，即一方面要进行深探隐微的微观研究，而另一方面还要进行完整机体以及机体与环境关系的宏观探察。"也就是说，"生理学"强调的是整体性、调控性和功能性，只有回归到整体情况下阐明机体功能活动才具有真实意义。

近年来，学术界越来越强调对于一个生命活动问题要从多学科、不同研究水平和应用不同研究技术进行研究，对所获得的知识要加以整合，并将其研究成果应用于解决动物养殖、医学和促进动物健康、环境与资源保护等方面的问题；同时把动物养殖、医学和健康、环境与资源保护等方面实践中出现的问题纳入器官、细胞、分子各个水平的基础性研究中，为人类提供更多的绿色环保的动物产品。

2008 年国际生理科学联合会赋予生理学的新定义是（见 IUPS 网站主页：http://www.iups.org）：生理学是从分子到整体的各个水平研究机体功能及生命整合过程的科学，涉及所有生命体功能与进化、环境、生态以及行为的关系，旨在综合利用现代跨学科研究方法，并转化应用相关知识裨益人类、动物健康及生态系统。这就是整合生理学（integrative physiology）的概念。为此，本书专门开辟了第三篇"整合生理"，以专题论述的形式，尝试在此方面做些探索性工作。

1.1.5　学习动物生理学的目的与方法

动物生理学是生命科学领域中诸多相关专业的一门十分重要的专业基础课，其知识在动物生产和动物医学实践中得到了广泛的应用。它为畜、禽及鱼类等动物的正确饲养管理原则和措施的制定与实施提供了理论依据。通过对动物生理功能活动的调控，达到提高动物的生产性能、加速优质品种的繁育和对濒危动物的保护。例如，我们利用了动物的生殖内分泌学原理，创造和推行了家畜的人工授精、精液低温长期保存新技术和四大家鱼的人工繁殖技术，有力地推动了近代畜牧业和水产养殖业的发展。通过畜类与鱼类的人工授精实践又加深了我们对动物的生殖生理规律的认识，不但使家畜、鱼类的人工授精技术本身不断继续发展，而且还广泛运用于稀有、濒危动物的繁殖与放养；发展了家畜的人工同步发情、超数排卵和胚胎移植等一系列新技术。现在我们又可利用转基因技术手段，培育出性状优良、遗传稳定、经济价值高的转基因动物，如生长激素（GH）转基因猪个头大、瘦肉率高、体重增长快、饲料利用率高，为养猪业带来了丰厚的经济效益；我们还可利用基因工程生产出的 GH 促进动物生长发育和泌乳；利用 β - 肾上腺素能受体激动剂促进体内脂肪分解，通过调控脂肪代谢过程改善胴体的组成，提高畜禽瘦肉率。生理学也是动物医学中重要的基础学科之一，在临床医学中，能为正确认识疾病、分析病因、提出合理治疗方案和有效预防措施提供理论根据。可利用基因工程技术或分子克隆技术分离出病原的保护性抗原基因，制成基因工程疫苗，以增强动物的抗病性，提高畜禽的生产性能。

以上实例说明学习动物生理学的目的，不仅在于认识、了解动物机体的生命活动规律，解释各种生理现象，更重要的是在于掌握和运用这些规律更有效地改善动物的生产性能，预防和治疗动物疾病，保障动物健康和动物资源，特别是濒危珍稀野生动物资源的保护，促进农林畜牧业和水产业的发展，建立起人类 - 动物 - 环境和谐的生态系统。

如前所述，生理学新知识的获得和新理论的建立，都来自于各个时期研究工作者的创新性工作，依靠人的创新精神和创新能力。而创新精神和创新能力的培养反映在学习生理学的过程中，不仅应该学习和掌握生理学的基本知识，还应该知道这些知识是怎样获得的，学习前人那种敏锐的观察力和严密、科学的逻辑思维方法与推理的能力。对于动物生理学中的理论，要注重在深入理解的基础上进行记忆。在学习过程中要经常反问自己：该器官系统有什么功能？这些功能活动具体过程是怎样进行的？其产生机制是什么？影响其功能正常发挥的因素有哪些？在完整动物体内，该器官系统的功能活动与其他器官系统是如何配合、协调的（功能活动的调节）？对任何生命现象，不仅要知其然，还要知其所以然。此外还需要有相关课程（如动物解剖与组织学）知识的储备。可以利用生理学中的图表帮助理解和记忆，一幅好的生理学的图解可将复杂的生理机制直观化；几条简单的线条可以将几个相关联的生命过程联系起来，起到知识升华的作用，这是教材和课堂所起不到的作用。

为了充分发挥网络资源在创新型人才培养中的作用，本版教材专门设计了"数字课程"，其下划分了若干个专题窗口。拟将课堂教学延伸到课堂外、网络学习。通过这个窗口，拓宽我们的生理学知识、获得思考与解决生理学方面的问题的方法。通过学习生理学理论与技术的发现、发展、生理学家的创新贡献，培养我们的学习兴趣、创新思维、提高自身生理学素养和自主学习能力。

最后，要十分重视动物生理学实验课，因为如果不亲自实践，就无法理解生理学中的某些理论、概念，就不可能了解它们是如何得来的。单凭对生理学概念的简单记忆，而不会动手做实验的人是不可能真正掌握动物生理学基本理论的。学习的目的是为了运用，因此要注意将生理学知识与日常生活、生产实际相结合，利用这些理论去解释生命现象。

1.2 内环境及内环境稳态

1.2.1 细胞外液与内环境

动物体内的液体称为体液（body fluid），其中约 2/3 的液体分布于细胞内，称为细胞内液（intracellular fluid），其余 1/3 的体液分布于细胞外，称为细胞外液（extracellular fluid）。后者中约 1/4 的细胞外液分布在心血管内，即为血浆（blood plasma），其余 3/4 分布在全身的组织间隙中，称为组织液（interstitial fluid）（图 1–1）。

机体的绝大多数细胞并不与外界相接触，而是浸浴在机体的细胞外液中。19世纪中期，法国生理学家克劳德·伯尔纳（Claude Bernard，1813—1878）认为机体生存在两个环境之中：一个是不断变化着的外环境即自然环境和社会环境，另一个是相对稳定的体液环境即内环境。并提出细胞外液是细胞在体内直接接触、赖以生存的环境，故称为内环境（internal environment），以区别于整个机体所处的外环境（external environment）。他还指出内环境的理化性质是保持相对稳定的，内环境的相对稳定是维持正常生命活动的必要条件。但体内有些体液，例如消化道、汗腺导管和肾小管内的液体都与外环境贯通，因此并不属于内环境。

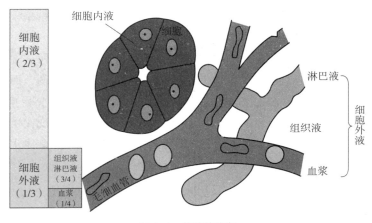

图 1-1　体液的分布

1.2.2　内环境的理化成分及内环境稳态

1.2.2.1　内环境的理化成分

生物体是一个复杂的整体。由于细胞膜结构及其中的某些功能蛋白的作用，使细胞外液和细胞内液的成分有很大差异。在细胞外液中含有较多的 Na^+、Cl^-、HCO_3^- 等离子，以及氧、葡萄糖、氨基酸、脂肪酸等细胞所需的营养物质，还含有 CO_2 和其他细胞代谢产物。细胞可以通过细胞膜进行细胞内液与细胞外液的物质交换，而通过各组织、器官的活动使细胞外液与外环境进行物质交换，使细胞外液（即内环境）的成分和理化性质（如温度、酸碱度、渗透压等）能保持相对的稳定。

1.2.2.2　内环境稳态

稳态是现代生理学最基本的概念。20世纪40年代，美国生理学家坎农（Cannon，1871—1945）提出用稳态（homeostasis）来表示内环境状态，指出稳态是指在正常生理情况下，内环境的理化性质只在狭小范围内发生变动。细胞的新陈代谢活动是生命的依托，且需要内环境的相对稳态，但细胞的新陈代谢过程和外环境的剧烈变化都将不断地干扰内环境稳态，因此机体的调节系统必须依据内外环境变化以及各器官系统的活动状态，不断调整自身生理活动，以纠正体温、渗透压、酸碱平衡及物质运输和交换的过度变化，从而使内环境的各种理化因素的变化都保持在一个较小范围，即维持稳态。例如，通过血液循环保证营养物质和代谢产物在体内各部分之间的运输以及血液和组织液之间的物质交换；通过肺的呼吸活动可从外环境摄取细胞代谢所需的 O_2、排出代谢产生的 CO_2，维持细胞外液中 Po_2 和 Pco_2 及 pH 的稳态；通过消化道的消化吸收可补充细胞代谢所消耗的各种营养物质和能量；通过肾的功能维持体内水和各种电解质及酸碱的平衡（图1-2）。总而言之，内环境稳态是各种细胞、器官正常生理活动的

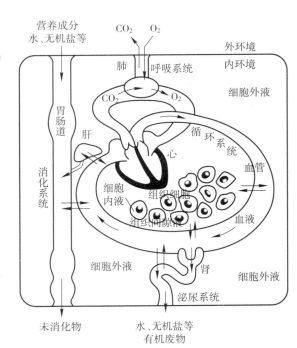

图 1-2　各器官系统对内环境稳态的维持作用

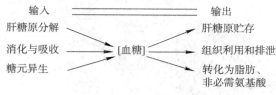

输入 ——————————— 输出

肝糖原分解 → 肝糖原贮存

消化与吸收 → [血糖] → 组织利用和排泄

糖元异生 → 转化为脂肪、非必需氨基酸

图 1-3　内环境中血糖浓度的动态平衡

综合结果，内环境稳态又是各种细胞、器官正常生理活动的必要条件。

而这种动态平衡不同于可逆的化学反应中的正反应与逆反应的平衡，而是在机体整体水平上，内环境中的各种理化因子（如血糖水平）的总输入与总输出之间达到的动态平衡（图 1-3）。

现代生理学中关于稳态的概念已经大大被扩展，用于泛指体内从分子、细胞到器官、系统乃至整体水平上的生理活动在各种调节机制作用下，总能保持相对稳定和协调的状态。

1.3 生理功能的调节及其调控

1.3.1 生理功能的调节方式

机体生理功能的调节方式主要有神经调节、体液调节和自身调节。在整体条件下，这三种调节方式是相互配合、密切联系的，但又各有其特点。

1.3.1.1 神经调节

📧 知识拓展 1-2
脊髓反射实验装置
（动画）

📧 知识拓展 1-3
反射与反射弧（动画）

神经调节（nervous regulation）是指通过神经系统的活动对机体各组织、器官和系统的生理功能所发挥的调节作用。神经调节的基本过程（方式）是反射（reflex）。所谓反射是指在中枢神经系统的参与下，机体对内外环境变化产生的有规律的适应性反应。反射的结构基础是反射弧（reflex arc），包括感受器、传入神经、神经中枢、传出神经和效应器 5 个基本环节（图 1-4）。感受器感受体内某部位或外界环境的变化，并将这种变化转变成一定的神经信号（电活动，冲动）；通过传入神经传至相应的神经中枢；神经中枢对传入的信号进行分析、作出反应；通过传出神经改变效应器（如肌肉、腺体）的活动。反射弧的各组成部分必须保持完整，如果其中任何一部分被破坏，都会导致反射活动的消失。反射调节是机体重要的调节机制，神经系统功能不健全时，调节将出现紊乱。人类和高等动物的反射可分为非条件反射和条件反射。非条件反射是先天遗传的，生而有之，同类动物都具有的反射活动，是一种初级的神经活动。条件反射是后天获得的，

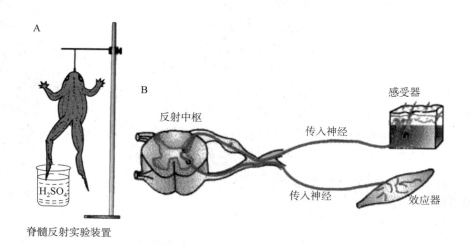

图 1-4　神经调节反射弧示意图

A. 脊髓反射实验；B. 反射弧

学而得之，是大脑的高级的神经活动（见第 14 章）。一般来说，神经调节的特点是：反应迅速、准确，作用部位局限和作用时间短暂。

1.3.1.2 体液调节

体液调节（humoral regulation）是指由体内某些细胞生成并分泌的某些特殊化学物质（如内分泌腺或内分泌细胞分泌的激素，hormone）经体液运输到达体内有相应受体（receptor）的组织细胞，调节这些组织、细胞的活动。能接受某种激素调节的组织、细胞分别被称为靶组织（target tissue）、靶细胞（target cell）。如甲状腺分泌的甲状腺激素经血液循环运送到全身各处，能作用于全身细胞，促进细胞的代谢活动，促进机体的生长、发育和生殖等活动（见第 15 章），是因甲状腺素的受体广泛分布于全身细胞。这种调节方式称为远距离分泌（telecrine）调节。某些激素和某些组织细胞产生的化学物质（如组胺、各种细胞因子、NO、CO、H_2S 等气体分子和某些代谢产物（如 CO_2））也可不经过血液运输，仅经组织液扩散，即可对邻近细胞的活动进行调节，这种调节称为旁分泌（paracrine）调节或局部体液性调节。有些细胞分泌的激素或化学物质分泌后在局部扩散，又反馈作用于产生该激素或化学物质的细胞本身，这种调节称为自分泌（autocrine）调节。另外，在下丘脑的某些神经细胞具有明显的腺体细胞特征，也能合成和分泌激素，并由轴突末梢释放入血液。这些细胞称为"神经内分泌神经元"，其激素的分泌方式称为神经分泌（neurosecretion/neurocrine）。相对神经调节而言，体液调节的特点是：反应速度较缓慢、但作用广泛而持久，调节方式相对恒定，对动物机体生命活动的调节和自身稳态的维持起着重要作用。

1.3.1.3 自身调节

自身调节（autoregulation）是指某些细胞、组织和器官并不依赖于神经或体液因素的作用也能对周围环境变化产生的适应性反应。这种反应是该器官和组织及细胞自身的生理特性。如心室肌收缩力量在一定范围内可随收缩前心肌纤维长度的增加而增加。这是由于肌肉收缩前有一个最适初长度与其蛋白质粗细肌丝排列特征有关（见第 6 章，第 8 章）。又如脑、肾血流量在一定范围内不随动脉血压的升降而改变，这是由于当小动脉灌注压升高时对血管壁的牵张刺激增加，引起小动脉平滑肌收缩增强，小动脉的口径缩小，而使其血流量不致增大。这又称为血管的肌源性自身调节（或肌源性机制 myogenic mechanism）（见第 8 章），对维持组织局部血流量的稳态起一定作用。

上述三种生理功能调节方式既有各自的特点，但又密切联系、相互配合、共同调节、维持内环境的稳态，确保机体的生理功能能正常进行。面对内外环境的变化，在正常生理范围内，机体的功能调节总是朝着尽可能地减少因环境的变化而带来的内环境的改变，让内环境向保持相对稳定的方向进行。

1.3.2 生理功能的控制系统

20 世纪 40 年代，人们将数学和物理学的原理与方法，运用于各种工程技术和机体的各种功能调节研究之中，得出了一些有关调节和控制过程的共同规律，产生了一个新的学科，即控制论（cybernetics）。动物体内存在着数以千计的各种控制系统，有从细胞和分子水平上对细胞各种功能进行调节的，也有从器官系统水平和整体水平上对器官及动物整体活动进行调节的。任何控制系统都包括控制部分和受控部分。运用控制论原理分析动物机体的调节活动时，发现体内存在着三类控制系统：非自动控制系统、反馈控制系统、前馈控制系统。

1.3.2.1 非自动控制系统

非自动控制系统（non-automatic control system）是一个开环系统（open-loop system），受控部分的活动不会反过来影响控制部分，是单方向的。即仅由控制部分向受控制部分发出活动的指令，控制受控部分的活动，完全无自动控制的能力。在正常的生理功能调节中非自动控制系统的活动并不多见，仅在体内的反馈机制受到抑制时，机体的反应才表现出非自动控制方式。例如，在应激情况下（见第15章），心、血管的压力感受性反射及体液因素的反馈调节受到抑制，应激刺激引起交感神经系统高度兴奋，使血压升高、心率加快，而这些信息不能引起明显的神经反射调节活动，故应激反应时，血压和心率一直维持在很高的水平。

1.3.2.2 反馈控制系统

反馈控制系统（feedback control system）是一个闭环系统（closed-loop system），即控制部分不断对受控部分发出指令，令其活动，而受控部分则能不断地将其活动状况作为反馈信息送回给控制部分，使控制部分根据反馈信号来改变或调整自己的活动，这一活动不断进行，从而对受控部分的活动实行自动控制（automatic control）（图1-5）。要特别强调的是，反馈信息可以改变控制部分再次发出的指令信息，因此，反馈信息对于实现控制部分的精细调节是极其重要的。

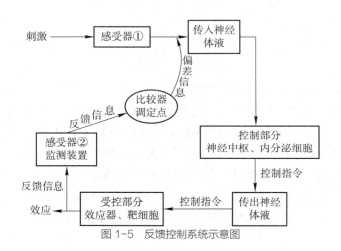

图 1-5 反馈控制系统示意图

在体内，反射中枢和内分泌腺（细胞）可视为控制部分，由神经纤维或内分泌腺分泌的激素所支配或作用的组织、器官可看作受控部分效应器靶细胞。反射中枢和内分泌腺通过本身产生的信息，如神经冲动、激素，调节效应器的功能状态；效应器自身功能状态的变化作为一种信息（可以是电信号即神经冲动、化学信号或机械信号），可通过一定途径返回到反射中枢或内分泌腺，使反射中枢或内分泌腺的功能状态受到相应的调节。这种由受控部分发出反馈信息对控制部分的活动加以纠正和调整的过程称为反馈性调节（feedback regulation）。根据反馈信息的作用效果，可将反馈分为正反馈和负反馈。

所谓正反馈（positive feedback）调节，是指当受控部分输出的反馈信息是促进与加强控制部分的活动，进而使受控部分活动进一步加强，如此反复循环下去，是一个不可逆的、不断增强的过程，使整个系统处于再生状态（regeneration），致使一些生理活动过程快速完成。正反馈不能维持系统的稳态或平衡，而是破坏原来的平衡状态。例如，神经细胞产生动作电位的过程中，细胞膜的去极化和钠通道的开放之间存在正反馈控制。当细胞膜去极化达到一定程度时（见第 4 章），膜上钠通道开放，钠离子流入膜内，使膜进一步去极化，更大程度的去极化又使更多的钠通道开放，更多的钠离子流入膜内，这一再生过程使膜电位能以极快的速度发生去极化，向钠离子的平衡电位靠近，形成动作电位的上升支。其他如排便、射精、分娩、血液凝固等均属于正反馈调节过程。如果是在疾病发生时，正反馈的过程就是疾病的不断恶化过程。

所谓负反馈（negative feedback）调节，是指受控部分输出的反馈信息使控制系统的作用向相反效应转化，即反馈信息是抑制或削弱控制部分的活动，进而使受控部分的活动减弱，使系统状态向原来平衡状态的方向转变，甚至恢复到原来的平衡状态。所以负反馈控制系统的作用是使系统活动保持稳定。正常动物机体内，绝大多数控制系统都是负反馈方式调节，只有少数是正反馈调节。负反馈控制系统具有双向性调节的特点，是维持机体内环境稳态的重要调节机制。如在正常条件下，心血管系统处于某种平衡或稳定状态，如果因某种机体内、外因素使血压升高，血流对颈动脉窦的牵张感受器刺激作用增大，通过反射活动，心脏的活动受到抑制和小动脉扩张，使血压下降；血压下降后，血流对颈动脉窦的刺激作用减弱，上述反射活动减弱，使心脏的活动加强和小动脉收缩，血压又回升。在负反馈控制系统中受控部分活动的信息由一个感受装置连续监测，并将受控的信息反馈到控制部分。同时在系统中还都设置了一个比较器（comparator）（图 1-5）。比较器的功能是将反馈传入的信息和体内设定的某个参照值相比对，生成受控部分的实际活动水平与参照值之间的偏差信号。该偏差信号（即反馈信号）被传入，控制部分可根据这个偏差信息向受控部分发出新指令，调整受控部分的活动，从而实现对受控部分活动的调节。

生理学中将这个设定的参照水平称为"调定点"（set point），调定点的设置可理解为是机体某一新陈代谢正反两个调控过程（生命活动）整合的结果，如机体通过产热机制使体温上升，而散热机制使体温下降，当此两个相反的代谢过程（生命活动）处于相对平衡状态时的体温（37℃）即被设置为体温的调定点（见第 11 章）。负反馈机制对受控部分活动的调节，就是使受控部分活动只能在靠近调定点的一个狭小范围内发生变动。机体内的各种生理活动都有一个相应的调定点，如除了体温，动物体液的 pH、全身血量、血压、血液中气体成分等，各种动物都有各自的调定点。调定点在某些情况下是可以发生变动的，如发烧病人怕冷，出现寒颤等现象，即是体温调定点上调高于 37℃。生理学上将调定点发生变动过程称为重调定（resetting）（见第 11 章）。此外，负反馈也存在不可回避的缺点，这就是它只能在受控部分发出的活动产生一定偏差后，才能发生"纠偏"作用。因此，负反馈在纠正受控部分产生的活动偏差时，总是表现一定时间的滞后，这就使得受控部分发出的活动出现强弱较大的波动。

1.3.2.3 前馈控制系统

前馈（feed-forward control）机制是指当控制部分发出指令使受控部分进行活动的同时，又通过另一快捷途径作用于受控制部分，向其发出前馈信号，使受控部分在接受控制部分指令活动时，又及时地受到前馈信号的调控，使活动更加迅速、准确，不致出现大的波动和反应滞后现象，从而更有效地保持生理功能的相对稳定。例如，动物见到食物可引起唾液分泌，这种分泌比食物进入口腔中所引起的唾液分泌快，而且具有预见性，更具有适应性意义。但前馈控制引起的反应有时也可能产生失误，例如动物见到食物引起唾液分泌，而并没有吃到食物，就是一种失误。

e 知识拓展 1-4
前馈（动画）

? 思考题

1. 什么是生理学？动物生理学的研究内容有哪些？包括哪几个研究层次？
2. 何谓内环境稳态？有何生理意义？为什么说稳态是生理学的核心问题？
3. 生理功能的调节方式有哪些？各有何特点？
4. 比较机体功能的正反馈和负反馈调节，并分别阐述其生理意义。

网上更多学习资源……

◆本章小结　　◆自测题　　◆自测题答案

（肖向红）

第一篇　动物生理学的细胞学基础

细胞是动物及其他生物体的基本结构和功能单位，动物机体的一切生命活动都是以细胞为基础的，尽管生命现象在不同种属的动物或同一个体的不同组织器官或系统的表现形式千差万别，但在细胞及分子生理学水平，其基本原理却具有高度的一致性和共性。学习动物生理学应从细胞生理学开始。

2 　细胞膜的物质转运功能

【引言】

　　细胞是生命活动的基本单位，所有生命活动都是以物质代谢为基础的。而细胞代谢所需要的这些物质是怎么进入细胞的？代谢产生的产物又是怎样排放到细胞外的？动物机体内存在的一些活性物质如激素、神经递质、血浆蛋白等，归根结底也是来自细胞，这些物质又是怎样进出细胞的呢？要解答这些及其相关问题需要从细胞基本结构、细胞生理知识说起。细胞膜作为细胞最为重要的结构成分之一，对其结构、特点、功能的认识和理解将有助于解答上述科学问题。

【知识点导读】

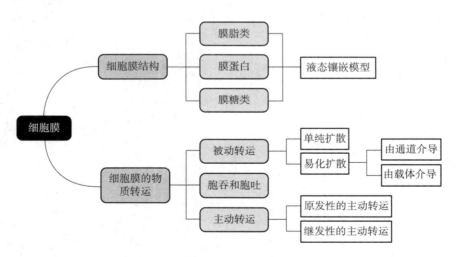

2.1 细胞膜的结构

2.1.1 细胞膜与生物膜的概念

细胞膜（cell membrane）又称质膜（plasma membrane），是指位于细胞最外层，较薄的一层膜。由于细胞内的各种细胞器，如线粒体、内质网、细胞核等的表面也存在着一层化学成分和结构与细胞膜类似的膜性结构，称为细胞内膜，因此将细胞膜和细胞内膜统称为生物膜（biomembrane）。

细胞膜作为屏障将细胞与周围环境隔离开来，使细胞能独立于环境而存在；细胞膜的半透膜特性，允许某些物质或离子有选择地通过，而使细胞内的成分明显区别于细胞外液，细胞还可通过细胞膜与外界环境不断地进行物质交换、能量转移和信号转导等活动。细胞膜是细胞生命形成和发展的重要基础。

2.1.2 细胞膜的液态镶嵌模型

通过对不同来源的细胞膜研究分析发现，细胞膜主要由脂质、蛋白质和糖类组成。

关于这些成分在膜内的存在形式和排列方式等曾提出过多种假说，其中比较公认的是 Singer 和 Nicholson（1972）提出的液态镶嵌模型（fluid mosaic model）。如图 2-1，细胞膜是脂质和蛋白质的镶嵌体，即以液态的脂质双分子层为骨架，其中镶嵌着许多具有不同结构和生理功能的蛋白质分子。细胞膜表面还有糖脂和糖蛋白。他们认为使膜分子聚在一起主要是靠蛋白与蛋白、蛋白与脂质、脂质与脂质之间疏水和亲水基团的相互作用来维持，如果这种相互作用达到最大时就能稳定膜的结构。

液态镶嵌模型显示了膜的两个主要特性：一是流动性，即脂质双分子层具有流动性，脂质分子可以自由流动；膜蛋白分子能够沿膜表面侧向运动，进而促使膜蛋白彼此相互作用或膜蛋白与脂类相互作用。这种特性不仅使细胞膜具有一定的弹性，而且对膜蛋白的功能发挥具有重要生理意义。二是膜蛋白在膜上的分布具有明确的方向性。如红细胞只在膜外有糖蛋白；一些与细胞膜有关的酶促反应的膜蛋白大都集中在细胞膜内侧；细胞膜上的受体、载体蛋白、离子通道蛋白等也都是按一定方向分布并发挥作用的。

e 知 识 拓 展 2-1
细胞膜的分子组成

e 发现之旅 2-1
细胞膜的研究历史

2.2 细胞膜的物质转运功能

细胞在新陈代谢过程中，不断有各种各样的物质进出细胞。除极少数脂溶性和分子很小的水溶性物质可直接穿过细胞膜外，大多数水溶性溶质的分子和所有无机离子的跨膜转运都与镶嵌在膜上的各种特殊蛋白质活动有关。大分子物质团块则通过复杂的细胞膜生物学过程整装式进出细胞。

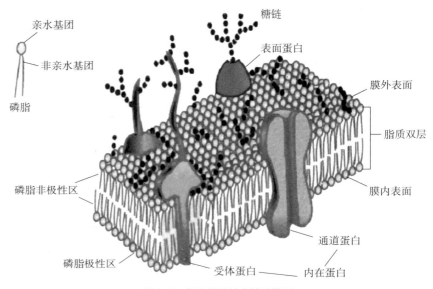

图 2-1 细胞膜的液态镶嵌模型

ⓔ 知识扩展 2-2
细胞膜转运功能总观
（动画）

根据跨膜物质转运的方向和供能特征，归纳起来可以分为被动转运和主动转运以及胞吞、胞吐三大类。

2.2.1 被动转运

被动转运（passive transport）是指物质顺着浓度梯度（concentration gradient）和（或）电位梯度（electric potential gradient）（两者合称电化学梯度）的扩散，无需细胞膜或细胞另外提供其他形式能量的跨膜转运方式。这种转运表面上看似乎不消耗能量，事实上，它的动力来自该物质转运时释放的电化学势能，并非与能量转换无关。依据转运时是否需要膜蛋白的协助，被动转运又可分为单纯扩散和易化扩散两种形式。

2.2.1.1 单纯扩散

单纯扩散（simple diffusion）也称自由扩散，是指生物体内，物质的分子或离子顺着电化学梯度通过细胞膜的方式。物质通过细胞膜时，单位时间内的扩散量（即该物质在每秒内通过每平方厘米假想平面的物质的量）不仅取决于膜两侧该物质的电化学梯度，还取决于细胞膜对该物质的通透性（permeability）（即由该物质脂溶性的程度以及其他原因造成该物质通过膜的难易程度）。细胞膜是脂质双分子层结构，因此只有一些脂溶性的物质才有较高的通透性（图 2-2）。如 O_2、CO_2 等气体分子，它们既溶于水，也溶于脂质，因此能以单纯扩散的方式进出细胞膜，甚至肺泡的呼吸膜。水分子跨膜扩散过程称为渗透（osmosis），是扩散的一种特例。

ⓔ 知识扩展 2-3
渗透与溶剂拖曳

在生物体内，许多细胞膜、细胞器膜、小血管及某些小管壁都具有这种半透膜特征。疏水性的脂质双分子层对水的通透性很低，水通过它的速度很慢，所以，水能快速地通过细胞膜乃是依靠细胞膜上特异性蛋白质分子（水通道，见 ⓔ 发现之旅 12-1）。

体内的一些甾体化合物（类固醇激素）虽也是脂溶性的，在理论上它们也应该按照简单扩散的方式进入细胞质，但是由于它们的相对分子质量比较大，因此它们在通过细胞膜时，需要某种特殊蛋白质的"协助"才能使它们的转运过程加快。

2.2.1.2 易化扩散

易化扩散（facilitated diffusion）也称协助扩散，是指一些不溶于脂质的，或溶解度很小的物质，在膜结构中的一些特殊蛋白质的"帮助"下也能从膜的高浓度一侧扩散到低浓度一侧，即顺着浓度梯度或电位梯度跨过细胞膜，这种物质转运方式称为易化扩散。由于引起易化扩散的蛋白质不同，易化扩散又可分为以载体为中介的易化扩散（carrier-mediated facilitated diffusion）和以通道为中介的易化扩散（channel-mediated facilitated diffusion）两类。

（1）载体蛋白介导的易化扩散　许多必需的营养物质，例如葡萄糖、氨基酸都不溶解于脂质，但在载体的"帮助"

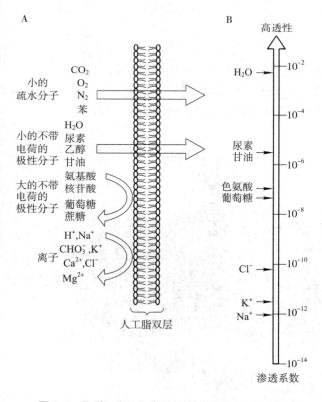

图 2-2　脂质双分子层对不同特性物质的通透性比较
A. 人工脂双层膜对不同分子的相对透性；B. 不同分子通过人工脂双层膜的渗透系数

下也能进行被动的跨膜转运。载体（carrier）也称转运体（transporter），是指细胞膜上一类介导小分子物质跨膜转运的特殊蛋白质，它能在溶质高浓度一侧与溶质发生特异性结合，并发生构象改变，再把溶质转运到低浓度一侧将之释放出来，载体又恢复到原来的构象，开始新一轮的转运（图 2-3）整个过程可概括为：结合 – 构象变化 – 解离过程。

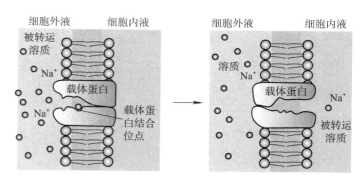

图 2-3 载体介导的易化扩散

目前研究较为清楚的是易化转运葡萄糖的载体——葡萄糖转运体（glucose transporter），它是一种相对分子质量为 45 000 的内在蛋白质。葡萄糖与葡萄糖转运体在膜外侧（细胞外液）面相结合后，即被转运至细胞膜胞质侧。

🄴 知识扩展2-4
载体介导的易化扩散（动画）

以载体为中介的易化扩散有以下特点：①顺浓度梯度转运：转运速率为 $10^3 \sim 10^5$ 个离子 / 秒。②高度的结构特异性：即某种载体只能选择性地结合并转运某种特定结构的物质，例如葡萄糖转运体可选择性结合右旋葡萄糖，而对相对分子质量相同的左旋葡萄糖则不能或不易结合。有的载体只能将一种溶质从膜的一侧转运至另一侧，称为单向转运（uniport），其载体称为单向转运体（或单一转运体，uniporter）（如上述葡萄糖转运体）；有的载体则可同时转运两种或两种以上溶质，称为联合转运（cotransport）。③饱和现象：这主要是膜中的一种载体的数目或每一个载体能与该物质结合的位点数目是相对固定的，因此，被转运物质超过一定数量时，载体转运能力也就不增加了。④竞争性抑制：如某一载体蛋白对结构类似的两种物质都有转运能力，那么当加入两种物质时，每一种物质的转运速率都比单独加入时减少，说明两者可竞争载体蛋白。

这些镶嵌在脂质双分子层中的蛋白质分子的结构和功能经常受膜两侧环境因素（特别是膜外环境）改变的调控，因而与蛋白质分子有关的物质的扩散通量或其通透性是可变化的。葡萄糖转运体还受体内激素的调节，在心肌、骨骼肌、脂肪等对胰岛素敏感的组织中，胰岛素与细胞膜表面的胰岛素受体结合后，可导致细胞质中的葡萄糖转运体小泡将其中的葡萄糖转运体释放至细胞膜，使细胞膜上的葡萄糖转运体数量明显增多，从而引起葡萄糖转运加快。当缺乏胰岛素时，这些细胞膜上只含少量的葡萄糖转运体，那么葡萄糖转运的基础量也就较少。需要指出的是，葡萄糖、氨基酸等营养物质通过细胞膜的方式并不全都是易化扩散（后述）。

（2）通道蛋白介导的易化扩散 细胞膜对溶于水的 Na^+、K^+、Ca^{2+} 等离子的通透性很小，但在一定的条件下它们却能以非常高的速率顺着电化学梯度跨过细胞膜，这是因为在细胞膜中存在着另一种蛋白质分子——离子通道（ion channel），受其"帮助"的结果。离子通道是一类贯穿脂质双分子层的、中央带有亲水孔道的膜蛋白。蛋白的壁外侧面是疏水的，与膜的磷脂疏水区相邻；而壁的内侧是亲水的（称为水相孔道），能允许水在其中，因溶于水中的离子也能通过。一般认为，细胞不存在负离子（如 SO_4^{2-}、PO_4^{3-}、OH^- 等）的天然通道。

🄴 实验技术与应用
2-1 现代研究离子通道的主要方法

以离子通道为中介的易化扩散的特点是：①速度快：以每秒钟每一个通道转运溶质或离子的最大量计算，与其他转运系统的转运速率比为：Na^+ 通道：葡萄糖载体：Na^+-K^+-ATP 酶（主动转运）=（1×10^7）：（1×10^4）：（5×10^2）。②离子选择性：不同离子通道对所通透的离子具有不同程度的选择性。表现为每种通道对一种或几种离子有较高的通透性，而对其他离子则不易或不能通过，如 K^+ 通道对 K^+ 和 Na^+ 的通透性之比约为 100：1；乙酰胆碱门控通道对小的阳离

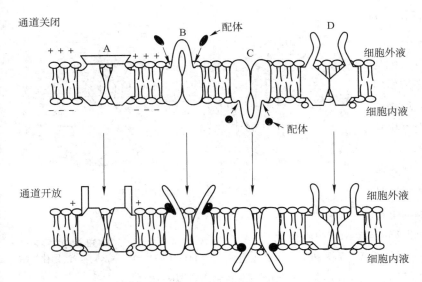

通道关闭

配体

细胞外液

细胞内液

配体

通道开放

细胞外液

细胞内液

图 2-4　门控离子通道示意图

A. 电压门控通道（细胞膜电位变化造成自身构象变化而使门打开）；B. 化学门控通道，细胞外配体；C. 化学门控通道，细胞内配体（细胞内外的配体与其上受体结合引起门通道蛋白的构象变化，使门打开）；D. 机械门控通道（膜上通道蛋白周围压力改变致使离子通道门开放）

子（如 Na^+、K^+）都能通过，但对 Cl^- 不能通过。根据离子通道的选择性，通道可分为 Na^+ 通道、K^+ 通道、Ca^{2+} 通道、Cl^- 通道等。③门控性：通道内一般具有一个或两个"闸门"（gate）样的结构，由它来控制通道的开放和关闭，这一过程称为门控（gating）。大多数离子通道可随着蛋白质分子构型的改变而处于不同的功能状态。当它处于开放状态时，可允许特定的离子由膜的高浓度一侧向低浓度一侧移动；当它处于关闭状态时，该离子就不能通过。

通道的开放与关闭是受某些机制精密调控的，而且不是自动地持续进行的。有些则由所在膜两侧电位差的变化决定其开、闭，称为电压门控通道（voltage-gated channels）（图 2-4A）。电压门控的 Na^+ 通道、K^+ 通道、Ca^{2+} 通道都具有相似的结构功能关系模式，

ℓ 知识扩展 2-5
电压门控 Na^+、K^+、Ca^{2+} 通道

属于同一基因家族；有些只有在它所在膜的两侧（主要是外侧）出现某种化学信号时才开放，称为化学门控通道（chemical-gated channels）（图 2-4B、C），这些通道本身既是通道又是受体，配体与受体结合后通道即开放或关闭；还有些则由所在膜所受的压力（张力）不同，而决定其开、闭，称为机械门控通道（mechanically-gated channels）（图 2-4D，见第 13 章）。

2.2.2　主动转运

主动转运（active transport）是指细胞通过本身的某种耗能过程将某种物质分子或离子逆着电化学梯度由膜的一侧移向另一侧的过程。主动转运中所需的能量由细胞膜或细胞膜所属的细胞提供，这是与单纯扩散、易化扩散不同之处。另外，单纯扩散和易化扩散都有一个最终平衡点，此时被转运物质在膜两侧的电化学梯度为零。而主动转运因膜提供了一定能量，使被转运物质或离子逆着电化学势差移动，结果是浓度高的一侧浓度更高，而浓度低的一侧浓度更低，甚至可以全部被转运到另一侧。根据提供能量的来源不同，主动转运又可分为原发性主动转运（primary active transport）和继发性主动转运（secondary active transport）。

2.2.2.1　原发性主动转运

ℓ 发现之旅 2-2
Na^+-K^+-ATP 酶与 1957 年诺贝尔化学奖

通过细胞膜主动转运的物质有 Na^+、Ca^{2+}、H^+、I^-、Cl^-、葡萄糖和氨基酸等。其中研究最充分，而且对细胞生存和活动最为重要的是膜对 Na^+ 和 K^+ 的主动转运过程。在各种细膜上普遍存在着一种 Na^+-K^+ 泵（sodium-potassium pump，$Na^+-K^+-ATPase$）的结构，简称钠泵（sodium pump）。

钠泵就是一种具有酶活性的 Na^+、K^+ 依赖式 ATP 酶的蛋白质，是一个由 α（催化）亚单位和 β（调节）亚单位组成的二聚体蛋白质（图 2-5）。每分解 1 个 ATP 释放的能量可使 3 个 Na^+ 移出膜外，同时将 2 个 K^+ 转入膜内，这一方面保持了膜内高 K^+ 和膜外高 Na^+ 的不均匀离子分布状态；另一方面因钠泵的 Na^+、K^+ 数量不对等的转运，可使膜外正电荷增加，因此钠泵也称为生电性钠泵。这种由 ATP 直接供能的主动转运称为原发性主动转运。

细胞膜上的钠泵活动的意义是：①由钠泵活动造成的细胞内高 K⁺ 是许多代谢反应进行的必要条件；②维持细胞渗透压和细胞容积相对稳定。如果没有钠泵主动转运 Na⁺，细胞外液中的 Na⁺ 会进入细胞内，因渗透压关系，大量水也会进入膜内，引起细胞肿胀，进而破裂。③钠泵活动造成的细胞内、外 Na⁺、K⁺ 的巨大浓度差是

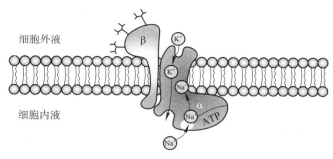

图 2-5 Na^+-K^+ 泵

⊜ 知识拓展 2-6
Na^+-K^+-ATP 酶结构与特点

⊜ 知识扩展 2-7
原发性主动转运（钠钾泵）（动画）

⊜ 案例及分析 2-1
Na^+-K^+-ATP 酶功能抑制与心率减慢

⊜ 知识扩展 2-8
钙泵、氢泵和 Na^+-I^- 泵

细胞跨膜电位产生的势能基础，也是可兴奋细胞（组织）产生兴奋的基础。④为继发性主动转运提供能量。如 Na^+-H^+ 交换、Na^+-Ca^{2+} 交换、葡萄糖和氨基酸在小肠和肾小管被吸收过程都是钠泵活动造成的膜两侧 Na⁺ 浓度差来提供能量（见第 10 章，第 12 章）。⑤在小肠、肾小管参与对 Na⁺ 和水的吸收与重吸收，对维持体内水、电解质和酸碱平衡有重要作用。

主动转运是机体内重要的物质转运形式，除了钠泵，目前了解比较清楚的还有钙泵和氢泵。

2.2.2.2 继发性主动转运

Na⁺ 泵活动形成的 Na⁺ 储备势能可用来完成其他物质逆着浓度梯度的跨膜转运，如图 2-6 肠上皮细胞从肠腔液中（或肾小管上皮细胞从小管液中）吸收葡萄糖、氨基酸。与身体其他部位的细胞不同，葡萄糖、氨基酸分子是从低浓度的肠（或肾小管）腔向高浓度的细胞内的主动转运，而执行这一主动转运的是 Na⁺ 依赖式转运体蛋白（或转运体，transporter），该蛋白必须与 Na⁺ 和被转运物质（如葡萄糖）的分子同时结合后，才能顺着 Na⁺ 浓度梯度的方向将它们逆着浓度梯度由肠（肾小管）腔转运到细胞内。在这一过程中，Na⁺ 转运是顺浓度梯度的，是转运的驱动力，而葡萄糖分子的转运是逆浓度梯度的，是间接利用钠泵分解 ATP 释放的能量完成的主动转运。由于存在于上皮细胞基侧膜上的钠泵的活动，不断将 Na⁺ 转运到细胞间隙，而使细胞内始终保持低 Na⁺ 浓度状态，才能使葡萄糖的主动转运得以实现，直至肠（肾小管）腔中的物质浓度下降到零。也就是说这些物质逆着浓度差转运的能量间接来自于 ATP。又如发生在肾近球小管中的 Na^+-H^+ 交换，当 H⁺ 从上皮细胞内经顶端膜逆着电化学梯度转运入小管液时，所需要的能量也是由 Na⁺ 顺着电化学梯度经顶端膜进入小管上皮细胞时提供的，而 Na⁺ 的电化学梯度也是由基底侧膜上的钠泵不断将 Na⁺ 泵出细胞间隙形成的。这种间接利用 ATP 提供能量的主动转运称为继发性主动转运（secondary active transport）或联合转运（或协同转运）（cotransport）。每一种联合转运都有特定的转运体蛋白联合转运中，如被转运的分子或离子运动的方向相同，则称为同向转运（symport）（图 2-7），其转运体称

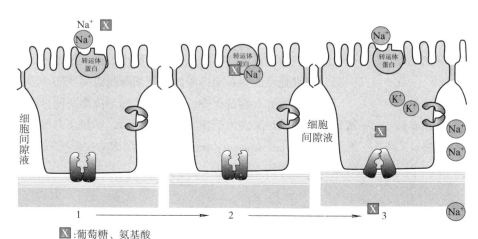

🔳:葡萄糖、氨基酸

图 2-6 葡萄糖、氨基酸的继发性主动转运模式图（引自姚泰，2000）

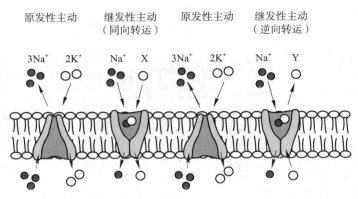

图 2-7　同向转运与逆向转运（引自朱大年，2005）

为同向转运体（symporter），如 Na⁺ 和葡萄糖（氨基酸）同向转运体对 Na⁺ 和葡萄糖的同向转运；Na⁺-K⁺-2Cl⁻ 同向转运体则以 1Na⁺:1K⁺:2Cl⁻ 的比例向细胞内同向转运。如果二者方向相反，则称为逆向转运（antiport）或交换（exchange）（图 2-7），其转运体称为逆向转运体（antiporter）或交换体（exchanger），如 Na⁺-H⁺ 交换体以 1:1 的比例介导 Na⁺ 和 H⁺ 的跨膜交换；Na⁺-Ca²⁺ 交换体以 3Na⁺:1Ca²⁺ 的比例进行 Na⁺-Ca²⁺ 交换，是细胞内 Ca²⁺ 外排的主要途径。在这种联合转运过程中，至少有一种物质是做逆电化学梯度转运，其所需要的能量往往由另外一种或几种物质在顺着电化学梯度转运时提供的。类似的继发性转运也见于神经末梢处被释放的递质分子（如单胺类和肽类递质）的再吸收；甲状腺上皮细胞的 I⁻ 泵参与甲状腺细胞碘的主动摄取。

🄔 知识扩展 2-9
继发性主动转运（动画）

2.2.3　胞吞与胞吐作用

细胞膜对于一些大分子物质或物质团块（固态或液态的）还能通过更复杂的结构和功能变化，使之整装通过细胞膜。有胞吞作用（入胞，endocytosis）和胞吐作用（出胞，exocytosis）两种过程。

2.2.3.1　胞吞作用

胞吞作用是指细胞外某些物质团块，例如细菌、病毒、异物、血浆中脂蛋白及大分子营养物质等进入细胞的过程。胞吞时，靠近团块的细胞膜向细胞内内陷，将物质团块包裹，然后在凹陷起始处的细胞膜断裂，形成一个小泡（胞吞泡，endocytic vesicle）进入细胞的过程。被摄取的物质如果是物质团块（如细菌、细胞碎片等），则形成直径 1~2 μm 较大的囊泡（吞噬泡），称为吞噬作用（phagocytosis）；如果是溶液，则形成直径仅为 0.1~0.2 μm 较小的囊泡（胞吞泡），称为胞饮作用（pinocytosis）。吞噬仅发生于一些特殊的细胞，如单核细胞、巨噬细胞和中性粒细胞等。吞噬作用首先需要被吞噬物与细胞表面结合，并激活细胞表面受体，传递信号到细胞内并开始应答反应，因此是一个信号触发过程（triggered process）。吞噬泡的形成需要有微丝及其结合蛋白的帮助。

胞饮作用几乎可发生于体内所有的细胞，胞饮又可分为液相入胞（fluid-phase endocytosis）和受体介导入胞（receptor-mediated endocytosis）两种形式。液相入胞是指细胞外液及其所含的溶质以胞吞泡的形式连续不断地进入细胞内，进入细胞内的溶质量和溶质浓度成正比。由于入胞时一部分细胞膜形成胞吞泡，因而会使细胞膜表面积缩小。

🄔 知识拓展 2-10
由受体介导的胞饮作用

受体介导的入胞过程中，其胞吞泡的形成需要网格蛋白（clathrin）或这一类蛋白的帮助。当被转运的物质与膜表面受体特异的结合后，网格蛋白聚集在膜下的一侧，使质膜逐渐凹陷，形成有被小窝（clathrin coated pit），相继在细胞质内形成有被小泡（clathrin coated vesicle），选择性地将被转运物质转入细胞内。

2.2.3.2　胞吐作用

胞吐作用是将细胞内的分泌泡或其他某些膜泡中的物质通过细胞质膜运出细胞的过程，是细胞分泌的一种机制，见于内分泌腺分泌激素，外分泌腺分泌酶原颗粒或黏液，神经细胞分泌、释放神经递质等。如图 2-8，细胞的分泌物大多数都由粗面内质网合成，在向高尔基体转移过程中被包裹上一层膜性结构，成为囊泡，并储存在胞质中，当细胞分泌时，囊泡会被运送到细胞膜的内侧，与细胞膜融合后向外开口破裂将内容物一次性排出，而囊泡的膜也就变成细胞膜的组成部分。分泌过程的启动是膜的跨膜电位变化或特殊化学信号，引起局部膜中的 Ca^{2+} 通道开放，Ca^{2+} 内流（或通过第二信使物质导致细胞内 Ca^{2+} 的释放）而诱发的。

　　胞吐是一个比较复杂的耗能过程。胞吐有持续性胞吐和间断性胞吐两种形式，前者囊泡所含的大分子物质连续不断地分泌，是细胞本身固有的功能活动，如小肠黏膜上皮杯状细胞分泌黏液的过程，后者是合成的物质首先储存在细胞内，当细胞受到化学或电刺激时才分泌，是一种受调节的胞吐过程。如神经末梢释放神经递质，就是由动作电位的刺激激引起的胞吐过程。这种受调节的胞吐过程通常与刺激引起的 Ca^{2+} 内流有关（见第 5 章）。

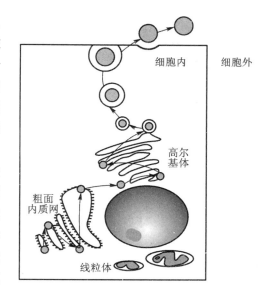

图 2-8　分泌物胞吐过程

分泌囊泡逐渐向细胞膜内侧面靠近，两者的膜相互融合，融合处膜破裂，分泌物排出，而后囊泡膜成为细胞膜组成部分

2.2.4　大分子物质的跨核膜转运

　　动物细胞具有细胞核，核膜是核与细胞质的屏障，能将遗传物质的复制、转录及蛋白质合成在时间和空间上分隔开来，保证各种生命活动之间互不干扰而又有条不紊地进行。核膜由内外两层膜、核间隙、核孔（nuclear pore）和核纤层组成。核孔实际上是一个蛋白质复合体，是细胞质与细胞核之间物质交换的唯一通道，主要参与被动运输和主动运输两种运输过程。小分子物质能够以自由扩散的方式通过核孔进入细胞核，但蛋白质、RNA、DNA 等大分子物质则有一些特殊信号介导、多因子参与，并经历多步复杂过程，通过核孔处多以主动的方式转运。

📖知识扩展 2-11
大分子物质的跨核膜转运

❓ 思考题

1. 简述细胞膜的液态镶嵌模型的特点，该特点与生物膜的功能特性有何关系？
2. 细胞膜转运物质的形式有几种？举例说明它们是怎样转运物质的。
3. 比较易化扩散、原发性主动转运、继发性主动转运有何异同。
4. 以 Na^+-K^+ 泵为例说明主动运输的过程及其生物学意义。
5. 大分子跨膜转运的胞吞和胞吐作用是怎样实现的？

网上更多学习资源……

◆本章小结　　◆自测题　　◆自测题答案

（王春阳）

3　细胞间的通讯与信号转导

【引言】

机体的所有生命活动都需要通过细胞间通讯来实现。如动物看到食物引起唾液分泌这一活动就涉及眼、外周与中枢神经系统、唾液腺等组织器官系统细胞间的信息交流。又如性激素在动物生殖活动的每一过程中尤为重要，一些雌雄同体的鱼类在其生长发育过程中都会经历一次性逆转（如由雌性转变为雄性）过程，而且该过程的发展不仅受到鱼体本身体内性激素水平的调控，而且会受到环境因素：日照、温度、流水、包括异性在内的异物的影响。这些内、外环境变化的信息是如何传递给靶细胞的，靶细胞如何识别这些信息？经过何种信号转导路径影响到细胞的代谢和功能变化？本章将从细胞和分子水平讨论跨膜信号转导过程的基础、基本过程、一般规律及特性。

【知识点导读】

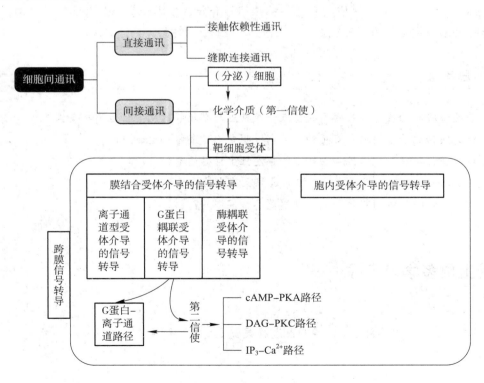

3.1 细胞间的通讯

细胞间通讯（cell communication）是指由一个细胞发出的信息通过介质（大多数情况下为化学信使）传递到另一个细胞（靶细胞），并与靶细胞上的特殊结构（通常为受体）发生作用，然后引起靶细胞内一系列生理生化过程的变化，最终实现对（靶）细胞功能活动的调节过程。在细胞水平上将靶细胞识别这些带有信息的介质，并继而将这些信息跨过细胞膜传入细胞内的过程称为跨膜信号转导（transmembrane signaling transduction）。

3.1.1 细胞间的通讯的方式

细胞间的通讯有直接通讯和间接通讯。直接通讯可分为接触依赖性通讯和缝隙连接通讯两种：① 通过细胞的直接接触，以与质膜结合的信号分子来影响其他细胞的通讯，称为细胞间接触依赖性通讯（contact-dependent signaling）（图3-1A）。一般发生在胚胎发育过程中，对组织内相邻细胞的分化起决定性影响；②通过相邻细胞间形成的缝隙连接（gap junction），使细胞间相互沟通，以交换小分子实现细胞间代谢耦联或电耦联的通讯（图3-1B）。除骨骼肌细胞及血细胞外，几乎所有动物组织细胞都可利用缝隙连接的方式进行通讯（见第5章）。间接通讯是指通过细胞分泌的化学信使经扩散或运输抵达靶细胞，继而与靶细胞膜上特异受体结合、触发信号跨膜转导，引起靶细胞内一系列代谢和功能相应变化的通讯（图3-1C）。

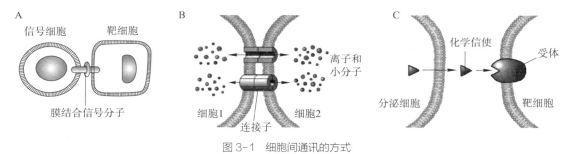

图 3-1 细胞间通讯的方式
A. 细胞间接触依赖性通讯；B. 通过缝隙连接的细胞间通讯；C. 通过化学信使的细胞间通讯

依靠分泌化学信使的细胞间通讯，可在长距离或短距离中发挥作用，具体又有以下4种情形：①内分泌（endocrine），由内分泌腺细胞或神经内分泌细胞分泌信使分子（激素）到血液，经血液循环运输到体内各个部位，再作用于靶细胞，为长距离传送信息（图3-2A、B）。②旁分泌（paracrine），通过细胞分泌局部化学介质到细胞外液，经过局部扩散作用于邻近的靶细胞。如肥大细胞（mast cell）分泌组织胺参与机体的抗过敏和抗炎症反应（图3-2C）。③自分泌（autocrine），细胞对自身分泌的物质发生反应（图3-2D）。自分泌常存在于病理情况下，肿瘤细胞合成并释放生长因子刺激自身，导致肿瘤细胞持续增殖。该两种情况为短距离传送信息。④通过神经化学性突触传递（图3-2E），神经产生的电信号在细胞内经过长距离的传导至末梢，触发末梢释放神经递质，递质再通过短距离的扩散，到达靶细胞，在那儿递质与靶细胞上的受体结合，触发靶细胞的信号跨膜转导，并引起其反应（见第5章）。实际上，化学信使传送信息的方式具有多样性，如细胞因子既可以和旁分泌一样，释放到细胞外液中通过扩散作用于邻近的靶细胞，也可以像自分泌一样作用于分泌细胞自身，还有的类似于激素，可通过血液的运输作用于远距离的靶细胞（图3-2F）。

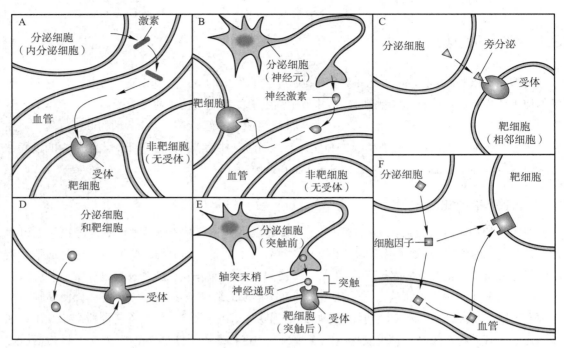

图 3-2　不同细胞间通讯方式

A. 内分泌长距离通讯；B. 神经内分泌长距离通讯；C. 旁分泌短距离通讯；D. 自分泌短距离通讯；E. 神经化学性突触长距离通讯；F. 细胞因子可有多种通讯方式

3.1.2　细胞间通讯的信号物质——化学信使

细胞可以接受来自其他细胞或来自外环境的各种刺激信号。这些信号包括化学信号，如各类激素（hormones）、细胞因子（cytokines）、由细胞分泌的组织胺、一氧化氮（nitric oxide, NO）、一氧化碳（carbon monoxide, CO）、各种生长因子等的局部介质和神经递质（neurotransmitter）等，以及物理信号，如声、光、电和温度变化等。各类化学信号分子又称为化学信使（有时又称为第一信使，后述），根据它们能否溶于水或穿过靶细胞膜的脂质双分子层难易程度分为亲水性（hydrophilic）和亲脂性（lipophilic）两类：①亲水性（或疏脂性，lipophobic）信使包括神经递质、局部介质和大多数肽类激素和全部的细胞因子。它们的分子能溶于水，但不能穿过细胞膜，只能与靶细胞表面受体结合，触发信号转导机制，引起靶细胞的应答反应。②亲脂性（或疏水性，hydrophobic）信使主要代表物是甾体类激素和甲状腺素，它们的分子是脂溶性的，但不溶于水，很容易穿过细胞膜，与细胞膜内受体结合形成激素 - 受体复合物，参与调节基因的表达。表 3-1 概括了亲水性和亲脂性化学信使在跨膜信号转导过程的异同点。

根据化学信使的化学结构，可以将化学信使分成 5 类：氨基酸（amino acids）、胺类（amines）、肽或蛋白质类（peptides/proteins）、类固醇（steroids）和类二十烷酸（eicosanoids）。

除此之外还有其他一些化学信使，如乙酰胆碱、NO、CO 等（见 ℮ 知识拓展 3-1，第 5 章，第 15 章）。

℮ 知识拓展 3-1
有关化学信使的介绍

表 3-1 亲水性和亲脂性化学信使分子的比较

特征	亲水性信使分子	亲脂性信使分子
贮藏形式	细胞内囊泡	需要时合成
分泌方式	胞吐	扩散穿过细胞膜
运输载体及方式	溶于细胞外液，做长、短距离运输	短距离溶于细胞外液 长距离与转运蛋白相结合被运输
受体	镶嵌于靶细胞膜中	靶细胞内
信号转导效果	快	慢

3.1.3 细胞间通讯中的受体

受体（receptor）是一种能够识别和选择性结合某种化学信使（配体）的大分子，绝大多数受体都是蛋白质，且为多糖蛋白，少数是糖脂，有的受体则是由糖蛋白和糖脂组成的复合物（见第 2 章）。

3.1.3.1 受体的分类

根据受体在靶细胞上的位置，可将受体分为细胞内受体（intracellutar receptor）和跨细胞膜受体（transmembrane receptor，或膜结合受体，membrane bound receptor）。细胞内受体位于细胞质基质或核基质中，主要识别和结合小的脂溶性信号分子，如甾体类激素、甲状腺素、维生素 D 和视黄酸（retinoic acid）。膜结合受体主要识别和结合亲水性信号分子，包括分泌型信号分子（如神经递质、多肽类激素、细胞因子等）和膜结合型信号分子（细胞表面抗原、细胞表面黏着分子）。

当信使与受体结合时，受体的构象发生改变，结果将信号传递给靶细胞。对于细胞内受体，这种构象的改变很容易将信使携带的信息传送到细胞内的其他生物化学过程（信号转导通路）中。相比之下，膜结合受体的传递过程要复杂得多。一般膜结合受体具有细胞外结合部、跨膜区域和细胞内区域三部分，亲水性信使不能进入细胞膜，只能与受体的细胞外结合部结合。当信使与受体结合部结合时，受体的构象发生变化，这种变化可发生在或波及受体的跨膜部分和细胞内区域，使得信使携带的信息顺利地传到细胞内，激活细胞内的信号转导通路，毋需信使本身跨过脂质膜进入靶细胞内。

根据信号转导机制的不同，细胞膜受体又可分为 3 大类：①离子通道耦联受体（ion-channel-coupled receptor），主要分布在神经、肌肉可兴奋细胞；② G 蛋白耦联受体（G protein-coupled receptors，GPCRs）；③酶耦联受体（enzyme-liked receptors）。这后两种可存在于几乎所有类型细胞的质膜上。

3.1.3.2 受体的特点

（1）特异性（specificity） 一种受体通常只能和一种或一类信使结合，如图 3-3 所示。

（2）多样性 受体与信号分子空间结构的互补性是二者特

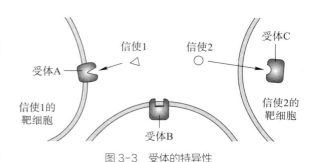

图 3-3 受体的特异性

信使 1 可以和受体 A 结合，但不能和受体 B 和 C 结合，因此有受体 A 的细胞才是信使 1 的靶细胞；同样有受体 C 的细胞才是信使 2 的靶细胞

异结合的主要因素，但这并不意味着受体与配体之间是单一的一对一的关系。受体的功能效应具有多样性：①不同细胞对同一种化学信使可能具有不同的受体，因此不同的靶细胞对同一种化学信使有不同的应答方式。如乙酰胆碱作用于骨骼肌细胞（N 型受体）引起其收缩；而作用于心肌（M 受体）却使其收缩频率降低。②同种化学信使具有多种类型信使受体，但各种类型的受体对其亲和力不同，因而会产生不同的生理效应。例如，肾上腺素和去甲肾上腺素都能与肾上腺素能（adrenergic）受体结合（见第 5 章），肾上腺素能受体可以分为 α 和 β 两大类受体，其中 α 受体可以分为 α_1 和 α_2，β 受体包括 β_1、β_2 和 β_3。α 受体对去甲肾上腺素的亲和力远高于对肾上腺素的亲和力，这就意味着如果去甲肾上腺素和肾上腺素的浓度相同，α 受体主要和去甲肾上腺素结合。相反，β_2 受体对肾上腺素的亲和力高于对去甲肾上腺素的亲和力，而 β_1 和 β_3 受体对肾上腺素和去甲肾上腺素的亲和力几乎相同。此种情况可发生在同一细胞，也可发生在不同细胞上；③不同细胞具有相同的化学信使受体，同种受体在不同细胞上与相同化学信使结合时，会产生不同的反应，如乙酰胆碱与心肌细胞膜上的 M 受体结合，使心肌收缩减弱，而与消化道平滑肌上的 M 受体结合，则是平滑肌收缩加强。④或同一细胞具有多种不同的受体，这些受体与不同种化学信使结合时或产生相同的效应，如肝细胞上的肾上腺素能受体和胰高血糖素受体在结合各自的配体被激活时，都能促进糖原降解而升高血糖；或产生不同效应，如骨骼肌细胞具有乙酰胆碱受体和胰岛素受体，乙酰胆碱受体的兴奋可以刺激骨骼肌的收缩，而胰岛素受体的兴奋可以刺激骨骼肌细胞葡萄糖的吸收和代谢。

（3）饱和性（saturability） 由于受体的数量是有限的，因此，当配体浓度增大到某一范围，会占有所有受体并形成动态平衡，在受体和配体结合的"剂量－反应"曲线上表现出饱和现象。

（4）可逆性（reversibility） 配体和受体的结合，通常是通过离子键、氢键和范德华力等非共价键来维系的，因此他们的结合是可逆的。已结合的配体可以被亲和力高的或浓度高的其他配体所置换。

3.1.3.3 影响化学信使与受体结合的因素

一般来说，与化学信使结合后靶细胞的反应强度取决于以下三个因素：信使的浓度、靶细胞上受体的数量和受体对信使的亲和力。

（1）信使的浓度 对靶细胞而言，其反应的强度随化学信使浓度的升高而增加。这是因为化学信使是通过与靶细胞上受体的可逆结合来发挥其生理效应的，如反应式所示：

$$M + R \longleftrightarrow M\text{-}R \longrightarrow 反应$$

这里 M 代表信使，R 代表受体，M-R 代表信使受体复合物，随着信使浓度的增加，反应向右进行，信使浓度与结合的受体数量之间的关系如图 3-4、图 3-5 所示。随着信使浓度的增加，结合的受体的比例也增加，直到所有的受体都与信使结合，即受体被饱和（saturated）。

（2）靶细胞上受体的数量 靶细胞的反应不仅与信使浓度有关，同时也取决于它所拥有受体的数量。受体数量越多，可以形成的信使－受体复合物就越多。由于受体与信使结合的比例随着信使浓度的增加而升高，而结合的受体数量又决定了靶细胞反应的强度，因此图 3-4 的纵坐标又可表示为靶细

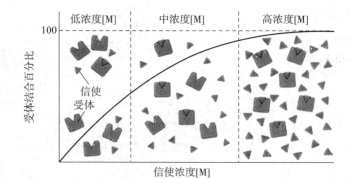

图 3-4 信使浓度对信使－受体结合的影响

胞的反应强度。这就意味着在信使浓度不变时，受体数量增加时，结合的受体数量也相应增加，靶细胞的反应强度也增加（图3-5）。

（3）受体对信使的亲和力　靶细胞的反应强度同样也取决于受体对信使的亲和力。受体的亲和力通常以亲和常数（K_a）表示，为50%的受体被信使结合时的信使浓度的倒数。K_a值较大，表示受体亲和力较高，与配体结合力较强，在较低的信使浓度时就可以引起靶细胞的强烈反应，受体很容易被配体饱和（图3-6）。

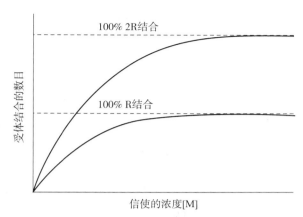

图3-5　受体浓度对信使－受体结合的影响

3.1.3.4　受体的调节

靶细胞拥有受体的数量并不是固定不变的，在不同条件下可以通过合成新的受体或清除旧的受体而发生改变。

（1）受体的上调与下调　当靶细胞长期暴露在低浓度信使的条件下，受体的数量将会比正常条件下增多，称为受体的上调（up-regulation），这样在信使浓度较低时，靶细胞可以通过合成新的受体来维持正常的反应强度；反过来，当靶细胞长期暴露在高浓度信使的条件下，受体数量会逐渐减少，称之为下调（down-regulation）。在这种情况下，靶细胞对信使的反应强度不会因为信使浓度的增加而增大。

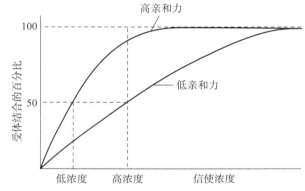

图3-6　受体亲和力对信使－受体将结合的影响

（2）内化　受体的内化（internalization）是指细胞膜上的受体通过入胞作用进入细胞内的过程。细胞通过受体的内化可以在细胞出现受体脱敏现象后将受体回收，这些受体可以重新插入到细胞膜中行使其正常功能（见第5章）。

（3）受体的脱敏与增敏现象　受体的脱敏（desensitization）是指长时期使用某种激动剂后，受体对激动剂的敏感性和反应性下降的现象。脱敏现象可分为两种类型：同源脱敏（homologous desensitization）和异源脱敏（heterologous desensitization）。同源脱敏是指细胞与其特异配体结合后仅对其配体失去反应性，而仍保持对其他配体的反应性，例如用儿茶酚胺长期处理细胞时，其腺苷酸环化酶的活性将会降低，而该酶对其他配体如前列腺素（prostaglandins）或氟离子（fluoride ion）的反应则不受影响。异源脱敏是指细胞因与其特异配体结合后，对其他配体也失去了反应性，如当细胞长期暴露在前列腺素下，会使腺苷酸环化酶对其非特异性激活剂氟化物失去反应。

受体增敏是与受体脱敏相反的一种现象，指受体长期反复与颉颃剂接触后产生的受体数目增加或对药物的敏感性升高。如长期应用普萘洛尔突然停药后出现反应性增强的现象。

3.1.3.5　受体的激动剂与颉颃剂

虽然靶细胞的反应是由受体与配体的结合所触发，但受体与配体的结合不一定都能触发靶细胞的反应，靶细胞能否产生反应主要取决于与受体结合的配体的性质。那些与受体结合能产生生物学反应的配体被称为激动剂（agonists），而与受体结合后不能产生生物反应的配体则被称为颉颃剂（antagonists）。因此，颉颃剂可以与激动剂竞争受体，降低激动剂与受体结合后产生的反应的可能性。

一些用于治疗或实验的药物通常是人工合成的受体激动剂或颉颃剂。例如，在安静状态下，某些神经元释放的去甲肾上腺素能与 α 受体结合，引起血管的收缩从而升高血压。苯肾上腺素（phenylephrine）是一种 α 受体激动剂，具有与去甲肾上腺素相同的效应。相反，苯氧苄胺（phenoxybenzamine）是 α 受体颉颃剂，能阻止去甲肾上腺素与 α 受体的结合。苯氧苄胺本身没有生物学效应，但能阻断去甲肾上腺素的效应，引起血压降低。

3.2 细胞的信号转导机制

生物体内除了细胞间存在通讯活动之外，在细胞与外环境之间、细胞与细胞内的细胞器之间、细胞内的细胞器之间、甚至在细胞器不同亚结构以及分子之间（如蛋白质的相互作用），也都存在着广泛的通讯过程。前已叙及内、外环境的各种信息（主要是一些化学信使分子）并不需要其自身进入到它们所作用的靶细胞、细胞器内直接发挥作用，而是绝大多数信使分子选择性地与靶细胞、细胞器膜上的特异受体结合，继而将信使物质所携带的信息跨膜传入（细胞）膜内，间接地引起靶细胞、细胞器膜的电位变化或其他内部的功能改变。这种信息传递的过程称为跨膜信号转导。

由于不同化学信使的理化特性不同，与其对应受体的分布也不同。因此细胞的信号转导方式可以分为两种：① 膜结合受体介导的信号转导；② 胞内受体介导的信号转导。

3.2.1 膜结合受体介导的信号转导机制

水溶性化学信使不能穿过细胞膜进入细胞质基质，因此它们的受体位于细胞膜。下面将重点介绍目前已确认的三种由膜受体介导的跨膜信号转导途径或方式。

3.2.1.1 由离子通道型受体介导的信号转导

细胞膜上的离子通道主要有渗漏通道（leaky channels）、电压门控通道、机械门控通道和化学门控通道，后面三者的离子通道上存在着特殊的"门"，可以通过门的开和关来控制离子的流动，故称为门控通道（gated channel）。

📖 知识拓展 3-2
N- 型 Ach 门控通道的分子结构

1. 化学门控通道介导的信号转导

在细胞膜上有些生物活性物质的受体本身就是离子通道，当膜外特定的化学信使与膜上的受体结合后通道就开放，因而称为化学门控通道或配体门控通道，也称为通道型受体。因它的激活能直接引起跨膜离子流动因此又称为促离子型受体（ionotropic receptor）。这类受体包括 N_2 型乙酰胆碱受体（也称烟碱型胆碱能受体，nicotinic cholinergic receptor）、A 型 γ – 氨基丁酸受体、甘氨酸受体等（位于神经元的突触后膜）和促离子型谷氨酸受体等。

乙酰胆碱与位于骨骼肌细胞膜上的 N_2 型乙酰胆碱受体结合，引起离子通道开放，Na^+ 进入细胞内，K^+ 流出细胞（数量较 Na^+ 少），使细胞内正电荷增加而膜电位升高，产生局部的去极化（图 3-7），后者使邻近的肌细胞膜去极化并产生动作电位，从而引

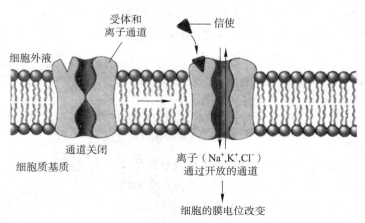

图 3-7 化学门控通道开放引起细胞膜电位改变（仿 Germann，2005）

发肌细胞的兴奋和收缩（见第 5 章，第 6 章）。神经元膜上的 A 型 γ – 氨基丁酸配体是 Cl^- 通道，它被递质激活后可导致 Cl^- 通道开放。Cl^- 的跨膜内流和由此产生的膜内负电位增大，对突触后（与之联系的下一个）神经元产生抑制效应。

其他化学门控离子通道的工作原理与上述两类通道基本相同，即信使与受体结合后引起相应的离子通道开放，造成细胞膜对某些离子的通透性发生改变，引起膜电位的升高或降低（去极化或超极化），从而引起细胞的兴奋或抑制。化学门控通道的开放和关闭也受酪氨酸蛋白激酶的磷酸化调节。由于受体与通道是同一个蛋白，这种膜电位的变化非常快，通常只有 0.5 ms。此外，信使与受体的结合很短暂，通道开放的时间也很短，因此膜电位的变化持续几毫秒就会终止，因此这种离子型受体通道为快通道。

2. 电压门控通道与机械门控通道介导的信号转导

电压门控通道和机械门控通道尽管不称作受体，但其所介导的信号转导也是将接受到的物理刺激信号转换成电信号。事实上它们是接受电信号、机械信号的"受体"，并通过通道的开放与关闭和离子跨膜流动，把信号转导到细胞内。

电压门控通道主要分布在除突触后膜和终板膜以外的神经和肌肉细胞膜中，在一些细胞器上也存在电压门控通道，例如心肌细胞的 T 管膜上的 L 型 Ca^{2+} 通道就是一种电压门控通道，当心肌细胞产生动作电位并传到 T 管膜时，引起 T 管膜去极化并激活 L 型 Ca^{2+} 通道开放、Ca^{2+} 内流，肌质内 Ca^{2+} 浓度升高实现了由电信号（动作电位）触发的跨膜信号转导。内流的 Ca^{2+} 还可作为第二信使，进一步激活肌质网的雷诺丁受体（RyR），引起肌质内 Ca^{2+} 浓度进一步升高，从而引发心肌细胞的收缩（见第 6 章）。

由机械信号引发的跨膜信号转导机制与电压门控通道相似。在血管内皮细胞膜上存在着机械门控通道。当内皮细胞受到血流切应力刺激时，可激活两种机械门控通道（即非选择性阳离子通道和 K^+ 选择性通道）的开放，Ca^{2+} 进入内皮，Ca^{2+} 作为第二信使触发细胞内 NO 的合成，引发血管舒张，实现由机械信号（切应力的改变）刺激引发的跨膜信号转导（见第 13 章）。

3.2.1.2　G 蛋白耦联受体介导的信号转导

1. G 蛋白耦联受体介导的信号转导过程中的主要物质

由 G 蛋白耦联受体介导的信号转导是一系列相当复杂的过程，包括：①受体识别信使并与之结合；②激活与受体耦联的 G 蛋白；③激活 G 蛋白效应器（离子通道或酶）；④产生第二信使；⑤激活或抑制依赖于第二信使的蛋白激酶或离子通道。这一过程至少与下列几种物质有关：膜受体、G 蛋白、G 蛋白效应器、第二信使和蛋白激酶。

（1）G 蛋白耦联受体（G protein–coupled receptors，GPCR）　是一种与细胞内侧 G 蛋白的激活有关的独立的受体蛋白分子，由一个受体蛋白超级家族组成，这类受体主要介导大部分激素、神经递质引起的反应以及视觉、嗅觉和味觉。目前的研究发现人类的 GPCRs 近 800 个，可分为五大类：视紫红质（rhodopsin）家族、促胰液素（secretin）受体家族、谷氨酸受体家族、黏附受体（adhensive receptor）家族和跨膜（frizzled/TAS2）受体家族。尽管这些受体结合的配体千差万别（包括光子、离子、氨基酸、有机小分子、多肽、蛋白质和激素等），但其分子结构非常相似，每一个受体都有一个较长的 N 端位于膜的外侧，接着就是 7 段 α 螺旋结构 7 次穿过细胞膜，其 C 端位于细胞膜的内侧面。因此，每个受体都具有胞外、跨膜和胞内三个功能结构域，胞外或跨膜结构域有与配体结合的部位，胞内结构域有与 G 蛋白结合的部位，受体通过与配体结合后引起的构象改变来激活 G 蛋白。

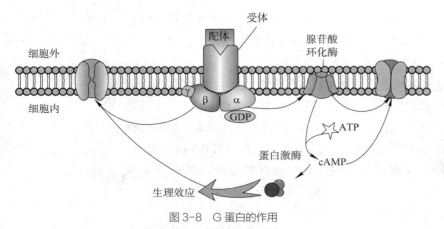

图 3-8 G 蛋白的作用

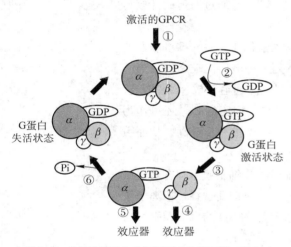

图 3-9 G 蛋白活化与失活循环（仿寿天德，2006）

（2）G 蛋白　G 蛋白是鸟苷酸结合蛋白（guanine nucleotide-binding protein）的简称，位于细胞膜的内侧，可将受体和其他膜蛋白耦联起来，这些膜蛋白（即是 G 蛋白的效应器）包括离子通道或者酶。G 蛋白由 α、β 和 γ 三个亚基组成，其中 α 亚基具有鸟苷酸结合位点和 GTP 酶活性（图 3-8）。非活性的 G 蛋白在膜内是与受体分离的，其 α 亚基与 GDP 结合，三个亚基结合紧密。

当受体与信使结合被激活时，受体发生构象改变（图 3-9），① G 蛋白和受体结合并被激活，激活的 G 蛋白 α 亚基对 GTP 有较大的亲和力，②则 GDP 被 GTP 取代，③ GTP 与 α 亚基的结合促进 GTP-Gα 与 β-γ 亚基复合体解离。④⑤解离的两部分均可进一步激活它们的靶蛋白（效应器）。G 蛋白的活性持续时间不长，因为 GTP-Gα 一旦和它们的靶蛋白结合，它们的 GTP 酶就被激活，⑥将 GTP 分解成 GDP，释放 Pi，使它们的 α 亚基和靶蛋白双双失活。结合 GDP 的 α 亚基再次与 β-γ 复合体结合，呈失活状态。至此，G 蛋白完成了从失活到激活再到失活的循环，并将胞外的结合到 GPCR 上的信号，传递到细胞内产生效应，完成了跨膜信号转导的全过程。

G 蛋白有兴奋型（stimulatory）G 蛋白（Gs）和抑制型（inhibitory）G 蛋白（Gi）。分别与酶的激活和抑制有关。

（3）G 蛋白效应器（G protein effecter）　有两种，即离子通道和催化生成第二信使的酶。

① G 蛋白控制的离子通道：G 蛋白可以直接或通过第二信使间接调节离子通道活动，但直接调节离子通道活动的 G 蛋白只有少数。如心肌细胞膜上的 M_2 型 ACh 受体与 ACh 结合后可激活 Gi，Gi 活化后生成的 GTP-Gα 亚基及 β-γ 亚基复合体都能直接激活 ACh 门控 K^+ 通道（K_{ACh} 通道）。

ⓔ知识拓展 3-3
由 G 蛋白耦联受体介导的跨膜信号转导（动画）

这类通道引起的效应类似于化学门控快通道的效应，但有两个重要的区别：其一，化学门控快通道中，信使与受体结合以后，只能开放通道，因而增加靶细胞膜对某种离子的通透性。而 G 蛋白耦联的离子通道既可以开放，也可以关闭；其二，信使与通道耦联受体结合在靶细胞上产生的反应是迅速而短暂的，仅仅只有几毫秒，为快通道。而由 G 蛋白控制的离子通道在信使与受体结合以后离子通道的开放或关闭都很慢，并且持续时间很长，可以达到几分钟，属于慢通道。

② G 蛋白调节的酶：由 G 蛋白调节的酶主要在细胞膜上，有腺苷酸环化酶（adenylyl cyclase AC）、磷脂酶 C（phospholipase C，PLC）、依赖于 cCMP 的磷酸二酯酶（phosphodiesterase，PDE），以及磷酯酶 A_2（phospholipase A_2，PLA_2），它们都是能催化生成或分解第二信使的酶。例如肾上腺素就是通过激活了相应受体后，通过 Gs 激活了环腺苷酸化酶，使胞浆中的 cAMP 增加（图 3-8）。

（4）第二信使　"信使"的概念是指其能将信息传递一定距离的化学物质。因为 G 蛋白和 G

蛋白效应器都存在于膜内侧，且不与膜分离，因此通常不把它们称为信使。若把激素、递质等细胞外的化学信号称为向靶细胞传信息的第一信使（first messenger），则 G 蛋白效应器酶激活后产生的、能将第一信使传递至细胞膜的信息再传递给细胞质中的靶分子（一般为各种蛋白激酶和离子通道）的物质就称为第二信使（second messenger）。

目前已知通过 G 蛋白调节的酶产生的第二信使有 5 种（图 3-10），负责大部分的细胞间通讯。这 5 种第二信使分别是：环 – 磷酸腺苷（cyclic adenosine monophosphate，cAMP）、环 – 磷酸鸟苷（cyclic guanosine monophosphate，cGMP）、三磷酸肌醇（inositoltriphosphate，IP_3）、二酰基甘油（diacylglycerol，DAG）和 Ca^{2+}（表 3-2）。

ⓔ **发现之旅 3-1**
第二信使的学说及其发展

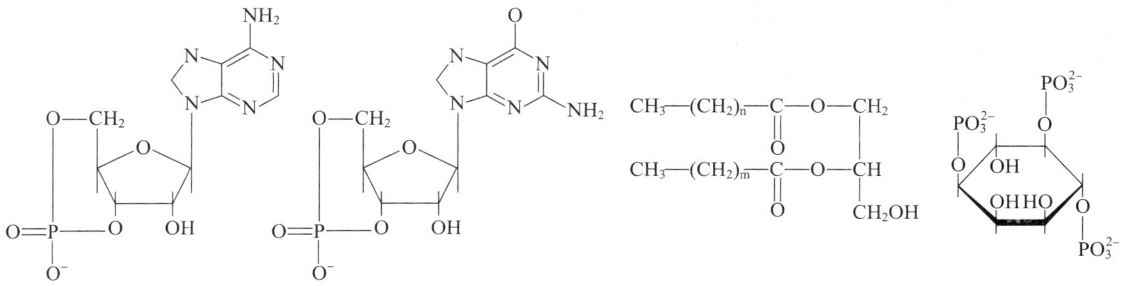

图 3-10 4 种第二信使的化学结构

表 3-2 5 种第二信使

第二信使	前体	促生成酶	一般作用	与之对应的第一信使举例
cAMP	ATP	腺苷酸环化酶	激活 PKA	肾上腺素、血管升压素、ACTH、胰高血糖素
cGMP	GTP	鸟苷酸环化酶	激活 PKG	心房钠尿肽、内皮素
IP_3	PIP_2	磷脂酶 C	促进细胞内储存的 Ca^{2+} 释放	血管紧张素 II、组胺、血管升压素
DAG	PIP_2	磷脂酶 C	激活 PKC	血管紧张素 II、组胺、血管升压素
Ca^{2+}	无	无	与钙调蛋白结合后激活蛋白激酶	血管紧张素 II、组胺、血管升压素

（5）蛋白激酶　第二信使生成后，一方面可直接调节离子通道的开放与关闭，另一方面又可激活或抑制细胞内的蛋白激酶。目前发现的蛋白激酶（protein kinase）有 100 多种。根据它们磷酸化底物蛋白机制的不同，可分为两大类：丝氨酸 / 苏氨酸蛋白激酶（serine/threonine kinase）和酪氨酸激酶（tyrosine kinase）。

蛋白激酶可将 ATP 分子上的磷酸基团转移至底物蛋白，使其磷酸化。磷酸化可改变底物蛋白的电荷特性和构象，显著改变该蛋白对配体的结合，从而导致该蛋白质活性的增加或降低。

ⓔ **知识拓展 3-4**
关于蛋白激酶、蛋白磷酸酶

2. G 蛋白耦联受体介导的跨膜信号转导通路

（1）cAMP-PKA 信号通路　是最常见的信号转导通路，其作用机理如图 3-11 所示。

① 第一信使与受体结合，激活 Gs 蛋白或 Gi 蛋白。

② G 蛋白释放 α 亚基，α 亚基可以结合并激活腺苷酸环化酶（AC）。

③ AC 催化 ATP 生成 cAMP。

④ cAMP 激活蛋白激酶 A（PKA）。

⑤ PKA 催化底物蛋白的磷酸化，改变其活性。

⑥ 底物蛋白活性改变以后引起细胞发生反应。

⑦ cAMP 经 cAMP 磷酸二酯酶（cAMP phosphodiesterase，PDE）的降解而终止作用。

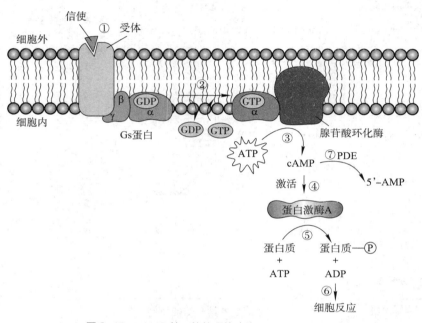

图 3-11　cAMP 第二信使系统（仿 Germann，2005）

一些含氮激素如肾上腺素、胰高血糖素（glycagon）、促肾上腺皮质激素释放激素（corticotropin releasing hormone, CRH）、促甲状腺素（thyroid-stimulating hormone, TSH）、黄体生成素（luteinizing hormone, LH）、生长素释放激素（growth hormone releasing hormone, GHRH）和抗利尿激素等，均是作为第一信使与受体结合后通过激活 Gs，进一步激活位于细胞膜内侧的 AC，促进 cAMP 的生成，使细胞内 cAMP 水平升高，然后通过 cAMP-PKA 信号通路发挥生理功能的（见第 15 章）。

此外，某些受体如 α_2 型肾上腺素受体、M_2 型 ACh 受体、生长抑素受体等当它们与配体结合时可激活 G_i，从而抑制 AC 的活性，使细胞内 cAMP 水平降低。

cAMP 主要通过激活 PKA 来实现信号转导功能，在不同细胞内，PKA 的底物蛋白不同，因此 cAMP 在不同靶细胞内具有不同的功能（图 3-8）（详见下文）。

（2）DAG-PKC 与 IP_3-Ca^{2+} 信号通路　细胞膜磷脂中的 4,5-二磷酸磷脂酰肌醇（phosphatidylinositol-4,5-biphosphate, PIP_2）在磷脂酶 C（phospholipase C, PLC）的催化下释放两个第二信使：DAG（二酰基甘油）和 IP_3（三磷酸肌醇），IP_3 还可以促进第三个第二信使 Ga^{2+} 的释放。磷脂酰肌醇系统的作用机理如图 3-12 所示。

① 信使与受体结合，激活 G 蛋白。

② G 蛋白释放 α 亚基，α

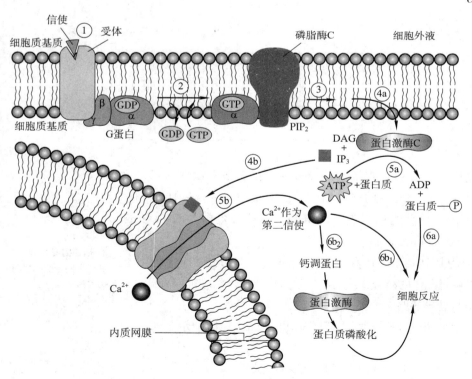

图 3-12　磷酰肌醇第二信使系统

亚基可以结合并激活磷脂酶 C。

③ PLC 催化 PIP_2 产生 DAG 和 IP_3，二者都可以作为第二信使发挥作用。

④a DAG 仍然留在细胞膜上，可以激活蛋白激酶 C（PKC）。

⑤a PKC 催化底物蛋白的磷酸化。

⑥a 底物蛋白磷酸化引起多种细胞的反应。

同时：

④b IP_3 进入细胞质基质。

⑤b IP_3 触发内质网释放 Ca^{2+}。据不同的细胞类型，Ca^{2+} 可以有如下功能：

⑥b1 Ca^{2+} 作用于蛋白质引起肌肉收缩或分泌活动。

⑥b2 Ca^{2+} 作为第二信使与钙调蛋白结合，激活蛋白激酶，使底物蛋白磷酸化，细胞因此产生反应。

（3）G 蛋白 – 离子通道信号通路　前已叙及，G 蛋白可以直接影响离子通道的活动。事实上，G 蛋白在多数情况下是通过第二信使来影响离子通道活动，如神经细胞和平滑肌细胞中都普遍存在由 Ca^{2+} 激活的 K^+ 通道（K_{Ca} 通道）。此过程中 Ca^{2+} 作为第二信使，浓度升高时可激活这类通道，导致细胞膜的复极化或超极化。在光感受器、嗅感受器中也存在着通过改变细胞内的第二信使 cGMP 或 cAMP 影响离子通道活动的信号转导机制（见第 13 章）。

3.2.1.3　酶耦联受体介导的信号转导

酶耦联受体可以分为两类：一是受体本身具有酶（如酪氨酸激酶、鸟甘酸环化酶）的活性，受体与酶是同一蛋白分子，被称作酪氨酸激酶受体（tyrosine kinase receptor）或鸟苷酸环化酶受体（guanylyl cyclase receptor）、丝氨酸 / 苏氨酸蛋白激酶受体等；另一类是受体分子本身不具有酶的活性，活化后的下游靶蛋白具有激酶功能，因而称为结合酪氨酸激酶受体（tyrosine kinase-associated receptor）。

ⓔ 知识拓展 3–5
酶耦联受体介导的跨膜信号转导

（1）酪氨酸激酶受体　此类受体在结构上为糖蛋白，只有一条链，分为膜外肽段，跨膜区和一个较短的膜内区肽段。膜外肽段是配体识别和结合部位，相当于受体。膜内肽段具有内源性酪氨酸激酶活性。当信使与受体结合后，能催化膜内肽段自身酪氨酸残基和胞内蛋白质中的酪氨酸残基的磷酸化，由此再引发各种细胞内功能的改变如图 3-13 所示。胰岛素、干扰素（interferons）和一些生长因子（growth factors）等就是利用酪氨酸激酶耦联的受体来进行信号转导的。

（2）酪氨酸激酶结合型受体　此类受体包括促红细胞生成素受体、生长激素和催乳素受体以及许多细胞因子和干扰素的受体。受体的分子结构中没有蛋白激酶的结构域，因此本身没有蛋白激酶活

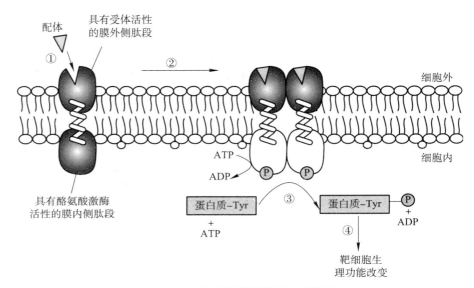

图 3-13　酪氨酸激酶耦联受体作用机理

性，但当受体与配体结合后，膜内结构域可吸附胞质内的酪氨酸蛋白激酶（如 JAK）与之结合并使后者激活又可磷酸化下游的信号蛋白，从而实现信号转导或产生生物学效应（见 ⓔ 知识拓展 3-5）。

（3）鸟苷酸环化酶受体　鸟苷酸环化酶在更多的时候是与 G 蛋白耦联，在这种情况下 cGMP 第二信使系统的作用机理与 cAMP 相似，可催化 GTP 转变成第二信使 cGMP。cGMP 可激活蛋白激酶 G（protein kinase G，PKG），即 cGMP 依赖性蛋白激酶（cGMP-dependent protein kinase），催化胞内蛋白的磷酸化；也可激活蛋白磷酸酯酶，水解底物蛋白质中磷酸化酪氨酸残基上的磷酸基团（见 ⓔ 知识拓展 3-5）。

3.2.2　胞内受体介导的信号转导机制

由于脂溶性化学信使容易穿过细胞膜进入细胞内，因此其受体位于细胞质基质或细胞核。绝大部分脂溶性化学信使都是激素，包括类固醇激素、甲状腺素和维生素 D_3。这些信使的受体和很多转录因子一样，都具有配体结合、DNA 结合和转录激活等结构域。当信使与受体结合后可以通过调节转录激活结构域的活性，使其成为转录激活子（activator）或抑制子（repressor）再与相应的 DNA 调控序列结合，调节靶基因的表达。图 3-14 描述了脂溶性激素的作用机理。

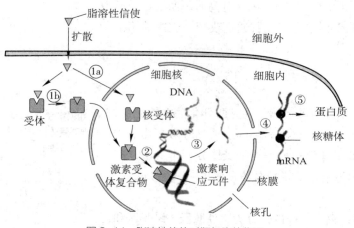

图 3-14　脂溶性信使对靶细胞的作用

①a 如果受体位于细胞核，激素将通过单纯扩散进入细胞核，与受体结合形成激素 - 受体复合物。

①b 如果受体位于细胞质基质，激素将通过单纯扩散进入细胞，与受体结合后形成激素 - 受体复合物，然后进入细胞核。

② 在细胞核内，激素 - 受体复合物能与位于特定基因上游的某段 DNA 区域，即激素响应元件（hormone response element，HRE）结合。

③ 当激素 - 受体复合物与 HRE 结合以后，能激活或灭活某些基因，改变其转录活性，从而增加或减少 mRNA 的合成。在图 3-14 中基因是激活的，因此 mRNA 的合成增加。

④ mRNA 进入细胞质基质。

⑤ mRNA 通过核糖体的翻译，产生蛋白质。

由于蛋白质合成的变化比较慢，通常需要几个小时甚至几天，因此脂溶性化学信使的效应产生很慢。此外，新合成的蛋白质在信使消失以后会长时间地存在于靶细胞，因此这些信使的效应也会持续很长时间。

在细胞间通讯的过程中，不同功能和化学分类的信使有不同的的信号转导通路（表 3-3）。

表 3-3　不同功能和化学分类信使的信号转导机制

信使	功能分类	化学分类	信号转导机制
肾上腺素	激素	胺类	G 蛋白耦联受体
甲状腺素	激素	胺类	胞内受体，改变 mRNA 转录

续表

信使	功能分类	化学分类	信号转导机制
血管升压素	激素、神经递质	肽类	G 蛋白耦联受体
胰岛素	激素、神经递质	肽类	酶耦联受体
雌激素	激素	类固醇	胞内受体，改变 mRNA 转录
谷氨酸	神经递质	氨基酸	通道耦联受体 G 蛋白耦联受体
5- 羟色胺	神经递质、旁分泌物、自分泌物	胺类	通道耦联受体 G 蛋白耦联受体
前列腺素	旁分泌物	类二十烷酸	G 蛋白，很多未知
白细胞介素	细胞因子	肽类	酶耦联受体
GABA	神经递质	氨基酸	通道耦联受体

3.2.3 信号转导的共同特征

从细胞水平来看，细胞接受各种各样外来刺激信号，并作出反应的过程具有如下共性：

第一，各种形式的细胞外刺激引起细胞内或细胞器功能活动的变化时，通常并不是它们直接去影响细胞内过程，它只需作用于细胞膜上（或膜内）受体。通过激活受体，引发各种信号转导路径，将细胞外界环境（包括外环境和内环境）变化的信息以新的信号形式传递到膜内，再引发细胞的相应功能改变，包括细胞出现新的电反应和其他功能改变。

第二，跨膜信号转导虽然涉及多种刺激信号在多种细胞中引发多种功能变化，但转导过程也仅通过少数几种类似的途径和方式实现，所涉及的几类膜蛋白在结构上具有很大的同源性，是由相近的基因家族编码的。

第三，细胞信号转导不是简单的信号传递，在信号传递过程中还具有信号放大功能。这主要因为信号转导系统是一个信号级联放大系统，其中的每一个上游信号分子都可激活几个下游信号分子，从而形成很少量的细胞外信号分子就可以引起靶细胞的明显反应现象（图 3-15）。

本章主要描述、归纳了 4 大类重要的信号跨膜转导途径的共性和一般规律。需要指出的重点如下。

① 各条信号转导途径不是孤立存在的，它们之间存在着错综复杂的联系，形成所谓的信号网络（signaling network）或信号间交互对话（cross-talk）。如经 cAMP-PKA 途径可激活骨骼肌中的糖原磷酸化酶激酶，而细胞质基质中 Ca^{2+} 浓度升高也可激活此酶；细胞质基质中 cAMP 和 Ca^{2+} 又能相互影响，胞质中的 Ca^{2+} 可调节 AC，而 AC-cAMP-PKA 又可通过磷酸化 Ca^{2+} 通道和钙泵来改变它们的功能。一种化学信号并非仅有一种跨膜信号传递系统，在不同细胞或同一细胞的不同膜部位，可通过不同的信号转导方式影响细胞的功能；如 Ach 作用于神经肌肉接头处的终板膜时，通过化学门控通道传递信息；而

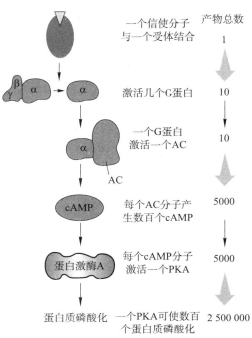

图 3-15 cAMP-PKA 信号转导系统的放大作用

作用于心肌、平滑肌时却是通过 G 蛋白耦联受体介导信号跨膜转导系统传递信息（受体为 M 型或毒蕈碱型受体）。

② 不同的细胞外化学信使也可能使用相同的信号转导方式，如许多嗅味气体或甜味与鲜味物质都可通过 G 蛋白或激活腺苷酸环化酶信号转导通路，或激活 IP₃ 介导的信号转导通路联级反应，引起膜的去极化（见第 13 章）。

③ cAMP–PKA 途径在不同类型的细胞中，PKA 的底物蛋白不同，因此 cAMP 在不同的靶细胞中具有不同的功能。如肝细胞内 cAMP 的升高可激活 PKA，PKA 又激活磷酸化激酶，后者促进肝糖原分解；在心肌细胞 PKA 可使 Ca^{2+} 通道磷酸化，细胞内 Ca^{2+} 浓度升高，因而增强心肌收缩力；在胃黏膜壁细胞，PKA 促进胃酸分泌。

④ 一种细胞外化学信使作用于某种细胞时可因细胞的功能状态不同而产生不同效应，这主要是蛋白质的功能状态受蛋白激酶（可逆磷酸化）/ 蛋白磷酸酶（脱磷酸化）反应（开关）调节效果的影响（见本章 3.2.1.2）。

因此在研究细胞跨膜信号转导时，应考虑到细胞对外来刺激发生反应的高度能动性和复杂性。

？ 思考题

1. 简述细胞间通讯的定义。主要有哪些方式？由细胞分泌的化学信使可以通过哪些途径到达靶细胞而发挥作用？

2. 什么是化学信使？化学信使可分为哪几类？何为第一信使、第二信使？它们在细胞间通讯中各起到何种作用？

3. 什么是受体？受体有哪几种类型？受体有哪些特性？影响受体功能的因素有哪些？环境因子发生变化时受体可发生哪些方面的调节过程？受体的激动剂和颉颃剂的概念是什么？

4. 简述化学门控离子通道介导的跨膜信号转导过程。G 蛋白在跨膜信号转导过程中的作用如何？它参与了哪几条信号转导通路（路径）？

5. 简述胞内受体介导的信号转导过程。

6. 各类细胞的信号转导机制共同特征是什么？举例说明它们之间存在着复杂的网络联系和交互对话机制。

网上更多学习资源……

◆本章小结　　◆自测题　　◆自测题答案

（陈　韬）

4　神经元的电活动与兴奋性

【引言】

心电图、脑电图、肌电图是怎么一回事？简单的回答"那是体内生物电在变化"。我们所熟知的神经冲动和细胞兴奋的本质也是生物电的变化。而"生物电"又是怎么一回事，它和兴奋又有何关系呢？在这一章中，我们将会了解生物电现象，学习神经元电活动的产生机制，理解生物电和细胞兴奋之间的关系。

【知识点导读】

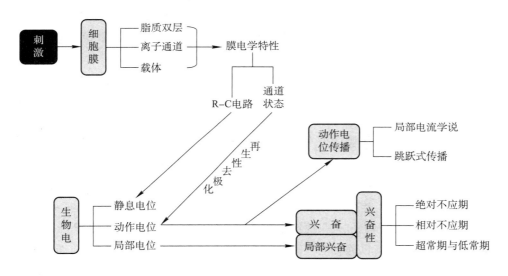

4.1 概述

机体内的细胞在进行生命活动时都伴随着电的现象，这种电现象称为生物电（bioelectricity）。一切活着的细胞或组织无论在静息还是活动时期，细胞的兴奋和抑制的产生都伴随着生物电现象。对细胞的生物电和兴奋的阐明是 20 世纪生命科学的重大进展之一。

动物机体及其器官所表现的电现象都是以细胞水平的生物电现象为基础的。伴随细胞活动而产生的生物电变化现已广泛运用于医学实践中，如临床上诊断用的心电图、脑电图、肌电图、胃肠电图等都是利用体表电极将组织细胞的电活动引出，经过放大并记录而得到的器官水平上的电现象。细胞的生物电是指存在于细胞膜两侧的电位差，通常称作跨膜电位（transmembrane potential），简称膜电位（membrane potential），主要有两种表现形式：静息时具有的静息电位（resting potential）和受到刺激时所产生的电位变化，包括局部电位（local potential）和动作电位（action potential）。

4.1.1 静息电位

细胞在未受刺激、处于静息状态时存在于膜内外两侧的电位差称为跨膜静息电位（transmembrane resting potential），简称静息电位（resting potential，RP）。静息电位是神经元、骨骼肌、平滑肌、心肌电兴奋性所必需的。在所研究过的动物细胞中，静息电位都表现为膜内较膜外低（为负）。图 4–1 中 R 表示测量仪（如示波器），和它相连的两个电极一个放在细胞的表面，另一个连接微电极，准备插入膜内。当两个电极都在膜外时，只要膜未受到损伤或受刺激时细胞膜外表面都是等电位的。如果让微电极刺穿细胞膜进入膜内，那么在电极尖端刚刚进入膜内的瞬间，在记录仪上将显示一个电位突变，这就表明细胞膜内外存在着电位差。如果规定膜外电位为 0，则膜内电位大都在 $-100 \sim -10$ mV，如骨骼肌的静息电位为 -90 mV，神经细胞约 -70 mV，平滑肌细胞约 -55 mV，红细胞约 -10 mV。大多数细胞的静息电位（除有自律性的心肌和胃肠平滑肌细胞）都是一种稳定的直流电位，只要细胞能维持正常的新陈代谢，没有受到任何刺激时，它的静息电位就能维持在某一恒定的水平上（如图 4–1 的 -70 mV）。膜内电位的负值减少视为静息电位减小，反之，则称为静息电位增大。

生理学中把细胞在静息状态下膜外为正电位、膜内为负电位的状态称为极化（polarization）；静息电位（负值）增大的过程或状态称为超极化（hyperpolarization）；静息电位（负值）减小的过程或状态称为去极化（depolarization）；去极化至零电位后膜电位如进一步变为正值，则称为反极化，膜电位高于零电位的部分称为超射（overshoot）；细胞膜去极化后再向静息电位方向恢复的过程称为复极化（repolarization）（图 4–1）。

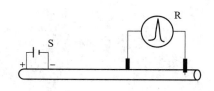

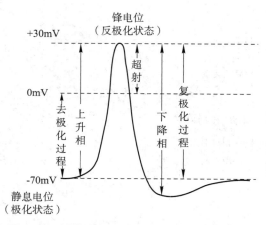

锋电位
（反极化状态）

+30mV

超射

0mV

去极化过程 · 上升相 · 下降相 · 复极化过程

-70mV

静息电位
（极化状态）

图 4–1 测量单一神经纤维静息电位和动作电位的实验模式图

R 表示记录仪器，S 是一个刺激器；当测量电极中的一个微电极刺入轴突膜内时可发现膜内持续处于较膜外低 70mV 的负电位状态；当神经受到一次短促的外中刺激时，膜内电位快速上升到 +35mV 的水平，约经 0.5～1ms 后再恢复到刺激前的状态

4.1.2 动作电位

当神经、肌肉等可兴奋细胞受到适当刺激后，其细胞膜在静息电位的基础上会发生一次迅速

而短暂的、可向周围扩布的电位波动，称为动作电位（action potential，AP）（图4-1）。膜内原来存在的负电位消失（去极化），进而快速变成正电位（反极化），即膜内电位在短暂时间内由原来的 –90～–70 mV 变到 20～40 mV 的水平；由原来的内负外正状态变为内正外负状态；膜内外电位变化的幅度为 90～130 mV。这构成了动作电位的上升支（rising phase）。但是，这种由刺激所引起的膜内外电位的倒转只是暂时的，很快就出现膜内正电位值的减少，恢复到受刺激前原有的负电位状态，即复极化过程，构成了动作电位的下降支（falling phase）。

图4-2 是哺乳动物粗大有髓神经纤维（A α 纤维）完整的动作电位真实曲线，快速去极化和快速复极化总共不超过 0.5 ms，形成一个短促尖锐的脉冲样变化，称为锋电位（spike potential，或脉冲 impulse）。锋电位是动作电位的主要部分，在锋电位之后还会出现一个较长的、微弱的电位变化时期叫后电位（after potential），它是由缓慢的复极化过程和低幅的超极化过程组成，分别称为后去极化（after depolarization）或负后电位[①]（negative afterpotential）和后超极化（after hypolarization）或正后电位[①]（positive afterpotential）。

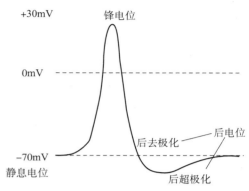

图 4-2 哺乳动物有髓纤维完整动作电位

4.1.3 观察生物电的方法

早期生理学家们通过对蟾蜍（或蛙）的神经 – 肌肉（坐骨神经 – 腓肠肌）标本的神经施加刺激或直接刺激肌肉，以肌肉的收缩为指标，推论在神经或肌肉表面接受刺激的点一定产生了某种信号，而且这种信号可沿着神经纤维或肌细胞传导，最后导致整个肌肉发生收缩；以后确认这个信号就是电信号。随着电生理实验技术的发展和电子仪器的使用，对这个电信号有了进一步观察和记录。

ⓔ **技术应用 4-1**
观察和研究生物电的方法

4.2 生物电产生机制

4.2.1 细胞膜的电学特性

细胞之所以有生物电现象，完全取决于它的细胞膜结构和膜的电学特性。细胞的电活动既可以用数学、物理学电缆（路）原理加以解释，但又不能完全、简单地套用，还有它自己的特殊性。

ⓔ **知识拓展 4-1**
细胞膜的电容与电阻

4.2.1.1 细胞膜的电容与电阻

细胞膜的脂质双分子层将含有电解质的细胞外液和细胞内液分开，其形式类似于一个平行板电容器，因此细胞膜具有电容特性，即膜电容（membrane capacitance，C_m）。细胞膜还具有电阻（称为膜电阻，membrane resistance，Rm）特性。单纯脂质双层几乎是绝缘的，电阻极高，但由于底细胞膜中插入了一些通道或载体，又能使离子通过，而使膜电阻变小了许多。因此，细胞膜可以看成是一个阻容（R–C）耦合等效电路。当离子通道开放时引起离子流动，就相当于在电容器上充电、放电，在膜的两侧产生电位差，即跨膜电位。

---

① 负后电位和正后电位的概念是对细胞进行细胞外记录时，对兴奋部位较静息部位的电位差极性的描述。

4.2.1.2　细胞膜上的电压门控离子通道

这就是细胞膜的 R–C 电路。

跨膜离子浓度差和膜对离子的通透性是形成跨膜电位的基础。跨膜电位就是多种离子跨细胞膜转运的综合结果。电压门控离子通道是维持细胞生物电活动的重要组成部分，在动作电位和局部电位形成过程中担任主要角色。电压门控离子通道因跨膜电位的变化而开放或者关闭，影响膜对不同离子的通透性，引起膜内外带电离子浓度的变化，进而导致膜电位的改变。

电压门控离子通道一般具有开放、关闭和失活三种状态。现以电压门控 Na^+ 通道和电压门控 K^+ 通道为例加以说明：Na^+ 通道本身具有两个可独立控制的门，即激活门和失活门，并存在着静息（或称备用）、激活和失活三种功能状态（图 4–3A）。①在静息状态（resting state）时，位于通道中间的激活门关闭着，位于膜内侧的失活门开放着，Na^+ 不能通过通道；②在激活状态（activated state）时，激活门和失活门全都开放，Na^+ 内流；③通道被激活后很快进入失活状态（inactivated state），激活门仍开放，但失活门却关闭，Na^+ 不能通过通道，失活状态的通道对刺激不发生反应。Hodgkin 和 Huxley 将这种 Na^+ 的工作模型称之为 H–H 模型。而电压门控 K^+ 通道只有一道激活门，表现出两种功能状态：静息时的关闭状态和激活时的开放状态（图 4–3B）。与电压门控 Na^+ 通道相比较，K^+ 通道则延迟被激活，开放较晚，K^+ 外流起步晚。

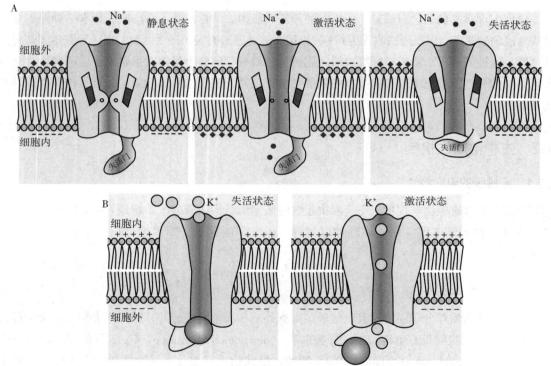

图 4-3　电压门控 Na⁺ 通道和电压门控 K⁺ 通道的工作状态模式图
A. 电压门控 Na⁺ 通道的静息（备用）状态、激活状态、失活状态；B. 电压门控 K⁺ 通道的失活和激活状态

4.2.2　静息电位的产生机制

带电离子的跨膜运动受到膜两侧的离子浓度差和电位差两种驱动力的影响，两者的代数和称为电化学驱动力（electrochemical driving force）。膜两侧的离子浓度差可促进离子跨膜扩散，而离子

本身带有电荷，随着扩散的进行，膜两侧就会产生一个电位差（电场力），该电位差成为了离子扩散的阻力。因此，离子的跨膜势能差取决于离子跨膜浓度差和电位差。当阻碍离子扩散的电位差驱动力与促进离子扩散的浓度差驱动力相等时，即达到了该离子的电化学平衡，电化学驱动力为零时，离子的净流动停止，此时的跨膜电位差就是跨膜扩散离子的平衡电位（equilibrium potential）。

1902 年 Bernstein 提出的膜学说认为，细胞膜内、外 K^+ 分布不均匀和安静时膜主要对 K^+ 有通透性是细胞保持膜内负、膜外正极化状态的基础。如表 4–1 和表 4–2 所示，枪乌贼巨轴突、脊椎动物神经元和心肌细胞膜内、外离子分布的状况为：细胞膜内有较多的 K^+（是膜外的 20～50 倍）和带负电荷的有机负离子（主要是有机酸和蛋白质，A^-）；膜外有较多的 Na^+（是膜内的 5～14 倍）和 Cl^-（是膜内的 4～5 倍）。这种膜内外 K^+、Na^+ 分布不均匀主要是 Na^+ 泵活动的结果。

表 4–1　常量离子在枪乌贼巨轴突和脊椎动物神经元的跨膜浓度差及其平衡电位

	巨大轴突			神经细胞		
	膜内 /mmol·L^{-1}	体液 /mmol·L^{-1}	平衡电位 /mV	胞内 /mmol·L^{-1}	体液 /mmol·L^{-1}	平衡电位 /mV
K^+	400	20	−75	125	5	−80
Na^+	50	440	+55	12	120	+58
Cl^-	52	560	−60	5	125	−8
A^-	350	−	−	108	−	−

注：A^- 表示有机负离子。

表 4–2　心肌细胞中各种主要离子的浓度及平衡电位值

离子	浓度 /mmol·L^{-1}		内 / 外比值	平衡电位 /mV
	细胞内液	细胞外液		
Na^+	30	140	1：4.6	+41
K^+	140	4	35：1	−94
Ca^{2+}	10^{-4}	2	1：(2×10^4)	+132
Cl^-	30	104	1：3.5	−33

除了 K^+ 和 Na^+ 之外，细胞外液中还存在 Ca^{2+} 和 Cl^-。很多实际情况是，静息时的细胞膜对有机负离子几乎没有通透性，对 Ca^{2+} 的通透性也很低，但对 K^+、Na^+、Cl^- 都是可通透的。因此，各种离子的相对通透性是影响静息电位的重要因素，可以认为静息电位是经权衡后的各种离子平衡电位的代数和（E_m）。一般认为，细胞膜对 Cl^- 不存在原发性主动转运，因此 Cl^- 在膜两侧的分布是被动的，它不决定膜电位，但是膜电位却决定它在膜内的浓度。细胞膜对 K^+ 和 Na^+ 的相对通透性就成了决定静息电位的主要因素。

在静息状态时，细胞膜主要对 K^+ 有通透性，又由于膜内高浓度的 K^+ 具有较高的化学势能，则 K^+ 可顺着浓度梯度向细胞膜外扩散，K^+ 的外流是由膜上具有持续开放的漏通道（leak channel）实现的。带负电的有机负离子（A^-）有随同 K^+ 外流的趋势，但它不能通透过细胞膜，

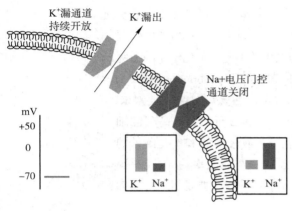

图 4-4 静息电位形成的机制

只能聚集在膜的内侧。由于正、负电荷相互吸引，K^+ 不能离开膜很远，只能聚集在膜的外侧面。这样，在膜内、外就形成了电位差。该电位差又成了阻止 K^+ 外流的力量，随着 K^+ 向外扩散，这种电位差越来越大，当它与浓度梯度促使 K^+ 外流的力量达到平衡时，K^+ 的净流量为零。此时的膜内、外电位差称为 K^+ 的平衡电位（E_K），接近静息电位水平（图 4-4）。E_K 的数值由膜两侧最初的 K^+ 浓度而定，其精确值可以根据物理化学中的 Nernst 公式计算出来：

$$E_k(mV，27℃) = 59.5 \log \frac{[K^+]_0}{[K^+]_i}$$

式中，E_K 为 K^+ 平衡电位，$[K^+]_o$、$[K^+]_i$ 分别代表膜外和膜内 K^+ 浓度。

由于静息时膜上的漏通道对 Na^+ 也有一定的通透性，但要远小于对 K^+ 的通透性，大约是 K^+ 通透性的 1/10 000，少量 Na^+ 的内流抵消了一部分 K^+ 外流产生的电位差，也会中和一部分膜内的负电荷，所以静息时的膜电位在 E_k（负电位）基础上会稍微向 E_{Na}（正电位）的方向偏离。因此，实际上静息电位接近 E_k，但略小于 E_k。

在细胞静息状态下，由于膜上的钠泵能将细胞内多余的 Na^+ 泵出、将膜外 K^+ 吸入，因此不会因上述离子的流动而改变细胞膜内、外离子分布的特征，使跨膜静息电位得以维持，这对维持细胞的兴奋性有着重要意义。在实际情况中，静息电位是膜静息状态时以 K^+ 外流为主的多种离子跨膜转运的综合结果。

⊜ 知识拓展 4-4
跨膜电位是各种离子流过细胞膜的综合结果

综合起来说，可以认为决定静息电位的因素有 3 点：①细胞膜内外的 K^+ 浓度差。②膜对 K^+ 和 Na^+ 的相对通透性，如果膜对 K^+ 通透性增大，静息膜电位增大，更趋于 E_K；反之，膜对 Na^+ 通透性增大，静息膜电位减小，更趋于 E_{Na}。如心肌和骨骼肌细胞，K^+ 与 Na^+ 上述比值为 20~100，静息电位为 -90~-80 mV；而平滑肌细胞的 K^+ 与 Na^+ 的比值为 7~10，静息电位只有 -55 mV。③钠 - 钾泵活动水平。

4.2.3 动作电位的产生机制

在细胞膜静息时，电压门控 K^+ 通道关闭；电压门控 Na^+ 通道的激活门关闭，失活门开放，但总体上 Na^+ 通道是关闭的（图 4-5 ①）。当膜受到刺激时，Na^+ 通道激活，此时 Na^+ 通道上的激活门和失活门同时开放，但只有一部分 Na^+ 通道开放；而 K^+ 通道激活门还未打开（要一直延迟到锋电位之后才开放）（图 4-5 ②）。当到达阈电位时，细胞膜

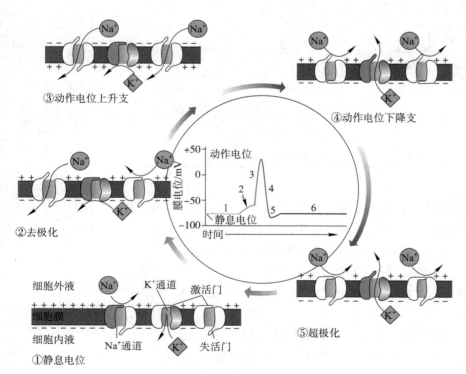

图 4-5 电压门控 K^+ 通道和电压门控 Na^+ 通道的工作状态与动作电位的产生机制

上的 Na^+ 通道全部开放（膜对 Na^+ 的通透性的迅速增加，且远远超过对 K^+ 的通透性）；由于细胞外高 $[Na^+]$，而且膜内静息时原已维持的负电位对 Na^+ 的内流起吸引作用，于是 Na^+ 迅速内流，结果造成膜内负电位迅速消失；同时由于膜外较高的 Na^+ 浓度势能，即使在膜电位为零时 Na^+ 仍可继续内流，直至内流的 Na^+ 在膜内所形成的正电位足以阻止 Na^+ 的净内流为止，这时膜电位达到最大值，即为 Na^+ 平衡电位（图 4-5 ③），仍可用 Nernst 方程计算出来，此构成动作电位的上升支。当达到锋电位时，Na^+ 通道的激活门仍然开放，但失活门关闭的，总体上是 Na^+ 通道关闭；此时电压门控 K^+ 通道已开放，K^+ 在电势能的作用下外流，出现复极化（图 4-5 ④），此构成动作电位的下降支。恢复到静息电位时，Na^+ 通道的失活门恢复开放，但激活门是关闭的，总体上是 Na^+ 通道处于关闭状态，但电压门控 K^+ 通道还在延迟开放，造成过多的 K^+ 外流，因此出现超极化（图 4-5 ⑤）。

产生兴奋时，电压门控 Na^+ 通道被激活，可在人工去极化后几个毫秒之内开放概率达最大值，随后去极化继续进行，但在很短时间里 Na^+ 通道开放概率可下降到零，进入失活状态。Na^+ 通道失活较其他离子通道快，通道失活时，不会因尚存在着去极化而继续开放，也不会因新的去极化再度开放。只有当去极化消除恢复到接近静息极化状态后，通道才有可能在新的去极化（刺激）下再进入开放状态。通道的激活、失活和功能再恢复（备用状态），都是以蛋白质内部构象的相应变化为基础的。

Na^+ 通道迅速失活的现象，可以解释神经或肌细胞的动作电位为什么在到达超射值顶点时就迅速下降，表现为锋电位的形式。这是此时大多数 Na^+ 通道已进入失活状态而不再开放的结果。造成动作电位持续时间很短和出现下降支的另一个原因，是差不多在 Na^+ 通道迅速失活的同时，膜中的另一种电压门控 K^+ 通道的延迟开放。当 K^+ 通道开放时 Na^+ 通道已失活，由于膜内的高 K^+ 浓度，推动 K^+ 的外流，使膜内电位变负，最后恢复到静息时 K^+ 平衡电位的状态。

在生理学中，将正离子由膜外向膜内流动或负离子由膜内向膜外流动称为内向电流（inward current），内向电流能促使膜去极化。通常 Na^+ 和 Ca^{2+} 由细胞外向细胞内流动，都是内向电流。将正离子由膜内向膜外流动或负离子由膜外向膜内流动称为外向电流（outward current），外向电流导致膜复极化或超极化。通常 K^+ 的外流和 Cl^- 的内流都是外向电流。动作电位的上升支（去极化相）是内向电流形成的，而下降支（复极化相）是外向电流形成的。引起离子跨膜流动的原因，主要来自膜两侧对离子的电化学驱动力和动作电位期间对离子的通透性的瞬间变化。

上述原理基本适用于各种可兴奋细胞。当然，不同细胞电压门控通道的种类可能不同，如心肌细胞和有些神经细胞，内向电流是由电压门控 Ca^{2+} 通道产生或在动作电位中有 Ca^{2+} 内流的成分。由于可兴奋细胞的动作电位持续时间不同，所以动作电位产生的临界频率范围也不相同（图 4-6）。

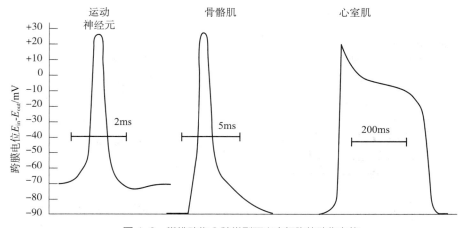

图 4-6　脊椎动物 3 种类型可兴奋细胞的动作电位

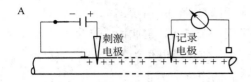

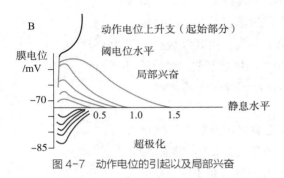

图 4-7 动作电位的引起以及局部兴奋

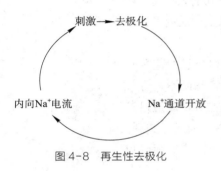

图 4-8 再生性去极化

4.2.4 动作电位的引起、传导及其特性

4.2.4.1 动作电位的引起

引起动作电位的实验装置如图 4-7A 所示，将刺激电极中的微电极预先插入可兴奋细胞（如神经细胞），另一电极置于细胞外，两电极分别与直流电源的正、负极相连。如果将刺入膜内的微电极与电源的负极相连，不同强度的刺激将引起膜内原有的负电位不同程度的加强，即引起不同程度的超极化，此时即使刺激强度很大，也不会引起细胞产生动作电位（图 4-7B 中横轴以下的各条曲线）。反之，如果将膜内微电极与电源的正极相连，将电源接通时，将引起膜的去极化，当刺激加强使膜内去极化达到某一临界值时就可以在已经去极化的基础上产生动作电位（图 4-7B 中横轴以上的各条曲线）。这个能进一步诱发动作电位去极化的临界膜电位值，称为阈电位（threshold membrane potential）。

阈电位是可兴奋细胞的一项重要功能指标，其绝对值一般比正常静息电位大约低 10～15 mV。对于一个 Na^+ 通道来说并不表现出"阈"的特性，但对于一段膜来说达到阈电位的去极化会引起一定数量的 Na^+ 通道开放，而因此引起的 Na^+ 内流会使膜进一步去极化，结果又引起更多的 Na^+ 通道开放和更大的开放概率，如此反复下去，出现一个"正反馈"或称作再生性去极化（regenerative depolarization）的过程（图 4-8），其结果出现一个不依赖于原有的刺激，而使膜内 Na^+ 通道迅速而大量开放，使膜外 Na^+ 快速内流，直至达到 Na^+ 平衡电位才停止，形成锋电位的上升支。

4.2.4.2 动作电位的传导

动作电位一旦在细胞膜上某一点产生，就会沿着细胞膜向周围传播，使细胞经历一次类似于被刺激部位的跨膜离子运动，表现为动作电位沿着整个细胞膜传导。

（1）传导机制——局部电流学说（local current theory）　图 4-9 表示一段正常静息时的无髓神经纤维的某一小段因受到足够强度的外来刺激而出现了动作电位（兴奋），即膜由静息时的内负外正变为内正外负，而与之相邻的神经段仍处于静息状态，因此两段神经纤维之间有了电位差。因膜内外的溶液都是导电的，于是就有了电荷移动，称为局部电流（local current）。电流的方向在膜外由未兴奋段移向兴奋段，在膜内由兴奋段移向未兴奋段。流动的结果造成附近未兴奋段膜内电位升高，膜外电位降低，膜去极化。而且这种去极化足以达到阈电位水平，因此该段膜的 Na^+ 通道大量被激活而引发动作电位出现（成为新的兴奋段）。这样的过程沿着神经纤维膜继续下去，动作电位（兴奋）也就在神经纤维膜上传导开来，称之为神经冲动（nerve impulse）。

由于兴奋和邻近静息部位之间的电位差可高达 100 mV（即动作电位的幅值），约是阈电位所需幅值（10～20 mV）的数倍，故局部电流的刺激强度远大于阈电位水平。因此生理条件下动作电位的传

📱 知识拓展 4-5
局部电流学说
（动画）

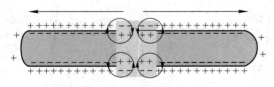

图 4-9 神经纤维传导机制的模式图

弯箭头表示膜内外局部电流的流动方向，直箭头表示冲动传导方向

导十分安全。动作电位在无髓鞘神经纤维上的传导呈顺序式（逐点）传导。

（2）跳跃式传导　脊椎动物的许多神经纤维是有髓鞘的。由于有髓神经纤维在轴突外面包有一层相当厚的髓鞘，作为髓鞘主要成分的脂质是不导电或不允许带电离子通过的，因此只有在髓鞘暂时中断的朗飞氏结（Ranvier's node）处，轴突膜才能和细胞外液接触，使跨膜离子移动得以进行。当其受到外来刺激时，局部电流只能出现在与之相邻的朗飞氏结之间，并对相邻的朗飞氏结起到刺激作用，使其兴奋（图4-10）。然后又以同样的方式，使下一个朗飞氏结兴奋，兴奋就以跳跃的方式从一个朗飞氏结传到另一个朗飞氏结，而不断向前传导，称为兴奋的跳跃式传导（saltatory conduction）。

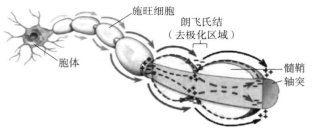

图 4-10　兴奋在有髓神经纤维上的跳跃式传导
实线箭头表示整体情况下 AP 的传播方向，虚线箭头表示局部电流方向

跳跃式传导使兴奋传导的速度大为加快，不仅是因为脂质的髓鞘不导电、局部电流仅存在于朗飞氏结之间，在单位长度内，每传导一次兴奋所涉及的跨膜离子运动的总数要少得多，因此它是一种更"节能"的传导方式；而且还由于电压依赖式 Na$^+$ 通道都群集在结节处，更容易引起大量 Na$^+$ 内流，产生动作电位。

4.2.4.3　动作电位的特性

虽然不同类型细胞的动作电位具有不同的形态（图4-6），但都表现出共同的特性：

（1）"全或无"的特性　要引起细胞产生动作电位，就需要一定强度的刺激。能引起动作电位发生的最小强度的刺激称为阈刺激（threshold stimulus），此时的刺激强度称为阈强度（threshold intensity）。阈刺激就是可以引起细胞去极化达到阈电位水平的刺激。只要是达到阈强度的刺激，均能引起 Na$^+$ 内流与去极化的正反馈关系，膜去极化程度都会接近或达到 E_{Na}（动作电位幅度达到最大值），而与原来的刺激强度无关。低于阈强度的阈下刺激使膜的去极化达不到阈电位水平，就不能形成去极化与 Na$^+$ 内流的正反馈关系（再生性去极化），因而不能产生动作电位，这就是动作电位的"全或无"（all or none）特性。

（2）动作电位的传导具有不衰减性　如上述，当细胞膜的某一部位受刺激产生了动作电位，该电位变化并不局限于受刺激的局部，而是相继引起相邻（两侧）细胞膜产生再生性去极化，引发一个形状相同、幅度大小相等的动作电位，动作电位将在整个细胞膜上传播开来。这也是动作电位"全或无"的另一种表现形式，即为动作电位传导的"不衰减性"。

（3）连续发生的动作电位不会产生电位的融合　对神经元进行连续的有效的刺激可以产生一系列的动作电位，而且动作电位之间总是存在一定时间间隔，不会出现相邻动作电位叠加现象。其原因是在每次动作电位之后的一段时间内离子通道（特别是 Na$^+$ 通道）进入了失活状态（见4.2.1.2 和 4.3.3）。

（4）动作电位通过频率编码传递刺激强度信息　神经元在接受不同来源、不同性质和不同强度的刺激时，不是通过改变动作电位的幅度，而是通过改变动作电位的发放频率和序列来传递刺激信息的。一次有效刺激可以引起一次动作电位的发生。如果持续给予阈上刺激，在动作电位下降支后半段恢复阶段内（Na$^+$ 通道恢复到接近备用状态）即可产生新的动作电位，而动作电位频率高低直接与刺激强度相关。如果刺激只达到阈强度，持续的阈刺激只能在膜电位完全恢复到静息电位（相当于绝对不应期和相对不应期之后，后述）才能诱发新

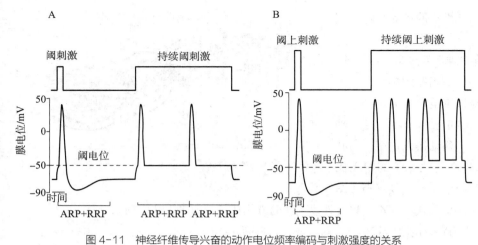

图 4-11 神经纤维传导兴奋的动作电位频率编码与刺激强度的关系

A. 阈刺激引起较低频率的动作电位；B. 阈上刺激引起较高频率的动作电位。ARP：绝对不应期，RRP：相对不应期

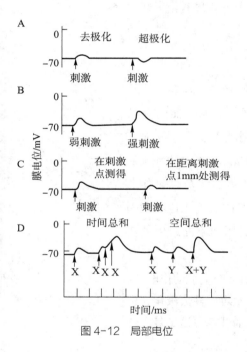

图 4-12 局部电位

的动作电位，即只能产生较低频率的动作电位（图 4-11A）；如果刺激强度越大，就越容易（在相对不应期内）引起新的动作电位，动作电位产生频率就越高（图 4-11B）。

4.2.5 局部电位

阈下刺激不能引起膜去极化达到阈电位水平，但也可引起少量电压门控 Na^+ 通道开放，让少量 Na^+ 内流。这时由电刺激造成的去极化与少量 Na^+ 内流造成的去极化叠加在一起，使受刺激部位出现一个较小的去极化，称为局部反应或局部兴奋（local excitation）（图 4-7B 中横轴以上的局部兴奋曲线）。这种去极化电位称为局部的去极化电位，简称局部电位（local potential）。由于该去极化程度较小，可被（维持当时 K^+ 平衡电位的）K^+ 外流所抵消，不能形成再生性去极化，因而不能形成动作电位。

与动作电位相比，局部电位有以下特点：①只局限在局部，不能在膜上作远距离传播；但由于膜本身有电阻和电容特性以及膜内外溶液都是电解质，所以发生在膜的某一点的局部兴奋可按物理的电学特性引起邻近膜产生类似的去极化，而且随着距离的增加而迅速减小和消失，所波及的范围一般不超过数十乃至数百微米，称为电紧张性扩布（electrotonic propagation）（图 4-12 C）；②不具有"全或无"特性。在阈下刺激范围内，去极化的幅度随刺激强度增强而增大（图 4-12 B）；③可以总和（或叠加）（图 4-12 D）。如果在距离很近的两个部位，同时给予两个阈下刺激，它们引起的去极化可以叠加在一起，以致有可能达到阈电位水平而引发一次动作电位，这称为空间总和（spatial summation）；如果某一部位相继接受数个阈下刺激，只要前一个刺激引起的去极化尚未消失，就可以与后面刺激引起的去极化发生叠加，这称为时间总和（temporal summation）。总和现象在神经元胞体和树突的功能活动中十分重要和常见。如果细胞内的刺激电极为负极，则细胞膜上将出现与上述局部去极化方向相反的局部超极化电位（图 4-12 A）。

4.3 细胞的兴奋性和刺激引起兴奋的条件

4.3.1 兴奋、兴奋性与可兴奋细胞

各种生物体都生活在一定的环境中，当它们所处的环境发生变化时，常引起体内代谢过程及其外表活动的改变，称为反应。反应可有两种表现形式：一种是由相对静止状态变为显著活动状

态，或由活动弱变为活动强，称为兴奋（excitation）；另一种是由显著活动状态变为相对静止状态，或由活动强变为活动弱，称为抑制（inhibition），从生理的角度，抑制乃是兴奋的另一种表现形式。并不是所有的环境变化都能引起生物体反应，只有那些能被生物体所感受的环境变化，才有可能引起生物体的反应，所以能被生物体所感受并且引起生物体发生反应的环境变化称为刺激（stimulus）。

ⓔ 发现之旅 4-2
兴奋性的发现

从广义角度而言，经典的生理学将机体的活组织或细胞对刺激发生反应的能力定义为兴奋性（excitability）。虽然几乎所有活组织或细胞都具有对刺激发生反应的能力，但神经细胞、肌肉细胞、腺体细胞的兴奋性比较高，习惯上又将这 3 种组织或细胞称为可兴奋组织（excitable tissue）或可兴奋细胞（excitabl cells）。

可兴奋细胞在兴奋时，虽有不同的外部表现形式，如肌肉细胞的收缩反应、腺体细胞的分泌活动、神经细胞产生可传导的跨膜电位变化，但在受刺激处的细胞膜都会最先出现一次动作电位，这是绝大多数细胞在受到刺激产生兴奋时所共有的特征性表现。因此，近代生理学将兴奋性更准确地定义为细胞受刺激时产生动作电位的能力。而兴奋则指产生动作电位的过程或是动作电位的同义语。而那些在受到刺激时能产生动作电位的组织才称为可兴奋组织。组织产生了动作电位就是产生了兴奋（简称兴奋）。

4.3.2　刺激引起兴奋的条件

任何刺激要引起组织兴奋必须在强度、持续时间、强度对时间变化率三个方面达到最小值，这称为刺激的三要素。用能够引起组织兴奋的不同刺激强度和与它们相对应的作用时间可绘制出刺激强度时间曲线（图 4-13）。从曲线中可以看出，在一定范围内引起组织兴奋所需的刺激强度与该刺激的作用时间呈反比关系。当刺激持续时间固定于某一适当数值时，要引起组织兴奋，都有一个最小的刺激强度，即阈强度，该刺激称为阈刺激。强度低于它的刺激称为阈下刺激（subthreshold stimulus），高于它的刺激称为阈上刺激（suprathreshold stimulus）。刺激持续时间也有个最小值，称为时间阈（值）。强度阈值或时间阈值可近似地反映该组织的兴奋性的高低，组织的阈值越低说明其兴奋性越高，相反则越低。

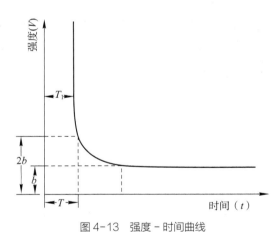

图 4-13　强度 - 时间曲线
b: 基强度；$2b$: 2 倍基强度；T: 时值；T_1: 最短时间阈值

ⓔ 知识拓展 4-6
引起兴奋的刺激条件和强度 - 时间曲线

4.3.3　细胞兴奋时的兴奋性变化

各种组织、细胞在接受刺激而兴奋时和以后的一小段时期内，它的兴奋性要经历一系列有次序的变化，然后才恢复正常（图 4-14）。也就是说，组织或细胞接受连续刺激时，后一个刺激引起的反应可受到前一个刺激作用的影响。这是一个非常有意义的生理现象。

通过实验可以发现，在神经接受一次有效刺激而兴奋之后的一个短暂时期内，无论多么强大的刺激都不能使它再产生兴奋。也就是说，这一段时期内神经的兴奋性下降至零，此时出现的任何刺激均"无效"。这段时期称为绝对不应期（absolute refractory period）。在绝对不应期之

ⓔ 实验技术应用
4-2　检测兴奋性变化的实验

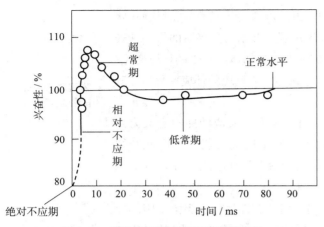

图 4-14 猫隐神经受刺激后兴奋性的变化

后，第二个刺激有可能引起新的兴奋，但所用的刺激强度必须大于该神经的阈强度。说明神经的兴奋性有所恢复，这段时期称为相对不应期（relative refractory period）。经过绝对不应期、相对不应期，神经的兴奋性继续上升，可超过正常水平，用低于阈强度的（检测）刺激就可引起神经第二次兴奋，这个时期称为超常期（supernormal period）。继超常期之后神经的兴奋性又下降到低于正常水平，此期称为低常期（subnormal period），这一时期持续时间较长，此后组织、细胞的兴奋性才完全恢复到正常水平。

以上各期的长短，在不同组织、细胞有很大的差别。一般说来，绝对不应期较短，相当于或略短于前一刺激引起的动作电位的主要部分的持续时间，如神经纤维和骨骼肌只有 0.5~2.0 ms 左右，心肌细胞则可达到 200~400 ms；其他各期的长短变化很大，而且易受代谢和温度等因素的影响。由于绝对不应期的特性，落于前一绝对不应期的后续刺激将是无效的，不会产生两个动作电位的融合，并因此使组织、细胞不论受到多么高频率的连续刺激，所产生兴奋或动作电位的频率总不会超过某一最大值，理论上这个最大值就不可能超过该组织、细胞的绝对不应期所占时间的倒数，如蛙的有髓纤维的绝对不应期或动作电位的持续时间约为 2 ms，那么，每秒钟内所能产生和传导的动作电位的最大频率可达每秒 500 次，实际上神经纤维在体内所产生和传导的动作电位的频率远远低于这个值；心肌细胞的绝对不应期长达 200 ms，因此其产生动作电位最大频率不超过每秒 5 次。

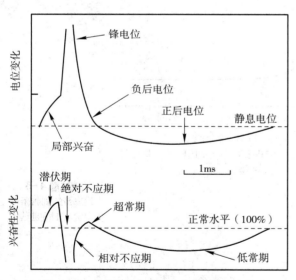

图 4-15 动作电位与兴奋性变化的时间关系

兴奋的本质就是动作电位。将动作电位的进程与细胞进入兴奋后兴奋性的变化相对照可看到，锋电位的时间相当于细胞的绝对不应期；后去极化（负后电位）期细胞大约处于相对不应期和超常期，而后超极化（正后电位）期则相当于低常期（图 4-15）。

在锋电位的主要时间里，因为电压门控 Na^+ 通道已经处于激活或失活状态，对刺激不能产生反应，因此不论多么强的刺激都不能使膜再次产生动作电位，即此时的细胞兴奋性为零，正处于绝对不应期。

相对不应期则对应负后电位的前半段，在此时间范围内，电压门控 Na^+ 通道部分恢复到备用状态，但复活的电压门控 Na^+ 通道较静息时少，需要较强的阈上刺激才能引起动作电位。

相对不应期之后会出现极短暂的超常期，这段时间相当于负后电位的后半段，此时电压门控 Na^+ 通道已经完全处于备用状态，而膜电位还未恢复至静息电位水平，距离阈电位水平较近。所以，在超常期内，略低于静息期阈刺激的刺激强度就有可能会诱发一次动作电位，此时的细胞兴奋性高于正常水平。

正后电位时期，电压门控 Na^+ 通道完全恢复到备用状态，但由于电压门控 K^+ 通道延续开放，K^+ 外流仍在进行，可以对抗去极化，且膜电位与阈电位差值较大，因而相当于静息期阈强度的刺激不能引起膜产生动作电位，必须是阈上刺激才能使膜产生动作电位，所以兴奋性较低，处于低常期（图 4-16）。

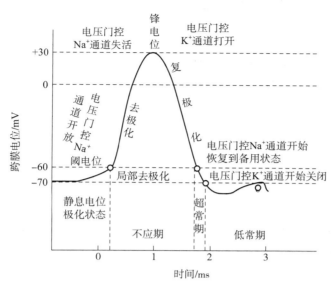

图 4-16 枪乌贼巨轴突的动作电位和不应期的产生

4.3.4 影响兴奋性的因素

细胞兴奋性是细胞受刺激产生动作电位的一种能力。兴奋性高则意味着容易产生动作电位；反之，则意味着不易产生动作电位。因此，影响细胞兴奋性的因素主要涉及静息电位水平、阈电位水平、电压门控离子通道的活动状态三个方面。

静息电位水平越低，即静息电位绝对值越大，静息电位离阈电位距离越远，去极化达到阈电位水平时所需要激活的电压门控 Na^+ 通道就越多，产生动作电位的能力就越小，则细胞的兴奋性越低。反之，静息电位水平越高，细胞兴奋性越高（图 4-17A）。

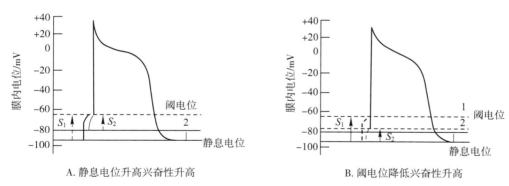

图 4-17 心肌兴奋性的决定因素

A. 膜电位水平的影响：静息电位 1 的阈刺激 S_1 大于静息电位 2 的阈刺激 S_2；B. 阈电位水平的影响：阈电位 1 的阈刺激 S_1 大于阈电位 2 的阈刺激 S_2

阈电位水平越高，去极化达到阈电位水平所需要的刺激强度就越大，产生动作电位的能力就越小，则细胞兴奋性越低。反之，阈电位水平减低，细胞兴奋性则升高（图 4-17B）。

膜上电压门控 Na^+ 通道的状态和密度是影响细胞兴奋性的重要因素。电压门控 Na^+ 通道是否处于备用状态是细胞能否被兴奋的前提。只有当 Na^+ 通道处于备用状态时才可能被激活引起去极化的膜电位变化,当去极化达到阈电位水平时即可触发 Na^+ 通道的正反馈激活过程(再生性去极化)产生动作电位,即产生了兴奋。如果备用状态的电压门控 Na^+ 通道较少,处于失活状态的电压门控 Na^+ 通道较多,那么可以引起静息细胞兴奋的阈刺激就不足以触发足够多的电压门控 Na^+ 通道开放达到阈电位水平,即不能引起细胞兴奋。另外,膜上处于静息备用状态的电压门控 Na^+ 通道的密度越高,在接受刺激时就越容易触发 Na^+ 通道的正反馈激活过程,也就越容易产生动作电位,即细胞的兴奋性就越高。

? 思考题

1. 简述静息电位和动作电位产生的机制。
2. 何为动作电位的"全或无"现象?该现象使动作电位具备了哪些特征?
3. 影响细胞兴奋性的因素有哪些?
4. 局部电位具有哪些特征?
5. 分析细胞兴奋性的变化与膜上离子通道功能状态之间的关系。

网上更多学习资源……

◆本章小结　　◆自测题　　◆自测题答案

(李大鹏)

5   神经元间的信号传递

【引言】

机体的所有生命活动都需要通过细胞间通讯来实现。在第 3 章我们仅讨论了细胞是如何将细胞外信息（信号）跨膜转导到细胞内，尚未涉及到在此之前信号发放细胞的活动和在此之后靶细胞的细胞膜及细胞内活动的变化，直至完成细胞间的信息传递。本章则以神经元为对象讨论神经元间的电信号传递过程及影响因素。

【知识点导读】

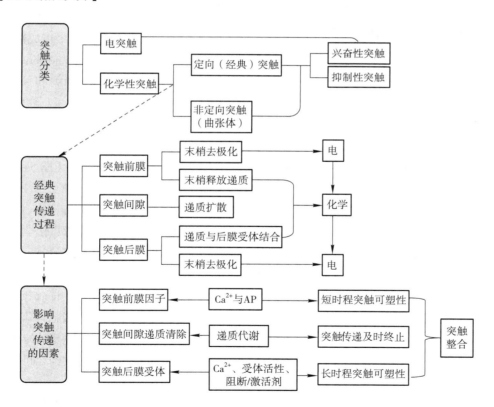

5.1 神经电信号传递的一般概念

神经元所产生的电信号主要通过两种方式在神经网络中进行传播，一种是在同一神经元的细胞膜上的传播，称为传导（conduction）；另一种是在神经元之间或在神经元与效应器细胞之间的传播，称为传递（transmission）。

由于神经电信号特别是可传播的电信号主要是指动作电位（见第4章），因此电信号的传递即指动作电位（神经冲动）在细胞之间的传播。而这种动作电位的传播能否引起后一个细胞膜产生动作电位，取决于后一细胞对传来的电信号的整合结果。

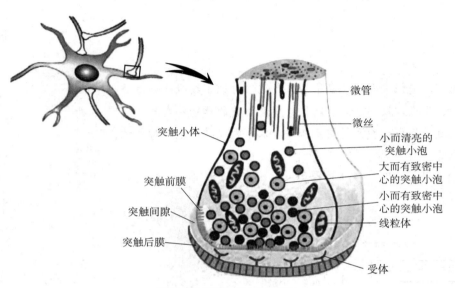

图 5-1　突触超微结构模式图

突触（synapse）是神经电信号从一个细胞传递到另一个细胞时，细胞间相互接触的部位。是细胞间进行信息传递的特异功能性单位。经典的突触即指一个神经元的轴突末梢与另一个神经元的胞体或突起相接触的部位。突触结构包括3个组成部分：突触前膜（presynaptic membrane）、突触间隙（synaptic cleft）和突触后膜（postsynaptic membrane）（图 5-1）。

突触的分类，按照胞体、轴突和树突的相互组合，可有9种突触类型，其中最为常见的有轴突 – 胞体式、轴突 – 树突式和轴突 – 轴突式三种类型（图 5-2）。

根据突触传递媒介的性质，突触可分为电突触（electrical synapse）和化学性突触（chemical synapse）。前者以离子电流做为信息传递的媒介，后者以化学物质（即神经递质）做为信息传递的媒介。根据突触前、后部分有无紧密的解剖学对应关系，化学性突触又分可为定向突触（directed synapse）和非定向突触（non- directed synapse）。定向突触指信号传递由突触结构完成，细胞间具有紧密的解剖学关系，对应关系明确；突触前末梢释放的神经递质对突触后成分作用的范围极为局限，如神经元间的经典突触和被称为神经 –（骨骼）肌接头（neuromuscular junction）

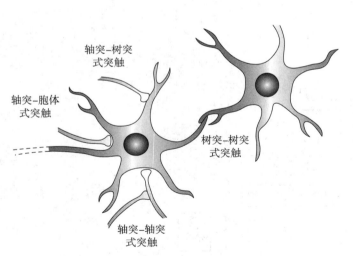

图 5-2　突触的基本类型

（见第6章）的神经、（骨骼）肌细胞间的突触联系。非定向突触是指细胞间不存在紧密的解剖学关系，没有明确的细胞间对应关系，突触前末梢释放的神经递质可作用于较远和范围较广的突触后成分。如自主神经（主要是交感神经）节后纤维与效应器细胞之间的接头（见第6章，第14章）。就突触所传递的电信号对突触后神经元产生影响的性质，突触又可分为兴奋性突触（excitatory synapse）和抑制性突触（inhibitory synapse）。前者通常使突触后神经元产生去极化反应，兴奋性提高；而后者常使突触后神经元产生超极化反应，兴奋性降低（见第 4 章）。

生理学上将神经电信号在突触上的传递过程称为突触传递（synaptic transmission）。因此突触传递有电突触传递、定向突触传递（directed synaptic transmission）和非定向突触传递（non-directed synaptic transmission）。

人类对突触的发现和对突触传递的认识经历了漫长道路。

ⓔ 发现之旅 5-1
人类认识突触及突触传递的过程

5.2 经典突触及其传递

5.2.1 经典突触的超微结构

5.2.2 经典突触传递过程

ⓔ 知识拓展 5-1
经典突触的超微结构

神经冲动在经典突触上的传递又称为化学性突触传递（chemical synaptic transmission），整个传递过程可分为突触前过程（presynaptic processes）和突触后过程（postsynaptic processes）

（1）突触前过程　①当突触前神经元兴奋时，神经冲动以"全或无"方式传到轴突末梢（图 5-3A）。神经末梢的动作电位可以使突触前膜去极化，当去极化达到一定程度时，则引起②前膜上的电压门控 Ca^{2+} 通道开放，细胞外（突触间隙）液的 Ca^{2+} 顺着浓度梯度进入突触小体内（图 5-3B），导致轴浆内 Ca^{2+} 浓度瞬间升高，由此③诱发突触小泡与突触前膜融合，通过出胞作用释放神经递质（图 5-3C）。

ⓔ 发现之旅 5-2
关于离子通道型受体（nAChR）的研究

ⓔ 知识拓展 5-2
经典突触传递过程（动画）

突触小泡释放神经递质是一个复杂的过程，包括动员、摆渡、着位、融合、出胞等 5 个时相。Ca^{2+} 在其中的作用，一方面可降低轴浆的黏滞度，有利于突触小泡的位移，另一方面可消除突触前膜内侧的负电，促进突触小泡和突触前膜接触、融合及破裂，最终导致神经递质的释放。

ⓔ 知识拓展 5-3
突触小泡循环

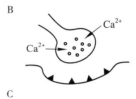

神经末梢的神经递质的释放是以小泡为单位的倾囊而出，被称为量子释放（quantal release）。每个突触小泡所含神经递质的量称为 1 个量子（quantum）。一次动作电位能诱发释放的囊泡数（量子数）称为量子含量（quantum content）。一个囊泡释放的递质所引起的突触后电位称为微突触后电位（miniature postsynaptic potential）。

ⓔ 知识拓展 5-4
量子释放理论

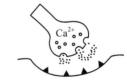

图 5-3　经典突触传递（突触前）过程示意图

（2）突触后过程　①由突触前膜释放出来的神经递质进入突触间隙，经扩散很快到达突触后膜，与突触后膜上的特异受体（也可称为代谢型受体以区别于离子通道型受体）或化学门控离子通道结合（图 5-4A），②导致突触后膜上某些离子通道通透性的瞬时改变，发生某些离子的跨膜移动（图 5-4B），③进而引起突触后膜电位短暂变化，称为突触后电位（postsynaptic potential）（图 5-4C，ⓔ 知识拓展 5-2）。

若突触后膜是短暂的去极化，使该突触后神经元的兴奋性升高，这种去极化电位变化即为兴奋性突触后电位（excitatory postsynaptic potential，EPSP）。EPSP 的产生是某种兴奋性递质作用于突触后膜上的受体时，导致后膜上的 Na^+ 或 Ca^{2+} 通道开放，Na^+ 或 Ca^{2+} 内向流动，使局部膜发生去极化的结果。EPSP 产生后能以电紧张的形式传播到整个胞体，若能达到阈电位水平，则可触发突触后神经元（或肌细胞）产生一个可传播的动作电位（如在神经-肌肉接头处，一次突触传递即可使突触后膜的膜电位由 −70 mV 去极化到 −52 mV，即可引起肌细胞产生一个可传播的动

阳离子

@知识拓展 5-5
突触后电位的离子基础

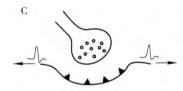

图 5-4 经典突触传递（突触后）过程示意图

作电位）（见第 6 章）。

若突触后膜是短暂的超极化，使该突触后神经元的兴奋性下降，这种超极化电位变化即为抑制性突触后电位（inhibitory postsynaptic potential，IPSP）。IPSP 的产生是因某种抑制性递质作用于突触后膜，使后膜上 Cl^- 通道开放，引致 Cl^- 内流，使后膜发生超极化；或者 K^+ 通道开放 K^+ 外流增加；也可以是 Na^+ 或 Ca^{2+} 通道关闭，停止 Na^+ 或 Ca^{2+} 流动引起。因为 IPSP 使突触后神经元的兴奋性降低，不易爆发动作电位而表现为抑制，故称为突触后抑制（postsynaptic inhibition）。

综上所述，在经典突触传递过程中，常伴随有信号形式的转换。突触前细胞的电信号通过该细胞释放递质而转换成化学信号，该携带信息的递质又作用于与之相对应的突触后细胞的细胞膜，将其转换成（突触后细胞的）新的电信号。整个过程也可描述为"电 – 化学 – 电"传递过程。

突触后电位是一种局部电位（如神经中枢的神经元的一次动作电位只能使突触后膜产生很低的突触后电位，约 0.5 mV，不可能使突触后神经元产生一次动作电位），只能以电紧张的形式进行扩布，具有总和的性质。若同时或相继传来的数个动作电位所引起的局部去极化总和能达到阈电位水平，就可使突触后神经元兴奋，在轴突的起始段（轴丘）产生动作电位，并沿着轴突向胞体和轴突末梢传导。突触后电位的总和有空间总和（spatial summation）和时间总和（temporal summation）（图 5-5）。

在突触前神经元释放的递质中，有些即可直接控制或激活离子通道，产生迅速而历时短暂（以 ms 计）的快速突触后电位（FPSP），也可经 G 蛋白耦联受体直接或由 G 蛋白耦联受体启动第二信使系统间接调控离子通道活动，产生缓慢而历时长久（以 s 或 min 计算）的慢突触后电位（SPSP）。中枢神经系统通过 FPSP 完成快速通讯，通过 SPSP 的作用调节快突触传递的功效。

@知识拓展 5-6
快、慢突触后电位与突触可塑性

5.2.3 经典突触传递特点

经典突触传递具有：①单方向传递。只能从神经轴突末梢传向突触后神经元，而不能反方向传递。②突触延搁（synaptic delay）。虽然突触间隙很窄，但从动作电位传导到轴突末梢到突触后膜（或终板）（见第 6 章）产生动作电位，中间有许多过程都需要时间，约 0.5 ~ 1.0 ms。③易受环境因素和药物的影响。因为神经递质的释放是耗能过程，而且神经递质的合成、贮存、与受体结合和递质的失活等与许多因素有关，易受影响。④易疲劳性。高频率的冲动持续通过突触或神经 –（骨骼）肌肉接头可以使突触小体中的神经递质释放速度超过合成速度，而使神经递质耗尽，使信息通过突触传递的效率降低，称为突触疲劳（fatigue）。

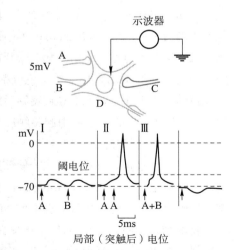

图 5-5 EPSP 和 IPSP 在突触后神经元上的总和

5.3　非定向突触传递

非定向突触传递也称为非突触性化学传递（non-synaptic chemical transmission）。典型的例子是自主神经（主要是交感神经）的节后纤维与效应器细胞之间接头，如交感缩血管神经对血管平滑肌以及心交感神经对心室肌的神经支配；在中枢神经系统，主要发生于单胺类纤维末梢部位，如大脑皮层以去甲肾上腺素为递质的无髓去甲肾上腺素纤维、5-羟色胺能纤维、黑质中的多巴胺能纤维。

5.3.1　非定向突触传递的细微结构特征

肾上腺素能神经元轴突末梢有许多分支，分支上形成串珠状膨大结构称为曲张体（varicosity），曲张体内含有大量的小而具有致密中心的突触小泡（图 5-6），内含有高浓度的去甲肾上腺素，是释放神经递质的地方。每个神经元约含 2 万个曲张体，曲张体外无髓鞘。曲张体和效应细胞之间没有形成经典的突触联系，而是沿着分支抵达效应器细胞的近旁。

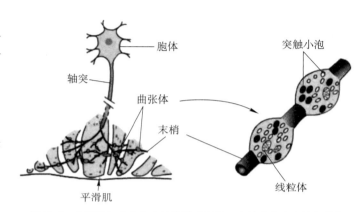

图 5-6　曲张体与非定向突触传递（平滑肌上的肾上腺素能纤维）

5.3.2　非定向突触传递及其特征

非定向突触传递过程与定向突触传递过程基本相同。当神经冲动抵达曲张体时，递质从曲张体中释放出来，靠弥散作用到达效应细胞，与相应的受体结合，使效应器细胞膜电位发生改变，产生接头电位（juction alpotential）。

由于曲张体和效应细胞间的距离长（有时可达几个 μm），传递花费的时间也长（有时可达几百 ms 甚至 1s）；这种传递不存在 1 对 1 的关系，作用较弥散，可同时作用于一个以上的细胞。能否对效应细胞发挥作用，取决于效应细胞膜上有无相应的受体存在。

广义地说，神经内分泌细胞的作用也可归入非突触性传递，只是其释放的是神经激素，其扩散的方式是血液运输，扩散的距离更远，其作用也更为广泛（见第 15 章）。

5.4　影响化学性突触传递的因素

如前述，化学性突触传递也可概括为"电 – 化学（递质）– 电"过程，凡是能影响到该过程的因素都能影响到化学性突触传递的速度和效果。以下将从 3 个方面加以论述。

5.4.1　影响突触前膜递质释放的因素

实验证明，神经递质的释放需要 Ca^{2+} 内流，且递质的释放量与内流的 Ca^{2+} 量呈正比关系，如细胞外液 Ca^{2+} 浓度升高和（或）Mg^{2+} 浓度降低均能使递质释放量增加；反之减少。而内流的 Ca^{2+} 量又与突触前膜动作电位的幅度成正比，所以到达突触前末梢动作电位的频率或幅度增加，均可增加进入末梢的 Ca^{2+} 量。反之减少。

当突触前膜接受一短串刺激时，每次刺激虽都能引起少量递质释放，但后来的刺激所引起的递质释放量，较前面刺激引起的释放量要多，引起的突触后电位也要大得多，这一现象称为突触

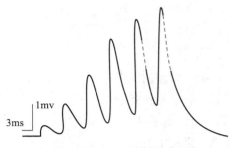

图 5-7 神经 - 肌肉接头处的易化

神经肌肉接头也是一种突触结构，图示支配蛙缝匠肌的运动神经轴突上的持续性动作电位将引发突触后（终板）电位的幅度不断增加

易化（facilitation）（图 5-7）。其原因是前面刺激在突触前末梢内造成的 Ca^{2+} 内流尚未恢复到平衡状态，仍高于静息时的浓度（100 nmol/L），此时新的刺激再次引发 Ca^{2+} 内流，因此在活性带附近轴浆中的 Ca^{2+} 浓度聚集、上升到较前一次刺激时还要高的水平，因此能引起更多的囊泡释放。但这一效应只能维持数十至数百毫秒，消失得也很快。

5.4.2 影响突触间隙中递质清除的因素

释放入突触间隙的神经递质，在与突触后膜特异受体结合发挥作用后，需要及时的给予清除，才能保证突触传递的精确性。神经递质有 3 种主要清除方式：①由特异的酶分解。如进入突出间隙的 ACh 能被突触间隙和突触后膜上的胆碱酯酶（acetylcholinesterase，AchE）水解成胆碱和乙酸而失去活性，胆碱则被重摄取回到末梢内，用于重新合成递质；②被突触前膜重摄取后再利用或被胶质细胞摄取后再清除，如谷氨酸、GABA 等；③经扩散稀释后进入血液循环，到一定场合被分解清除，如肽类物质就是通过扩散到细胞外液被稀释，同时被酶促降解。有的神经递质的清除是多重的，如进入突触间隙的去甲肾上腺素（NE），一部分是经血液循环带到肝被破坏失活，另一部分在效应细胞内被儿茶酚氧位甲基转移酶（catechol-O-methyl transferase，COMT）和单胺氧化酶（monoamine oxidase，MAO）破坏失活，但大部分是由突触前膜摄取再利用。有些肽类除了稀释、酶解外，还可通过受体的失敏而终止作用。

所以，凡是能影响递质清除的因素均能影响到突触的传递过程。如新斯的明（neostigmine）及有机磷农药等可抑制胆碱酯酶，使乙酰胆碱持续发挥作用，从而影响相应的突触传递；三环类抗抑郁药可抑制脑内去甲肾上腺素在突触前膜的摄取，使递质滞留于突出间隙而持续作用于受体，使突触传递效率加强；利血平（reserpine）能抑制末梢轴浆内突触小泡膜对去甲肾上腺素的重摄取，使递质在末梢轴浆内滞留而被降解，结果导致小泡内递质减少以致耗竭，使突触传递受阻。

5.4.3 影响突触后膜受体的因素

当递质的释放量发生变化时，受体与递质结合的亲和力、受体的数量均可发生改变，即发生受体的上调或下调（见第 3 章），从而影响到突触传递。

因为突触间隙与细胞外液相通，所以凡能进入到细胞外液的药物、毒素以及其他化学物质均能到达突触后膜而影响突触传递。例如筒箭毒和 α-银环蛇毒可特异地阻断骨骼肌终板膜（见第 6 章）上的 N_2 型 ACh 受体通道，使神经 -（骨骼）肌接头传递受阻，肌肉松弛。

5.5 电突触传递

5.5.1 电突触的结构

电突触（electrical synapse）也称缝隙连接（gap juction），由突触前膜、突触间隙和突触后膜构成，突触间隙仅有 2～3 nm，突触前后膜均无增厚现象，每层膜上分布有丰富的"亲水性通道"（半个），在适宜条件下，两侧的半个"亲水通道"发生对接形成贯穿两侧膜的缝隙连接通道（gap juction channel，或连接子通道 connexon channel），使得两个细胞的胞质相通，允许水、小分子水溶性物质和带电离子从一个细胞进入到另一个细胞（图 5-8）。另外，膜两侧的胞质内不存

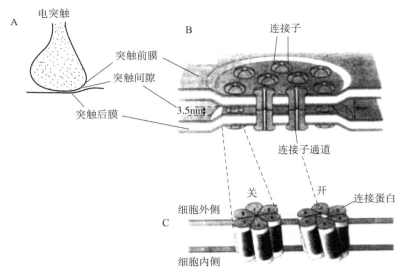

图 5-8　电突触与缝隙连接

A. 以缝隙连接为基础的电突触；B. 缝隙连接的结构示连接子与连接子通道；
C. 缝隙连接的半个通道，连接子是由 6 个亚单位（连接蛋白）组成，旋转使通
道打开

在突触小泡。

　　缝隙连接通道并非持续开放，其开放的概率受细胞内的 Ca^{2+} 和 H^+ 浓度调节，Ca^{2+} 浓度升高或 pH 降低时引起通道关闭。当细胞破损时，大量 Ca^{2+} 进入，导致通道关闭，以免正常细胞受损。某些电突触还可因邻旁化学性突触释放的神经递质影响其胞内代谢而开放。某些特殊的缝隙连接通道具有电压门控特性，只允许去极化电流做单向传导，故称为整流型突触（rectifying synapse）。

5.5.2　电突触传递

　　电突触传递与化学性突触传递的区别在于电突触通过电耦合（electrically coupling）方式将电信号直接传递给下一个神经元。当突触的一侧神经元的电位变化时，动作电位甚至局部电位均能以离子流为基础的局部电流或电紧张形式直接传播到另一侧神经元。按机制这应该属于电信号传导过程，但由于它又介于细胞间的信号传播，所以通常又纳入传递的概念中，即电突触及电传递。

　　和化学性突触传递相比较，通常电突触的功能是快速地传递定型化的去极化（兴奋性）信号，属于兴奋性突触，并且多数是双向传递。但在某些无脊椎动物体内的电突触具有整流作用，其传递方向又是单方向的。其次，电突触传递由于缝隙连接的低电阻性和快速性，几乎没有突触延搁（synaptic delay），可以使某些功能一致的众多神经元或器官细胞发生同步化活动。第三，电传递过程较少受其他因素的影响，较为可靠。对缺氧、离子或化学环境变化敏感性较低或不敏感。

　　缝隙连接广泛分布于脊椎和无脊椎动物中，几乎所有类型的细胞，除了神经元许多非神经细胞（如肝细胞、心肌细胞、小肠平滑肌细胞和晶状体上皮细胞）间也存在缝隙连接。

ⓔ发现之旅 5-3
缝隙连接与电突触传递的发现

ⓔ知识拓展 5-7
细胞间缝隙连接 – 电突触（动画）

ⓔ知识拓展 5-8
电突触传递有利于细胞活动高度同步化

5.6 突触整合

神经系统的功能特征就在于以神经元为"节点"构成极为复杂的网络系统，神经元作为结构和功能的基本单位只有在这网络中才能发挥作用。在中枢神经系统中，任何一个神经元均可以与数以千计突触前末梢建立突触联系（会聚式连接，convergence connection）（见第14章）。这些突触联系可以是兴奋性的 EPSP，也可以是抑制性的 IPSP；并且这些突触后电位有快突触后电位、慢突触后电位之分，因而具有时间上的差异（见本章5.2.2）；突触可分布在神经元的胞体、树突甚至在轴突上，具有几何空间差异等。因此中枢的突触后神经元是兴奋还是抑制，能否产生动作电位，取决于这些突触后电位的性质、空间、时间上的相互作用，这一过程称为突触整合（synaptic integration）。

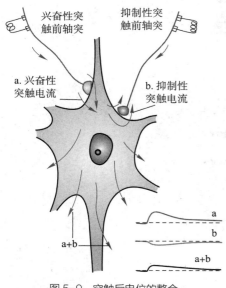

图 5-9 突触后电位的整合

由于突触后电位属于局部电位，具有总和的性质，因此总和是突触整合的基本方式。突触后神经元的膜电位首先取决于同时或几乎同时（相继）传入的 EPSP 和 IPSP 的代数和（图 5-9）。当突触传入的瞬间总和的总趋势为超极化时，突触后神经元表现为抑制；而当突触传入的瞬间总和的总趋势为去极化，并达到阈电位水平时，即可在轴丘处爆发一个动作电位，突触后神经元表现为兴奋，并向下一级神经元或效应器细胞输出信号。

但突触总和又不是简单的突触后电位数学意义上的总和，如突触所在的位置，距离轴突始段的远近，突触的几何形状及其可塑性（见后文）等因素都会对突触整合总效果产生影响。突触整合的方式见ⓔ知识拓展 5-9。

ⓔ知识拓展 5-9
突触整合的方式

5.7 突触的可塑性

突触可塑性（synaptic plasticity）是指突触的形态和功能可发生较为持久的改变的特性或现象。生理学上的突触的可塑性主要是指突触传递效率的改变。突触的可塑性与突触前神经末梢或（和）突触后胞内 Ca^{2+} 浓度的变化有关，突触前神经末梢内 Ca^{2+} 浓度的变化能影响到神经递质的释放，而突触后神经元内 Ca^{2+} 浓度的变化能影响到突触后反应效应，包括以突触后电位幅度的大小表示、称为突触强度（synaptic strength）的反应强度和时程变化。所以，突触强度可以有升高，也可以有降低；突触可塑性有短时程的，也可以有长时程的（见ⓔ知识拓展 5-6）。

突触可塑性普遍存在于中枢神经系统中，与未成熟神经系统的发育以及成熟后的学习、记忆和脑的其他高级功能活动密切相关。

5.7.1 短时程突触可塑性

5.7.1.1 易化、增强与压抑

一短串的突触前刺激若导致突触后电位变化的幅度增大，并能在刺激结束后很快（1s内）消失的现象称易化（facilitation）（见本章5.4.1）；若能持续数秒的则称为增强（augmentation）。短串的突触前刺激若导致突触后电位变化的幅度减小，称为压抑（depression），压抑在刺激停止

后可持续数秒。

5.7.1.2　强直后增强

若给突触前神经元一次长串的高频刺激（强直性刺激），通常先有数秒钟的压抑，随后则出现数分钟或数十分钟的突触后电位幅度增大，称为强直后增强（posttetanic potentiation，PTP）。

5.7.1.3　习惯化与敏感化

若重复给予较温和的刺激时，突触对刺激的反应逐渐减弱甚至消失的现象称为习惯化（habituation）。相反，若重复性刺激（尤其是伤害性刺激）使突触对原有刺激反应增强和延长，传递效率提高的现象称为敏感化（sensitization）。习惯化是由于突触末梢钙通道逐渐失活，Ca^+内流减少，末梢递质释放减少所致。敏感化是因为突触末梢Ca^+内流量增加，递质释放量增多所致，实质上是突触前易化现象（见本章5.4.1）。

5.7.2　长时程突触可塑性

给予重复的强直刺激，可产生持续时间更长的突触效能的改变，含有突触后电位增大的长时程增强（long-term potentiation，LTP）和突触后电位减小的长时程压抑（long-term aepression，LTD），持续时间可达数小时至数天，其中之一的原因是由于突触后神经元胞质内Ca^+增加，而不是突触前末梢内Ca^+增加引起的。一般认为它是学习记忆的机制之一。与强直后增强相比，LTP持续的时间要长得多，最长可达数天（见ⓔ知识拓展5-6）。

5.8　化学性突触传递的信使物质及其受体

在化学性突触传递的电－化学－电过程中，化学传递是一重要、关键的过程，是在突触前末梢释放的递质作用于相应的受体时，才能完成的过程。因此神经递质和受体是化学性突触传递的重要物质基础。

5.8.1　神经递质、神经调质

5.8.1.1　神经递质

神经递质（neurotransmitter）是指由神经末梢释放的一类特殊化学物质，该物质能通过扩散，作用于突触后神经元或效应器膜上的特异性受体，完成信号传递功能。要确定某一化学物质是否是神经递质，必须符合下述5个条件：①突触前神经元内具有合成该递质的前体物质和酶系统，能合成并储存该递质；②当神经冲动传到神经末梢时，该递质能被释放进入突触间隙；③递质经突触间隙扩散作用于突触后膜上的特异性受体时，能发挥其生理作用；若施加该外源性递质至突触后神经元或效应器细胞旁，应能引起相同的生理效应；④存在能使该递质灭活的酶或其他失活的方式；⑤有特异的受体激动剂或阻断（颉颃）剂，能分别模拟或阻断相应递质的突触传递作用。

神经递质的种类较多，根据其产生的部位可分为外周神经递质和中枢神经递质两大类。按其生理功能可把神经递质分为兴奋性神经递质和抑制性神经递质。但这些划分也不是绝对的，如存在于外周的神经递质在中枢神经系统中几乎都能找到；5-羟色胺（serotonin，5-HT）可因其作用于不同受体，既可发挥兴奋性作用，也可发挥抑制性作用。若按神经递质的分子特点，一般可分为三类：第一类是"经典"神经递质，是一些相对分子量为 100 或数百的小分子递质，包括胆碱类、单胺类、氨基酸及其衍生物。第二类是一些相对分子量为数百至数千的大分子神经肽，如速激肽、内阿片肽、胆囊收缩素和神经降压素等。随着科学的发展，已发现一些脂溶性的气体信号分子，如一氧化碳（CO）、一氧化氮（NO）、硫化氢（H_2S），在突触传递中起关键性作用，可以通过扩散自由通过细胞膜，不需与细胞膜上的受体结合就可以作用于临近的细胞。虽然它们（也包括一些代谢与转移途径尚不清楚的肽类）并不严格符合经典神经递质标准，但在现代生理学中仍然把它们归类于第三类神经递质，因此神经递质的概念已变得更为广泛了。

ℯ发现之旅 5-4
神经递质 NO 的发现

表 5-1　常见的神经递质与神经调质

化合物	分布与作用部位
乙酰胆碱	神经肌肉接头、自主神经末梢、自主神经节、汗腺、脑、视网膜、胃肠道
生物胺类	
肾上腺素	脑、脊髓
去甲肾上腺素	交感神经末梢、脑、脊髓、胃肠道
多巴胺	脑、交感神经节、视网膜
5- 羟色胺	脑、脊髓、视网膜、胃肠道
组胺	脑、胃肠道
氨基酸类	
γ - 氨基丁酸（GABA）	脑、视网膜
谷氨酸	脑
天冬氨酸	脊髓
甘氨酸	脊髓、脑、视网膜
嘌呤 / 嘌呤核苷酸类	
腺苷	脑
ATP	自主神经节、脑
气体	
一氧化氮（NO）	自主神经系统和肠神经系统、心血管、胃肠道、视网膜、嗅球、免疫及生殖系统
一氧化碳（CO）	中枢神经系统、心血管、呼吸、消化、泌尿和生殖系统
硫化氢（H_2S）	
肽类	
血管紧张素 II	脑、脊髓
心房钠尿肽	脑
降钙素基因相关肽	脑、脊髓
胆囊收缩素	脑、视网膜、胃肠道
促肾上腺皮质释放激素	脑
强啡肽类	脑、胃肠道
β - 内啡肽类	脑、视网膜、胃肠道

续表

化合物	分布与作用部位
内皮素类	脑、垂体
脑啡肽类	脑、视网膜、胃肠道
促胃液素	脑
促胃液素释放肽	脑
促性腺激素释放激素	脑、自主神经节、视网膜
胃动素	脑、垂体
神经肽 Y	脑、自主神经系统
神经降压素	脑、视网膜
催产素	垂体、脑、脊髓
促胰液素	脑、胃肠道
生长抑素	脑、视网膜、胃肠道
P 物质	脑、脊髓、胃肠道
血管活性肠肽	脑、脊髓、自主神经系统、视网膜、胃肠道

5.8.1.2 神经调质

神经元还能产生的另一类化学物质（多为神经肽），它们也作用于特定的受体，但它们在神经元之间并不起到直接传递信息的作用，只能间接调制突触前末梢释放递质的量及递质的基础活动水平，以增强或削弱递质传递信息的效应，这类物质被称为神经调质（neuromodulator）。调质所发挥的作用称为调制作用（modulation）。实际上神经递质与神经调质的界限并不十分明确（表5-1，表5-2）。

表 5-2　经典神经递质与神经肽比较

	经典神经递质	神经肽
相对分子质量	$0.2×10^3$ 左右，属小分子物质	$3×10^3$ 以上，属大分子物质
合成部位	神经末梢轴浆中	神经元胞体或树突核糖体、内质网、高尔基复合体内
合成方式	利用前体在一系列合成酶作用下胞内合成，或通过重摄取再利用	在基因控制下，先合成无活性的前体蛋白，再在内质网、高尔基复合体内加工、装入囊泡，经轴浆运输到末梢
储存	储存在直径为 30～40 nm 的小突触囊泡中。	与递质共存于直径大于 70 nm、有致密中心的大囊泡中
释放	由单个或低频刺激引起，呈持续释放。作用发生快、持续时间短	由高频或串刺激引起，呈间断性释放，作用时间持久

续表

	经典神经递质	神经肽
消除	在突触后膜上或突触间隙靠酶解；突触前膜重摄取再利用，或被胶质细胞摄取而被消除；靠血液循环运到其他器官中降解	主要靠扩散稀释和酶解，没有重摄取作用
突触效应的可塑性	保持相对稳定	可以有很大差异
作用方式	递质作用	有的神经肽可具有神经递质作用，也可发挥神经调质，甚至是激素作用

5.8.1.3 递质的共存

ℯ发现之旅 5-5
递质共存的发现

近年来的免疫组织化学研究证明，一个神经元内可含有两种以上的神经递质（包括调质），这种现象称为递质共存（neurotransmitter co-existence）。

不同神经元中共存递质的成分及组合形式不同，通常是一种经典递质与一种神经肽（如去甲肾上腺素和脑啡肽）或两种神经肽的共存（如脊神经节细胞中含有 P 物质（SP）和降钙素基因相关肽（CGRP））。递质共存在脑、脊髓和外周神经系统中、在低等和高等动物中普遍存在。如在无脊椎动物中，一个神经元可含有多巴胺（DA）和 5-羟色胺（5-HT）两种递质共存，在高等动物中 ACh 与 NE、5-HT 与 SP、5-HT 和 SP 及 TRH 均可共存在同一神经元内。共存的递质可以在神经元兴奋时共同释放，其生理意义在于协调某些生理功能活动。例如支配猫唾液腺的副交感神经内 ACh 和血管活性肠肽（VIP）共存，ACh 能引起唾液腺分泌唾液，但不能增加唾液腺的血流量；而 VIP 不能直接影响唾液腺的分泌，但却能增加唾液腺的血流量，增加唾液腺上的

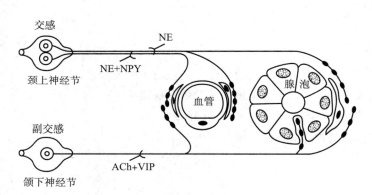

图 5-10 共存递质对唾液腺分泌的调制

ACh 受体亲和力，从而增强 ACh 促进大量稀薄唾液的分泌（图 5-10）。又如支配大鼠输精管的交感神经末梢内去甲肾上腺素（NA）和神经肽 Y（NPY）共存，NA 的作用是使输精管平滑肌收缩，NPY 不能直接收缩输精管，但可通过抑制突触前 NA 释放量来调节输精管收缩强度，同样起到调节作用。

ℯ知识拓展 5-10
神经递质（调质）共存

5.8.1.4 递质的代谢

ℯ知识拓展 5-11
NO 与经典递质的比较

递质的代谢包括递质的合成、储存、释放、降解、再摄取和再合成等步骤。详见本章表 5-2、5.4.2、5.8.3 及ℯ知识拓展 5-11。

5.8.2 受体

与递质结合的受体一般为膜受体，且分布于突触后膜（见本章 5.2.2 及 5.4.3）。依据配体与受体结合后能否产生相应的生物学效应，可将配体分为激动剂（agonist）、颉颃剂（antagonist）或阻断剂（blocker）；配体与受体的结合具有特异性、多样性、饱和性和可逆性

（见第 3 章）。

但也有受体分布于突触前膜，几乎所有不同类型的神经元释放的递质在作用于突触后受体的同时，也都作用于突触前受体（presynaptic receptor）。突触前受体可根据对其作用的递质来源的不同分为自身受体（autoreceptor）、同源受体（homoreceptor）和异源受体（heteroreceptor）。自身受体接受突触自身的神经末梢释放的递质，对自身的钙依赖性释放进行自我反馈调节。调节的性质可以是负反馈性的，也可以是正反馈性的。正反馈即出现易化的现象（见本章 5.4.1）。突触前膜释放递质的活动还可受到突触近旁的其他神经元释放的递质的调节。同源性受体接受由邻近同类神经元末梢释放的相同的神经递质，与自身受体共同对其释放进行调节，使之维持在相对恒定的水平上。异源受体直接接受来自其他与自己不同的神经元末梢释放的不同递质，其作用属于不同性质神经元间的通讯或对话（corss talk）。

在不同的生理或病理情况下，突触后膜上的受体数量、与递质的亲和力均可发生变化，产生上调（up regulation）和下调（down regulation）现象（见第 3 章）。通过膜的流动性，将暂时储存于胞内的（属于膜结构上的）受体蛋白表达于细胞膜上，使发挥作用的受体数量增多而实现膜受体的上调；通过受体的内吞入胞，即受体内化（internalization），以减少膜受体的数量，而出现下调。至于亲和力的改变，通常是通过受体蛋白的磷酸化或去磷酸化而实现。

当受体长时间的暴露于配体时，大多数受体会失去反应性，即产生脱敏现象。脱敏现象有两种类型：同源脱敏（homologous desensitization）和异源脱敏（heterologuous desensitization）（见第 3 章）。

5.8.3　几种主要的神经递质和受体系统

5.8.3.1　乙酰胆碱及其受体

乙酰胆碱（acetylcholine, ACh）主要起兴奋递质的作用，由胆碱和乙酰辅酶 A 在胆碱乙酰移位酶（choline acetyltransferase）的催化下在胞质中合成，并最终储存于小而清亮的突触小泡中。释放出的 ACh 发挥生理效应后，被胆碱酯酶迅速水解而终止作用（图 5-11，见本章 5.4.2）。

能够合成 ACh，并以 ACh 为神经递质的神经元称为胆碱能神经元（cholinergic neuron），其轴突为胆碱能纤维（cholinergic fibers）。

胆碱能神经元在神经中枢分布广泛。在外周，支配骨骼肌的运动神经纤维、交感神经和副交感神经的节前纤维、绝大多数副交感神经的节后纤维及部分交感神经节后纤维（如支配温热性汗腺的纤维和骨骼肌的交感舒血管纤维）释放的递质都是 ACh。

凡是能与 ACh 结合的受体称为胆碱能受体（cholinergic receptor）。胆碱能受体有两类：M 型受体和 N 型受体。分布有胆碱能受体的神经元称为胆碱能敏感神经元。这两类胆碱能受体广泛分布于中

ⓔ知识拓展 5-12
部分神经递质及其受体的作用机制

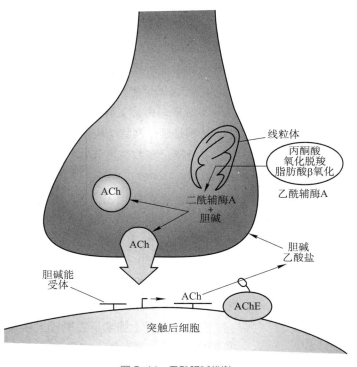

图 5-11　乙酰胆碱代谢

枢和外周神经系统。在外周，M 型受体广泛分布于副交感神经节后纤维支配的效应细胞及交感神经节后纤维支配的汗腺和骨骼肌血管平滑肌上。因① M 型受体能与毒蕈碱相结合，故又称为毒蕈碱型受体（muscarinic receptor），现在已分离出 $M_1 \sim M_5$ 五种亚型，均为 G 蛋白耦联受体。阿托品是 M 型受体的阻断剂。② N 型受体能与烟碱结合，故称为烟碱型受体（nicotinic receptor），有 N_1、N_2 两种亚型。N_1 受体分布于中枢神经系统和自主神经节后神经元上，故又称为神经元型烟碱受体（neuron-type nicotinic receptor）。N_2 受体分布于神经 - 骨骼肌接头的终板膜上，故又称为肌肉型烟碱受体（muscle-type nicotinic receptor）。两种 N 型受体亚型均是离子通道型受体，具有递质门控性，也称 N 型 ACh 门控通道（见第 3 章）。N 样作用不能被阿托品阻断，但能被筒箭毒（tubocurarine）阻断。神经元型烟碱（N_1）受体可被六烃季铵（hexamethonium）特异阻断；而肌肉型烟碱（N_2）受体则能被十烃季铵（decamethonium）特异阻断。

5.8.3.2 去甲肾上腺素、肾上腺素及其受体

去甲肾上腺素（norepinephrine, NE；或 noradrenaline，NA）和肾上腺素（epinephrine，E；或 adrenaline，Ad）都属于儿茶酚胺（catecholamine）类，是含有邻苯二酚基本结构的胺类。

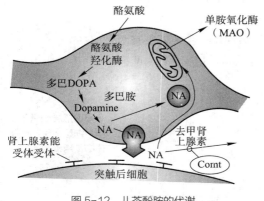

图 5-12　儿茶酚胺的代谢

在细胞质基质内，它们均以酪氨酸为原料，在酪氨酸羟化酶（tyrosine hydroxylase，TH）和多巴脱羧酶（dopa decarboxylase，DDC）的作用下形成多巴胺，后者进入突触小泡，经多巴胺 -β- 羟化酶（dopamine β-hydroxylase，DBH）催化而生成 NA。在肾上腺髓质的嗜铬细胞和脑干中的某些神经元中 NA 由苯乙醇胺氮位转移酶（phenylethanolamine N-methyltransferase，PNMT）甲基化为 Ad。NA 与 Ad 释放发挥作用后，先经单胺氧化酶（monoamine oxidase，MAO）氧化降解或经儿茶酚氧位甲基转移酶（COMT）甲基化而失活（图 5-12）。

在中枢以 NA 为递质的神经元称为去甲肾上腺素能神经元（noradrenergic neuron），其轴突称为肾上腺素能纤维（adrenergic fiber）；以 Ad 为递质的神经元称为肾上腺素能神经元（adrenergic neuron），仅见于中枢神经系统内，尚未发现以 Ad 作为递质存在于外周神经纤维中，Ad 仅作为内分泌激素，由肾上腺髓质合成和分泌（见第 15 章）。两种神经元的胞体绝大多数位于低位脑干，特别是延髓网状结构中。它们的纤维分上行投射部分、下行投射部分和支配低位脑干部分。

在外周，多数交感节后纤维（除支配汗腺和骨骼肌舒血管的交感胆碱能纤维外）都是肾上腺素能纤维。

能与儿茶酚胺（包括 NA、Ad）特异结合的受体称为肾上腺素能受体（adrenergic receptor），肾上腺素能受体有 α 型和 β 型（简称 α 受体和 β 受体）两种类型。α 受体又有 α_1、α_2 两种亚型受体，β 受体又分为 β_1、β_2 和 β_3 三个亚型受体。所有肾上腺素能受体都属于 G 蛋白耦联受体。

肾上腺素能受体广泛分布于中枢神经系统和周围神经系统。分布有肾上腺素能受体的神经元称为肾上腺素敏感神经元。

在中枢，肾上腺素、去甲肾上腺素主要参与心血管活动，还参加情绪、体温、摄食和觉醒等方面的调节。在外周，多数交感节后神经末梢的效应器细胞的胞膜上都有肾上腺素能受体，心肌主要有 β 受体；血管平滑肌有 α、β 两种受体；皮肤、肾、胃肠平滑肌以 α 受体为主，而

骨骼肌和肝血管则以 β 受体为主。NA 对 α 受体的作用强，而对 β 受体的作用弱；Ad 对 α 和 β 受体都有作用。

5.8.3.3 氨基酸类递质及其受体

氨基酸类递质可分为兴奋性和抑制性两类。

（1）兴奋性氨基酸类递质　主要包括谷氨酸（glutamic acid 或 glutamate，Glu）和门冬氨酸（aspartic acid 或 aspartate，Asp），其受体都是兴奋性氨基酸受体（excitatory amino acid receptor, EAA receptor），广泛分布于中枢神经系统。

（2）抑制性氨基酸类递质　γ-氨基丁酸（γ-aminobutyric acid，GABA）和甘氨酸（glycine，Gly）均为抑制性神经递质。前者主要分布于大脑皮层和小脑皮层，是脑内抑制性递质，后者主要分布在脊髓和脑干中。

GABA 受体和甘氨酸受体均属于促离子型受体，其通道是 Cl^- 通道，激活后促进 Cl^- 内流。

神经系统中还有许多其他重要的神经递质及受体系统，如气体类非经典神经递质和神经肽类等（见 ℮ 知识拓展 5-13）。

℮ 知识拓展 5-13
其他重要的神经递质及其受体

❓ 思考题

1. 何为突触传递？电突触和化学突触传递、定向和非定向突触传递过程有何异同？分析这些不同点形成的原因。

2. 简述突触前膜释放神经递质的过程、特点及影响因素。

3. 简述突触后电位的电学特征，从突触后电位形成机制分析突触后电位为什么会有兴奋性和抑制性突触后电位之分和有快慢之分？有何意义？

4. 何为突触整合？突触整合与突触后电位的那些属性有关？突触整合有哪几种方式？对神经元间通讯有何意义？

5. 叙述胆碱能纤维、肾上腺素能纤维及其受体的生理学定义和生理功能。应用阿托品可缓解有机磷中毒患者的哪些主要症状？为什么？

网上更多学习资源……

◆本章小结　◆自测题　◆自测题答案

（杨秀平）

6 肌细胞的功能

【引言】

肌细胞是骨骼肌、心肌和平滑肌发挥功能的基本单位。无论是哪种类型的肌细胞，其主要功能都是收缩，但收缩的机制和特点不尽相同。与收缩功能密切相关的是肌细胞的分子结构和组成，以及兴奋的产生。在形态结构、分子组成、兴奋和收缩功能方面，三种类型的肌细胞究竟有哪些相同点和不同点呢？同样是心肌细胞，心房肌和心室肌细胞以及窦房结 P 细胞和浦肯野细胞又有什么不同呢？肌细胞兴奋和收缩的发生与哪些离子有关呢？学完本章内容，这些问题便迎刃而解。

【知识点导读】

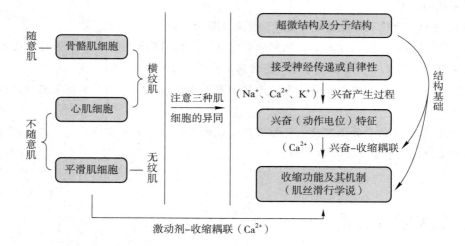

6.1 肌细胞概述

根据肌细胞的形态和功能特点，可分为骨骼肌细胞（skeletal muscle cell）、心肌细胞（cardiac muscle cell）和平滑肌细胞（smooth muscle cell）三类。在显微镜下观察，骨骼肌和心肌的肌细胞具有规则的、明暗相间的横纹结构，称为横纹肌（striated muscle）。

骨骼肌细胞细而长，又称肌纤维（muscle fiber），是一种特化的多核细胞，多个肌纤维组成一个肌束（muscle fascicle）。肌束外面包有结缔组织膜，多个粗细不等的肌束组成骨骼肌组织。骨骼肌细胞主要受躯体（运动）神经系统的支配，其主要作用是保持身体的姿势和产生随意运动，因此又称随意肌（voluntary muscle）。

心肌细胞比骨骼肌细胞短且有分支，心肌细胞之间以闰盘（intercalated disc，一种缝隙连接）连接，以保证兴奋在心肌细胞之间通过电突触迅速传播。心肌是心脏的重要组织结构，其节律性的收缩和舒张是心脏实现泵血和充血活动的必要条件。

平滑肌细胞呈梭形，可以单独或成束或成层分布。平滑肌主要构成心脏以外各种空腔脏器的室壁和管壁，与这些器官的收缩和舒张功能紧密相关。心肌、平滑肌大部分受自主神经系统（内脏神经系统）和激素的控制，为不随意肌（involuntary muscle）。

三类肌细胞尽管在结构、分布、生理功能及其调节方面各有其特点，但基本功能均为收缩，收缩机制既有相似之处，又有不同之点。

e知识拓展 6-1 肌细胞的结构特征与生长发育

6.2 骨骼肌细胞

6.2.1 骨骼肌细胞的结构和分子基础

在光学显微镜下，肌原纤维呈规则的明暗相间的横纹，称为明带（I 带）和暗带（A 带）。在透射电镜下观察，可以看到每个骨骼肌细胞含有许多平行排列的肌原纤维（myofibril）和纵横交错的两套肌管系统（sarcotubular system）（图 6-1）。

6.2.1.1 肌原纤维

每条肌原纤维中含有若干个肌小节（sarcomere）。每个肌小节又由粗肌丝（thick filament）、细肌丝（thin filament）以及作为收缩蛋白附着点，维持粗、细肌丝精确几何位置的细胞骨架（cytoskeleton）构成（图 6-1C）。因此，肌小节是肌细胞的最小结构和功能单位。肌细胞骨架主要包括 M 线、Z 线、肌联蛋白（titin，connectin）和伴肌动蛋白（nebulin）。在肌小节中，粗肌丝和细肌丝沿纵轴相互平行而穿插排列，其中细肌丝与伴肌动蛋白并行，其一端锚钉在与其垂直的细胞骨架蛋白 Z 线上，另一端游离于粗肌丝间；粗肌丝的中央固定在与其垂直的细胞骨架蛋白 M 线上，两端通过肌联蛋白与 Z 线衔接（图 6-1C）。

e知识拓展 6-2 肌联蛋白和伴肌动蛋白

粗肌丝和细肌丝又是由一系列蛋白质分子聚合而成。其中粗肌丝主要由众多肌球蛋白（myosin，MS，也称肌凝蛋白）分子组成；细肌丝则包括肌动蛋白（actin，AT，也称肌纤蛋白）、原肌球蛋白（tropomyosin，TM，也称原肌凝蛋白）和肌钙蛋白（troponin，也称肌宁蛋白）。

（1）肌球蛋白　单个肌球蛋白分子形如豆芽状。由两条重链（heavy chain）、两条碱性轻链（light chain）和两条调节轻链相互缠绕组成。两条重链组成杆状尾部，形成肌球蛋白的主体；重链头端和轻链形成了双球形头部，称为横桥（cross bridge），横桥具有 ATP 酶活性。头、尾之间

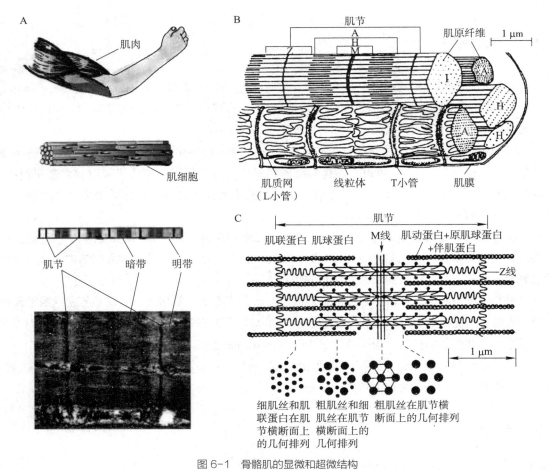

图 6-1　骨骼肌的显微和超微结构
A. 肌肉、肌纤维与肌原纤维；B. 肌原纤维与肌管系统；C. 肌节的分子结构

由尾杆部伸出一小段形成桥臂。杆状尾部朝向肌节中央 M 线聚合成束，形成粗肌丝主干；球头部连同桥臂有规律地垂直暴露在粗肌丝表面（图 6-2A、B）。

横桥有两个重要特性：①横桥具有 ATP 的结合位点和 ATP 酶活性，可结合和分解 ATP，释放能量，提供横桥扭动时所需的能量。但只有当横桥与肌动蛋白结合时才能发挥作用。②在一定条件下，横桥可以和细肌丝上的肌动蛋白分子呈可逆结合，结合的同时向粗肌丝中央的 M 线方向扭动。

（2）肌动蛋白　肌动蛋白单体呈球形，多个肌动蛋白单体聚合成两条长链，再聚合成麻花状的双螺旋体，构成细肌丝的主干。肌动蛋白单体上有与横桥结合的位点（图 6-2C）。

（3）原肌球蛋白　分子呈长杆状，多个原肌球蛋白首尾相连形成两条链，并以双螺旋结构与肌动蛋白结合（图 6-2C）。静息时，原肌球蛋白恰好处在肌动蛋白和横桥之间，阻碍了二者结合，称为"位阻效应（steve effect）"。

（4）肌钙蛋白　分子呈球形，由 T、C、I 3 个亚单位组成（图 6-2 C）。其中 T 亚单位（TnT）是与原肌球蛋白结合的亚基，C 亚单位（TnC）存在 Ca^{2+} 结合位点，I 亚单位（TnI）可与肌动蛋白结合，从而有利于原肌球蛋白的"位阻效应"。

由于肌球蛋白和肌动蛋白都与肌肉收缩有直接关系，又被称为收缩蛋白（contractile protein）。原肌球蛋白和肌钙蛋白虽不直接参与肌丝的滑行，但可影响和控制收缩蛋白之间的相互作用，故称为调节蛋白（regulatory protein）。

6.2.1.2 肌管系统

在肌原纤维周围分布着纵管（longitudinal tubule，又称 L 管）和横管（transverse tubule，又称 T 管），统称肌管系统（sarcotubular system）（图 6-1）。T 管是由肌细胞膜内陷而形成，与肌原纤维长轴垂直，在心肌的 Z 线附近或骨骼肌的明、暗带交界处与同一水平的其他 T 管联通成网状，T 管中的液体经肌膜上开口与细胞外液相通。肌膜上的动作电位可沿 T 管膜迅速传入肌细胞深部。此外，T 管膜上还存在一种 L 型 Ca^{2+} 通道（L-type calcium channel，LCC），与肌细胞的兴奋收缩耦联有关（后述）。

L 管即肌细胞的滑面内质网，称肌质网（sarcoplasmic reticulum，SR），与肌原纤维平行，包绕于肌节周围，其膜上有钙泵。在接近肌节两端的 T 管处形成扁平状膨大，称为连接肌质网（junctional SR，JSR）或终末池（terminal cisterna），内储存大量 Ca^{2+}，其浓度比细胞质中高数千至上万倍，称为细胞内的 Ca^{2+} 库。骨骼肌中 80% 的 T 管与其两侧的终末池形成三联管（triad）结构。而心肌的 T 管大多与一侧终末池形成二联管结构。终末池上有 Ca^{2+} 释放通道，又称雷诺丁受体（ryanodine receptor，RyR，骨骼肌的为 RyR1），静息时该通道关闭。

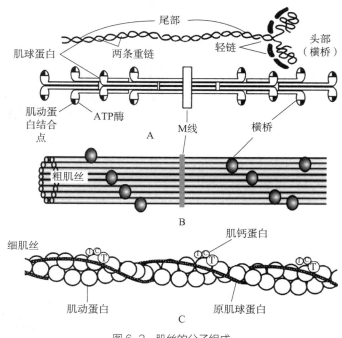

图 6-2 肌丝的分子组成
A. 构成肌球蛋白分子的肽链；B. 肌球蛋白分子在粗肌丝中的排列；C. 细肌丝的分子组成

6.2.2 骨骼肌细胞的生物电特征及神经与骨骼肌细胞间的兴奋传递

6.2.2.1 骨骼肌细胞的生物电特征

骨骼肌细胞的静息电位约 –90 mV，其动作电位及产生机制同神经纤维（详见第 4 章）。

6.2.2.2 神经 – 骨骼肌接头处兴奋的传递

（1）神经 – 骨骼肌接头（neuromuscular junction） 又称运动终板（motor end plate），是运动神经末梢与骨骼肌细胞膜之间一种特化的突触结构（图 6-3）。运动神经末梢到达肌肉细胞表面时失去髓鞘，以裸露的突触小体嵌入到肌细胞膜的小凹（褶）中，形成神经 – 骨骼肌接头。接头包括三部分：轴突末梢膜为接头前膜（prejunctional membrane）；与前膜相对的是特化了的肌细胞膜为终板膜（endplate membrane）或接头后膜（postjunctional membrane）；两者之间的 50 ~ 60 nm 间隙称为接头间隙（junctional cleft），其中充满细胞外液。轴突末梢内有大量突触小泡（synaptic vesicle），内含大量乙酰胆碱（acetylcholine，ACh）。终板膜上有乙酰胆碱受体（acetylcholine receptor，Ach 受体，10^3 个 $/\mu m^2$），即 N_2 型乙酰胆碱受体。此外，终板膜上还有乙酰胆碱酯酶（acetylcholinesterase），可将 ACh 分解为胆碱和乙酸。

（2）神经 – 骨骼肌接头处的兴奋传递过程 兴奋从神经细胞传递给骨骼肌细胞（效应器细胞）的机制与前面第 5 章所叙述的神经元之间经典的的化学突触传递十分相似，也经历了一个"电—化学—电"过程（图 6-4，ⓔ 知识拓展 6-3）。当终板电位（即突触后电位）引起与终板膜

ⓔ知识拓展 6-3
神经 – 骨骼肌接头处的兴奋传递过程

ⓔ知识拓展 6-4
经典突触和神经 – 肌肉接头处传递过程的比较

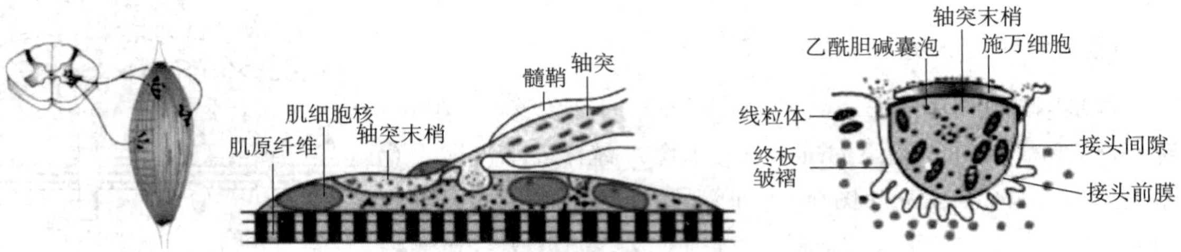

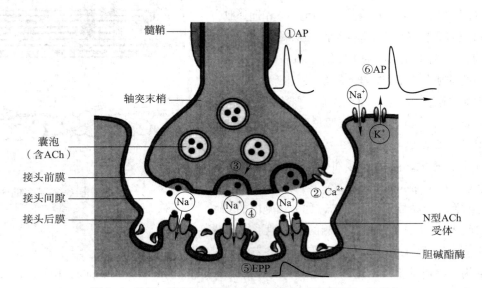

图 6-3　神经－肌肉接头处的超微结构示意图

图 6-4　神经－肌肉接头处的兴奋传递示意图（引自姚泰，2010）

邻接的普通肌细胞膜去极化达到阈电位水平时，便可爆发动作电位并传遍整个肌细胞。

6.2.3　骨骼肌收缩和舒张机制

ℯ发现之旅 6-1
肌丝滑行学说的由来

ℯ知识拓展 6-5
肌丝滑行及其能量转换（动画）

　　H.E.Huxley 和 A.F.Huxley 1954 年分别提出的肌丝滑行学说（sliding filament theory），为目前公认的肌肉收缩机制。该学说认为：肌肉收缩时，肌节缩短，是细肌丝（肌动蛋白丝）在粗肌丝（肌球蛋白丝）中间主动滑动的结果。电镜观察结果提供了最直接的实验证据。收缩时，肌小节长度变短，整个肌纤维缩短，但粗肌丝与细肌丝的长度均未发生变化，只是细肌丝在向粗肌丝中央滑动时，增加了与粗肌丝重叠的区域，因此明带变短，H 区的宽度减少直至消失，甚至出现细肌丝重叠的新区带（图 6-5）。

　　肌丝滑行的机制是横桥与肌动蛋白结合、扭动、解离、复位、再结合的反复进行的过程，这一过程称为横桥周期（cross-bridge cycling）：① 横桥与肌动蛋白结合：当胞质中 Ca^{2+} 浓度升高时，Ca^{2+} 与肌钙蛋白 C 亚单位结合，引起肌钙蛋白构象的改变，这种改变也传递给原肌球蛋白，同时引起原肌球蛋白构象发生扭转（肌钙蛋白的 TnI 与肌动蛋白的结合减弱，使原肌球蛋白向肌动蛋白双螺旋沟槽的深部移动，从而暴露出肌动蛋白的结合位点），使原有的"位阻效应"解除，肌动蛋白与横桥结合（图 6-6）。② 横桥扭动和细肌丝滑行：横桥与肌动蛋白结合后向 M 线方向扭动 45°，并把细肌丝拉向 M 线方向，使肌节缩短。此时横桥头储存的能量（来自 ATP 的分解）转变为克服负荷的张力。③ 横桥与肌动蛋白解离：在横桥与肌动蛋白结合、摆动时，ADP 和无机磷酸与之分离，在 ADP 解离的位点，横桥头部马上又与一个 ATP 分子结合，结

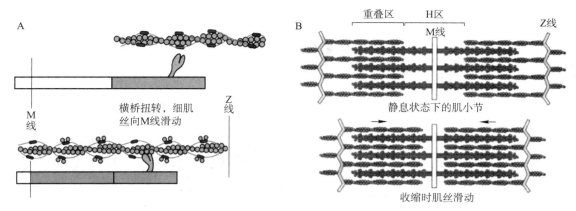

图 6-5 肌丝滑行示意图
A. 结合前后的横桥与细肌丝；B. 肌丝滑行前后的肌小节

果降低了横桥部与肌动蛋白的亲和力，于是二者解离。④横桥复位：与横桥结合的 ATP 分解，利用其化学能使扭动后的横桥恢复到与粗肌丝主干垂直的位置，而处于高势能状态。⑤横桥与肌动蛋白再结合：ATP 水解产生的 ADP 和无机磷酸使横桥对肌动蛋白恢复高亲和力。这时如果胞质内 Ca^{2+} 浓度仍较高，便又可出现横桥同细肌丝上新位点的再结合，进入下一个横桥周期（图 6-7）。

一旦胞质中的 Ca^{2+} 浓度减少时，横桥与肌动蛋白分子解离，则出现相反的变化，肌节恢复原状，肌肉舒张。在横桥周期中，Ca^{2+} 是触发肌丝相对滑动的因子，因此又称它为去抑制因子。

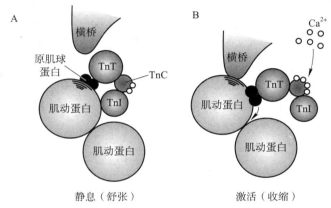

图 6-6 Ca^{2+} 与肌钙蛋白结合激活横桥示意图
（引自姚泰，2010）

横桥循环在一个肌节以至在整块肌肉中都是非同步的，这样就可能使肌肉产生恒定的张力和连续缩短。能参加循环的横桥数目以及横桥循环的速率，决定着肌肉收缩的程度（产生张力的大小）、缩短的速率。

6.2.4 骨骼肌细胞的兴奋-收缩耦联

无论是在整体还是离体情况下，肌肉在收缩之前，总是先在肌膜上产生一个可以传播的动作电位，然后才产生肌肉收缩。因此，在以膜电位的变化为特征的兴奋过程与以肌肉收缩活动之间，必然存在着某种中介过程把两者联系起来，这一过程称为兴奋-收缩耦联（excitation-contraction coupling）。兴奋-收缩耦联是指由 Ca^{2+} 介导的、把细胞膜去极化和细胞收缩联系起来的一系列过程。肌管系统是实现兴奋-收缩耦联的关键结构，Ca^{2+} 是介导这一耦联过程的关键物质。触发骨骼肌兴奋-收缩耦联所需要的 Ca^{2+} 100% 来自肌质网。

6.2.4.1 兴奋-收缩耦联的基本过程

图 6-8 概括了兴奋-收缩耦联的 3 个主要过程：① 兴奋（动作电位）沿着肌膜传导至横管系统，通过横管系统传向肌细胞的深处。② 三联管结构处信息的传递：横管系统兴奋后，激活了横管膜上的 L 型 Ca^{2+} 通道；L 型 Ca^{2+} 通道通过变构作用激活终末池膜上的 Ca^{2+} 释放通道（RyR，在骨骼肌为 RyR1），使其开放。③ 肌质网对 Ca^{2+} 的释放与再聚积：Ca^{2+} 释放通道激活后，

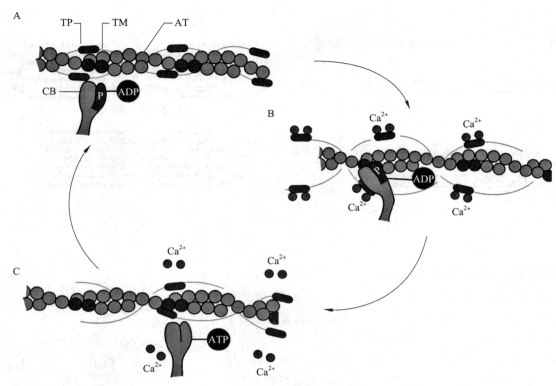

图 6-7 横桥周期

A. 静息状态横桥和肌纤蛋白被阻隔，横桥与 ADP 结合处处于高能高亲和状态；B. 胞浆 [Ca²⁺]↑ 结合到肌钙蛋白；横桥结合位点暴露；横桥与肌动蛋白结合，并利用高能摆动 45°；C. 横桥和 ATP 结合，对肌动蛋白亲和力下降，横桥脱离；胞浆 [Ca²⁺]↓，横桥与肌动蛋白分离。TP：肌钙蛋白；TM：原肌凝蛋白；AT：肌纤蛋白；CB：横桥

终末池内的 Ca^{2+} 顺着浓度梯度迅速释放到肌质中，使肌质中的 Ca^{2+} 浓度迅速升高（从而可以引发④⑤肌丝滑行）；胞质中的 Ca^{2+} 浓度迅速升高的同时也激活了肌质网（SR）膜上的 Ca^{2+} 泵，主动转运将胞质中的 Ca^{2+} 回收，致使肌质中 Ca^{2+} 浓度下降到静息浓度，兴奋-收缩耦联终止（于是引起肌肉的舒张），为下次的兴奋-收缩耦联做好准备（图 6-8）。

ⓔ知识拓展 6-6
骨骼肌和心肌对 Ca^{2+} 的释放和再聚集

6.2.4.2　兴奋-收缩耦联时肌质网中 Ca^{2+} 的释放和聚积

在兴奋-收缩耦联过程中胞质内发生了 Ca^{2+} 浓度的快速升高（从 0.1 μmol/L 升高到 1~10 μmol/L）和降低，这种 Ca^{2+} 浓度的波动称为钙瞬变（calcium transient）包括钙的释放和聚集。

（1）Ca^{2+} 的释放　骨骼肌静息时，横管上的 L 型 Ca^{2+} 通道对终末池膜上的 Ca^{2+} 释放通道开口起到堵塞作用，只有当横管膜上的电信号到达此处时，L 型 Ca^{2+} 通道发生构型改变，消除对终末池膜上的钙释放通道（RyR1）的堵塞，直接引起 RyR1 开放，而使终末池内的 Ca^{2+} 大量进入胞质。骨骼肌的这种兴奋-收缩耦联机制被称为电-机械耦联（图 6-9）。

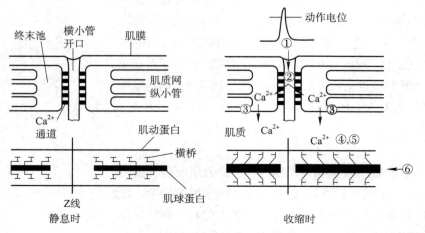

图 6-8　兴奋-收缩耦联活动顺序图解

（2）Ca^{2+}的聚积 骨骼肌细胞的肌质网（SR）上有钙泵，而且钙泵对 Ca^{2+} 的亲和力高于肌钙蛋白（TnC），因此，由肌质网释放的 Ca^{2+} 在与 TnC 短暂结合后，被钙泵回收。钙泵每分解 1 个 ATP，可将 2 个 Ca^{2+} 从细胞质回收到 SR 中。在骨骼肌，胞质中游离 Ca^{2+} 的浓度的下降完全依赖于 SR 上的钙泵的活动。

肌细胞的每次收缩，都相继出现了膜电位的波动（动作电位）、Ca^{2+} 浓度的波动（钙瞬变）和细胞的收缩与舒张（图 6-10），其中钙瞬变在细胞的电兴奋与机械收缩活动间起到了一个中介作用，因此，任何能影响钙瞬变幅度或变化速率的病理和药物作用都会影响到肌肉收缩能力。

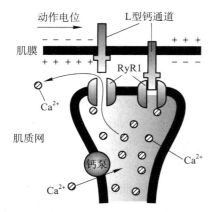

图 6-9 骨骼肌细胞肌质网 Ca^{2+} 释放机制（引自姚泰，2010）

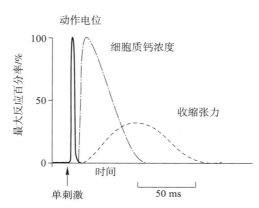

图 6-10 骨骼肌细胞收缩时动作电位、钙浓度与张力间的关系

6.2.5 骨骼肌收缩的形式及影响因素

6.2.5.1 骨骼肌收缩的形式和特性

（1）单收缩 在对神经-肌肉标本的实验中，给神经或肌肉一次单电震刺激，会引起肌肉一次收缩，称为单收缩（single twich）。单收缩包括 3 个时相（时程）（图 6-11）：从施加刺激开始到肌肉开始收缩，一般在标本的外形上无任何变化的时期，称为潜伏期（latent period）。在潜伏期内，标本内部发生了一系列如兴奋的产生、传导、传递及兴奋收缩耦联等复杂变化过程。潜伏期的长短与刺激施加到标本上的部位有关。从收缩开始到收缩达到高峰的时期称为缩短期或收缩期（shortening period 或 contraction period）。此期出现细肌丝向粗肌丝中央的滑动。以后肌肉从最大收缩限度恢复到静息状态，称为舒张期（relaxation period）。

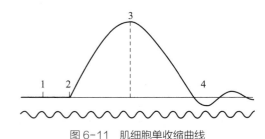

图 6-11 肌细胞单收缩曲线
1 给予刺激；1-2 潜伏期；2-3 缩短期；3-4 舒张期

（2）等长收缩和等张收缩 骨骼肌的收缩效能（performance of contraction）表现为肌肉长度或张力的变化以及产生张力或缩短的速率。根据肌肉收缩时期张力及长度是否变化，单收缩又可分为两种：等张收缩（isotonic contraction）和等长收缩（isometric contraction）。等张收缩在收缩时肌肉只有长度缩短而张力保持不变；等长收缩在收缩时肌肉只有张力增加而长度保持不变。当阻力负荷较大时（如将骨骼肌的两端固定），肌肉收缩产生的张力不足以克服阻力负荷时，即表现为等长收缩；而阻力负荷较小时（如使骨骼肌两端游离），肌肉收缩产生的张力等于或大于阻

● 知识拓展 6-7
等张收缩与等长收缩实例

力负荷时，则表现为等张收缩。自然条件下，机体内的每条骨骼肌收缩时都同时发生不同程度的张力变化和长度变化，有的以张力变化为主，有的以长度变化为主。

6.2.5.2 影响骨骼肌细胞收缩的因素

（1）刺激的频率和运动单位数量　在一次单收缩中，动作电位过程（相当于绝对不应期）仅 2～4 ms，而收缩过程可达几十甚至几百毫秒，因而骨骼肌有可能在收缩过程中接受新的刺激并发生新的兴奋和收缩。新的收缩过程可与上次尚未结束的收缩过程发生总和，称为收缩的总和（summation of contraction）。当骨骼肌受到频率较高的连续刺激时，可出现以这种总和过程为基础的强直收缩（tetanus），因刺激的频率不同而表现为不同形式，有不完全强直收缩（incomplete tetanus）和完全强直收缩（complete tetanus）（图 6-12）。如果刺激频率相对较低，总和过程发生在前一次收缩过程的舒张期，将出现不完全强直收缩；刺激频率相对较高时，总和过程发生在前一次收缩过程的收缩期，将出现完全强直收缩。在等长收缩条件下，强直收缩产生的张力可达单收缩的 3～4 倍。

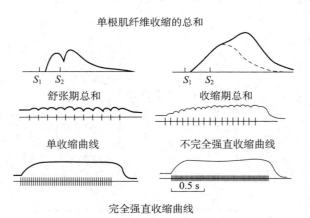

图 6-12　不同频率的连续刺激对骨骼肌收缩的影响
注意刺激的频率加大时，可以有机械反应的复合，而不会有动作电位的复合

ℯ知识拓展 6-8
强直收缩的离子基础

（2）负荷　在体或实验条件下，肌肉的收缩可能遇到两种负荷。一种是在肌肉收缩前就加到肌肉上，称为前负荷（preload）。在前负荷作用下，肌肉收缩之前就处于某种拉长状态，使它具有一定的初始长度（初长度，initial length）。另一种是肌肉开始收缩时才遇到的负荷或阻力，称为后负荷（afterload）。后负荷不增加肌肉的初长度，但能阻碍肌肉收缩时的缩短。

① 前负荷对肌细胞收缩的影响：若将离体肌肉的后负荷固定，测定在不同前负荷（即不同的初长度）的情况下刺激肌肉引起等长收缩时的张力变化，可以得到肌肉的长度 – 张力关系曲线，发现在一定的初长度范围内，随着肌肉初长度的增加，肌肉收缩产生的张力也增加；但超过这个范围时反而下降。也就是说，肌肉的收缩有一个最适初长度（optimal length）（肌节的最适初长度为 2.0~2.2μm），在这个长度下肌肉进行的等长收缩可以产生最大的主动张力，小于或超过最适初长度，肌肉收缩产生的张力都会下降（图 6-13）。骨骼肌在最适初长度下承受的前负荷称为最适前负荷（optimal preload）。一般认为，骨骼肌在体内的自然长度就是它的最适初长度。

ℯ知识拓展 6-9
肌细胞收缩最适前负荷的分子基础

② 后负荷对肌细胞收缩的影响：承受后负荷的肌肉收缩通常分为两个过程：早期收缩时只有张力增加，长度并不缩短，即表现为等长收缩；当张力增加到可以克服后负荷时，肌肉开始缩短，之后张力将不再增加，即表现为等张收缩。如果将离体肌肉的前负荷（即初长度）固定，在等张收缩的条件下测定不同后负荷时肌肉收缩产生的张力和缩短的速度，即得到张力 – 速度曲线。可以发现，后负荷越大，肌肉收缩时产生的张力越大，发生肌肉缩短的时间越晚（即潜伏期越长），肌肉缩短的初速度和缩短的总长度也越小。由此看来，后负荷过大，虽然能增加肌肉的张力，但肌肉缩短的程度和速度将很小甚至为零；若后负荷过小，虽然肌肉缩短程度和速度都增加，但产生的张力将很小甚至为零。因此，后负荷过大或过小都不利于肌肉收缩作功，只有中等

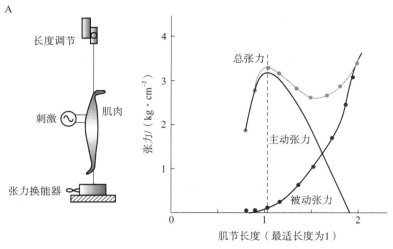

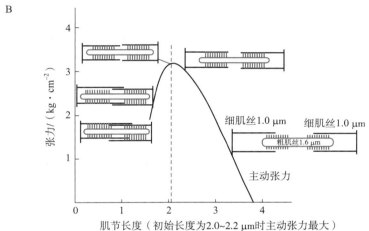

图 6-13　等长收缩时的张力变化示意图
A. 肌纤维初长度与主动张力的关系曲线，主动张力等于总张力减去被动张力
（弹性回缩力）；B. 肌节长度-张力关系曲线

ⓔ 知 识 拓 展 6-10
后负荷影响肌细胞收缩的原因

程度负荷情况下肌肉收缩完成的功才最大。

（3）肌细胞的收缩能力　上述讨论的前负荷、后负荷对肌肉收缩时所产生的张力、缩短速度和长度及做功能力的影响都是在肌肉内部功能状态相对稳定的条件下，外部因素对肌肉收缩效果的影响。事实上，肌肉本身的内部功能状态也是不断变化着的，可以影响到肌肉收缩效果。我们将这些影响肌肉收缩效果的肌肉内部功能状态变化称为肌肉收缩能力（muscle contractility）的改变，以区别于肌肉收缩时的外部条件，即刺激，前、后负荷改变所导致的收缩效果的改变。显然，肌肉收缩能力提高时，收缩时产生张力的大小和速度、肌肉缩短的程度和速度都会提高，表现为长度－张力曲线上移和张力－速度曲线向右上方移动。影响肌肉收缩能力的因素包括钙瞬变、肌钙蛋白对 Ca^{2+} 的敏感性、肌球蛋白亚型的表达、横桥中 ATP 酶的活性、SR 钙泵的类型和活性等。许多内源性体液物质、外在因素（如缺氧、酸中毒、供肌肉收缩的能源物质 ATP 的减少、支配肌肉的神经的营养作用受阻或其他病理因素及药物）都是通过上述途径影响肌肉收缩能力来调节肌肉收缩的。

6.2.6 骨骼肌细胞的分类和生理特性

ⓔ知识拓展 6-11
关于快肌和慢肌

ⓔ系统功能进化 6-1
快肌、慢肌的形成

骨骼肌因功能不同可分为快肌纤维（fast-twitch，FT）与慢肌纤维（slow-twitch，ST），它们在形态及神经支配上都有自己的特点。

6.3 心肌细胞

心肌细胞可大致分为两类：一类是普通心肌细胞，又称工作细胞（working cardiac cell），包括心房肌和心室肌细胞。这类细胞具有兴奋性（excitability）、传导性（conductivity）、收缩性（contractility），但不具有自律性（autorhythmicity），故称为非自律细胞。另一类是一些特殊分化的心肌细胞，组成了心脏的特殊传导系统（cardiac conduction system）。这类心肌细胞不仅具有兴奋性和传导性，而且具有自动节律性，即不受神经支配，在没有外来刺激的情况下即可自发兴奋，故又称为自律心肌细胞（autorhythmic cardiomyocyte）。由于自律细胞胞质中肌原纤维很少或缺乏，因此收缩性基本丧失。本章仅对心肌细胞与结构特征相关的收缩功能和电活动特征做一基础性介绍。

6.3.1 心肌细胞的细微结构与收缩功能特征

ⓔ知识拓展 6-12
心肌的细微结构

（1）心肌的细微结构 心肌细胞与骨骼肌细胞一样，也含有大量平行排列的肌原纤维，并具有两套独立的 T 管和 L 管。但不同的是，心肌的肌节比骨骼肌稍短。由于心肌细胞粗肌丝的连接蛋白、细肌丝肌钙蛋白 C 亚基与 Ca^{2+} 结合的特性，使得心肌不易被拉长。通常，心肌细胞兴奋时胞质内的 Ca^{2+} 浓度仅能使约 1/2 的肌钙蛋白与之结合并被激活，所以心肌细胞具有较大的收缩储备（图 6-14）。

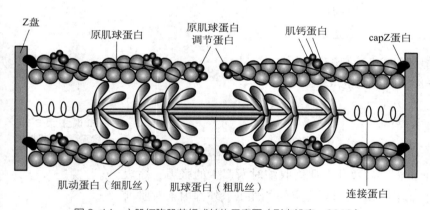

图 6-14　心肌细胞肌节组成结构示意图（引自姚泰，2010）

（2）心肌细胞有特别发达的线粒体，能保证心脏的持续搏动 心肌细胞的线粒体特别发达，几乎占据心肌细胞容量的 1/4～1/3，可以合成和储备足够的 ATP，使心肌细胞能有足够的能量供应，以保证心脏能持续搏动。

（3）心肌细胞不发达的肌质网及其钙触发钙释放机制使心肌的收缩依赖于细胞外液中的 Ca^{2+} 与骨骼肌不同，心肌细胞的肌质网不发达，相对纤细，大多数 T 管只在一侧与终末池相对接触而形成二联管（diad）结构（图 6-15）。肌质网 Ca^{2+} 的贮备量较少，需要细胞外液的 Ca^{2+} 进入胞质（其量约占心肌收缩过程所需总 Ca^{2+} 量的 10%～30%），使胞质内 Ca^{2+} 浓度升高，再触发肌质网释放大量的 Ca^{2+}（约 70%～90%，这个比例在不同物种间差别较大），从而触发心肌细胞收缩。

ⓔ发现之旅 6-2
细胞外液 Ca^{2+} 对心肌细胞兴奋－收缩耦联关键性作用的发现

对细胞外 Ca^{2+} 的依赖性还与由心肌细胞横管（又称 T 管）膜上的 L 型钙通道（LCC）和肌质网终末池膜上的 Ca^{2+} 释放通道（雷诺丁受体 2，RyR2）组成的复合体的结构与开放机制有关。心肌和骨骼肌细胞一样，触发兴奋－收缩耦联的关键物质是 Ca^{2+}，同样存在钙瞬变的过程。前文已提到骨骼肌的钙瞬变过程是一个电－机械耦联过程（见 6.2.4.2）。骨骼肌细胞短

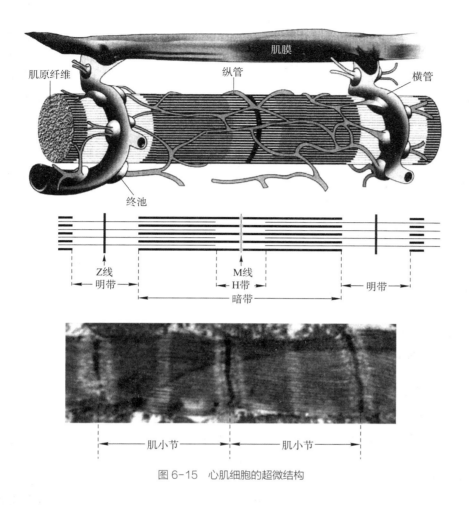

图 6-15 心肌细胞的超微结构

暂地去极化仅引起 LCC 自身分子构型变化（并无 Ca²⁺ 通道开放过程）并直接引起终末池上钙释放通道开放。而心肌细胞的终末池膜上的 Ca²⁺ 释放通道（RyR2）则需要少量内流的 Ca²⁺ 激活，才能使终末池中大量 Ca²⁺ 通过 RyR2 释放到胞质中。这少量 Ca²⁺ 的内流是由存在于心肌细胞 T 管膜上的 L 型 Ca²⁺ 通道（LCC）在心肌细胞的动作电位传到 T 管膜时被激活开放而完成。这种经由 L 型 Ca²⁺ 通道内流的 Ca²⁺ 触发肌质网释放 Ca²⁺ 的过程被称为钙触发钙释放（calcium-induced Ca²⁺ release，CICR）（图 6-16）。通过实验也可观察到心肌细胞收缩对细胞外液 Ca²⁺ 的依赖性。在一定范围内，细胞外液的 Ca²⁺ 浓度降低，则收缩减弱。当细胞外液中 Ca²⁺ 浓度降至很低，甚至无 Ca²⁺ 时，心肌膜虽然仍能兴奋，爆发动作电位，却不能引起心肌细胞收缩，这一现象称为"兴奋–收缩脱耦联"或"电–机械分离"。

　　细胞内 Ca²⁺ 浓度升高的持续时间很短暂，胞质内的游离 Ca²⁺ 浓度很快回降到正常。心肌和骨骼肌细胞的纵行肌质网上均有钙泵，因此由肌质网释放的 Ca²⁺ 在与肌钙蛋白（TnC）短暂结合后，可被钙泵回收。骨骼肌胞质中的 Ca²⁺ 几乎全部被肌质网膜上的钙泵回收，但心肌除了靠 SR 上的钙泵将肌质中的 70% ~ 90% Ca²⁺ 回收外，还需要靠肌膜上的 Na⁺–Ca²⁺ 交换体、钙泵及线粒体的单转运体（uniporter）的活动将剩下的 Ca²⁺（10% ~ 30%）转运到肌细胞外，以维持细胞内钙的稳态（见 ❸ 知识拓展 6-6）。

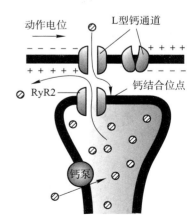

图 6-16 心肌细胞肌质网 Ca²⁺ 释放机制（引自姚泰，2010）

（4）心脏收缩表现为"全或无"方式　由于相邻心肌细胞有闰盘结构（缝隙连接），电阻极低（约 $1\ \Omega/cm^2$），可使兴奋在细胞之间以电突触传递形式迅速传递。因而从心室（或心房）某一处产生的兴奋可以在心肌细胞间迅速传播，引起组成心室（或心房）的所有心肌细胞同步收缩，因此可分别将整个心室或整个心房看成是一个功能上互相联系的合胞体。从参加收缩活动的心肌细胞数目上看，心室（或心房）的收缩是"全或无"的，即心脏收缩的强弱不是因参加收缩的心肌细胞数目而变化，而是完全取决于功能合胞体心肌收缩强度的变化，也就是说心房或心室的收缩强度是可变的（见骨骼肌及第 8 章相关内容）。

（5）激素或药物对心肌细胞收缩力的影响　对此研究较多的药物有儿茶酚胺类、Ca^{2+} 增敏剂、洋地黄类，激素类有甲状腺素。

ℯ知识拓展 6-13
激素或药物对心肌细胞收缩力的影响

6.3.2　心肌细胞兴奋的产生

心肌细胞兴奋的发生，可来源于支配它的神经细胞的传递，也可来源于相邻心肌细胞通过缝隙连接的传递，还可由于其具有自律性，本身即可自动去极化而兴奋。

在心肌，胆碱能和肾上腺素能神经与心室肌之间的接头是曲张体（varicosity）结构，以非定向突触传递方式进行传递（见第 5 章及本章平滑肌部分的内容）。至于神经与窦房结、房室结细胞之间的接头目前尚不清楚。

6.3.3　心肌细胞的电活动

心肌细胞的跨膜电位（transmembrane potential）产生的机制与神经和骨骼肌细胞相似，均由跨膜离子流形成，但因心肌细胞跨膜电位的产生涉及多种离子通道（即使是同一种离子，也会有多种类型的通道进行转运，见后述），故心肌细胞的生物电活动较神经和骨骼肌更为复杂，而且不同类型心肌细胞的跨膜电位形成的离子基础、跨膜电位的幅度以及持续时间等都不完全相同（图 6-17）。根据心肌细胞兴奋发生（动作电位去极化速率）的快慢和传导的快慢，可将心脏各部分心肌细胞分为快反应细胞（fast response cell）和慢反应细胞（slow response cell）。快反应细胞包括心房肌、心室肌的非自律细胞和房室束、束支和浦肯野细胞等自律细胞，其动作电位去极化由快通道引起，速率快，兴奋产生和传导也快，称为快反应动作电位（fast response action potential）；慢反应细胞包括窦房结（P）细胞、房室交界区的一些细胞。全部为自律细胞，称为慢反应自律细胞，其动作电位去极化由慢通道引起，速率缓慢，兴奋发生和传导也慢，称为慢反应动作电位（slow response action potential）。

6.3.3.1　普通心肌细胞（工作细胞）的电活动

（1）静息电位　以心室肌为例，其静息电位（跨膜电位，transmembrane potential）的形成机制与神经、骨骼肌细胞的相似，即静息状态下膜两侧处于极化状态，主要是 K^+ 的平衡电位（见第 4 章）。心室肌膜上存在内向整流 K^+ 通道（inward rectifier K^+ channel，I_{K1} 通道）。该通道属于非门控通道，不受膜电位或化学信号控制，但开放程度受膜

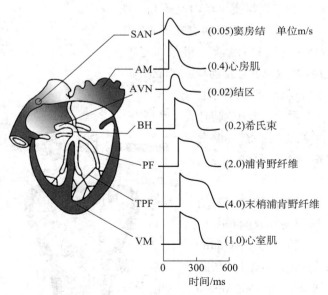

图 6-17　心脏各部分心肌细胞的跨膜电位及传递速度
SAN: 窦房结；AM: 心房肌；AVN: 房室结；BH: 希氏束；
PF: 浦肯野纤维；TPF: 末梢浦肯野纤维；VM: 心室肌

电位的影响。在静息状态下，I_{K1} 通道处于开放状态，使细胞内的 K^+ 顺着浓度梯度流向膜外，形成膜内为负、膜外为正的极化状态。由于静息状态下心肌细胞也会有少量 Na^+ 内流，其静息电位总是略低于 I_{K1} 平衡电位。哺乳动物心室肌细胞的静息电位为 –80~–90 mV。

（2）动作电位　心室肌细胞的动作电位属于快反应动作电位，与神经、骨骼肌的动作电位明显不同，其特点是复极化过程复杂，持续时间长；动作电位的升支（去极化）与降支（复极化）不对称，整个动作电位的时程长达 200 ms 以上，共分为 5 个时期（图 6–18）。

① 去极化过程（0 期）：膜内电位由静息状态时的 –80~–90 mV 上升到 20 ~ 30 mV，膜两侧由原来的极化状态转变为反极化状态，构成了动作电位的上升支，此期又称为 0 期。去极化速度很快，历时仅 1 ~ 2 ms。其正电位部分称为超射（overshoot）。

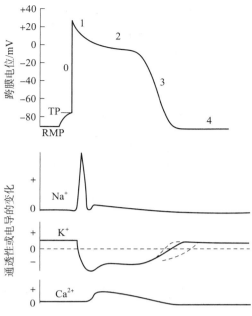

图 6–18　心室肌细胞动作电位形成的离子机制
RMP：静息膜电位；TP：阈电位

心室肌细胞去极化的形成机制与神经细胞和骨骼肌细胞相似。当心室肌细胞受到刺激产生兴奋时，首先引起 Na^+ 通道（I_{Na} 通道）的少部分开放和少量 Na^+ 内流，造成膜轻度去极化，当去极化到 I_{Na} 通道的阈电位水平（–70 mV）时，I_{Na} 通道被快速激活而开放，出现再生性 Na^+ 内流，进一步使膜去极化、反极化，膜内电位由静息时的 –90 mV 急剧上升到 30 mV。I_{Na} 通道是一种激活和开放迅速，失活也迅速的快通道（fast channel）。当膜去极化到 0 mV 左右时，I_{Na} 通道就开始失活而关闭，最后终止 Na^+ 的继续内流。I_{Na} 通道的激活是正反馈再生性过程（regeneration process），能使膜很快接近钠平衡电位。

② 复极化过程：当心室肌细胞去极化达到顶峰后，立即开始复极化，但复极化过程比较缓慢，可分为 4 期。

快速复极初期（1 期）：心肌细胞膜电位在去极化达顶峰后，由 30 mV 迅速下降至 0 mV，历时约 10 ms，形成复极 1 期，与 0 期去极化共同构成锋电位。

复极 1 期是由以 K^+ 为主要载荷离子的瞬时性外向电流（transient outward current, I_{to}）引起。当膜除极化到 –40~–30 mV 时，便激活了 I_{to} 通道，导致 K^+ 外流，但由于其幅值远远低于 I_{Na}，只有当 Na^+ 通道失活而关闭后，其复极化效应才能得以体现。可以说 I_{Na} 通道的失活和 I_{to} 通道的激活共同形成了复极 1 期。

平台期（2 期）：表现为膜电位复极缓慢，电位持续在 0 mV 附近，历时 100 ~ 150 ms，称为平台期（plateau phase）。此期为心室肌细胞区别于神经和骨骼肌细胞动作电位的主要特征。

平台期的形成主要是由于 Ca^{2+} 缓慢持久地内流和少量 K^+ 缓慢外流，使内向和外向电流暂时处于相对平衡而造成的。Ca^{2+} 通过心肌细胞膜上的电压门控式 L 型慢钙通道（L-type calcium channel，I_{Ca-L} 通道）内流。当膜去极化到 –40 mV 时 I_{Ca-L} 通道被激活，要到 0 期后才表现为持续开放。但经此通道内流的 Ca^{2+} 量要到 2 期之初才达到最大值。K^+ 经过延迟整流 K^+ 通道（delayed rectifier K^+ channel，I_K 通道）外流。I_K 通道的激活开启和去激活关闭速率都很缓慢，在 0 期去极化到 –40 mV 左右时开始被激活，但激活的开启速率慢于慢钙通道（I_{Ca-L} 通道），直至平台后半期才充分激活，故称为"延迟"。I_{K1} 通道的内向整流特性（I_{K1} 通道对钾离子通透性因膜去极化而降低的现象）阻止了快速复极 1 期 K^+ 的进一步外流，使动作电位在少量 Ca^{2+} 内流和少量 K^+ 外流的作用下保持在去极化状态。

快速复极末期（3 期）：继平台期之后，膜内电位由 0 mV 逐渐下降至 –90 mV，历时 100 ~ 150 ms，完成复极化过程。

3 期快速复极化主要是由于 Ca^{2+} 内流逐渐停止、K^+ 外流进行性增加引起。在 2 期后半期，I_{Ca-L} 通道逐渐失活，使内向电流（Ca^{2+} 内流）逐渐减少，而 I_K 通道则被充分激活，导致 K^+ 外流增加。I_K 通道是 3 期 K^+ 外流的主要通道，但在 3 期复极至后 1/3 段时 I_{K1} 通道恢复，K^+ 也可通过 I_{K1} 通道外流，从而加速膜电位迅速回到静息电位水平，完成复极化过程。3 期复极化由 K^+ 外流引起，而膜的复极化又加快了 K^+ 外流，如此循环下去，直到复极化完成，因此，3 期复极 K^+ 外流也是一个正反馈再生性过程。另外，在此过程中，由于心室肌各细胞复极化过程不一致，造成复极化区和未复极化区之间的电位差，也促进了未复极化区的复极化过程，所以 3 期复极化发展十分迅速。

静息期（4 期）：此期是复极化完毕后，膜电位恢复并稳定在静息电位（–80~–90 mV）的时期。

此期，细胞膜的离子转运机制加强，通过 Na^+-K^+ 泵、Ca^{2+} 泵的活动和 Na^+-Ca^{2+}、Na^+-K^+ 离子交换体（ion exchanger）的作用将内流的 Na^+ 和 Ca^{2+} 转运出膜外，将外流的 K^+ 转运入膜内，使细胞内外离子分布恢复到静息状态水平，以备下次动作电位的发生。

（3）心房肌细胞的动作电位　与心室肌细胞相似，也分为 5 个时期，但 2 期即平台期不明显，整个动作电位的时程略短于心室肌细胞，约 150 ~ 200 ms。这主要是由于心房肌细胞具有更多种类型的钾通道，K^+ 外流较强，导致复极化比较快（图 6-19）。

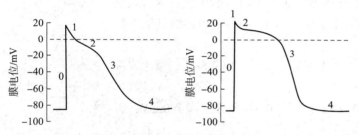

图 6-19　心房肌和心室肌细胞动作电位的比较示意图（引自姚泰，2010）
左：心房肌；右：心室肌

（4）工作心肌细胞的动作电位的特征致使心肌不会发生强直收缩　心肌细胞动作电位的产生是心肌细胞膜的多种离子通道发生激活、失活和复活以及由此引起的相应离子流造成的。第 4 章已叙及，当一种离子通道（对于心肌主要是 Na^+ 通道）被激活后就进入失活状态，在此期间这种离子通道对刺激不能产生反应，无论多么强的刺激也不能使之再次激活，产生动作电位，此时细胞的兴奋性为零，即进入无反应的不应期（refractory period）。当这种离子通道逐渐复活时，才能恢复对刺激发生反应的能力（见第 8 章）。工作心肌细胞的动作电位的特征使心肌细胞的动作电位复极化时间特别长，其间具有一个较长的平台期，致使心肌细胞兴奋后不应期也特别长。在此期间无论多大的刺激都不能使其再次兴奋而收缩，即心肌不会发生完全强直收缩，始终保持着收缩与舒张交替的节律活动。

6.3.3.2　自律细胞的生物电

自律细胞跨膜电位的共同特征是在没有外来刺激的条件下 4 期会发生自动的去极化，当去极化达到阈电位水平时，就会产生一个动作电位。因此，自律细胞与工作细胞跨膜电位最大的区别在于第 4 期。工作细胞第 4 期的膜电位是基本稳定的，而自律细胞在发生一次兴奋之后，随即会自动发生另一次缓慢的去极化，不会保持在稳定的静息膜电位，因此用其动作电位复极到最大极化状态时的膜电位数值代表静息电位值，称为最大舒张电位（maximal diastolic potential，MDP）或最大复极电位（maximal repolarization potential），其形成原理基本上也是 K^+ 的平衡电位。尽管舒张期自动去极化速度比 0 期缓慢的多，但其仍然是心肌自动节律性的电生理学基础。

在特殊传导系统中，窦房结细胞（慢反应自律细胞）的自律性活动频率最高，浦肯野细胞（快反应自律细胞）的自律性活动频率最低，它们在 4 期发生自动去极化时的最大舒张电位水平不同，前者约为 –60 mV，后者约为 –90 mV。两类细胞的自律性和动作电位发生的机制也不相同。

（1）快反应自律细胞动作电位的形成机制　浦肯野细胞为代表的快反应自律细胞的动作电位特点同心室肌动作电位相似，也包括 0、1、2、3、4 期，最根本的区别是浦肯野细胞第 4 期的自动去极化现象（图 6–20）。其离子基础主要是随时间而逐渐增强的内向离子流（I_f）和逐渐衰减的 K^+ 外向电流（I_K）所引起的，其中起主要作用的是 I_f 电流。I_f 内向离子流是一种混合离子流，其成分有 Na^+，也有 K^+，但主要是 Na^+ 负载的内向电流。由于 I_f 通道的激活和开放速率较慢，浦肯野细胞 4 期的自动去极化速度较慢，所以自动节律性较低。

（2）慢反应自律细胞动作电位的形成机制　窦房结是节律性活动频率最高的心肌组织，内有四种不同性质的细胞，其中起搏细胞（pacemaker cell）属于较原始的心肌细胞，因具有起搏功能（pacemaker），又称 P 细胞。

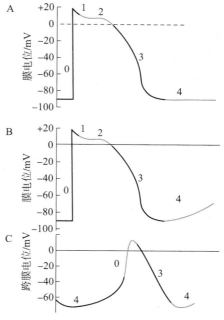

图 6–20　心室肌（A）、浦肯野纤维（B）和窦房结（C）细胞动作电位的比较示意图

知识拓展 6–14
心肌浦肯野细胞动作电位发生在第 4 期的内向电流

窦房结 P 细胞和房室交界区的一些细胞属于慢反应自律细胞，动作电位特点是：动作电位的幅度小，没有 1、2 期，只有 0、3、4 期（图 6–20），最大复极电位为 –50 ~ –70 mV。在此电位下，Na^+ 通道已失活，所以当 4 期自动去极化达阈电位水平（约 –40 mV）时，即激活了膜上的一种慢钙离子 L 型（I_{Ca-L}）通道，引起 Ca^{2+} 缓慢内流，导致 0 期去极化过程。因为 I_{Ca-L} 通道开放速度慢，Ca^{2+} 内流量小，所以 P 细胞动作电位幅度小，仅有 60 ~ 70 mV，最大去极化速率慢；复极化是由延迟的整流 K^+ 通道被激活开放，I_K 外流引起。因为 P 细胞缺乏 I_{K1} 通道（见前述，内向整流 K^+ 通道），所以没有平台期，同时由于在部分 P 细胞 I_{to} 通道（见前述，产生瞬时性外向 K^+ 电流通道）很少表达，所以复极化过程没有 1、2 期之分，只有 0、3、4 期。

由于 Ca^{2+} 内流减少和 K^+ 外流增加，膜电位逐渐复极化并达到最大复极电位。随即进入 4 期，并出现自动去极化现象。4 期自动去极化可以受多种内向电流和外向电流的影响，目前最主要的离子流有一种逐渐减弱的外向电流和两种逐渐加强的内向电流，即：

① 随时间进行性衰减的 K^+ 外向电流（I_K）：虽然 I_K 通道在 0 期去极化中就被激活开放，K^+ 外流逐渐增强并引起动作电位复极化，但当复极化到 –50 mV 左右时 I_K 通道开始去激活关闭，I_K 外向电流逐渐衰减。因为 I_K 通道去激活过程发生在 P 细胞最大舒张电位水平，这时 I_K 外向电流还很大，其衰减的效应相当于内向电流产生了很大的相对增强作用，因此进行性衰减的 K^+ 外向电流是 P 细胞 4 期去极化的最重要的离子基础。

② 随时间进行性增强的内向离子流 I_f（主要是 Na^+）增加：如前述 I_f 是 P 细胞膜向复极化或超极化变化时才被激活的内向离子流。3 期向复极化方向的变化是造成该离子通道逐步激活和 4 期开始的条件。但也有人认为，P 细胞的最大舒张电位仅为 –60 mV，在这个膜电位水平上 I_f 通道被激活开放的程度很小，开放速率也慢，所以 I_f 电流很弱，可能不是主要的起搏离子流。

③ I_Ca 离子流：P 细胞膜上还有另一种 T（transient）型 Ca^{2+} 通道，阈电位约为 –50 mV，较 L 型 Ca^{2+} 通道（–40 mV）低。经过此通道流入细胞的是 T 型钙流 I_{Ca-T}，其电流相对微弱和短暂。当 P 细胞动作电位复极化到最大舒张电位时，由于 I_K 去激活衰减和 I_f 的激活内流，引起舒张去极化，当膜电位去极化到 –50 mV 时，I_{Ca-T} 通道激活开放，少量 Ca^{2+} 内流，在 4 期后期加速舒张去极化。当膜电位除极化达到 –40 mV 时，细胞膜上的 L 型 Ca^{2+} 通道又被激活，于是引发了下一个自律性动作电位。

窦房结 P 细胞第 4 期的自动去极化速度比浦肯野纤维快，因此其自律性要高，但其 0 期去极化速度比浦肯野纤维慢，由慢钙通道引起，因此为慢反应电位。

6.4　平滑肌细胞

平滑肌是构成呼吸道、消化道、血管、泌尿生殖器官的主要组织成分。并依赖于平滑肌的紧张性收缩对抗重力和外加负荷，以保持正常形态，通过平滑肌收缩来实现其运动功能。其兴奋除了靠神经纤维的传递以外，部分细胞和心肌的自律细胞一样具有自律性，不受神经支配即可自发兴奋。平滑肌细胞的收缩不仅仅依赖于兴奋 – 收缩耦联，还可以在不产生兴奋的情况下直接由化学信号而诱发。另外，平滑肌细胞的微细结构和分子组成与横纹肌有所差异，其电位特征和收缩机制也有所区别。

ⓔ知识拓展 6-15
平滑肌细胞内部结构模式图（动画）

6.4.1　平滑肌细胞的结构与收缩功能

平滑肌细胞明显小于骨骼肌细胞（骨骼肌细胞的宽度和长度分别是平滑肌细胞宽度的 20 倍、长度的数千倍），平滑肌没有明显的肌原纤维和肌节样结构，所以没有横纹。但平滑肌细胞内仍然含有大量的平行排列的粗肌丝和细肌丝、较多的类似于骨骼肌 Z 线、作为细肌丝附着点与传送张力的结构致密体（dense body，在细胞膜上为致密斑）（图 6-21）。

相邻致密体间由中间丝（intermediate filament）连接，构成平滑肌的菱形网架。相邻细胞通过致密斑形成机械性耦联，通过缝隙连接形成电耦联。粗、细肌丝在菱形细胞内斜向行走，呈对角分布，使肌细胞收缩时能呈螺旋扭曲式缩短（图 6-22）。而且平滑肌内细肌丝的长度大于横纹

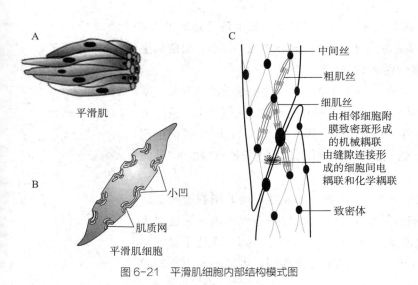

图 6-21　平滑肌细胞内部结构模式图　　　　　　　图 6-22　平滑肌收缩时的肌丝滑行（引自姚泰，2010）

肌的，因此当平滑肌即使被拉伸到相当大的长度时，粗细肌丝之间总有某些重叠。另外，粗肌丝在不同方位上伸出横桥的朝向是相反的，这使得粗、细肌丝的滑动范围可以延伸到细肌丝的全长，以致使平滑肌具有较大的伸缩性和主动紧张性（平滑肌缩短程度可达80%，而横纹肌则不足30%）。

平滑肌的粗肌丝也是由肌球蛋白构成，但肌球蛋白的横桥中的ATP酶活性很低，其激活需靠胞质内的肌球蛋白轻链激酶（myosin light chain kinase，MLCK）对肌球蛋白头部的一对肌球蛋白调节轻链（myosin regulatory light chain，MRLC）的磷酸化作用实现。而MLCK的激活又需要Ca^{2+}与钙调蛋白（calmodulin，CaM）结合形成的钙-钙调蛋白（Ca^{2+}-CaM）复合物所激活。因此平滑肌收缩缓慢。平滑肌细胞的细肌丝中不含肌钙蛋白，但有一种能与Ca^{2+}结合的钙调蛋白能调节平滑肌的收缩和舒张。

当胞质内Ca^{2+}浓度增加时，4个Ca^{2+}与1个钙调蛋白结合形成钙-钙调蛋白（Ca^{2+}-CaM）复合物并激活胞质中的MLCK，为肌球蛋白横桥中的调节轻链磷酸化提供磷酸基团，引起横桥构象改变，增强横桥ATP酶活性，从而导致横桥和肌动蛋白的结合，进入与骨骼肌相同的横桥周期，并产生张力和缩短，因此Ca^{2+}调控平滑肌收缩的靶点在粗肌丝上。

ⓔ知识拓展 6-16
钙调蛋白的作用

当胞质内Ca^{2+}浓度下降时，MLCK失活，肌球蛋白轻链磷酸酶（myosin light chain phosphatase，MLCP）发挥作用，使肌球蛋白轻链脱磷酸，横桥ATP酶活性降低，与肌动蛋白解离，肌肉舒张。

平滑肌细胞没有横管，细胞膜仅向内陷形成纵向的袋状小凹（caveola），小凹内的细胞外液含有较多的Ca^{2+}，小凹的膜上有电压门控钙通道。与小凹对应的肌质网（SR）不发达，二者是平滑肌兴奋-收缩耦联的基础。尽管SR不如横纹肌发达，但SR膜上存在两种Ca^{2+}释放通道，即对Ca^{2+}敏感的雷诺丁受体（RyR）和对IP_3敏感的IP_3受体（IP_3R）。当由去极化刺激或牵张刺激诱发平滑肌产生的动作电位传至小凹的膜上时，便激活了小凹膜上的①电压门控Ca^{2+}通道，直接升高胞内的Ca^{2+}浓度。②进入的Ca^{2+}同时还可以类似心肌的CICR（钙诱发钙释放）机制触发SR膜上的RyR，引发SR（侧囊）内少量Ca^{2+}的释放（图6-23）。这一过程称为兴奋-收缩耦联途径。平滑肌细胞还可在不产生动作电位的情况下，接受某些化学信号（如神经递质、激素或药物）诱发胞内Ca^{2+}浓度的升高。如去甲肾上腺素就是通过激活肌细胞膜的膜受体-G蛋白-PLC途径。③使胞质内的第二信使IP_3升高，进而再激活SR膜的IP_3R，SR内的Ca^{2+}通过它释放，使得胞质内的Ca^{2+}浓度升高（图6-23）。这一途径被

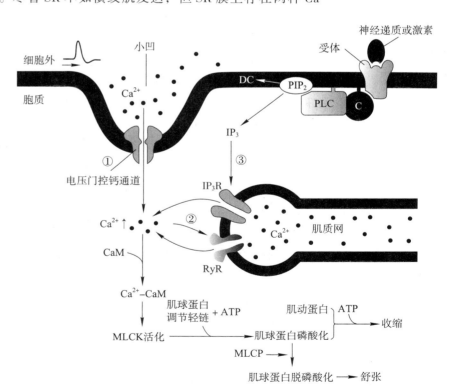

图6-23 平滑肌细胞胞质内钙离子的升高与肌细胞的收缩机制（引自姚泰，2010）
平滑肌细胞内的SR膜上不仅有RyR，还有IP_3R。IP_3R也是一种钙释放通道，与IP_3结合可引起IP_3R通道开放

称为激动剂 – 收缩耦联（agonist-contraction coupling）。通过这条途径可能引起血管平滑肌的收缩。

📱知识拓展 6-17
平滑肌细胞紧张性收缩的机制

如上述可见，消化道平滑肌兴奋 – 收缩耦联和收缩过程所需要的 Ca^{2+} 来自细胞外液和钙库（为肌质网 SR）。同样平滑肌细胞的 SR 膜上有能吸收肌浆中 Ca^{2+} 的钙泵；肌膜上有能将 Ca^{2+} 转运出细胞的钙泵和 Na^+–Ca^{2+} 交换体。和骨骼肌相比平滑肌中的钙泵和 Na^+–Ca^{2+} 交换体的功能都较弱。

📱知识拓展 6-18
激素或药物对平滑肌细胞收缩的影响

6.4.2 平滑肌细胞的电活动

平滑肌兴奋的发生除了靠相关支配神经纤维的传递以外，有部分细胞因具有自律性而不受神经支配即可自发兴奋。

6.4.2.1 神经 – 平滑肌间的兴奋传递

大多数平滑肌（如多单位平滑肌）受自主神经的支配，除小动脉平滑肌只接受交感神经的支配外，其他均接受交感和副交感神经的双重支配。以乙酰胆碱或去甲肾上腺素为递质的自主神经节后纤维行走于各种平滑肌细胞之间或沿其表面行走；神经元轴突末梢的每个分支上有许多曲张体（varicosity）（图 5-6），因此一个神经元可支配许多平滑肌细胞，也称为突触过路站（synapse enpassant）；其信息传递方式称为非定向突触传递或非突触性化学传递（见第 5 章），传递花费的时间长。平滑肌中还有少数的单个单位平滑肌（后述）细胞不受神经支配，本身就具有自律性。

6.4.2.2 平滑肌细胞的电活动

由于平滑肌细胞分布的器官比较多样，不同器官平滑肌的电活动也不同，即使同一器官的不同部位平滑肌的电活动仍有所差异。以消化道平滑肌为例，消化道平滑肌的电活动有如下 3 种形式：

（1）静息电位　静息状态下，消化管平滑肌细胞的跨膜静息电位（resting potential）较小，其幅值为 –60 ~ –50 mV，且不稳定。在静息状态下，平滑肌细胞膜对 K^+、Na^+ 和 Cl^- 都有一定的通透性。因此，平滑肌细胞静息电位的形成除主要靠 K^+ 外流和生电性钠泵（electrogenic sodium pump）外，还有少量 Na^+、Ca^{2+} 向膜内扩散和 Cl^- 向膜外扩散的作用。因此平滑肌细胞的静息电位小于 K^+ 平衡电位（E_{K+}）。

（2）慢波电位　应用细胞内记录方法可观察到，消化管平滑肌的膜电位不稳定，具有节律性波动，在静息电位的基础上可产生周期性的缓慢去极化和复极化电位波动，因其时程长，频率低，称为慢波（slow wave）。其波幅为 5 ~ 15 mV，慢波电位的频率因动物、器官以及部位而异，但是同一种动物的同一器官各部位的频率是固定的，如狗胃的慢波电位电节律为 5 次 /min，十二指肠为 18 次 /min，回肠为 13 次 /min。慢波电位并不能引起肌肉收缩，但可使膜电位接近阈电位的水平，有利于动作电位的产生。慢波变化决定了平滑肌的收缩节律、传播方向和速度，是平滑肌收缩的起步电位，因此又称为基本电节律（basic electrical rhythm, BER）。

📱知识拓展 6-19
慢波电位的起源细胞 ICC 及慢波与收缩的关系

目前认为，慢波电位起源于环行肌和纵行肌间质中的 Cajal 细胞（interstitial Cajal cell，ICC）。ICC 是一种兼有成纤维细胞和平滑肌细胞特性的间质细胞，分布于消化道自主神经和平滑肌细胞之间，在许多部位与平滑肌细胞形成缝隙连接。目前认为它是胃肠道的起搏细胞，由 ICC 产生的电活动可以电紧张的形式扩布到消化道的纵行肌和环行肌，从而启动节律性电活动。切断支配平滑肌的神经纤维并不影响慢波的产生，说明慢波的发生不依赖于外来的神经支配，但慢波的幅度和频率受到自主神经的调节。现已证实，平滑肌细胞有两个临界的膜电位值：机械阈（mechanical threshold）和电阈（electrical threshold）。当慢波去极化达到或超过机械阈时，细胞内 Ca^{2+} 增加，足以激活细胞收缩，而不一定引起动作电位发生；当去极化达到或超过电阈时，则引发动作电位，使更多的 Ca^{2+} 进入细胞，使肌肉收缩进一步加强，慢波上负载的动作电位数目越多，肌肉收缩就越强（图 6-24）。目前还认为，肠运动神经末梢、ICC 和平滑肌细胞组成了一个功能元件，肠运动神经末梢释放的神经递质与 ICC 上的受体结合，影响了 ICC 的电活动，由于 ICC 和平滑肌细胞间的电耦联关系，神经冲动可以通过 ICC 传向平滑肌细胞。

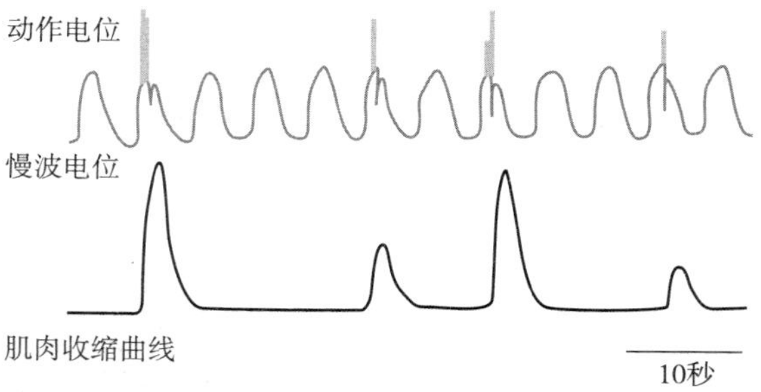

关于慢波电位产生的机制目前尚未完全阐明，可能与细胞膜上生电性钠泵的周期性缓慢波动有关。当钠泵的活动减弱时，Na^+ 排出量减少，膜呈除极化，当钠泵恢复至基础活动水平时，Na^+ 被排出，细胞内 Na^+ 减少，形成复极化，膜电位又回到原来水平。

（3）动作电位 外来刺激或慢波电位均可使消化道平滑肌细胞产生动作电位。与骨骼肌的动作电位相比，其时程较长（10～20 ms，是骨骼肌的 5～10 倍），幅度较小（50～70 mV）。但与慢波相比，它要快得多，因此又称为快波（fast wave）（图 6-24）。平滑肌细胞缺乏快钠通道，其锋电位的上升支（去极化相）由一种钙-钠慢通道介导的离子内流引起（主要是 Ca^{2+} 和少量 Na^+ 的内流），下降支（复极化相）主要由 K^+ 外流产生。由于钙通道激活和失活都比较缓慢，故平滑肌细胞的动作电位时程比较长。

形成平滑肌细胞动作电位去极相的 Ca^{2+} 和 Na^+ 两种离子的重要性与平滑肌的类型和部位有关。例如，消化道和输精管平滑肌细胞以 Ca^{2+} 内流为主，而膀胱和输尿管平滑肌则以 Na^+ 内流为主。内脏平滑肌细胞（如子宫平滑肌细胞）还可产生一种有平台的单相动作电位（图 6-25），复极化过程缓慢，可长达数秒之久，从而产生平台，这种动作电位有利于延长肌肉收缩的时间。

慢波、动作电位和肌肉收缩三者关系紧密，在慢波除极化的基础上产生动作电位，由动作电位触发平滑肌收缩（图 6-24，@ 知识拓展 6-20）。慢波虽然偶尔也能引起平滑肌细胞收缩，但幅度很低，且较少出现（见 @ 知识拓展 6-19）。慢波能控制平滑肌收缩的节律、速度和传播方向。在每个慢波基础上产生的动作电位的数目越多（动作电位频率越高），肌肉收缩幅度和张力越大（图 6-24）。

6.4.3 平滑肌细胞的分类

依据兴奋传导和功能活动的特征，体内各器官的平滑肌总体上可分为单个单位平滑肌（single-unit smooth muscle）和多单位平滑肌（multi-unit smooth muscle）两大类（图 6-26）。

体内还有一些平滑肌兼有两方面的特点很难归入哪一类，如小动脉、小静脉平滑肌一般认为属于多单位平滑肌，但又有自律性；膀胱平滑肌没有自律性，但遇到牵拉时又可作为一个整体进行反应，而被列为单个单位平滑肌。

6.5 动物的电细胞和放电

生物界有某些鱼类具有能放电的电器官，包括电鲇、电鳐、电鳗。电鱼的电器官大多分布于

图 6-24 猫空肠电活动与收缩关系

慢波去极化幅度达到机械阈但尚低于电阈时，平滑肌出现小幅度收缩，慢波去极化达到电阈时，发放动作电位，平滑肌发生较强的收缩，慢波上负载的动作电位数也多

@知识拓展 6-20
猫空肠电活动与收缩的关系（动画）

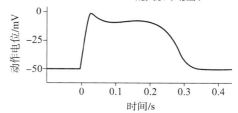

图 6-25 鼠子宫平滑肌细胞的动作电位

@知识拓展 6-21
平滑肌分类

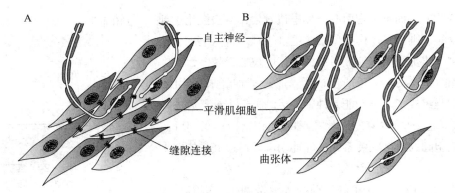

图 6-26　单个单位平滑肌与多单位平滑肌比较示意图（引自姚泰，2010）
A. 单个单位平滑肌；B. 多单位平滑肌

@系统功能进化
6-2 鱼类的电器官
及其放电功能（动画）

头部、尾部、背部或胸鳍与头部之间体侧部皮下；绝大多数鱼的电器官是由骨骼肌演化而来，这些骨骼肌已丧失了收缩特性，如电鳐的电器官起源于鳃肌；鳑星的电器官起源于眼肌；鳐科鱼类的电器官起源于尾侧肌肉；早些时候认为电鲶的电器官起源于腺体，而近期证明它也起源于骨骼肌；唯有小尾电鳗科的电器官起源于脊神经。

？思考题

1. 什么是神经－肌肉接头？神经和肌肉间的兴奋传递是如何实现的？
2. 什么是肌肉的兴奋－收缩耦联？其主要过程是什么？如何理解激动剂－收缩耦联？
3. 骨骼肌细胞收缩过程的主要环节是什么？心肌有哪些不同于骨骼肌的收缩特性？
4. 列表比较几种心肌细胞和骨骼肌、平滑肌细胞动作电位的主要特征。
5. Ca^{2+} 在各类肌细胞实现收缩功能的过程中如何发挥作用？

网上更多学习资源……

◆案例分析　　◆本章小结　　◆自测题　　◆自测题答案

（杜　荣）

第二篇　器官生理

　　由不同细胞构成了组织（tissue）和器官(organ)，而行使某一类生理功能的不同器官互相联系，构成一个器官系统(organ system)，如由心脏、动脉、毛细血管、静脉构成循环系统；由口腔、咽腔、食管、胃、肠、消化腺构成消化系统……类似这样的基本的器官系统在机体内还有血液系统、呼吸系统、能量代谢与体温调节系统、排泄系统、生殖、泌乳系统、神经系统、内分泌系统等。对动物机体生理功能的认识与了解，首先是从对各器官和系统的功能研究开始的，即研究其功能的内在机制、它们在机体的生命活动中的作用，影响这些功能起始、终止的各种因素和条件。由此获得的知识就构成器官生理学（organ physiology）的内容。

7 血 液

【引言】

　　血液作为体液的一个重要部分，通过在循环系统中的流动沟通和联系身体各部分体液。在机体各组织器官间的物质交换中起到了交通枢纽作用，并在维持内环境稳态中发挥重要作用。体内任何器官如果血液流量不足或血液成分改变，都可造成严重的代谢紊乱和组织损伤；反之，机体任何部位或任何时期如果发生生理生化过程异常，也会相应地引起血液某些成分和理化性质的异常改变。在临床实践中，通常检查血液中某些理化特性和血浆化学成分以诊断疾病和了解疾病的进程。

【知识点导读】

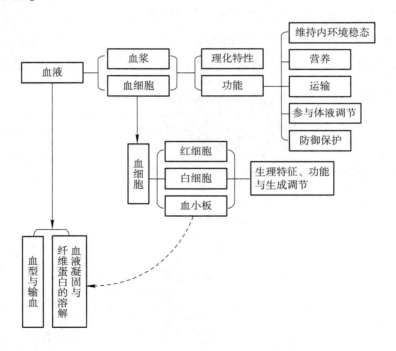

7.1 血液的组成与理化特性

7.1.1 血液的组成与血量

　　血液（blood）是一种由血浆（plasma）和血细胞（blood cell）组成的流体组织，在心血管系统内周而复始地循环流动。

　　通过离心分离，细胞较重沉到下部，血液即分成血浆和有形（细胞）成分两部分。有形成分又可分为上层的白细胞和血小板，以及下层的红细胞（占绝大部分）。血浆中，水分占90%～92%，蛋白质占6.5%～8.5%，小分子物质占2%。小分子物质包括电解质、营养物质、代谢产物和激素等。血浆蛋白是血液中许多蛋白质的总称。用盐析法可将血浆蛋白分为白蛋白（albumin）、球蛋白（globulin）和纤维蛋白原（fibrinogen）三类（图7-1）。

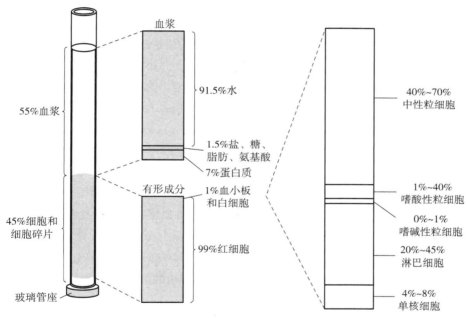

图7-1　全血中的主要成分（引自王盼，2009）

　　血细胞在全血中所占的容积分数称为血细胞比容（hematocrit）。由于白细胞和血小板仅占血液总容积的0.15%～1.0%，故有时我们可将血细胞比容与红细胞比容（hematocrit ratio）或红细胞压积（PCV）同等看待，不同种动物和动物的不同状态下的红细胞比容不同。动物体内血液的总量称为血量（blood volume）。通常大部分血液在心血管系统内流动，称为循环血量（circulating blood volume）；少部分滞留在肝、肺、脾（鱼类）、皮下静脉丛等储血库中，称为储备血量（reservoir blood volume）。在剧烈运动、情绪激动或应激（急）状态时储备血量可释放出来，补充循环血量的相对不足，以满足机体的需要。血量的相对稳定是维持动物的正常血压和器官血液供应的必要条件。

7.1.2 血液的理化特性

7.1.2.1 血液的相对密度（比重）

血液的相对密度（比重）主要取决于红细胞与血浆的容积比；红细胞的相对密度主要和血

发现之旅 7-1
血液是动物进化的产物

知识拓展 7-1
血浆中的蛋白质

系统功能进化
7-1　红细胞比容及血量所反映的生理学意义

红蛋白的浓度有关；血浆的相对密度主要和血浆蛋白的浓度有关。正常哺乳动物血液的相对密度（g/m³）为 1.050 ~ 1.060，血浆的相对密度为 1.025 ~ 1.030，红细胞的相对密度为 1.070 ~ 1.090。

7.1.2.2　血液的黏滞性

由于液体内部的分子摩擦阻力，使液体表现为流动缓慢、黏着的特性，称为黏滞性（viscosity）。血液或血浆的黏滞性通常是指与水相比的相对黏滞性，其中，血液的黏滞性为水的 4 ~ 5 倍，血浆为水的 1.6 ~ 2.4 倍。血液的黏滞性主要取决于红细胞的数量及其在血浆中分布的状态，而血浆的黏滞性则取决于血浆蛋白的含量以及血浆中所含液体量。血液黏滞性的大小，对于血管中血流的阻力具有一定的影响，当血流速度缓慢时，红细胞可叠连或聚集成团，使血液黏滞性增大，血流阻力增加，从而影响血液循环。适当补充水分和加强运动可以减少血液黏滞性而促进血液循环。

7.1.2.3　血浆的渗透压

渗透压（osmotic pressure）在正常情况下，细胞内液的渗透压与血浆的渗透压基本相等。哺乳类和鸟类的血浆渗透压约为 709 kPa（7 个标准大气压，5330 mmHg）；人类的血浆渗透压为 770 kPa（7.6 个标准大气压，5790 mmHg）。血浆渗透压主要（约 99.5%）来自血浆中的晶体物质（如电解质，其中 80% 来自 Na^+ 和 Cl^-），称为晶体渗透压（crystal osmotic pressure）；只有一小部分（约 0.5%）由血浆蛋白形成，称为胶体渗透压（colloid osmotic pressure）。在血浆蛋白中，白蛋白（清蛋白）的相对分子质量远小于球蛋白，而分子数量远大于球蛋白，故血浆胶体渗透压主要来自白蛋白。

由于晶体物质中绝大部分不易透过细胞膜，所以血浆晶体渗透压对于维持细胞内外的水平衡和细胞的正常形态至关重要；而血浆蛋白一般不能透过毛细血管壁，所以血浆胶体渗透压对于维持血管内外的水平衡起到重要作用。

通常将与血浆渗透压相等的溶液称为等渗溶液（isoosmotic solution），如在哺乳动物为 0.9%NaCl 溶液或 5% 葡萄糖溶液；而高于或低于血浆渗透压的溶液分别称为高渗溶液或低渗溶液（hyperosmotic/hypoosmotic solution）。

7.1.2.4　血浆的 pH

各种动物血浆的 pH 变动范围很小，哺乳动物一般为 7.2 ~ 7.5，人类通常稳定在 7.35 ~ 7.45。动物体通过采食和代谢会有许多酸性和碱性物质不断进入血液，而血液的 pH 之所以能保持相对稳定，主要取决于血液中由各种弱酸和相应弱酸强碱盐所组成的既能抗酸又能抗碱的缓冲系统。如在血浆中有 $NaHCO_3/H_2CO_3$、Na_2HPO_4/NaH_2PO_4、蛋白质钠盐／蛋白质等缓冲对；在红细胞内有血红蛋白钾盐／血红蛋白、氧合血红蛋白钾盐／氧合血红蛋白、K_2HPO_4/KH_2PO_4、$KHCO_3/H_2CO_3$ 等缓冲对。在诸多的缓冲对中，以 $NaHCO_3/H_2CO_3$（在人类通常为 20:1）最为重要，缓冲能力最强，因此，将血液中 $NaHCO_3$ 的含量（或浓度）称为碱贮（alkali reserve）。鱼类血液中 $NaHCO_3$ 含量较低，因此鱼类血液的 pH 不如哺乳动物稳定。

当动物机体剧烈运动时，肌肉产生的大量乳酸（HL）进入血液，由于上述缓冲系统的作用，乳酸进入血液后即解离，并释放出大量的 H^+，H^+ 与血浆中的碳酸氢盐结合形成碳酸，后者进一步分解为水和二氧化碳，二氧化碳由呼吸器官（如肺）排出体外，缓冲体内产生的过多的酸，使血浆 pH 能保持相对稳定，其反应过程如下：

$$HL + NaHCO_3 \longrightarrow NaL + H_2CO_3$$
$$\longrightarrow H_2O + CO_2 \uparrow$$

食草动物的食物中含有大量碱土金属（Na^+、K^+）的盐类，当碱性物质（如 Na_2CO_3）进入血液时，产生的大量碳酸氢盐可由肾排出，从而缓冲了体内过多的碱，其反应过程如下：

$$Na_2CO_3 + H_2CO_3 \longrightarrow 2NaHCO_3$$

7.1.3　血液的功能

7.1.3.1　维持内环境稳定

血液通过血细胞和血浆中的各种成分，可以实现营养、运输、参与体液调节、防御保护、维持酸碱平衡和体温恒定等功能。其中运输是血液的基本功能，其他功能几乎都与此有关。这些功能的实现使血液成为维持机体内环境稳态的重要系统。

7.1.3.2　营养功能

血浆中的蛋白质起着营养储备作用。机体内的某些细胞，特别是单核巨噬细胞系统（monocyte-phagocyte system，MPS），能胞饮完整的血浆蛋白，并由细胞内酶将其分解为氨基酸，氨基酸再经扩散进入血液，随时供给其他细胞合成新的蛋白质。

7.1.3.3　运输功能

血浆白蛋白和球蛋白是许多激素、离子、脂质、维生素及代谢产物的载体，而红细胞中的血红蛋白是 O_2 和 CO_2 的载体，因此血液能将机体所需的 O_2、营养物质和激素等运送到全身各部分的组织细胞，并将组织细胞的代谢产物如 CO_2、尿素、尿酸、肌酐等运送至肺、肾、皮肤和肠腔而排出体外，使机体的新陈代谢得以顺利进行。血液中的水分可以吸收机体产生的热量，通过血液运输将其运送到体表散发，以维持体温恒定。

7.1.3.4　参与体液调节

体内各内分泌腺分泌的激素，由血液运送而作用于相应的靶细胞，改变其活动。所以血液与机体的体液调节功能密切相关。

7.1.3.5　防御和保护功能

血液中的白细胞对外来细菌和异物及体内坏死组织等具有吞噬、分解作用；淋巴细胞（lymphocyte）和血浆中的各种免疫物质（免疫球蛋白、补体和溶血素等）都能对抗或消灭毒素或细菌；血浆内的各种凝血因子、抗凝物质和纤溶系统物质等参与凝血－纤溶生理性止血过程。所有这些都表明血液对机体具有防御和保护作用。

7.2　血细胞及其功能

脊椎动物的血细胞起源于造血干细胞，包括红细胞、白细胞及血小板（非哺乳动物为血栓细胞）。但成熟的各类血细胞在血液中存在的时间只有几个小时（如中性粒细胞，neutrophil）到几个月（如红细胞）。而适应这种特性的骨髓造血干细胞，以自我更新和增殖的方式，每小时生成

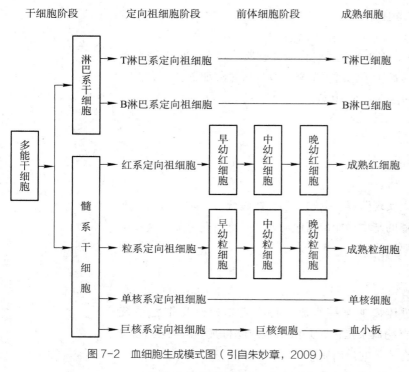

图 7-2　血细胞生成模式图（引自朱妙章，2009）

10^{10} 个红细胞和 $10^8 \sim 10^9$ 个白细胞，从而保障了对血细胞的补充，以保持血液各有形成分的动态平衡。

7.2.1　血细胞的生成

血细胞的生成过程称为造血（hemopoiesis）。各种脊椎动物的造血组织主要起源于中胚层，但具体部位因不同种属而异，即便是同一动物，造血器官也因个体发育而变迁。如高等哺乳动物胚胎早期造血部位为卵黄囊，然后转为肝、脾造血，胚胎发育到 5 个月之后逐渐变为骨髓造血，胎儿出生后完全变为骨髓造血。成年动物造血主要靠轴心骨骼（脊椎）、胸骨、肋骨、髂骨和四肢近骨端的红骨髓。软骨鱼、爬行类和鸟类的胚胎期肾是重要的造血器官，此外还有胸腺、腔上囊（鸟类）、脾（鱼类）等。

各类血细胞均起源于造血干细胞，根据造血细胞在发育过程中的功能与形态特征，可以把造血过程分为 3 个阶段（图 7-2）。

① 干细胞阶段：存在于造血组织中，一种未分化的、具有高度自我更新、高度增殖潜能和多向分化的干细胞，称为造血干细胞（hemopoietic stem cell）。造血干细胞经过不对称分裂产生两个子代细胞，其中一个保持造血干细胞的全部特征，而另一个则立即分化为定向祖细胞。

② 定向祖细胞阶段：由造血干细胞形成的髓系干细胞（CFU-GEMM）和淋巴系干细胞再分化成各种单系定向祖细胞（committed progenitors），从而限定了造血干细胞进一步分化的方向，图 7-2 列出了各定向祖细胞发育方向。利用单克隆抗体和流式细胞仪可以分离、纯化和鉴定不同阶段的造血干细胞、祖细胞。

③ 前体细胞（precursors）阶段：各定向祖细胞经 1 至几个阶段的发育成为形态上可以辨认的各系幼稚细胞，经进一步发育即可发育成熟，成为具有特殊功能的各类终末血细胞，然后有规律地释放进入血液循环。

尽管有少量造血干细胞可由骨髓释放到外周血液，但造血干细胞的增殖和分化仅局限于造血组织内。这个使造血干细胞定居、存活、增殖、分化和成熟的场所，称为造血微环境（hemopoietic microenvironment），包括造血器官内的基质细胞、基质细胞分泌的细胞外基质和各种造血调节因子，以及造血器官内的神经和血管。在个体发育过程中，造血中心的迁移即依赖于各种造血组织中造血微环境的形成。造血微环境是保证正常造血的必需场所，对血细胞生成的全过程起支持、调控和诱导等作用，若其改变可导致机体的造血功能异常。

7.2.2　红细胞生理

7.2.2.1　红细胞的形态、数量及功能

红细胞（erythrocyte 或 red blood cell, RBC）是脊椎动物血液中数量最多的血细胞（图 7-3）。

e知识拓展 7-2
造血干细胞

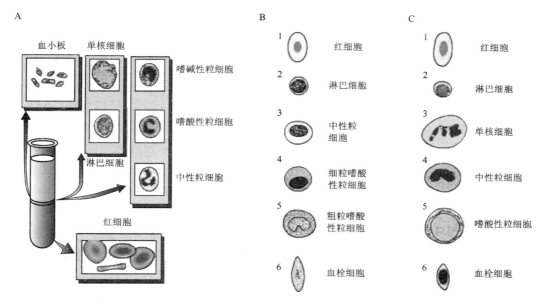

图 7-3　脊椎动物的各种血细胞
A. 哺乳动物（人）；B. 真骨鱼；C. 蛙

　　哺乳动物的成熟红细胞通常呈双凹圆盘形（驼科和鹿科呈卵圆形），直径为 5 ~ 10 μm，并失去细胞核和细胞器。但其他多数脊椎动物的红细胞呈扁卵圆形，有细胞核，且体积比哺乳动物的大，例如鱼类、两栖类、爬行类和鸟类。

e系统功能进化
7-2 不同动物血液学部分参考值

　　动物红细胞的形态、大小、数量与动物的进化和生态适应均有一定的关系。一般来说，动物越高等，红细胞的数量越多，而体积越小，同时分化程度也越高。例如哺乳动物的红细胞体积仅为蝾螈的 0.1% ~ 0.5%，但数量却增加到 20 ~ 100 倍，且进化为无核双凹圆盘状。这些变化使哺乳动物的红细胞最大程度地增加了气体交换的表面积，而且具有很强的变形性和可塑性，提高了通过毛细血管和血窦孔隙的能力；失去细胞核使哺乳动物红细胞本身的代谢活动降低，耗氧量降低，红细胞的运氧能力明显提高。

　　同种动物的红细胞数目也可随种类、年龄、性别、生理状态和生活环境等因素而改变，例如，幼年动物高于成年动物，雄性动物高于雌性动物，营养条件好的动物高于营养不良的动物，高海拔地区的动物高于低海拔地区的动物。

　　红细胞的主要功能是通过血红蛋白（hemoglobin，Hb）运输 O_2 和 CO_2，并对机体所产生的酸、碱物质起缓冲作用。血红蛋白的含量通常以每升血液中含有的克数（g/L）表示，因动物的年龄、性别和营养状况而异。血红蛋白只有在红细胞内才能发挥作用，一旦红细胞破裂，血红蛋白逸出，即丧失其作用。近年来还发现，红细胞表面存在补体 C_{3b} 受体，可吸附抗原补体形成免疫复合物，由吞噬细胞消灭，因此，红细胞还具有免疫功能。

7.2.2.2　红细胞的可塑性变形和渗透脆性

　　红细胞在挤过口径比它小的毛细血管和血窦孔隙时会发生卷曲变形，通过后又恢复原形（图 7-4），称为可塑性变形（plastic deformation）。影响这一特性的因素包括：①红细胞表面积／体积的比值大小与可塑性变形能力成正比，故双凹圆盘形红细胞的变形能力远大于球形红细胞。②红细胞膜的流动性、弹性与可塑性变形能力成正比，故衰老的红细胞可塑性变形能力降低。③红细胞内黏度与可塑性变形能力成反比，故引起细胞内黏度增高

图 7-4 红细胞挤过内皮细胞的裂隙示意图

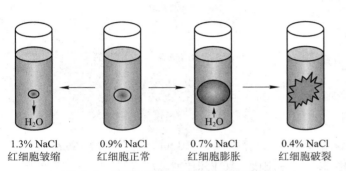

| 1.3% NaCl | 0.9% NaCl | 0.7% NaCl | 0.4% NaCl |
| 红细胞皱缩 | 红细胞正常 | 红细胞膨胀 | 红细胞破裂 |

图 7-5 红细胞的渗透性脆性和渗透抵抗力

的因素（如血红蛋白变形或浓度增高）可引起可塑性变形能力降低。

在受到碰撞、挤压或周围内环境发生改变时，红细胞容易发生破裂，这一特性称为红细胞脆性（erythrocyte fragility）。当红细胞的可塑性变形能力降低时，在挤过小口径的毛细血管时即容易发生"破裂"，这种由于物理原因（碰撞、挤压等）而引起红细胞破裂的特性称为机械性脆性（mechanical fragility）。正常情况下，动物红细胞内的渗透压与血浆渗透压相等，若将红细胞置于等渗的 NaCl 溶液中，其形态和容积可保持不变。但如果将红细胞置于低渗的 NaCl 溶液中，则会吸水而膨胀，当 NaCl 浓度进一步降低时，部分红细胞将因过度膨胀而破裂，使血红蛋白释出，这一现象称为红细胞溶解，简称溶血（hemolysis）。红细胞在低渗溶液中发生膨胀、破裂和溶血的这一特性，称为渗透性脆性（osomotic fragility），简称渗透脆性。红细胞在一定浓度的低渗盐溶液中膨胀但不一定破裂，表明红细胞对低渗溶液具有一定的抵抗力（图 7-5）。渗透性脆性越大，对低渗溶液的抵抗力就越小，如衰老的红细胞比初成熟的红细胞渗透性脆性大，对低渗溶液抵抗力小，容易破裂。临床上常常通过测定红细胞的脆性来了解红细胞的生理状态，或作为某些疾病诊断的辅助方法。

由于不同物质的等渗溶液不一定都能使红细胞的体积及形态保持正常，因此将能使悬浮于其中的红细胞保持正常体积和形态的盐溶液，称为等张溶液（isotonic solution）。其中，张力（tonicity）是指溶液中不能自由透过细胞膜的颗粒所造成的渗透压。例如，NaCl 和葡萄糖不能自由透过细胞膜，故 0.9% NaCl 溶液和 5% 葡萄糖溶液既是等渗溶液，又是等张溶液；而尿素能自由通过细胞膜，故 1.9% 的尿素溶液虽然是等渗溶液，但可使红细胞发生溶血，故不是等张溶液。

7.2.2.3 红细胞的悬浮稳定性

红细胞的相对密度虽然比血浆大，但由于红细胞与血浆之间的摩擦力使红细胞在流动的血浆中能够保持悬浮状态而不易下沉，这一特性称为红细胞的悬浮稳定性（suspension stability）。在离体静置的抗凝血中红细胞则由于密度较大而下沉，通常以红细胞在第 1 小时末在血沉管中下沉的距离表示红细胞沉降的速度，称为红细胞沉降率（简称血沉，erythrocyte sedimentation rate，ESR）。ESR 越小表示红细胞的悬浮稳定性越大。各种动物的红细胞悬浮稳定性和 ESR 各不相同，但同种动物之间差异较小。生理情况下，ESR 因动物性别、种别、生理状况（妊娠）而异；病理情况下，如急性感染、风湿、结核时可使红细胞相互叠连（rouleaux formation），总表面积与容积之比减小，与血浆摩擦力减小，导致下沉速度加快。

促使红细胞发生叠连的因素主要决定于血浆性质，而不在红细胞本身。血浆中球蛋白，特别是纤维蛋白原及胆固醇增多时，能促使红细胞叠连，从而使红细胞沉降加速；而白蛋白、卵磷脂含量增多时，可使红细胞沉降减慢。

7.2.2.4 红细胞生成、生成调节及破坏

正常动物的红细胞数量之所以只在一定范围内波动，是红细胞生成与破坏之间保持动态平衡的结果。当红细胞破坏增加时，红细胞生成也增加，说明红细胞处于不断更新之中。

（1）红细胞的生成及促成熟因素 如前述（图7-2），哺乳动物红细胞的发育成熟，是一个连续而又分阶段的过程：由造血干细胞分化而成的红系定向祖细胞在促红细胞生成素（erythropoietin，EPO）的作用下，增殖分化为原红细胞，一个红系祖细胞可生成约16个原红细胞。原红细胞具有促使血红蛋白合成的mRNA，并开始大量摄取铁；然后经早、中、晚幼红细胞，脱去细胞核，细胞体积由大逐渐变小，血红蛋白从无到有，逐渐增多，发育成网织红细胞释放到血液中，在循环系统中最后发育成成熟的红细胞（图7-6）。整个发育过程历时6～7 d，其中约有5%～10%的幼红细胞凋亡（apoptosis），不能进入血液循环。

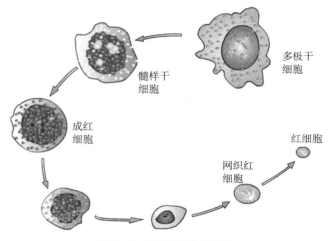

图7-6 红细胞的生成过程

（2）红细胞生成原料 红细胞的生成除要求骨髓造血功能正常外，还必须有造血原料和促红细胞发育成熟的物质。蛋白质、铁、维生素 B_{12}、叶酸和铜离子等是影响红细胞生成的重要因素。其中，蛋白质和铁是合成血红蛋白最为重要的原料，若体内含量不足会使血红蛋白合成不足，出现营养性贫血（anemia），主要表现为小细胞性贫血；维生素 B_{12} 和叶酸是合成核苷酸的辅助因子，通过促进DNA的合成在细胞分裂和血红蛋白合成中起重要作用，缺乏时可导致红细胞分裂和成熟障碍，使红细胞停留在幼稚期，发生巨幼红细胞性贫血；铜离子是合成血红蛋白的激动剂。此外，红细胞的生成还需要氨基酸、微量元素锰、锌、钴和维生素 B_2、B_6、C、E等

e知识拓展 7-3
血红蛋白及其金属离子

（3）红细胞生成的调节 红细胞生成的调节主要为体液性调节。目前已证实有两种调节因子（糖蛋白）分别调节着两个不同发育阶段的红系祖细胞的生长发育过程。

① 爆式促进因子（burst promoting activator, BPA）：以早期红系祖细胞为靶细胞，可以促进细胞合成DNA，使其增殖活动加强。

② 促红细胞生成素：主要由肾皮质、肾小管周围的间质细胞（如成纤维细胞、内皮细胞等）合成，少部分在肝细胞和巨噬细胞中合成（图7-7）。可以促进早期红系祖细胞的增殖与分化，但主要作用于晚期红系祖细胞。在缺氧刺激下，肾释放EPO，促进晚期红系祖细胞增殖并向幼稚红细胞分化，同时促进血红蛋白合成和骨髓对网织红细胞的释放，使血液中成熟的红细胞增加，从而使机体的缺氧得到缓解。当EPO量和红细胞数增加到一定水平时，会反馈性抑制EPO的合成和释放，以维持红细胞数量的相对恒定（图7-8）。

e知识拓展 7-4
红细胞生成调节EPO途径（动画）

除以上两种调节因子以外，雄性激素、促肾上腺皮质激素、糖皮质激素以及促甲状腺素和甲状腺素等都对红细胞生成起调节作用。

（4）红细胞的破坏 哺乳动物的红细胞无核，不能合成新的蛋白质而对其自身结构进行修补，所以红细胞比其他组织具有更大的更新率。例如，人的红细胞每天大约更新1%。不同动物的红细胞寿命不同。红细胞的平均寿命与体重有一定的关系，一般体重小的动物红细胞寿命较短。例如，马和牛的红细胞平均寿命约150 d（天），人的红细胞平均寿命为120 d，猪平均85 d，

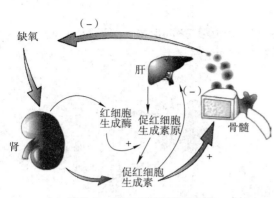

图 7-7　EPO 分泌调节及功能

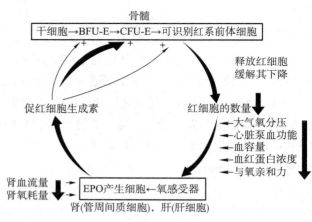

图 7-8　EPO 调节红细胞生成的反馈调节

兔 57 d，小鼠只有 40 d。红细胞的寿命还受机体营养状况的影响，例如，食物中缺乏蛋白质时，红细胞生存的期限缩短。衰老红细胞主要是在肝、脾和骨髓中被巨噬细胞吞噬，一小部分在血流的冲击下破裂。

7.2.3　白细胞生理

7.2.3.1　白细胞的数量和分类

白细胞（leukocyte；或 white blood cell，WBC）为无色有核的血细胞，其体积（除鱼类）比红细胞大，但密度和数量却比红细胞小或少。根据其细胞质中有无特殊的嗜色颗粒，将其分成粒细胞（granulocyte）和无粒细胞（agranulocyte）。粒细胞又依据所含颗粒对染色剂的反应特性，被区分为中性粒细胞（红色和蓝色）、嗜酸性粒细胞（eosinophil）（红色）和嗜碱性粒细胞（basophil）（蓝色）；无粒细胞则可分成单核细胞和淋巴细胞。

在不同的生理状态下，白细胞数目波动较大，如运动、寒冷、消化、妊娠及分娩时白细胞增加。但各类白细胞所占的比例相对恒定。此外，在机体失血、剧痛、急性炎症、慢性炎症等病理状态下，白细胞也会增多。在正常人中，白细胞总数为（4.0～10.0）×10^9 个 /L。

7.2.3.2　白细胞的生理特性与功能

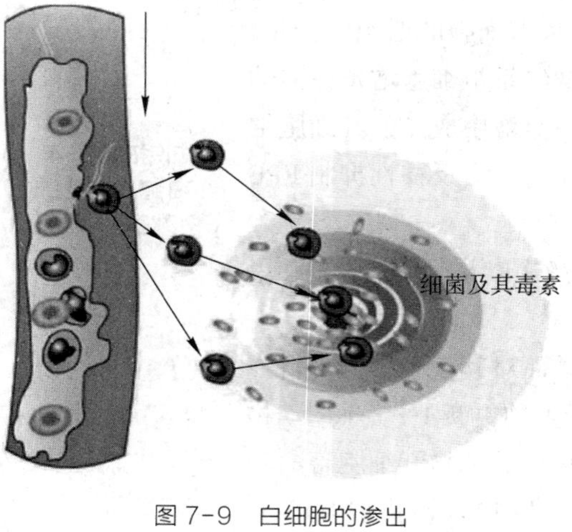

除淋巴细胞外，所有白细胞都能伸出伪足作变形运动得以穿过血管壁，称为血细胞渗出（diapedesis）。白细胞具有趋向某些化学物质游走的特性，称为趋化性（chemotaxis）（图 7-9）。体内能够引起白细胞趋化作用的物质，称为趋化因子（chemokine），包括机体细胞的降解产物、抗原抗体复合物、细菌和细菌毒素等。白细胞可按着这些物质的浓度梯度游走到这些物质的周围，把异物包围起来并吞入胞质内，称为吞噬作用（phagocytosis）。

白细胞还可以分泌多种细胞因子通过旁分泌、自分泌途径参与炎症和免疫调节，主要包括白细胞介素（interleukin, IL）、干扰素（IFN）、肿瘤坏死因子（TNF）和集落刺激因子（CSF）等。白细胞的渗出、趋化、吞噬和分泌等生理特性是其执行防御功能的基础。

图 7-9　白细胞的渗出

（1）中性粒细胞（neutrophil）　所有脊椎动物的血液中都有中性粒细胞。中性粒细胞具有活跃的变形能力、高度的趋化性和很强的吞噬及消化细菌的能力，是吞噬外来微生物和异物的主要细胞。当局部受损组织发生炎症反应并释放化学物质时，中性粒细胞能被趋化物质所吸引，向细菌所在处集中，并将其吞噬，靠细胞内的溶酶体将细菌和组织碎片分解，随后细胞死亡便形成脓肿。另外，中性粒细胞还参与淋巴细胞特异性免疫反应的初期阶段。

（2）嗜酸性粒细胞（eosinophil）　细胞内含有溶酶体和一些特殊颗粒，具有吞噬能力，但因缺乏溶菌酶而没有杀菌能力。主要作用是① 限制嗜碱性粒细胞和肥大细胞在速发性过敏反应中的作用。嗜酸性粒细胞通过释放前列腺素 E，抑制嗜碱性粒细胞生物活性物质的合成与释放；通过吞噬嗜碱性粒细胞排出的颗粒，使其中所含的生物活性物质失活；通过释放组胺酶等破坏嗜碱性粒细胞所释放的组胺等活性物质。② 参与对寄生虫的免疫反应。嗜酸性粒细胞可借助于其膜表面的 Fc 受体和 C_3 受体黏着于蠕虫上，通过释放颗粒利用其中的碱性蛋白酶和过氧化物酶等物质对寄生虫进行消化和分解。所以，有寄生虫感染和过敏反应时，血液中的嗜酸性粒细胞增多。嗜酸性粒细胞趋化因子能吸引嗜酸性粒细胞聚集到过敏反应区，以限制嗜碱性粒细胞在变态反应中的作用。

（3）嗜碱性粒细胞（basophil）　细胞本身不具备吞噬能力，但可增加毛细血管通透性和释放肝素、组胺、嗜酸性粒细胞趋化因子 A 和过敏性慢反应物质等多种生物活性物质。嗜碱性粒细胞释放的肝素具有抗凝血作用，有利于保持血管的通畅，使吞噬细胞能够顺利到达抗原入侵的地方将其破坏。释放的组胺、过敏性慢反应物质可增加毛细血管的通透性，局部水肿，并可使支气管平滑肌收缩，从而引起荨麻疹、哮喘等变态反应。

（4）单核细胞（monocyte）　单核细胞本身的吞噬能力很弱，但当它渗出血管，进入肝、脾和淋巴结等组织后，即转变为体积大、溶酶体多、吞噬能力最强的巨噬细胞，称为单核巨噬细胞系统（MPS），可以吞噬消灭病原体、异物，识别和杀伤肿瘤细胞，识别和消除衰老的细胞及组织碎片。此外，MPS 可在免疫反应的初期阶段，把它携带的抗原物质的一部分呈递给淋巴细胞，激活淋巴细胞并启动特异性免疫应答。MPS 还能在抗原或多种非特异性因子的刺激下分泌多种物质。

（5）淋巴细胞（lymphocyte）　主要参与机体的特异性免疫反应。所有脊椎动物都有淋巴细胞。根据淋巴细胞的发生、形态和功能等特点，可分为 T 淋巴细胞（在胸腺生成）和 B 淋巴细胞（在骨髓或肠道淋巴组织生成，鸟类为腔上囊）两种（图 7-10）。

T 淋巴细胞主要执行细胞免疫（cellular immunity）功能，B 淋巴细胞主要执行体液免疫（humoral immunity）功能。

7.2.3.3　白细胞的生成调节与破坏

白细胞的分化和增殖受多种血细胞生成素（hematopoietin）或造血生长因子（hematopoietic growth factor，HGF）的调节。其中一些造血生长因子在体外能刺激造血细胞形成集落，又称为集落刺激因子（colony stimulating factor，CSF），如粒细胞集落刺激因子（G-CSF）、巨噬细胞集落刺激因子（M-CSF）、粒 - 巨噬细胞集落刺激因子（GM-CSF），能刺激中性粒细胞、单核细胞的生成。GM-CSF 还能刺激造血干细胞和祖细胞的增殖和分化。另外，白细胞介素能够调节淋巴细

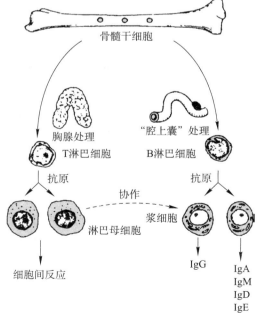

图 7-10　淋巴细胞形成及其功能

的生长和成熟，转化生长因子 β 和乳铁蛋白等可以抑制白细胞的生成。

若有细菌侵入，粒细胞在吞噬活动中会因释放的溶酶体酶过多而发生"自我溶解"，与被破坏的细菌和组织碎片共同构成脓液。正常情况下，白细胞可因衰老而死亡，大部分被肝、脾的巨噬细胞吞噬和分解，小部分经消化管和呼吸道黏膜排出。

7.2.4 血小板生理

7.2.4.1 血小板的形态

血小板（platelets）是从骨髓中成熟的巨核细胞胞质裂解脱落下来的具有生物活性的细胞质碎块，形状不规则，没有细胞核，体积较小，仅为红细胞的 1/4 ~ 1/3。

非哺乳类动物的血栓细胞（thrombocyte）相当于血小板，具有凝血作用。血栓细胞有纺锤形核，鸟类血栓细胞为核所充满；两栖类血栓细胞核上有一深的纵行切迹或凹陷；鱼类血栓细胞有一大的核。运动、进食及缺氧时可使血小板增多。

7.2.4.2 血小板的生理特性

血小板的主要功能与其生理特性是密切相关的，现将血小板的生理特性分述如下。

（1）黏附 正常情况下，血小板不能黏附于完整的血管内皮细胞表面。但当血管内皮损伤而暴露胶原组织时，损伤区内皮细胞和巨噬细胞便释放出一种 von Willebrand 因子（简称 vWF），该因子通过与血小板膜上的受体结合，使血小板和损伤内皮基质中的胶原纤维紧密连接。血小板黏着于损伤内皮部位的这一过程称为血小板黏附（platelet adhesion）。此外，血小板黏附还与血小板膜糖蛋白（glycoprotein, GP）、血小板表面带有负电荷、胶原纤维带有正电荷有关。GP 缺损、vWF 缺乏和胶原纤维变性时都可能导致血小板黏附功能受损，使机体有出血倾向。

（2）释放 血小板受刺激后，将颗粒中的 ADP、5- 羟色胺（5–HT）、儿茶酚胺、Ca^{2+}、血小板因子 3（PF_3）、血栓烷 A_2（thromboxane，TXA_2）等活性物质向外释放的过程，称为血小板释放（platelet release）或血小板分泌（platelet secretion）。

（3）聚集 血小板彼此之间互相黏着、聚合成团的过程，称为血小板聚集（platelet aggregation）。许多生理因素（如 ADP、肾上腺素、组胺、5- 羟色胺、胶原、凝血酶和 TXA_2 等）和病理因素（如细菌、病毒、药物、免疫复合物等）都能引起血小板的聚集，分别称为生理致聚剂和病理致聚剂。聚集过程可分为两个时相：第一时相发生迅速，主要由受损伤组织释放的外源性 ADP 所引起，其特点是聚集后可解聚，又称可逆聚集；第二时相发生缓慢，主要由血小板释放的内源性 ADP 所引起，其特点是一旦发生则不再解聚，又称不可逆聚集。在血管内皮损伤时，血小板与胶原的黏附引起血小板膜中的花生四烯酸生成 TXA_2，能强烈的促进血小板的聚集和血管的收缩。前列环素（prostacyclin, PGI_2）和一氧化氮（NO）对抑制血小板的聚集起了重要作用。正常情况下，由于 PGI_2 和 TXA_2 处于动态平衡，使血小板不致聚集。

（4）收缩 指血小板内的收缩蛋白发生的收缩过程。血小板内存在类似于肌肉的收缩蛋白系统，包括肌动蛋白、肌球蛋白和血栓收缩蛋白等，可导致血凝块回缩、血栓硬化，有利于止血过程。

（5）吸附 血小板能吸附血浆中多种凝血因子于表面。血管一旦破损，大量血小板黏附、聚集于破损部位，破损局部凝血因子浓度则因此升高，促进并加速凝血过程。

7.2.4.3 血小板的生理功能

血小板的主要功能是维持血管内皮的完整性，参与生理性止血和血液凝固过程。

（1）生理止血 生理性止血（hemostasis）是指小血管受损出血后数分钟内出现血流自行停止的过程。生理性止血主要包括 3 个过程（图 7-11）：①受损伤局部的血管收缩：当小血管受损时，首先由于神经调节反射性引起局部血管收缩，继之血管因内皮细胞和黏附于损伤处的血小板释放缩血管物质（5-HT、ADP、TXA$_2$、内皮素等），使血管进一步收缩封闭创口。②血栓的形成：血管内膜损伤，暴露内膜下组织，激活血小板，使血小板迅速黏附、聚集，形成松软的止血栓堵住伤口，实现初步止血。③纤维蛋白凝块形成：血小板血栓形成的同时，激活血管内的凝血系统，在局部形成血凝块，加固止血栓，起到有效止血作用。机体对大血管出血一般不能有效控制，如果是小血管出血，主要依靠血管收缩和形成纤维蛋白凝块而止血；如果是毛细血管出血，则主要依靠血小板的修复而止血。

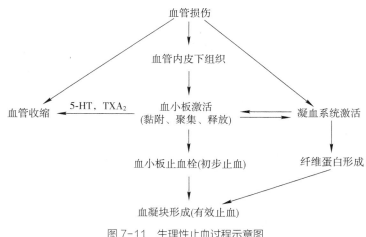

图 7-11　生理性止血过程示意图

（2）参与凝血 血小板内含有多种与血凝有关的因子，对凝血过程具有极强的促进作用。血小板因子 3（PF$_3$）是血小板膜上的磷脂，能将凝血因子Ⅸ、Ⅷ、Ⅹ、Ⅴ、Ⅱ和 Ca^{2+}吸附于其表面，为凝血反应提供了重要的场所并能加速凝血过程；血小板因子 2（PF$_2$）能促进纤维蛋白原转变为纤维蛋白单体；血小板因子 4（PF$_4$）有抗肝素作用，从而有利于凝血酶生成和加速凝血。

（3）保持血管内皮的完整性 同位素与电镜资料表明血小板可以融入血管内皮细胞，对保持内皮细胞完整或对内皮细胞修复有重要作用（图 7-12）。此外，血小板还能释放一种血小板源生长因子（platelet-derived growth factor，PDGF），促进血管内皮细胞、成纤维细胞和平滑肌细胞的增殖，有利于受损血管的修复。当血小板减少时，血管脆性增加，可出现出血倾向。

7.2.4.4 血小板生成调节和血小板的破坏

血小板的生成主要受糖蛋白血小板生成素（thrombopoietin，TPO）的调节。TPO 能刺激造血干细胞向巨核系祖细胞分化，并特异地促进巨核祖细胞增殖和分化，以及巨核细胞的成熟、裂解与释放血小板。TPO 促血小板生成的作用是通过其受体 Mp1（原癌基因 *c-mp1* 的表达产物）实现的。体内 TPO 的产生部位尚不清楚，推测可能由肾或肝产生。

血小板在血液中的平均寿命为 10 d 左右，但只在最初的 2～3 d 具有正常的生理功能。年轻的血小板往往在发挥生理功能时被消耗，而衰老的血小板则在脾、肝和肺等组织中被吞噬。

7.3　血液凝固与纤维蛋白溶解

在正常情况下，机体的凝血与抗凝、凝血与纤溶对立统一，相互配合，经常处于动态平衡状态，既能防止出血或渗血，又能保证血管内血流的畅通。当它们之间的平衡遭到破坏，将会导致纤维蛋白形成过多或不足，从而引起血栓形成或出血性疾病。

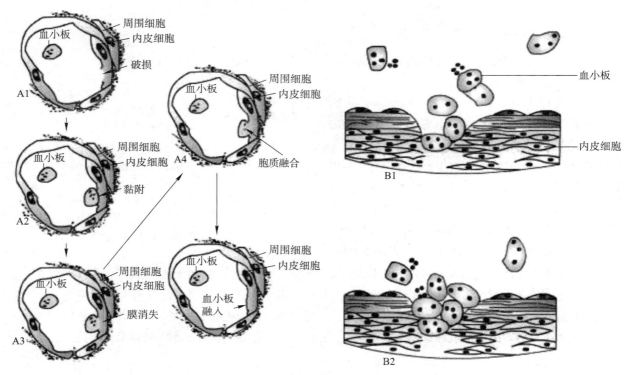

图 7-12 血小板融入毛细血管内皮细胞示意图

7.3.1 血液凝固

血液凝固（blood coagulation）是指血液由流动的液体状态转变成不能流动的凝胶状态的过程，是生理性止血过程的重要环节。在凝血过程中，由于血浆中的可溶性纤维蛋白原转变为不溶的纤维蛋白，并交织成网，将血细胞网罗在内，形成血凝块。血液凝固后 1~2 h，血块发生回缩，同时析出淡黄色的液体，称为血清（serum）。血清和血浆的区别是血清去除了纤维蛋白原和少量参与凝血的血浆蛋白，增加了血小板释放的物质。

脊椎动物各主要类群的血液凝固过程基本相同，是一系列十分复杂的生化反应过程，许多因素与凝血有关。由于哺乳动物的血液凝固过程研究得比较清楚，现以哺乳动物为代表叙述其凝血过程。

7.3.1.1 凝血因子

€知识拓展 7-6
凝血因子

血浆与组织中直接参与血液凝固的物质，统称为凝血因子（coagulation factor 或 clotting factor）。国际凝血因子命名委员会根据凝血因子发现的先后顺序，用罗马数字命名为 F I ~ F X Ⅲ。

其中 FⅥ（factor Ⅵ）是血清中 F Ⅴ 的活化形式 FⅤa（a 表示活化，activated），故不再视为一个独立的凝血因子。此外，血小板磷脂（PF₃）、高分子激肽原以及前激肽释放酶也是参与凝血的重要因子，分别起到为凝血因子提供反应场所和激活某些凝血因子的作用。在这些凝血因子中①除 Ca^{2+}（F Ⅳ）与血小板磷脂外，其余的凝血因子均为蛋白质。其中因子 Ⅱ、Ⅶ、Ⅸ、Ⅹ、Ⅺ、Ⅻ、ⅩⅢ 及前激肽释放酶均为丝氨酸蛋白（内切）酶，只能对特定的肽链进行有限的水解。这些酶通常以无活性的酶原形式存在，必须通过其他酶的有限水解作用，暴露或形成活性中心后，才能具有酶的活性，这一过程称为凝血因子的激活（activation）。与激活相对应，凝血因子还存在相应的抑制物。②除 F Ⅲ（又称组织因子，tissue factor，TF）存在于组织中外，其他凝血因子均存在于血浆中，并多数由肝合成，其中 F Ⅱ、F Ⅶ、F Ⅸ、F Ⅹ 的生成必须有维生素 K 的存在，被称为维生素 K 依赖性凝血因子。

7.3.1.2　凝血过程

早在 20 世纪 60 年代，Mac Farlane、Davies 和 Ratnoff 几乎同时提出了凝血过程的瀑布学说（waterfall theory）。

经典的瀑布学说认为，凝血过程是一系列蛋白有限水解酶相继被激活的过程。血液凝固基本过程大体可分为 3 个阶段（图 7-13）：第 Ⅰ 阶段是凝血因子 FX 被激活为 FXa 并形成凝血酶原激活物（prothrombin activator）；第 Ⅱ 阶段是在凝血酶原激活物的作用下，凝血酶原（prothrombin，F Ⅱ）被激活成凝血酶（thrombin，F Ⅱa）；第 Ⅲ 阶段是在凝血酶作用下，纤维蛋白原（fibrinogen，F Ⅰ）转变成纤维蛋白（fibrin，F Ⅰa）。

（1）凝血的第 Ⅰ 阶段（凝血酶原激活物形成）　凝血酶原激活物是 FX、FV、Ca^{2+}、PF_3 共同形成的复合物。通过两条途径完成。完全依赖于血浆内的凝血因子逐步激活因子 FX 而引发的血凝过程，称为内源性途径（intrinsic pathway）；血管破损后，由损伤组织释放组织因子（tissue factor，TF/F Ⅲ）来激活因子 FX 的过程，称为外源性途径（extrinsic pathway）。

① 内源性凝血途径是由血液接触了带负电荷的异物表面（如血管内皮下的胶原组织或体外的玻璃、白陶土、硫酸酯等）而启动的凝血过程。

由 F Ⅻ 被激活成 FⅫa 开始，为表面激活阶段。一方面 FⅫa 还可进一步激活 FⅪ 成 FⅪa，另一方面还可激活前激肽释放酶（prekallikrein，PK），成为活化的激肽释放酶（kallikrein，KK），后者能反馈性激活 F Ⅻ（图 7-13），FⅫa 又进一步激活 F Ⅺ 成为 FⅪa，形成了一个表面激活过程的正反馈效应。生成的 FⅪa 在 Ca^{2+} 参与下可将 FⅨ 激活成为 FⅨa。

在上述过程中 F Ⅷ 是该反应的一种重要辅助因子，虽本身不能激活 F Ⅹ，但可使其反应速度提高 20 万倍。FⅨa、FⅧa 与 Ca^{2+} 在血小板磷脂膜（PF_3）上结合形成复合物，即内源性因子 Ⅹ 酶复合物（tenase complex），可进一步激活 FX 为 FXa。这一过程十分缓慢，其中血小板磷脂膜为其提供了一个有利于 FⅨa、FX 和 Ca^{2+} 相互作用的表面；机体缺乏 FⅧa、FⅨa、FⅪa 时都可造成血凝缓慢，分别导致甲型、乙型、丙型血友病（hemophilia）。

② 外源性激活途径的启动因子是来自组织的 F Ⅲ。F Ⅲ 是一种跨膜糖蛋白，存在于大多数组织细胞中，因此又称为组织因子（tissue factor，TF）。当血管损伤暴露组织中的 F Ⅲ 时，激活血浆中的 FⅦ 为 FⅦa，并形成组织因子复合物（TF-FⅦa 复合物），在磷脂（PF_3）和 Ca^{2+} 存在的情况下，迅速使 FⅨ 和 FX 分别激活为 FⅨa 和 FXa。生成的 FⅨa 和 FXa 又能反过来激活 FⅦ 为 FⅦa，通过这一正反馈效应生成更多的 F Xa。从而使内源性凝血途径和外源性凝血途径在此相互交叉和汇合，FX、FV、Ca^{2+}、PF_3 形成的复合物进入凝血第 Ⅱ 阶段。外源性凝血过程参与的凝血因子相对较少，耗时短，血凝较快。

（2）凝血第 Ⅱ 阶段（凝血酶形成）　在血小板磷脂（PF_3）上，凝血酶原激活物（F Xa-F Va-Ca^{2+}-PF_3）进一步激活凝血酶原（F Ⅱ）成为凝血酶（F Ⅱa）。

（3）凝血第 Ⅲ 阶段　在凝血酶（F Ⅱa）作用下，既可使纤维蛋白原分解并切掉 4 分子小肽，形成纤维蛋白单体（fibrin monomer，F Ⅰa），也能激活 FⅫa。FⅫa 在 Ca^{2+} 的作用下使纤维蛋白单体相互聚合，形成不溶于水的交联纤维蛋白多聚体（cross linking fibrin），从而导致血液凝固。

ⓔ知识拓展 7-7
血液凝固 - 瀑布学说（动画）

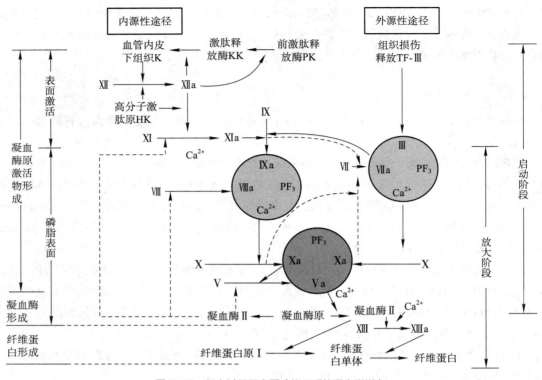

图 7-13　凝血过程示意图（修正后的瀑布学说）
──→示变化或催化方向；– –示正反馈促进作用；PF₃：血小板磷脂膜

此外，凝血酶既可激活 F Ⅴ、F Ⅶ、F Ⅷ、F Ⅺ、F Ⅻ、F ⅩⅢ，使血小板活化为凝血因子提供磷脂膜表面，产生更多的凝血酶。通过这一正反馈效应使凝血过程得以加强；凝血酶又可直接或间接使因子Ⅴa、Ⅷa 灭活，通过这一负反馈效应制约凝血过程，使凝血过程局限于损伤部位。

由于凝血是一系列凝血因子相继酶解、激活的过程，每步酶促反应均有放大效应，整个凝血过程呈现出强烈的放大现象。例如，1 分子 F Ⅺa 最终可产生上亿分子的纤维蛋白。所以，整个凝血过程实质上是有一系列凝血因子参与的瀑布式酶促反应的级联放大。

7.3.1.3　抗凝系统

体内的生理性凝血过程在时间和空间上都受到严格的控制。这与血管内皮的光滑完整（使凝血因子不易激活且血小板不易黏附聚集）、血液的循环流动（使已经激活的凝血因子被稀释或清除）有关。此外，更为重要的是在体内还存在着抗凝系统（anticoagulant system）。现已证明，抗凝系统包括细胞抗凝系统（如肝细胞及网状 内皮系统对已激活的凝血因子、组织因子以及可溶性纤维蛋白单体的吞噬）和体液抗凝系统（如丝氨酸酶抑制物、蛋白质 C 系统、组织因子途径抑制物和肝素）。现仅简单介绍几种生理性抗凝物质：

（1）抗凝血酶Ⅲ　抗凝血酶Ⅲ（antithrombin Ⅲ）是由肝细胞合成的一种丝氨酸蛋白酶抑制物（serine protease inhibitor），是血浆中最重要的一种抗凝血酶。抗凝血酶Ⅲ分子上的精氨酸残基可以与 F Ⅱa、F Ⅶa、F Ⅸa、F Ⅹa、F Ⅺa 和 F Ⅻa 的活性中心丝氨酸残基结合，封闭这些凝血因子的活性中心，从而使它们失活，起到抗凝作用。

（2）肝素　肝素（heparin）也是血浆中重要的抗凝物质，为一种酸性黏多糖，主要由肥大细胞和嗜碱性粒细胞产生，存在于大多数组织中，其中肝、肺、肾、心脏和骨骼肌中尤为丰富。肝素与抗凝血酶Ⅲ结合，可使抗凝血酶Ⅲ与凝血酶的亲和力增强约100倍，对FⅫa、FⅪa、FⅩa、FⅨa抑制作用也大大加强；肝素与肝素辅助因子Ⅱ结合后，可将肝素辅助因子Ⅱ激活，通过与凝血酶结合而使其失活；肝素可刺激血管内皮细胞大量释放凝血抑制物，抑制凝血过程；肝素能抑制血小板的黏附、聚集和释放；肝素还能释放纤溶酶原激活物，增强对纤维蛋白的溶解作用。

（3）蛋白质C　蛋白质C（protein C）是由肝合成的维生素K依赖因子。蛋白质C激活后，在磷脂和Ca^{2+}存在的条件下，能灭活FⅤa、FⅧa；阻碍FⅩa与血小板上的磷脂结合，削弱FⅩa对凝血酶原的激活作用；刺激纤溶酶原激活物释放，增强纤溶酶活性，促进纤维蛋白溶解。

（4）组织因子途径抑制物　组织因子途径抑制物（tissue factor pathway inhibitor，TFPI）主要来自小血管内皮细胞，通过与FⅩa结合，直接抑制FⅩa的催化活性，并使TFPI变构；在Ca^{2+}存在的情况下，变构的TFPI结合并灭活FⅦa-TF复合物，反馈性抑制外源性凝血途径的作用。

e技术应用 7-1
影响血液凝固的因素

7.3.1.4　其他动物血液凝固特征

不同动物的血液凝固过程相似但又有所差异。在哺乳动物各目中，内源性和外源性途径都相当完整。在许多目动物中，FⅤ和FⅦ的水平都很高。但禽类的血浆中几乎不含有FⅤ、FⅦ、FⅨ和FⅫ，因而不易通过内源性凝血途径形成凝血酶。禽类的凝血主要依靠组织释放的促凝血酶原激酶（FⅨ）促进凝血酶的生成，而发生外源性凝血。在针鼹的血液中既有血栓细胞，又有血小板细胞，两者都发挥止血作用；在有袋类动物，FⅠ、FⅤ、FⅧ的水平都很高，说明外源性凝血途径非常有效。鱼类由于皮肤外面包围着一层黏液，当组织受损伤而血液外流于体表时，能很快凝固，如硬骨鱼类血液只要20～30 s即可凝固，推测在此黏液中可能含有凝血酶原致活酶，因此这层黏液有保护作用。人类缺乏FⅧ可以引起血友病，但鲸类缺乏FⅦ对于防止潜水时血液在血管内凝固有一定意义。

7.3.2　纤维蛋白溶解

凝血过程中形成的纤维蛋白被降解液化的过程，称为纤维蛋白溶解，简称纤溶（fibrinolysis）。参与纤溶的物质有：纤溶酶原（plasminogen）、纤溶酶（plasmin）、纤溶酶原激活物（plasminogen activator）与纤溶酶原抑制物（plasminogen inhibitor），总称为纤维蛋白溶解系统，简称纤溶系统（fibrinolytic system）。纤溶的基本过程大致可分成纤溶酶原激活与纤维蛋白降解两个阶段（图7-14）。

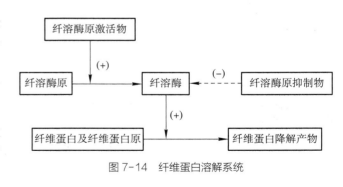

图 7-14　纤维蛋白溶解系统

7.3.2.1　纤溶酶原的激活

纤溶酶原主要在肝、骨髓、肾和嗜酸性粒细胞等处合成，经有限水解后被激活。其激活物主要有：① 血管和组织激活物：由血管内皮和其他组织产生，如由血管内皮细胞合成的组织型纤溶酶原激活物（t-PA）和由肾小管、集合管上皮细胞产生的尿激酶型纤溶酶原激活物（urinary type plasminogen activator, u-PA）。这两类激活物均属外源性激活途径，它们可以防止血栓形成，在组织修复、伤口愈合中发挥作用。② 血浆激活物：如凝血因子 FXIIa 和激肽释放酶，属于内源性激活途径，它们可使凝血与纤溶相互配合并保持平衡。

7.3.2.2 纤维蛋白（与纤维蛋白原）的降解

在纤溶酶的作用下，纤维蛋白及纤维蛋白原中的赖氨酸 – 精氨酸键裂解，整个纤维蛋白或纤维蛋白原分子被逐步分割成多个可溶性小肽，称为纤维蛋白降解产物。这些降解产物通常不再凝固，相反，其中一部分还有抗凝作用。

7.3.2.3 纤溶抑制物及其作用

动物体内还存在许多物质能抑制纤溶系统的活性，如由内皮细胞及血小板分泌的纤溶酶原激活物抑制物 1（plasminogen activator inhibitor type 1, PAI-1），它能抑制组织型纤溶酶原激活物和尿激酶。补体 C1 抑制物可灭活激肽释放酶和 FXIIa，阻止尿激酶原的活化。另外还有 α_2- 抗纤溶酶、α_2- 巨球蛋白、蛋白酶 C 抑制物等都能抑制纤溶系统。事实上，多数抑制物既能抑制纤溶，又能抑制凝血，这对于凝血和纤溶局限于创伤局部有重要意义。

7.4 血型

ⓔ发现之旅 7-2
血液学研究方面的诺贝尔生理学或医学奖

同种动物的不同个体之间进行输血时，有时会使受血动物死亡。体外实验证明，许多动物的血清能使其他动物的红细胞产生凝集和溶血，说明这些动物之间的血型具有明显区别。所谓血型（blood group）是指血细胞膜上存在的特异性抗原的类型。红细胞、白细胞和血小板均有血型，但通常所说的血型仅指红细胞血型。但随着对血型本质的深入研究，对血型的认识从狭义走向广义。除了以红细胞膜的抗原结构差异为依据进行分类外，还可以根据血清或血浆中所含蛋白质的多态性和同工酶以及白细胞表面的抗原来分类，分别称为蛋白质型血型、酶型血型和白细胞型血型。

7.4.1 红细胞凝集与血型

ⓔ知识拓展 7-8
红细胞的凝集反应

正常情况下，红细胞均匀分布于血液中，但如果将血型不相容的两个个体的血液滴在玻片上混合，红细胞即出现聚集成团的现象，称为红细胞凝集（agglutination）（图 7-15）。在补体作用下，红细胞的凝集伴有溶血。红细胞凝集的本质是抗原 – 抗体反应。镶嵌在红细胞膜上的特异性糖蛋白或糖脂在凝集反应中起抗原作用，称为凝集原（agglutinogen）。血浆中能与红细胞膜上的凝集原起反应的特异性抗体（γ – 球蛋白）称为凝集素（agglutinin）。1995 年，国际输血学会认可的血型系统有 23 个，抗原 193 种。其中绝大多数的抗原的抗原性很弱，在输血中不会产生明显反应。其中与临床输血关系最为密切的为红细胞血型中的 ABO 血型系统和 Rh 血型系统。

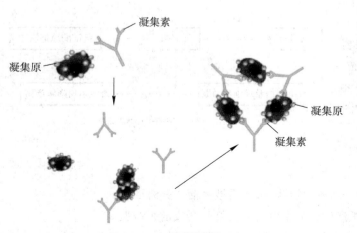

凝集素
凝集原
凝集原
凝集素

图 7-15 红细胞的凝集反应

7.4.1.1　人类 ABO 血型系统

在 ABO 血型系统中，根据红细胞膜上有无凝集原 A 或（和）B，可将血液分为 4 型：红细胞膜上只含凝集原 A 的为 A 型，只含凝集原 B 的为 B 型，两种凝集原都有的为 AB 型，两种凝集原都没有的为 O 型。在同一个体的血清中不含有同它本身红细胞上的抗原相对应的抗体－凝集素。其中，A 型血中只有抗 B 凝集素，B 型血中只有抗 A 凝集素，AB 型血中没有任何凝集素，O 型血中两种凝集素均有（图 7-16）。其中 A 型有 A_1 和 A_2 两个亚型，AB 型也有 A_1B 和 A_2B 两个亚型。在 A1 型红细胞膜上含有 A 与 A1 凝集原，A2 型红细胞膜上仅含有 A 凝集原，因此在 A1 型血清中只含有抗 B 凝集素，而 A2 型血清中既含有抗 B 凝集素又含有抗 A1 凝集素，因而输血时必须注意血液亚型的区别（表 7-1）。

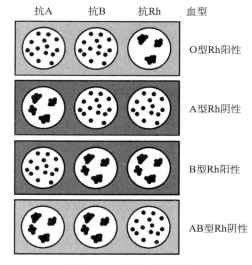

图 7-16　ABO 血型鉴定

表 7-1　ABO 血型系统凝集原和凝集素

血型		红细胞膜上的凝集原（抗原）	血清中的凝集素（抗体）
A 型	A_1	$A+A_1$	抗 B
	A_2	A	抗 B + 抗 A_1（占 10%）
B 型		B	抗 A
AB 型	A_1B	$A+A_1+B$	无
	A_2B	$A+B$	抗 A_1（占 25%）
O 型		无 A，无 B	抗 A + 抗 B

检查 ABO 血型的方法是：将玻片上分别滴入抗 A、抗 B、抗 A–抗 B 的鉴定血清，然后加入一滴受检者的红细胞悬液，使之混合后观察是否出现凝集现象。

7.4.1.2　Rh 血型系统

在寻求新血型的过程中，Landsteiner 和 Wiener 于 1940 年将恒河猴（Rhesus，Rh）的红细胞注入家兔体内，使家兔的血清中产生抗恒河猴红细胞的抗体（凝集素）。然后用含有这种抗体的血清与人的红细胞混合，发现 85% 的美洲白种人红细胞可被这种血清凝集。说明大部分人的红细胞中含有一种与恒河猴的红细胞凝集原相同的抗原。根据这一抗原所建立的血型系统称为 Rh 血型系统。凡是红细胞能被这种抗恒河猴的抗血清凝集者，称为 Rh 阳性血型，不能被凝集者称为 Rh 阴型血。在我国，99% 的汉族人为 Rh 阳性，只有某些少数民族人中有较多的 Rh 阴性，如苗族为 12.3%，塔塔尔族为 15.8%。

Rh 血型系统已发现 40 多种 Rh 抗原（也称 Rh 因子），其中与临床关系最密切是 D、E、C、c、e5 种。因 D 抗原的抗原性最强，如果一个人有 D 抗原，那他一定是 Rh 阳性；反之那么他就是阴性。Rh 抗原为蛋白抗原，其特异性取决于蛋白质的氨基酸序列。控制 Rh 血型的等位基因位于 1 号染色体上。

在 ABO 血型系统中，从出生几个月后开始，在人血清中一直存在着 ABO 系统的凝集素，即天然抗体，属于 IgM，不能通过胎盘。但 Rh 血型系统不同于 ABO 血型系统，Rh 抗原只存在于红细胞上，出生时已发育成熟。而这种抗体属于 IgG，相对分子量小，能够通过胎盘。在人的血清中不存在 Rh 的天然抗体，只有当 Rh 阴性的人在接受 Rh 阳性的血液后，通过体液免疫才能产生抗 Rh 抗体。

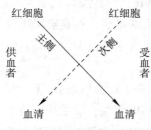

知识拓展 7-9
血型的抗原和抗体

7.4.2 输血原则

输血（transfusion）是一项相当重要的治疗措施。健康人一次输出 200~300 ml 血液对自身健康并无显著的影响。输血后组织液能在 1~2 h 内进入血管补充至正常量。红细胞和血红蛋白的恢复要慢一些，一般需要 3~4 周。不恰当的输血，可造成红细胞凝集，继而发生溶血，并伴有过敏反应，称为输血反应（transfusion reaction）。输血反应严重时，可出现休克，甚至危及生命。因而，在输血时必须注意输血安全，遵循输血原则。

7.4.2.1 检查血型

必须保证供血者与受血者的 ABO 血型相符，即坚持输同型血。对于需要反复输血的患者和生育年龄的妇女，还必须使供血者与受血者的 Rh 血型相符，以免当 Rh 阴性受血者接受 Rh 阳性血液后产生抗 Rh 抗体。Rh 阴性受血者在初次接受 Rh 阳性血液后一般并不发生凝集反应，但当再次接受 Rh 阳性血液的输入时，就将发生凝集反应。当母体怀 Rh 阳性胎儿时，胎儿的 Rh 抗原可随胎盘脱落或血管破裂而进入母体，使母体产生抗 Rh 抗体。当母体再度怀孕，抗 Rh 抗体可通过胎盘进入胎儿血内，使 Rh 阳性胎儿的红细胞发生凝集，造成死胎、流产、新生儿先天性溶血和黄疸。

7.4.2.2 紧急情况下的输血

当无法得到同型血时，也可以输入 O 型血，但必须注意缓慢和少量输血。因为 O 型血人的血细胞上虽无 A 抗原和 B 抗原，不会被受血者的血清抗体所凝集，但 O 型血人的抗 A、抗 B 抗体若未被受血者的血浆足够稀释，受血者的红细胞也会与其反应，发生广泛的凝集反应。同样的道理，以往把 AB 型血的人称为"万能受血者"，认为 AB 型血的人可以接受 ABO 血型系统中任一血型供血者的血，这种做法应该谨慎对待。

7.4.2.3 交叉配血试验

对于家畜和其他动物，其红细胞血型天然抗体的免疫效价很低，很少发生像人类 ABO 血型系统的红细胞凝集反应，所以紧急情况下在同种个体间进行首次输血时，可以输给家畜少量血型不明的血液。但第二次输血时就必须做交叉配血试验（cross-match test）：在 37℃ 下，将供血者的红细胞与受血者的血清进行配合试验，检查有无红细胞凝集反应（交叉配血试验的主侧），同时将受血者的红细胞与供血者的血清进行配合试验，检查有无红细胞凝集反应（交叉配血试验的次侧）（图 7-17）。如果交叉配血的两侧均无凝集反应，即为配血相合，可进行输血。如果主侧有凝集反应，无论次侧反应如何，称为配血不合，不能进行输血。如果主侧无凝集反应，而次侧有凝集反应，只能在紧急情况下输血，输血实行少量缓慢输血，并密切观察，如果发生输血反应，则立即停止输入。为安全起见，即使是同型输血，输血之前也必须进行交叉配血试验。

图 7-17 交叉配血试验示意图

7.4.2.4 成分输血

随着医学和科学技术的不断进步，血液成分的分离技术不断提高，输血由原来的单纯输全血，发展到成分输血（transfusion of blood components）。成分输血是指把人血中的各种有效成分如红细胞、粒细胞、血小板或血浆加以分离，每次根据需要单纯输入。这样既能节约血源，提高疗效，又能减少不良反应。

此外，异体输血可传播肝炎、艾滋病等，自身输血疗法正在迅速发展起来。

7.4.3 动物的血型

见 ⓔ 系统功能进化 7-3，ⓔ 技术应用 7-2。

ⓔ **系统功能进化**
7-3 动物血型划分

ⓔ **技术应用 7-2**
动物红细胞的免疫功能及血型的应用

❓ 思考题

1. 简述血浆渗透压的组成及其生理意义。
2. 简述各类白细胞的生理功能。
3. 试用红细胞生成及其调节的生理知识，分析引起贫血的可能原因。
4. 试述血液凝固的基本过程，分析影响血液凝固的因素。

网上更多学习资源……

◆本章小结　　◆自测题　　◆自测题答案

（翁　强）

8 血 液 循 环

【引言】

血液为什么能沿着一定方向在心血管系统中循环往复地流动？心脏作为机体重要的器官是怎样不知疲倦地工作的？为什么整个心房和心室肌能以同一个节律同步收缩？体表的电位变化为什么能反映心脏功能正常与否？血压又是怎样形成的，为什么血压有收缩压和舒张压之分？机体如何维持血压相对稳定？这些对生命有什么生理意义？通过本章学习将会从中找到答案。

【知识点导读】

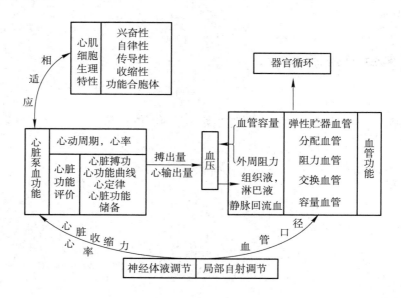

由心血管系统和淋巴系统构成了动物机体的循环系统，血液在心血管系统中按一定方向周而复始循环流动，称为血液循环（blood circulation）。淋巴系统依靠外周淋巴管收集部分组织液成为淋巴液，沿淋巴管向心流动，最后汇入静脉，返回心脏，故淋巴系统是循环系统的辅助系统。血液循环的主要功能是完成体内物质运输，保证机体新陈代谢正常进行、维持内环境稳态和实现血液的防卫功能。心血管系统不仅可以运输激素等活性物质，而且还是重要的内分泌器官，能分泌许多生物活性物质实现对机体的体液调节。

循环系统从无到有的演化，反映了动物由低等到高等、结构由简单到复杂的发展过程。动物的循环系统可分为开放式循环和封闭式循环系统。但无论哪一种循环系统都是由周围管道系统和心脏（或泵器官）两部分组成。

🅔系统功能进化
8-1 动物循环系统的进化

8.1 心肌的生理特性

心房和心室呈现节律性的收缩与舒张活动，是心脏实现泵血功能、推动血液循环的原动力和必要条件。心脏的泵血功能与心肌的生理特性密切相关，心肌的生理特性包括兴奋性、传导性、自律性和收缩性。其中兴奋性、自律性、传导性是以心肌细胞的生物电活动为基础，属于电生理学特性。收缩性则是以胞质内收缩蛋白的功能活动为基础，属于心肌的机械活动特性。前已叙及（见第6章）心肌包括普通心肌和特殊传导组织两部分：普通心肌包括心房肌和心室肌，因其功能是使心房和心室产生收缩，所以其生理特性主要包括兴奋性、传导性和收缩性，没有自律性；特殊传导组织能自发产生兴奋，称为自律组织，包括窦房结（静脉窦）、房室交界（结间束，房室束，左、右束等）和浦肯野纤维。整体情况下能将心脏主导起搏点（窦房结／静脉窦）的节律性兴奋快速、高效地传至整个心脏的普通心肌细胞，其生理特性主要包括兴奋性、传导性和自律性，它们已失去收缩性能。

8.1.1 心肌的兴奋性

心肌的兴奋性是指心肌细胞在受到刺激时产生兴奋的能力。

8.1.1.1 决定和影响兴奋性的因素

影响和决定心肌细胞的兴奋包括静息电位（或最大舒张电位，见第6章）去极化到阈电位水平以及 Na^+ 通道的激活两个环节，当这两方面的因素发生变化时，其兴奋性将随之发生变化（图8-1）。

（1）静息电位和阈电位水平　静息电位绝对值增大时，距离阈电位的差值就加大，引起兴奋所需的刺激阈值增大，表现为心肌的兴奋性降低。反之，静息电位绝对值减小，距阈电位的差值缩小，则心肌的兴奋性增高。阈电位水平上移，则和静息电位之间的差距增大，引起心肌兴奋所需的刺激阈值增大，表现为兴奋性降低。反之，阈电位水平下移，则兴奋性增高。如迷走神经兴奋时，其末梢释放乙酰胆碱（Ach），使心房肌膜上的 I_{k-Ach} 通道开放，细胞内的 K^+ 外流，使心房肌静息电位超极化，与

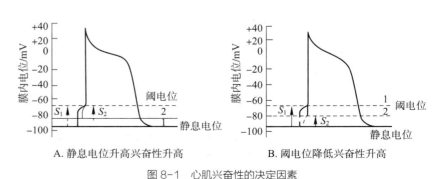

图 8-1　心肌兴奋性的决定因素
A. 膜电位水平的影响：静息电位1的阈刺激 S_1 大于静息电位2的阈刺激 S_2；
B. 阈电位水平的影响：阈电位1的阈刺激 S_1 大于阈电位2的阈刺激 S_2

阈电位的距离增大，故心房肌兴奋性下降。在生理情况下，心肌的阈电位水平很少变化。但高血钙时，快 Na^+ 通道需要膜更大的去极化才能被激活，也就是阈电位水平上升，和静息电位水平距离增加，因而心肌的兴奋性下降。

（2）离子通道的状态　前已叙及（见第 4 章，第 6 章）Na^+ 通道可表现为激活、失活和备用三种功能状态。而 Na^+ 通道处于其中哪一种状态，则取决于当时的膜电位以及通道状态变化的时间进程。Na^+ 通道的活动是电压依从性和时间依从性的。当膜电位处于正常静息电位水平时，Na^+ 通道处于可被激活的备用状态。这种状态下，Na^+ 通道具有双重特性：① Na^+ 通道是关闭的；②当膜电位由静息电位水平去极化到阈电位水平时，Na^+ 通道即可被激活，Na^+ 快速跨膜内流。而 Na^+ 通道激活后就立即迅速失活，Na^+ 通道关闭，Na^+ 内流迅速终止，进入失活状态。处于失活状态的 Na^+ 通道不能被再次激活，只有在膜电位恢复到静息电位水平时，Na^+ 通道才重新恢复到备用状态，即具有再兴奋的能力，这个过程称为复活。由此可见，细胞膜上的大部分 Na^+ 通道是否处于备用状态，是该心肌细胞是否具有兴奋性的前提；而正常静息膜电位水平又是决定 Na^+ 通道能否处于或复活到备用状态的关键。Na^+ 通道的上述特殊性状可以解释有关心肌细胞兴奋性的一些现象。

（3）心肌的兴奋性受电解质浓度和酸碱度等多种因素影响　心肌兴奋性的高低除取决于上述因素外，还受细胞外液电解质浓度、pH 等多种因素的影响。其中以细胞外液的 K^+、Ca^{2+} 及 pH 的影响较有临床意义，Na^+ 只有浓度发生特别明显变化时才会影响到心肌的电生理学特性和收缩功能，而临床上却很少见。K^+、Ca^{2+} 及 pH 对心肌兴奋性的影响主要是通过影响离子通道状态而影响到细胞膜膜电位，改变静息电位与阈电位间的差距，或动作电位的复极化时程而实现的。

ⓔ知识拓展 8-1
细胞外液 K^+、Ca^{2+} 及 pH 对心肌细胞兴奋性的影响

8.1.1.2　心肌兴奋性的周期性变化

心肌细胞每兴奋一次后，其膜电位将发生一系列有规律的变化，膜通道由备用状态经历激活、失活和复活等过程，兴奋性也随之发生相应的周期性变化。兴奋性的这种周期性变化影响着心肌细胞对重复刺激的反应能力，对心肌的收缩反应和兴奋的产生及传导过程具有重要作用。心肌兴奋性的变化可以分为以下几个时期（图 8-2，图 8-3）。

（1）有效不应期和绝对不应期　心肌细胞发生一次兴奋后，由 0 期开始到复极 3 期的膜内电位恢复到 −60 mV 这一段时期内，如果再给予第二次刺激，不会引起心肌细胞产生动作电位和收缩的时期，称为有效不应期（effective refractory period）。如果对这一时期再做详细观察，会看到由动作电位的除极化 0 期开始到复极 3 期，膜电位降至约 −55 mV 的时期内，则不论刺激有多大，不仅不能使心肌发生收缩，而且也不会引起细胞膜的任何去极化现象，其兴奋性才是真正的下降到零，称为绝对不应期（absolute refractory period）；当膜内电位由 −55 mV 继续恢复到约 −60 mV 这一段时间内，如果给予强刺激则可使细胞膜发生部分去极化，但不能引发动作电位。原因是：在这段时间内，膜电位绝对值太低，Na^+ 通道完全失活，或刚刚开始复活，但还远远没有恢复到可以被激活的备用状态的缘故。从图 8-3 可看到心肌兴奋后有效不应期特别长，几乎延续到心肌收缩期及舒张早期。

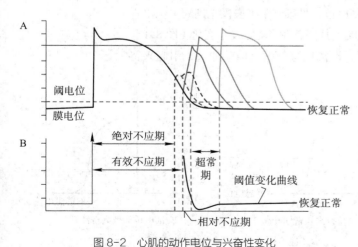

图 8-2　心肌的动作电位与兴奋性变化
A. 心肌动作电位在不同的复极化时期给予刺激所引起的反应；
B. 用阈值变化曲线说明兴奋后兴奋性的变化

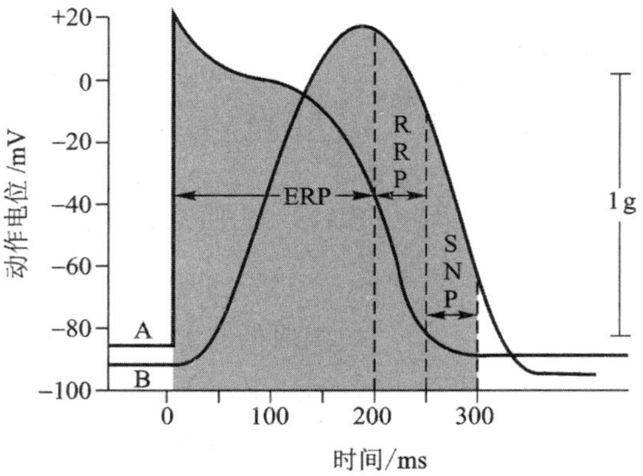

（2）相对不应期 从有效不应期之后，膜电位从 –60 mV 到复极化约 –80 mV 的这段期间内，给予高于正常阈值的强刺激才能产生动作电位，称为相对不应期（relative refractory period）。其原因是：此期膜电位绝对值仍低于静息电位，Na⁺ 通道已逐渐复活，但尚未恢复正常，故心肌细胞的兴奋性仍然低于正常值，引起兴奋所需的刺激阈值高于正常值，而所产生的动作电位 0 期的幅度和速度都比正常值小，兴奋的传导也较慢。此外，此期处于前一个动作电位的 3 期，尚有 K⁺ 迅速外流的趋势，使得在此期内新产生的动作电位，其时程较短，不应期也较短。

（3）超常期 在相对不应期后，膜内电位由 –80 mV 恢复到 –90 mV 这一段时期内，由于膜电位已经基本恢复，但其绝对值尚低于静息电位，与阈电位水平的差距较小，引起该细胞发生兴奋所需的刺激阈值比正常要低，表明此期心肌的兴奋性高于正常，故称为超常期（supranormal period）。此时 Na⁺ 通道也基本恢复到可被激活的备用状态，但开放能力仍没有恢复正常，产生动作电位的 0 期去极化的幅度和速度，以及兴奋传导的速度都仍然低于正常水平。最后，复极完毕后膜电位恢复至正常静息水平，兴奋性也恢复正常。

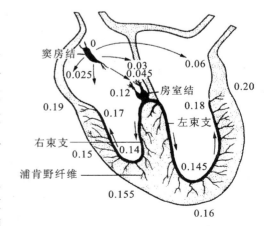

图 8-3 心室肌细胞动作电位期间兴奋型的变化及其与机械收缩的关系
A. 动作电位；B. 机械收缩。ERP: 有效不应期；RRP: 相对不应期；SNP: 超常期

e知识拓展 8-2
心肌细胞动作电位与兴奋性的变化（动画）

8.1.2 心肌的传导性

心肌具有传导兴奋的能力，称为传导性（conductivity）。心脏在功能上是一种合胞体，心肌细胞膜的任何部位产生的兴奋不但可以沿整个细胞膜传播，并且可以通过闰盘传递到另一个心肌细胞，从而引起整个心房、心室兴奋和收缩。通常将动作电位沿细胞膜传播的速度作为衡量心肌传导性的指标。

（1）兴奋在心脏内传播特点 在正常情况下，哺乳动物由窦房结产生的兴奋通过心房肌传播到整个右心房和左心房，尤其是沿着心房肌组成的优势传导通路（preferential pathway）迅速传到房室交界区，经房室束和左、右束支传到浦肯野氏纤维网，引起心室肌兴奋，再通过心室肌将兴奋由内膜侧向外膜侧心室肌扩布，引起整个心室的兴奋（图 8-4）。由于各种心肌细胞的传导性高低不等，因此，兴奋在心脏各个部分传播的速度是不相同的。通常以动作电位沿心肌细胞膜传导的速度快慢来衡量心肌的传导性。一般心房肌的传导速度较慢（约为 0.4 m·s⁻¹），而优势传导通路的传导速度较快（1 m·s⁻¹），故窦房结的兴奋可以很快传播到房室交界区。兴奋在心室肌的传导速度约为 1 m·s⁻¹，而心室内传导组织的传导性比较高，末梢浦肯野氏纤维传导速度可达 4 m·s⁻¹，而且它呈网状分布于心室壁，因此，由房室交界传入心室的兴奋就沿着高速传导的浦肯野纤维网迅速而广泛地向左右两侧心室壁传导。这种多方位的快速传导对于保持心室的同步收缩是十分重要的。房室交界区细胞的传导性很低，其中又以结区最低，传导速度仅 0.02 m·s⁻¹。房室交界区是正常时兴奋由心房进入心室的唯一通道，因此，将兴奋通过房室交界区向心室传播时出现的这种传导速度明显减慢的现象，称为房室延搁（atrioventricular delay，约 0.15 s），从而使心室在心房收缩完毕后才开始收缩，不至于产生房室收缩重叠的现象，有利于心室充盈和射血。以上说明，心脏内兴奋传播途径的特点和传导速度

图 8-4 哺乳动物心肌传导系统
数字表示兴奋从窦房结传播到该点的时间（s）

的不一致性，对于心脏各部分有次序地、协调地进行收缩活动具有十分重要的意义。

（2）决定和影响传导性的因素　影响心肌的传导性因素主要有心肌细胞的直径、细胞间联系、0 期去极化速度和幅度以及邻近膜的兴奋性等。

8.1.3　心肌的收缩特性

心脏的收缩特性与心肌细胞的生理特性有关。心肌细胞与骨骼肌细胞一样，含有由粗、细肌丝构成的肌原纤维，其收缩原理也与之相似（见第 6 章）。但是心肌细胞的结构和电生理特性与骨骼肌又有不完全相同的地方，因此心肌的收缩也有它自己的特点。

（1）具有功能合胞体特征和"全或无"式的收缩　心肌具有以缝隙连接为基础的闰盘结构（见第 6 章），加之存在于心房、心室等处的特殊传导组织快速传导作用，使整个心房或心室成为一个功能合胞体，使其收缩力量大、泵血效果好。对于心室而言，阈下刺激不能引起心室收缩，而当刺激达到阈值时，可使所有心肌细胞同步收缩，所以心脏一旦发生收缩，它的收缩就达一定强度，而表现为"全或无"式收缩。因此，整个心肌的收缩强度取决于单个细胞的收缩强度。

（2）心肌收缩依赖外源性 Ca^{2+}　因为心肌细胞的肌质网释放 Ca^{2+} 首先需要横管中（细胞外液）的 Ca^{2+} 的激活（即钙触发钙释放机制）（见第 6 章），因此心肌细胞的兴奋 - 收缩耦联所需的 Ca^{2+} 除从终末池释放外，还依赖于细胞外液的 Ca^{2+}。在一定范围内，细胞外液的 Ca^{2+} 浓度降低，则收缩减弱。当细胞外液中 Ca^{2+} 浓度降至很低，甚至无 Ca^{2+} 时，会出现"兴奋 - 收缩脱耦联"或"电 - 机械分离"。

（3）心肌不会发生强直收缩　在心肌细胞，由于心肌兴奋后有效不应期特别长，几乎延续到心肌收缩期及舒张早期（图 8-3），在此期间内任何刺激都不能引起心肌第 2 次收缩，因此，心脏不会产生完全强直收缩，而始终保持着收缩与舒张交替的节律活动。这样有利于心脏泵血功能的实现。

（4）心肌的收缩具有期前收缩和代偿间歇　在正常情况下，人和哺乳动物的窦房结产生的每一次兴奋都是在前一次兴奋的不应期之后才传导到心房肌和心室肌，因此心房肌和心室肌都能按照窦房结发出的节律性兴奋进行收缩活动。但在实验条件下，如果在有效不应期之后给心室肌一个外加刺激，则可使心室肌产生一次正常节律以外的兴奋和收缩，称为期前兴奋和期前收缩（extrasystole 或期外收缩）。期前兴奋也有它自己的有效不应期，因此紧接在期前兴奋之后的一次窦房结兴奋传到心室肌时，正好落在期前兴奋的有效不应期内，因而不能引起心室肌兴奋和收缩，形成一次"脱漏"，必须等到在下一次窦房结的兴奋传导到心室时才能引起心室肌的收缩。这样，在一次期前收缩之后往往出现一段较长的心室舒张期，称为代偿性间歇（compensatory pause）。随后才恢复窦性节律（图 8-5）。

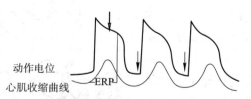

动作电位
心肌收缩曲线
ERP
A. 额外刺激落在有效不应期ERP内不能产生期前兴奋

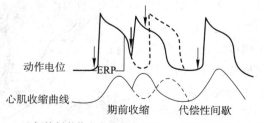

动作电位
ERP
心肌收缩曲线
期前收缩　代偿性间歇
B. 额外刺激落在有效不应期之后，产生期前收缩和代偿间歇

图 8-5　期前收缩与代偿间歇

图A、图B中：上为心室肌细胞的动作电位，下为心室肌收缩曲线，细箭头表示从窦房结传来的兴奋，粗箭头表示额外的兴奋

8.1.4　心肌的自动节律性与心脏的起搏点

心肌在没有外来刺激的条件下，能够自动地发生节律性兴奋的特性称心肌的自动节律性（autorhythmicity），简称自律性。在高等动物心脏内特殊传导系统（房室结的结区除外）的细胞都具有自律性，这种自动节律性起源于心肌细胞本身，鱼与蛙的心脏离体后在适宜条件下，仍能保持其自律性活动，就说明自律性活动是心脏本身所固有的。心脏的自律性活动发源于心肌而不是心脏中的神经细胞，胚胎的心脏活动也可直接证明这一点。猫鲨胚胎在 5 mm 时，已有了心跳，但胚胎神经的生成要到 13 mm 才开始。在特殊传导系统中，窦房结细胞属于慢反应自律细胞，其自律性活动频率最高，浦肯野细胞属于快反应自律细胞，其自律性活动频率最低。两类细胞的自律性动作电位发生的机制也不相同（见第 6 章），使它们能够以不同的自律性启动心脏不同部位的搏动。

（1）自动中枢　心脏的自律性来源于心脏的特定部位，即起搏点（pacemaker）。起搏点也称为自动中枢（automatic centre）。鱼类、两栖类动物的起搏点位于静脉窦（sinus venosus）。在鱼类的心脏有 2～3 个自动节律点，通常可分为 A、B、C 三种类型（图 8-6）。动物进化到哺乳动物，其静脉窦已退化，由窦房结（sinoatrial node）作为起搏点。

ℯ系统功能进化
8-2　鱼类心脏自动节律点的分布类型

（2）正常起搏点和潜在起搏点　自律细胞的自律性高低可以用单位时间（min）内自动发生节律性兴奋的频率来衡量。心脏各部分自律细胞的自律性存在等级差异。在哺乳动物以窦房结自律细胞的自律性最高，房室交界和房室束次之，浦肯野氏纤维（Pukinje fiber）最低。整个心脏的节律由窦房结的活动控制，窦房结是整个心脏的主导起搏点，称为正常起搏点（normal pacemaker），所形成的心脏节律称为窦性节律（sinus rhythm）。而窦房结之外的其他部位自律组织并不表现出其自身的自动节律性，只起着兴奋传导作用，故称为潜在起搏点（latent pacemaker）。当窦房结的兴奋因传导阻滞而不能对潜在起搏细胞进行控制时，或潜在起搏点自律性增高时，窦房结以外的自律组织便取代窦房结的起搏功能，控制部分或整个心脏的活动，由潜在起搏点所形成的心脏节律称为异位节律（ectopic rhythm）。心脏各部分的自动节律性与起搏点的作用可通过斯氏结扎实验说明。

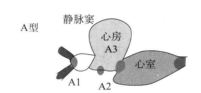
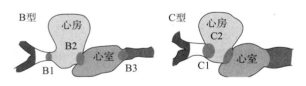

图 8-6　鱼类心脏自动中枢的分布
A 型：体型细长的鱼类；B 型：软骨鱼类；C 型：硬骨鱼类

ℯ技术应用 8-1
心脏的斯氏结扎

（3）窦房结成为心脏主导起搏点的原理　窦房结对潜在起搏点的控制通过两种方式实现：①抢先占领（capture）：由于窦房结的自律性高于其他潜在起搏点，因此当潜在起搏点的 4 期自动去极化在未达到阈电位水平时，就已被窦房结传来的冲动所激动而产生动作电位，使其自身的自律性无法表现出来。②超速驱动压抑：当自律细胞在受到快于其固有自律性的刺激时，可按外加的刺激频率发生兴奋，称为超速驱动。在外来超速驱动刺激停止后，自律细胞不能立即表现出固有的自律性活动，需经过一段静止期后才逐渐表现出本身的自律性，这种现象称为超速驱动压抑（overdrive suppression）。超速驱动压抑的程度与两个起搏点自律性的差别呈平行关系，频率差别愈大，压抑效应愈强，超速驱动作用中断后，停搏的时间也愈长。超速驱动压抑的生理意义在于当发生一过性的窦性频率减慢时，潜在起搏点的自律性不会立即表现出来，故有利于防止异位搏动。

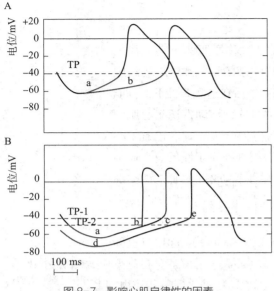

图 8-7　影响心肌自律性的因素

A. 起搏电位 4 期自动去极化的速度由 a 减少到 b 时，自律性降低；B. 最大复极电位水平由 a 达到 b，或阈电位由 TP-1 升到 TP-2 时，自律性均下降。TP: 阈电位

（4）决定和影响心肌自律性的因素　包括 4 期自动除极的速度、最大复极电位水平及阈电位水平（图 8-7）。

① 4 期自动去极化的速度：心肌细胞 4 期自动去极化速度加快时，到达阈电位水平所需要的时间就缩短，心肌的自律性则增高；反之，4 期自动除极速度减慢，到达阈电位水平所需要的时间就延长，心肌的自律性则降低。交感神经兴奋时可使自律细胞 4 期自动除极速度加快，自律性增高，心率加快。

② 最大复极电位水平：心肌细胞最大复极电位的绝对值（舒张电位水平）减小，与阈电位的差距减小，到达阈电位所需要的时间就缩短，因此心肌的自律性增高；反之，心肌最大复极电位的绝对值增大，则心肌自律性降低。心迷走神经兴奋时，可使细胞膜对 K^+ 的通透性增强，最大复极电位的绝对值增大，自律性降低，心率减慢。

③ 阈电位水平：阈电位水平降低，使最大复极电位与阈电位水平的差距缩小，心肌的自律性增高；反之，阈电位水平升高，与最大复极电位的差距增大，因而心肌的自律性降低。

8.1.5　体表心电图

（1）容积导体及体表心电图　高等动物的机体是容积导体（volume conductor）。在每个心动周期中，由窦房结产生的兴奋，依次传向心房和心室，这种兴奋在产生和传播时所伴随的生物电变化，可通过周围组织传导到全身，使身体各部位在每一心动周期中都发生有规律的电位变化。

@技术应用 8-2
容积导体

用引导电极置于肢体或躯体的一定部位所记录到的规律性电位变化，称为体表心电图，简称心电图（electrocardiogram，ECG）。电极放置的位置不同，记录出来的心电图波形也不相同。由于心脏各个部位所产生的一系列电位变化的方向、途径、顺序和时间都具有一定规律以及重复性和精确性，因此，体表心电图是反映心脏各个部分功能状况的客观指标。心电图是心肌细胞电活动的总和波，它只能反映心脏兴奋的产生、传导和恢复过程中的生物电变化，不能反映心肌的收缩，即与心脏的机械舒缩活动无直接关系，但对心脏自身功能变化和病理改变具有重要的参考意义。

@技术应用 8-3
正常心电图形成原理

（2）哺乳动物正常心电图各波和区间的意义　测量电极安放位置和连线方式（即导联方式）不同所记录到的心电图，在波形上有所不同，但基本上都包括一个 P 波，一个 QRS 波群和一个 T 波，有时在 T 波后还出现一个小的 U 波。分析心电图时，主要看各波波幅的高低，历时长短及波形的变化和方向（图 8-8）。

超声心动图（echocardiography）：是利

@知识拓展 8-5
哺乳动物心电图波形分析

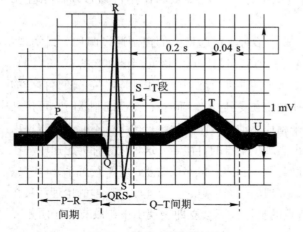

图 8-8　哺乳动物的心电图

用超声原理诊断心血管疾病的一种技术。自 1954 年瑞典学者 Edler 首先把超声心动图用于临床以来，随着超声诊断技术的不断进步，已经成为无创诊断心血管疾病的重要手段，越来越引起临床的重视。

8.2 心脏的泵血功能

8.2.1 心脏泵血功能周期性活动

8.2.1.1 心动周期和心率

（1）心动周期　心脏每收缩和舒张一次，构成一个机械活动周期，称为心动周期（cardiac cycle）。心动周期包括心房和心室的收缩期和舒张期。由于心室肌收缩力强，在心脏泵血活动中起主要作用，故通常的心动周期是指心室活动周期。在一个心动周期中，首先是两心房同时收缩，然后舒张；当心房进入舒张期后不久，两心室同时进入收缩期，然后心室舒张，接着心房又发生收缩，开始下一个心动周期。因此，心动周期可以作为分析心脏机械活动的基本单元。

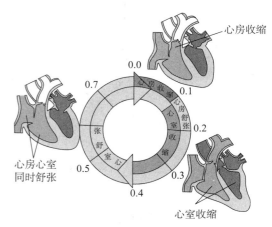

图 8-9　心动周期

心动周期时程的长短与心率有关。例如，在人类，健康成年人安静时心率为 75 次·min^{-1}，则每一心动周期平均均为 0.8 s，其中心房收缩期约 0.1 s，舒张期约 0.7 s，心室收缩期约 0.3 s，舒张期约为 0.5 s。值得注意的是心室舒张期的前 0.4 s 期间，心房也处于舒张期，这一时期可称为全心舒张期（图 8-9）。因此，心肌在每次收缩后，都有充分时间进行恢复，可有效地补充消耗及排除代谢产物，这是心肌之所以能持久活动而不会发生疲劳的根本原因。

左右两侧心房和心室的活动几乎是同步的。如果心率增加，心动周期缩短，则收缩期和舒张期均缩短，但舒张期的缩短更为显著。因此，心率增加时，心肌工作时间相对延长，休息时间则相对缩短，同时心室充盈度和心室射血量减少，心肌本身的血液供应也相对减少，这样对心脏的持久活动会产生不利的影响。由于推动血液流动主要靠心室的舒缩活动，故常以心室的舒缩活动作为心脏活动的标志，将心室的收缩期称为心缩期，心室的舒张期称为心舒期。

（2）心率　心脏每出现一次周期活动，即表现一次搏动。每分钟内心脏搏动的次数称为心率（heart rate）。动物体型的大小与心率有一定关系。小型动物每单位身体质量的耗氧率通常比大型动物的高，在同一类动物中，小型动物体热的散失比大型动物相对快，需要机体以较旺盛的新陈代谢来维持体温相对恒定，因而需要以较快的心率来实现较多的血液供应。如体重为 3000 kg 的大象，安静时心率仅为 25 次·min^{-1}；而体重只有 3 g 的最小的哺乳动物鼩鼱，安静时其心率可高达 600 次·min^{-1}，这意味着鼩鼱要以难以置信的速度完成 10 次·s^{-1} 的全身循环，而在运动过程中心率还会更快。曾有报道认为，蜂鸟心率可达 1200 次·min^{-1} 之多（Lasiewski 等，1967），小蝙蝠在飞行时也能达到这一点（Studlerand Howell，1969）；不同种鱼类的心率差异也较大，如鲤心率为 15 次·min^{-1}，而电鳗心率为 65 次·min^{-1}。

动物在不同种类、不同性别、不同年龄和不同生理情况下，心率都有所不同。如前述，心率过快心舒期充盈量减少，搏出量也减少；但如果心率过慢，虽然心室充盈较好，但单位时间内的射血量也减少，引起器官供血不足。

ℇ知识拓展 8-6
心动周期（动画）

ℇ 系统功能进化
8-4　不同动物心率的比较

ℇ 系统功能进化
8-5　不同家禽的心率、心输出量与血压的比较

8.2.1.2 心脏泵血过程和机制（心脏泵血的动力学过程）

每一心动周期，心脏射血一次。在射血过程中，心脏通过其自动节律性舒缩活动，使心瓣膜产生相应的规律性开启和关闭，从而推动血液在循环系统中沿单一方向周而复始循环流动。根据心室内压力、容积的改变、瓣膜开闭与血流的情况，通常将一个心动周期过程划分为①心房收缩期；②心室收缩期，此期又可划分为等容收缩期、快速射血期和减慢射血期三个阶段期；③心室舒张期此期也可划分为等容舒张期、快速充盈期和减慢充盈期三个阶段期（图8-10）。

心室肌的收缩和舒张，是造成室内压力变化，导致心房和心室之间以及心室和主动脉之间产生压力梯度的根本原因；而压力梯度是推动血液在相应腔室之间流动的主要动力，血液的单方向流动则是在瓣膜活动的配合下实现的。此外，瓣膜的作用对于室内压力的变化起着重要作用，如果没有瓣膜的配合，等容收缩期和等容舒张期的室内压大幅度升降，是不能圆满实现的。

e 知识拓展 8-7
心动周期的划分

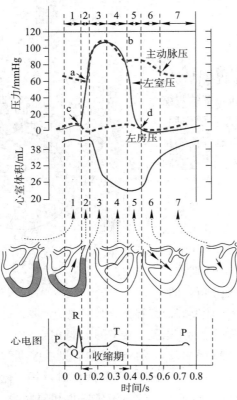

图 8-10　犬心动周期各时相中，心脏（左侧）内压力、容积的变化及与心电图关系

a. 动脉瓣开放，b. 动脉瓣关闭，c. 二尖瓣关闭，d. 二尖瓣开放。1~7代表心动周期时相：1. 等容收缩期，2. 快速射血期，3. 减慢射血期，4. 等容舒张期，5. 快速充盈期，6. 减慢充盈期，7. 心房收缩期

e 知识拓展 8-8
心音的形成

8.2.1.3 心音

心动周期中，由于心室舒缩，心瓣膜启闭，血流速度增减等因素引发的机械振动所产生的声音，称为心音。用换能器将这些机械振动转换成电流信号记录下来，即为心音图（phonocardiogram，PCG）。通常情况下在每个心动周期中可听到两个心音，分别称为第一心音和第二心音。

心音是心脏及其瓣膜正常活动的声音反应。听取心音和记录心音图对于判断心脏瓣膜的功能改变具有重要意义。

如果心功能发生异常，则心音亦随之变化，如心室肌肥厚而使心室收缩力增强时，则第一心音增强；患心肌炎而使心肌收缩力减弱时，则第一心音低沉。瓣膜缺损，狭窄而闭锁不全时，则可产生湍流而发出杂音。例如，从第一心音可检查房室瓣的功能状况；从第二心音可检查半月瓣的功能状况。

8.2.2　心脏泵血功能的评定

心脏的主要功能是输出血液，推动血液流向各组织器官，以保证新陈代谢的正常进行。评定心脏射血功能最常用的指标有以下几项：每搏输出量、心输出量、射血分数、心指数和心脏作功量。

8.2.2.1　心输出量

（1）每搏输出量和射血分数　在一个心动周期中，一侧心室收缩所射出的血量，称为每搏输出量（简称搏出量，stroke volume）。心室舒张末期，由于血液充盈，其容积称为舒张末期容量（end-diastolic volume）；在收缩末期，心室内仍剩余一部分血液，其容积称为收缩末期容量（end-systolic volume）。两者之差即为搏出量。搏出量占心室舒张末期容积的百分比称为射血分数（ejection fraction，EF）。动物的心脏在静息状态下射血分数约为 40%～50%，经过锻炼的动物心脏，其射血分数相对较大，反映心肌射血能力强。一侧心室每分钟所射出的血量称为每分输出量（minute volume），简称心输出量（cardiac output），等于每搏输出量与心率的乘积，即

$$心输出量（L·min^{-1}）= 心率（次·min^{-1}）× 每搏输出量（L·次^{-1}）$$

正常动物左右两心室的输出量几乎是相等的。心输出量是衡量心脏工作能力的重要指标，心输出量是与机体的代谢水平相适应，因此它随性别、年龄和各种生理情况不同而有差异。机体剧烈运动或进食后消化活动正在进行时，由于新陈代谢增强，心输出量可增加数倍；在妊娠期，心输出量可提高 45%～85%。

（2）心输出量与心指数　调查资料表明，人在静息时的心输出量同基础代谢一样并不与体重成正比，而是与体表面积成正比（见第 11 章），所以，以单位体表面积（m²）计算的心输出量称为心指数。但在动物中仍有用单位身体质量（kg）计算心输出量的，以在不同动物之间进行比较。测量表明，哺乳动物和鸟类单位身体质量的心输出量高于低等脊椎动物和无脊椎动物；鸟类有很高的心率和心输出量，而且体型越小，心率越高，不同生理状态下心输出量也不同；哺乳动物也是如此。

ℯ系统功能进化
8-5　不同家禽的心率、心输出量与血压的比较

ℯ系统功能进化
8-6　一些脊椎动物以及龙虾、章鱼的心率和心输出量

8.2.2.2　心脏作功量

（1）每搏功和每分功　血液在心血管系统内流动过程中所消耗的能量是由心脏作功提供的。心室每一次收缩所作的功，称为每搏功（搏功，stroke work）。心脏收缩射血所释放的机械能主要用于赋予一定容积的血液势能（以压强表示）和提供促使这份血液快速向外流动的动能。由于心脏射出的血液所具有的动能占搏功比例很小，可忽略不计。因此，压强能实际是指心脏射血时将较低的静脉血压转变成较高的动脉血压所消耗的能量。搏出量所增加的压强能可用射血期左心室内压与左心室舒张末期内压（左心室充盈压）之差来表示。实际应用中可简化为用平均动脉压代替射血期左心室内压，平均心房压（6 mmHg，约为 0.798 kPa）代替左心室舒张末期内压，因此左心室每搏功为

$$每搏功（J）= 搏出量（cm^3）×（平均动脉压 - 左心房平均压）（mmHg）× 13.6（g/cm^3）$$
$$× 9.8（换算为力的单位牛顿）× 10^{-3}$$

每分功（minute work）是指心室每分钟所作的功，即

$$每分功（J）= 每搏功 × 心率$$

因为心脏收缩射出的血液必须克服动脉内的压力，所以被射出的血液具有很高的压强能和动能。在维持搏出量不变的情况下，随着动脉血压的增高，要射出与原来相等的血量，心肌收缩强度和作功量必须增加，作更多的功。因此用心脏作功量来评定心脏泵血功能比单纯用心输出量更为全面，尤其是在对动脉压高低不等的个体之间以及同一个体动脉血压发生变动前后的心脏泵血功能进行比较时，情况更是如此。例如，正常情况下，左右心室输出

量基本相等，但肺动脉平均压仅为主动脉平均压的 1/6 左右，故右心室作功量也只有左心室的 1/6。

（2）心脏作功效率 在心脏的泵血活动中，心脏消耗的能量除了用于完成每搏功这一机械外功，还用于完成离子跨膜主动转运、室壁张力的产生、克服心肌组织内部的黏滞阻力等，这部分并非直接用于泵血，故称之为内功。心脏所做的内功将转化为热能释放出来，是无效功。心脏所做外功占心脏总能量消耗的百分比称为心脏的效率（cardiac efficiency）。心肌收缩所消耗的能量主要来源于营养物质的有氧代谢，因而心肌耗氧量可作为衡量心脏能量消耗的良好指标。实验表明心肌的耗氧量与心肌的作功量平行，而且心室射血期的压力和动脉压的变动对心肌耗氧量的影响大于心输出量变动所造成的影响。

ℯ知识拓展 8-9
心脏做功效率

（3）心功能曲线和心定律 与骨骼肌相似，心肌的前负荷（即初始长度）对心肌的收缩力量具有重要影响。但心肌的初始长度和收缩功能之间的关系又有它自己的一些特殊性。

心肌的前负荷即心肌在收缩前所遇到的负荷，可用心舒期的血液充盈度或心室舒张末期容积表示。心室舒张末期容积的大小又反映了心肌收缩前的初始长度。

为了分析前负荷对心脏泵血功能的影响，可在改变心室舒张期末容积或压力条件下，测定搏出量（或每搏功）的相应变化。以左心室舒张末期内压为横坐标、左室博功为纵坐标，绘制的两者相互关系曲线，称为心室功能曲线（ventricular function curve）（图 8-11），心室功能曲线反映了左心室舒张末期容量（前负荷、初始长度）与左心室搏功（每搏功）的关系。

在安静状态下，左心室舒张末期的充盈压约为 5~6 mmHg（0.67 ~ 0.80 kPa），此时搏出功随初长度的增长而增加，为心室功能曲线的左侧上升支部分，但前负荷与初长度尚未达到最适水平。若心室舒张末期充盈压增加到 12~15 mmHg（1.62~2.0 kPa）时，是心室的最适前负荷，此时，心肌肌小节长度为 2.0~2.2 μm，粗、细肌丝有效重叠的程度最佳，与肌纤（动）蛋白结合的横桥数目最多，因而心肌的收缩力最强，此肌小节长度即为最适初长度（图 8-12）（见第 6 章）。说明心肌的前负荷和初长度有一定的储备。如果充盈压增加到 15~20 mmHg（2.0~2.68 kPa）范围内曲线趋于平坦，说明此时通过初始长度变化调节其收缩功能的作用较小。若心室舒张末期压再升高，曲线平坦或轻度下倾，但不出现明显的下降支。是由于心肌细胞外间质内含有大量胶原纤维，加之心室壁由多层肌纤维构成，肌纤维又多种走势和排列方向，使心肌伸展性较小，在处于最适初长度时产生的静息张力已经很大，从而限制了心肌细胞进一步被拉长。

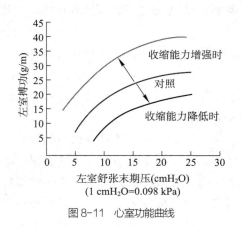

图 8-11 心室功能曲线

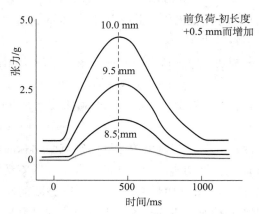

图 8-12 前负荷（心肌初长度）对收缩力的影响
（猫心乳头肌）

8.2.3　心脏泵血功能的储备

心脏泵血功能的贮备又称心力储备（cardiac reserve），是指心输出量能随机体代谢的需要而增加的能力。动物在剧烈运动时，心率和搏出量均明显增加，心输出量可增加 5 倍以上，即达到最大输出量。这说明动物有相当大的心力储备。心脏的储备能力取决于心率和每搏输出量的储备。

8.2.3.1　搏出量储备

每搏输出量是心室舒张末期容积和收缩末期容积之差，故每搏输出量储备又分为舒张期储备和收缩期储备。舒张期储备与静脉回流血量有关，是通过增加心舒末期容量，增加心肌初长度引起的自身调节过程，使心肌收缩力加强，即每搏输出量增加。但由于心肌的伸缩有很大的局限性（见上述），心肌收缩力的加强和心输出量的增加也就有限，因此舒张期储备较小，大约只有 15 mL 左右。而收缩期储备主要靠心肌收缩活动，即增加射血分数来增加每搏输出量，潜力较大，通过调动收缩储备可使搏出量增加约 55～60 mL，远比舒张期储备大。另一方面，动物剧烈运动时由于肌肉唧筒作用等可使静脉回流量增加，也动用了舒张期的储备，则心肌收缩力也加强。

8.2.3.2　心率储备

动物在安静状态下，心率保持正常的平均水平。在剧烈活动时，心率可增加 2～2.5 倍，而每搏输出量不变，心输出量也增加相应的倍数。但心率过快，因舒张期缩短，而影响到心室的充盈时间，从而使搏出量减少，反而使心输出量减少。所以心率储备是有一定限度的。

8.2.3.3　心力衰竭、心力储备与机体锻炼间的关系

心脏的储备力不是无限的，一旦心脏长期负担过重，心脏收缩力不但不能增强，反而可能减弱，搏出量减少，心室射血后，心室内的余血量增加，心室舒张末期容积增大表明收缩储备和舒张储备都降低，心输出量也相应变小，临床上称为心力衰竭。

当进行强烈的体力活动时，由于交感－肾上腺系统活动增加，主要通过动用心率储备及心肌的收缩期储备，使心输出量增加。

训练可以促进心肌的新陈代谢，心肌纤维变粗，心肌收缩力增强；也可使调节心血管活动的神经机能更加灵活，从而提高心脏的储备力。

关于影响心输出量的因素，我们将在心血管活动调节中进一步讨论。

8.3　血管生理

8.3.1　血管的种类与功能

不论体循环还是肺循环，由心室射出的血液都流经由动脉、毛细血管和静脉相互串联构成的血管系统，再返回心房。各类血管因在血管系统中所处的部位以及结构的不

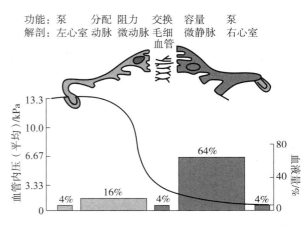

图 8-13　血管的结构与功能区分以及血量、血压梯度分布模式图

ⓔ 知识拓展 8-10
血管的类型与功能

同，故具有不同的功能特点（图 8-13）。从生理功能上可将血管分为弹性贮器血管、分配血管、阻力血管、交换血管、容量血管、短路血管等。

8.3.2 血流动力学——血流量、血流阻力与血压

血液在心血管系统中流动的一系列物理学问题属于血流动力学的范畴。血流动力学（hemodynamics）和一般的流体力学一样，其基本的研究对象是流量、阻力和压力之间的关系。

8.3.2.1 血流量与血流速度

血流量（blood flow）是指单位时间内流过血管某一截面的血量，也称容积速度。通常以 $mL \cdot min^{-1}$ 或 $L \cdot min^{-1}$ 为单位。

$$Q（血流量）= \Delta P（血管两端压力差）/ R（血流阻力） \qquad (8-1)$$

在完整体循环中，动脉、毛细血管和静脉各段血管总的血流量都是相等的，即都等于心输出量。因此，分配到每一器官的血量取决于该器官的平均动脉压与静脉压之差以及该器官内的血流阻力。

ⓔ 知识拓展 8-11
血液在血管中的流动
和阻力

血液的一个质点在血管内流动的线速度，称为血流速度（velocity of blood flow）。血液在血管内流动时，其血流速度与血流量成正比，与血管的截面积成反比。因此血液在动脉中流速最快，在总截面积最大的毛细血管中流速最慢。

8.3.2.2 血流阻力

血液在血管内流动时所遇到的阻力，称为血流阻力（resistance of blood flow）。血流阻力（R）来源于血液内部的摩擦力以及血液与管壁之间的摩擦力，并与血管半径（r）的 4 次方成反比，与血管长度（L）以及血液黏滞度（η）成正比，即

$$R = 8\eta L / (\pi r^4) \qquad (8-2)$$

将上式代入（8-1），则血流量可表示为

$$Q = \frac{\pi \Delta P r^4}{8\eta L}$$

此为伯肃叶定律（Poiseuille law）。

由于血管的长度变化很小，因此血流阻力主要由血管口径和血液黏滞度决定。血液的黏滞度主要取决于血液中红细胞数。红细胞数愈大，血液黏滞度愈高。对于一个器官来说，如果血液黏滞度不变，则器官的血流量主要取决于该器官的阻力血管的口径。当阻力血管口径增大时，血流阻力降低，血流量就增多；反之，当阻力血管口径缩小时，血流阻力加大，器官血流量就减少。在生理条件下，血管长度和血液黏滞度的变化很小，但血管的口径则易受神经体液因素的影响而改变。因此，在整个循环系统中，小动脉，特别是微动脉，是形成体循环中血流阻力的主要部位。机体主要通过控制各器官阻力血管的口径来改变外周阻力，从而有效地调节各器官之间的血流量。在生理学中通常将小动脉和微动脉处的血流阻力称为外周阻力（peripheral resistance）。

8.3.2.3 血压

血压（blood pressure）是指血管内的血液对于血管壁的侧压力，即压强。帕的单位较小，血压数值通常用千帕（kPa）表示（1mmHg 等于 0.133 kPa）。

血压的形成，首先是由于心血管系统内有血液充盈。循环系统中血液充盈的程度可用循环系统平均充盈压（mean circulatory filling pressure）来表示。如果血液停止循环，此时在循环系统中各处所测得的压力都是相同的，这一压力数值即是循环系统平均充盈压。这一数值的高低取决于血量和循环系统容量之间的相对关系，如果血量增多，或血管容量缩小，则循环系统平均充盈压就增高；反之，循环系统平均充盈压就降低。

形成血压的另一基本因素是心脏射血。心室肌收缩时所释放的能量可分为两部分，一是推动血液在血管内流动，是血液的动能；二是形成对血管壁的侧压力，并使血管壁扩张，这部分是势能，即压强能。在心室舒张期，大动脉发生弹性回缩，将储存在主动脉壁上的势能转变为推动血液继续向前流动的动能。由于心脏射血是间断性的，因此在心动周期中动脉血压发生周期性的变化，同时由于血液从大动脉流向右心房的过程中不断消耗能量，故血压逐渐降低（图8-14）。

血压形成的第三个因素是外周阻力。外周阻力主要指小动脉和微动脉对血流的阻力。如果不存在外周阻力，心室射出的血液将全部流向外周，不会增加对血管壁的侧压力，就不会使动脉血压升高。

此外，弹性贮器血管作用也是血压形成的一个因素。主动脉和大动脉的弹性贮器作用可减小动脉血压在一个心动周期中的波动变化。

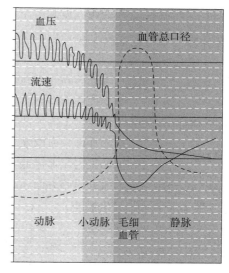

图8-14 血管系统各部分的血压、流速和血管总口径的关系示意图

ⓔ 知识拓展8-12
几种动物特殊状态下的血压

8.3.3 动脉血压与动脉脉搏

8.3.3.1 动脉血压

左心室的射血是节律性的。一般所说动脉血压是指主动脉血压。在一个心动周期中，动脉血压随着心室的收缩和舒张而发生规律性的波动。心室收缩时主动脉血压上升达最高值，称为收缩压（systolic pressure）；心室舒张时主动脉血压下降达最低值，称为舒张压（diastolic pressure）。收缩压与舒张压之差，称为脉搏压，简称脉压（pulse pressure）。在一个心动周期中，通常是心舒期较心缩期长，即在一个心动周期中，血压处于较低水平的时间较长，因此平均动脉压（mean arterial pressure）的数值并不是收缩压与舒张压之和的一半，而是更接近于舒张压，约等于舒张压加1/3脉压。

在每个心动周期中，左心室内压随着心室的收缩和舒张发生很大幅度的变化，而主动脉压的

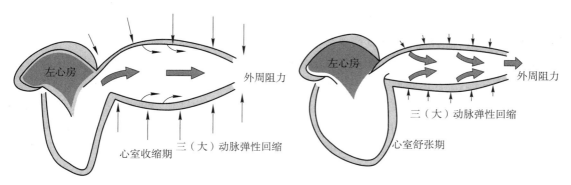

图8-15 主动脉弹性管壁维持血压与血流的作用

变化幅度则较小。这主要是由于主动脉和大动脉起着弹性贮器的作用（图8-15）。一般情况下，左心室在每次收缩向主动脉内射出血液时，由于存在外周阻力，以及主动脉、大动脉具有较大的可扩张性，这部分血液在心缩期内大约只有1/3流至外周，其余2/3被贮存在主动脉和大动脉内，使主动脉和大动脉进一步扩张，主动脉压也随之升高。这样，心室收缩时释放的能量中有一部分以势能的形式被贮存在弹性贮器血管壁中。心室舒张时，射血停止，于是主动脉和大动脉管壁中被拉长了的弹性纤维发生回缩，将在心缩期中贮存的那部分能量重新释放出来，把血管内多贮存的那部分血液继续向外周方向推动，并且使动脉血压在心舒期仍能维持在较高的水平，而不像左心室内压那样低。可见，弹性贮器血管的作用，一方面可使心室间断地射血变为动脉内持续的血流；另一方面还能缓冲血压的波动，使每个心动周期中动脉血压的变化幅度远小于心室内压的变化幅度。

ⓔ知识拓展8-13
主动脉弹性对血压维持和血流的作用（动画）

8.3.3.2 影响动脉血压的因素

动脉血压的形成主要是心室射血和外周阻力相互作用的结果。因此，凡能影响心输出量和外周阻力的各种因素，都能影响动脉血压。循环血量和血管系统容量之间的相互关系，即循环系统的血液充盈程度，也能影响动脉血压。

（1）心脏每搏输出量 如果每搏输出量增大，心缩期射入主动脉的血量增多，则心缩期中主动脉和大动脉内血量的增加部分就更大，管壁所受的张力也更大，收缩期血压的升高也就更加明显。由于动脉壁扩张程度增大，在心舒期的弹性回缩力加大，因而血流速度就加快。假如这时外周阻力和心率的变化不大，则大动脉内增多的血量大部分仍可在心舒期中流至外周。故到舒张期末，大动脉内存留的血量即使比每搏输出量发生变化前有所增加，也不会增加很多。因此，当每搏输出量增大而外周阻力和心率的变化不大时，动脉血压的升高主要表现为收缩压的升高，舒张压升高不明显，故脉压增大。反之，当每搏输出量减少时，则主要使收缩压降低，脉压减小。可见，收缩压的高低主要反映心脏每搏输出量的多少，即心搏出量的变化主要影响收缩压。

（2）心率 心率主要通过影响舒张期时程的长短，进而影响收缩期和舒张期的时程。心室每次收缩时射入大动脉的血液，只有一部分在心缩期中流至外周，其余部分将在心舒期中流至外周。如果心率加快，而每搏输出量和外周阻力都不变，由于心舒期缩短，在心舒期内流至外周的血液也就减少，故至心舒期末，主动脉内存留的血量增多，舒张期的血压就升高。由于动脉血压升高可使血流速度加快，因此，在心缩期内仍可有较多的血液流至外周，故收缩压的升高不如舒张压的升高显著，脉压比心率增加前减小。反之，心率减慢时，舒张压降低的幅度比收缩压降低的幅度大，故脉压增大。可见，心率的改变对舒张压的影响较收缩压更显著。

（3）外周阻力 如果心输出量不变而外周阻力加大，则心舒期中血液向外周流动的速度减慢，心舒期末存留在动脉中的血量增多，舒张压升高。在心缩期内，由于动脉血压升高使血流速度加快，因此收缩压的升高不如舒张压的升高明显，脉压也就变小。反之，当外周阻力减小时，舒张压的降低比收缩压的降低明显，故脉压加大，即外周阻力的改变以影响舒张压为主。

（4）主动脉和大动脉的弹性贮器作用 大动脉管壁的可扩张性和弹性，具有缓冲动脉血压变化的作用，即有减小脉搏压的作用。大动脉的弹性在短时间内不会有明显的变化。当机体进入衰老阶段，血管壁中胶原纤维增生，逐渐取代平滑肌与弹性纤维，以致血管壁可扩张性减小，导致收缩压升高，舒张压降低，脉搏压增大。可见，主动脉和大动脉的弹性贮器作用可使心动周期中的动脉血压的波动幅度减小。

（5）循环血量与血管容量的关系　在正常情况下，循环血量与血管容量相适应，血管系统的充盈情况变化不大。但在失血时，循环血量减少，体循环平均压必然降低，故回心血量和心输出量减少，动脉血压将显著下降。如果循环血量不变，而血管容量大大增加，则血液将充盈在扩张的血管中，造成回心血量和心输出量也减少，动脉血压也将下降。因此，循环血量和血管系统容量的比例的改变可影响动脉血压。

为了便于分析，对以上影响动脉血压的各种因素的叙述，都是在假设其他因素不变的前提下来分析和讨论某一因素变化时对动脉血压的影响。实际上，在各种不同的生理情况下，上述各种影响动脉血压的因素都可能发生改变。因此，在某种生理情况下动脉血压的变化，往往是各种因素相互作用的综合的结果。

8.3.3.3　动脉脉搏

每当心室收缩射血时，动脉管内压力突然升高，于是动脉管壁突然扩张；当心室舒张时，动脉压降低，动脉管恢复原状。动脉管的这种周期性起伏，称为动脉脉搏，简称脉搏（pulse）。脉搏起源于主动脉，靠动脉管壁的传播而做波形的扩布，故称为动脉脉搏，当脉搏运行至微动脉末端时，由于沿途阻力的作用而逐渐趋于消失。

动脉脉搏的临床意义：动脉脉搏不但能够直接反映心率和心动周期的节律，而且能够在一定程度上通过脉搏的速度、幅度、硬度、频率等特性反映整个循环系统的功能状态。检查脉搏一般选择比较接近体表的动脉。检查各种动物动脉脉搏时常用的动脉有：尾动脉、颌外动脉、指总动脉，小动物则在股动脉。

动脉血压因动物种类、年龄、性别以及生理状态不同而有所不同。一般来说，幼年时血压较低，随着年龄的增长，血压逐渐增高，到成年时血压都处于稳定状态。雄性动物的血压比雌性动物略高；剧烈运动、情绪紧张时，血压明显升高；环境温度过低时血压稍有上升；反之，则血压有所下降。

8.3.4　静脉血压与静脉回心血量

静脉的功能不仅是作为血液回流入心脏的通道，而且在心血管活动的调节中也起着重要的作用。前面已经提到，静脉称为容量血管，在功能上起着血液贮存库的作用。静脉的收缩或舒张可有效地调节回心血量和心输出量，使循环功能可以适应机体在各种生理状态时的需要。

8.3.4.1　静脉血压

在哺乳动物，当体循环血液通过毛细血管汇集到小静脉时，血压明显降低，最后汇入右心房时，压力最低，已接近于零。通常将各器官静脉的血压称为外周静脉压（peripheral venous pressure），而胸腔大静脉或右心房的压力则称为中心静脉压（central venous pressure）。中心静脉压的高低取决于心脏的射血能力和静脉回心血量之间的相互关系。如果心脏的射血能力较强，能及时地将回流入心脏的血液射入动脉，则中心静脉压就较低。反之，心脏射血机能减弱时，中心静脉压就升高。静脉的回流速度减慢，较多的血液滞留在外周静脉内，使外周静脉压升高。另一方面，如果静脉回流速度加快，中心静脉压也会升高。因此，当血量增加、全身静脉收缩或因微动脉舒张而使外周静脉压升高等情况下，中心静脉压都可能升高。可见，静脉血压和右心房之差是血液回流入心脏的驱动力，中心静脉压可反映血容量的多少与心脏射血能力的强弱，是心血管机能状态的又一个指标。

8.3.4.2 静脉回心血量及其影响因素

ⓔ 知识拓展 8-14
影响静脉回心血量的
因素

由静脉流回右心室的血量，即为静脉回心血量。血液在静脉内的流动，主要依赖于静脉与右心房之间的压力差。能引起这种压力差发生变化的任何因素都能影响静脉内的回心血量。

8.3.5 微循环

微循环（microcirculation）是指微动脉和微静脉之间的血液循环。血液循环最根本的功能是进行血液和组织之间的物质交换，而这依赖于微循环部分实现。此外，在微循环处通过组织液的生成和回流还影响着体液在血管内外的分布。

8.3.5.1 微循环的通路和作用

由于各组织器官的功能与形态不同，其微循环的组成也有所不同。典型的微循环一般由微动脉、后微动脉、毛细血管前括约肌、真毛细血管、通血毛细血管（或称直捷通路）、动－静脉吻合支和微静脉等部分组成（图 8-16）。微循环的血液可通过三条途径从微动脉流向微静脉。

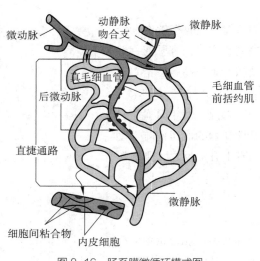

图 8-16 肠系膜微循环模式图

（1）直捷通路 指血液从微动脉（arteriole）经后微动脉（metarteriole）直接延伸为通血毛细血管（thoroughfare channel），而后进入微静脉（venule）的通路。直捷通路经常处于开放状态，血流速度较快，很少与组织细胞进行物质交换，它的主要机能是使一部分血液能迅速通过微循环而由静脉回流入心脏。这类通路在骨骼肌中较多。

（2）动－静脉短路 指血液从微动脉经动－静脉吻合支（arteriovenous anastomosis）直接进入微静脉的通路。动－静脉短路（arteriovenous shunt）通路血管壁厚，流程短，血流迅速，血液流经此通路时，完全不进行物质交换，又称非营养通路。在皮肤，特别是掌、足、耳廓等处，这类微循环通路较多。在一般情况下，动－静脉吻合支因管壁平滑肌收缩而关闭。当环境温度升高时，动－静脉短路开放，皮肤血流量增加，使皮肤温度升高，有利于散发热量；当环境温度降低时，动－静脉短路关闭，皮肤血流量减少，有利于保存热量。因此，皮肤微循环中的动－静脉短路在体温调节中发挥着重要作用。但吻合支处无交换机能，吻合支的开放相对地减少组织对血氧的摄取。在某些病理状态下，如感染性或中毒性休克时，动－静脉吻合支大量开放，可加重组织的缺氧状态。

（3）迂回通路（真毛细血管网） 指血液流经微动脉、毛细血管前括约肌、真毛细血管（true capillary）网后汇集到微静脉的通路。在迂回通路（circuitous channel）中，真毛细血管通常从后微动脉以直角方向分出。在真毛细血管起始端通常有 1~2 个平滑肌细胞，形成一个环，即毛细血管前括约肌，该括约肌的收缩状态决定进入真毛细血管的血流量。鉴于真毛细血管管壁很薄，通透性好；真毛细血管迂回曲折，相互交错成网穿插于各细胞间隙，血流缓慢，是血液与组织细胞进行物质交换的主要场所，故又称为营养通路（nutritional channel）。

ⓔ 知识拓展 8-15
肠系膜微循环模式图
（动画）

真毛细血管是轮流交替开放的。安静时，肌肉中大约只有 20% 的真毛细血管处于开放状态。真毛细血管的开放与关闭受毛细血管前括约肌控制，而毛细血管前括约肌的舒缩活动一般不受神经支配，主要受全身缩血管活性物质和局部代谢产物的影响。

8.3.5.2 微循环的血流动力学特点

（1）血压低　血液从小动脉及微动脉进入真毛细血管后，由于不断克服阻力，血压明显降低，为组织液在毛细血管处的生成和回收提供了条件，有利于血液与细胞间的物质交换。

（2）血流慢　毛细血管分支多，数量多，其总截面积大，因而血流速度慢，为血液与组织进行物质交换提供充分的时间。

（3）潜在血容量大　安静时，在一个微循环的功能单位中仅有20%的真毛细血管处于开放状态，所容纳的血量也只占全身血量的10%，因此全身的毛细血管有很大的潜在容量。

（4）灌流量容易发生变化　如前述，微循环的迂回通路的开放受总闸门和分闸门的控制而交替开放。当微动脉和毛细血管前括约肌开放时，血液灌流量增加，关闭时锐减。通常微循环的灌流量与动脉压成正比，与微循环血流阻力成反比。但也有例外，当交感神经兴奋时，由于引起全身小动脉和微动脉强烈收缩，外周阻力增加，动脉压可增加，但微循环的灌流量因微动脉收缩而锐减，不能改善微循环的灌流量。相反，血管紧张度适当降低，微循环的前阻力减小，其灌流量有可能得到适当的改善。微静脉是毛细血管的后阻力血管，如果微静脉持续的收缩，血液不能及时流走，而淤积于毛细血管中，不利于血液与组织之间进行物质交换。血液的黏滞性也可以影响微循环灌流量，血液黏滞度升高，血流阻力增大，微循环灌流减少。

8.3.5.3 血液和组织液之间的物质交换

组织细胞之间的空间称为组织间隙，其中为组织液所充满，是组织细胞直接存在的环境。组织细胞和血液之间以组织液为媒介不断进行物质交换，主要有扩散、胞饮、滤过和重吸收等几种方式（见第2章）。

ⓔ知识拓展 8-16
血液和组织液之间物质交换的主要方式

8.3.6 组织液与淋巴液的生成

8.3.6.1 组织液的生成及影响因素

组织液存在于组织细胞的间隙中，绝大部分呈胶冻状，不能自由流动，因此组织液不会因重力作用而流至身体的低垂部分。用注射针头也不能抽出组织液。组织液凝胶的基质是胶原纤维和透明质酸细丝。组织液中仅有极小部分呈液态，可以自由流动。组织液中各种离子成分与血浆相同。组织液中也存在各种血浆蛋白，但浓度低于血浆。组织液是血浆滤过毛细血管壁而形成，滤过的动力取决于四个因素：毛细血管血压、组织液静水压、血浆胶体渗透压和组织液的胶体渗透压。其中毛细血管血压和组织液胶体渗透压是促进液体自毛细血管内向血管外滤过的力量，而血浆胶体渗透压和组织液静水压则是将液体自毛细血管外重吸收进入血管内的力量。这两种力量的对比决定着液体进出的方向和流量。滤过力量与吸收力量之差，称为有效滤过压（effective filtration pressure），其关系可用下列公式表示

有效滤过压＝（毛细血管血压＋组织液胶体渗透压）−（血浆胶体渗透压＋组织液静水压）

当滤过的力量大于吸收的力量时（即有效滤过压为正值），液体就由毛细血管滤出；反之，当重吸收的力量大于滤过的力量时（即有效滤过压为负值），液体就从组织间隙中被重吸收回毛细血管。因此，在图8-17可见毛细血管动脉端，液体滤出毛细血管，而在静脉端液体则被重吸收回血。总之，在毛细血管动脉端滤出的液体，大部分（约90%）可在静脉端被重吸收回血。由于血液流经毛细血管时，血压逐渐下降，因此，有效滤过压也是逐渐变化的，液体的滤过和重吸收的

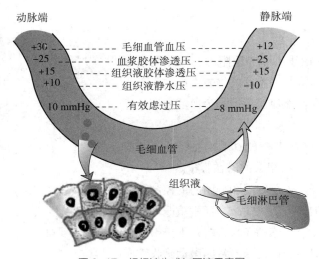

图 8-17　组织液生成与回流示意图
＋代表使液体滤出毛细血管的力量；－代表使液体吸收回毛细血管的力量（1 mmHg ＝ 0.133 kPa）

过程也是逐渐进行的。

　　从上述可见，大部分（90%）组织液在毛细血管静脉端回到毛细血管中；一部分（10%）组织液则流入毛细淋巴管内，成为淋巴液，以后经淋巴系统归入大静脉。组织液不断生成，而又不断回流到血管中去，构成了动态平衡。如果因为某种原因使组织液生成较多或组织液回流障碍等，则动态平衡破坏，以致组织间隙中有过多液体潴留，使组织发生肿胀，形成水肿。

8.3.6.2　淋巴液的生成及回流

　　组织液进入淋巴管即成为淋巴液。毛细淋巴管也是由单层内皮细胞构成的。但管壁外无基膜。毛细淋巴管的结构特点是相邻的内皮细胞的边缘像瓦片般互相覆盖，形成向管腔内开放的单向活瓣。组织液以及悬浮于其中的微粒，包括红细胞、细菌等，都可通过这种活瓣而进入毛细淋巴管，但不能倒流（图 8-17）。内皮细胞还通过胶原细丝与组织中胶原纤维束相连。当组织液聚集于组织间隙中时，组织中的胶原纤维和毛细淋巴管之间的胶原细丝可将互相重叠的内皮细胞边缘拉开，使内皮细胞之间出现较大缝隙。此外，毛细淋巴管的内皮细胞也有胞饮功能。这些特点都有利于组织液及组织液中的微粒进入淋巴管。组织液和毛细淋巴管之间的压力差是促进液体进入淋巴管的动力。因此，任何能增加组织液压力的因素都能增加淋巴液的生成速度，例如毛细血管血压升高，血浆胶体渗透压降低，组织液中蛋白质浓度升高，毛细血管壁通透性增大等等。淋巴液生成后，经淋巴液回流入血液循环。淋巴管周围组织对淋巴管的压迫，如肌肉的收缩、相邻动脉的搏动，以及身体外部按摩也能促进淋巴液流动。

　　淋巴液的生成和回流有重要的生理意义，它能回收组织液中的蛋白质、运输脂肪及其他营养物质、调节血浆和组织液之间的液体平衡、清除组织中的红细胞、细菌及其他异物（组织液流经淋巴结时，淋巴结内的巨噬细胞能清除组织液中的红细胞、细菌或其他异物）等。

8.4　心血管活动的调节

　　在不同生理状况下，各器官组织的新陈代谢情况不同，对血流量的需要也就不同，机体必须通过神经调节、体液调节和自身调节机制对心脏和血管活动进行调节，使血管活动能够适应机体代谢活动改变的需要。对于心脏来说，主要是改变心率及心肌收缩力，从而改变其心输出量；对血管来说，是改变血管的口径，改变微动脉的口径则引起外周阻力的变化，改变微静脉与静脉口径则导致回心血量的变化，改变特定器官血管的口径，则可引起循环血量改变或血液的重新分配。以达到组织器官内血液合理供应（图 8-18）。

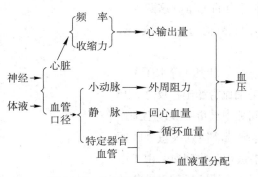

图 8-18　心血管活动调节的途径

8.4.1　心泵功能的自身调节

　　由于每分输出量的大小取决于每搏输出量和心率，因此，凡能影响每搏输出量和心率的因素均可影响心输出量。

8.4.1.1 搏出量的自身调节

当心率不变时，每搏输出量增加，可使每分输出量增加；反之，每搏输出量减少，将使每分输出量相应减少。心脏的每搏输出量受前负荷、心肌收缩能力及后负荷的影响。

（1）前负荷（异长自身调节） 前已叙及，在一定范围内，当静脉回流量增加时，心室充盈度（前负荷）增加，心室舒张期末容积扩大，心肌初始长度增长，心肌收缩力增强，心输出量增多。这种通过改变心肌纤维的初长度而引起心肌收缩强度的改变，称为异长自身调节（heteromertric autoregulation）又称 Starling 机制（Starling mechanism）。其生理意义在于能精细调节每搏输出量。其原理一方面是心肌处于最适初长度，粗细肌丝处于最适重叠状态，因而收缩力最大（见第 6 章，图 8-12）；另一方面是由于心肌细胞中的肌钙蛋白对 Ca^{2+} 的亲和力依赖于肌丝长度的变化，当心肌处于最适初长度时，心肌细胞肌钙蛋白对 Ca^{2+} 的亲和力最大，因而也有利于心肌收缩。凡是能影响心室充盈量的因素都可通过异长自身调节机制使心搏出量发生相应的改变。

（2）后负荷 是指心肌在收缩时才遇到的负荷或阻力，称为心肌的后负荷（afterload）。肌肉收缩时产生的主动张力用于克服后负荷，当张力大小等于后负荷时，肌肉开始收缩，以后张力不再增加。心室肌后负荷是指动脉血压，故又称压力负荷。在心率、心肌初长度和心肌收缩能力不变的情况下，当动脉血压增加时，等容收缩期延长，射血时间推迟，使射血时程缩短、射血速度减慢，每搏输出量暂时减少。但当心搏出量减少，造成心室内剩余血量增加，心肌又可通过异长自身调节机制使心搏出量恢复正常。反之，动脉压下降有利于射血。

（3）心肌收缩能力（cardiac contractility） 是指心肌通过本身收缩活动（强度和速度）的改变而不依赖于前、后负荷的改变来影响每搏输出量的能力。在完整心室，心肌收缩能力增强可使心室功能曲线向左上方移位（图 8-11），心脏的搏出量和搏功都增加，心脏泵血功能明显增强。这种调节心搏出量的机制，又称为等长自身调节（homeometric autoregulation）。影响心肌收缩能力有多种因素，心肌可通过兴奋-收缩耦联过程中各个环节影响收缩能力（见第 6 章）。其中活化的横桥数目和肌球蛋白头部 ATP 酶的活性是调控肌肉收缩能力的主要因素。①儿茶酚胺通过激活 β-肾上腺素能受体，增加胞质 cAMP 浓度，使肌膜和肌质网的 Ca^{2+} 通道大量开放，胞质 Ca^{2+} 浓度升高，进而提高活化的横桥数，心肌收缩力增强；乙酰胆碱则可通过减少 Ca^{2+} 内流，使活化的横桥数减少，心肌收缩力减弱。②钙增敏剂，如茶碱可以增加肌钙蛋白对 Ca^{2+} 的亲和力，提高肌钙蛋白对胞质中 Ca^{2+} 的利用率，活化的横桥数增多，心脏收缩能力增强。③甲状腺素和体育锻炼可以提高肌球蛋白的 ATP 酶活性，增强心肌的收缩能力。

🄔知识拓展 8-17
影响心脏前后负荷的因素（Laplace 定律）

8.4.1.2 心率

心率也是决定心输出量的因素之一。如果每搏输出量不变，则每分心输出量随心率增加而增多。但心率增加，只能在一定范围内才能使心输出量增多。如果心率过快，则心动周期缩短，由于心室舒张期缩短更为明显，此时可影响到心室快速充盈期，使心室充盈不足，导致每搏输出量的减少，每分输出量也减少。此外，心率太慢，每分输出量亦减少。这是因为心室舒张期过长，心室的充盈早已接近于限度，不能相应提高每搏输出量。

8.4.2 心血管活动的神经调节

8.4.2.1 心脏的神经支配

支配心脏的传出神经为心交感神经（cardiac sympathetic nerve）和心迷走神经（cardiac vagus nerve）。

（1）心交感神经及其作用　支配心脏的交感神经节前纤维起自脊髓胸段第1~5节灰质侧角的神经元，其轴突末梢释放的递质为乙酰胆碱（acetylcholine，ACh），与星状神经节或颈神经节中的节后神经元膜上的 N 型胆碱能受体结合。心交感神经节后纤维末梢释放的递质——去甲肾上腺素（noradrenaline，NA），与心肌细胞膜上的 β 型肾上腺素能受体结合，结果呈现心率加快——正性变时作用（positive chronotropic action），心房肌和心室肌收缩力加强——正性变力作用（positive inotropic action），兴奋经房室交界传导的速度加快——正性变传导作用（positive dromotropic action）。

● 知识拓展 8-18
植物性神经对心脏作用的机制

（2）心迷走神经及其作用　支配心脏的副交感神经节前纤维起自延髓的迷走神经背核和疑核的神经元，其节前神经纤维行走于迷走神经下行至心内神经节交换神经元，节前末梢释放的乙酰胆碱与节后神经元膜上 N 型胆碱能受体结合，使节后纤维末梢释放乙酰胆碱。左右侧迷走神经对心脏各部的影响有所不同，右侧迷走神经对窦房结的影响占优势，左侧迷走神经对房室交界和左心室肌的作用较明显。

心迷走神经节后纤维末梢释放的 ACh 与心肌细胞膜的 M 型乙酰胆碱受体结合，引起心脏活动的抑制，表现为心率减慢，心房肌收缩能力减弱，心房肌不应期缩短，房室传导速度减慢，甚至出现房室传导阻滞。这些作用分别称为负性变时作用、负性变力作用和负性变传导作用。

心脏受心交感神经和心迷走神经双重神经支配，两者对心脏的作用是相对抗的（图8-19）。但是在多数情况下，心迷走神经的作用比心交感神经占有更大的优势。

（3）肽能神经元　免疫细胞化学方法证明，动物和人类的心脏中存在着含有若干种多肽的神经纤维，其末梢释放的递质有神经肽 Y、血管活性肠肽、降钙素基因相关肽、阿片肽等。另外，某些递质如单胺和乙酰胆碱，可共存于同一神经元内（递质共存）（见第 5 章），并可同时释放共同调节效应器的活动。现在已知血管活性肠肽对心肌有正性变力作用和舒张冠状血管的作用，降钙素基因相关肽有舒血管作用。

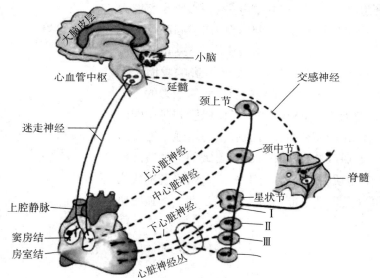

图 8-19　心脏的神经支配示意图

8.4.2.2 血管的神经支配

血管平滑肌的舒缩活动称为血管运动（vasomotion）。支配血管运动的神经纤维，包括缩血管神经纤维（vasoconstrictor fiber）和舒血管神经纤维（vasodilator fiber）两大类。

（1）缩血管神经纤维　缩血管神经纤维都是交感神经纤维，故一般称为交感缩血管纤维。机体多数血管仅接受交感缩血管纤维的单一神经支配。在安静状态下，交感缩血管纤维持续地发放低频率（1~3次·s⁻¹）的冲动，称为交感缩血管紧张（vasomotor tone）。这种紧张性活动使血管平滑肌维持一定程度的收缩。当交感缩血管纤维的紧张性加强时，血管平滑肌进一步收缩；而当交感缩血管纤维的紧张性降低时，血管平滑肌紧张性降低，血管舒张。交感缩血管神经的节后纤维是肾上腺素能纤维，其末梢释放的递质为去甲肾上腺素。血管平滑肌的肾上腺素受体有两类，即 α 受体和 β 受体。当去甲肾上腺素与 α 受体结合，可增加膜对 Ca^{2+} 的通透性，使细胞内 Ca^{2+} 的浓度上升，引起血管平滑肌收缩；而与 β 受体结合，则使血管舒张。去甲肾上腺素与 α 受体结合的能力较与 β 受体结合的能力强，因此，当缩血管纤维兴奋时，所释放的递质主要和 α 受体结合，产生缩血管效应。

当支配某一器官的交感缩血管纤维兴奋时，可引起该器官血流阻力增大，血流量减少；毛细血管前阻力和毛细血管后阻力的比例增大，毛细血管平均压降低，有利于组织液进入血液；容量血管收缩，静脉回流量增加。

（2）舒血管神经纤维　分布范围较小，通常只能调整局部血流量。舒血管纤维主要有以下两种。

① 交感舒血管纤维：有些动物如狐、羊、猫和犬的骨骼肌血管除有交感缩血管神经支配外，还有交感舒血管神经支配。交感舒血管神经的递质是乙酰胆碱，所以也称为交感胆碱能舒血管神经。主要支配骨骼肌毛细血管前阻力血管的平滑肌。在平时无紧张性活动，只在动物呈现激动、恐慌和准备做激烈肌肉活动时才发挥作用，促使肌肉血流量大大增加。目前认为交感舒血管神经可能属于防御性反应系统的一部分。

② 副交感舒血管纤维：副交感神经纤维主要支配肝、脑、唾液腺、胃肠道的腺体、外生殖器等处血管的平滑肌。其纤维末梢释放乙酰胆碱，它能与血管平滑肌的 M 型受体相结合，引起血管舒张，故称为副交感胆碱能舒血管神经。这类神经的分布只限于少数器官，因此只能调节局部血流，而对整个血液循环的外周阻力影响很小。

（3）脊髓背根舒血管纤维　是皮肤痛觉传入纤维在外周末梢的分支。当皮肤受到伤害性刺激时，感觉冲动，仅通过轴突外周部位完成的轴突反射（axon reflex），使微动脉舒张，局部皮肤泛红。免疫细胞化学证实这种神经末梢释放的递质是降钙素基因相关肽（calcitonin gene-related peptide）。

（4）血管活性肠肽神经元　有些植物性神经元内除一般的神经递质外，还有一些肽类物质（共存）。例如，支配汗腺的副交感神经元和支配颌下腺的副交感神经元同时含有乙酰胆碱和血管活性肠肽（vasoactive intestinal polypeptide，VIP）。当刺激这些神经时，其末梢同时释放乙酰胆碱和血管活性肠肽，在机能上起着协同作用，引起舒血管效应，使局部组织的血流增加。缩血管纤维中有神经肽 Y 与去甲肾上腺素共存现象（见第 5 章）。神经兴奋时，二者可共同释放，神经肽 Y 有强烈的缩血管效应。

8.4.2.3　心血管中枢

中枢神经系统对心血管活动的调节是通过各种神经反射来实现的。在生理学中将与控制心血管活动有关的神经元集中的部位称为心血管中枢（cardiovascular center）。控制心血管活动的神经元分布在从脊髓到大脑皮层的各个中枢神经系统水平上，它们各具不同的功能，又互相密切联系，使整个心血管系统的活动协调一致，并与整个机体的活动相适应（图 8-20）。

（1）延髓心血管中枢　动物实验结果表明，在延髓上缘横断脑干后，动物的血压并无明显的变化，刺激坐骨神经引起的升血压反射也仍存在；但如果将横断水平逐步移向脑干尾端，则动脉

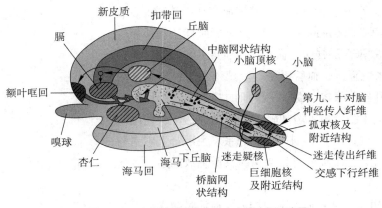

图 8-20　中枢神经系统内的心血管中枢示意图

血压逐渐降低，刺激坐骨神经引起的升血压反射效应也逐渐减弱。当横断水平下移至延髓闩部时，血压降低至大约 40 mmHg（5.3 kPa）。说明心血管正常的紧张性活动是起源于延髓，因为只要保留延髓及其以下中枢部分的完整，就可以维持心血管正常的紧张性活动，完成一定的心血管反射活动。

延髓心血管中枢的神经元是指位于延髓内的心迷走神经元和控制心交感神经以及交感缩血管神经活动的神经元。安静状态时，延髓的心血管中枢神经元不断接受来自外周感受器传入冲动和高级中枢下传神经冲动的刺激，或受血液和脑脊液中某些化学物质如 CO_2、O_2、H^+ 等的刺激，而处于一定程度的兴奋状态，并持续发放低频率神经冲动，冲动通过传出神经纤维到达心脏和血管引起效应。这种持续的、一定程度的兴奋称为紧张性活动（tonic activity）。这些神经元的紧张性活动，分别称为心迷走紧张、心交感紧张和交感缩血管紧张。在延髓心交感神经中枢、心迷走神经中枢的紧张性活动具有交互抑制的作用，而且心迷走的紧张性活动相对占上风，所以切断迷走神经、运动或情绪激动时会发生心率加快、血压升高，这是因交感神经中枢的紧张性活动加强引起的。一般认为延髓心血管中枢包括以下 4 个部分。

① 缩血管区：位于延髓头端腹外侧区（rostral ventrolateral medulla，RVLM），与延髓的 C_1 区（肾上腺素能神经元集中的部位）部分重叠，是心交感神经元和交感缩血管神经元所在的部位。RVLM 下行纤维直接投射到脊髓控制交感节前神经元的活动。当它兴奋时引起交感神经元的活动加强和血压升高。RVLM 是整合各种心血管反射、维持血管肌紧张性与血压水平的重要部位（图 8-21）。

② 舒血管区：位于延髓尾端腹外侧区（caudal ventrolateral medulla，CVLM），与延髓的 A_1 区（去甲肾上腺素能神经元集中的部位）重叠。兴奋时可抑制交感神经活动，降低血压。CVLM 的神经元通过抑制 RVLM 的心血管神经元活动，而改变脊髓交感节前神经元的活动。

③ 传入神经接替站：位于延髓背侧的孤束核，是压力感受器、化学感受器、心肺感受器等传入纤维的接替站，孤束核是重要的心血管活动整合中枢，并对多种心血管活动的传入信号进行整合。孤束核神经元兴奋时，迷走神经活动加强，交感神经活动受到抑制。

④ 心抑制区：迷走神经节前神经元位于延髓的迷走神经背核和疑核，压力感受器的传入冲动经传入神经纤维接替站到达

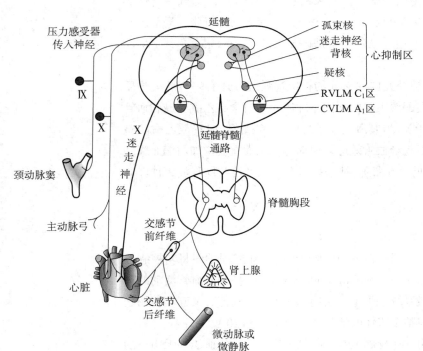

图 8-21　颈动脉窦及主动脉弓压力感受性反射的神经连接

迷走神经背核和对迷走神经紧张性活动的形成有重要作用。

（2）延髓以上的心血管中枢　在延髓以上的脑干、下丘脑以及大脑和小脑中，都存在与心血管活动有关的神经元。

① 脑桥和中脑与脊髓、延髓孤束核和网状结构、下丘脑、大脑皮层有复杂的纤维联系，其活动可受压力感受器的影响，可引起血压升高。

② 下丘脑是一个非常重要的整合部位，在体温调节、摄食、水平衡以及发怒、恐惧等情绪反应的整合中，都起着重要作用。这些反应都包含有相应的心血管活动的变化（后述）。

下丘脑前部在心血管活动调节中主要起抑制交感神经活动的作用，下丘脑后部主要起增强交感神经活动的作用。

③ 大脑的一些部位也参与心血管活动的调节，特别是边缘系统结构能影响下丘脑和脑干其他部位的心血管神经元的活动，并和机体各种行为的改变相协调。大脑皮层的运动区兴奋时，除引起相应的骨骼肌收缩外，还能引起该骨骼肌的血管舒张。

⑤ 刺激小脑的一些部位也可引起心血管活动反应。例如，刺激小脑顶核可引起血压升高，心率加快。顶核的这种效应可能与姿势和体位改变时伴随的心血管活动变化有关。

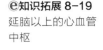

e知识拓展 8-19
延脑以上的心血管中枢

8.4.2.4 心血管反射

当机体处于不同的生理状态如变换姿势、运动、睡眠时，体内、外环境发生变化时，可通过各种心血管反射使心血管活动发生相应的改变，以适应其变化。

（1）颈动脉窦和主动脉弓压力感受性反射　当动脉血压升高时，可引起压力感受性反射（baroreflex），其效应是使心率减慢、心输出量减少、外周血管阻力降低，血压回降。这一反射称为降压反射或减压反射（depressor reflex）。动脉压力感受性反射的感受装置是于颈动脉窦（carotid sinus）和主动脉弓（aortic arch）血管壁外膜下的感觉神经末梢（图 8-22）。

颈动脉窦压力感受器的传入神经纤维组成颈动脉窦神经，并加入舌咽神经（第Ⅸ对脑神经）进入延髓，主动脉弓压力感受器的传入神经纤维行走于迷走神经（第Ⅹ对脑神经）干内，进入延髓。家兔的主动脉弓压力感受器传入纤维自成一束，与迷走神经伴行，称为主动脉神经或称减压神经（depressor nerve）。

在一定范围内，当动脉血压升高时，压力感受器向中枢发放的冲动增加（图 8-23），使心交感紧张和交感缩血管紧张减弱，心迷走紧张加强，导致心率减慢，心肌收缩力减弱，心输出量减少，外周阻力下降，故动脉血压下降（回落）；反之，血压降低导致反射减弱，血压回升（图 8-23）。这是一种负反馈调节，它的生理意义在于随时监控和纠正血压的突然变化，使血压维持稳态。从动物实验可看到，正常狗 24 h 内动脉血压变动范围一般为 10 ~ 15 mmHg；而切除两侧主动脉神经的狗，动脉血压变动范围可超过 50 mmHg，但它 24 h 内动脉血压平均值并不明显高于正常的狗。这说明压力感受器反射对于纠正动脉压的急性波动很重要，而在血压长时期的调节中并不起作用。

压力感受性反射负反馈调节机制在正常生理状态下，在中枢也设置了一个调定点（set point），作为血压调节的参照点，这就是正常血压的范围 60 ~ 180 mmHg（8.0 ~ 24.0 kPa）。压力感受器对

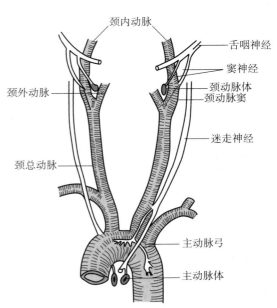

图 8-22　颈动脉窦区与主动脉弓区的压力感受器与化学感受器

@知识拓展 8-20
颈动脉窦及主动脉弓压力感受性反射的神经连接（动画）

100 mmHg（13.3 kPa）左右的变化最为敏感，一般安静情况下，动物的动脉血压值均高出压力感受器的感觉阈值，所以，颈动脉窦和主动脉弓压力感受器会经常不断地向中枢发放冲动，减压反射也经常进行着。这也是迷走神经经常处于紧张性活动的原因。

（2）心肺感受器引起的心血管反射　在心房、心室和肺循环大血管壁上存在许多感受器，总称为心肺感受器（cardiopulmonary receptors）。可分为两类，其一是容量感受器（volume receptor），属牵张感受器，其传入神经纤维行走于迷走神经内（图 8-24）。当心房、心室或肺循环大血管中压力升高或血容量增多而使心脏或血管壁受牵张时，容量感受器被激活，反射性引起交感紧张性降低，心迷走神经紧张性加强，导致心率减慢，心输出量减少，外周血管舒张，阻力降低，血压下降，另外还能导致肾血流量增加，尿量和尿钠排出量增加。由于这类感受器位于循环系统压力较低的部位，故也被称为低压力感受器。而与之对应，颈动脉窦和主动脉弓压力感受器则被称为高压力感受器。另一类为化学感受器，可被一些化学物质如前列腺素、缓激肽等激活，其传入冲动反射性引起交感神经活动减弱，迷走神经活动增强。

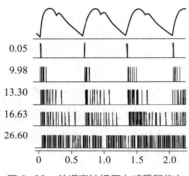

图 8-23　单根窦神经压力感受器传入
纤维在不同动脉压时的放电
图中最上方为主动脉血压波，左侧的数
字为主动脉平均压，单位为 kPa

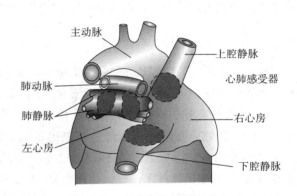

图 8-24　心肺压力感受器的分布

（3）颈动脉体和主动脉体化学感受性反射　在颈总动脉分叉处和主动脉弓区域，存在着颈动脉体化学感受器（carotid body chemoreceptor）和主动脉体化学感受器（aortic body chemoreceptor）（图 8-22）。当血液中缺 O_2、CO_2 分压过高、H^+ 浓度过高时，可以刺激这些感受装置，反射性引起延髓内呼吸神经元和心血管神经元的活动改变，引起呼吸加深加快，间接地引起心率加快、心输出量增加、外周血管阻力增大、血压升高，称为化学感受性反射（chemoreflex）。化学感受性反射在平时对心血管活动并不起明显的调节作用，只有在低氧、窒息、失血、动脉血压过低和酸中毒等情况下才发生作用。

@系统功能进化
8-7　禽与鱼类心血管的调节特征

8.4.2.5　心血管反射的中枢整合型式

@系统功能进化
8-8　心血管反射的中枢整合形式

当动物机体处在不同生理状态或不同环境条件下，对于某种特定的刺激，不同部分的交感神经的反应方式和程度是不同的，即表现为一定的中枢整合形式（centrally intergration pattern），使各器官之间的血流分配能适应机体当时功能活动的需要。

8.4.3　心血管活动的体液调节

心血管活动的体液调节是指血液和组织液中一些化学物质对心肌和血管平滑肌的活动发生影响，从而起调节作用。有些体液因素是由内分泌腺分泌的，并通过血液循环广泛作用于心血管系统。有些体液因素则是在组织中产生的，主要作用于局部的血管，对局部组织血流量起调节作用。

8.4.3.1　肾素－血管紧张素系统

经典肾素－血管紧张素系统（renin-angio-tesin system，RAS）是指当肾血液供应不足或血浆中 Na^+ 浓度不足时，由肾近球细胞分泌的一种酸性蛋白酶——肾素（renin）（见第 12 章），经肾静脉进入血液循环。可将血浆中肾素血管紧张素原（angiotensinogen）（由肝合成和释放），水解为十肽的血管紧张素 I（angiotensin I，Ang I）。血管紧张素 I 的缩血管作用很弱，在血浆特别是在肺部血管紧张素转换酶（angiotensin-converting enzyme）作用下，水解为八肽的血管紧张素 II（angiotensin II，Ang II），后者在血浆和组织中被血管紧张素酶 A 水解为七肽的血管紧张素 III（angiotensin III，Ang III）（图 8-25）。Ang I 仅作为 Ang II 前体发挥作用；

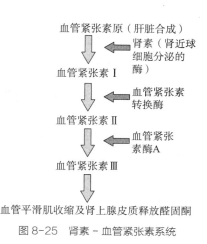

血管紧张素原（肝脏合成）

↓ ← 肾素（肾近球细胞分泌的酶）

血管紧张素 I

↓ ← 血管紧张素转换酶

血管紧张素 II

↓ ← 血管紧张素酶A

血管紧张素 III

↓

血管平滑肌收缩及肾上腺皮质释放醛固酮

图 8-25　肾素－血管紧张素系统

Ang II 和 Ang III 可作用于血管平滑肌和肾上腺皮质球状带细胞上的血管紧张素受体，发挥调节作用。

Ang II 在心血管活动调节方面的主要作用：①引起全身微动脉血管强烈收缩，外周阻力增加，血压升高，也可使静脉收缩，回心血量增加。Ang II 的这种作用效果几乎是去甲肾上腺素的 40 倍。②促使交感缩血管纤维末梢释放递质。③作用于中枢神经系统内一些神经元，增强交感缩血管神经的紧张性，引起渴觉。④ Ang II 与其受体结合后，导致肌质网释放 Ca^{2+}，使心肌收缩力加强。⑤可强烈刺激肾上腺皮质球状带释放醛固酮，减少钠、水排泄（见第 12 章），间接影响血量与血压。

在正常生理状态下，血液中形成的少量血管紧张素可迅速被组织中的血管紧张素酶破坏，因此对血压的调节不起多大作用。但在大失血情况下，由于动脉血压显著下降，致使肾素大量分泌，血浆中的血管紧张素浓度增高，可使外周血管持续收缩，阻止血压过度下降。

除了全身的 RAS 外，许多组织器官中，如中枢神经系统血管壁、子宫和胎盘等都能合成、分泌和降解肾素－血管紧张素，成为局部的独立 RAS（局部肾素－血管紧张素系统，local renin-angiotensin system）。这种局部 RAS 可通过旁分泌或（和）自分泌方式对心血管活动进行调节。

8.4.3.2　肾上腺素和去甲肾上腺素

肾上腺素和去甲肾上腺素在化学结构上属于儿茶酚胺类。循环血液中的肾上腺素和去甲肾上腺素主要是由肾上腺髓质分泌的。小部分去甲肾上腺素由交感神经节后纤维末梢释放，一般均在局部发挥作用。

肾上腺素和去甲肾上腺素对心血管的作用既相似又有所不同，主要是因为两者与不同的肾上

ⓔ 知识拓展 8-21
肾素－血管紧张素系统（动画）

ⓔ 发现之旅 8-2
肾素－血管紧张素系统（RAS）的新发现

e 知识拓展 8-22
肾上腺素和去甲肾上腺素对心血管各部分作用的比较

腺素能受体结合能力不同。

在心脏，肾上腺素与 β_1 受体结合，产生正性变时和正性变力作用，使心输出量增加。在血管，肾上腺素的作用取决于 $\alpha_1\beta_2$ 两种受体在血管平滑肌上的分布情况。在皮肤、肾、胃肠道的血管平滑肌上，α 受体的数量占优势，肾上腺素可使这些血管收缩；而在骨骼肌、肝、冠状血管，β_2 受体占优势，小剂量的肾上腺素引起血管舒张，大剂量时也兴奋 α 受体引起血管收缩。

去甲肾上腺素主要与 α 受体结合，故去甲肾上腺素能使绝大多数血管发生强烈收缩。去甲肾上腺素也可以与心肌 β_1 受体和血管平滑肌 β_2 受体（作用弱）结合，使心脏活动加强，心率加快。但静脉注射去甲肾上腺素可使全身血管广泛收缩，动脉血压升高，引起压力感受性反射活动增强，心率反而减慢。

8.4.3.3 血管升压素（抗利尿激素）

血管升压素（arginine vasopressin，AVP）是由下丘脑视上核和室旁核神经元合成的九肽激素，经下丘脑垂体束运输贮存于神经垂体，机体功能活动需要时释放入血液循环。血管升压素作用于全身血管平滑肌的相应受体，引起血管平滑肌强烈收缩。但在正常情况下，血浆中血管升压素浓度升高时主要是抗利尿效应（见第 12 章）；只有当血浆浓度明显高于正常水平时，才引起血压升高。因为正常浓度的血管升压素对压力感受性反射具有主动增强作用，可缓冲血压升高效应。升压素对禽类具有舒血管作用，表现为减压作用。

8.4.3.4 血管内皮生成的血管活性物质

内皮细胞是衬在血管内的一单层细胞可以生成释放许多血管活性物质，调节局部血管平滑肌的舒缩活动。

（1）血管内皮生成的舒血管活性物质　主要有前列环素（prostacyclin，也称前列腺素 I_2，即 PGI_2）、内皮舒张因子（endothelium–derived relaxing factor，EDRF）可使血管舒张。目前认为，L-精氨酸在一氧化氮合酶的作用下可生成一氧化氮（nitric oxide，NO）。NO 可使血管平滑肌内鸟苷酸环化酶激活，cGMP 浓度升高，游离 Ca^{2+} 浓度降低，引起血管舒张。血流对血管内皮产生的切应力（冲击力）、低氧、P 物质、5-HT、ATP、M 型胆碱能受体、缩血管物质等都可促使内皮细胞释放 NO。

（2）血管内皮生成的缩血管活性物质　目前已知的内皮缩血管因子（endothelium–derived vasoconstrictor factor，EDCF）包括内皮素、血栓烷 A_2、血管紧张素 Ⅱ（Ang Ⅱ）等。内皮素是由内皮细胞合成和分泌的由 21 个氨基酸组成的多肽，具有强烈的缩血管效应。血栓烷 A_2 由血管内皮细胞和血小板合成，有缩血管和促使血小板聚集的作用。

8.4.3.5 心房钠尿肽（心钠肽，心钠素）

心房钠尿肽（atrial natriuretic peptide）也称心钠素，是由心房肌合成、释放的一种多肽。具有强烈的利尿和利尿钠作用，并能使血管平滑肌舒张，血压降低。还能抑制肾素 – 血管紧张素 – 醛固酮系统的分泌，抑制血管升压素的释放。在血容量和血压升高时，使心房肌释放心钠素，产生利尿和利尿钠作用，与血管升压素共同调节体内水盐代谢的平衡。

e 知识拓展 8-23
影响心血管活动的其他体液因子

8.4.3.6 激肽

存在于血浆中的激肽（kinin）有缓激肽（bradykinin）和赖氨酰缓激肽（也称血管舒张素，

kallidin）两种。激肽可引起内脏平滑肌收缩，也可通过血管内皮释放 NO 而使血管平滑肌舒张，还可使毛细血管通透性增高。

8.4.4 局部血流调节

　　器官血流量除通过神经和体液调节机制对灌注该器官的阻力血管的口径进行调节、控制外，还有局部组织调节机制的参与。如果去除调节血管活动的外部神经、体液因素，则在一定的血压变动范围内，器官、组织的血流量仍能通过局部的机制得到适当的调节。这种调节机制存在于器官组织或血管本身，而不依赖于神经和体液因素的影响，因此称为自身调节（autoregulation）。例如，心肌在一定范围内收缩时，其产生的张力或缩短速度随肌纤维初长的增加而增大。因而在一定范围内，心舒期静脉回流量增多，收缩时心输出量也增多。反之，若静脉回流量减少，心输出量也减少。这种使心输出量适应于静脉回流量的调节，就是心肌自身调节功能的表现。

　　对于血管，自身调节表现为在一定的范围内器官血管能自动改变口径，使血流量适应于某一稳定水平。以血液灌流切断神经的肾，在一定范围内（10.7～24.0 kPa）增加灌流血压，可使肾血管口径变小，阻力增加，结果血流量变化不明显，仍近似保持原先水平（见第 12 章）。关于血管自身调节的机理主要有以下几种学说。

8.4.4.1 肌源性自身调节学说

　　这一学说认为，即使没有神经和体液因素，血管平滑肌仍能保持一定的紧张性收缩，称为肌源性活动（myogenic activity）。当器官血管的灌注压突然升高时，血管平滑肌就受到牵张刺激而使其肌源性活动进一步加强。这种现象在毛细血管前阻力血管段特别明显。结果该器官的血流阻力增大，器官血流量不致因灌注压升高而增多，从而保持相对稳定（图 8-26）。反之当器官的灌注压突然降低时，则血管平滑肌舒张，器官的血流阻力减小。这种肌源性的自身调节现象，在肾血管中特别明显，在脑、心、肝、肠系膜和骨骼肌的血管也可见到，但在皮肤血管一般无此表现。

ⓔ 知识拓展 8-24
血管的肌原性自身调节（动画）

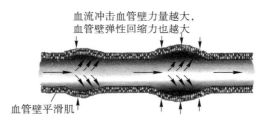

血流冲击血管壁力量越大，血管壁弹性回缩力也越大

血管壁平滑肌

图 8-26　血管的肌源性自身调节
当血管壁受到血流的冲击时，血管壁的平滑肌的紧张性收缩自动地加强

8.4.4.2 代谢性自身调节学说

　　该学说认为，器官血流量的自身调节主要是由局部组织中代谢产物的浓度所决定的。当组织局部代谢产物如 CO_2、腺苷、乳酸、H^+、K^+ 等积聚过多时，引起血管舒张；代谢产物浓度过低时，局部血管就收缩。因此，当器官灌注压突然升高时，器官的血流量暂时增加，此时组织中的代谢产物过多地被血液带走，因此导致局部血管收缩，器官血流阻力增大，使器官血流量重新回到原先的水平。当器官灌注压突然降低时，发生相反的变化，结果仍使器官血流量保持相对稳定。

8.4.5 动脉血压的长期调节

　　血压的调节是复杂的过程，有许多机制参与，根据各种神经、体液因素对动脉压调节进程，可将动脉血压调节分为短期调节和长期调节。短期调节是指从血压变化起即刻短时间内作出快速的调节过程。主要由神经调节来实现，包括通过前面所提到的各种心血管反射活动调节阻力血管口径及心脏肌收缩力，使血压恢复正常并保持相对稳定的过程。血压的长期调节常发生在血压在较长时间内（如数小时、数天、数月或更长）发生变化时，单纯依靠神经调节已不足以将血压调节到正常水平的情况下。动脉血压的长期调节主要是通过肾调节细胞外液的量而实现，这个调节机制称为"肾 – 体液控制系统"（renal–body fluid system）（见第 12 章）。当动脉血压升高时，能直接导致肾排水和排钠增加，排除体内多余的水，从而使血压恢复到正常水平。当动脉血压降低时，发生相反过程。

8.5 器官循环

ⓔ 知识拓展 8-25
器官循环（冠脉循环、肺循环、脑循环）

体内各器官的血流量取决于主动脉压和中心静脉压之间的压力差，也与该器官阻力血管的舒缩状态有关。由于各器官的结构和功能各不相同，器官的血管分布又各有特征，因此，器官血流量（例如，冠脉循环、肺循环、脑循环）的调节除服从前面叙述的一般规律外，还有其自身的特点。此外在脑循环还存在血 – 脑屏障和血 – 脑脊液屏障，使许多物质不易进入脑组织，对于维持中枢神经系统正常功能以及保持脑组织内环境稳态具有重要的生物学意义。

❓ 思考题

1. 心肌细胞的生理特性有哪些？各受哪些因素的影响？
2. 何谓期前收缩？为什么在期前收缩之后出现代偿间歇？
3. 何谓心输出量？其影响心输出量的因素有哪些？
4. 动脉血压是如何维持相对稳定的？影响动脉血压的因素有哪些？
5. 微循环包括哪些血流通路？各有何特点？
6. 支配心脏的神经有哪些？各有何生理作用？
5. 压力感受性反射是如何调节心血管功能的？

网上更多学习资源……

◆本章小结　　◆自测题　　◆自测题答案

（肖向红，柴会龙）

9 呼 吸

【引言】

　　呼吸是维持机体内环境稳态和生命活动必不可少的重要条件，动物无论在清醒状态下，还是在睡眠状态下，呼吸总是不停地进行着，一旦呼吸停止 3~5 min 生命即将结束。呼吸是主动进行，还是被动进行？哺乳动物的肺和鱼类的鳃是如何靠呼吸运动与外界进行气体交换的？什么是呼吸困难？咳嗽、打喷嚏是怎样产生的？胸部创伤对机体有何危害？动物和人缺氧时，嘴和黏膜为什么会发绀？冬天为什么容易引起 CO 中毒？动物在低氧环境下如何通过特殊的呼吸方式优化对氧的摄取和利用？雾霾与动物机体的呼吸有何关系？

【知识点导读】

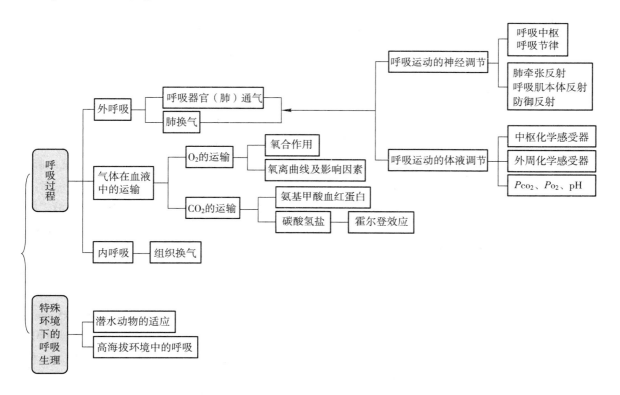

9.1 概 述

9.1.1 有关呼吸器官与呼吸方式的进化

机体与外界环境之间进行气体交换的过程称为呼吸（respiration）。呼吸是生命的基本特征，通过呼吸，机体从外界环境摄取新陈代谢所需要的 O_2 和排出所产生的 CO_2 及其他（易挥发的）代谢产物，使生命活动得以维持和延续，呼吸一旦停止，生命也将结束。

在生物进化过程中，动物的呼吸方式也不断进化。单细胞生物及一些较小型的动物通过细胞或体表直接与水环境进行气体交换。多细胞动物的大多数细胞不能直接与外环境进行气体交换，动物体表呼吸逐渐转移入体内，形成了能够进行气体交换的特殊呼吸器官，鱼类和两栖类幼体以鳃为主要呼吸器官，从两栖类成体开始改用肺呼吸为主的呼吸方式。由水生到陆生动物气管的分支越来越多，气体交换的表面积越来越大；辅助的通气活动结构也陆续出现，使其更能适应空气呼吸。随动物气体交换系统进化完善的同时，循环系统也随之迅速发展，不仅赋予呼吸器官丰富的毛细血管，且血液中逐渐出现呼吸色素，极大地提高了血液运输气体的能力。而这两个系统的配合还有赖于神经系统的调节。

ⓔ 系统功能进化
9-1 动物呼吸方式的进化

ⓔ 系统功能进化
9-2 动物的呼吸方式（动画）

ⓔ 知识拓展 9-1
呼吸全过程示意图（动画）

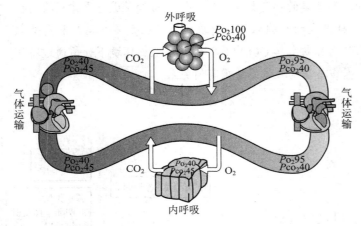

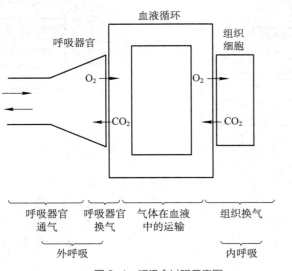

图 9-1 呼吸全过程示意图

9.1.2 呼吸过程

无论是水呼吸还是空气呼吸，整个呼吸过程由三个互相衔接并同时进行的环节组成，外呼吸（external respiration）包括呼吸器官的通气活动和呼吸器官的换气活动，前者指呼吸器官（鳃或肺）与外界环境间的气体交换，后者指呼吸器官与毛细血管中的血液之间的气体交换；气体运输（transport of gas），即由循环的血液将 O_2 从呼吸器官（鳃或肺）运输到组织以及将 CO_2 从组织运输到呼吸器官的过程；内呼吸（internal respiration），即组织毛细血管中的血液与组织、细胞之间的气体交换过程，也称组织换气（gas exchange in tissues）（图 9-1）。

9.2　呼吸器官的通气活动

9.2.1　哺乳类动物的通气活动

哺乳动物的呼吸器官包括呼吸道、肺泡及胸廓。呼吸道是沟通肺泡与外界环境的通道；肺泡是外界气体（肺泡气）与血液进行气体交换的场所。而呼吸肌舒缩引起胸廓的节律性运动，则是产生通气的原动力。

ℯ 知识拓展 9-2
哺乳动物的呼吸道

9.2.1.1　肺通气原理

肺泡内气体之所以能与空气进行气体交换，是因为肺的张缩引起肺泡内压呈周期性变化，造成肺泡与外界大气压之间的压力差所致。当肺扩张，肺泡内压低于大气压时，外界气体经呼吸道进入肺，称为吸气（inspiration）。当肺缩小，肺泡内压高于大气压时，肺内气体经呼吸道排出体外，称为呼气（expiration）。气体在流经呼吸道时，会遇到阻力，因此肺通气功能是由肺通气的动力克服肺通气阻力来实现的。

1. 肺通气动力

肺本身不具有主动张缩的能力，它的张缩是由胸廓的扩大和缩小所引起的，而胸廓的扩大和缩小又是由呼吸肌的收缩和舒张所致。可见，大气与肺泡之间的压力差是肺通气的直接动力，呼吸肌的舒缩活动所引起的呼吸运动，是肺通气的原动力。

（1）呼吸运动（respiratory movement）　呼吸肌的收缩与舒张引起胸廓节律性地扩大和缩小称为呼吸运动。参与呼吸运动的肌肉称为呼吸肌，其中能使胸廓扩大而产生吸气动作的肌肉为吸气肌，主要有膈肌和肋间外肌；能使胸廓缩小而产生呼气动作的肌肉称为呼气肌，主要有肋间内肌和腹壁肌。另外，还有一些辅助呼吸肌，如斜角肌、胸锁乳突肌和胸背部的其他肌肉等，这些肌肉只在用力呼吸时才参与呼吸运动。

① 吸气运动（inspiratory movement）：平静呼吸时吸气运动主要由膈肌和肋间外肌的相互配合收缩完成。吸气时膈肌收缩，膈向后移，膈肌的隆起中心向后退缩，使胸腔的前后径加大（图9-2）。由于胸廓呈圆锥形，其横截面积后部明显加大，因此膈稍稍后移，就可使胸腔容积大大增加，所以膈肌的舒缩在肺通气中起重要作用。肋间外肌收缩时，肋骨向前向外移动，同时胸骨向下、向前方移动，使胸腔的左右和背腹径加大，结果随胸腔扩大肺也被动扩张，使肺内压低于大气压，空气经呼吸道进入肺内，引起吸气（图9-3）。随着空气的进入，肺内压又逐渐上升，当升至与大气压相等时，吸气停止。

② 呼气运动（expiratory movement）：平静呼吸时，呼气是被动的。当吸气运动停止后，肋间外肌和膈肌舒张，于是膈被腹腔脏器官压迫回原位，肋骨依靠软骨端和韧带的弹性恢复原位，结果胸腔前后、背腹及左右径都缩小，肺也随之回缩，肺内压上升高于大气压，肺内气体被呼出体外，引起呼气。随着气体的排出，肺内压又逐渐下降，当降至与大气压相等时，呼气停止。当机体活动加剧，吸入气中 CO_2 的含量增高或 O_2 含量减少时，呼吸加深、加快，呈深呼吸或用力呼吸，这时呼气肌（肋间内肌、呼气上锯肌、腰肋肌和胸腰肌等辅助呼气肌）主动收缩，推动膈前移使胸廓进一步缩小。这时呼气运动是主动的，腹肌强烈收缩进一步推动膈前移。在某些病理情况下，即使用力呼吸仍不能满足机体需要，出现鼻翼扇动等现象，称为呼吸困难（dyspnea）。

（2）呼吸运动的分类　按引起呼吸运动的主要肌群的不同，可将呼吸分为腹式呼吸

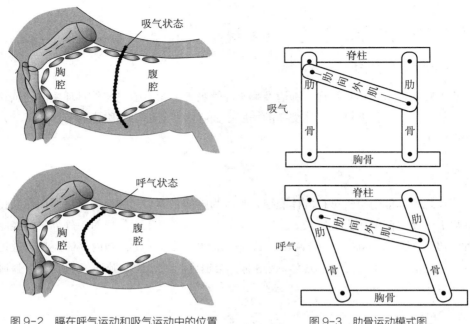

图 9-2 膈在呼气运动和吸气运动中的位置   图 9-3 肋骨运动模式图

（abdominal breathing）和胸式呼吸（thoracic breathing）。呼吸运动由膈肌舒缩而引起的腹壁起伏，这种型式的呼吸称为腹式呼吸。由肋间肌舒缩使肋骨和胸骨运动所产生的呼吸运动，称为胸式呼吸。一般情况下，呈胸腹式混合呼吸，只有在胸部或腹部活动受限时才能出现某种单一的呼吸型式。如患胸膜炎时，胸廓运动受限，常呈腹式呼吸；腹腔有巨大肿块或腹水或妊娠晚期的母畜因膈肌运动受阻，则以胸式呼吸为主。

（3）肺内压（intrapulmonary pressure） 肺内压是指肺泡内的压力。在呼吸暂停、呼吸道畅通时，肺内压与大气压相等。吸气之初，由于肺容积的增大，使肺内压力暂时低于大气压，空气就在压力差的推动下进入肺泡，等到肺泡内压力和大气压相等时，气流停止，吸气也就停止。相反，在呼气之初，肺容积减小，肺内压力暂时高于大气压，肺内气体就流出肺，至呼气末，肺内压又降至和大气压相等。呼吸过程中肺内压的变化视呼吸缓急、深浅和呼吸道是否通畅而定。平静呼吸时，呼吸道畅通，肺内压变化较小；吸气时，肺内压较大气压约低 1～2 mmHg（0.133～0.266 kPa），呼气时肺内压较大气压约高 1～2 mmHg（0.133～0.266 kPa）。剧烈呼吸时，若呼吸道不畅通，则肺内压变化增大。

（4）胸膜腔和胸膜腔内压 呼吸运动过程中，肺之所以随胸廓的运动而运动，是因为在肺和胸廓之间存在一密闭的潜在的胸膜腔（pleural cavity）和肺本身具有可扩张性的缘故。胸膜有两层，它的脏层紧贴于肺表面，它的壁层紧贴于胸廓内壁。胸膜腔并不是一个空腔，内有少量浆液。这一薄层浆液有两方面的作用，一是在两层胸膜之间起润滑作用，因为浆液的黏滞性很低，所以在呼吸运动过程中，两层胸膜可以互相滑动，以减少摩擦。二是由于浆液分子的内聚力使两层胸膜贴附在一起不易分开，一层水分子能产生 3 600 mmHg·cm^2（475.2 kPa）的牵引力，所以胸廓扩张时，肺就可以随胸廓的运动而运动。因此，胸膜腔的密闭性和两层胸膜间浆液部分的内聚力有重要的生理意义。如果胸膜破裂与大气相通，空气将立即进入胸膜腔，形成气胸（pneumothorax），两层胸膜彼此分开，肺将因其本身的回缩力而塌陷。这时，尽管呼吸运动仍在进行，肺却失去了或减小了随胸廓运动而运动的能力，肺通气无法进行，同时对血液循环和淋巴循环也有影响，必须紧急处理，否则危及生命。

胸膜腔内的压力称为胸膜腔内压（intrapleural pressure）为负压，这一点可以通过实验来证实。胸膜腔内压可用两种方法进行测定：一种是直接法，将与检压计相连接的注射针头斜刺入胸膜腔内，检压计的液面即可直接指示胸膜腔内的压力值（图 9-4）。直接法的缺点是有刺破胸膜脏层和肺的危险。另一种方法是间接法，让受试者吞下带有薄壁气囊的导管至下胸段食管，因为食管在胸内介于肺和胸壁之间，食管壁薄而软，在呼吸过程中食管与胸膜腔二者的压力变化值基本一致，故可以通过测食管内压力的变化来间接反映胸膜腔内压的变化。

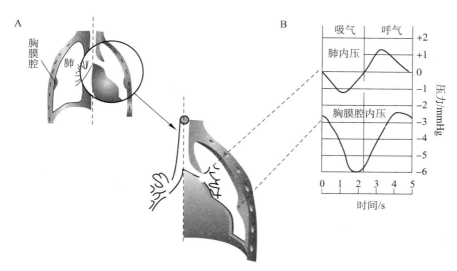

图 9-4 胸膜腔内压直接测量示意图（A）和吸气和呼气时，肺内压、胸膜腔内压的变化过程（B）

胸内负压是怎样形成的呢？胸膜壁层的表面由于受到坚固的胸腔和肌肉的保护，作用于胸壁上的大气压影响不到胸膜腔。而胸膜脏层却受外界两种相反力量的影响：一是肺内压，通常在吸气末或呼气末与大气压相等，为 760 mmHg（101.08 kPa），使肺泡扩张，并通过肺泡壁的传递作用于胸膜脏层；二是肺的回缩力，肺为一弹性组织，且始终处于一定的扩张状态，具有弹性回缩力，它与表面张力共同构成肺的回缩力，使肺泡缩小。这种力量的作用方向与肺内压相反，抵消了一部分大气压。因此，作用于胸膜脏层的力即为

$$胸腔内压 = 肺内压（大气压）- 肺回缩力 \tag{9-1}$$

可见，胸腔内压总是低于大气压，习惯上把低于大气压的压力称为负压。如果把大气压值视为生理"0"线，则

$$胸腔内压 = - 肺回缩力 \tag{9-2}$$

所以，胸腔内负压是由肺的回缩力形成的。在一定限度内，肺越扩张，肺的回缩力就越大，胸腔内负压的绝对值也越大。吸气时，肺扩张，肺的回缩力增大，胸膜腔负压增大；呼气时则相反，负压减小。如马在平静呼吸时，吸气末胸内压约为 -16 mmHg（-2.133 kPa），呼气末胸内负压约为 -6 mmHg（-0.8 kPa），兔在平静吸气末胸内压约为 -4.5 mmHg（-0.6 kPa），平静呼气末约为 -2.5 mmHg（-0.333 kPa）。

2. 肺通气的阻力

肺通气的动力需要克服肺通气的阻力方能实现肺通气。肺通气的阻力有两种：弹性阻力（包括肺和胸部的弹性阻力，约占总阻力的 70%）和非弹性阻力（包括气道阻力，惯性阻力和组织的黏滞阻力，约占总阻力的 30%）。

（1）弹性阻力和顺应性　弹性组织在外力作用下变形时，有对抗变形和弹性回位的倾向，称为弹性阻力（elastic resistance）。用同等大小的外力作用时，弹性阻力大者，变形程度小；弹性阻力小者，变形程度大。一般用顺应性（compliance）来衡量弹性阻力。顺应性是指在外力作用下，弹性组织的可扩张性。容易扩张者，顺应性大，弹性阻力小；不易扩张者，顺应性小，弹性阻力大。可见顺应性（C）与弹性阻力（R）成反比关系：$C=1/R$，顺应性的大小用单位压力变化（ΔP）所引起的容积变化（ΔV）来表示，单位是 L / cm H_2O，即

$$顺应性（C）=\Delta V / \Delta P \tag{9-3}$$

① 肺的弹性阻力和顺应性：肺的弹性阻力来自肺组织本身的弹性回缩力和肺泡液－气界面的表面张力产生的回缩力，这两者成为肺扩张的弹性阻力。

e 知识拓展 9-3
肺泡的表面张力及其表面活性物质

从支气管树到肺泡，管壁固有膜上都有纵行排列的弹性纤维和胶原纤维，这些使肺具有弹性。正常时这些纤维始终处于被牵拉而倾向于回缩状态，从而使肺保持着进一步缩小的趋势，即使在深呼气末肺容积很小时，回缩力仍然不会消失。当肺扩张时，由牵拉所产生的弹性回缩力，其方向总是与肺扩张方向相反，因而是吸气的阻力。肺扩张越大，所引起的牵拉程度也越大，回缩力也越大，弹性阻力越大，反之则小。由于肺泡内侧表面有一层液体层并在液－气界面产生了表面张力，也驱使肺泡回缩（见 e 知识拓展 9-3）。肺的弹性回缩力和肺泡表面张力均使肺具有回缩倾向，因此成为肺扩张的弹性阻力。该肺的弹性阻力可用肺的顺应性用公式 9-3 表示，其中 ΔV 为肺容积的变化，ΔP 为跨肺压的变化，即是指肺内压与胸内压之差的变化。各种家畜在静态下的肺顺应性（mL / cm H_2O）：狗为 14，猫为 4~10，马为 3 400，猪为 57，山羊为 105~107，绵羊为 70~175，人为 200~420。根据 Laplace 定律，有

$$P=2 T / R \tag{9-4}$$

式中，P 为肺泡内的压力，T 为肺泡表面张力，R 为肺泡半径。

如果大小肺泡的表面张力相等，则肺泡内压力与肺泡半径成反比，因而出现肺泡越小其内压越大，相反，肺泡越大其内的压力越小。如果将这些肺泡彼此连通，结果小肺泡内的气体将流入大肺泡，小肺泡越来越小，最后塌陷，大肺泡越来越大，肺泡将失去稳定性；另外，吸气时肺泡趋于膨胀，呼气时趋于萎缩（图 9-5）。但实际情况并非如此，是因为肺泡表面存在着表面活性物质保持了大小肺泡的稳定性，有利于吸入气在肺内较为均匀地分布（e 知识拓展 9-3）。表面活性物质的存在能减弱表面张力、降低吸气阻力，保持肺的顺应性，减少吸气作功；降低表面张力对肺毛细血管中液体的吸引作用，防止组织液渗入肺泡，避免肺水肿发生。

② 胸廓的弹性阻力和顺应性：胸廓的弹性阻力来自胸廓的弹性回缩力。但此阻力并非一直存在，当胸廓处在自然位置时（肺容量约为肺总量的 69%），胸廓的弹性组织既未受到牵张，也未受到挤压，所以并不表现弹性回缩力。当肺容量等于肺总容量的 67% 时（如平静呼气末），胸廓比自然状态小，胸廓弹性组织因受到挤压而向外弹开，这时胸廓向外弹开的力量与肺的回缩力方向相反而力量相等，相互抵消（图 9-6i）。因此，在平静呼气水平时，呼吸肌处于松弛状态。当肺容量小于肺总量的 67%（如平静呼气或深呼气）时，胸廓被牵引而缩小，其弹性回缩阻力向外，是吸气的动力，呼气的阻力（图 9-6ii）；当胸廓向外扩张到超过其自然位置（如深吸气，肺容量甚至超出肺自然状态时总容量的 69%）时，胸廓被牵引向外扩大，不但肺的回缩力增大，而且胸廓

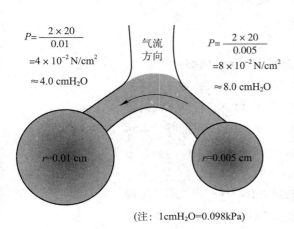

$$P=\frac{2 \times 20}{0.01}$$
$$=4 \times 10^{-2} \text{N/cm}^2$$
$$\approx 4.0 \text{ cmH}_2\text{O}$$

气流方向

$$P=\frac{2 \times 20}{0.005}$$
$$=8 \times 10^{-2} \text{N/cm}^2$$
$$\approx 8.0 \text{ cmH}_2\text{O}$$

$r=0.01$ cm

$r=0.005$ cm

（注：1cmH$_2$O=0.098kPa）

图 9-5　相连通的大小不同的液泡内压及气流方向示意图

的弹性回缩力向内，两者作用方向相同，成为吸气的阻力，呼气的动力（图9-6 ⅲ）。这种压力与肺容量之间的关系变化曲线，称为压力－容量曲线（图9-6）。它表明：肺充盈的容量越大，胸廓和肺对抗肺扩张的阻力越大，用于克服阻力所需的肌肉收缩力也相应增大。

胸廓的顺应性仍用公式9-3表示，其中 ΔV 为胸腔容积的变化，ΔP 为跨胸壁压的变化，为胸膜腔内压与胸壁外大气压之差。胸廓的顺应性大致与肺顺应性相等。胸廓的顺应性可因过肥、胸廓畸形、胸膜增厚和腹腔内占位性病变等原因而减低。

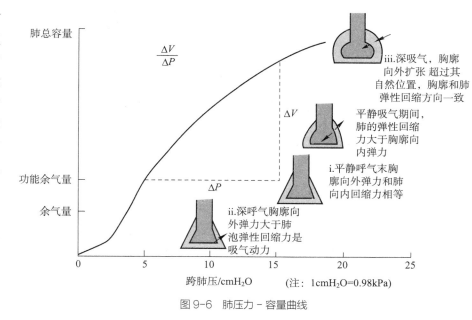

图9-6　肺压力－容量曲线

（2）非弹性阻力　非弹性阻力包括惯性阻力、黏滞阻力和气道阻力。惯性阻力是气流在发动、变速、换向时因气流和组织的惯性所产生的阻止肺通气运动的因素。平静呼吸时，呼吸频率低、气流流速慢，惯性阻力小，可忽略不计。黏滞阻力来自呼吸时组织相对位移所发生的摩擦，气道阻力（airway resistance）来自气体流经呼吸道时气体分子与气道壁之间的摩擦，是非弹性阻力的主要组成部分，占80%～90%。气道阻力受气流速度、气流形式和管径大小的影响。大气道（气道直径>2 mm）特别是支气管以上的气道由于总截面积小，气流速快，阻力大；且弯曲，容易形成湍流，是产生气道阻力的主要部位。

3. 呼吸功

在呼吸过程中，呼吸肌为克服弹性阻力和非弹性阻力而实现肺通气所作的功称为呼吸功（work for breathing）。以单位时间内压力变化（kg/m）乘以容积变化（m³）的乘积表示，单位是 kg·m。正常情况下呼吸功不大，其中大部分用来克服弹性阻力，小部分用来克服非弹性阻力。运动时，呼吸频率、深度增加，呼气也有主动成分的参与，呼吸功增加。病理情况下，弹性和非弹性阻力增大时，也可使呼吸功增大。

9.2.1.2　肺通气功能评价

肺通气过程受呼吸肌的收缩活动、肺和胸廓的弹性和特征，以及气道阻力等多种因素影响。对肺通气功能的测定不仅可以明确是否存在肺通气功能障碍和障碍程度，还可鉴别肺通气功能降低的类型。肺容量和肺通气量是评价肺通气功能的基础与内容。

（1）肺容量（pulmonary capacity）　指肺内容纳的气体量。在呼吸运动过程中，肺容量随着胸腔空间的增减而改变。吸气时增大，呼气时减小。

① 潮气量（tidal volume，TV）：每次呼吸时吸入或呼出的气量为潮气量。马约为 6 L；奶牛躺卧时 3.1 L，站立时 3.8 L；山羊 0.3 L；绵羊 0.26 L；猪 0.3～0.5 L。使役或运动时，潮气量增多。潮气量的大小决定于呼吸肌收缩的强度、胸廓和肺的机械特性以及机体的代谢水平。

② 补吸气量或吸气贮备量（inspiratory reserve volume，IRV）：在平静吸气末，再尽力吸

气所能吸入的气量为补吸气量。马约为 12 L。潮气量与补吸气量之和称深吸气量（inspiratory capacity，IC），是衡量动物最大通气潜力的一个重要指示。胸廓、胸膜、肺组织和呼吸肌等的病变，可使深吸气量减少而降低最大通气潜力。

③ 补呼气量或呼气贮备量（expiratory reserve volume，ERV）：平静呼气末，再尽力呼气所能呼出的气量为补呼气量。马的补呼气量约为 12 L。

④ 余气量或残气量（residual volume，RV）：最大呼气末尚存留于肺中不能呼出的气量为余气量。余气量的存在是由于在最大呼气末，细支气管特别是呼吸性细支气管关闭所致。余气量的存在可避免肺泡在低肺容积条件下的塌陷。

⑤ 功能余气量（functional residual capacity，FRC）：平静呼气末尚存留于肺内的气量为功能余气量，是余气量和补呼气量之和。功能余气量的生理意义是缓冲呼吸过程中肺泡气氧和二氧化碳分压（P_{O_2} 和 P_{CO_2}）的过度变化。由于功能余气量的稀释作用，吸气时，肺内 P_{O_2} 不致突然升得太高，P_{CO_2} 降得太低；呼气时，肺内 P_{O_2} 则不会降得太低，P_{CO_2} 不致升得太高。这样，肺泡气和动脉血液的 P_{O_2} 和 P_{CO_2} 就不会随呼吸而发生大幅度的波动，以利于气体交换。另外，功能余气量能影响平静呼气基线的位置，也反映胸廓与肺组织弹性的平衡关系。如肺气肿时，肺弹性回缩力降低，机能余气量增加，平静呼气基线上移；肺纤维化，机能余气量减少，平静呼气基线下移。

⑥ 肺活量（vital capacity，VC）：最大吸气后，从肺内所能呼出的最大气量为肺活量，是潮气量、补吸气量和补呼气量之和。肺活量反映了一次通气的最大能力，在一定程度上可作为肺通气功能的指标。但由于测定肺活量时不限制呼气的时间，所以不能充分反映肺组织的弹性状态和气道的通畅程度，即通气功能的好坏。

⑦ 用力呼气量（forced expiratory volume，FEV）：也称时间肺活量（timed vital capacity，TVC）是测定在一定时间内所能呼出的气体量。即指尽力最大吸气之后，尽力尽快呼气，计算第 1、2、3 s 末呼出气量占肺活量的百分比，这是一个动态指标，它不仅能反映肺活量的大小。而且还能反映呼吸阻力的变化。

⑧ 肺总量（total lung capacity，TLC）：肺所能容纳的最大气量为肺总量，是肺活量和余气量之和（图 9-7）。

（2）肺通气量　包括每分通气量和肺泡通气量。

① 每分通气量（minute ventilation volume）：是指每分钟吸入肺内或从肺呼出的气体总量。它

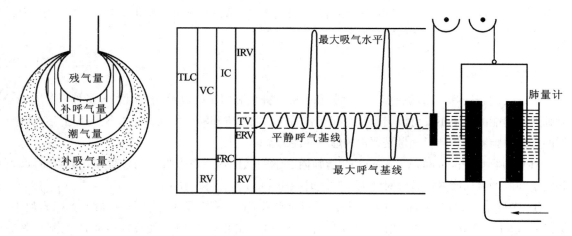

图 9-7　肺静态容量示意图

TV: 潮气量，ERV: 补呼气量，RV: 残气量，FRC: 功能残气量，IRV: 补吸气量，IC: 深吸气量，
VC: 肺活量，TLC: 肺总容量

e知识拓展 9-4
动物正常（平静）呼吸频率

等于潮气量与呼吸频率的乘积。每分通气量受两个因素影响：一是呼吸的速度，即每分钟呼吸的频率；二是呼吸的深度，即每次呼吸时肺通气量的大小。

在正常情况下，每分肺通气量的大小与动物的活动状态密切相关。动物活动增强时，呼吸频率和深度都增加，每分肺通气量相应增大。例如，安静时马每分通气量为 35 ~ 45 L，负重时为 150 ~ 200 L，挽拽时为 300 ~ 450 L。尽力做深快呼吸时，每分钟肺能吸入或呼出的最大气体量称为肺最大通气量（lung maximal respiratory volume）。它反映单位时间内呼吸器官发挥最大潜力后，所能达到的通气量。是了解肺通气机能的良好指标。它既反映肺活量的大小，也反映胸廓和肺组织是否健全以及呼吸道通畅与否等情况。健康动物的肺最大通气量可比平静呼吸时每分通气量大 10 倍。

每分最大通气量与每分通气量之差可表明通气量的储备力量，常表示为

$$肺通气贮备（\%）= \frac{每分最大通气量 - 每分通气量}{每分最大通气量} \tag{9-5}$$

通气贮备量是反映机体呼吸机能的良好指标，可判断通气储备能力。

② 无效腔和肺泡通气量：在呼吸过程中，每次吸入的新鲜空气并不全部进入肺泡，其中一部分停留在从鼻腔到终末细支气管这一段呼吸道内，不能与血液进行气体交换，是无效的，故把这一段呼吸道称为解剖无效腔（anatomical dead space）或死腔（dead space）。进入肺泡内的气体，也可能由于血液在肺内分布不均而未能与血液进行气体交换，这部分肺泡容量称肺泡无效腔（alveolar dead space）。解剖无效腔和肺泡无效腔合称生理无效腔（physiological dead space）。由于无效腔的存在，每次吸入的新鲜空气，一部分停留在无效腔内，另一部分进入肺泡。由此可见肺泡通气量（alveolar ventilation）才是真正有效的通气量。肺泡通气量应为每分钟吸入肺并能与血液进行气体交换的新鲜空气量，也称有效通气量，其值等于（潮气量 - 生理无效腔）× 呼吸频率，健康的动物肺泡无效腔接近于 0。因此可粗略地按下式计算，即

$$每分肺泡通量 =（潮气量 - 解剖无效腔气量）× 呼吸频率 \tag{9-6}$$

由表 9-1 可见，对肺换气而言，浅而快的呼吸是不利的。深而慢的呼吸虽可增加肺泡通气量，但也会增加呼吸做功。

e案例分析 9-1
关于肺通气案例分析两则

表 9-1　不同呼吸频率和潮气量时的肺通气量和肺泡通气量

呼吸频率 / （次 /min）	潮气量 / mL	肺通气量 / （mL/min）	肺泡通气量 / （mL/min）
16	500	8 000	5 600
8	1 000	8 000	6 800
32	250	8 000	3 200

9.2.2　其他脊椎动物的通气活动

9.2.2.1　禽类的肺与气囊通气活动

e 系统功能进化
9-3 鸟的肺通气（动画）

禽类的肺结构和哺乳动物有很大的区别：①其肺小而致密有一部分嵌在肋骨间隙，因此其扩张性小，无弹性回缩，所以吸气、呼气均靠吸气肌及呼气肌的主动收缩；②气管系统进入肺之前仅有三级分支：初级支气管（位于肺外和肺内）、次级支气管和第三级支气管。第三级支气管

e 系统功能进化
9-4 蛙的肺通气（动画）

（即副支气管）之间由毛细气管相联系，毛细支气管和肺内的毛细血管交织在一起呈网状结构，是气体交换的地方；③初级支气管在向次级支气管分支、延伸过程中与易于扩张，壁薄的气囊直接相通。气囊仅有储存气体的功能；④由于有气囊、副支气管和呼吸过程中气流的惯性作用使得禽类在吸气和呼气阶段都有气体流过肺，都可进行气体交换。但需要经过两个呼吸周期才能把一次吸入的气体从呼吸系统排出。

ⓔ 系统功能进化
9-5 鱼鳃的通气活动（动画）

ⓔ 系统功能进化
9-6 其他脊椎动物的肺通气

9.2.2.2 两栖爬行类肺通气活动

成年蛙的肺换气需要靠一套"正压"系统即口腔泵来完成，即由口腔底部的颤动升降将空气压入肺部。

爬行动物除了像两栖动物可借助口底运动进行口咽式呼吸外，同时还发展了羊膜动物共有的胸腹式呼吸。

9.2.2.3 鱼类鳃通气活动

鱼类的鳃通气活动是由于口腔、鳃腔肌肉的协同收缩与舒张运动、鳃盖本身小片状骨骼结构和瓣膜的阻碍作用完成。因此鱼类的口腔、鳃盖的开闭是间断的，但流经鳃瓣的水却是连续的。

9.3 气体交换

呼吸器官的不断通气，保持了呼吸器官中 P_{O_2}、P_{CO_2} 的相对稳定，这是气体交换得以顺利进行的前提。

9.3.1 气体交换原理

9.3.1.1 液体与液体表面的气体分压

ⓔ 知识拓展 9-5
液体与液体表面的气体分压

呼吸生理中气体的分压（partial pressure）是一个基本的概念，是指混合气体中任一组分气体所产生的压力。气体与液体表面接触时，当接触面上气体中与液体内气体分子运动达到平衡时，液体内某气体的分压等于液面气体的分压。用 "P" 表示某一气体的分压，如用 "P_{O_2}" 表示氧分压。

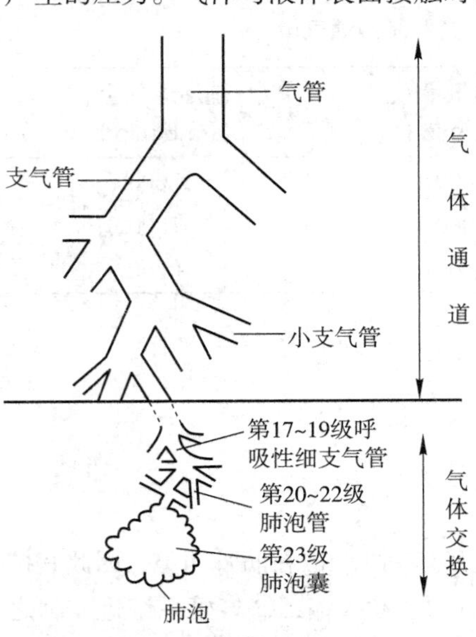

各种气体无论是处于气体状态，还是溶解于液体之中，当各处气体分子压力不等时，气体分子总是从压力高处向压力低处净移动，直致各处压力相等，这一过程称为扩散。扩散的动力源于两处的压力差，压力差愈大，单位时间内气体分子的扩散量（即扩散速率，diffusion rate，DR）也愈大。

9.3.1.2 气体在肺内的交换

支气管在肺内反复分支至终末细支气管（位于支气管树第 16 级以上的分支）（图 9-8），成为呼吸性细支气管，连同肺泡管、肺泡囊和肺泡组成一个呼吸单位，是换气的部位。位于肺泡与肺毛细血管血液之间的结构，

图 9-8 肺单位模式图

称呼吸膜（respiratory membrane），由六层结构组成（图9-9）：即含表面活性物质的液体层、肺泡上皮细胞层、肺泡上皮基膜、肺泡与毛细血管之间的间隙、毛细血管基膜层和毛细血管内皮细胞层。总厚度不到 1 μm，有的地方仅有 0.2 μm。

肺泡壁和肺毛细血管之间的距离很短，允许气体分子自由通过。单个肺泡的表面积虽然很小，但肺内有许多肺泡，所以表面积很大，为气体交换提供了非常大的交换场所。在呼吸过程中，吸入气的 P_{O_2} 为 159 mmHg（21.2 kPa），当其与呼吸道和功能余气混合后，使肺泡气中的 P_{O_2} 变为 104 mmHg（13.90 kPa），而混合静脉血液流经肺毛细血管时，血液 P_{O_2} 为 40 mmHg（5.32 kPa）。在大气、肺泡气、血液和组织之间同时存在着 O_2 分压梯度及与之相反方向的 CO_2 分压梯度（图9-10）。肺泡气中 O_2 便由于分压差向血液净扩散，血液的 P_{O_2} 便逐渐上升，最后接近肺泡气的 P_{O_2}（图9-11）。CO_2 则向相反的方向扩散，从血液到肺泡，并由肺呼出。

O_2 和 CO_2 的扩散都极为迅速，仅需约 0.3 s 即可达到平衡。通常情况下血液流经肺毛细血管的时间约 0.7 s，所以当血液流经肺毛细血管全长的 1/3 时，已经基本上完成交换过程。通过肺换气，血液中 O_2 不断地从肺泡中得到补充，并经肺泡将 CO_2 排出，使含 CO_2 多而含 O_2 少的静脉血，变成含 O_2 多而含 CO_2 少的动脉血。

鱼类鳃上的气体交换机制与哺乳动物肺中的气体交换基本相同，其 O_2 及 CO_2 总是由分压高处向分压低的一方扩散，最后达到水环境和鳃细胞、鳃细胞和血液之间气体平衡。由于鱼类的呼吸是在水环境中进行，为了获得最大、有效的气体交换，在鳃及其气体交换膜的结构上产生了一系列适应性的保障机制特征

ⓔ知识拓展 9-6
鳃表面水流、血流与气体交换（动画）

ⓔ知识拓展 9-7
鳃的气体交换

9.3.1.3　影响呼吸器官（肺）内气体交换的因素

（1）气体的相对分子质量和溶解度 S　质量轻的气体扩散较快。如果扩散发生于气相和液相之间，则扩散速率还与气体在溶液中的溶解度（S）成正比。

（2）呼吸膜的面积和通透性　单位时间内气体的扩散量与扩散面积及膜的通透性呈正相关。在肺部。气体扩散速率与呼吸膜厚度呈反比关系，膜越厚，单位时间内交换的气体量就越少。虽然呼吸膜有六层结构，但却很薄，总厚度不到 1 μm，有的部位也只有 0.2 μm，气体易于扩散通过。此外，因为呼吸膜的面积极大，肺毛细血管总血量并不多，所以肺毛细血管中血液层很薄。加之肺毛细血管平均直径不足 8 μm，需要红细胞挤过肺毛细血管，因此，红细胞膜通常能接触

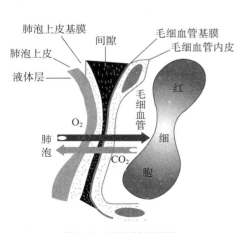

图9-9　呼吸膜细微结构

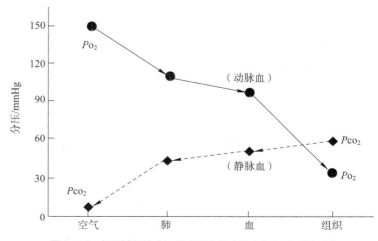

图9-10　各区域气体分压梯度示意图（引自朱文玉，2003）

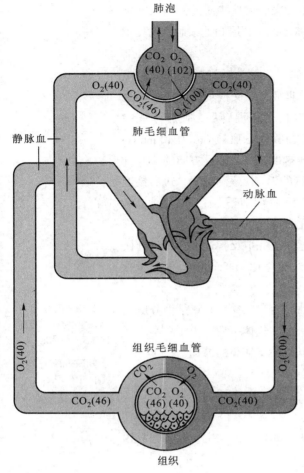

图 9-11　气体交换示意图

到毛细血管壁，O_2、CO_2 不必经过大量的血浆层就可到达红细胞或进入肺泡，这样扩散距离变短，交换速度变快。

（3）呼吸器官（肺）血流量与通气/血流比值　每分钟呼吸器官（肺泡）通气量（V_A）和每分钟呼吸器官（肺）血流量（Q）之间的比值为通气/血流比值（ventilation-perfusion ratio，V_A/Q）。只有适宜的 V_A/Q 才能实现适宜的气体交换：肺循环系统提供相应的血流量，及时运走摄取的 O_2，运来机体产生的 CO_2。如果 V_A/Q 比值增大，这就意味着通气过剩，血流不足，部分肺泡气未能与血液气充分交换，致使肺泡无效腔（即生理无效腔）增大。如心力衰竭时，肺循环血量减少，虽然气体交换正常，但交换的总量下降了。反之，V_A/Q 下降，则意味着通气不足，血流过剩，部分血液流经肺部通气不良，犹如发生了功能性动-静脉短路，混合静脉血中的气体未得到充分更新，未能成为动脉血就流回了心脏。由此可见，V_A/Q 增大或 V_A/Q 减小，都能降低气体交换效率，导致机体缺 O_2 或 CO_2 潴留。

肺本身具有调节局部肺泡通气/血流比值的能力。在通气不良的肺泡，肺泡氧分压较低，可使这部分肺泡的肺动脉分支收缩，减少那儿的血流量，以促使从右心室泵出的混合静脉血流向通气良好的肺泡，有利于气体交换。但是在高原环境下，由于大气氧分压低，造成肺动脉发生广泛的收缩，这时可导致肺动脉高压。

机体活动增加时，O_2 耗量和 CO_2 产生量都增加，这时不仅要加大肺泡通气量，同时还要相应增加肺血流量。只有维持通气/血流的正常比值，才能满足机体供 O_2 和排出 CO_2 的需要。

9.3.2　组织中的气体交换及其影响因素

9.3.2.1　组织中的气体交换

在组织处，由于细胞的新陈代谢，不断地消耗 O_2 产生 CO_2，所以组织中 P_{O_2} 可低至 30 mmHg（3.99 kPa）以下，P_{CO_2} 可高达 50 mmHg（6.70 kPa）以上。而动脉血中 P_{O_2} 为 100 mmHg（13.40 kPa），P_{CO_2} 为 40 mmHg（5.32 kPa），O_2 便顺分压差由血液向细胞扩散，CO_2 则由细胞向血液扩散。在组织中动脉血因失去 O_2 和得到 CO_2 而变成静脉血。

9.3.2.2　影响组织气体交换的因素

有多种因素影响组织的气体交换：①距离毛细血管的远近，随着远离毛细血管的距离增加，气体在组织中的扩散距离增加，扩散速度即减慢，换气减少。和脑组织相比，骨骼肌中的每条毛细血管供血半径是脑组织的 10 倍（200 μm/20 μm），因此肌细胞获得的 O_2 量低于脑细胞。②组织血流量减少，毛细血管血液与组织液之间的气体分压差减小，O_2 及 CO_2 扩散速率减慢，导致局部缺氧和 CO_2 增多。组织发生水肿时，局部组织液堆积，增加了气体扩散的距离和组织液静水压，间接地影响了细胞的气体交换。有的小血管血流受阻，使组织的氧供给减少甚至中断。

③组织代谢率增高，使气体扩散的分压差增大；局部温度、H^+ 浓度和 P_{CO_2} 升高，毛细血管开放数目增加，局部血流量增加，并缩短了气体扩散的距离，气体的扩散率增加，组织换气增多。

9.4 气体在血液中的运输

9.4.1 氧及二氧化碳在血液中的存在形式

O_2 和 CO_2 都以物理溶解和化学结合两种形式存在于血液中。以物理溶解形式存在的比例极少。尽管如此，物理溶解形式是气体运输不可缺少的环节，因为在肺或组织进行气体交换时，进入血液的 O_2 和 CO_2 都是先溶解，提高其分压，再进行化学结合；O_2 和 CO_2 从血液释放时，也是溶解的先逸出，使其分压下降，结合的再分离出来，补充所失去的溶解的气体，溶解的气体和化学结合的气体两者之间处于动态平衡之中。气体的物理溶解在气体运输过程中起到重要的桥梁作用。

ⓔ 知识拓展 9-8
O_2 及 CO_2 在血液中存在的形式

但有一点需要说明，当动脉血的 P_{O_2} 超过 100 mmHg 后，血液中的 P_{O_2} 每增加 100 mmHg，每 100 mL 血液中的氧含量也只能再增加 0.3 mL 的氧（此时仅靠物理溶解量增加）。

9.4.2 氧的运输

O_2 在血液中的溶解量极少，仅占血液总 O_2 含量的 1.5% 左右，结合的占 98.5% 左右。溶解的氧进入红细胞，与血红蛋白（hemoglobin, Hb）结合成氧合血红蛋白（oxyhemoglobin）（HbO_2）。血红蛋白（Hb）是红细胞内的色素蛋白，它的分子结构特征为运输 O_2 提供了很好的物质基础。Hb 还参与 CO_2 的运输，所以在血液气体运输方面 Hb 占有极为重要的地位（见 ⓔ 知识拓展 7-3）。

9.4.2.1 血红蛋白的氧合作用

血液中的 O_2 主要以氧合 Hb（HbO_2）形式运输。O_2 与 Hb 的结合和解离是可逆反应，能迅速结合，也能迅速解离，主要取决于 P_{O_2} 的大小。O_2 与 Hb 的结合有以下一些重要特征。

（1）反应快、可逆、不需酶的催化、受 P_{O_2} 的影响 当血液流经 P_{O_2} 高的呼吸器官时，Hb 与 O_2 结合，形成 HbO_2；当血液流经 P_{O_2} 低的组织时，HbO_2 迅速解离，释出 O_2，成为去氧 Hb：

$$Hb + O_2 \xrightleftharpoons[P_{O_2} \text{低的组织}]{P_{O_2} \text{高的肺部}} HbO_2$$

HbO_2 对蓝光的吸收能力强，因此呈鲜红色，去氧 Hb 因吸收红光能力强而呈暗紫色。

（2）Fe^{2+} 与 O_2 结合后化合价不变 一个 Hb 分子含有四个血红素，每个血红素含有一个 Fe^{2+}，Fe^{2+} 与 O_2 结合后仍保持亚铁形式，未被氧化，因此这一过程不是氧化（oxidation），而称为氧合（oxygenation）。

（3）1 分子 Hb 可以结合 4 分子 O_2 Hb 是由 4 个单体组成的四聚体，由 1 个含有 4 条多肽链的珠蛋白和 4 个分子血红素（heme，又称亚铁原卟啉）组成（图 9-12），每 1 个血红素分子结合 1 个 O_2，所以 1 分子 Hb 可以结合 4 分子 O_2，1g Hb 可以结合 1.34 ~ 1.39 mL O_2，视 Hb 的纯度而异。100 mL 血液中，Hb 所能结合的最大 O_2 量称为 Hb 的血氧容量（oxygen capacity），此值受 Hb 浓度的影响；而 Hb 实际结合的 O_2 量称为 Hb 的血氧含量（oxygen content），其值可受 P_{O_2}

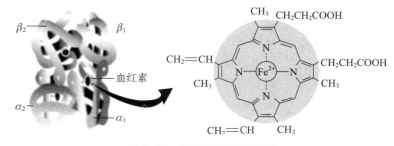

图 9-12 血红蛋白结构示意图

的影响；Hb 血氧含量占血氧容量的百分比为 Hb 的血氧饱和度（oxygen saturation）。

（4）Hb 与 O_2 的结合或解离曲线呈 S 形，与 Hb 的变构效应有关　Hb 有两种构型，即去氧的紧密型（tense form，T 型）和氧合的疏松型（relaxed form，R 型）。当第一个 O_2 与 Hb 的 Fe^{2+} 结合后，盐键逐步断裂，Hb 分子逐步由 T 型变为 R 型，对 O_2 的亲合力逐步增加，R 型的 O_2 亲和力为 T 型的数百倍。也就是说，Hb 的 4 个亚单位无论在结合 O_2 或释放 O_2 时，彼此间有协同效应，即 1 个亚单位与 O_2 结合后，由于变构效应的结果，其他亚单位更易与 O_2 结合；反之，当 HbO_2 的 1 个亚单位释出 O_2 后，其他亚单位更易释放 O_2。因此，Hb 氧离曲线呈 S 形。

9.4.2.2　氧离曲线

（1）哺乳动物的氧离曲线及其意义　氧离曲线（oxygen dissociation curve）或氧合血红蛋白解离曲线是表示血液中 Hb 氧结合量或 Hb 氧饱和度与 Po_2 的关系的曲线（图 9-13）。该曲线表示不同 Po_2 时，O_2 与 Hb 的结合情况。氧离曲线的 S 形显示了 Hb 的氧合作用的特点和重要的生理意义。

① 氧离曲线的上段：相当于 Po_2 60~100 mmHg（7.98 ~ 13.3 kPa）之间变化不大，坡度小。在这个范围内 Po_2 水平较高，可以认为是 Hb 与 O_2 的结合部分。表明 Po_2 的变化对 Hb 氧饱和度影响不大。例如 Po_2 为 100 mmHg（13.3 kPa）时，Hb 氧饱和度 97.4%，血 O_2 含量约为 19.4 mL，如将吸入气 Po_2 提高到 150 mmHg（19.95 kPa），Hb 氧饱和度为 100%，只增加了 2.6%，这就解释了为何 V_A/Q 不匹配时，肺泡通气量的增加几乎无助于 O_2 的摄取；反之，如使 Po_2 下降到 70 mmHg（9.31 kPa），Hb 氧饱和度为 94%，也只降低了 3.4%。因此，即使吸入气或肺泡气 Po_2 有所下降，如在高原、高空或某些呼吸系统疾病时，但只要 Po_2 不低于 60 mmHg（7.98 kPa），Hb 氧饱和度仍能保持在 90% 以上，血液仍可携带足够量的 O_2，不致发生明显的低血氧症。

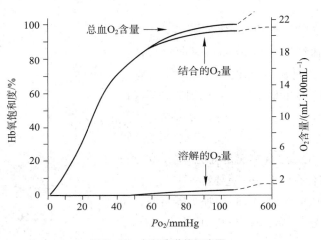

图 9-13　氧解离曲线示意图

② 氧离曲线的中段：该段曲线较陡，相当于 Po_2 40~60 mmHg（5.32 ~ 7.98 kPa），是 HbO_2 释放 O_2 的部分。Po_2 40 mmHg（5.32 kPa），相当于混合静脉血的 Po_2，此时 Hb 氧饱和度约 75%，血 O_2 含量约为 14.4%，即每 100 mL 血液流过组织时释放了 5 mL O_2。血液流经组织时释放出的 O_2 容积所占动脉血 O_2 含量的百分数称为 O_2 的利用系数（utilization coefficient of oxygen），安静时为 25% 左右。氧离曲线的中段反映了机体在安静状态下血液对组织的供 O_2 状况。

③ 氧离曲线的下段：相当于 Po_2 15 ~ 40 mmHg（2.00 ~ 5.32 kPa），也是 HbO_2 与 O_2 解离的部分，是曲线坡度最陡的一段，即 Po_2 稍降，HbO_2 就可大幅下降。在组织活动加强时，Po_2 可降至 15 mmHg（2 kPa），HbO_2 进一步解离，Hb 氧饱和度降至更低的水平，血氧含量仅约 4.4%，这样每 100 mL 血液能供给组织 15 mLO_2，O_2 的利用系数提高到 75%，是安静时的 3 倍，因此能保证机体对 O_2 需求的增加。当环境中（如高原）的 Po_2 较低时，也可通过此途径维持对组织的 O_2 供。另外，当含 O_2 量较低的静脉血流经呼吸器官时，只要 Po_2 轻度升高，就可以使 Hb 的氧饱和度明显增加，使血液携带较多的 O_2。可见该段曲线代表 O_2 贮备。

（2）影响氧离曲线的因素　Hb 与 O_2 的结合和解离可受多种因素影响，使氧离曲线的位置偏移，亦即使 Hb 对 O_2 的亲和力发生变化。通常用 P_{50} 表示 Hb 对 O_2 的亲和力。P_{50} 是使 Hb 氧饱和度达 50% 时的 P_{O_2}，正常为 26.5 mmHg（3.52 kPa）。P_{50} 增大，表明 Hb 对 O_2 的亲和力降低，需更高的 P_{O_2} 才能达到 50% 的 Hb 氧饱和度，曲线右移；P_{50} 降低，指示 Hb 对 O_2 的亲和力增加，达 50% Hb 氧饱和度所需的 P_{O_2} 降低，曲线左移。如生活在海拔高的哺乳动物羊驼的氧离曲线较一般的哺乳动物的左移，说明羊驼的 Hb 习惯于从低氧环境中摄取氧，这是一种先天性特性。

影响 Hb 对 O_2 的亲和力或 P_{50} 的因素有血液的 pH、P_{CO_2}、温度和有机磷化合物等（图 9-14）。

① pH 和 P_{CO_2} 的影响：pH 降低或 P_{CO_2} 升高，Hb 对 O_2 的亲和力降低，P_{50} 增大，氧离曲线右移；反之，Hb 对 O_2 的亲和力增加，氧饱和度升高，曲线左移（图 9-15）。P_{CO_2} 及 H^+ 浓度的改变对氧离曲线的影响称为波尔效应（Bohr effect）。波尔效应的机制，与 pH 改变时 Hb 构型变化有关。酸度增加时，H^+ 与 Hb 多肽链某些氨基酸残基的基团结合，促进盐键形

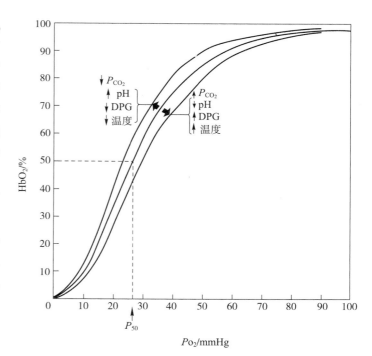

图 9-14　影响氧离曲线位置的主要因素

成，促使 Hb 分子构型变为 T 型，从而降低了对 O_2 的亲和力，曲线右移；酸降低时，则促使盐键断裂放出 H^+，Hb 为 R 型，对 O_2 的亲和力增加，曲线左移。P_{CO_2} 对 Hb 与 O_2 结合的影响一方面可通过 P_{CO_2} 的改变引起 pH 变化，间接发挥作用；另一方面可通过直接影响 Hb 与 O_2 的亲和力发挥作用，但这种作用不明显。

波尔效应有重要的生理意义，它既可促进肺毛细血管血液的氧合，又有利于组织毛细血管血液释放 O_2。当血液流经呼吸器官（肺）时，CO_2 从血液向肺泡扩散，血液 P_{CO_2} 下降，pH 升高，H^+ 浓度下降，均使 Hb 对 O_2 的亲和力增加，曲线左移，血液摄取 O_2 量增加，运输能力增强。当血液流经组织时，CO_2 从组织扩散进入血液，血液 P_{CO_2} 升高和 pH 下降，H^+ 浓度上升，Hb 对 O_2 的亲和力降低，曲线右移，促使 HbO_2 解离向组织释放更多的 O_2。

② 温度的影响　温度升高，可引起 O_2 的解离增多，氧离曲线右移；反之温度降低时，促进 Hb 与氧的结合，曲线左移（图 9-16），不利于 O_2 的释放。温度对氧离曲线的影响，可能与温度影响了 H^+ 活度有关。温度升高，H^+ 活度增加，降低了 Hb 对 O_2 的亲和力。当血液流经剧烈活动

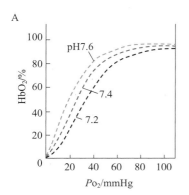

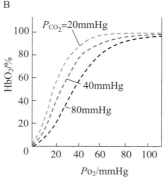

图 9-15　血液 pH（A）和 P_{CO_2}（B）对血液氧离曲线的影响

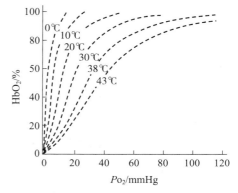

图 9-16　不同温度下的氧离曲线

的组织时，由于局部组织温度升高，CO_2 和酸性代谢产物增加都促进 HbO_2 的解离，活动组织可获得更多的 O_2 以适应其代谢的需要。

③ 有机磷化合物：红细胞中有很多有机磷化合物，特别是 2,3-二磷酸甘油酸（2,3-diphosphoglycerate，2,3-DPG），在调节 Hb 和 O_2 的亲和力中起重要作用。2,3-DPG 浓度升高，Hb 对 O_2 亲和力降低，氧离曲线右移；2,3-DPG 浓度降低，Hb 对 O_2 的亲和力增加，曲线左移。其机制可能是 Hb 的两条 β 链之间的空隙中有许多正电荷，很容易与带负电荷的 2,3-DPG 结合，促使 Hb 变成 T 型，降低了 Hb 对 O_2 的亲和力。此外，2,3-DPG 还可以提高 H^+ 浓度，通过波尔效应来影响 Hb 对 O_2 的亲和力。2,3-DPG 是红细胞无氧糖酵解的产物，慢性缺 O_2、高山缺 O_2、贫血等情况下红细胞糖酵解加强，生成 2,3-DPG 增加，在相同的 P_{O_2} 下，组织血管中的 HbO_2 可释放出更多的 O_2 供组织利用。

④ Hb 自身性质的影响：除上述因素外，Hb 与 O_2 的结合还受其自身的性质所影响，血液中 Hb 的数量和质量也直接影响到运氧的能力。如受某些氧化剂（如亚硝酸盐等）的作用，Hb 的 Fe^{2+} 氧化成 Fe^{3+}，失去运 O_2 能力。胎儿的 Hb（HbF）与 O_2 的亲和力较高，有助于胎儿血液流经胎盘时从母体摄取 O_2。珠蛋白多肽链中氨基酸的变异也会影响 Hb 的运 O_2 能力，如果 α 链第 92 位的精氨酸被亮氨酸取代，Hb 与 O_2 的亲和力就会成倍增加，从而导致组织缺 O_2。贫血患者 Hb 减少，血液总的运 O_2 能力下降。

⑤ CO 的影响：CO 极易与 Hb 结合，CO 与 Hb 的亲和力是 O_2 的 250 倍，这意味着极低的 P_{CO}，CO 就可以从 HbO_2 中取代 O_2，阻断其结合位点。此外，CO 与 Hb 结合还有一极为有害的效应，即当 CO 与 Hb 分子中某个血红素结合后，将增加其余 3 个血红素对 O_2 的亲和力，使氧离曲线左移，妨碍 O_2 的解离。所以 CO 中毒既妨碍 Hb 与 O_2 的结合，又妨碍 O_2 的解离，危害极大。

知识拓展 9-9 其他脊椎动物的氧离曲线

（3）其他脊椎动物的氧离曲线 O_2 在其他脊椎动物血液中运输的形式，仍以化学结合形式为主。Hb 的氧离曲线也呈 S 形。氧离曲线所反映的功能意义也与哺乳动物的大致相同，同样具有波尔效应。但由于各类动物的 Hb 自身特性和生活环境氧含量的不同，其氧离曲线又有各自的一些特征。

9.4.3 二氧化碳的运输

9.4.3.1 二氧化碳运输的形式

血液中 CO_2 仅有少量溶解于血浆中，占 5%~6%，大部分以结合状态存在，占 94%~95%。化学结合的 CO_2 主要是碳酸氢盐（占 87%）和氨基甲酰血红蛋白（占 7%）。溶解状态的 CO_2 包括单纯物理溶解的和与 H_2O 结合生成的 H_2CO_3。

（1）碳酸氢盐形式 从组织扩散入血的 CO_2 首先溶解于血浆，其中一小部分溶解的 CO_2 缓慢地和 H_2O 结合生成 H_2CO_3，H_2CO_3 又解离成 HCO_3^- 和 H^+，H^+ 被血浆缓冲系统缓冲，pH 无明显变化。大部分 CO_2 进入红细胞，在碳酸酐酶（carbonic anhydrase，CA）催化下与水反应生成 H_2CO_3，H_2CO_3 又解离成 HCO_3^- 和 H^+，该反应极为迅速、可逆。红细胞中高浓度的 HCO_3^- 便顺浓度梯度扩散进入血浆被运输（图 9-17 右侧细胞中）。与

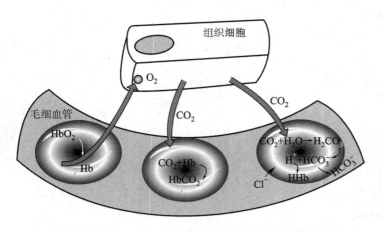

图 9-17 CO_2 从组织器官被血液运输示意图

此同时，Cl⁻ 以扩散的方式从血浆转入红细胞内，以维持细胞内电荷的平衡。此过程称之为氯转移（chloride shift）。在红细胞膜上有特异的 $HCO_3^- - Cl^-$ 载体，运载这两种离子进行跨膜交换。这样，HCO_3^- 就不会再红细胞内堆积，有利于上述反应进行和 CO_2 的运输。

在呼吸器官（如肺、鳃）毛细血管中，反应向相反方向进行（图 9-18 左侧细胞中）。这样以 HCO_3^- 形式运输的 CO_2，在呼吸器官又转变成 CO_2 释出。

ⓔ知识拓展 9-10
血液中 CO_2 的运输（动画）

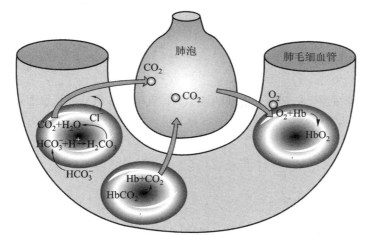

图 9-18　在呼吸器官 CO_2 从血液中释放示意图

（2）氨基甲酰血红蛋白形式　由组织进入血液并进一步进入红细胞的 CO_2，一部分与 Hb 分子中的氨基结合形成氨基甲酰血红蛋白（carbaminohemoglobin，HHbNHCOOH），这一反应无需酶的催化，迅速、可逆。当静脉血流经肺部时，由于肺泡中 P_{CO_2} 较低，于是 CO_2 从 HbCO₂ 释放出来，经肺呼出体外。

ⓔ知识拓展 9-11
CO_2 以碳酸氢盐形式运输的分子机制

$$HHbNHCOOH + O_2 \underset{组织}{\overset{肺部}{\rightleftharpoons}} HbNH_2O_2 + H^+ + CO_2$$

调节上述反应的主要因素是 Hb 的氧合作用。HbO_2 与 CO_2 结合生成 HHbNHCOOH 的能力较去氧 Hb 的小。在肺部，P_{CO_2} 较低，P_{O_2} 较高，HbO_2 生成增多，HHbNHCOOH 便解离释放出 CO_2 和 H^+，反应向右进行；在外周组织，P_{CO_2} 较高，P_{O_2} 较低，HbO_2 解离释放出 O_2，去氧 Hb 与 CO_2、H^+ 结合，反应向左进行。

O_2 与 Hb 结合促使 CO_2 释放，而去氧 Hb 则容易与 CO_2 结合这一现象称为霍尔登效应（Haldane effect）。这是由于 Hb 与 O_2 结合后酸性增强，与 CO_2 亲和力下降，促使与之结合的 CO_2 和 H^+ 释放；去氧 Hb 酸性较弱，易与 CO_2 和 H^+ 结合。因此，在组织中霍尔登效应促使血液摄取并结合 CO_2；而在肺部又因 Hb 与 O_2 结合又促使 CO_2 释放。

可见，O_2 和 CO_2 的运输不是孤立进行的，而是相互影响的。CO_2 通过波尔效应影响 Hb 与 O_2 的结合和释放，O_2 又通过霍尔登效应影响 Hb 对 CO_2 的结合和释放。

9.4.3.2　CO_2 的解离曲线

CO_2 的解离曲线（carbon dioxide dissociation curve）：表示血液中 CO_2 含

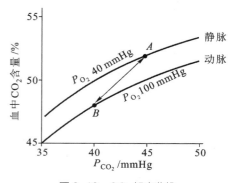

图 9-19　CO_2 解离曲线

量与P_{CO_2}关系的曲线（图 9-19）。与氧离曲线不同，血液 CO_2 含量随 P_{CO_2} 上升而增加，几乎呈线性关系而不是 S 形，而且没有饱和点。因此，CO_2 解离曲线的纵坐标不用饱和度而用浓度来表示。

在图 9-19 中，A 点表示 P_{O_2} 为 40 mmHg（5.3 kPa）、P_{CO_2} 为 45 mmHg（6.0 kPa）的静脉血的 CO_2 含量，约为 52 mL/100 mL 血液；B 点表示 P_{O_2} 为 100 mmHg（13.3 kPa）、P_{CO_2} 为 40 mmHg（5.3 kPa）的动脉血的 CO_2 含量，约为 48 mL/100 mL 血液。可见每 100 mL 血液流经肺部时可释放 4 mL CO_2。

9.5 呼吸运动的调节

呼吸运动是一种节律性运动，其运动的频率和幅度随机体所处的状态而定，但这种呼吸运动的改变是由神经和体液调节来完成的。

9.5.1 神经调节

9.5.1.1 呼吸中枢及呼吸节律

参与呼吸运动的肌肉属于骨骼肌，没有自动产生节律性收缩的能力。呼吸运动之所以能有节律地进行，完全依靠呼吸中枢的节律性兴奋。呼吸中枢（respiratory center）是指中枢神经系统内产生和调节呼吸运动的神经细胞群所在部位。

研究发现，呼吸中枢分布在大脑皮层、间脑、脑桥、延髓和脊髓等部位。脑的各级部位在呼吸节律产生和调节中所起的作用不同。正常呼吸运动是在各级呼吸中枢的相互配合下进行的。

脊髓：在哺乳动物的中脑和脑桥之间进行横切（图 9-20，A 平面），呼吸无明显变化；在延髓和脊髓之间横切（图 9-20，D 平面），呼吸停止，表明节律性呼吸运动不是在脊髓产生的，脊髓只是联系上（高）位脑和呼吸肌的中继站和整合某些呼吸反射的基本中枢。

低位脑干：低位脑干指延髓和脑桥。呼吸节律产生于低位脑干，上位脑对节律性呼吸不是必需的。如果在脑桥上、中部之间横切（图 9-20，B 平面），呼吸将变慢变深，如再切断双侧迷走神经，吸气便大大延长，仅偶尔被短暂的呼气所中断，说明脑桥上部有抑制吸气的中枢结构，当延髓失去吸气活动的抑制作用后，吸气活动不能及时被中断，便出现长吸式呼吸。再在脑桥和延髓之间横切（图 9-20，C 平面），长吸式呼吸都消失，呼吸不规则，或平静呼吸，或两者交替出现，因而认为脑桥中下部有活化吸气的长吸中枢。

20 世纪 70 年代，用微电极等技术研究发现，中枢神经系统内有些神经元呈节律性放电，有的于吸气相放电，称为吸气神经元（inspiratory neuron），有的于呼气相放电，称为呼气神经元（expiratory neuron）。此外，还有些神经元在吸气相开始放电至呼气相早期结束，或于呼气相开始放电至吸气相早期结束，称跨时相神经元。在低位脑干中呼吸神经元相对集中分布成为 3 组：集中在延髓背侧（孤束核的腹外侧部）的背侧呼吸组（dorsal respiratory，DRG），集中在延髓腹侧（疑核、后疑核和面神经后核附

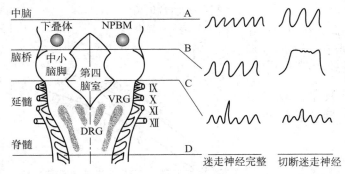

图 9-20　脑干呼吸有关核团（左）和在不同平面横切脑干后呼吸的变化（右）示意图

VRG：腹侧呼吸组；DRG：背侧呼吸组；NPBM：臂旁内侧核

发现之旅 9-1
呼吸节律（respiratory rhythm）之发现

近的包氏复合体（botzinger）的腹侧呼吸组（ventral respiratory group，VRG）（图 9-20）以及在脑桥的脑桥呼吸组（pontine respiratory group，PRG）。

在背侧呼吸组中主要含有吸气神经元，其轴突下行投射到脊髓颈、胸段，支配膈肌和肋间外肌运动神经元，支配吸气肌的运动。腹侧呼吸组结构复杂，其间有呼气神经元、吸气神经元及一些中间神经元。大部分呼气神经元下行，支配呼气运动神经元；包氏复合体与呼吸节律的形成有关（图 9-21）（见第 14 章）。

脑桥呼吸组的呼吸神经元相对集中于臂旁内侧核和相邻的 KF 核（Kolliker–Fuse nucleus，KF）位于传统观念中的呼吸调整中枢（脑桥外侧部），其中有各种吸气、呼气和跨时相的呼吸神经元，PRG 可能起整合各种内外的传入信息、控制吸气时程、影响呼吸类型等作用。

高位脑：呼吸还受脑桥以上部位，如大脑皮层、边缘系统、下丘脑等的影响。低位脑干的呼吸调节系统是不随意的自主呼吸调节系统，而高位脑的调控是随意的，大脑皮层可以随意控制呼吸，在一定限度内可以随意屏气或加强加快呼吸，使呼吸精确而灵敏地适应环境的变化。例如，狗在高温环境中伸舌喘息，以增加机体散热，乃是下丘脑参与调节的结果。动物情绪激动时，呼吸增强，则是皮层边缘系统中某些部位兴奋的结果。

高级中枢对呼吸的调节途径：一是通过控制脑桥和延髓的基本呼吸中枢的活动调节呼吸节律；二是经皮质脊髓束和皮质 – 红核 – 脊髓束，直接调节呼吸肌运动神经元的活动。

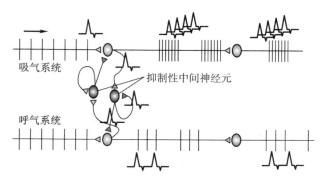

图 9-21　呼吸节律在呼吸中枢中的形成机制

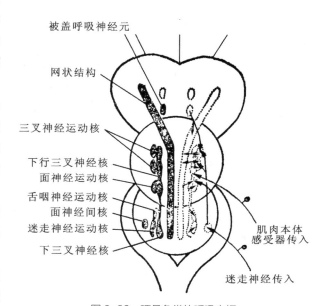

图 9-22　硬骨鱼类的呼吸中枢

有关鱼的呼吸中枢，一般认为延髓是鱼类的初级呼吸中枢，在脊髓和延髓之间横断，呼吸停止。在延髓和中脑之间横断脑干，呼吸运动没有明显变化。延髓的呼吸中枢位于延髓腹面的中线两侧，包括三叉神经运动核、面神经晕核、舌咽神经和迷走神经运动核、三叉神经下行及网状结构（图 9-22），鱼类的中脑、间脑和小脑中还有较高级的呼吸协调中枢。

9.5.1.2　呼吸运动的反射性调节

（1）肺牵张反射　1868 年，Breuer 和 Hering 发现，在麻醉动物向肺充气或肺扩张时，则抑制吸气；而使肺放气或肺缩小时，则引起吸气。切断迷走神经，上述反应消失，说明上述现象是迷走神经参与的反射性活动。这种由肺扩张或肺缩小引起的吸气抑制或兴奋的反射为黑 – 伯氏反射（Hering–Breuer reflex），包括肺扩张反射和肺缩小反射两种成分。

肺扩张反射（inflation reflex）：是肺充气或扩张抑制吸气的反射。感受器位于从气管到细支气管的平滑肌中，属于牵张感受器，其阈值低，适应慢。当肺扩张牵拉呼吸道，使感受器也扩张兴奋，发放冲动沿迷走神经纤维传入延髓。在延髓内通过一定的神经联系使呼气神经元兴奋，吸气抑制，转入呼气。其意义是加速了吸气和呼气的交替，使呼吸频率增加。所以切断迷走神经后，吸气延长、加深，呼吸变得深而慢。比较 8 种动物的肺扩张反射，发现其敏感性有种属差异，兔和大鼠最为敏感，猫和犬次之，人最低。

肺缩小反射（deflation reflex）：也称肺萎陷反射（pulmonary deflation reflex），是肺缩小时引起吸气增强或促进呼气运动转换为吸气的反射。感受器也位于从气管到细支气管的平滑肌内，但其性质尚不清楚。肺缩小反射在较强的肺收缩时才出现，它在平静呼吸调节中意义不大，但对阻止呼气过深和肺不张开等可能起一定作用。

（2）呼吸肌本体感受性反射　肌梭和腱器官是骨骼肌的本体感受器，它们所引起的反射为本体感受性反射。当肌肉被牵拉，其内的肌梭受到牵张刺激，可以反射性地引起该肌梭所在的骨骼肌收缩，称为骨骼肌的牵张反射，属本体感受性反射（见第 13 章）。鱼类也有呼吸肌的本体感受性反射。

（3）防御性呼吸反射　由呼吸道黏膜受刺激引起的以清除刺激物为目的的反射性呼吸变化，称为防御性呼吸反射。其感受器分布在整个呼吸道黏膜上皮的迷走传入神经末梢，受到机械或化学刺激时，引起防御性呼吸反射，以清除异物，避免其进入肺泡。防御性呼吸反射包括咳嗽反射（cough reflex）和喷嚏反射（sneeze reflex）。

鱼鳃的洗涤反射：在鱼类正常呼吸过程中，时常会出现呼吸节律被突如其来的短促的呼吸运动所打乱，这时，一部分水从口中吐出，同时一部分水由鳃孔溢出，这种现象称为"洗涤运动"。洗涤运动在于清除鳃上的外来污物，有利鱼类的气体交换。

9.5.2　化学因素对呼吸的调节

机体通过呼吸运动调节血液中 O_2、CO_2 和 H^+ 的浓度，而动脉血中的 O_2、CO_2 和 H^+ 浓度又可通过化学感受器（chemoreceptor）反射性地调节呼吸运动。

9.5.2.1　化学感受器

化学感受器的适宜刺激是化学物质。参与呼吸调节的化学感受器，对血液中 O_2、CO_2、H^+ 的浓度十分敏感。因其所在部位的不同，分为外周化学感受器和中枢化学感受器。

（1）外周化学感受器（peripheral chemoreceptors）　颈动脉体和主动脉体是机体最重要的外周化学感受器，能感受动脉血 P_{O_2}、P_{CO_2} 或 H^+ 浓度的变化，不仅能调节呼吸运动而且还能调节血液循环（图 9-23）。当动脉血中 P_{O_2} 降低，P_{CO_2} 或 H^+ 浓度升高时，它们受到刺激产生的冲动经窦神经和迷走神经传入延髓，反射性引起呼吸加深、加快和血液循环变化。虽然颈动脉体、主动脉体两者都参与呼吸和循环的调节，但是颈动脉体主要调节呼吸，而主动脉体在循环调节方面较为重要（见第 8 章）。

ⓔ 知识拓展 9-13
外周化学感受器及诺贝尔奖

因血液中的 CO_2 容易扩散进入外周化学感受器细胞，CO_2 水合作用的结果使细胞内 H^+ 浓度升高。因此，当血液中 P_{CO_2} 升高和 H^+ 浓度升高时，外周化学感受器可因其细胞内 H^+ 浓度升高而受到刺激，传入的神经冲动频率增加，进而兴奋呼吸运动。但 H^+ 不易进入细胞，因而血液中 H^+ 浓度升高直接引起外周化学感受器细胞内的 H^+ 浓度的变化较小。相对而言，CO_2 对外周化学感受器细胞的刺激作用比 H^+ 强。

在实验中还可以观察到 P_{O_2}、P_{CO_2} 和 H^+ 浓度对外周化学感受器的刺激作用相互加强的现象。如一根传入神经往往能分别接受低 P_{O_2} 和高 P_{CO_2} 两种刺激，其刺激效应会相加增强。这种协同作用有重要意义，因为机体发生循环或呼吸衰竭时，P_{O_2} 降低，P_{CO_2} 升高和 H^+ 浓度升高常常同时存在，他们的协同作用可加强对化学感受器的刺激，从而促进呼吸运动的代偿性增强（后述，见图 9-25 和图 9-26）。

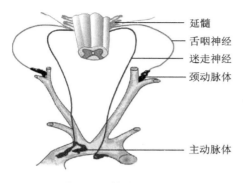

图 9-23　外周化学感受器

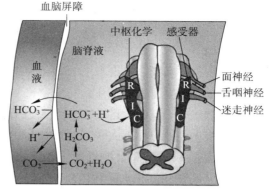

图 9-24　中枢化学感受器（延髓腹侧表面）
R:嘴；I: 中间；C：尾

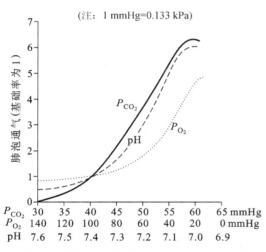

图 9-25　改变动脉血液 P_{CO_2}、P_{O_2}、pH 三因素之一，而维持另外两个因素正常时的肺泡通气反应

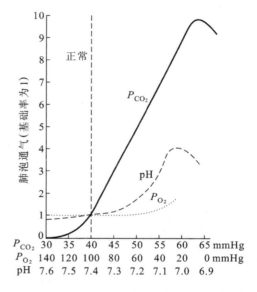

图 9-26　改变动脉血液 P_{CO_2}、P_{O_2}、pH 三因素之一，而不控制另外两个因素时的肺泡通气反应

（2）中枢化学感受器（central chemoreceptors）　过去认为去除动物外周化学感受器或切断其传入神经后，吸入 CO_2 仍能加强通气，这是由于 CO_2 直接刺激呼吸中枢所致。后来通过大量实验表明，在延髓中有一个不同于呼吸中枢，但可影响呼吸的化学感受器，称为中枢化学感受器（图 9-24）。

中枢化学感受器的生理刺激是脑脊液和局部细胞外液的 H^+。因为如果保持人工脑脊液的 pH 不变，用含高浓度 CO_2 的人工脑脊液灌流脑室时，不会引起通气增强，可见有效刺激不是 CO_2 本身，而是 CO_2 所引起的 H^+ 的增加。在体内，血液中的 CO_2 能迅速通过血脑屏障，使中枢化学感受器周围液体中的 H^+ 升高，从而刺激中枢化学感受器，再引起呼吸中枢的兴奋。但脑脊液中碳酸酐酶含量很少，CO_2 与水的水合反应很慢，所以对 CO_2 的反应有一定的时间延迟。血液中的 H^+ 不易通过血 - 脑屏障，故血液 pH 的变动对中枢化学感受器的直接作用不大。

中枢化学感受器与外周化学感受器不同，它不感受缺 O_2 的刺激，但对 CO_2 的敏感性比外周的高，反应潜伏期较长。中枢化学感受器的作用可能是调节脑脊液的 H^+，使中枢神经系统有一稳定的 pH 环境，而外周化学感受器的作用主要是在机体低 O_2 时，维持对呼吸的运动。

9.5.2.2　P_{CO_2}、pH 及 P_{O_2} 对呼吸的影响

（1）P_{CO_2} 的影响　一定水平的 P_{CO_2} 对维持呼吸和呼吸中枢的兴奋性是必需的，CO_2 是调节呼吸的最重要的生理性体液因子。

当吸入气中 CO_2 的含量增加时，将使肺泡气 P_{CO_2} 升高，动脉血 P_{CO_2} 也随之升高，呼吸加深加快，呼吸增强效应在 1 min 左右的时间内就达到高峰，肺通气量增加（图 9-25）。如果吸入气 CO_2 含量超过一定水平时，肺通气量不能相应增加，致使肺泡气和动脉血 P_{CO_2} 陡升，CO_2 积聚压抑中枢神经系统，包括呼吸中枢的活动，引起呼吸困难、头痛、头昏甚至昏迷，出现 CO_2 麻醉。可见 CO_2 在呼吸调节中经常起到最重要的化学刺激作用。在一定范围内动脉血 P_{CO_2} 升高，可以加强对呼吸的刺激作用，但超过一定限度则呈现压抑和麻醉效应。

CO_2 对呼吸的调节作用是通过两条途径实现的：一是通过刺激中枢化学感受器再兴奋呼吸中枢；二是刺激外周化学感受器，冲动经窦神经和迷走神经传入延髓有关核团，反射性地使呼吸加深、加快，肺通气增加。但中枢化学感受器的作用比外周化学感受器强得多，因为去掉外周化学感受器的作用之后，CO_2 的通气反应仅下降约 20%；而且动脉血 P_{CO_2} 只需升高 2 mmHg（0.266 kPa）就可刺激中枢化学感受器，出现通气加强反应；如刺激外周化学感受器，则需升高 10 mmHg（1.33 kPa）。但是中枢化学感受器的反应较慢，所以当动脉血 P_{CO_2} 突然增高时，外周化学感受器在引起快速呼吸反应中可起重要作用，另外当中枢化学感受器受到抑制时，对 CO_2 的敏感性降低或产生适应时，外周化学感受器的作用更为重要。

案例分析 9-2
一宗典型 的 陈－施 呼吸案例

案例分析 9-3
运动或体力劳动时呼吸机能发生哪些变化？

（2）pH 的影响　动脉血 H^+ 浓度增加，呼吸加深加快，肺通气增加；H^+ 浓度降低，呼吸受到抑制（图 9-25）。H^+ 浓度对呼吸的调节也是通过外周化学感受器和中枢化学感受器实现的。中枢化学感受器对 H^+ 的敏感性较外周的高，约为外周的 25 倍。但是，H^+ 通过血脑屏障的速度慢，限制了它对中枢化学感受器的作用。脑脊液中的 H^+ 才是中枢化学感受器的最有效刺激。

（3）P_{O_2} 的影响　吸入气 P_{O_2} 降低时，肺泡气、动脉血 P_{O_2} 都随之降低，呼吸加深、加快，肺通气增加（图 9-25）。一般在动脉血 P_{O_2} 下降到 80 mmHg（10.64 kPa）以下时，肺通气才出现可觉察到的增加，可见动脉血 P_{O_2} 对正常呼吸的调节作用不大，仅在特殊情况下低 O_2 刺激才有重要意义。如严重肺气肿、肺心病，因肺换气障碍，可导致低 O_2 和 CO_2 潴留。长时间 CO_2 潴留使中枢化学感受器对 CO_2 的刺激作用发生适应，而外周化学感受器对低 O_2 刺激适应很慢，这时低 O_2 对外周化学感受器的刺激成为驱动呼吸的主要刺激。

低 O_2 对呼吸的刺激作用完全是通过外周化学感受器实现的。切断动物外周化学感受器的传入神经，急性低 O_2 的呼吸刺激反射完全消失。低 O_2 对中枢的直接作用是抑制作用。但是低 O_2 可以通过外周化学感受器的刺激而兴奋呼吸中枢，这样在一定程度上可以对抗低 O_2 对中枢的直接抑制作用。在严重低 O_2 时，外周化学感受性反射已不足以克服低 O_2 对中枢的抑制作用，终将导致呼吸障碍。在低 O_2 时吸入纯 O_2，由于解除了外周化学感受器的低 O_2 刺激，会引起呼吸暂停，临床上给 O_2 治疗时应予注意。

（4）P_{CO_2}、pH、P_{O_2} 在影响呼吸中的相互作用　图 9-26 表示在保持其他两因素不变而只改变其中一个因素时的单因素通气效应，但实际情况不可能是单因素的改变，而其他因素不变。往往是一种因素的改变会引起其余一两种因素相继改变或存在几种因素的同时改变，三者间相互影响、相互作用，既可因相互总和而加大，也可因相互抵消而减弱。

图 9-26 为一种因素改变，另两种因素不加控制时的情况。可以看出：P_{CO_2} 升高时，H^+ 浓度也随之升高，两者的作用总和起来，使肺通气较单独 P_{CO_2} 升高时为大。H^+ 浓度增加，因肺通气增大使 CO_2 排出，P_{CO_2} 下降，抵消了一部分 H^+ 的刺激作用；CO_2 含量的下降，也使 H^+ 浓度有所降低。两者均使肺通气的增加较单独 H^+ 浓度升高时为小。P_{O_2} 下降，也因肺通气量增加，呼出较多的 CO_2，使 P_{CO_2} 和 H^+ 浓度下降，从而减弱了低 O_2 的刺激作用。

9.6　特殊环境下的呼吸生理

9.6.1　潜水动物的适应

哺乳动物、鸟类、爬行类等动物都具有完全或部分潜水呼吸的习性，这些动物仍然依靠空气作为呼吸媒介获得氧，能够在潜水时扑捉食物。

ⓔ知识源拓展 9-14
某些动物的潜水能力

潜水动物面临的问题是：水压高、缺氧，CO_2 排不出来，气体密度的增加会使得呼吸道阻力增加；另外当其从水中出来时，由于外界压力下降，肺内气体扩张，气体在血液中的溶解度下降，特别是 N_2 由于压力降低，容易形成气泡，给组织造成损伤（在人类叫潜水症或沉箱症）潜水动物必须有一些适应性机制，在潜入水下时必须具有应用储备的氧气来捕获食物的能力，使机体的呼吸和循环系统作为整体实现其功能。

潜水动物一般有较大的血流量和较强运输氧能力，按单位体重计算，鲸类的血量比人类多 2～3 倍，血液结合的氧量较大，因此运输氧能力较强；而且肌红蛋白能结合较多的氧（可达所有红细胞结合氧的一半以上），平时这些氧并不释放出来，当下潜时，肌肉中的氧分压下降，才释放出来供肌肉运动利用；潜水动物下潜时，心率下降，心输出量减少，但由于外周血管收缩，主动脉的血压并不下降，分配到中枢的血液也不减少；由于外周血管收缩，肌肉几乎停止了血液循环，肌肉这时主要靠糖酵解供能，酵解产生的乳酸也不能进入血液，因此对血液结合氧影响不大；潜水动物的肺并不比非潜水动物的大，鲸鱼单位体重肺总量也只有其他哺乳动物的 50%，由于外界压力大，所以在水下肺总是萎缩的，气体被压缩到无效腔，从而阻止气体特别是 N_2 扩散到血液中。此外，潜水动物表现出更强的缓冲能力有利于弱化或保护血液中 pH 波动。

9.6.2　高海拔环境中的呼吸

海平面上大气压为 760 mmHg。随着海拔高度的增加，虽然空气的组成成分不变，但其总压力和各组成成分的分压都会随之逐渐降低。低大气压对机体功能的影响主要是缺氧，而低气压的作用并不明显。人到达海拔 3 500 m 高度时，可能出现缺氧反应，表现为乏力、倦怠、嗜睡、头痛、恶心，有时可有欣快感；到海拔 5 500 m 高度时，可出现抽搐；到海拔 7 000 m 以上时可发生昏迷甚至死亡。

在呼吸运动调节方面可分急性缺氧、慢性缺氧两个方面。急性缺氧，如乘坐飞机进入高原，或快速吸入低 O_2 气体时，机体可通过刺激外周化学感受器，反射性引起呼吸运动加强、加快，肺通气量增加。在整体自然呼吸情况下，由于肺通气量增加也使 CO_2 排出量增加，减轻了对缺氧的反应。慢性缺氧，如乘汽车上高原或久居高原时，首先增加呼吸频率，吸入更多气体；心率和心输出量增加，以加大肺和动脉血流量；皮肤、肾的血管收缩，使得心脏、脑、骨骼肌的血流量增加。居住一段时间后，对于长期持续性缺氧刺激可产生适应性生理反应，这种反应或状态称为低氧习服（acclimatization to hypoxia）。世居高原的民族和动物一般都有较大的胸和肺。肺部总容量、呼吸频率、红细胞数和血红蛋白含量都较在海平面的高；组织的血管增生，使气体扩散到细胞的距离缩短；缺氧引起促红细胞生成素释放，促进骨髓产生和释放红细胞和血红蛋白量逐渐增加、Hb 和 O_2 的亲和力增加，如美洲骆驼和马的血红蛋白对氧的亲和力比生活在低海拔地区相近种类动物的大，而氧离曲线并不改变。习服开始于进入低氧环境后几十分钟开始，所需的时间与进入的海拔高度密切相关，海拔越高习服时间越长，因动物种属不同而有差异。习服可增强机体工作能力或使机体能上到更高海拔高度而不出现严重缺氧反应。

9.7 肺的吞噬与免疫功能

在呼吸性细支气管至肺泡末端含有吞噬细胞，吞噬细胞来自于单核细胞，当单核细胞从毛细血管进入肺泡壁，就游走于整个肺泡壁的上皮中。吞噬细胞的活动是清除非溶性颗粒，其内含溶酶体，能杀死入侵的细菌。

在肺中，吞噬细胞一旦转变成巨噬细胞，就能吞噬更大量颗粒物质。因为在这些巨噬细胞的胞浆中颗粒特别显著，常被称为尘细胞（dust cell）。被吸入的颗粒可以被肺泡液溶解和通过终末淋巴管吸收从肺泡中清除，被吸入的颗粒可以在淋巴结中发现。肺泡上皮细胞虽不是吞噬细胞，但能通过"胞吞"使微颗粒进入细胞质基质，正常的肺泡上皮细胞通过更新、脱落游离在肺泡液中，然后随机转移到流动的黏液层中。关于巨噬细胞如何从肺泡进入移动的黏液层还不十分清楚，可能是随机的游走，也可能是通过机械定向作用的帮助从肺泡液中流出。巨噬细胞表面存在抗体和补体的多种受体，从而使细胞具有免疫功能，有助于防止感染和维持黏膜的完整性。肺循环的小血管具有过滤器的作用，能捕捉进入肺循环中的微细颗粒，阻挡静脉血中的颗粒或异物进入体循环，从而保护冠状循环和脑循环的血液畅通。

？ 思考题

1. 试述呼吸的概念、意义及基本过程？
2. 试述胸内负压是如何形成的？有何生理意义？
3. 试述影响肺换气的因素及作用机制。
4. 简述氧离曲线的生理意义和影响因素。
5. 简述 CO_2 在血液中运输过程与机制。
6. 何为中枢化学感受器和外周化学感受器？
7. 分析血液中 P_{O_2}、H^+ 浓度和 P_{CO_2} 改变对呼吸运动的影响及其作用途径？

（李　莉）

10 消化与吸收

【引言】

生活、生产中人们会注意到一些现象：动物的食性可分为食肉、食植和杂食三大类，尽管它们的食物来源有很大的差异，但它们都能从摄入的食物或饲料中获得营养成分以满足它们运动和繁殖后代的需要。各类动物是如何摄取食物的？这些复杂的食物在体内发生什么样的变化才被吸收呢？吸收的形式和过程又是怎样的呢？消化吸收又是怎样适应机体内外环境变化的？要科学地解答这些现象和问题需要丰富的动物消化生理知识，同时本章也是人类认识动物、造福动物、利用动物的重要基础。

【知识点导读】

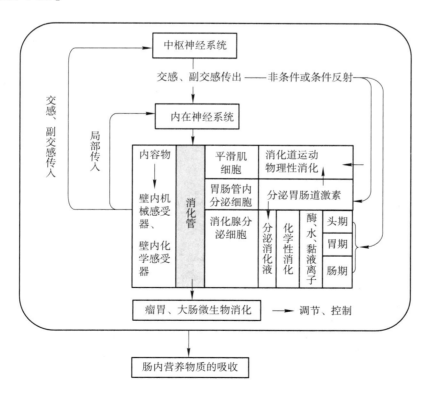

10.1 概述

动物不断从外界环境摄取营养物质，以提供各种生理活动中所需的物质和能量。然而饲料或食物中的大分子有机物，如糖类、脂质、蛋白质等，必须分解成小分子物质才能被机体吸收利用。饲料在消化管内被分解成为结构简单、可吸收利用的小分子物质的过程，称为消化（digestion）。经消化分解后的营养成分透过消化管黏膜进入血液或淋巴循环的过程，称为吸收（absorption）。不能被机体消化吸收的食物残渣，最终以粪便的形式排出体外。消化与吸收是两个相辅相成、密切联系的生理过程。

10.1.1 消化的主要方式

e系统功能进化
10-1 消化的主要方式

消化可分为细胞内消化和细胞外消化。

细胞外消化方式概括起来有物理性消化、化学性消化和微生物消化三种方式：①物理性消化（physical digestion），又称为机械性消化，将食物磨碎，并与消化液混合，不断向后段消化管推移的过程。②化学性消化（chemical digestion）是通过消化腺分泌的消化液将饲料中的营养物质分解为可以被吸收的小分子物质的消化过程。③微生物消化（microbial digestion），又称为生物学消化，是指动物通过栖居在消化管内的大量微生物分解饲料中的营养物质的过程。

10.1.2 消化道的结构与神经支配

10.1.2.1 消化道的结构

e系统功能进化
10-2 动物消化系统功能的进化

高等动物的消化系统均由消化管和消化腺组成（图10-1），不同动物的消化管的组成虽各有差异，但在组织结构上却有很多共同之处。消化管的肌肉除极少部分为骨骼肌外，其他大部分均为平滑肌（图10-2）。平滑肌有纵形肌和环形肌，收缩时消化管产生不同形式的运动。消化管内壁衬有黏膜层，黏膜层内也有平滑肌分布，其收缩时对消化腺的分泌有一定的调节作用；此外，在黏膜层和黏膜下层有丰富的腺体、神经、毛细血管和淋巴结，为完成消化和吸收功能提供重要的结构基础。

10.1.2.2 消化道的神经支配

支配消化管的神经包括内在神经系统（intrinsic nervous system）和外来神经系统（extrinsic nervous system）（图10-3）。

（1）内在神经系统 内在神经系统又称为肠神经系统（enteric nervous system），是一个存在于胃肠壁内，独立于中枢神经系统之外的完整的反射系统，分布于食管中段至肛门的消化管管壁内，亦称为壁内神经丛（intrinsic plexus），由位于消化管黏膜下层的黏膜下神经丛和位于环形肌和纵

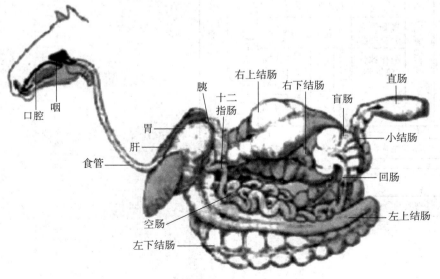

图 10-1 马的消化系统组成及大体分布

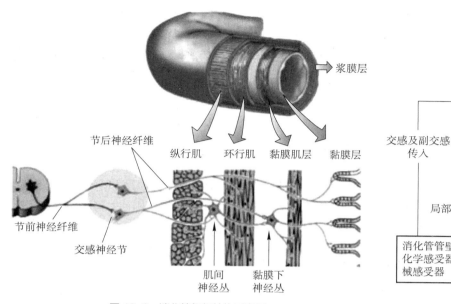

图 10-2　消化管组织结构示意图

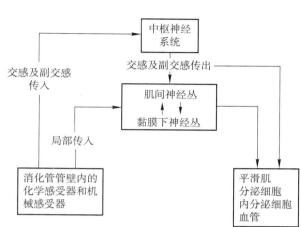

图 10-3　消化系统的局部性和中枢性反射通路

行肌之间的肌间神经丛组成。神经丛内含有感觉神经元、运动神经元以及中间神经元。感觉神经元感受消化管内化学、机械、温度等刺激，运动神经元支配消化管平滑肌、腺体和血管。神经元之间通过神经纤维形成网络联系。运动神经纤维末梢与消化管平滑肌之间没有典型的突触联系，而是通过末梢的曲张体影响效应器的活动（见第5章）。肠神经系统中的神经元可分泌多种神经递质调节消化管平滑肌的活动，在整体情况下，内在神经系统也受到外来神经系统的调控。

（2）外来神经系统　外来神经系统包括交感神经（sympathetic nerve）和副交感神经（parasympathetic nerve）（图10-4）（见第14章），也称为自主神经系统。消化管受交感和副交感神经的双重支配。交感神经的节后纤维属于肾上腺素能神经纤维（见第14章），主要分布于内在神经元上，或直接支配胃肠道、血管平滑肌及胃肠道腺体细胞。交感神经兴奋主要引起胃肠运动减弱和腺体分泌减少。

副交感神经主要来自迷走神经和盆神经，仅分布于结肠后段、直肠和肛门内括约肌，其节后纤维，多数是胆碱能纤维，其兴奋时引起胃肠道运动加强、腺体分泌增加；少数释放某些肽类物质，如血管活性肠肽、P物质，称为肽能神经纤维，在胃的容受性舒张、机械性引起小肠充血等过程中起调节作用。其作用视具体器官而异。

10.1.3　消化管平滑肌的生理特性

10.1.3.1　消化管平滑肌的一般生理特性

与骨骼肌、心肌相比较，消化管平滑肌的收缩具有以下特性。

（1）兴奋性和自动节律性　与骨骼肌相比较，消化管平滑肌

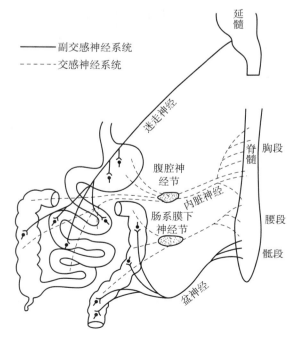

图 10-4　支配肠道的自主神经系统结构图

的兴奋性较低，收缩的潜伏期、收缩期和舒张期也比较长，故收缩的速度较慢。消化管平滑肌具有良好的自动节律性，但其节律缓慢，幅度较小、没有心肌规则，变异性较大。

（2）伸展性 消化管平滑肌具有较大的伸展性，某些部位的消化管可容纳比自身体积大好几倍的食物，有利于食物的储存。胃的伸展性尤为明显。

（3）紧张性 消化管平滑肌经常处于一种微弱的持续收缩状态，称为紧张性（tonicity）。平滑肌的紧张性对保持消化管的形状与位置，以及消化管腔内的压力具有重要作用。尽管紧张性、自动节律性是消化管平滑肌的自身特性，但在整体条件下，仍要受神经和体液因素的调节。平滑肌的收缩活动都是在紧张性的基础上产生的。

（4）对刺激的敏感性 消化管平滑肌对电刺激不敏感，但对化学、温度和牵张的刺激很敏感，如微量的乙酰胆碱可使平滑肌收缩，微量的肾上腺素、去甲肾上腺素则使之舒张，温度的改变和牵张刺激均可引起消化管平滑肌的明显收缩。

10.1.3.2 消化管平滑肌的电生理特性

消化管平滑肌的收缩活动均伴有生物电变化，消化管平滑肌的生物电活动有以下三种电位，即静息膜电位、慢波电位和动作电位。①消化管平滑肌细胞膜内外的静息电位差较小（幅值为 $-60 \sim -50$ mV），且不稳定。②消化管平滑肌的静息电位能周期性地缓慢除极化和复极化，呈节律性波动，称为慢波（ slow wave），其波幅为 $5 \sim 15$ mV。慢波电位并不能引起肌肉收缩，但可使膜电位接近阈电位的水平，有利于动作电位的产生。慢波变化决定了平滑肌的收缩节律，因此又称为基本电节律（basic electrical rhythm，BER）。③外来刺激或慢波电位（除极化电位达到或超过阈电位 -40 mV）时均可使消化道平滑肌细胞产生动作电位。与慢波相比，它要快得多，因此又称为快波（fast wave）。与骨骼肌的动作电位相比，其时程较长（ $10 \sim 20$ ms），幅度较小，消化道平滑肌细胞可在慢波基础上产生一个至数个动作电位（见第 6 章）。

10.1.4 胃肠激素

消化管不仅是消化器官，而且也是机体最大的内分泌器官。至目前为止，已在胃肠管发现了 40 多种内分泌细胞，胃肠管分泌的生物活性肽达 50 多种，统称为胃肠激素（gastrointestinal hormone）。

一些最初在胃肠道发现的肽，后来发现也存在于中枢神经系统，而原来认为只存在于中枢神经系统的神经肽也在消化管中被发现，这类双重分布的肽类称为脑 – 肠肽（brain-gut peptide）。目前已知的脑 – 肠肽有 20 多种，如促胃液素、缩胆囊素、P 物质、生长抑素、神经降压素等。

10.1.4.1 胃肠激素的分泌方式

肠激素的分泌方式主要有 5 种：①内分泌（endocrine），激素通过血液循环到达靶细胞起作用，如促胃液素、缩胆囊素、促胰液素等。②旁分泌（paracrine），激素在细胞外液经过弥散，作用于邻近细胞。③神经分泌（neurocrine），胃肠激素作为神经递质或调质发挥作用。④自分泌（autocrine），胃肠激素分泌后再反过来作用于分泌细胞本身。⑤腔内分泌（exocrine）方式，激素分泌到消化管腔内起调节作用。如胃部的 D 细胞将生长抑素分泌入胃腔，调节胃酸和促胃液素的分泌（见第 3 章，第 15 章）。

e知识拓展 10-1
消化管（道）内分泌细胞的种类

10.1.4.2　胃肠激素的生理功能

胃肠激素的生理作用主要如下：

① 调节消化腺分泌和消化管的运动。表 10-1 列举促胃液素、促胰液素和缩胆囊素三种胃肠激素对消化腺分泌和消化管运动的生理作用，其他胃肠激素也相继被发现。值得注意的是，不同的胃肠激素对消化腺、平滑肌和括约肌产生不同的调节作用；一种激素可对胃肠道的多种功能进行调节，而一段胃肠道又可受多种胃肠激素的调节。

表 10-1　三种胃肠激素对消化腺分泌和消化管运动的作用比较

	胃酸	胰 HCO_3^-	胰酶	肝胆汁	小肠液	食管-胃括约肌	胃运动	小肠运动	胆囊收缩
促胃液素	++	+	++	+	+	+	+	+	+
促胰液素	−	++	+	+	+	−	−	−	+
缩胆囊素	+	+	++	+	+	−	+	+	++

+ 表示增强作用；− 表示抑制作用。

② 调节其他激素的释放。一些胃肠激素对其他的胃肠内分泌细胞或体内其他内分泌腺具有调节作用。如抑胃肽有很强的刺激胰岛素分泌的作用。此外，生长抑素、胰多肽、血管活性肠肽等对生长素、胰岛素、胰高血糖素和促胃液素等激素的释放均有调节作用。

③ 营养作用。一些胃肠激素具有促进消化管组织的代谢和生长的作用，称为营养作用。例如，促胃液素能刺激胃泌酸部位的黏膜和十二指肠黏膜的 DNA、RNA 和蛋白质的合成。小肠黏膜 I 细胞释放的缩胆囊素具有促进胰腺外分泌组织生长的作用。

⊙知识拓展 10-2
几种胃肠激素的比较

10.1.5　消化管的免疫功能

消化管是机体与外界环境相联系的重要门户，在摄入营养物质的同时，外界有害物质包括病原微生物也可能随之侵染机体。然而在消化管的黏膜和黏膜下层中分布着大量的、具有免疫功能的细胞通过旁分泌作用，分泌各种抗体与进入消化管内的（食物）抗原产生应答反应，以阻止肠管内微生物、内毒素、外来抗原等有害物质的入侵，保护机体不受侵害。在机体免疫防御网络中起到第一道防线的作用。

此外，黏膜与黏膜下层免疫细胞还能释放多种炎症介质（inflammatory mediator），如组胺（histamine）、前列腺素（prostaglandin）、白三烯（leukotriene）、细胞因子（cytokine）等，这些物质通过扩散到达胃肠管内的分泌细胞和平滑肌细胞，调节胃肠道神经元的功能。

还有，肝的双重血液供应使之作为消化系统的第二道防线，可阻止肠管内微生物、内毒素、外来抗原等有害物质的入侵，具有保护功能和调节功能。

10.2　动物的摄食方式与摄食调节

动物的摄食（food intake）是指通过采食器官捕获食物，并将食物送入口腔的过程，是动物维持生命活动的最基本和最重要的行为；适宜的采食量是动物生长、发育和发挥其生产性能的基础；正常的采食行为是判断动物健康状况的重要依据。

每种动物在长期进化过程中形成固定的摄食习性。研究不同条件下摄食行为的变化，探索其作用机理，既有重要的理论意义，也有重要的生产实践意义。

10.2.1 摄食方式

依据食物来源不同，动物的摄食方式有以下几种。

（1）滤食 海绵动物、腔肠动物、瓣鳃类软体动物以及少数以浮游生物为食的脊椎动物（鱼类、海鸟和须鲸等）以滤过方式获取食物。

（2）捕食或采食（牧食性） 采食大颗粒或大块状食物的动物具有各种各样的结构与机制获取食物，如啃、咬、吞食及各种捕食行为等。依据动物的食性不同，这类动物可大致分为：食肉性、食植性、杂食性3类。

（3）寄生性 有些寄生虫能利用体表直接吸收营养物质。

（4）吸食性 食液体食物的动物用刺吸或吮吸方式摄食，如哺乳动物吸食乳汁，蚊子利用刺吸型口器吸食动物血液等。

因食性的不同，动物的摄食器官也产生了一些适应性特征。

10.2.2 动物摄食调节

动物的摄食过程有着内在的调节机制，并受饲料性状以及外界环境的影响。动物的摄食调节一般分为短期调节和长期调节两种方式。动物进食后，产生饱感，食欲有所下降的调节过程称为短期调节（short-term regulation）。该调节过程涉及饲料特性、胃肠道状况的影响。动物长期保持身体质量和摄食量相对稳定的调节过程称为长期调节（long-term regulation）。涉及营养物质的贮藏及消耗等。这两种调节方式都是通过神经内分泌系统进行的。

10.2.2.1 摄食的神经中枢

通常认为动物的摄食行为由摄食中枢（feeding-center）和饱中枢（satiety center）控制，下丘脑是调节食欲的基本中枢（图10-5）。摄食中枢在下丘脑外侧区（lateral hypothalamus，LH），研究表明电刺激LH可使饱食动物进食，并发生代谢状态的相应改变，合成代谢加强；如果毁损该区，则出现厌食症。饱中枢在下丘脑内侧区（ventromedial hypothalamus，VMH），VMH毁损后出现过食现象，体内脂肪贮藏及糖元合成加强；一旦VMH兴奋时，则表现为停止摄食，并出现分解代谢反应。由于这两个中枢在功能和解剖上的密切联系，而合称为"食欲中枢"。除了下丘脑以外，其他脑区也参与摄食的调节，如室旁核、杏仁核、黑质纹状体系统、后脑、前脑等。

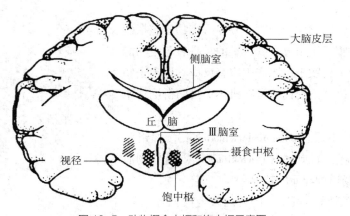

图 10-5 动物摄食中枢和饱中枢示意图

10.2.2.2 摄食调节的机制

虽然引起或终止摄食的信号大都来自外周，但是外周信号在摄食的短期调节和长期调节中的作用机理并不相同。在短期调节过程中，引起摄食的信号来自食物对视、听、嗅、味等感受器刺激，可兴奋或抑制食欲中枢的活动，从而对喜欢或厌恶的食物作出不同的反应。胃肠道、肝等机械、温度、化学、容积等感受器可感受食物的刺激，一般认为可经以下途径传入食欲中枢：①胃和十二指肠前段的营养物质作用于相应的机械和化学感受器或肝门静脉感受器，所产生的信号经迷走神经传入中枢；②一些营养物质如葡萄糖、酮体，可直接作用于中枢相关神经元调节摄食；③一些营养物质通过体液途径如缩胆囊素（CCK），或经门静脉到达肝，或经体循环直接到达摄食中枢和饱中枢，并作用于两处的 CCK 受体，抑制摄食；④食糜或营养物质刺激小肠末端（回肠）的 L- 细胞释放胰高血糖素样肽 -1（glucagon like pepstide 1，GLP-1），或作用于肝或通过抑制胃排空进而抑制摄食（图10-6）。

在摄食的长期调节过程中，胰岛素（insulin）和瘦素（leptin）是调节摄食和能量平衡的两个最重要的信号（图10-7）。①这两个因子作用于中枢后抑制摄食，并增加能量消耗，其效应类似于交感神经的作用。②胰岛素的分泌取决于血液中的营养物质（如葡萄糖和氨基酸）、肠促胰岛素（incretin）、抑胃肽（GIP）和胰高血糖素样肽 -1（GLP-1）的变化。③胰岛素一方面可直接作用于脂肪组织，另一方面它促进葡萄糖代谢，从而间接作用于脂肪组织，促进瘦素的产生。与此相反，④瘦素则抑制胰岛素的分泌。胃肠道激素中的生长素（ghrelin）在摄食的长期调节中有促进摄食的作用。长期调节信号和短期调节信号之间，在调节能量稳态过程中保持密切的联系，尤以短期调节信号中的 CCK 作用较为突出。

10.2.2.3 摄食调节的其他活性物质

除了上述调节摄食的重要信号外，还发现一些中枢神经递质和脑肽（又统称为摄食因子）也参与摄食的调节。中枢神经递质中，作用最为重要的是去甲肾上腺素（NA）、5- 羟色胺（5-HT）和 γ - 氨基丁酸（GABA）等。NA 有促进摄食效应，它通过 α - 受体起作用；5-HT 对摄食有抑制作用；而 GABA 的作用则有双重性。脑肽的种类较多，根据它们对摄食的调节作用，可分为两类：①促进摄食，主要有阿片肽和胰多肽等；②抑制摄食，主要包括 CCK、蛙皮素、神经降压素（NT）、促肾上腺皮质激素（ACTH）、促肾上腺皮质激素释放因子（CRF）、生长抑素（SS）、胰岛素、胰高血糖素等。目前，阿片肽摄食系统（opioid peptide feeding system）已被广泛认可；有关神经肽 Y（NPY）、增食素（orexin）促进摄食的作用以及 CCK 抑制摄食的功能正逐渐用于改善动物摄食、促进动物生产上。目前较为流行的有关摄食中枢调节的学说。

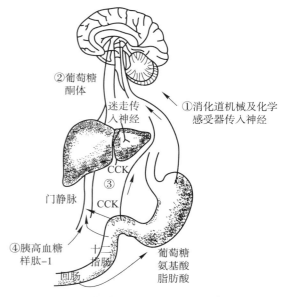

图 10-6　摄食短期调节的外周信号（引自陈杰，2003）

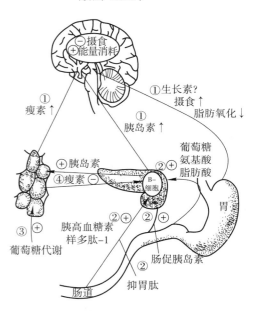

图 10-7　摄食长期调节的外周信号（改引自陈杰，2003）

e知识拓展 10-3
几种典型的摄食调控因子

e知识拓展 10-4
有关摄食的中枢性调节机制的学说

10.3 口腔消化

口腔消化是消化过程的第一步，口腔内饲料或食物通过咀嚼、磨碎等物理性消化，并与唾液混合，形成食团；通过吞咽进入食管和胃。在一些动物的口腔中，饲料中的淀粉被唾液分解进行简单的化学性消化。

10.3.1 口腔的物理性消化

10.3.1.1 咀嚼

咀嚼（chewing）是由口腔周围咀嚼肌有顺序地收缩引起的一种反射性活动，为随意运动。受口腔感受器和咀嚼肌本体感受器传入冲动的制约。咀嚼的生理意义在于：①切割和磨碎口腔内的食物，使食物与唾液充分混合，便于进一步消化；②有利于形成微小食团，便于吞咽和减少对胃肠道黏膜的刺激，起到对胃肠道的保护作用。反刍动物采食时，没有将饲料充分咀嚼就吞咽，一般在采食后反刍时再次咀嚼，将饲料仔细磨碎，然后再吞咽。

10.3.1.2 吞咽

吞咽（swallowing）是口腔内的食团经咽和食管进入胃的一种复杂的反射活动。依据食团经过的部位，可将吞咽动作分为 3 个连续的时期：第一期为口腔期，是指食团由口腔进入咽的过程。由于舌的运动，食团被移送到咽部，这一期是在大脑皮质意识控制下随意启动的。第二期为咽期，是指食团由咽进入食管上端的过程。当食团刺激软腭部的感受器时，引起一系列肌肉的反射性收缩。其基本过程是，软腭上升，咽喉壁向前封闭鼻咽通路，喉头升高并向前紧贴会厌，封闭咽与气管的通路，食管上口张开，食团从咽进入食管。第三期为食管期，是指食团沿食管下行至胃的过程。当食团刺激软腭、咽、食管等部位的感受器时，反射性地引起食管蠕动（peristalsis）。

在接近胃贲门的食管管腔内有一段高压区，在人此段压力比胃内压高 5~10 mmHg（0.70~1.33 kPa），能够阻止胃内容物逆行流入食管，起到生理性括约肌的作用，称为食管下括约肌。食管下括约肌受神经、体液调节。首先是迷走神经的抑制性纤维发放冲动增加，末梢释放血管活性肠肽或 NO 等递质，引起括约肌舒张，使食团得以通过；随后迷走神经的兴奋性纤维发放冲动增加，末梢释放乙酰胆碱，引起食管下括约肌收缩。另外，促胃液素、促胃动素、胰多肽、蛙皮素均可引起食管下括约肌收缩。促胰液素、缩胆囊素等则使其舒张。当食团进入食管，刺激了食管壁上的机械感受器，可以反射性地使食管下括约肌舒张，有利于食团下行入胃。

吞咽反射的基本中枢在延髓，传入神经为IX和X对脑神经。传出神经为V、IX、XII（支配舌、咽、喉）、X（支配食管）对脑神经。脑干及其他高级中枢也参与了整合性调节过程。

10.3.2 口腔的化学性消化

口腔所进行的化学性消化主要是唾液对食物或饲料的分解作用。高等动物的口腔内有 3 对主要的唾液腺（腮腺、下颌腺、舌下腺），口腔黏膜中还分布有许多散在小腺体，唾液（saliva）为这些大小腺体分泌液的混合物。

10.3.2.1 唾液的成分及生理作用

（1）唾液的成分　唾液为无色、无味、略带黏性的一种呈中性或弱碱性的低渗液体，由水、无机物、有机物以及少量气体组成，其中水分约占 99%，无机物主要是钠、钾、钙、氯、磷酸盐、碳酸氢盐等；有机物主要是黏蛋白和唾液淀粉酶、溶菌酶、免疫球蛋白等。动物的唾液分泌量较大，因此唾液中的水和无机盐都需要很快被重吸收，否则会导致机体脱水。

🄔 系统功能进化
10-3 不同动物唾液成分及量的差异

（2）唾液的生理作用　唾液的生理作用主要表现在：①唾液可湿润口腔与食物，溶解食物以引起味觉，并使之易于吞咽；②唾液还可以清除口腔中的食物残渣，冲淡和中和进入口腔中的有害物质，唾液中的溶菌酶和免疫球蛋白具有杀菌作用，对口腔起清洁和保护作用；③维持口腔的碱性环境，使饲料中的碱性酶免于破坏，唾液进入胃（单胃）的初期仍能发挥消化作用，反刍动物唾液中含有大量的碳酸氢盐，可以中和瘤胃中微生物发酵产生的有机酸，维持瘤胃适宜的酸碱度；④某些动物如牛、猫和狗的汗腺不发达，可借助唾液中的水分蒸发来调节体温；⑤有些异物（如铅、汞）、药物（碘化物）和病毒（狂犬病毒）等可随唾液排出；⑥唾液中的酶能将食物中的淀粉、乳脂进行部分消化。

10.3.2.2 唾液的分泌及调节

唾液的分泌属于神经性反射调节，包括非条件反射和条件反射（图 10-8）。非条件反射是由食物刺激口腔内的机械、温度、化学等感受器引起，产生的神经冲动经 V、VII、IX、X 对脑神经的传入纤维到达各级中枢；条件反射的刺激由食物的形状、气味、颜色、进食环境等引起。调节唾液分泌的初级中枢在延髓，高级中枢在下丘脑和大脑皮层等部位。副交感和交感神经兴奋均可引起唾液分泌，但以迷走神经为主。副交感神经兴奋，唾液的分泌量大，含有机物少；交感神经兴奋，释放去甲肾上腺素 (NA)，引起少量唾液的分泌，但含有较多的唾液蛋白。整体条件下，交感与副交感神经对唾液分泌具有协同效应。

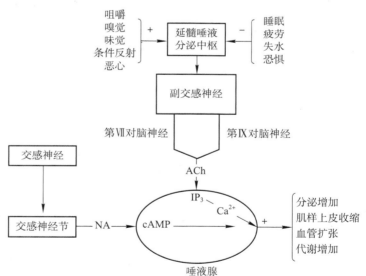

图 10-8　唾液分泌的神经调节

🄔 知识拓展 10-5
交感、副交感神经引起唾液分泌的分子机制

10.4　单胃的消化

单胃动物的胃是消化道最膨大部分，其解剖结构一般可分为贲门区、胃体、胃底和幽门区 4 个功能区（图 10-9）。与解剖结构相对应，胃黏膜可分为胃贲门腺区、胃底腺区和幽门腺区，由上皮层、固有层和黏膜肌层三部分组成。上皮层分布着大量分泌黏液的单层柱状上皮细胞；固有层分布着大量外分泌腺体和内分泌细胞，能分泌胃液、黏液和胃肠激素等。

🄔 知识拓展 10-6
各种单胃动物的胃腺区分布有差异

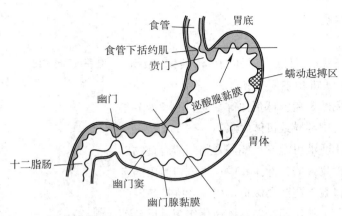

图 10-9　单胃的解剖结构与功能分区示意图（引自 Levy，2008）

单胃具有暂时存储食物、消化、吸收和内分泌功能。在胃内，食物受到胃壁肌肉运动的物理性消化和胃液的化学性消化。

10.4.1　胃的物理性消化

10.4.1.1　胃的运动形式

（1）胃的容受性舒张　当动物咀嚼和吞咽时，食物刺激咽和食管等部位的感受器，引起胃壁舒张，使胃容量增加，能接纳大量的食物（在人可达原容量近 30 倍的容积），而胃内压改变不大，称为容受性舒张（receptive relaxation）。容受性舒张是一种反射活动，其传入和传出神经均在迷走神经干中，切断双侧迷走神经，该反射即消失，故称为迷走 – 迷走反射（vagovagal reflex），其传出神经纤维是一种抑制性纤维，纤维末梢释放的神经递质可能是血管活性肠肽（vasoactive intestinal polypeptide，VIP）或 NO。

食物进入胃后，在胃腔内呈现明显的分层分布。固体食物在食团的中央，液体食物在其外围。先到达的食团分布在胃底，与黏膜接触；后到达的食团覆盖在先到食物的上层及其他部位。

（2）紧张性收缩　胃壁平滑肌通常处于一种微弱而持续的收缩状态，使胃能够维持一定的形状和位置；维持和提高胃内压力，压迫食糜向幽门移动；促使胃液渗入食糜，有利于化学性消化，称为紧张性收缩（tonic contraction）。当胃内充满食物时，胃壁紧张性收缩开始，随之胃内容物减少而逐渐加强，胃内压随之升高。

（3）蠕动　食物进入胃 5 min 以后，胃开始蠕动（peristaltic）。蠕动波始于胃大弯，向幽门方向扩布。蠕动波最初为小波，在传播过程中逐渐增强，接近幽门时明显增强，故有幽门泵之称。大多数蠕动波能达到幽门，但亦有到达胃窦即行消失，较强的蠕动波可以传播到十二指肠（图 10–10）。

胃蠕动的生理意义在于搅拌和粉碎食物，使食物与胃液充分混合，形成食糜，有利于胃液进行化学性消化；其次，推进胃内容物，使之向幽门部移行进入十二指肠。

胃蠕动受胃平滑肌慢波电位的控制，狗胃的蠕动频率约 5 次 /min，一般出现在慢波之后 6~9 s，在动作电位后 1~2 s。

（4）胃的排空　胃内食糜由胃排入十二指肠的过程，称为胃排空（gastric emptying）。胃排空是间断性的，胃的排空取决于胃和十二指肠之间的压力差，胃的运动是产生胃内压的根源，因此，胃的收缩是胃排空的动力。静息时，幽门括约肌呈紧张性收缩，幽门处的压力高于胃窦和十二指肠 5 mmHg（0.7 kPa），限制食物过早进入十二指肠，保证食物在胃内充分被研磨，同时可防止十二指肠的内容物向胃逆流。胃的蠕动使胃内压升高，当胃内压超过十二指肠内压并足以克服幽门阻力时，才引起胃排空。

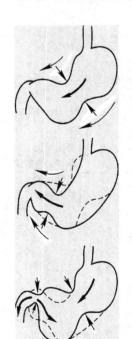

图 10-10　胃的蠕动

胃排空速度受食物理化特性的影响。一般来说，液体食物比固体排空快；颗粒小的比大块食物排空快；NaCl、NaHCO₃、尿素、甘油等物质的等渗溶液排空速度比非等渗溶液的快；葡萄糖、蔗糖、氯化钾溶液的渗透压越高，排空越慢。中性食糜的排空比酸性的快。在三种主要营养物质中，糖类排空最快，蛋白质次之，脂肪排空最慢。食草动物胃排空速度比食肉动物的慢，如犬在食后 4~6 小时胃内容物已被排空，而马、猪通常在饲喂后 24 小时，胃内仍有残留食物。

10.4.1.2 胃运动的调节

胃运动受胃及十二指肠内神经、体液因素的影响。在胃内，食物对胃壁的机械刺激通过壁内神经反射或迷走－迷走反射促进胃的运动；胃内容物引起胃窦黏膜中的 G 细胞释放促胃液素（gastrin），对胃运动有中等程度刺激作用，能提高"幽门泵"的活动，使幽门舒张，促进胃的排空。

十二指肠内，食糜酸、脂肪、渗透压及机械扩张刺激肠壁上相应的感受器，可反射性抑制胃的运动，使胃排空减慢，称为肠－胃反射，其传出神经是迷走神经、壁内神经或交感神经。肠－胃反射对胃酸十分敏感，当小肠内 pH 下降到 3.5~4.0 时，即可反射性抑制胃排空。酸或脂肪还可促使小肠黏膜释放促胰液素和抑胃肽，抑制胃的运动，延缓胃的排空。随着食糜中的酸被中和，食物消化产物被吸收，其抑制作用会逐渐减弱或消失（表 10-1，ℇ知识拓展 10-2）。

在非消化期内，胃的运动是间歇性强力收缩，并伴有较长的静息期，称为移行性复合运动（migrating motor complex，MMC）。胃 MMC 起始于胃体上部，并向肠道方向扩布。空腹时，胃的排空间断进行，当蠕动波抵达幽门时，幽门呈开放状态，使胃内食糜、胃腔中的唾液、胃黏液、胃黏膜的脱落物排入十二指肠。

10.4.1.3 呕吐

呕吐（vomiting）是指将胃及肠内容物从上部消化道强力驱出的过程。呕吐时，先是深吸气，胸腔扩大，声门关闭，降低胸内负压，而后食管和胃肌松弛，幽门关闭，前端食管括约肌开放，借腹肌和膈肌的强烈收缩，压迫胃内容物通过食管进入口腔。肉食动物和杂食动物易发生呕吐，而草食动物和啮齿动物则很少呕吐。

呕吐是一种反射活动，引起呕吐反射的感受器既可分布于消化器官如舌根、咽部、胃、小肠、大肠、胆总管，也可分布于其他器官如泌尿生殖器官、视觉、听觉等感觉器官，其中咽部、胃肠黏膜处感受器最为敏感。这些感受器受刺激后产生兴奋，将信号传至脑干的呕吐中枢，产生呕吐。

呕吐是一种保护性防御反射，有利于将胃内有害物质排出。但长期剧烈呕吐不仅影响进食和正常消化，而且会导致大量消化液丢失，造成体内水和电解质平衡紊乱。

10.4.2 胃的化学性消化

胃的化学性消化依赖于胃腺分泌的消化液，即胃液。在胃黏膜中有 3 种外分泌腺：贲门腺、泌酸腺和幽门腺。贲门腺分布于胃与食管的连接处，分泌黏液；泌酸腺分布于胃底和胃体部，由壁细胞、主细胞、黏液颈细胞组成，分别分泌盐酸、胃蛋白酶原、内因子和黏液（图 10-11）；幽门腺分布于胃窦部，分泌碱性黏液。胃液是这些腺体分泌的混合物。

不同动物胃液分泌差别较大，哺乳期幼畜的主细胞还可分

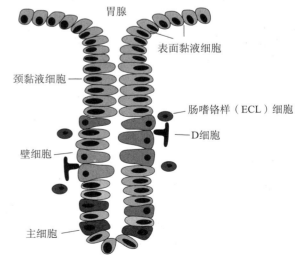

图 10-11　胃底腺结构示意图

（图注：胃腺、表面黏液细胞、颈黏液细胞、肠嗜铬样（ECL）细胞、D 细胞、壁细胞、主细胞）

泌凝乳酶，肉食动物可分泌少量的脂肪酶。

胃内还有一些散在分布于胃黏膜中的内分泌细胞，其中 G 细胞分泌促胃液素（gastrin），D 细胞分泌生长抑素（somatostatin，SS），肥大细胞分泌组胺（histamine）等，这些活性物质对胃肠消化吸收具有调节作用，分泌后进入血液循环发挥作用。

10.4.2.1 胃液的组成、性质及生理作用

哺乳动物纯净的胃液为无色透明的酸性液体，pH 为 0.5 ～ 1.5（大多数硬骨鱼类在空腹时胃液呈中性、或弱酸性、或弱碱性）。胃液由水、无机物和有机物组成，无机物包括盐酸、Na^+、K^+、HCO_3^- 等离子，有机物包括消化酶和黏蛋白等。

（1）盐酸　胃液中的盐酸（hydrochloric acid, HCl）又称胃酸（gastric acid），由壁细胞分泌，绝大部分的盐酸为游离酸，少量与蛋白质结合为结合酸，二者之和称为总酸。一般认为，盐酸的最大排出量与胃黏膜中壁细胞的数量有关，壁细胞多，排酸量大；另外，与壁细胞的功能状态亦有关。

盐酸的主要生理作用：①激活胃蛋白酶原并且为胃蛋白酶提供适宜的酸性环境；②使蛋白质变性易于水解；③可杀灭随食物进入胃的细菌，对维持胃和小肠的无菌状态有重要作用；④盐酸随食糜进入小肠后，能够促进胰液、胆汁、小肠液的分泌；⑤造成的酸性环境可使钙和铁处于溶解状态，有利于小肠对铁和钙的吸收。

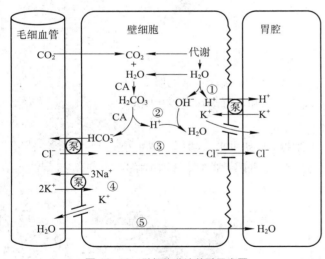

图 10-12　壁细胞分泌盐酸示意图

盐酸分泌的机制可概括为以下几个过程（图 10-12）：① H^+ 的来源。壁细胞中的 H_2O 解离为 H^+ 和 OH^-。在壁细胞的顶端小管膜上 H^+ 泵（H^+–ATPase，H^+–K^+–ATP 酶）逆着浓度梯度将壁细胞内的 H^+ 主动转运到分泌小管腔和胃腔内，同时驱动 K^+ 从小管腔内进入壁细胞，进行 1∶1 的 K^+–H^+ 交换，OH^- 留在细胞内。与此同时，顶端膜上的 K^+ 通道和 Cl^- 通道也同时开放。进入细胞内的 K^+ 又经 K^+ 通道进入分泌到小管腔。② OH^- 的中和。由壁细胞代谢产生以及从血浆中扩散进入的 CO_2 与 H_2O 在碳酸酐酶（CA）的催化下生成 H_2CO_3，后者迅速解离成 HCO_3^- 和 H^+，H^+ 被上述 H_2O 解离后留在细胞内的 OH^- 中和生成 H_2O。③ HCl 的形成。HCO_3^- 通过壁细胞基底侧膜上的 Cl^-–HCO_3^- 逆向交换机制被转运出细胞，弥散进入血液与 Na^+ 结合成 $NaHCO_3$，使血液暂时碱化，形成所谓的"餐后碱潮"（postprandial alkaline tide）；而 Cl^- 被转运入细胞内，再经顶膜上的 Cl^- 通道进入分泌小管腔，Cl^- 与 H^+ 形成 HCl。④ 壁细胞基底侧膜上的 Na^+–K^+–ATPase 将细胞内的 Na^+ 泵出细胞，同时将 K^+ 泵入细胞，以补充由顶膜丢失的部分 K^+。⑤ 水的渗透。管腔内各种离子的增加，增加了其内的渗透压，上皮细胞内以及血浆中水分则通过渗透扩散方式进入小管腔，连同各种离子被排入胃腺管腔内。

知识拓展 10-7
盐酸分泌机制
（动画）

（2）胃蛋白酶　胃蛋白酶（pepsin）由胃蛋白酶原（pepsinogen）转化而来的，主要由泌酸腺主细胞合成与分泌。胃蛋白酶原本身没有生物学活性，进入胃腔后，在盐酸或已被激活的胃蛋白酶的作用下，转变为有活性的胃蛋白酶。胃蛋白酶只有在酸性环境中才具有活性，哺乳动物胃蛋白酶最适 pH 为 2.0，当 pH 高于 6.0 时，将完全失去活性。胃蛋白酶为内切酶，能够水解蛋白质

产生䏑、胨以及少量的多肽和氨基酸。此外，胃蛋白酶还有凝乳作用。

（3）黏液和 HCO_3^- 　胃黏膜长期处于强酸和胃蛋白酶的环境下，其不被消化的保护机制是胃内表面形成了黏液－碳酸氢盐屏障（mucus–bicarbonate barrier）（图 10–13）。胃的黏液（mucous）由表面上皮细胞、黏液颈细胞、贲门腺和幽门腺共同分泌。黏液有两种，一种是可溶性黏液，其主要成分为可溶性黏蛋白；另一种是不溶性黏液，其主要成分为糖蛋白，具有很大的黏稠度，为水的 $30 \sim 260$ 倍，呈凝胶状。一般认为，黏液呈自发的持续性分泌，在胃黏膜表面覆盖着约 $500 \ \mu m$ 厚的黏液层。胃液中的 HCO_3^-

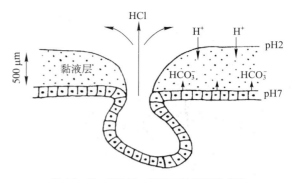

图 10-13 胃黏液－碳酸氢盐屏障模式图

主要由表面黏液细胞分泌，黏液细胞不断分泌的 HCO_3^- 逐渐向胃腔扩散，胃腔内的 H^+ 则进行反向扩散，由于黏液层为非流动液层，使离子扩散速度很慢，黏液层中 HCO_3^- 逐渐中和 H^+，使黏液层存在 pH 梯度，近胃腔侧呈酸性（pH 约为 2.0），邻近胃壁侧呈中性或偏碱性（约为 7.0）。这种 pH 梯度不仅避免了 H^+ 对胃黏膜的直接侵蚀作用，也使胃蛋白酶原在上皮细胞侧不能被激活。同时，黏液凝胶层的分子结构及其表面以共价结合的脂肪酸链构成一道有效屏障，阻止胃蛋白酶通过黏液层，有效地阻止胃蛋白酶对胃黏膜的直接消化作用。正常情况下，胃蛋白酶能够水解胃腔侧表层黏液的糖蛋白，但是表面黏液细胞分泌黏液的速度与表层黏液被水解的速度相等，使黏液层处于动态平衡，从而保持了黏膜屏障的完整性和连续性。

🅔 知识拓展 10-8
胃黏液－碳酸氢盐屏障（动画）

（4）内因子　内因子（intrinsic factor）是一种由壁细胞分泌的糖蛋白，其作用可以与食物中的维生素 B_{12} 结合，形成复合物，保护小肠内的维生素 B_{12} 不被消化酶破坏，从而有利于其在回肠部位被吸收。

10.4.2.2　胃液分泌及其调节过程

胃液的分泌分为非消化期分泌（也称基础分泌）和消化期分泌。空腹 $12 \sim 24 \ h$ 后胃液的分泌为基础分泌，分泌量很少，如狗胃液的基础分泌仅为最大分泌量的 1%，大鼠的基础分泌为最大分泌量的 30%；基础分泌呈现昼夜分泌节律，清晨分泌量最低，夜间分泌量最高；进食引起的胃液分泌增加，称为消化期分泌。

（1）影响胃液分泌的主要体液因子　影响胃液分泌的主要体液因子有乙酰胆碱（ACh）、促胃液素（gastrin）、组胺（histamine，HA）和生长抑素（somatostatin，SS），这 4 种因子中仅生长抑素是抑制胃酸分泌，其他均为促进胃液的分泌。① 乙酰胆碱（ACh）是胃迷走节后纤维和部分内在神经末梢释放的递质，可直接作用于壁细胞上的胆碱能（M 型）受体，引起 HCl 分泌；②促胃液素由胃窦和十二指肠黏膜内的 G 细胞分泌，通过血液循环作用于壁细胞，刺激 HCl 的分泌；③组胺由胃酸区黏膜内的肠嗜铬样细胞（enterochromaffin–like cell, ECL cell）分泌，是胃液分泌的强刺激剂和中心调控因素，以旁分泌的方式作用于壁细胞，促进胃液的分泌；④生长抑素由胃的泌酸黏膜和幽门部黏膜的 D 细胞分泌，经血液循环作用于 G 细胞，抑制胃泌素和胃酸的分泌。

🅔 知识拓展 10-9
影响胃液分泌的主要体液因子

此外，刺激胃酸分泌的其他因子还有 Ca^{2+}、低血糖、咖啡因和酒精等。

能引起壁细胞分泌胃酸的大多数刺激物均能促进主细胞分泌胃蛋白酶原及黏液细胞分泌黏液。ACh 是主细胞分泌胃蛋白酶原的强刺激物；促胃液素也可直接作用于主细胞，H^+ 可通过壁内神经丛反射性促进胃蛋白酶原的释放。十二指肠中的促胰液素和缩胆囊素也能刺激胃蛋白酶原

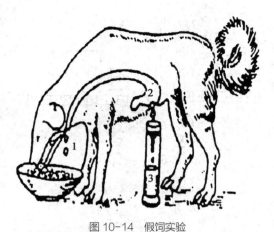

图 10-14　假饲实验
1. 食物从食管切口流出；2. 胃痿；3. 从胃痿收集胃液

的分泌。

（2）进食引起胃液分泌的机制　进食可引起胃液分泌，其分泌过程可通过假饲实验来证实（图 10-14）。在假饲实验中，可根据需要分别对动物进行食管、胃和十二指肠痿管的制作，模拟食物在不同部位的刺激所引起的分泌过程，分析各自的分泌特点和作用机制。根据食物刺激部位的先后，通常人为地将胃液分泌分为头期、胃期和肠期。实际上，这三个时期几乎是同时开始、互相重叠的。

① 头期（cephalic phase）：头期胃液分泌是由动物进食或食物的形状、颜色、气味的刺激作用于头部感受器而引起的。例如，在动物的假饲实验中，食物经过痿管漏出未能到达胃，但胃液仍大量分泌。头期胃液分泌的调节包括条件反射和非条件反射（图 10-15）。前者由食物的形状、气味、声音等分别刺激视觉、嗅觉、听觉感受器引起，需要大脑皮质的参与；后者由食物刺激口腔和咽等部位的机械和化学感受器而引起。如果切断支配胃的迷走神经，胃液不分泌，说明迷走神经是唯一的传出神经。迷走神经兴奋不仅能直接促进胃腺分泌，还能促进幽门部黏膜 G 细胞分泌促胃液素，促胃液素经过血液循环刺激胃腺分泌。促胃液素的作用较迷走神经强，胆碱能受体阻断剂阿托品不能阻断迷走神经所引起的促胃液素分泌，反而使其分泌增加，因为支配 G 细胞的迷走神经末梢释放的递质是一种称为促胃液素的肽类物质。如前述，乙酰胆碱和促胃液素也具有促组胺释放的作用，能促进胃酸的分泌。

ⓔ 知识拓展 10-10
头期胃液分泌的机制
（动画）

头期胃液分泌具有潜伏期长，延续时间长，分泌量高，胃蛋白酶原含量高的特点（图 10-16），因而消化力强。胃液分泌的量与食欲有关，对喜爱的食物可以大量分泌；对厌恶的食物少分泌，甚至不分泌。

② 胃期（gastric phase）：食糜进入胃以后，刺激胃部的机械的和化学的感受器而反射性引起的胃液分泌，称为胃期胃液分泌。胃期分泌的主要调节机制见图 10-17：（a）扩张刺激胃底、胃体部感受器，通过内在神经丛的局部反射，直接引起壁细胞分泌。（b）迷走 – 迷走长反射直

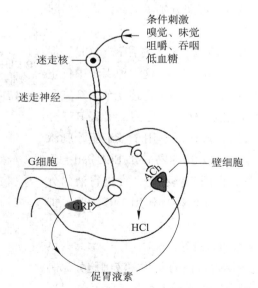

图 10-15　头期胃液分泌的机制
GRP: 促胃液素释放肽

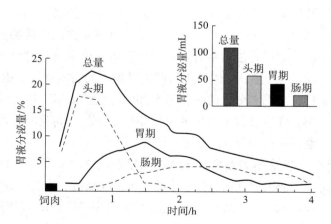

图 10-16　动物进食后消化期的胃液分泌特征

接或通过刺激促胃液素的释放间接引起胃液分泌。（c）扩张刺激幽门部的感受器，通过内在神经丛促进 G 细胞分泌促胃液素，间接引起胃液的分泌。（d）化学物质，尤其是蛋白质的消化产物，如多肽、氨基酸，直接作用于胃幽门部 G 细胞引起促胃液素的释放，促进胃液分泌。

胃期分泌持续时间长，直至胃中食物排完为止；其分泌量约占进食后分泌总量的 60%；所分泌的胃液酸度高，酶含量少，消化力较弱（图 10-16）。

③ 肠期（intestinal phase）：食糜进入十二指肠，由于扩张刺激和蛋白质消化产物的化学性刺激而引起胃液的分泌，称为肠期胃液分泌。切断支配胃的外来神经，食物对小肠的

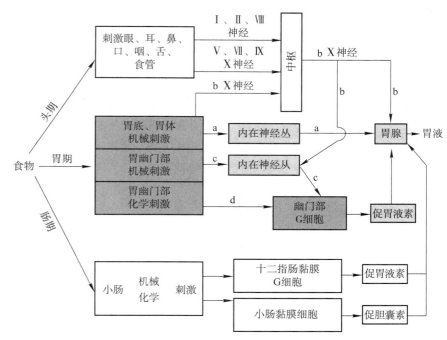

图 10-17　进食促进胃液分泌的机制（改引自白波，2009）

刺激仍可引起胃液分泌，说明肠期的胃液分泌主要受体液调节。食糜可刺激十二指肠的 G 细胞，促进促胃液素的释放（图 10-17）。食糜还可刺激十二指肠黏膜，使其释放肠泌酸素（entero-oxyntin），刺激胃酸的分泌。给动物静脉注射氨基酸后也可引起胃液分泌的增加，提示小肠吸收氨基酸以后，对胃液分泌也有一定刺激作用。肠期胃液的分泌特点是分泌量很少，仅占进食后分泌总量的 10%（图 10-16）。

综上所述，在进食过程中，胃液分泌的三个时期是相互重叠的，其中头期和胃期的胃液分泌占有重要位置。在胃液分泌调节中，神经和体液调节是密不可分的。

（3）胃液分泌的抑制性调节　胃液的分泌还受一些因素的抑制性调节，这些因素包括：① 盐酸　当盐酸分泌量增多时，若胃窦部 pH 降至 1.2 ~ 1.5 时，可抑制胃液的分泌。盐酸通过直接刺激胃黏膜中的 G 细胞，抑制促胃液素的释放。盐酸可作用于胃黏膜中的 D 细胞，促进 D 细胞释放生长抑素，后者抑制了盐酸和胃蛋白酶原的分泌。盐酸还可刺激十二指肠黏膜的 S 细胞分泌促胰液素（secretin），显著抑制胃酸的分泌；盐酸还可刺激十二指肠球部，刺激球抑胃素（bulbogastrone）的释放，抑制胃液分泌。

② 脂肪：脂肪及其消化产物进入小肠后，刺激小肠黏膜产生抑制性物质，抑制胃酸、胃蛋白酶原的分泌和胃的运动，该物质被我国生理学家林可胜命名为肠抑胃素（enterogastrone）。由于该物质至今尚未被提纯，目前认为是几种具有抑制作用的胃肠激素的总称，小肠黏膜释放的抑胃肽、神经降压素等具有与肠抑胃素类似的作用。

③ 高渗溶液：高渗溶液可作用于小肠壁渗透压感受器，通过肠－胃反射抑制胃液的分泌；同时它还能刺激小肠黏膜释放几种胃肠激素，抑制胃液分泌，但其作用机制尚未被阐明。

此外，胃液分泌还受到情绪、精神状态的影响。前列腺素对胃液分泌起负反馈调节作用，能显著抑制由摄食、促胃液素所引起的胃液分泌。胃的黏膜和肌层中存在大量的前列腺素，迷走神经兴奋和促胃液素都能促进前列腺素的分泌。

ℰ 知识拓展 10-11
进食促进胃液分泌的机制（动画）

10.5 复胃的消化

10.5.1 反刍动物的复胃结构及其功能概述

ⓔ系统功能进化
10-4 反刍动物复胃的组成及其解剖结构

复胃消化是反刍动物重要生理功能。反刍动物的胃由瘤胃、网胃、瓣胃和皱胃四部分组成。瘤胃、网胃、瓣胃合称前胃。前胃的黏膜没有消化腺，也不分泌消化液，主要进行物理性消化和微生物消化。皱胃消化方式及其作用与单胃动物的胃相似，故也称真胃。在科学研究中借用瘘管技术可以清楚地了解前胃的运动形式和过程，并且也能分析前胃的微生物消化作用。

10.5.2 复胃的物理性消化

10.5.2.1 前胃的运动

前胃运动从网胃收缩开始，一般要连续收缩两次，第一次收缩较弱，并只收缩一半即行舒张，其作用是将飘浮在网胃上部的粗饲料重新压回瘤胃。接着产生第二次强烈的收缩，其内腔几乎消失，此时若网胃内有铁钉之类的异物，可刺伤胃壁而伤及心包和膈肌，形成创伤性网胃炎和心包炎。网胃两次收缩称为双相收缩。网胃的运动引发与其相联系的前后瘤胃的和瓣胃的活动，向后启动网瓣口开放和瓣胃的继续研磨、消化食物；向前启动瘤胃前柱的收缩防止部分已被消化的食糜倒流。网胃收缩间期，瘤胃与瓣胃活动开启，网瓣胃口关闭，瓣皱胃口开放以防止食糜返回网胃，并将食糜快速向皱胃推进。瘤胃的收缩相继出现方向相反的原发性 A 波和继发性 B 波。A 波促使饲料的移动和混合。B 波与反刍和嗳气的形成有关。图 10-18 记录了反刍动物胃活动时各部分的压力变化，前胃运动详细情况见ⓔ系统功能进化 10-5。借用听诊或触诊方法分析前胃运动是否正常，是兽医临床诊断的重要指标。一般情况下瘤网胃运动频率休息时平均为 1.8 次 /min，进食时增加，平均可达 2.8 次 /min，反刍时约为 2.3 次 /min，每次运动约持续 15～25 s。

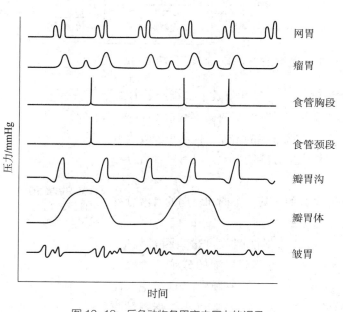

图 10-18 反刍动物各胃室内压力的记录

ⓔ系统功能进化
10-5 反刍动物前胃运动、反刍与嗳气

前胃运动主要靠神经调节。咀嚼时饲料刺激口腔黏膜感受器，食物进入前胃刺激其内的机械和压力感受器，反射性引起前胃运动加强。刺激网胃感受器，不仅收缩加快，还出现反刍动作。前胃运动反射中枢在延髓，高级中枢在大脑皮层；传出神经为迷走神经和交感神经。迷走神经兴奋，前胃运动加强；交感神经兴奋，前胃运动被抑制；皱胃、肠活动加强，瘤胃和网胃运动减弱；刺激十二指肠的化学感受器可抑制前胃的运动。

10.5.2.2 反刍

反刍（rumination）是指反刍动物吞咽进入瘤胃的饲料，经过瘤胃液浸泡和软化一段时间后，经逆呕重新回到口腔，经过再咀嚼，再次混合唾液并再吞咽进入瘤胃的过程。反刍不但可以进一步切细饲料，有利于消化，还可以使采食量大、食粗饲料的反刍动物节省采食时间，躲避自然敌害。反刍可分为 4 个阶段，即逆呕、再咀嚼、再混合唾液和再吞咽。

逆呕是一个复杂的反射活动，由于饲料刺激网胃、瘤胃前庭以及食管沟黏膜上的感受器，由迷走神经将兴奋传到延髓呕吐中枢，再由传出神经（迷走神经、膈神经和肋间神经）传到网胃、食管、呼吸肌以及与咀嚼、吞咽相关的肌群活动的改变（图 10-19）。

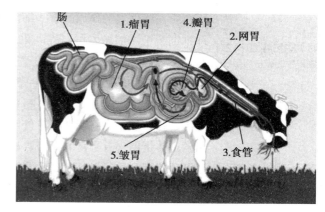

图 10-19　牛的反刍过程示意图

反刍动物一般饲喂后 0.5～1 h 出现反刍，每一个反刍周期持续 40～50 min，休息一段时间后再开始第二期反刍，一昼夜进行 6～8 个反刍周期。日粮组成对反刍有很大影响，特别是粗饲料的含量，饲喂干草的牛，反刍时间可达 8 h/d。绵羊从饲喂长的或切短的干草转变为干草粉时反刍时间从 9 h/d 减至 5 h/d。喂精料时，反刍时间仅 2.5 h/d。

10.5.2.3　嗳气

嗳气（eructation）亦是反刍动物特有的生理现象，是指瘤胃微生物发酵产生的气体经由食道、口腔向外排出的过程（见 ⓔ 系统功能进化 10-5）。嗳气是一种反射动作，兴奋起源于瘤胃内增多的气体对瘤胃机械感受器的刺激。这些感受器分布于瘤胃背囊、贲门四周及食管沟附近。反射中枢位于延髓，随着瘤胃内气体增多，兴奋传至中枢，经过中枢整合后，信号传至瘤胃壁，最先引起后背盲囊收缩，压迫气体推向瘤胃前庭。嗳气是反刍动物稳定瘤胃机能的重要生理功能。嗳气的抑制可引起瘤胃鼓气，甚至造成死亡。

10.5.2.4　食管沟反射

食管沟（reticular groove）是食管的延续，由两片肥厚的唇状肌肉构成，起自贲门，经瘤胃延伸至网瓣胃孔。幼畜在吸吮时刺激了唇、舌、口腔、咽等部位黏膜中的感受器，反射性地引起食管沟的唇状肌卷曲，形成密闭或密闭不全的管状，使乳汁或其他液体经食管沟以及网胃沟、瓣胃沟直接进入皱胃。食管沟反射的中枢在延髓，舌神经、舌下神经和三叉神经的咽支为传入神经，迷走神经为传出神经。这种反射活动随着动物的生长而逐渐减弱，直至消失。

食管沟反射受多种因素的影响：① 摄乳方式：犊牛饮用桶装乳汁时，因食管沟、网胃沟闭合不全，乳汁容易进入瘤胃和网胃。由于新生动物的瘤胃和网胃发育尚不完善，乳汁不易排出，时间长后发生酸败而引起腹泻。② 某些无机盐可引起食管沟闭合：如氯化钠和碳酸氢钠能促进牛的食管沟闭合；硫酸铜和碳酸氢钠可促进羊的食管沟闭合。在兽医临床上，事先用 NaCl 或 NaHCO$_3$ 溶液使食管沟反射性闭合，再投喂药，能使药物经食管沟直接进入皱胃发挥作用。

10.5.3　复胃的微生物消化

10.5.3.1　瘤胃内的微生物及其生存环境

（1）瘤胃微生物种类　瘤胃内存在大量的厌氧微生物，主要有纤毛虫、细菌和真菌。瘤胃内的微生物的种类和数量因饲料、动物年龄等因素而异。

① 细菌。瘤胃内最主要的微生物是细菌，具有分解糖类、纤维素、蛋白质和乳酸以及合成

e 知识拓展 10-12
瘤胃中的微生态系统

蛋白质、维生素的作用。有些细菌在分解纤维素的同时，还可利用尿素合成蛋白质。因此，在粗纤维饲料中添加尿素可以提高粗纤维的消化率。细菌能利用瘤胃内的有机物，作为碳源和氮源，并转化为自身的成分。细菌在皱胃和小肠内被消化时，菌体中的营养物质可被宿主利用。

② 纤毛虫。纤毛虫分为全毛与贫毛两大类。纤毛虫可产生分解蛋白质、糖类、纤维素和水解脂类的酶，能发酵糖、果胶、纤维素和半纤维素，产生乙酸、丙酸、丁酸、乳酸、CO_2 和 H_2 等。能降解蛋白质、水解脂肪等。纤毛虫还具有吞噬细菌、淀粉颗粒并储存于体内等能力，所以纤毛虫的虫体蛋白含有丰富的必需氨基酸，其生物价高于细菌蛋白。纤毛虫进入宿主的皱胃和小肠后，可被消化吸收和利用，提高了饲料的消化利用率，使氮的储存和挥发脂肪酸的生成显著增加。

瘤胃纤毛虫若长期暴露于空气中或处于不良条件下，就不能生存。因此幼畜瘤胃中的纤毛虫主要通过与家畜接触或与其他反刍动物的直接接触，自然感染而来。通常犊牛生长到 3～4 个月后瘤胃才出现各种纤毛虫。

③ 真菌。真菌约占瘤胃微生物总量的 8%，真菌可产生丰富的酶，如纤维素酶、木聚糖酶、糖苷酶、半乳糖醛酸酶、蛋白酶等，对纤维素的消化能力很强。

（2）瘤胃微生物生态体系与宿主间相互关系　虽然瘤胃微生物种类繁多，但在比较稳定的瘤胃内环境条件下，各种瘤胃微生物维持相对稳定，即纤毛虫与细菌、真菌以及微生物与宿主之间保持动态平衡，构成瘤胃微生物的生态体系。这不但有利于保持机体的正常生理功能，而且可以防止外来微生物包括某些病原菌的侵入。正常情况下，大肠杆菌、沙门氏菌都不易在瘤胃内繁殖。

（3）瘤胃内的生存环境　瘤胃内之所以能够长期存在大量微生物是因为：①瘤胃高度缺氧，其背囊内存在着大量气体（主要是 CO_2、CH_4 以及少量的 N_2、H_2、O_2 等），是一个良好的微生物发酵罐，为厌氧微生物的生长繁殖提供了良好的环境；②饲料和水相对稳定地进入瘤胃，瘤胃节律性地运动，使未消化的食物与微生物能均匀地混合，为微生物繁殖提供了丰富的营养物质；③瘤胃内渗透压与血浆接近、温度适宜（通常维持在 39～41℃）、饲料发酵时产生的酸可被唾液中的 HCO_3^- 中和，产生的挥发性脂肪酸可被吸收入血液，因此瘤胃内 pH 稳定（通常维持在 5.5～7.5 之间），这些都是微生物活动所必需的条件。

多年来，人们模拟瘤胃基本环境，设计人工瘤胃（artificial rumen），以进行体外试验。随着科学发展，装置不断完善，已成为生理学、营养学研究的重要手段。

10.5.3.2　瘤胃内的消化代谢过程

e 知识拓展 10-13
瘤胃内的消化代谢过程

饲料进入瘤胃后，在微生物作用下，发生一系列复杂的消化和代谢过程，包括①碳水化合物的消化和利用；②含氮化合物的消化与利用；③脂肪的消化与利用及一些气体的产生等过程（图 10-20 ~ 10-22）（见 **e** 知识拓展 10-13）。代谢产生的挥发性脂肪酸（VFA），饲料的分解产物均可用来合成微生物蛋白（MCP）、糖原和维生素等，供宿主利用。

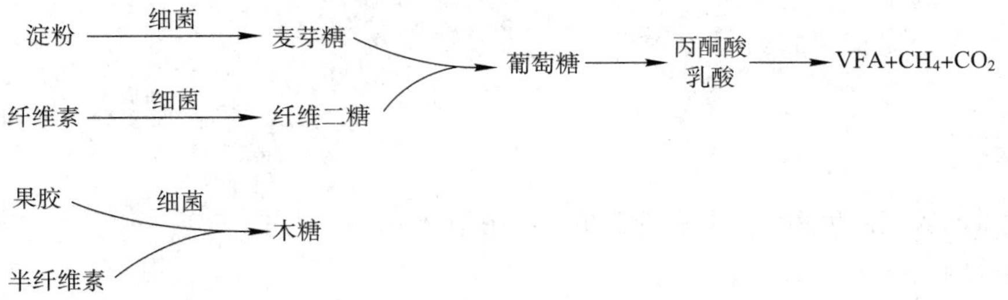

10.5.4　复胃动物的皱胃消化特点

皱胃具有能分泌胃液的腺体，皱胃液呈酸性（羊 pH 1.0～1.3，牛 pH 2.0～4.1），含有胃蛋白酶、盐酸和少量黏液，幼畜还含有凝乳酶。胃蛋白

图 10-20　瘤胃糖代谢示意图

酶的含量和盐酸浓度随年龄增长而增多，而凝乳酶则下降。与单胃动物胃液分泌不同的是，皱胃液的分泌是连续性的，这与瘤胃内食糜不断进入皱胃有关。皱胃分泌的胃液量和酸度高低取决于进入皱胃的食糜量和 VFA 的浓度，而与饲料的性状关系不大。

皱胃的分泌受神经和体液的调节，支配皱胃的迷走神经兴奋或胆碱能受体激动剂则可引起皱胃液分泌增多，而相应受体阻断剂则可抑制胃液分泌。促胃液素也是调节胃液分泌的关键因子，皱胃自身可以分泌促胃液素，可直接促进皱胃胃液分泌；另外迷走神经兴奋可引起促胃液素分泌，间接引起胃液分泌增加。

皱胃的收缩与十二指肠的充盈度有关，十二指肠充盈则皱胃收缩降低；十二指肠排空则皱胃收缩增加。同样，皱胃的扩张可引起前胃运动的降低，进入皱胃的食糜减少。由于食糜持续性进入皱胃，皱胃经常处于一定的充盈状态，其运动形式和速度都相对稳定，但在进食前或进食过程中，能引起胃窦部频繁强烈的收缩，进食后运动相对减弱。临床上会发生由于皱胃运动抑制而造成的皱胃移位，多见于反刍动物食入过多高精饲料情形。

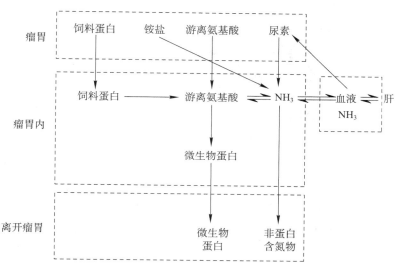

图 10-21　瘤胃内含氮化合物代谢示意图

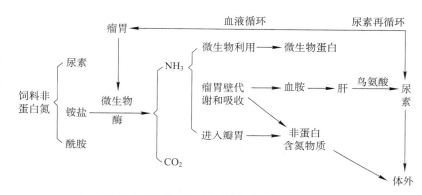

图 10-22　瘤胃微生物对非蛋白氮的消化及尿素再循环

10.6　小肠的消化

小肠包括十二指肠、空肠和回肠，是消化管最长的部分。食糜进入小肠后，通过小肠的多种运动使之与小肠内胰液、胆汁和小肠液多种消化酶混合，完成营养物质的最后消化，变成可以被吸收的成分；那些未能消化吸收的食物残渣通过小肠的运动向后逐段推送，最终进入大肠。因此，小肠消化是整个消化过程的最为重要的阶段。另外，小肠也分泌一些重要的活性物质如促胰液素、缩胆囊素、肠抑胃素、P 物质、生长抑素等，调节小肠的运动和消化液的分泌。

10.6.1　小肠的物理性消化

10.6.1.1　小肠的运动形式

小肠运动主要靠小肠平滑肌的收缩完成，有分节运动、蠕动及钟摆运动。

ⓔ 知识拓展 10-14
小肠与大肠的运动

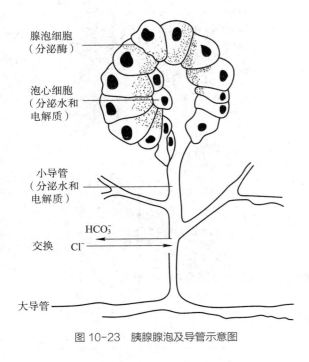

腺泡细胞（分泌酶）

泡心细胞（分泌水和电解质）

小导管（分泌水和电解质）

HCO_3^-

交换 Cl^-

大导管

图 10-23　胰腺腺泡及导管示意图

10.6.1.2　小肠运动的调节

小肠平滑肌受交感神经与迷走神经的双重支配。一般情况下，迷走神经兴奋，肠壁平滑肌的紧张性提高，小肠的运动增强。交感神经兴奋，小肠壁平滑肌的紧张性减弱，小肠运动抑制。但上述效果还要根据小肠平滑肌当时所处的状态而定。如果平滑肌的紧张性高，则无论是交感神经或迷走神经的兴奋均能抑制小肠运动；如果紧张性降低，这两种神经的兴奋均可增强小肠运动。

小肠的运动还受到肠内神经丛的影响。当机械和化学刺激作用于肠壁感受器时，通过局部反射可引起小肠蠕动。切断支配小肠的外来神经，蠕动仍可进行，说明肠道内在神经丛对小肠运动起主要的调节作用。

小肠壁内神经丛和平滑肌对各种化学物质具有广泛的敏感性，除了神经递质外，还有一些胃肠激素也可直接作用于平滑肌细胞上的受体或通过神经介导而调节平滑肌的运动。如促胃液素和 CCK 可兴奋小肠运动，促胰液素和胰高血糖素则起抑制作用。

10.6.2　小肠的化学性消化

10.6.2.1　胰液

胰具有外分泌和内分泌功能，胰腺外分泌物称为胰液，由胰腺腺泡细胞和泡心细胞以及导管上皮细胞等分泌（图 10-23），经胰腺导管进入十二指肠，具有很强的消化力，是机体最重要的消化液；胰的内分泌部分称为胰岛，其功能将在第 15 章内分泌系统功能中讨论。

（1）胰液的成分、特性及生理作用　胰液为无色透明的液体，pH 为 7.8～8.4，渗透压与血浆相等，胰液主要含水分、电解质和消化酶。

① 水和电解质。胰液中的水和电解质主要由胰腺小导管上皮细胞和泡心细胞分泌。胰液电解质中最重要的负离子是 HCO_3^- 和 Cl^-。HCO_3^- 含量很高，其分泌量随胰液分泌速率加快而增加。HCO_3^- 可中和随食糜进入十二指肠的胃酸，保护肠黏膜免受胃酸的侵蚀；为小肠内的消化酶提供适宜的碱性环境。胰液中 Cl^- 的浓度与 HCO_3^- 浓度相关，HCO_3^- 升高时，Cl^- 则降低，这是由于 HCO_3^--Cl^- 交换所致。胰液中 K^+、Na^+、Ca^{2+} 的浓度与血浆相近，且不受胰液分泌速率的影响。胰液电解质分泌机制与胃酸分泌大致相同.

② 胰消化酶。胰液中含有多种消化酶，包括各种蛋白分解酶、淀粉分解酶、脂肪分解酶、核酸分解酶等。主要由胰腺的腺泡细胞分泌。

胰蛋白分解酶（trypsin）：胰液中与蛋白质消化有关的酶主要有胰蛋白酶原、糜蛋白酶原、胰弹性蛋白酶原和基肽酶原 A 和 B。胰弹性蛋白酶又称为胰肽酶，是唯一能够水解硬蛋白的酶。胰液中的蛋白分解酶均以无活性的酶原形式存在，胰蛋白酶原可被小肠液中肠致活酶激活，裂解出 1～6 个肽后，转变成为有活性的胰蛋白酶。此外，胃酸、胰蛋白酶本身以及组织液也能使胰蛋白酶原和其他蛋白酶原激活（图 10-24）。胰蛋白酶、糜蛋白酶作用极为相似，能分解蛋白质为胨和胨。在胰蛋白酶、糜蛋白酶和弹性蛋白酶的共同作用下，食糜中的蛋白质被分解为多肽和氨基酸。

胰脂肪酶（lipase）在胆盐和辅脂酶共同存在的条件下，胰脂肪酶 将甘油三酯分解为甘油、脂肪酸和甘油一酯，其最适 pH 为 7.5～8.5。胆盐能乳化脂肪，使脂肪变成小滴分散于水相中。辅脂酶对胆盐微胶粒和其他极性界面有较强的亲和性，形成脂肪酶 – 辅脂酶 – 胆盐络合物，使脂肪酶吸附在脂肪滴的表面，扩大了脂肪酶的接触面积，有利于脂肪的消化。胰液中还有胆固醇酯酶和磷脂酶 A_2，分别水解胆固醇酯和卵磷脂。

胰淀粉酶（pancreatic amylase）：胰淀粉酶是一种 α – 淀粉酶，可将淀粉水解为糊精、麦芽糖和麦芽寡糖，其水解作用的效率高、速度快。与唾液淀粉酶不同，胰淀粉酶可以水解生、熟淀粉，而唾液淀粉酶只能水解熟淀粉。胰淀粉酶的最适 pH 为 6.7～7.0。

其他酶类：胰液中还有胰核糖核酸酶和胰脱氧核糖核酸酶，可以分别将核糖核酸和脱氧核糖核酸分解为单核苷酸。胰

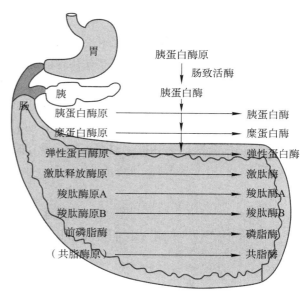

图 10-24　胰液内酶原的激活

液中还含有胶原酶和胰蛋白酶抑制物，分别可消化食物中的胶原纤维和使胰蛋白酶失去活性。

（2）胰液分泌的调节　胰液在消化间期分泌很少，动物进食可引起胰液的大量分泌。按食物刺激的先后顺序，胰液的分泌可分成头期、胃期、肠期。头期又称为神经期，主要通过迷走神经调节胰液的分泌。胃期和肠期的胰液的分泌受多种因素的调节，肠期是胰液分泌活动的重要环节，受神经和体液的双重调节，以体液调节为主（图 10-25）。

ⓔ 知识拓展 10-16
胰液分泌的神经 – 体液调节（动画）

① 神经调节。食物可反射性地引起胰液分泌，传出神经主要是迷走神经，迷走神经兴奋引起胰液分泌增加，分泌的特点是含有丰富的消化酶，而水和 HCO_3^- 的含量很少，因此分泌量不大。迷走神经末梢释放的乙酰胆碱，可直接作用于胰腺腺泡细胞，也可以通过迷走神经兴奋增加促胃液素的分泌，间接地影响胰腺腺泡分泌。支配胰腺的内脏大神经有两种纤维，一种是肾上腺素能纤维，能使胰腺血管收缩，抑制胰液的分泌，明显抑制由迷走神经兴奋而引起的胰酶和 HCO_3^- 的分

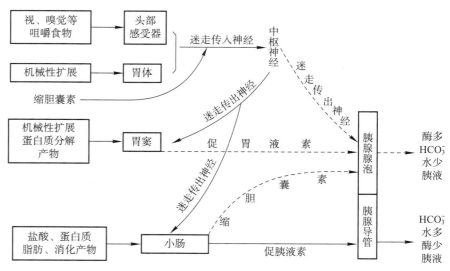

图 10-25　胰液分泌的神经 – 体液调节

泌；另一种是胆碱能纤维，使胰液分泌增加，但其刺激胰腺分泌的效应比迷走神经小，因此内脏大神经对胰液分泌的影响不明显。

② 体液调节。促进胰液分泌的主要体液因素是促胰液素和缩胆囊素。

酸性食糜进入十二指肠后，刺激肠黏膜 S 细胞释放促胰液素（secretin）。促胰液素主要作用是促使胰腺小导管上皮细胞分泌大量的水和 HCO_3^-，因此胰液的分泌量增加，而消化酶的含量较少。促进促胰液素释放的最强刺激因子是 HCl，小肠内引起促胰液素分泌的 pH 阈值为 4.5，

其次是蛋白质水解产物和脂肪，糖几乎没有刺激作用。

缩胆囊素（cholecystokinin，CCK）也称胆囊收缩素，是由小肠黏膜 I 细胞释放的一种肽类激素。CCK 的主要作用是促进胰腺腺泡分泌各种消化酶，促进胆囊收缩，排出胆汁，CCK 对水和 HCO_3^- 的促分泌作用较弱。近年来的研究证明，CCK 还可作用于迷走神经传入纤维，通过迷走 – 迷走反射刺激胰酶分泌。CCK 与促胰液素具有协同作用。

动物进食后，蛋白质水解产物可刺激小肠黏膜释放缩胆囊素释放肽（CCK releasing peptide，CCK-RP），刺激小肠黏膜 I 细胞分泌 CCK。引起 CCK 释放肽分泌的因素由强至弱为：蛋白质分解产物、脂肪酸盐、HCl、脂肪，糖类没有作用。此外，胰岛素能够增强缩胆囊素的促淀粉酶分泌效应。

抑制胰液分泌的激素有胰高血糖素、生长抑素、胰多肽、脑啡肽、促甲状腺激素释放激素、抑胰素和抗胆囊收缩肽，其中生长抑素的抑制作用最强，可以抑制水和 HCO_3^- 的分泌。抑胰素也具有相似的作用。抗胆囊收缩肽可以抑制缩胆囊素对胰腺的促分泌作用。脑啡肽则抑制因进食或十二指肠酸化所引起的促胰液素的释放。胰高血糖素抑制胰腺分泌水、HCO_3^- 和消化酶。胰多肽可抑制胰腺分泌消化酶，对水和 HCO_3^- 的分泌是先刺激后抑制。

近年来研究表明，调节胰液分泌的激素之间、激素与神经因素之间存在协同作用。如缩胆囊素主要刺激胰酶的分泌，促胰液素主要促进水和 HCO_3^- 的分泌，二者具有互补效应（图 10-26）。

③ 胰液分泌的反馈性调节。胰蛋白酶对胰酶的分泌具有负反馈调节作用。胰蛋白酶可抑制缩胆囊素释放肽（CCK-RP）的释放。CCK-RP 是一种对胰蛋白酶敏感的物质，胰蛋白酶可使其失活。因此，在 CCK 释放肽引起 CCK 分泌增加，导致胰蛋白酶分泌增加之后，胰蛋白酶又可反馈性地抑制 CCK 和胰酶的进一步分泌。胰酶分泌的反馈性调节的生理意义是防止胰酶过量分泌。

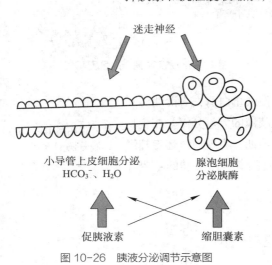

图 10-26　胰液分泌调节示意图
箭头粗细表示作用强弱

迷走神经

小导管上皮细胞分泌 HCO_3^-、H_2O　　腺泡细胞分泌胰酶

促胰液素　　缩胆囊素

10.6.2.2　胆汁

胆汁（bile）由肝细胞持续分泌生成。消化期的胆汁由肝管流出，经胆总管到十二指肠，称为肝胆汁。非消化期间的胆汁由肝管转入胆囊管，进入胆囊，经浓缩后储存，消化时再由胆囊排到十二指肠，称为胆囊胆汁。胆囊胆汁较肝胆汁浓稠，不同动物胆囊胆汁浓缩程度不同，食肉性或杂食性动物较食草性浓缩程度高。有些动物如马、驴、鹿、骆驼、大鼠、鸽等没有胆囊，其功能由粗大的胆管替代。

（1）胆汁的成分、特性及生理作用　胆汁是一种有色、黏稠、具有苦味的碱性液体，由水、无机盐、胆汁酸、胆固醇、胆色素、脂肪酸和卵磷脂等组成。胆汁酸与甘氨酸或牛黄酸结合形成胆盐（bile salt）。正常情况下，胆盐、胆固醇和卵磷脂之间维持适宜的比例，使胆固醇呈溶解状态，若胆固醇过多，或胆盐、卵磷脂过少，会形成胆固醇结石。胆色素是血红蛋白的分解产物，食草性动物以胆绿素为主，食肉性动物以胆红素为主，胆色素的种类和浓度决定胆汁的颜色。高等动物的胆汁中没有消化酶。

胆汁在脂肪的消化和吸收中的生理作用表现为：①胆盐、卵磷脂和胆固醇是脂肪的乳化剂，能使脂肪表面张力降低，裂解直径为 3 ~ 10 μm 的脂肪微滴，增加脂肪酶作用的面积，加速对脂肪的分解作用。②胆盐可聚集形成微胶粒（micelle），在微滴中胆盐的极性端向外，并将脂肪的消化产物包裹在中间，成为可溶性的混合微粒（mixed micelle），混合微粒犹如"渡船"，成为不溶于水的脂肪水解产物通过上皮细胞表面的静水层（unstirred layer）到达肠黏膜表面的运载工具，从而能促进脂肪的吸收。③胆盐是胰脂肪酶的辅酶，可以增强其活性。④胆汁可以中和胃酸，为胰脂肪酶提供适宜的 pH 环境。⑤胆汁还可以促进脂溶性维生素 A、D、E、K 的吸收。⑥胆盐在小肠被吸收后，还是促进胆汁分泌的体液因素。

（2）胆汁分泌的调节　肝细胞不断分泌胆汁，在非消化期间，肝胆汁大部分流入胆囊内储存。在此期间胆囊可吸收胆汁中的水分和无机盐，使胆汁浓缩 5～10 倍。在消化期，胆汁从肝及胆囊大量排进十二指肠。消化管内的食物是引起胆汁分泌和排出的自然刺激物，高蛋白食物引起胆汁分泌最多，高脂肪或混合食物的作用次之，糖类食物的作用最小。在胆汁排出过程中，胆囊收缩，Oddi 氏括约肌舒张，胆汁可以大量排入十二指肠。胆汁分泌和胆囊收缩受神经和体液因素的双重调节，但以体液调节更为重要（图10-27）。

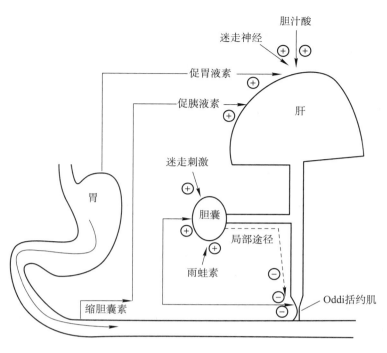

图 10-27　胆汁分泌和排出的调节
胆汁酸、迷走兴奋、促胃液素均使肝分泌增加；促胃液素一方面直接作用于肝，另一方面促使胃酸分泌增加，通过促胰液素释放而间接地使胆汁形成增加；促胰液素作用于胆管系统。CCK、雨蛙素和迷走兴奋使胆囊收缩；CCK又可使Oddi括约肌松弛，在胆囊和Oddi括约肌之间还可能存在有局部反射途径。
⊕：促进分泌；　⊖：抑制分泌

① 神经调节。胆囊、Oddi 氏括约肌及胆管平滑肌中含有丰富的交感、副交感（迷走）神经纤维和壁内神经丛。摄食或消化管内食物的刺激可反射性地引起胆汁分泌、胆囊的轻度收缩以及胆汁的排出。切断双侧迷走神经或使用抗胆碱类药物可以阻断此反应。迷走神经还能刺激促胃液素的释放，间接性地促进肝胆汁分泌以及胆囊收缩。交感神经可能起抑制性的作用。

胆囊平滑肌上有 α 和 β 肾上腺素能受体，α 受体激动剂可使胆囊收缩，β 受体激动剂可使胆囊舒张。胆囊壁上 β 受体占优势，它在胆囊充盈时引起胆囊平滑肌舒张，有利于胆汁的储存。

② 体液调节。小肠内 94% 以上的胆盐和胆汁酸被肠黏膜吸收，经门静脉返回到肝，回到肝的胆盐经肝细胞改造后再随肝胆汁排入小肠，称为胆盐的肠肝循环（enterohepatic circulation）（图 10-28）。胆盐循环一次约损失5%。胆盐能直接刺激肝细胞分泌胆汁，是机体最强的体液调节因子。

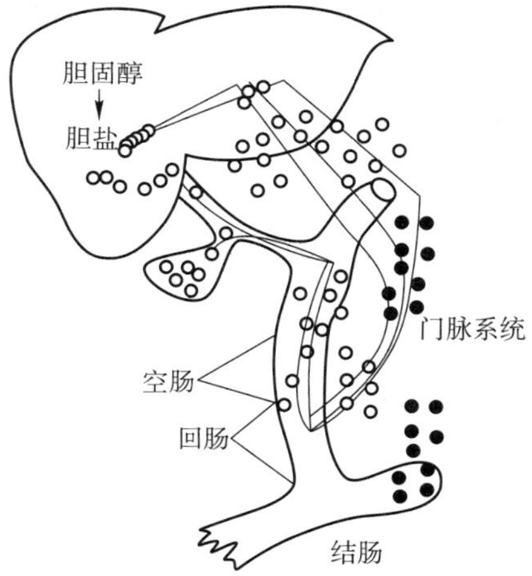

促胰液素、缩胆囊素及促胃液素均可促进胆汁的分泌。促胰液素主要作用于胆管系统，引起水和 HCO_3^- 的分泌。促胰液素和缩胆囊素同时存在时，可增强后者的胆囊收缩作用。胆囊、胆管及 Oddi 氏括约肌上分布有缩胆囊素的特异受体，食物中的脂肪、蛋白质分解产物能有效刺激小肠黏膜中的 I 细胞释放缩胆囊素，后者可直接刺激胆囊平滑肌收缩，并降低 Oddi 氏括约肌的紧张性，使胆囊的胆汁大量排出；缩胆囊素还能刺激胆管上皮细胞，使胆汁流量及 HCO_3^- 的分泌轻度增多。此外，与缩胆囊素在化学

图 10-28　胆盐的肠 - 肝循环
进入门脉的○代表来自肝的胆盐，●代表由细菌作用产生的胆盐

ℰ 知识拓展 10-17
胆盐的肠 - 肝循环
（动画）

结构上有相同活性片段的促胃液素也具有和缩胆囊素相似的作用，但作用较弱。促胃液素主要作用于肝细胞和胆囊，促进肝胆汁的分泌和胆囊收缩；促胃液素可促进盐酸分泌，盐酸又可促进促胰液素的释放，间接促进胆汁的分泌。

血管活性肠肽和胰高血糖素也可促进胆汁分泌，P 物质则抑制缩胆囊素和血管活性肠肽的促胆汁分泌效应。生长抑素亦使水及 HCO_3^- 的分泌减少，但不影响胆盐的分泌。胰多肽可抑制胆红素的分泌。

10.6.2.3　小肠液

小肠内有小肠腺和十二指肠腺。十二指肠腺又称勃氏腺（Brunner gland），位于十二指肠黏膜下层，分泌碱性黏液，内含黏蛋白。小肠腺又称李氏腺（Liberkuhn crypt）分布于小肠的黏膜层，其分泌物构成小肠液的主要成分。鱼类没有特化的多细胞肠腺，多数是存在于细胞内的消化酶。

（1）小肠液的成分及生理作用　小肠液是一种碱性的液体，pH 约为 7.6，渗透压与血浆相等，含有水、电解质（如 Na^+、K^+、HCO_3^- 和 Cl^-）和蛋白质（包括黏蛋白、IgA 和肠致活酶）。小肠液中还含有脱落的上皮细胞和白细胞。

小肠液的分泌量较大，可稀释小肠内的营养物质，使小肠内容物的渗透压与血浆相近，有利于营养物质的吸收；黏蛋白有润滑作用，并在黏膜表面形成一个机械屏障，碱性小肠液特别是十二指肠腺的分泌物，对小肠黏膜抵御胃酸的侵蚀有重要保护作用；肠致活酶可以激活胰蛋白酶原；哺乳动物肠黏膜中的蔗糖酶和乳糖酶活性较高，为细胞内酶，随细胞脱落到肠腔时，仍具有一定的活性，对于消化小肠中的糖类有重要消化作用；小肠液中还有一些肠肽酶类（氨基酸肽酶、二肽酶）、海藻糖酶、麦芽糖酶、异麦芽糖酶以及肠脂肪酶均不是由肠腺分泌，而是由脱落的肠黏膜上皮细胞释放，它们在肠腔中并不起作用，而是当营养物质被吸收入上皮细胞内时行使细胞内消化。肠肽酶主要存在于肠上皮细胞的刷状缘，当营养物质被吸收进入肠上皮细胞后，才能被进一步消化，这种细胞内消化的方式是小肠所特有的。

（2）小肠液的分泌调节　小肠液属经常性的分泌，在不同条件下，分泌量的变化较大，仍然受神经和体液的调节。

① 神经调节。食糜刺激十二指肠黏膜时，通过肠神经系统的局部反射可引起小肠运动、分泌及血流量的改变，小肠液分泌增加。大脑皮质也参与小肠液分泌的调节，其传出神经为迷走神经，参加神经调节的神经递质有 ACh、去甲肾上腺素、多肽及 NO 等。迷走神经兴奋，十二指肠的分泌增加，所分泌的酶含量增高；如果切断迷走神经，兴奋反应即刻消失。交感神经可能抑制小肠液的分泌。

② 体液调节。胃肠激素参与小肠液分泌的调节。促胰液素和缩胆囊素、血管活性肠肽（VIP）、胰高血糖素和促胃液素能刺激小肠液的分泌，使小肠液中酶含量增加。正常动物注射肾上腺皮质激素或促肾上腺皮质激素后，可使小肠液中酶的含量明显增加。若去除肾上腺，小肠液中的肠致活酶、蔗糖酶、碱性磷酸酶含量剧减，但是小肠液的分泌总量不受影响。生长抑素则抑制小肠液的分泌。

10.6.3　肝的功能

肝为体内最大的消化腺体，也是极为重要的代谢器官。肝具有消化、吸收、清除、解毒、造血和排泄等功能。肝的组织学结构见图 10-29。

（1）消化与吸收功能　肝分泌胆汁，胆汁盐能激活胰脂肪酶，对脂肪的消化和吸收起促进作用。

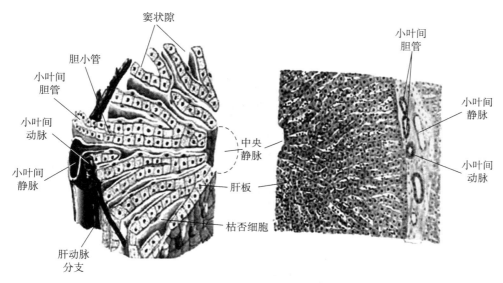

图 10-29 典型的肝小叶结构示意图（仿 Levy, 2008）

（2）代谢功能 肝细胞对糖、脂类及蛋白等代谢起重要作用，是维持动物生命必需的过程。

① 在糖代谢中的作用。当血中的葡萄糖浓度增高时，肝即将其合成肝糖原而贮存起来；当血糖浓度下降时，肝糖原分解成葡萄糖释放入血，补充血糖。肝以此方式帮助机体维持血糖浓度稳定。肝也是糖原异生的主要场所，能将氨基酸、脂肪、简单的糖类（如乳酸）转变成葡萄糖。有多种激素都是通过肝调节糖代谢的。

② 在脂类代谢中的作用。进入血液的乳糜微粒（含甘油三酯）可由血管内皮细胞表面的脂蛋白脂肪酶（lipoprotein lipase）水解，在释放出甘油和脂肪酸的同时，也产生富含胆固醇的乳糜微粒残留物。这些残留物能被肝细胞吸收和降解，并合成和分泌极低密度脂蛋白（very-low-density lipoprotein）。极低密度脂蛋白然后被转换成其他类型的血清脂蛋白。这些脂蛋白和胆固醇又是机体其他大多数组织的胆固醇和甘油三酯的主要来源。胆汁中的胆固醇也是胆固醇唯一的排泄途径，所以肝既是体内胆固醇的主要来源，也是胆固醇的主要排泄场所。

③ 在蛋白质代谢中的作用。当蛋白质分解时，氨基酸脱氨基形成氨。在肝中能通过鸟氨酸循环，将氨转换成无毒的尿素而被清除。肝能合成所有非必需氨基酸和所有主要的血浆蛋白，如清蛋白、纤维蛋白原、球蛋白、脂蛋白、凝血酶原等。

④ 肝贮备了一些维持代谢的重要物资。维生素 A（vitamine A）又称为视黄醇（retinol），是光感受细胞的视色素的组成部分——视黄醛（retinene retinal）的前体（见第 13 章），体内 95% 的维生素 A 贮存在肝内。肝通过代谢过程可将维生素 D 活化为 25- 羟钙化醇，肠黏膜必须有足够的 1,25- 二羟钙化醇才能主动吸收钙（见第 15 章）。维生素 K 的大部分贮存在肝内，肝合成凝血酶原（凝血因子 II）时，必须有维生素 K 的存在。与蛋白质及核苷酸的代谢有关的维生素 B_{12} 亦有约 1/3 贮存在肝。肝也是贮存铁的最重要场所。

⑤ 肝能转换和排泄许多激素、药物和毒素。肝细胞的滑面内质网含有能转换许多物质的酶和辅助因子系统，酶可催化许多化合物与甘氨酸、葡萄糖醛酸等结合、转换成无活性或更容易溶于水的形式，由肾迅速排泄；一些药物和激素在肝中的代谢产物也能被分泌到胆汁中被排出，从而使这些物质得以从机体清除。

此外，在胚胎期肝还具有造血功能，主要是生成红细胞。一般在胚胎 6 ~ 7 个月时作用最强。出生后由骨髓造血，肝不再有此功能。

10.7 大肠的消化

大肠是消化道的最后部分，主要功能是吸收水分和电解质；将食物残渣形成粪便并暂时贮存、排出；一些动物在大肠内还能够进行重要的微生物消化，提供营养物质。

不同种类动物的大肠消化能力有所不同。人和肉食性动物的大肠长度约占肠道总长度的15%，结肠较短，盲肠不发达，消化能力较弱。马、兔等单胃草食动物的大肠占总长度的比例达25%以上，可代替反刍动物的瘤胃，完成对纤维素的微生物消化。反刍动物的大肠也可以进行部分微生物消化，以作为对前段消化道微生物消化的补充。

10.7.1 大肠的物理性消化

大肠对刺激反应迟缓，运动少而慢。其运动形式有袋状往返运动、蠕动和集团运动等。

支配大肠运动的副交感神经为迷走神经和盆神经，兴奋时使大肠的运动增强。注射阿托品后，不能阻断盆神经对大肠运动的兴奋效应，说明盆神经中有非胆碱能兴奋纤维。因此，刺激盆神经还会出现肠运动先抑制后增强的效果。支配大肠运动的交感神经为腰结肠神经和腹下神经，兴奋时都能够抑制结肠的运动。

10.7.2 回盲括约肌的功能

回肠末端肌肉显著增厚，称为回盲括约肌（ileocecal sphincter）将回肠末端与结肠的开始部分——盲肠（cecum）分开。回盲括约肌通常呈轻微收缩状态，可以防止回肠的食糜过早进入结肠、延长食糜在小肠内停留的时间，有利于小肠内容物的完全消化和吸收。同时还可阻止盲肠内容物倒流入回肠。另外，回肠末端的短程蠕动又使括约肌舒张，并允许回肠食糜少量射入结肠，由于速度很慢，因此结肠能吸收食糜中的大部分盐和水。

回盲括约肌主要受壁内神经丛的调控，但也受自主神经和激素的影响。

10.7.3 大肠的化学性消化

大肠黏膜中的腺体分泌大肠液，大肠液为碱性液体，富含黏液、HCO_3^-、HPO_4^{2-}以及微量的消化酶。大肠内的HCO_3^-主要来自胰液和小肠液，结肠也分泌部分的HCO_3^-。HCO_3^-和HPO_4^{2-}是机体重要的缓冲物质，使大肠内的pH维持在8.3~8.4。黏液可以保护肠黏膜和润滑肠道。

大肠液的分泌主要受神经调节。食物残渣对大肠壁的机械性刺激可引起大肠液分泌增加。副交感神经兴奋，大肠液分泌增加；交感神经兴奋则相反。

10.7.4 大肠的微生物消化

大肠中有大量的细菌，大肠内的温度和pH极适宜细菌的繁殖。细菌可产生分解蛋白质、脂肪和糖的酶，细菌还可合成B族维生素和维生素K，供机体利用。

食肉动物的大肠含有大量大肠杆菌和葡萄球菌等，总称为"肠管正常菌群"或共生菌。大肠内的蛋白质被腐败菌分解为胨、氨基酸、氨、硫化氢、组胺、吲哚、甲基吲哚、酚和甲酚等产物。糖和脂肪也能被细菌分解，糖的发酵产物为乳酸、乙酸、甲酸、丁酸、草酸、CO_2、甲烷等；脂肪的发酵产物为脂肪酸、甘油、胆碱等。部分分解产物由肠壁吸收，其中有害物质经肝解毒后由肾排出，其余随粪便排出。

食植动物大肠内也含有大量细菌，具有重要的微生物消化作用。一些非反刍草食性动物，如马、驴和兔等，大肠的容量很大，在细菌和小肠消化酶的共同作用下，其盲肠和结肠可消化食糜中 40%～50% 的纤维素、39% 的蛋白质和 24% 的糖类。反刍动物的盲肠和结肠可以消化 15%～20% 的纤维素，其终产物为挥发性脂肪酸（VFA），可被机体吸收利用；大肠中的蛋白质也被细菌分解，产生的氨被吸收，在肝生成尿素。

10.7.5 排粪

食物残渣中的大部分水分被大肠黏膜吸收，残余成分经微生物发酵和腐败作用，便形成粪便（feces）。除食物残渣之外，粪便还含有脱落的肠上皮细胞、细菌、胆色素衍生物以及回肠壁排出的盐。排粪是一种反射活动。如图 10-30，由于大肠的集团运动，粪便进入直肠，刺激直肠壁的机械感受器，冲动沿盆神经、腹下神经传入排便中枢，产生便意和排粪反射。排粪反射的基本中枢在脊髓骶部，高级中枢在大脑皮层。

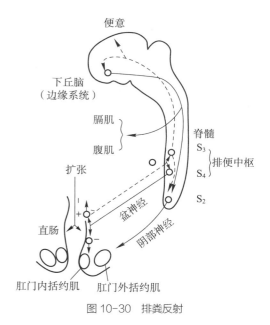

图 10-30 排粪反射

ⓔ **知识拓展 10-18**
排粪反射

10.8 禽类与鱼类消化的特点

10.8.1 禽类消化的特点

禽类口腔内无牙齿，唾液腺不发达，主要分泌黏液，淀粉酶的含量很少；食物在此仅稍经浸润即进入食道，舌较硬，因此无咀嚼和吞咽功能。禽类的食道在进入胸部之前有一膨大的嗉囊，主要功能为储存食物，嗉囊壁的黏膜黏液腺丰富，分泌黏液湿润饲料，并为唾液淀粉酶和微生物提供适宜的环境，成年鸡嗉囊有乳酸菌能将饲料中的糖进行初步发酵。

禽类的胃分腺胃和肌胃。腺胃黏膜有大量腺体，可分泌蛋白分解酶和盐酸，对食物能进行初步消化。由于腺胃容积小、食物停留时间短，因此消化功能不大。肌胃胃壁有坚厚发达的肌肉，借助肌胃内的砂粒等坚硬物，对食物进行磨碎等机械性消化。

禽的小肠消化与哺乳动物基本相似，消化液包括胰液、胆汁、肠液，主要进行化学性消化；肠壁肌肉的收缩有物理性消化作用，可使饲料与消化液混合，并沿消化管向后移动。

禽类的大肠由两条盲肠和一条短的直肠组成，其大肠消化主要是盲肠消化。经小肠消化后的小肠内容物先进入直肠，然后依靠直肠逆蠕动将食糜推入盲肠，再由盲肠的蠕动将内容物由盲肠送到盲肠顶部。盲肠微生物能对粗纤维进行消化分解，不仅依靠其菌体酶的作用，将蛋白质和氨基酸分解成氨，而且能利用非蛋白氮合成菌体蛋白。有些细菌还可合成维生素 K 和 B 族维生素。

ⓔ **系统功能进化**
10-6 禽类消化吸收的特点

10.8.2 鱼类消化的特点

鱼类口腔内有各种类型的牙齿仅用于捕食、撕裂和压碎食物，没有咀嚼功能。大多数鱼类有舌，但缺乏肌肉，只能依靠水流的作用将食物送到咽部，再通过食管的吞咽反射，到达胃或肠。鱼类的口腔没有唾液腺，但能分泌黏液，有少数鱼类（特别是无胃鱼类）的食管能分泌消化酶，但作用较弱。

鱼类胃的大小和形状与鱼的食性有关，贪食的、食大型捕获物的鱼的胃通常较大，食较小食物的胃较小，有的鱼甚至没有胃。鱼胃具有紧张性收缩，蠕动十分缓慢，胃排空时间长。有胃鱼类均能分泌盐酸、消化酶和黏液，但各种鱼类的分泌方式和分泌物的种类有很大的差异：除了蛋白酶外，板鳃鱼类和多鳍鱼还分泌壳聚糖酶；太平洋鲱的胃液含有淀粉酶；日本鲭鱼的胃液含有透明质酸酶，罗非鱼、硬头鳟胃中有脂肪酶。硬骨鱼类空腹时不分泌胃液，没有基础分泌。

🅔 系统功能进化
10-7 鱼类消化吸收的特点

鱼类的肠道消化比其他器官的消化更有意义，它不仅分泌的消化酶种类多，而且量大，并对其食性有很大的适应性。鱼类胰液分泌的调节与哺乳动物相似，HCl 和蛋白分解产物能显著促进胰液分泌。在胆汁方面，软骨鱼类和鲤鱼胆汁酸与硫酸酯形成的硫酸酯盐。鱼类的肠道也存在细菌，其种类、数量因鱼的种类而异。

10.9 吸收

10.9.1 概述

吸收（absorption）是指消化管内的成分通过消化管上皮细胞进入血液或淋巴循环的过程。吸收为机体提供营养物质，具有重要的生理意义。

🅔 系统功能进化
10-8 哺乳动物小肠组织学结构特点

消化管不同部位的吸收能力和吸收速度不同（图 10-31）。口腔和食管基本没有吸收功能。胃的吸收能力低，一般只吸收少量的水和无机盐。反刍动物的前胃可以吸收大量的低级脂肪酸、氨、葡萄糖和多肽。小肠是吸收的主要部位，与它的组织学结构密切相关。蛋白质、糖和脂肪的分解产物主要在十二指肠和空肠吸收，回肠能够主动地吸收胆盐和维生素 B_{12}。大肠主要吸收部分水和无机盐。

🅔 系统功能进化
10-9 哺乳动物小肠组织学结构示意图（动画）

🅔 知识拓展 10-19
小肠吸收方式示意图（动画）

小肠吸收的转运机制包括被动转运和主动转运两种。被动转包括单纯扩散、易化扩散和溶剂拖拽；主动转运包括原发性主动转运和继发性主动转运（图 10-32）（见第 2 章）。

营养物质的吸收有两条途径（图 10-33），一是跨细胞途径（transcellular pathway），即先通过小肠上皮细胞管腔膜（顶端膜）进入细胞内，再通过细胞基底侧膜到达细胞间隙，最后进入血液或淋巴。如葡萄糖和氨基酸的吸收，首先依靠 Na^+ 顺着浓度梯度转运过程中提供的浓度势能逆着浓度梯度从上皮细胞顶端膜进入细胞内，然后再经细胞基底侧膜以易化扩散的方式进入细胞间隙液，Na^+ 的势能来源于细胞基底侧膜上的 Na^+ 泵的活动。二是细胞旁途径（paracellular pathway），即肠腔内的物质通过上皮细胞间的紧密连接，进入细胞间隙，然后再转运到血液或淋巴液，在这条途径中推

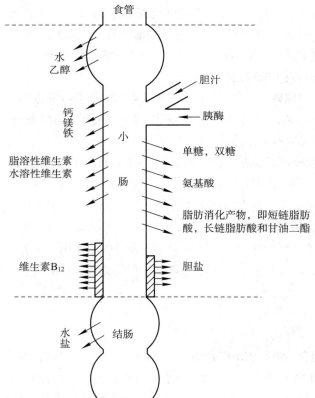

图 10-31 各种主要营养物质在小肠的吸收部位

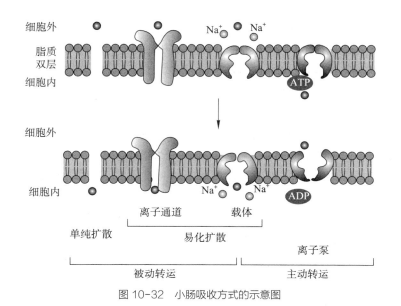

图 10-32　小肠吸收方式的示意图

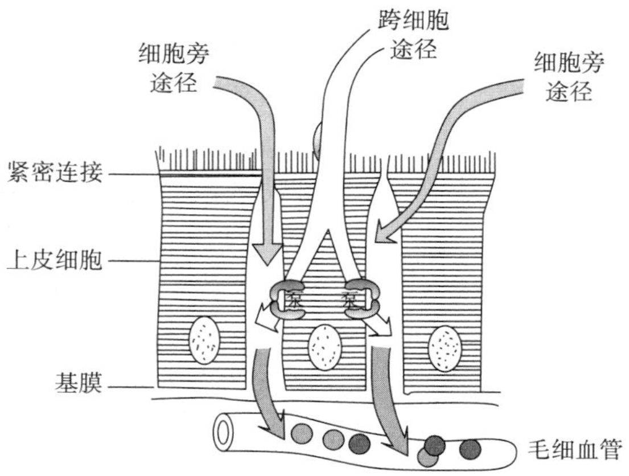

图 10-33　小肠黏膜吸收的两条途径

动溶质转运的动力靠上皮两侧溶质的浓度和电位梯度、渗透压梯度。

📧 知识拓展 10-20
小肠吸收的路径
（动画）

10.9.2　主要营养物质的吸收

10.9.2.1　水的吸收

消化管内的水分来自于饲料、饮水和消化液，其中绝大部分被消化管吸收，随粪便排出的量很少。水分吸收的主要部位是小肠，如牛消化管内 90% 的水分在肠道吸收，其中 80% 在小肠吸收。十二指肠和空肠上部的吸水量最大，但由于该段消化管消化液的分泌量也大，因此该部位的净吸收量较少。在回肠段消化液分泌量较少，因此净吸收量较大。结肠的吸水能力强，但结肠内容物的水分较少，所以吸水量不多。

小肠对水分的吸收是被动转运，其动力是渗透压差。由于小肠黏膜对水的通透性高，上皮细胞主动吸收溶质时，尤其是吸收 Na^+、Cl^- 时，上皮细胞内的渗透压升高，促进了水分顺着渗透压梯度转移到细胞内，因此，水是伴随着溶质被动吸收的。

10.9.2.2　无机盐的吸收

动物肠道只能吸收溶解状态的无机盐，不同盐类的吸收效率不同。一般单价碱性盐类吸收快，二价及多价碱性盐类吸收慢，而与钙结合形成沉淀的盐类则不能被吸收。无机盐离子的吸收特点概括如下。

（1）钠的吸收　Na^+ 有两个来源，一是饲料，二是消化液。95%~99% 的 Na^+ 被小肠吸收，吸收的主要机制是主动转运；在结肠，特别是结肠的远侧端主要通过易化扩散的方式被吸收，而且受肾上腺盐皮质激素 – 醛固酮的调节。进入细胞内的 Na^+ 最终都是通过细胞基底侧膜上的钠 – 钾泵转运至细胞外液。

（2）氯的吸收　在小肠和大肠，Cl^- 通过跨细胞途径和细胞旁途径被吸收。在小肠 Cl^- 和 Na^+ 耦联（同向转运）；在细胞顶端与 HCO_3^- 进行交换（逆向转运）。在大肠仅有与 HCO_3^- 进行交换一种机制。

（3）钙的吸收　小肠和结肠均可吸收 Ca^{2+}，但 Ca^{2+} 主要在回肠被吸收。影响钙吸收的因素

📧 知识拓展 10-21
小肠对几种无机物
的吸收

📧 知识拓展 10-22
小肠对几种无机物的
的吸收（动画）

有：①钙盐的溶解度，只有少部分可溶性的钙才能被吸收，大部分随粪便排出。②肠内的酸碱度，离子态的钙最易吸收，胃酸可促进钙的吸收。③食物中的钙和磷的比例。④肠内脂肪、乳酸、氨基酸和维生素 D 的存在有利于 Ca^{2+} 的吸收，食物中的草酸、植物酸如 6- 肌醇磷酸等能与钙结合成不溶性的化合物，而使钙不能被吸收。甲状旁腺素能促进 1,25-（OH）$_2$-VD$_3$ 的合成，而降钙素能抑制其合成，它们都能间接影响钙的吸收。

（4）钾的吸收　K^+ 在肠道内既有吸收，又有分泌。食物和消化液中的 K^+ 在小肠内主要通过扩散的方式以细胞旁途径被吸收；结肠通过细胞基底膜上的钠 - 钾泵能将组织液中的 K^+ 转入细胞内；通过细胞顶端膜主动分泌入肠腔，因而在粪便中有较高浓度的 K^+。结肠分泌 K^+ 和吸收 Na^+ 受醛固酮的调节。

（5）铁的吸收　食物中的铁绝大部分为高价铁，不易被吸收，需还原为亚铁才能被吸收。维生素 C 能将高价铁还原为亚铁，促进铁的吸收。在酸性环境中铁呈溶解状态有利于吸收，所以进入小肠的胃酸能促进铁的吸收。铁主要在十二指肠和空肠内被吸收。铁的吸收量与机体对铁的需要量相关。当机体需要量增加时，小肠对铁的吸收能力增强。黏膜细胞中的铁蛋白很少或没有，当细胞内储存的铁过多时，黏膜细胞将减弱甚至暂时失去吸收铁的能力。关于以上各种物质的吸收的详细机制见第 2 章和 **ⓔ** 知识拓展 10-21。

10.9.2.3　蛋白质的消化与吸收

食物中的蛋白质经消化分解为氨基酸后，几乎全部被小肠吸收。氨基酸的吸收是主动转运过程。肠黏上皮细胞膜微绒毛的刷状缘上至少有 7 种载体蛋白，分别选择转运中性、酸性和碱性氨基酸。这些转运系统多与 Na^+ 转运耦联，为继发性主动转运（见 **ⓔ** 知识拓展 10-23）。

除以氨基酸的形式被吸收之外，蛋白质还有以二肽和三肽的形式被吸收，而且二肽、三肽的吸收率比氨基酸的高（图 10-34）。这是由于上皮细胞刷状缘上具有 H^+- 肽同向转运系统，H^+ 顺着浓度梯度向细胞内转运，同时将二肽和三肽逆着浓度梯度运入细胞，也是一种继发性主动转运过程。在细胞内二肽与三肽再由肽酶分解为氨基酸。这种转运是依靠 Na^+ 泵的转运维持 Na^+ 的跨膜势能，进而维持 H^+ 的浓度差。

在某些情况下，少量的完整蛋白也可以通过上皮细胞以胞饮方式被吸收入血液，因其吸收量很少，没有营养学意义，但是它可能作为抗原引起过敏反应，故对动物机体不利。

ⓔ 知识拓展 10-23
蛋白质及肽在小肠内的吸收（动画）

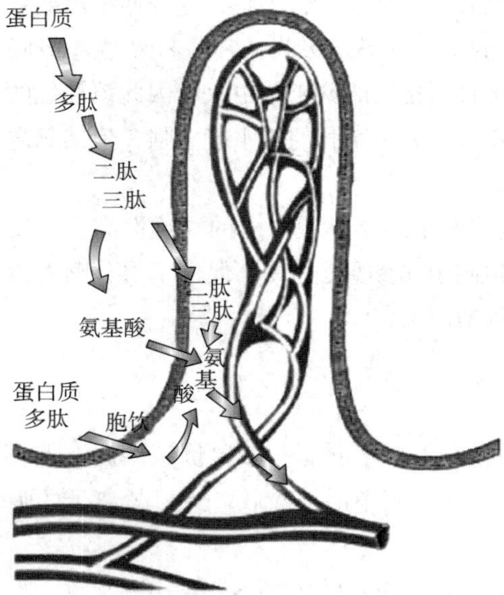

图 10-34　蛋白质及肽在小肠内的吸收

10.9.2.4　糖的消化与吸收

糖类只有分解为单糖后才能被小肠上皮细胞吸收。单糖主要有葡萄糖、半乳糖和果糖。不同单糖的吸收速率不同，六碳糖的吸收一般比五碳糖快，不同种的六碳糖的吸收速率也不同，葡萄糖和半乳糖的吸收最快，果糖次之，甘露糖最慢。这是由于转运单糖载体的种类以及单糖与载体的亲和力不同所致。

葡萄糖和半乳糖的吸收是主动吸收，其动力来自 Na$^+$ 泵，属于继发性主动转运（图 10-35）。与葡萄糖的吸收机制不同，果糖的吸收是通过不同的非钠依赖载体蛋白，以易化扩散的方式被吸收。进入肠上皮细胞的果糖，一部分转变为葡萄糖和乳酸，从而降低果糖在细胞内的浓度，有利于果糖的被动吸收；一部分果糖再经过载体转运出上皮细胞，所以果糖的吸收是不耗能的被动吸收过程。

ⓔ 知识拓展 10-24
葡萄糖等在小肠内的吸收（动画）

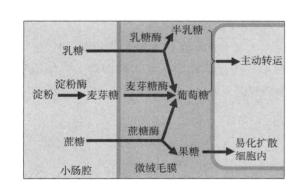
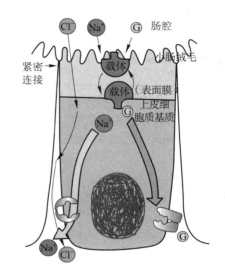

图 10-35　葡萄糖等在小肠内的吸收

挥发性脂肪酸（VFA）是碳水化合物在瘤胃或大肠内的微生物发酵后的产物。瘤胃内产生的 VFA 大部分是在瘤胃中被吸收，瘤胃中 VFA 有两种存在形式，一是未解离的分子状态；另一种是离子状态。前者吸收速度较后者快；另外相对分子质量也影响吸收速度，相对分子质量越小吸收越慢，故三种主要的挥发性脂肪酸中，吸收速度大小依次为：丁酸 > 丙酸 > 乙酸。吸收后的 VFA，约 85% 的丁酸在瘤胃壁代谢产生酮体，约 65% 的丙酸转变为乳酸和葡萄糖，但仅大约 45% 的乙酸被代谢。VFA 通过瘤胃壁的方式主要是自由扩散，分子状态的可直接通过瘤胃壁，而离子状态的一般需要转换为分子状态的才能通过瘤胃壁，转换过程所需要的 H$^+$ 则来自 H$_2$CO$_3$ 离解后的产物。

10.9.2.5　脂肪的吸收

三酰甘油（甘油三酯）在肠道内被分解为甘油、脂肪酸和一酰甘油（甘油一酯），主要在小肠被吸收。甘油可以直接溶于肠液被吸收。在胆盐的作用下脂肪酸和甘油一酯，形成水溶性的复合物，并聚合成混合微粒。胆盐的亲水性能携带脂肪水解产物穿过小肠绒毛表面的非流动水膜，到达微绒毛。微粒中的脂肪酸、甘油一酯、卵磷脂、胆固醇等逐渐从混合微粒中释放出来，通过弥散作用进入上皮细胞。胆盐则留在肠腔被重新利用，或依靠主动转运在回肠被吸收。进入上皮细胞的长链脂肪酸及其甘油一酯重新合成甘油三酯，并与细胞内的载脂蛋白组成乳糜微粒（chylomicron），然后进入淋巴。短链脂肪酸、部分中链脂肪酸及其组成的甘油一酯可直接从细胞底侧膜扩散，被吸收入毛细血管。因此，脂肪的吸收有血液和淋巴两条途径，因动、植物脂肪中长链脂肪酸占多数，所以脂肪的吸收以淋巴为主（图 10-36）。

ⓔ 知识拓展 10-25
脂肪在小肠内的吸收（动画）

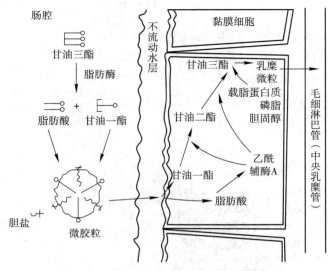

图 10-36　脂肪在小肠内消化和吸收的主要方式

10.9.2.6　胆固醇和磷脂的吸收

动物肠道中的胆固醇主要来自于饲料，其余为内源性的，如来自于胆汁和脱落的肠上皮细胞。饲料中的胆固醇为胆固醇酯，经酶水解后形成游离的胆固醇后才能被吸收；胆汁中的胆固醇是游离性的。游离的胆固醇可以进入脂肪微粒，在小肠被吸收。近年来的研究表明，胆固醇也可能通过载体的主动转运进入细胞，胆固醇进入细胞的速度比脂肪酸、甘油一酯慢。细胞内大多数的胆固醇经酯化后生成胆固醇酯，然后与载体蛋白组成乳糜微粒，进入淋巴。

肠道内大部分的磷脂被水解为脂肪酸、甘油、磷酸盐等被吸收，少量的磷脂不经水解即被上皮细胞吸收，再经乳糜微粒进入淋巴。

10.10　消化功能整体性

动物对饲料的消化主要在各消化器官中进行。在整体条件下，消化系统内的各消化器官的消化功能先后有序，相辅相成、相互促进；各段消化管中的物理、化学消化方式各有独特机能，但又相互促进，表现出相辅相成特征。消化、吸收两个生理过程相继出现，也表现出相辅相成特征。个消化系统的消化功能与机体的其他功能系统相互协调，因此，动物的消化是一个有序的整体性生理过程。

ℯ 知识拓展 10-26
消化功能整体性

？　思考题

1. 试述消化道的主要运动形式。支配消化管活动的神经系统有哪些类型？各有何特点？
2. 何为胃肠激素？其分泌方式有哪些？简述几种胃肠激素对消化功能的影响。
3. 试述胃液、胰液、胆汁的主要成分及其生理功能。它们的分泌调节过程如何？有何共同点和不同点？
4. 试述复胃消化的特点。动物的微生物消化有何特点和意义？
5. 试述三大营养物质（蛋白质、脂肪、糖类）的吸收形式及吸收过程。
6. 举例说明消化功能整体性的内涵。

网上更多学习资源……

◆本章小结　　◆自测题　　◆自测题答案

（郭慧君）

11　能量代谢及体温

【引言】

我们每天都从外界摄取食物以维持身体能量的需要，这些食物能量是如何消耗的呢？细胞通过何种途径利用这些能量的？新陈代谢包括哪几方面？有何特点？哪些因素会影响到能量代谢？为什么吃饭后马上感觉身体发热？体温和能量代谢有何关系？变温动物、恒温动物通过什么方式和机制维持体温的？为什么发高烧时反倒感觉冷？

【知识点导读】

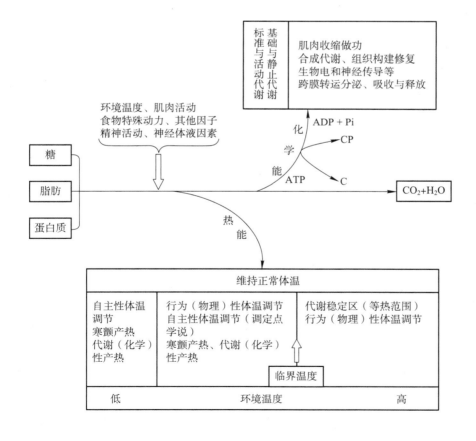

11.1 机体的能量代谢

新陈代谢（metabolism）是生命活动的基本特征之一，新陈代谢包含了物质代谢（material metabolism）和能量代谢（energy metabolism）两个方面。物质代谢又包括合成代谢（anabolism，即同化作用）和分解代谢（catabolism，即异化作用）。前者是指机体在生存过程中，不断从外界摄取营养物质合成和更新自身组成成分、生成其他物质并同时贮存能量的过程。后者是指机体将自身组成成分分解成比较简单的物质，并将代谢废物排出同时释放能量的过程。生理学中通常将体内物质代谢过程中所伴随发生的能量释放、转移、贮存和利用过程统称为能量代谢。

11.1.1 机体能量的来源和利用

11.1.1.1 能量的来源

ⓔ 知识拓展 11-1
三大营养物质是机体
的主要能量来源

在自然界，机体唯一能够利用的能量是蕴藏在摄入到体内的食物中的化学能。

11.1.1.2 能量的利用

动物机体从外界环境摄取的营养物质（糖类、脂肪和蛋白质）都含有能量。饲料（食物）在体外充分氧化（燃烧）所释放的热量，称为饲料（食物）的总能量（又称粗能）。粗能实际上包括可消化能和粪能，粪能不仅包括饲料中未消化的成分，还包含从体内进入胃肠道而未被吸收的物质所蕴藏的能量。可消化能包含代谢能、食草动物胃肠道中因发酵而丢失的能量，以及尿中未被完全氧化的物质（如含氮废物）所蕴藏的能量，对鱼类来说还有从鳃排出的能量。

动物体可利用的能量称为代谢能，是三大营养物质在体内彻底氧化过程中所释放出的能量，也是生物体直接用来建造自身或维持生命活动的能量形式。代谢能又分为净能和特殊动力作用的能量。净能（net energy，NE）以化学键的形式储存于 ATP 等高能化合物的高能磷酸键中，其在代谢能中的量不足 50%。ATP 既是机体能够直接利用的能量载体，也是体内能量储存的重要形式。除 ATP 外，还有磷酸肌酸（creatine phosphate，CP），是体内 ATP 的储存库，但 CP 并不能直接为细胞活动提供能量。只有当物质氧化释放的能量过剩时，ATP 将高能磷酸键转移给肌酸，在肌酸激酶的催化下合成磷酸肌酸，能量得以贮存。反之，当组织细胞消耗的 ATP 超过物质氧化生成 ATP 的量时，磷酸肌酸又将其贮存的能量转移给 ADP，生成 ATP，以补充 ATP 的消耗。从机体能量代谢的整体上看，ATP 的合成与分解是体内能量转换与利用的关键环节，它是营养物质的能量与细胞的生命活动间的桥梁。动物机体仅能利用净能去完成各种生理活动，如肌肉收缩、合成细胞的各种组成成分及生物学活性物质、实现各种物质的跨膜主动转运、维持膜两侧离子的电化学梯度、产生生物电及动作电位传导、腺体的分泌和递质的释放等（图 11-1）。

特殊动力作用的能量是营养物质在体内代谢时不可避免地以热的形式损失的能量，约占代谢能的 50% 以上。热能用于维持体温，并向外界散发。

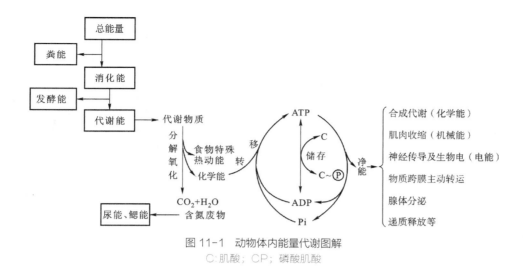

图 11-1　动物体内能量代谢图解
C：肌酸；CP：磷酸肌酸

11.1.2　能量代谢的测定

　　动物体内的能量代谢符合能量守恒和转换定律。因此我们就有可能测定在一定时间内所消耗的食物或产生的热量与所做的功，计算出机体同一时间内所消耗的能量——能量代谢率（energy metabolic rate）（见 e 知识拓展 11-2）。

　　涉及研究和测定能量代谢的基本概念有食物的热价、食物的氧热价和呼吸商；基础代谢及基础代谢率、（动物的）静止能量代谢；（鱼类的）标准代谢和活动代谢。

e 知识拓展 11-2
能量代谢的测定

e 实验与技术与应用 11-1　能量代谢测定的方法与原理

11.1.3　影响能量代谢的主要因素和能量代谢的神经与体液调节

　　影响能量代谢的主要因素有肌肉活动、精神活动、食物的特殊动力作用、环境温度，以及神经 - 内分泌调节等。

e 知识拓展 11-3
影响能量代谢的主要因素和能量代谢的神经与体液调节

11.1.4　动物的基础代谢与静止能量代谢

e 知识拓展 11-4
动物的基础代谢与静止能量代谢

11.1.5　动物的生产代谢

e 知识拓展 11-5
动物的生产代谢

11.2　动物的体温及其调节

　　人和动物机体都具有一定温度，这就是体温。体温是新陈代谢的结果，又是机体进行新陈代谢和维持正常生命活动的重要条件。

11.2.1　动物的体温

11.2.1.1　变温、恒温与异温动物

　　根据机体是否能够依据环境的温度调节自身体温，地球上的动物可分为变温动物、恒温动物和异温动物。

e 系统功能进化
11-1　变温动物、恒温动物与异温动物

11.2.1.2 体表温度与体核温度

哺乳动物和绝大多数鸟类属于恒温动物，能通过自主性体温调节方式维持体温的恒定。在研究机体的体温时，生理学将体温分为体表温度（shell temperature）和体核温度（core temperature）（图 11-2，图 11-3）。体表温度系指机体表层，包括皮肤、皮下组织和肌肉等的温度，又称为表层温度或体壳温度。机体核心部分的温度称为体核温度，又称深部温度，主要指心、脑、肺、腹腔脏器的温度。由于身体各部位组织的代谢水平和散热条件不同，不同部位的温度也存在一定的差异。机体表层散热较快其温度通常低于深部温度；动物不同部位的体表温度因血液供应、皮毛厚度和散热程度不同也存在一定差异。通常头面部的体表温度较高，胸腹部次之，

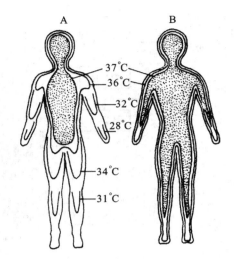

图 11-2 在不同环境温度下人体体温分布图
A. 环境温度20℃；B. 环境温度35℃

四肢末端最低。体核温度通常比较稳定。由于代谢水平不同，机体深部的不同器官温度也略有差别，其中以肝温度最高。由于机体深部各个器官不断通过循环血液交换热量，使各器官间温度趋于一致，体核各器官间的温度变化不超过 0.5℃。

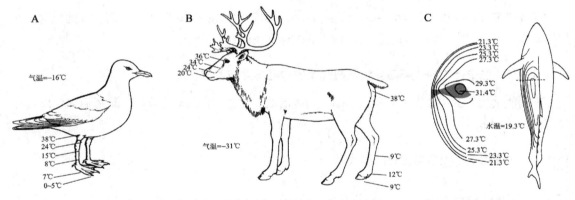

图 11-3 生活在不同环境温度中的动物的体温分布（引自 Randell 等，1998）
A.北极鸟类的体表温度远低于体核温度38℃；B.低温环境中的哺乳动物的体表温度低于体核温度38℃；
C.金枪鱼（*Thunnus maccoyii*）的体温分布图，左侧为等温线，右侧为鱼体截面的体温分布

临床上所说的体温（body temperature）是指机体核心部位的平均温度，机体深部的血液温度可以代表内脏器官温度的平均值。由于机体深部温度特别是血液温度不易测量，临床上通常用直肠、口腔和腋窝等部位的温度来代表体温。如果将温度计插入人和小型动物的直肠 6 cm 以上，所测得的温度值接近体核温度，且比较稳定，因此通常用直肠温度来代表动物的体温。

ⓔ知识拓展 11-6
健康动物的直肠温度

ⓔ知识拓展 11-7
动物体温的生理波动及诺贝尔奖

11.2.1.3 动物体温的生理波动

11.2.2 动物的产热与散热过程

动物正常体温的维持依赖于机体的产热和散热过程的动态平衡。在新陈代谢过程中，机体不断地产生热量，用于维持体温，该过程称为体热的代谢（化学性）调节过程。同时，体内热量通

过血液循环带到体表，通过辐射、传导、对流以及蒸发等方式不断地向外界散发，使产热与散热过程达到动态平衡，体温就可维持在一定水平上（图11-4），该过程称为体热的行为（物理性）调节过程。

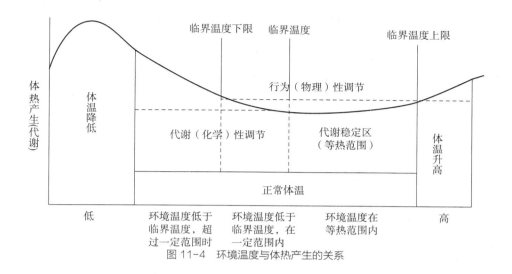

图 11-4 环境温度与体热产生的关系

11.2.2.1 动物的等热范围与临界温度

（1）动物的等热范围 机体的代谢强度（产热水平）可随环境温度变化而改变（图11-4）。环境温度低，代谢加强；环境温度高，代谢可以适当的降低。在适当的环境温度范围内，动物的代谢强度和产热量均可保持在生理的最低水平，体温仍可维持相对恒定，这种环境温度称为动物的等热范围或代谢稳定区。从动物生产上看，外界温度处于等热范围时，饲养动物最适宜，经济上也最为有利。

（2）临界温度 等热范围的温度要比体温低，并视动物的种属、品种、年龄及饲养管理条件而不同。等热范围的低限温度又称为临界温度（critical temperature）。耐寒的家畜（如牛、羊）、被毛密集或皮下脂肪厚实的动物的临界温度较低。幼畜的临界温度高于成年家畜，这不仅与幼畜的皮毛较薄，体表与体重的比例较大和较易散热有关，还与幼畜以哺乳为主，产热较少有关。

环境温度在等热范围内时，机体主要通过行为（物理）性调节维持正常体温。当环境温度低于临界温度的一定范围（且处于临界温度下限以上）时，则同时进行行为（物理）性和代谢（化学）性调节。当环境温度下降到低于临界温度的下限时，动物进入降温区，此时动物不能进行有效地调节，从而引起体温下降，最终因体温过低而死亡。当环境温度超过等热范围的上限（即临界温度上限）时，机体处于高温、炎热环境中，代谢开始增强。因为机体需要通过增加皮肤血流量和发汗来增强散热需要耗能，所以机体的代谢率并不降低，导致体温升高，最终动物因体温过高而死亡。环境温度若超出临界温度上限或下限动物则处在一种应激状态（见第15章，第19章，ⓔ案例分析19-1）。

11.2.2.2 产热过程

（1）产热部位 机体的热量来自机体各组织器官所进行的氧化分解反应。由于机体各器官的

ⓔ知识拓展 11-8
各种家畜的等热范围

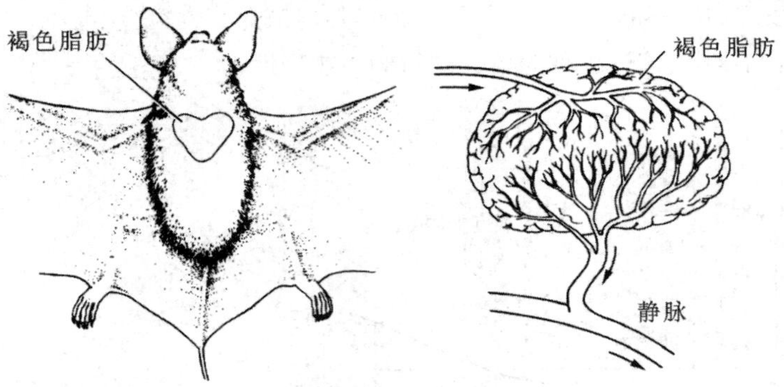

图 11-5　在蝙蝠和许多其他哺乳动物的肩胛骨之间有褐色脂肪
当褐色脂肪氧化时，可以通过红外辐射发现这个温热区

代谢水平和所处的功能状态不同，它们的产热量也不相同。动物在安静状态时，内脏器官是机体主要的产热器官，其产热量约占机体总产热量的 56%，其中肝的产热量最大。在哺乳动物的啮齿目、灵长目等 5 个目中发现一种褐色脂肪组织（brown fat tissue），分布于颈部、两肩以及胸腹腔内一些器官旁，其内含有大量的脂滴、线粒体，周围有丰富的血管。褐色脂肪在细胞内氧化可释放大量热量，也是体内产热作用最强的组织（图 11-5）。由于微生物的发酵作用，食草家畜消化道可产生大量热量，是这类动物体热的重要来源。动物运动或使役时，骨骼肌是主要的产热器官，其产热量可达机体总产热量的 90%。

（2）产热方式　在一般环境温度下，机体主要通过基础代谢活动、骨骼肌运动和食物的特殊动力作用产热。动物在寒冷环境中，散热量明显增加，机体可通过寒颤性产热和非寒颤性产热两种方式增加产热量。

① 寒颤性产热：寒冷刺激可引起骨骼肌寒颤性收缩，产热可增加 4～5 倍，称为寒颤性产热（shivering thermogenesis）。这是一个反射性的行为活动：寒冷刺激作用于皮肤冷感受器，传入到下丘脑后部的寒颤中枢，反射性地引起骨骼肌不随意的节律性收缩活动，其节律为 9～11 次 / min。寒颤的特点是屈肌和伸肌同时收缩，基本上不做功，所以产热量很高。

② 非寒颤性产热：机体通过提高代谢率而增加产热的现象称为代谢性产热。在寒冷环境中，一方面，动物脑垂体前叶释放更多的促甲状腺素，促进甲状腺分泌甲状腺激素，甲状腺素能促进机体的分解代谢，提高产热量；另一方面，交感神经兴奋促进肾上腺髓质分泌肾上腺素，肾上腺素也能提高机体的代谢率，增加产热量。在低温环境中，由于动物交感神经系统兴奋，褐色脂肪的代谢率可以增加一倍左右。从体内分布上看，褐色脂肪可以给一些重要组织（包括神经组织）迅速提供充分的热量，以保证生命活动的正常进行。因为这部分产热与肌肉收缩无关，因此又称为非寒颤性产热（non-shivering thermogenesis）。

11.2.2.3　动物的蒸发性散热

机体散热（heat loss）多为物理过程，主要发生在皮肤、呼吸道和消化道黏膜等部位。大多数动物以皮肤散热为主；有些动物皮肤散热极少，以呼吸道黏膜和口腔黏膜散热为主；啮齿类动物以皮毛散热为主。当环境温度为 21℃时，人类皮肤的散热量约占机体总散热量的 97%，只有小部分热量随呼出气体、尿、粪等途径散失。皮肤散热主要有辐射（thermal radiation）、传导（thermal conduction）、对流（thermal convection）、蒸发（evaporation）等方式，前三种散热方式实际上难以区分，常统称为非蒸发性散热（nonevaporative heal loss）。

ℯ 资源拓展 11-9
动物的非蒸发性散热

当皮肤温度高于环境温度时，非蒸发性热交换能有效地使动物散热，但当皮肤的温度低于环境温度时，非蒸发性散热非但不能进行，而且还成为获得热量的热交换形式。

蒸发散热（thermal evaporation）是指体液的水分在皮肤和黏膜（主要是呼吸道黏膜）表面由液态转化为气态，同时带走大量热量的一种散热方式。可分为不感蒸发和发汗两种形式。

不感蒸发（insensible evaporation）是指体液中的一部分水不断从皮肤和呼吸道黏膜等表面渗出被汽化的形式，而且这种水分蒸发不易被察觉。其中皮肤的不感蒸发又称为不显汗（insensible perspiration）。这种散热方式与汗腺活动无关，也不受体温调节机制的调控。

发汗（sweating）是指汗腺主动分泌汗液的活动过程。通过汗液的蒸发可有效地带走大量体热。发汗可以感觉到，因此又称为可感蒸发（sensible evaporation）。发汗是由温热刺激作用于皮肤温感受器所引起的汗腺反射性活动，故称为温热性发汗（thermalsweating），寒冷刺激作用于皮肤冷感受器可迅速抑制出汗。控制温热性发汗的中枢（sweating center）位于下丘脑的体温调节中枢，它既接受来自皮肤的温感受器的刺激，又接受来自自身血液温度的信息。汗腺主要受交感胆碱能纤维的支配，故乙酰胆碱有促进汗腺分泌的作用，以躯干的汗腺分泌能力最强。

精神紧张时也可引起发汗，称为精神性发汗（mental sweating），其中枢位于大脑皮层，通过支配汗腺的交感肾上腺素能纤维引起发汗。机体的手掌、足跖和前额等处的汗腺受肾上腺素能纤维支配。精神性发汗与体温调节的关系不大，而是机体应激反应的一种表现，因此又称为"冷汗"。体内温热性发汗和精神性发汗二者可同时出现，不能截然分开。另外，进食辛辣食物、口腔疼痛、昏厥、低血糖、窒息等情况也能反射性引起发汗；甲状腺激素、肾上腺素等能促进机体代谢，增加产热，能使机体发汗增多。

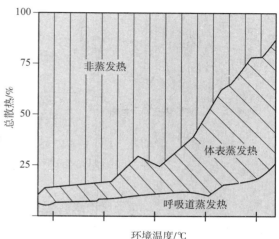

图 11-6　不同气温条件下，黄牛非蒸发散热和蒸发散热的比例（改引自张玉生，2000）

当环境温度为-15℃～+10℃时，体表蒸发散热与呼吸道蒸发散热大致相等；当环境温度升高到10℃以上时，体表蒸发散热明显增强

发汗量和发汗速度还受环境温度、风速、空气湿度等因素的影响。环境温度越高、风速越快则蒸发散热越快；反之则蒸发散热减慢。空气湿度越高，如果相对湿度接近100%，就不会发生蒸发散热。体热蓄积，可反射性地引起大量发汗。在同一环境条件下，衣着（被毛）较多（厚）或机体在劳动或运动时易引起发汗（图 11-6）。

汗液：人的汗液中水分占99%以上，固体成分不到1%。固体成分中大部分是 NaCl，也有少量乳酸、KCl 和尿素等成分。汗液不是简单的血浆滤出物，而是由汗腺细胞主动分泌的产物。刚分泌出来的汗液与血浆等渗，流经汗腺管腔时，在醛固酮（见第 12 章）的作用下，由于 Na⁺ 和 Cl⁻ 被重吸收，最终排出低渗的汗。

ℯ 系统功能进化
11-2　蒸发散热有明显的种属特异性

11.2.2.4　散热的调节

（1）环境温度的影响　动物体内热平衡过程如图 11-7 所示。在某种程度上，环境温度决定动物的散热方式。如羊在环境温度达到 32℃，直肠温度达 41℃时，以热喘呼吸的散热方式为主。当环境湿度小于 65%，环境温度达 43℃时，主要以出汗和热喘呼吸的方式散热。长期生活在低温（10℃以下）环境中的牛，皮肤温度下降，代谢率增强，皮毛生长加厚，主要通过对流和辐射的方式散热。而在外界温度超过 20℃时，皮肤温度上升，皮肤的蒸发散热量增加。当气温高于 25℃时，发生热喘呼吸，此时皮肤蒸发散热量高于非蒸发性散热量。动物在安静状态下，当环境温度接近或超过体温时（如气温在 35℃以上），汗腺分泌加强，发汗成为唯一有效的散热方式，因为在这种情况下，辐射、传

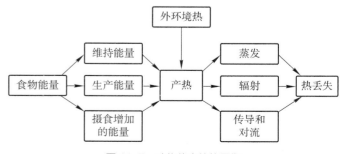

图 11-7　动物体内的热平衡

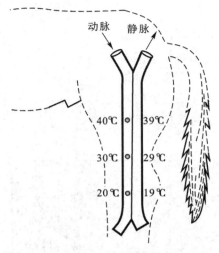

动脉 静脉

40℃ 39℃
30℃ 29℃
20℃ 19℃

图 11-8 逆流热交换示意图

导和对流方式的热交换已基本停止。

（2）循环系统的作用　机体的散热量主要取决于皮肤和周围环境之间的温度差，而皮肤的温度主要受皮肤血流量控制。所以，机体可以通过改变皮肤血管的功能状态调节体热的散失量。皮下有丰富的静脉丛、大量的动 – 静脉吻合支（见第 8 章），表明皮肤的血流量可以在很大范围内变动。机体可通过交感神经控制皮肤血管的口径，调节皮肤的血流量，从而使散热量符合当时条件下的体热平衡的要求。

在炎热的环境中，交感神经兴奋性降低，皮肤小动脉舒张，动 – 静脉吻合支开放，皮肤血流量增加，较多的体热由体核带到体表，机体的散热量增加。

在寒冷环境中，交感神经紧张性活动增强，皮肤血管收缩，血流量明显减少，皮温下降，散热量减少。此时体表层宛如一个隔热器，能起到防止体热散失的作用。此外，四肢深部的静脉和动脉伴行，且深部静脉呈网状包绕着动脉（图 11-8），这样的结构相当于一个逆流倍增交换系统，静脉的温度低，动脉的温度高，两者之间因温差而进行热量交换，结果动脉的一部分热量又被带回机体深部，减少了机体的散热量。

鱼类属于水栖变温动物。对金枪鱼的研究表明，由于受到鳃呼吸的影响，很难使血液温度保持高于水温，但由于其体内存在类似的逆流热交换系统，可保持肌肉的温度比水温度高 14℃。因此，金枪鱼的活动可不受水温的限制。同时，金枪鱼的消化器官和肝能保持较高的温度，以提高消化率和供给肌肉更多的热量。

11.2.3　体温的中枢调节

行为性体温调节是变温动物体温调节的重要手段。恒温动物可通过体温调节中枢的活动，对产热和散热过程进行调节，从而保持体温的相对恒定，这种体温调节方式是不随意的，因此称为自主性体温调节。恒温动物的行为性体温调节一般以自主性体温调节为基础，是对自主性体温调节功能的补充。下面主要讨论恒温动物的自主性体温调节机制。

自主性体温调节是依靠负反馈控制系统实现的（图 11-9）。下丘脑的体温调节中枢是控制部

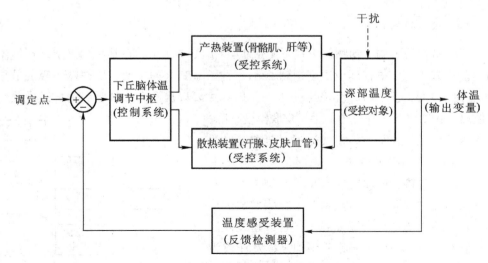

图 11-9　体温调节自动控制示意图

分，发出信息控制受控部分（肝、骨骼肌、血管和汗腺等）的活动，从而使体温维持相对平衡的水平。而输出变量–体温，经常受到内、外环境因素（代谢、气温、湿度和风速等）的干扰。此时，通过温度检测器–皮肤及深部的温度感受器，可将干扰信息与正常体温间的差距（偏差信息）反馈到下丘脑的体温调节中枢进行整合，然后调整受控系统的活动，从而建立新的体热平衡，以维持稳定的体温（见第 1 章）。

11.2.3.1 温度感受器

根据温度感受器（temperature receptor）存在的部位不同，可将其分为外周温度感受器（peripheral temperature receptor）和中枢温度感受器（central temperature receptor）两类。

（1）外周温度感受器　存在于皮肤、黏膜和内脏中对温度变化敏感的游离神经末梢构成外周温度感受器。分为热感受器和冷感受器两种，各自对一定范围的温度敏感。例如，25℃时冷感受器发放冲动频率最高，热感受器在 43℃时发放冲动频率达高峰。当温度偏离这两个数值时，两种温度感受器发放冲动的频率均下降。此外，外周温度感受器对温度变化速率更为敏感，即它们的反应强度与皮肤温度变化的速率有关。

（2）中枢温度感受器　分布在脊髓、延髓、脑干网状结构及下丘脑中，是一类与体温调节相关的中枢温度敏感的神经元，称为中枢温度感受器。其中有些神经元在局部组织温度升高时发放冲动的频率增加（图 11-10），称为热敏神经元（warm-sensitive neuron）；有些神经元在局部组织温度降低时发放冲动的频率增加，称为冷敏神经元（clod-sensitive neuron）。动物实验表明，在下丘脑的弓状核和脑干网状结构中以冷敏神经元居多；在视前区–下丘脑前部（preoptic-anterior hypothalamus area，PO/AH）以热敏神经元较多。实验证明，温度变动 0.1℃时，这两种温度敏感神经元的放电频率就可发生变化，而且不出现适应现象。温度敏感神经元不仅存在于哺乳类动物中，鸟类、爬行类、鱼类等动物也存在

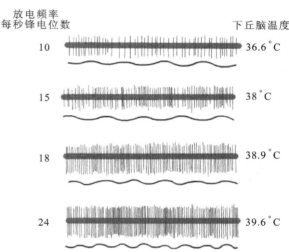

图 11-10　猫下丘脑局部加热时热敏感神经元放电的记录（各分图上侧）和呼吸曲线（各分图下侧）

温度敏感神经元。PO/AH 中某些温度敏感神经元不仅能感受局部脑温的变化，还能对来自中脑、延髓、脊髓、皮肤等的温度变化发生反应，表明来自中枢和外周的温度信息都会聚于这类神经元。此外，这类神经元能直接对致热原（pyrogen）或 5-HT、去甲肾上腺素以及许多多肽类物质产生反应，并导致体温改变。

11.2.3.2 体温调节中枢

从脊髓到大脑皮层的整个中枢神经系统中都存在参与调节体温的神经元。脑的分段切除实验表明，在切除大脑皮层及部分皮层下结构后，只要保持下丘脑以下神经结构的完整性，多种动物虽然在行为等方面可能出现障碍，但仍具有维持体温恒定的能力。如果破坏动物的下丘脑，与体温调节有关的产热与散热反应都明显减弱或消失，说明下丘脑是体温调节的基本中枢。

来自各方面的温度变化信息在下丘脑整合后，经下列途径调节体温：通过交感神经系统调节皮肤血管的舒缩反应和汗腺分泌，影响散热过程；通过躯体运动神经改变骨骼肌活动（如肌紧张、寒颤）；通过甲状腺和肾上腺髓质分泌活动的改变调节（代谢性）产热过程。

11.2.3.3　中枢体温自动控制系统

调定点学说（set-point theory）：关于体温调节中枢维持体温稳定的确切机制目前尚不完全清楚，多数学者认为，恒温动物的下丘脑存在调定点机制。在 PO/AH 中的温度敏感神经元的活动决定体温调定点的水平。如图 11-11 所示，冷敏和热敏神经元的活动都随着温度的改变呈"钟形"反应曲线，两钟形曲线交叉点所在的温度，就是体温的调定点，如 37℃。当体温与调定点的水平一致时，机体产热和散热过程处于相对平衡状态。当体温超过 37℃ 时，热敏神经元活动加强，使散热过程加强；冷敏神经元活动减弱，产热减少，体温可降回至 37℃。反之，则产生相反的效应使体温回升至 37℃。外周皮肤温度感受器的传入信息也能影响调定点的功能活动，当皮肤受到热刺激时，冲动传入中枢使调定点下移。这时中枢温度即使为 37℃ 也能使热敏神经元兴奋，即散热加强，产生出汗等散热活动。

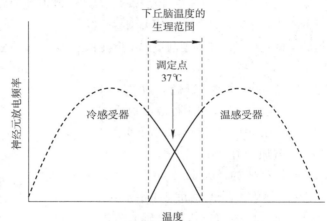

图 11-11　温度敏感神经元的活动与温度的关系

某些因素，例如，机体受到病原微生物感染时，在细菌、毒素等一些致热原的作用下，可使热敏神经元对温度敏感性降低，对温度反应的阈值升高（或冷敏神经元对温度反应的阈值降低），调定点则向高温侧移动（上调）。此时体温即使超过正常值（如达到 39℃）也不会诱发散热反应，出现发热（fever）。在发热初期，由于体温低于此时的调定点水平，在温度调节中枢的作用下，机体首先出现皮肤血管收缩，四肢发凉，即散热活动减少，随即出现畏寒和寒颤等。如果致热因素不能被消除，机体就在新的调定点水平维持产热与散热过程的相对平衡。因此，此时的体温调节功能并无减退，是因为调定点上移而引起体温调节的结果。反之，热敏神经元对温度反应阈值降低（或冷敏神经元对温度反应阈值升高），调定点则向低温侧移动（下调）。这种调定点被重新设置，称为重调定（resetting）。

环境温度过高导致机体中暑时，也出现体温升高现象，这种情况不是由体温调节中枢调定点上移所致，而是由于体温调节中枢自身的功能障碍所致，称为非调节性体温升高。

e 知识拓展 11-10
体温调节的单胺学说和调定点的离子假说

11.2.3.4　恒温动物对过热与过冷环境温度的应激反应与适应

e 知识拓展 11-11
动物体内的抗冻物质

详见第 19 章 e 知识拓展 19-1。

e 知识拓展 11-12
动物的休眠

11.2.4　动物的休眠

详见 e 知识拓展 11-12。

？思考题

1. 新陈代谢的内涵是什么？为什么说物质代谢和能量代谢是不可分割的两个方面？通过自学相关资料了解细胞是如何利用营养物质中的能量的（包括细胞可直接利用的能源形式和间接供能，能量贮备的形式，它们之间如何转换等）？

2. 通过自学了解如下各名词的含义：食物的热价和氧热价、呼吸商、氧债、基础代谢、静止代谢、鱼类的标准代谢和活动代谢。

3. 影响机体能量代谢的主要因素有哪些？它们对能量代谢有哪些影响？

4. 何为体表体温、体核体温？何为动物的等热范围和临界温度？以临界温度为基准，讨论在不同的环境温度下，机体可通过哪些相应的产热和散热方式达到热平衡

5. 不感蒸发汗和发汗、温热性发汗和精神性发汗有何区别？

6. 温度感受器有哪些种类并分布何处？恒温动物和变温动物的体温调节方式有何差异？分析自主性体温调节负反馈控制系统的调控原理。用"调定点"分析发热初期为何会出现畏寒和寒颤？

7. 变温动物和恒温动物的体温调节方式有何差异？分析自主性体温调节控制系统的工作原理。用"调定点"原理分析发热初期为何会出现畏寒和寒颤？

网上更多学习资源……

◆本章小结　　◆自测题　　◆自测题答案

（伍晓雄）

12 排泄及渗透压调节

【引言】

为什么有的海水鱼类不能在淡水或有的淡水鱼类不能在海水中存活，而有些鱼类却可以在海水和淡水水域之间进行洄游？这些问题都与动物的排泄与渗透压调节有着密切的关系。

【知识点导读】

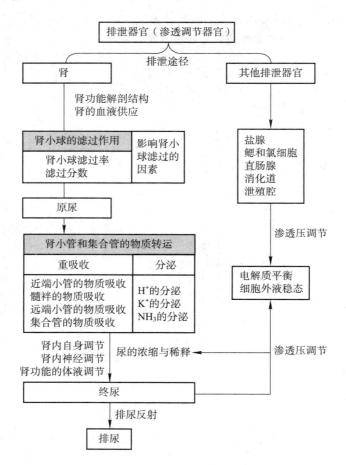

内环境的相对稳定是保证动物机体新陈代谢正常进行和生存的必要条件。机体在代谢过程中产生的代谢终产物、摄入过多或不需要的物质（包括进入体内的异物和药物代谢产物）都必须及时排出体外。生理学上将上述物质经血液循环被运输到某一排泄器官而排出体外的过程称为排泄（excretion）。

动物机体的排泄途径主要有 4 种：①通过呼吸将代谢产生的挥发性酸（如 H_2CO_3 以 CO_2 形式）、少量水分以气体的形式由呼吸器官排泄，鱼类的鳃还可排泄一些盐类和易扩散的 NH_3 和尿素；②通过消化道将胆色素及由小肠分泌的无机盐（钙、镁、铁等）随粪便排泄；③通过汗腺将代谢终产物的一部分水、盐类、氨、尿素排泄；④由含氮化合物代谢所产生、比较难扩散的终产物如尿酸、肌酸、肌酐等，脂肪代谢产生的非挥发性酸的盐（硫酸盐、磷酸盐、硝酸盐）及部分摄入过量的和代谢产生的水、电解质等均以尿的形式由肾排泄。

肾是机体最重要的排泄器官，通过生成尿液，能排出机体代谢的终产物、进入机体过剩的物质和异物，它不仅排泄量大，而且排泄物的种类多；对维持机体渗透压和酸碱平衡，保持内环境稳态有着极为重要的意义。肾还是一个内分泌器官，参与调节机体的多种生理活动。

ℯ **系统功能进化**
12-1 动物的排泄器官

12.1 肾的功能解剖特征

哺乳动物的肾实质分为皮质（cortex）和髓质（medulla）两部分。肾髓质形成若干个锥形部分，称为肾锥体（renal pyramid），锥体的顶部称为肾乳头（renal papilla）（图 12-1）。在肾单位和集合管生成的尿液，经集合管在肾乳头处的开口进入肾盏（renal calyces）和肾盂（renal pelvis）。肾盂内的尿液经输尿管（ureter）进入膀胱（urinary bladder）。在排尿时，膀胱内的尿液经尿道（urethra）排出体外。

12.1.1 肾单位

肾单位（nephron）是肾的基本功能单位，包括肾小体和肾小管（图 12-2）。

肾小体包括肾小球（glomerulus）和肾小囊（Bowman's capsule）。肾小球是位于入球小动脉和出球小动脉之间的一团毛细血管网。

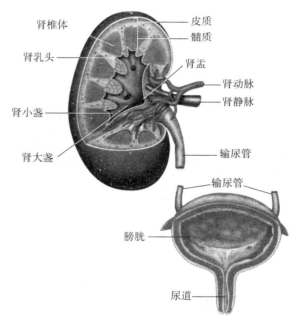

图 12-1 肾的解剖结构

ℯ **知识拓展 12-1**
肾单位（动画）

肾小囊包裹着肾小球，肾小囊脏层和壁层构成囊腔。肾小囊壁层与肾小管壁相连，囊腔与肾小管相通。肾小囊脏层紧贴肾小球的毛细血管壁，脏层上皮细胞与毛细血管内皮细胞和基底膜共同构成了肾小球的滤过膜（filter membrane）（图 12-3）。

肾小球滤过膜的最内层是肾小球毛细血管的内皮细胞层，上面有许多窗孔（fenestration），可阻止血细胞通过，但血浆蛋白可滤过；中间层是非细胞结构的基膜层（basement membrane），是一种微纤维网，是滤过膜的主要滤过屏障，只有水和部分溶质可以通过；最外层是肾小囊的上皮细胞层，其细胞表面有足状突起，称为足细胞（podocyte）。该足状突起相互交错形成滤过裂隙

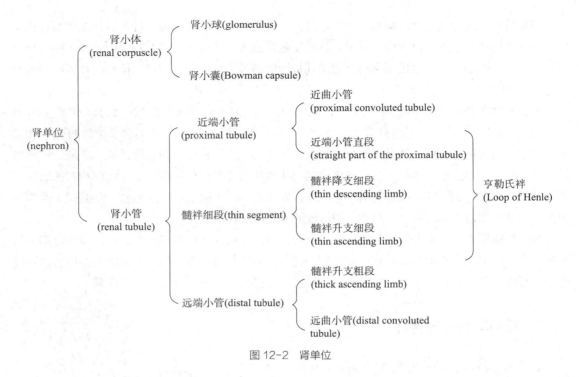

图 12-2　肾单位

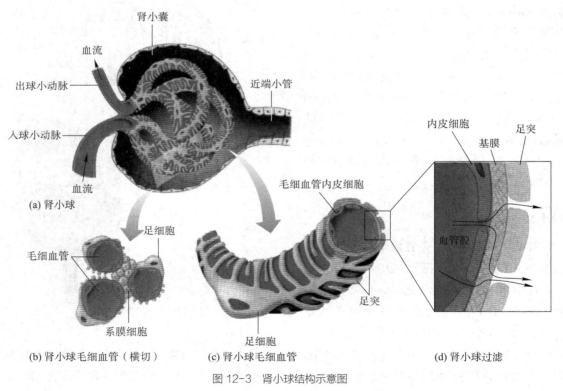

(a) 肾小球

(b) 肾小球毛细血管（横切）　　(c) 肾小球毛细血管　　(d) 肾小球过滤

图 12-3　肾小球结构示意图

（filtration slit），每个滤过裂隙上覆盖有一层膜，是大分子物质滤过的最后一道屏障。一般认为，基膜的孔隙较小，因此对大分子物质的滤过起到机械屏障作用（mechanical barrier）。另外，在三层膜上都覆盖着带负电的糖蛋白，能阻止带负电的物质通过，起到电化学屏障（electrochemical barrier）作用。

肾小管包括近端小管、髓袢细段和远端小管。远端小管与集合管相连。集合管不属于肾单位，但它在尿液浓缩过程中具有重要作用。

哺乳动物的肾单位按其所在位置不同可分为皮质肾单位（cortical nephron）和近髓肾单位（juxtamedullary nephron）（图 12-4）。

12.1.2　球旁器

球旁器（juxtaglomerula apparatus，也称近球小体）主要分布于皮质肾单位，由球旁细胞（juxtaglomerular cell，也叫颗粒细胞）、球外系膜细胞（extraglomerula mesangial cell）和致密斑（macula densa）三者组成（图 12-5）。球旁细胞是入球小动脉平滑肌细胞特化而成的上皮样细胞，内含分泌颗粒，接受肾交感神经的支配，能合成、储存和分泌肾素（renin）。球外系膜细胞是位于入球小动脉和出球小动脉之间的一群细胞，具有吞噬功能。致密斑是髓袢升支粗段的远侧端的一部分、是一些特化了的上皮细胞，高柱状，为一斑状隆起，穿过由同一肾单位的入球小动脉和出球小动脉间的三角区，并与球旁细胞及球外系膜细胞紧密接触。致密斑细胞，能感受小管液 NaCl 含量的变化，并通过信息传递调节球旁细胞的肾素分泌水平和肾小球的滤过率。

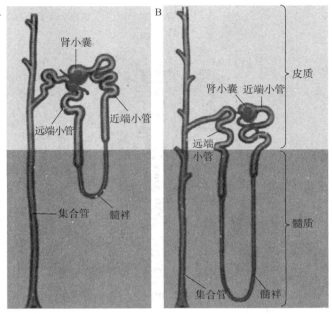

图 12-4　皮质肾单位（A）和近髓肾单位（B）

ℓ知识拓展 12-2
皮质肾单位和近髓肾单位之间的区别

ℓ知识拓展 12-3
球旁器（动画）

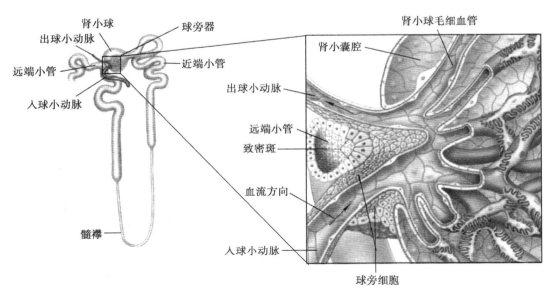

图 12-5　球旁器结构示意图

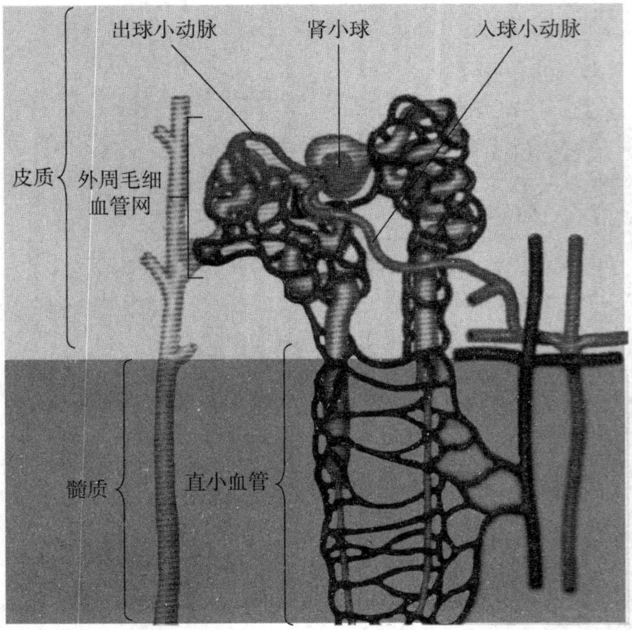

出球小动脉　肾小球　入球小动脉

皮质

外周毛细
血管网

髓质　直小血管

⊖ 知识拓展 12-4
肾的血液供应（动画）

图 12-6　肾单位中的毛细血管网

12.1.3　肾的血液供应

肾动脉由腹主动脉直接分出，管径短粗，血流量大，肾动脉进入肾单位要经过两次毛细血管网（图 12-6），第一次是位于入球小动脉和出球小动脉之间的肾小球毛细血管网，此处的毛细血管由于直接来源于腹主动脉，特别是皮质肾单位的入球小动脉的口径比出球小动脉粗一倍，所以血压较高，有利于血浆的滤出。第二次是出球小动脉再次分支形成缠绕于肾小管周围的毛细血管网和与髓袢平行、细长的"U"型直小血管。第二次毛细血管网的血压比较低，对肾小管的重吸收和尿液的浓缩与稀释有重要作用。

12.1.4　肾的神经支配

支配肾的神经是交感神经，它发自脊髓胸后段至腰段起始段的中间外侧柱内。肾交感神经的节前纤维进入腹腔神经节和主动脉、肾动脉部的神经节；节后纤维与肾动脉伴行，由肾门进入肾内。肾交感神经末梢主要密集分布在入球小动脉壁上、球旁器周围的血管壁及靠近球旁器的近端和远端小管的上皮细胞上。释放的递质主要是去甲肾上腺素（norepinephrine）。肾交感神经不仅可以引起血管平滑肌收缩，调节肾血流量，而且还可以直接促进上皮细胞对 Na^+、Cl^- 等离子的重吸收，刺激球旁细胞分泌肾素。

⊖ 知识拓展 12-5
肾的传入神经及
肾-肾反射

除了释放去甲肾上腺素的末梢外，肾神经中还存在一些能释放多巴胺（dopamine）的神经纤维。肾血管平滑肌中也存在多巴胺受体，当其被激动时可引起肾血管舒张。

12.2　尿的生成

尿来源于血浆，其生成过程包括肾小球滤过、肾小管和集合管重吸收、肾小管和集合管的分泌（图 12-7）。

12.2.1　肾小球的滤过

肾小球的滤过（glomerular filtration）是指血液流经肾小球时，血浆中的水分子和小分子溶质从肾小球的毛细血管中转移到肾小囊的过程。滤过的液体是血浆的超滤液（ultrafiltrate），称为原尿（initial urine），其中除不含血细胞和大分子的蛋白质外，其余成分均与血浆接近，渗透压、酸碱度也都与血浆大体相似。

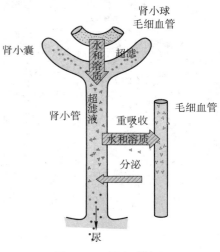

图 12-7　尿生成过程

第一步超滤在肾小囊内进行，重吸收
和分泌沿肾小管进行

单位时间（1 min）内两侧肾生成的超滤液量称为肾小球滤过率（glomerular filtration rate，GFR）。肾小球的滤过率与肾的血浆流量密切相关，肾血浆流量是指单位时间（1 min）里流经两侧肾的血浆量。肾小球滤过率和血浆流量的比值称为滤过分数（filtration fraction，FF）。肾小球滤过率（glomerular filtration rate，GFR）的大小取决于滤过系数（filtration coefficient，K_f，即滤过膜面积及其通透性的状态）和有效滤过压（effective filtration pressure，P_{UF}），即

$$肾小球滤过率 = K_f \times P_{UF}。$$

肾小球允许不同物质通过滤过膜的能力称为肾小球滤过膜的通透性（permeability），取决于被滤过物质的分子大小及其所带的电荷。有效半径小于 2.0 nm 的中性物质如葡萄糖可以自由通过；有效半径大于 4.2 nm 的大分子物质则不易通过；有效半径在 2.0 ~ 4.2 nm 之间的各种物质分子随有效半径的增加，它们的滤过率逐渐降低。但有效半径约 3.6 nm 的血浆白蛋白因其带负电荷，因此也很难通过滤过膜。即便有少量的白蛋白滤过，在肾小管中也能被重吸收，故尿中不含蛋白质。

肾小球滤过的动力是肾小球的有效滤过压。当血液流过肾小球时会受到四种力量的作用，即促进血液滤过的肾小球的毛细血管血压和肾小囊内液胶体渗透压、阻止血液滤过的血浆胶体渗透压和肾小囊内液静压力（囊内压）。因为正常机体内的囊内液的蛋白质浓度很低，囊内液胶体渗透压可忽略不计，因此其他 3 种力量的代数和就是肾小球的有效滤过压（图 12-8），即

$$肾小球的有效滤过压 = 肾小球毛细血管血压 - （血浆胶体渗透压 + 囊内压）$$

由于肾小球滤过膜通透性的特点，血液从入球小动脉途经肾小球向出球小动脉流动时，随着超滤液的不断形成，血浆蛋白浓度逐渐升高，血浆胶体渗透压也逐渐升高，造成有效滤过压逐渐降低。当某一部分的滤过动力等于滤过阻力时，有效滤过压为零，即达到滤过平衡（filtration equilibrium），超滤作用停止。在肾小球内只有从入球小动脉到滤过平衡的一段毛细血管才有滤过作用（图 12-9）。滤过平衡愈靠近入球小动脉，有滤过作用的血管愈短，肾小球滤过率愈小。

🄴 知识拓展 12-6
尿生成的有效滤过压（动画）

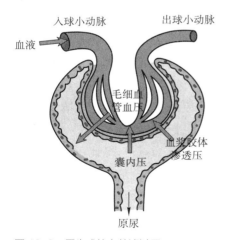

图 12-8　尿生成的有效滤过压

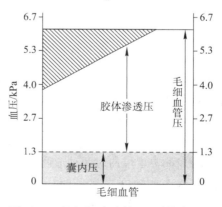

图 12-9　肾小球毛细血管压，胶体渗透压和囊内压对肾小球滤过率的影响

12.2.2 肾小管和集合管的重吸收与分泌作用

肾小管和集合管的重吸收（reabsorption）与分泌（secretion）作用均属于物质跨膜转运功能。重吸收是指物质从肾小管液转运到血液中的过程，而分泌是指上皮细胞将自身产生的物质或血液中的物质转运到肾小管液内的过程。

原尿生成后进入肾小管被称为小管液（tubular fluid）。小管液经过肾小管和集合管的重吸收与分泌作用，最后排出体外的液体称为终尿（final urine）。

肾小管和集合管对各种物质重吸收的能力不同（图12–10），例如葡萄糖、氨基酸可以全部被重吸收；水、Na$^+$、Cl$^-$大部分被重吸收；尿素部分被重吸收；而肌酐则完全不能被重吸收，因此肾小管和集合管的重吸收是具有选择性的。肾小管和集合管还有分泌K$^+$、H$^+$、NH$_3$和其他物质的功能。

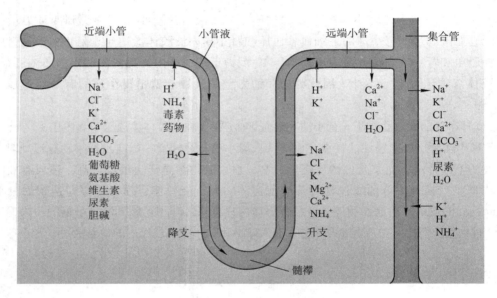

图 12–10 肾单位中不同区域的物质转运

12.2.2.1 肾小管、集合管物质转运的方式和途径

ⓔ 知识拓展 12–7
物质的同向转运
（动画）

ⓔ 知识拓展 12–8
物质的逆向转运
（动画）

肾小管、集合管的物质转运有被动转运和主动转运两种方式。被动转运包括：扩散、渗透、易化扩散、溶剂拖曳等过程；主动转运中，最重要的原发性主动转运有Na$^+$–K$^+$–ATPase（Na$^+$–K$^+$泵，钠泵）、H$^+$–ATPase（H$^+$泵）、Ca^{2+}–ATPase（钙泵，calcium pump）和H$^+$–K$^+$–ATPase等。继发性主动转运又称之为联合转运（coupled transport 或 cotransport），是由存在于肾小管上皮细胞顶端膜上的多种转运蛋白对两种或两种以上物质进行的共同转运过程。主要包括Na$^+$和葡萄糖（氨基酸）、Na$^+$–K$^+$–2Cl$^-$等的同向转运（symport）和Na$^+$–H$^+$交换、Na$^+$–K$^+$交换等的逆向转运（antiport）。此外，肾小管上皮细胞还可以通过入胞的机制将小管液中的小分子蛋白质等物质重吸收（图12–11）。

物质跨肾小管上皮的转运可通过两条途径完成：第一条为跨细胞途径（transcellular pathway）包括跨细胞重吸收（transcellular reabosorption）和跨细胞分泌（paracellular secretion），如小管液中的Na$^+$先经顶端膜上的Na$^+$通道进入上皮细胞内，之后，Na$^+$又被基底

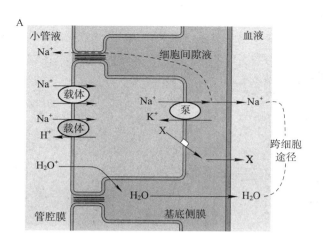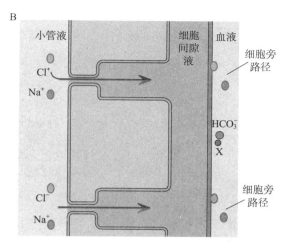

图 12-11　近端小管吸收 NaCl 的示意图

侧膜上的 Na⁺-K⁺-ATP 酶逆着电化学梯度转运至细胞外进入管周毛细血管。第二条为细胞旁途径（paracellular pathway）同样包括细胞旁吸收（paracellular reabosorption）和细胞旁分泌（paracellular secretion），如小管液内的水分子和 Cl⁻、Na⁺ 可以通过上皮的紧密连接直接进入上皮细胞间隙而被重吸收。在这过程中，有些溶质（如 K⁺、Ca²⁺ 等离子）可随着水的转移以溶剂拖曳的方式被重吸收（图 12-11）。

12.2.2.2　近端小管的物质转运

按照近端小管上皮细胞的结构特征，近端小管可分为近端段和远端段两部分。近端段又叫曲部，其上皮细胞的顶端膜有密集的微绒毛，是小管液中溶质转运的主要部位；远端段又叫直部，上皮细胞的绒毛相对较少，细胞内线粒体也较少，所以直部物质转运的活动相对较弱。

（1）Na⁺ 和 Cl⁻ 的重吸收　原尿流经近端小管时，其中约 70% 的 Na⁺、Cl⁻、K⁺ 和水被重吸收，其中约 2/3 经跨细胞转运途径，1/3 经细胞旁转运途径；85% 的 HCO₃⁻ 被重吸收；H⁺ 则被分泌到小管液中（图 12-12）。近端小管重吸收的动力来自小管细胞基侧膜上的 Na⁺ 泵。

在近端小管前半段，Na⁺ 的重吸收与 H⁺ 的分泌以及葡萄糖、氨基酸的重吸收相耦联，还可与乳酸和磷酸根离子的重吸收相耦联。由于 Na⁺ 泵作用，小管上皮细胞内的 Na⁺ 浓度较低。当近端小管起始段小管液中的 Na⁺ 浓度轻微升高时，Na⁺ 通过管腔膜上的 Na⁺-H⁺ 交换体（Na⁺-H⁺ exchanger）顺着 Na⁺ 浓度梯度进入细胞内，同时细胞内的 H⁺ 分泌入管腔，完成 Na⁺-H⁺ 交换（图 12-13）。Na⁺ 还可以与管腔膜上的 Na⁺- 葡萄糖同向转运体和 Na⁺- 氨基酸同向转运体结合，随着葡萄糖和氨基酸一同转运入细胞内。

进入到细胞内的 Na⁺ 经细胞基底膜上的 Na⁺ 泵进入细胞间隙中，随着 Na⁺ 泵、葡萄糖和氨基酸进入细胞间隙，细胞间隙渗透压升高，水则通过渗透作用进入细胞间隙。由于管腔上皮细胞间存在紧密连接，致使组织间隙静水压升高，促使 Na⁺ 和水进入毛细血管被重吸收。

由于小管液中的 Cl⁻ 在近端小管前半段不被重吸收，因此小管液中 Cl⁻ 浓度升高。到近端小管远段（直部），Cl⁻ 浓度显著高于管周组织液中的 Cl⁻ 浓度。在近端小管远段，有 Na⁺-H⁺ 和 Cl⁻-HCO₃⁻ 两类相伴随的逆向转运机制，其结果是 Na⁺ 和 Cl⁻ 进入细胞，H⁺ 和 HCO₃⁻ 进入小管液。进入细胞内的 Cl⁻ 与 Na⁺ 可由基侧膜上的同向转运机制转入细胞间隙，然后吸收入血液。

ℯ 知识拓展 12-9
近端小管后端对 NaCl 的重吸收（动画）

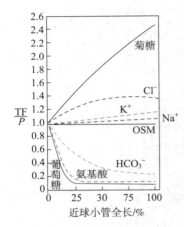

图 12-12　近端小管各段对溶质的吸收
纵坐标为各种溶质在肾小管液中的浓度（TF）和血浆中的浓度（P）之比

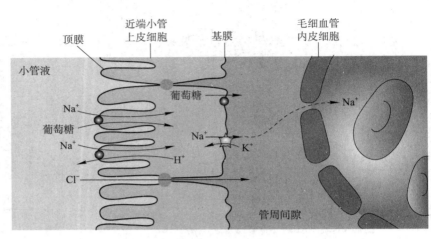

图 12-13　近球小管的物质转运

ⓔ 知识拓展 12-10
肾小管泌 H^+ 与 HCO_3^- 的重吸收

ⓔ 知识拓展 12-11
肾小管对 HCO_3^- 的重吸收（动画）

ⓔ 发现之旅 12-1
肾小管与集合管上的水通道

同时，由于进入到近端小管后段的 Cl^- 浓度升高，小管液中的 Cl^- 顺着浓度差通过细胞旁转运途径被重吸收进入细胞间隙，而被重吸收回血液。随着 Cl^- 被重吸收，小管液的阳离子相对增多，这有利于 Na^+ 顺着电位梯度通过细胞旁转运途径被重吸收。此时的 Na^+ 和 Cl^- 的重吸收都是被动的（图 12–11）。

（2）H^+ 的分泌和 HCO_3^- 的重吸收　由于 Na^+–H^+ 交换，细胞内的 H^+ 分泌入管腔，小管液中的 H^+ 和 HCO_3^-（和其他负离子）还可重新进入细胞，HCO_3^- 则以 CO_2 形式被重吸收。

（3）水的重吸收　原尿中约有 70% 的水在近端小管靠渗透作用被重吸收。在近端小管上皮细胞含有大量水通道（water channel），对水的通透性大。在近端小管，由于 Na^+、HCO_3^-、葡萄糖、氨基酸和 Cl^- 等被重吸收，降低了小管液的渗透压，于是水靠渗透压差通过细胞旁转运和跨细胞转运两条路径进入细胞间隙。

（4）K^+ 的重吸收　超滤液中的 K^+ 有 90% 以上被重吸收回血液，大部分（约占 67%）在近端小管被重吸收。因为小管腔的电位较周围细胞间隙液为负，而小管液的 K^+ 浓度比管周细胞内的 K^+ 浓度低，所以近端小管对 K^+ 的吸收是主动重吸收。

远端小管和集合管在重吸收 K^+ 的同时，还可以分泌 K^+。肾对 K^+ 的排出量取决于肾小球滤过量、肾小管对 K^+ 的重吸收量和肾小管对 K^+ 的分泌量。

（5）Ca^{2+} 的重吸收　在肾小球随血浆滤过的 Ca^{2+} 中，约 70% 在近端小管被重吸收，约 20% 在髓袢，9% 在远端小管被重吸收，不到 1% 被集合管重吸收，仅有不到 1% 的 Ca^{2+} 从尿中被排出体外。

在近端小管，约 80% 的 Ca^{2+} 是由溶剂拖曳方式经细胞旁途径进入细胞间隙，约 20% 的 Ca^{2+} 经跨细胞途径被吸收。

上皮细胞内的 Ca^{2+} 浓度低于小管液浓度，并且细胞内电位相对小管液电位为负，因此电化学梯度促进小管液中的 Ca^{2+} 通过顶端膜以跨细胞方式进入细胞内。细胞内的 Ca^{2+} 则由基底侧膜 Ca^{2+}–ATP 酶和 Na^+–Ca^{2+} 逆向转运机制将 Ca^{2+} 转运出细胞。小管液的相对正电位也有利于 Ca^{2+} 经细胞旁途径被重吸收。由于 Ca^{2+} 与水的重吸收大致平行，所以小管液在流经近端小管的过程中 Ca^{2+} 的浓度基本保持不变。

（6）葡萄糖、氨基酸的重吸收　近端小管及其以后的肾小管都有重吸收葡萄糖、氨基酸的能力，但在正常生理情况下，小管液在流经近端小管（特别是在前段）时，其中的葡萄糖和氨基酸几乎全部被重吸收，近端小管以后的小管液中的葡萄糖和氨基酸的浓度接近于零，因此尿中几乎没有葡萄糖和氨基酸。

葡萄糖和氨基酸的重吸收，是利用管腔上皮细胞顶端膜上的钠依赖性葡萄糖转运体，即 Na^+– 葡萄糖同向转运体（sodium–dependent glucose transporter，SGLT）和 Na^+– 氨基酸同向转运体，借助继发性主动转运机制，将葡萄糖和氨基酸随着 Na^+ 一同转运入细胞内。小管基侧膜上的 Na^+ 泵是吸收的真正动力。

任何一种物质在肾小管中的转运时都有一个最大限度，称为最大转运率（maximal rate of transport）。当葡萄糖的滤过量达到和超过葡萄糖的最大转运率（maximal rate of transport for glucose）时，尿液中就会出现葡萄糖。因为近端小管重吸收葡萄糖的量与其滤过的量成正比，葡萄糖滤过量又与血浆葡萄糖浓度成正比，因此将刚能使尿中出现葡萄糖的血浆葡萄糖浓度称为葡萄糖的肾阈（或称肾糖阈，renal threshold for glucose）。

◎ 知识拓展 12–12
肾小管上皮内的葡萄糖与氨基酸转运体

（7）其他物质的跨膜转运 滤液中少量小分子蛋白可通过肾小管上皮细胞的吞饮作用而被重吸收，HPO_4^{2-}、SO_4^{2-} 的重吸收也是与 Na^+ 一起同向转运。尿素在肾小球处可自由滤过，在近端小管约有 50% 以被动转运方式被重吸收。由小管上皮细胞代谢产生的 NH_3 可与细胞内 H^+ 结合成为 NH_4^+，以 NH_3 和 NH_4^+ 的形式转运分泌到管腔。体内的代谢产物和进入机体内的某些物质，如青霉素、酚红、大多数利尿药等，由于与血浆蛋白结合，不能被肾小球滤过，只能在近端小管被主动分泌到小管液中。

12.2.2.3 髓袢的转运功能

髓袢降支和升支对物质的通透性存在显著差异，对物质的重吸收具有不同的特点。

（1）Na^+、K^+、Cl^- 的转运与水的重吸收 肾小球滤过的 NaCl 大约 20% 在髓袢被重吸收，而且主要是在髓袢升支粗段被主动重吸收。髓袢降支对 Na^+、K^+、尿素的通透性很低；髓袢降支上皮细胞具有水通道蛋白，对水有较好的通透性，水在此处以渗透方式被重吸收。随着髓袢降支对水的重吸收，小管液在髓袢降支中流向内髓部时，溶质浓度和渗透压逐渐升高。

当小管液从髓袢降支折返流向髓袢升支细段时，髓袢升支细段对水几乎不通透，但对 Na^+、Cl^- 和尿素都有通透性。在髓袢升支细段，Na^+、Cl^- 的吸收完全是由于在髓袢降支所形成的高浓度引起的被动扩散。小管液溶质的浓度和渗透压又随着髓袢的回升逐渐下降。

髓袢升支粗段的顶端膜上有 Na^+– K^+– $2Cl^-$ 同向转运体，对 Na^+、Cl^-、K^+ 能主动重吸收。在此过程中，由于基底膜 Na^+ 泵的活动，使 1 个 Na^+ 顺着电化学梯度借助 Na^+– K^+– $2Cl^-$ 同向转运体进入细胞内，同时将 1 个 K^+ 和 2 个 Cl^- 都一起转运到细胞内（图 12–14）。

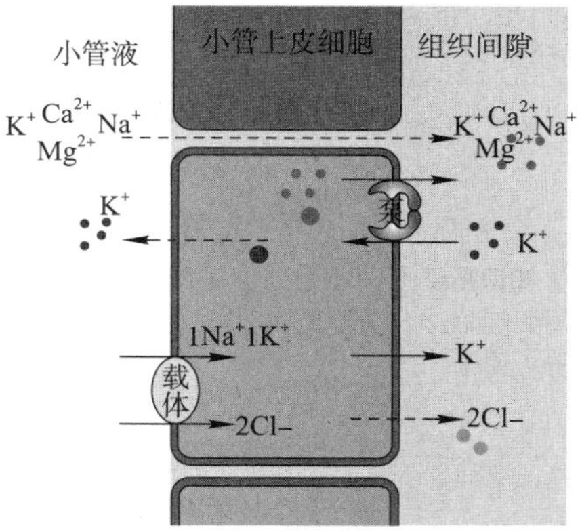

图 12–14 髓袢升支粗段的重吸收

基底膜 Na^+ 泵将进入到细胞内的 Na^+ 转运到细胞间隙中，Cl^- 从基侧膜顺着浓度差进入细胞间隙，K^+ 则从顶端膜上的 K^+ 通道顺着浓度梯度又返回小管腔，导致小管液呈现正电位。这一正电位促进了 K^+、Ca^{2+}、Mg^{2+} 等正离子通过细胞旁途径而被重吸收。

◎ 知识拓展 12–13
髓袢升支粗段的重吸收 Na^+、K^+ 和 Cl^-（动画）

呋塞米能抑制 Na^+– K^+– $2Cl^-$ 同向转运，即能抑制髓袢升支处 Na^+ 和 Cl^- 的吸收，从而可以降低肾髓质中组织液的渗透压，水的重吸收也就随之减少，所以临床上常用呋塞米作利尿剂，称为髓袢利尿剂（loop diuretics）。

（2）Ca^{2+} 的重吸收 髓袢降支细段和升支细段对 Ca^{2+} 不通透，升支粗段小管液为正电位，该段膜对 Ca^{2+} 有通透性，故通过跨细胞转运和细胞旁转运两个途径对 Ca^{2+} 进行重吸收，其方式可能有被动重吸收和主动重吸收。

（3）尿素的转运 髓袢升支细段对尿素具有通透性，髓袢粗段对尿素不通透。由于内髓部的渗透压较高，尿素可顺着浓度差从内髓部扩散进入髓袢升支细段内。

12.2.2.4 远端小管和集合管的物质转运

远端小管和集合管重吸收机能的最大特点是 Na^+ 和 H_2O 的重吸收分离，Na^+ 的重吸收受醛固酮的调节；水的重吸收则受抗利尿激素的控制。

（1）Na^+ 和 Cl^- 的重吸收 远端小管起始段，上皮对水仍不通透，由于小管液中的 Na^+ 和 Cl^- 通过 Na^+–Cl^- 同向转运体进入细胞，因而远端小管液的渗透压进一步下降。进入细胞的 Na^+ 由钠泵泵入细胞间隙，Cl^- 则通过基底侧膜上的 Cl^- 通道进入细胞间隙（图 12-15A）。

远端小管后段和集合管管壁含有主细胞（principal cell）和闰细胞（intercalated cell）。主细胞可重吸收 Na^+ 和水，分泌 K^+，闰细胞则主要分泌 H^+。

在主细胞，因基底侧膜钠泵的活动使细胞内 Na^+ 浓度进一步减低，于是可使小管液中的 Na^+ 通过细胞顶端膜上的 Na^+ 通道进入细胞（图 12-15B）。

ⓔ 知识拓展 12-14
远端小管和集合管对 NaCl 的重吸收（动画）

ⓔ 知识拓展 12-15
闰细胞分泌 H^+ 离子（动画）

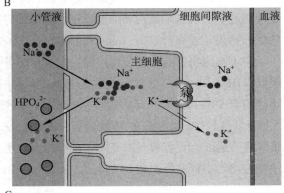
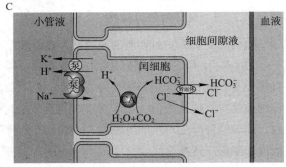

图 12-15 远端小管和集合管重吸收

（2）H^+ 的分泌和 HCO_3^- 的重吸收 远曲小管和集合管通过闰细胞可主动分泌 H^+。H^+ 乃来源于细胞内 CO_2 的代谢。在碳酸酐酶的催化下 CO_2 和 H_2O 生成 H_2CO_3（图 12-15C），H_2CO_3 进一步分解成 H^+ 和 HCO_3^-。管腔膜上具有两种泌 H^+ 的机制：一种是依靠顶端膜上的 H^+–ATP 酶（又称为 H^+ 泵或质子泵）将细胞内的 H^+ 分泌到小管腔中；另一种是依靠 H^+–K^+–ATP 酶，将细胞内的 H^+ 转运入小管腔，同时将小管液中的 K^+ 转运入细胞内。而 HCO_3^- 则由基底侧膜通过 Cl^-–HCO_3^- 逆向转运机制被转入细胞间隙。进入细胞的 Cl^- 又通过细胞基底侧膜上的 Cl^- 通道回到细胞间隙。

肾小管和集合管分泌 H^+ 的量与小管液的酸碱度有关，小管液中的 pH 降低时 H^+ 分泌减少。当小管液的 pH 降至 4.5 时，H^+ 分泌停止。由于小管液中存在缓冲物质，游离的 H^+ 可与缓冲剂反应而被带走，于是小管上皮可不断地分泌 H^+。

🄔 知识拓展 12-16
集合管的闰细胞有时也能分泌 HCO_3^-

🄔 知识拓展 12-17
K^+ 的分泌（动画）

🄔 知识拓展 12-18
影响 K^+ 分泌的因素

小管液中的 HCO_3^- 则需要先在管腔中与 H^+ 反应，生成 CO_2 和 H_2O 后以 CO_2 形式被重吸收。

（3）K^+ 的分泌　K^+ 是唯一既可被肾小管重吸收，又能被分泌的离子，但泌 K^+ 主要发生在远端小管和集合管的上皮细胞，是一种被动过程。由于 Na^+ 泵的活动，使细胞内形成高 K^+ 浓度，同时管腔内剩下较多的负离子（如 PO_4^{2-}、SO_4^{2-} 等），从而使 K^+ 顺着电化学梯度进入小管液，这称为 K^+ 的分泌，这种与 Na^+ 的关系称为 Na^+-K^+ 交换。另外，Na^+ 进入主细胞后，可刺激细胞基侧膜上的 Na^+ 泵，使更多 K^+ 从细胞间隙泵入细胞内，提高了细胞内 K^+ 的浓度，使更多的 K^+ 可顺着浓度差通过顶端膜上的 K^+ 通道进入小管液（图 12-15B）。

（4）NH_3 与 NH_4^+ 的吸收与分泌　NH_3 和 NH_4^+ 都是小管（特别是近端小管）上皮细胞内的谷氨酰胺在谷氨酰胺酶和谷氨脱氢酶作用下的代谢产物。在细胞内，NH_4^+ 与 NH_3 两种形式之间处于动态平衡。对 NH_3 和 NH_4^+ 的吸收与分泌可发生在整个肾小管和集合管中。由肾小管上皮细胞代谢产生的 NH_3 是脂溶性的，可以向小管液或细胞间隙液自由扩散。扩散的方向和量取决于小管液和细胞间隙液的 pH，一般小管液 pH 较低，则 NH_3 较易向小管液扩散。分泌到小管液中的 NH_3 与 H^+ 结合生成 NH_4^+。肾小管上皮细胞代谢产生的 NH_4^+ 在近端小管可以取代 H^+ 由 Na^+-H^+ 逆向转运体转运入管腔，这一过程称为 NH_4^+-Na^+ 交换。小管液内的 NH_4^+ 大部分在髓袢升支粗段被重吸收，其机制是 NH_4^+ 替代 K^+，由 Na^+-K^+-$2Cl^-$ 同向转运体转运；也有一部分 NH_4^+ 通过细胞旁途径被重吸收。在集合管肾髓组织间隙中的 NH_3 又通过扩散的方式进入集合管腔内。因为集合管对 NH_4^+ 没有重吸收的能力，所以细胞内的 NH_4^+ 只有通过 Na^+-H^+ 逆向转运机制进入小管腔。小管液中的 NH_4^+ 进一步与强酸盐（如 NaCl）的负离子结合随尿排出。强酸盐解离后的正离子（如 Na^+）可与 H^+ 交换进入小管上皮细胞，再与 HCO_3^- 一起被吸收回到血液（图 12-16）。

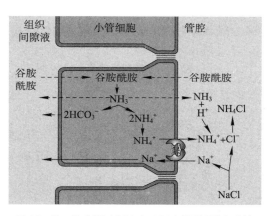

图 12-16　集合管对 NH_3 与 NH_4^+ 的重吸收和分泌

🄔 知识拓展 12-19
NH_3 的吸收与分泌（动画）

（5）Ca^{2+} 的吸收　远曲小管对 Ca^{2+} 的吸收是一种逆着电化学梯度的、跨细胞途径的主动过程。此处的小管液中的 Na^+ 被重吸收使电位变为负，Ca^{2+} 经过顶端膜的 Ca^{2+} 通道进入细胞，然后经基底膜上的 Ca^{2+}-ATP 酶和 Na^+-Ca^{2+} 交换机制进入细胞间隙液。但在远端小管，因 Ca^{2+} 和 Na^+ 重吸收的调节机制不同，因此两者的重吸收不一定平行。

（6）尿素的吸收　内髓部的集合管对尿素可通透，在抗利尿激素存在的情况下，远端小管和集合管中的水被重吸收，小管液中的尿素浓度逐渐升高，高浓度的尿素进入肾髓质部的集合管，就能顺着浓度梯度进入肾髓质的组织液中。抗利尿激素可激活内髓部集合管上皮细胞顶端膜和基底膜上的尿素转运体（urea uniporter），促进内髓部集合管中的尿素进入肾髓质。

12.2.3　鱼类肾的泌尿功能

鱼类肾的结构比起其他高等脊椎动物要原始的多。从系统发育来看，鱼类胚胎时期的排泄器官是前肾，而到了成体，前肾消失，中肾形成并分为头肾和体肾两部分。头肾含淋巴组织、生血组织、肾间组织和嗜铬组织等，不具有泌尿功能。体肾具有泌尿功能，因而也称为功能肾。和哺乳动物一样，体肾的基本结构单位为肾单位，与集合管共同完成泌尿功能。在鱼类其肾单位并非全是典型的，有些海洋硬骨鱼类（如海龙、海马、蟾鱼、鲛鳋、杜父鱼和鲀科鱼类）的肾

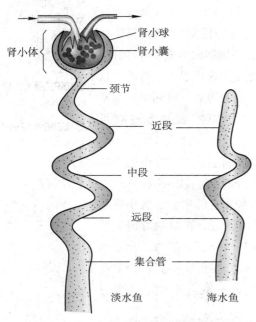

图 12-17　淡水鱼和无肾小球海洋硬骨鱼类的肾单位

小球退化、消失，肾小管缩短，形态结构简化（图 12-17）。鱼类的肾小管分颈段、近段（淡水硬骨鱼类的近段又分为两段 PS Ⅰ 和 PS Ⅱ）、中段（IS）、远段（DS）和集合管（CT）（图 12-18）。许多集合管汇集成收集管（CD），收集管又汇集到总输尿管，尿经输尿管排出体外。

无肾小球的海水硬骨鱼类不具肾小球的超滤作用，完全靠肾小管的分泌作用将离子和代谢产物分泌到肾小管内，水则随着这些离子、分子的运动渗透到肾小管内形成尿液。

肾小管颈段是肾小管开始部分，除无肾小球鱼类外，各种鱼类都有。颈段的机能尚不十分清楚，但其明显的纤毛活动对把滤液由肾小囊向肾小管移动尤为重要。

肾小管因其各段的上皮细胞所含的线粒体、溶酶体和酸性磷酸酶等丰富程度不同而使它们的重吸收和分泌作用有所差异（图 12-18）。一般葡萄糖、氨基酸、由肾小球滤出的蛋白质及其他大分子物质以及水、Na^+、Cl^- 主要在第一近段小管和远段小管处被重吸收，小管内的滤液则为低渗性。

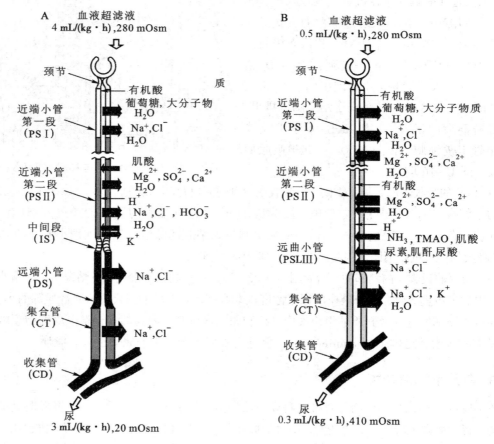

图 12-18　淡水硬骨鱼（A）和海水硬骨鱼（B）肾单位结构和功能

第二近段小管是鱼类肾小管最大、代谢最为活跃的一段，也是无肾小球海水硬骨鱼近段小管唯一的一部分，可能是二价离子分泌的主要部位，参与等渗的 Na^+ 的重吸收和 H^+ 的分泌。海水板鳃类血液中尿素、氧化三甲胺（trimethylaminen oxide，TMAO）浓度高，对维持其渗透压平衡起重要作用，所以滤液中的尿素、氧化三甲胺在第二近段小管被重吸收，水也随之被吸收。

肾小管的分泌作用通常在近段小管处进行，分泌物有 Mg^{2+}、SO_4^{2-}、Ca^{2+} 等二价离子，以及 H^+、NH_3、肌酐、尿酸、肌酸、氧化三甲胺、尿素等物质。

12.2.4 脊椎动物含氮废物的排泄

动物体内含氮物质（如氨基酸、核酸等）降解的最终产物就是含氮废物。这些含氮废物主要以氨、尿素和尿酸的形式排出体外。动物排泄的含氮废物的形式取决于进化地位、生活环境、生活习性。一般而言，无论生活在海水或淡水的无脊椎动物主要排泄氨，淡水脊椎动物也排泄大量的氨，但海水脊椎动物多数排泄尿素。

脊椎动物的含氮废物常通过肾小球滤过和肾小管分泌途径进入尿中，而对于没有肾小球结构的海水硬骨鱼类，含氮废物则主要通过肾小管的分泌作用进入尿中。氨是毒性很大的化合物，必须在形成时就立即排出体外，或合成毒性较低的化合物（尿素和尿酸），同时氨分子小、易于通过细胞膜扩散而溶于水，可以很快从鳃表面排泄。因此，氨的形式被认为是最简单的和最节能的含氮废物排泄方式。脊椎动物的鳃因长期浸润在水中与水有充分接触面积和时间，所以鳃也是排泄氮废物重要器官。尿素是哺乳动物含氮排泄物的主要类型。尿酸是鸟类、爬行动物和昆虫含氮废物的主要排泄类型。

ⓔ 系统功能进化
12-2 脊椎动物含氮废物的排泄

12.3 尿生成的调节

凡是能影响肾小球滤过作用、肾小管重吸收和分泌作用的各种因素都可以影响到尿的生成。

12.3.1 影响肾小球滤过作用的因素

影响肾小球滤过作用的主要因素有四个方面：肾小球滤过膜的面积及其通透性、肾小球有效滤过压、肾血流量。

12.3.1.1 肾小球滤过膜面积及其通透性

正常情况下，高等脊椎动物的肾小球滤过面积及其通透性是相对稳定的，只有在病理情况下才有变化。如果肾小球毛细血管管腔变窄或完全堵塞，就会使有效滤过面积减少，导致肾小球滤过作用降低，出现少尿或无尿。当滤过膜上带负电荷的糖蛋白减少或消失时，有可能导致带负电荷的血浆蛋白滤过量比正常时增加，从而出现蛋白尿。

爬行类、两栖类和鱼类，会因其生活环境的水和盐度不同，其肾单位数量及其结构也有很大的差异。如淡水硬骨鱼类的体液较周围水环境是高渗的，水会不断地通过鳃和体表渗入体内，为了维持体内较高的渗透压，鱼类必须通过肾排出体内多余的水。因此，淡水硬骨鱼类的肾特别发达，肾小体数目多，肾小球体积大。而海洋硬骨鱼类的肾则较为退化，肾小球小而少，以至消失（图 12-17），其肾小球滤过率低，尿量都少，每天只排出体重 1% ~ 2% 的尿量。两栖类的肾小球一般具有很高的滤过率，但在体内失水情况时，肾小球的滤过作用几乎停止。爬行类也可通过调节肾单位的数量来调节滤过面积，如对鳖、水蛇、鳄鱼和一些蜥蜴给予精氨酸催产素（arginine vasotocin，AVT）后，可通过某些肾小球的入球小动脉收缩，而减少肾小球的滤过率。

12.3.1.2　肾小球有效滤过压

凡能影响毛细血管血压、囊内压、血浆胶体渗透压的因素都能影响到肾小球的有效滤过压，从而影响到肾小球的滤过率。

（1）肾小球毛细血管血压　动脉血压在正常范围内变化时，由于肾血流量的自身调节（autoregulation）机制，肾小球毛细血管血压及有效滤过压可维持恒定，肾小球滤过率无明显改变。当动脉血压下降到正常范围以下时，肾小球毛细血管血压和有效滤过压相继下降，肾小球滤过率减少。当动脉压继续下降，则可能使肾小球滤过率下降到零，导致无尿。当入球小动脉发生器质性病变而缩小时，肾小球毛细血管压可明显降低，肾小球滤过率也明显减少，导致少尿。

（2）囊内压　正常情况下比较稳定。当肾盂或输尿管结石、肿瘤或其他原因引起尿路堵塞，而使囊内压升高时，肾小球有效滤过压和滤过率都下降。

鱼类和两栖类的肾小管颈区和中段小管壁有纤毛，纤毛的不断摆动可把小管液不断从肾小囊移向肾小管，从而降低囊内压，增加肾小球的滤过作用。

（3）血浆胶体渗透压　正常情况下变化不大，因此对肾小球有效滤过压和滤过率影响较小。当全身血浆蛋白浓度明显下降（如长期营养不良、快速注射生理盐水）时，则血浆胶体渗透压降低，肾小球有效滤过压增加、滤过率也增加，尿量增加。

12.3.1.3　肾血流量

如果肾血流量（RBF）增加，肾小球毛细血管内血浆胶体渗透压上升速度慢，滤过平衡点就靠近出球小动脉端，肾小球滤过面积相对增加，滤过率（GFR）随之增加。肾血流量的增大有时可使肾小球整段毛细血管不出现滤过平衡。严重缺氧、中毒性休克等病理情况下，由于交感神经兴奋，入球小动脉明显收缩，RBF 显著减少，GFR 也因而显著减少。

12.3.2　影响肾小管物质转运作用的因素

肾血流量既影响肾小球的滤过作用，也会影响到肾小管的物质转运功能，因此，凡能影响肾血流量的因素对尿的生成都有调节作用。肾血流量的调节包括肾内自身调节，神经调节和体液调节。

12.3.2.1　肾内自身调节

（1）血管的肌源性自身调节　由于血管平滑肌具有肌源性自身调节机制，因此 RBF 也具有自身调节机制。当肾动脉灌注压升高时，入球小动脉的血管平滑肌因血压升高而受到的牵张刺激增大，通过自身调节，使平滑肌的紧张性加强，阻力增加，结果使 RBF 和 GFR 保持不变。反之，动脉血压降低时，入球小动脉平滑肌所受的牵张刺激降低，平滑肌舒张，入球小动脉阻力降低，结果也使 RBF 和 GFR 保持不变。

由于肾的灌注压在相对较大范围内变动时，入球小动脉的阻力能发生相应的变化，因此 RBF 和 GFR 能保持相对稳定，这样使肾的功能不致因血压的变化而改变，使电解质和水的排出也能相对稳定。

（2）管-球反馈（tubuloglomerular feedback，TGF）　肾血流量（RBF）和肾小球滤过率（GFR）自身调节的另一种机制。微灌流实验证明，TGF 的感受部位是致密斑（macula densa），可感受小管液的流量和成分的变化。当 RBF 和 GFR 增加时，到达远端小管致密斑的肾小管液的流量就增加，该处 Na^+、K^+、Cl^- 的转运速率也随即增加，致密斑可将这些信息反馈至肾小球，使肾小球的入球与出球小动脉都收缩；同时也使系膜细胞收缩，滤过面积减少，K_f（滤过系数，指在单位有效滤过压的驱动下，单位时间内经过滤过膜的液体量）降低，结果使 RBF 和 GFR 降低并恢复正常。反之，当 RBF 和 GRF 减少时，流经致密斑的肾小管液的流量下降，致密斑又将这些信息反馈至肾小球，使肾小球的入球与出球小动脉都舒张使 RBF 和 GFR 增加并恢复至正常水平。这种小管液流量的变化影响 RBF 和 GRF 的现象称为管 – 球反馈。

（3）肾小管重吸收过程中的自身调节　肾小管可根据肾小球滤过量对溶质和水的重吸收进行自身调节。

① 球管平衡：控制肾小管重吸收的重要机制之一，是肾小管能随着肾小球滤过负荷的增加，而增加重吸收的能力。正常情况下，近端小管对 Na^+ 等溶质和水的重吸收量与肾小球滤过量之间能保持一定的比例关系（如为肾小球滤过率的 65%～70% 左右）称为近端小管的定比重吸收（constent fractional reabsorption）。肾小球滤过率增大，滤液中的 Na^+ 和水的含量增加，近端小管对 Na^+ 和水的重吸收率也升高。反之，肾小球滤过率减小，滤液中 Na^+ 和水的含量也减少，对它们的重吸收率也相应降低。这种现象也称为球管平衡（glomerulotubular balance）。球管平衡的意义在于使尿液中排出的溶质和水不致因肾小球滤过率的增减而出现大幅度的变动。从而保持尿量和尿钠排出量的相对稳定。

ⓔ 知识拓展 12–20
球管平衡的产生

此外，肾小管重吸收功能的改变也可反过来引起肾小球滤过率发生相应的变化。如近端小管的重吸收量减少，可导致小管内压增加，进而使囊内压增加，于是有效滤过压降低，肾小球滤过率因而减少，这也是一种"球管平衡"现象。

② 渗透性利尿：由于肾小管内外的渗透压梯度是通过渗透重吸收水的动力，因此，小管液中的溶质浓度升高是对抗肾小管重吸收水的力量。如果小管液溶质（如 NaCl、葡萄糖）浓度很高，渗透压也会很高，而妨碍肾小管特别是近端小管对水的重吸收，结果尿量增加。通过提高小管液溶质的浓度，达到利尿的方式称为渗透性利尿（osmotic diuresis）。糖尿病患者或正常人食进大量葡萄糖后，肾小球滤过的葡萄糖量超过了近端小管对糖的最大转运率，造成小管液渗透压升高，阻碍了水和 NaCl 的重吸收，结果不仅尿中出现葡萄糖，而且尿量也增加。出现此症状就是由渗透性利尿所致。根据这一原理，临床上有时使用不易被肾小管吸收的药物，如静脉注射 20% 的甘露醇溶液等，以增加小管液溶质的浓度及渗透压，达到利尿消肿作用。

12.3.2.2 肾交感神经的作用

肾的血管和肾小管主要受交感神经的支配。交感神经兴奋时，其末梢释放去甲肾上腺素①可激活血管平滑肌 α 受体，引起血管收缩，而且由于入球小动脉收缩更为明显，因此肾血浆流量和肾小球滤过率都减少。②可刺激球旁细胞的 β 受体，使球旁细胞释放肾素，通过增加血液中的血管紧张素 Ⅱ 使醛固酮分泌增加，从而增加肾小管对 NaCl 和水的重吸收。③可激活近端小管和髓袢细胞膜上的 α_1 受体，增加肾小管（主要是近端小管）对 Na^+、Cl^- 和水的重吸收。生理情况下交感神经对肾小管重吸收 Na^+ 起着紧张性的作用。

12.3.2.3 肾功能的体液调节

肾小球的滤过作用和肾小管集合管的物质转运功能受多种体液因素的调节，而且各种体液因

ⓔ 知识拓展 12–21
各种体液因素对肾功能的影响

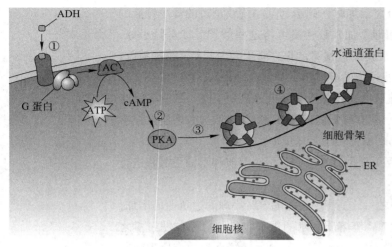

图 12-19　抗利尿激素作用机制
① ADH结合G蛋白耦联受体；②激活蛋白激酶A；③磷酸化；④水通道蛋白转移到细胞膜

🅔 知识拓展 12-22
ADH 的作用机制
（动画）

🅔 知识拓展 12-23
ADH 的升血压作用
和鱼类的 ADH

素的作用是相互联系、相互配合，并与神经调节相关联。

（1）抗利尿激素　抗利尿激素（antidiuretic hormone，ADH）由下丘脑视上核（相当于硬骨鱼的视前核）和室旁核的一些神经元胞体合成。先以 ADH 前体的形式包装在分泌颗粒中（包含 ADH、运载蛋白、糖肽），然后经下丘脑–垂体束神经轴突运输到神经垂体，储存在轴突末梢的囊泡内。当视上核神经元兴奋时，使抗利尿激素（ADH）与运载蛋白分离释放到血液中。

抗利尿激素可以提高远端小管和集合管上皮细胞对水的通透性，增加对水的重吸收，使尿液浓缩，尿量减少，即发生抗利尿作用（antidiuresis）（图 12-19）。当抗利尿激素缺乏时，对水不通透（见 🅔 发现之旅 12-1）。

ADH 分泌的调节：正常安静状态下，机体经常有少量的 ADH 释放，以维持远端小管和集合管对水的重吸收，但 ADH 在血浆中很容易降解，所以 ADH 停止释放数十分钟后，血浆中的 ADH 的浓度可接近于零。引起抗利尿激素释放的有效刺激主要是血浆晶体渗透压（plasma crystal osmotic pressure）的增高和循环血量的减少。

① 血浆晶体渗透压的改变。在下丘脑的视上核及其周围区域（室周核）有渗透压感受器（osmorecepter），可能是一种终板血管器（organum vasculosum of the lamina terminalis，OVLT），它对血浆渗透压，特别是血浆晶体渗透压的改变非常敏感。机体失水过多（如出汗、呕吐、腹泻），血浆晶体渗透压升高，对渗透压感受器的刺激增强，可使抗利尿激素释放量增多，使远曲小管和集合管对水重吸收增强，尿量因之减少，同时还伴有渴觉和饮水行为发生，以此保留体内水分，有利于血浆晶体渗透压的恢复（图 12-20）。反之，大量饮入清水后，因血液被稀释，血浆晶体渗透压下降，对晶体渗透压感受器的刺激减弱，远曲小管和集合管对水重吸收减弱，尿量增多，从而排出体内多余的水分。

正常人一次饮入 1 000 mL 清水后，约经半小时尿量开始增加，到 1 小时末，尿量可达最高值；2～3 小时后恢复到原来水平。如果饮入等渗的盐水（NaCl 的质量分数为 0.9%）则尿量的排出不出现饮清水时的那样变化。这种大量饮用清水后尿量增多的现象称为水利尿（water diuresis），可用来测定肾的稀释能力。

② 循环血量的改变。高等脊椎动物的循环血量改变时，能通过心房（特别是左心房）内膜下和胸腔大静脉处存在的容量感受器（volume receptor），在高等动物中也叫心肺感受器（cardiopulmonary receptor），是一种牵张感受器，能反射性地影响抗利尿激素的释放。在鱼类的第三鳃动脉和腹主动脉交界处也有类似的容量感受器。当血量增加时，容量感受器受到刺激而兴奋，信息经迷走神经传入延髓后，再上行到下丘脑，可紧张性抑制抗利尿激素的释放，从而引起利尿，排出过剩的水分，使血量恢复正常。反之，失血导致循环血量减少时，容量感受器传入的冲动减少，对抗利尿激素释放的抑制作用减弱或消除，抗利尿激素释放增多，于是尿量减少，有利于血量的恢复（图 12-20）。

🅔 知识拓展 12-24
ADH 的分泌调节
（动画）

动脉壁上的压力感受器（baroreceptor）的传入冲动也有类似的效应，即当血压升高时，压力

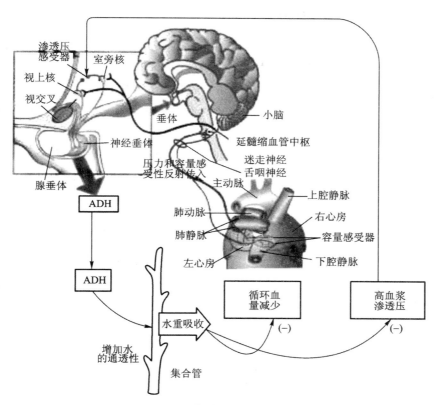

图 12-20　抗利尿激素分泌的调节

感受器传入冲动增加，对 ADH 的释放起到抑制的作用，反之，ADH 释放量会增加。

（2）醛固酮　醛固酮（aldosterone）是肾上腺皮质球状带分泌的一种激素。它能促进远曲小管和集合管（特别是皮质部集合管）对 Na^+ 的主动重吸收，同时促进 K^+ 的排出，故有保 Na^+ 排 K^+ 作用。Na^+ 的重吸收加强，Cl^- 和水的重吸收也随之加强；使 $K^+- Na^+$ 交换和 $H^+- Na^+$ 交换增加，使 K^+、H^+ 排出量增多。因此醛固酮对维持血浆 K^+、Na^+ 平衡和正常细胞外液量起到重要作用。肾上腺皮质机能亢进，醛固酮分泌增多，可导致体内钠、水潴留和低血钾，血压升高。反之，醛固酮分泌减少则钠、水丢失，血量减少，出现高血钾现象。

醛固酮到达远曲小管、集合管的上皮细胞后，发生以下生理变化：①与胞浆受体结合形成激素 – 受体复合物穿过细胞核的核膜。②与核中受体结合转变为激素 – 核受体复合物。③调节特异性 mRNA 转录。④导致醛固酮诱导蛋白（aldosterone-induced protein）的合成，诱导蛋白可能是管腔膜的 Na^+ 通道蛋白。⑤通道蛋白转运到细胞膜上使管腔膜的 Na^+ 通道数增加（图 12-21）。⑥促进线粒体中 ATP 的合成，为上皮细胞 Na^+ 泵活动提供更多的能量；增强基侧膜上 Na^+ 泵的活性，促进 Na^+-K^+ 交换，从而促进 Cl^- 和水的的重吸收；开放顶膜上的钾通道，促进细胞内 K^+ 进入小管液（即的 K^+ 的分泌）；增强顶膜上的 H^+-ATP 酶的活性，促进 H^+ 的分泌。

醛固酮的分泌主要受肾素 – 血管紧张素 – 醛固酮系统（renin – angiotensin – aldosterone system）及血浆中 K^+、Na^+ 浓度等的调节。

① 肾素 – 血管紧张素 – 醛固酮系统。由球旁细胞分泌的肾素能使血浆中的血管紧张素原水解成血管紧张素 I（angiotensin I, AngI），后者在血管紧张素转换酶（angiotensin-converting enzyme, ACE）的作用下变成血管紧张素 II（angiotensin II, Ang II）和进一步被氨基肽酶 A（aminopeptidase A）水解成血管紧张素 III（angiotensin III, Ang III）。血管紧张素 I 能刺激肾上腺

📧 知识拓展 12-25
醛固酮作用的机制
（动画）

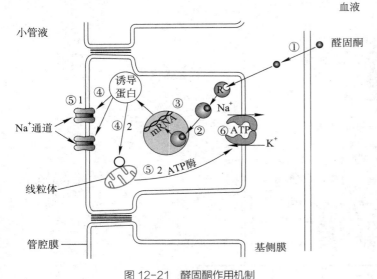

图 12-21　醛固酮作用机制

①醛固酮进入细胞内；②与核内受体结合；③激活转录因子；④内质网内
合成通道蛋白；⑤通道蛋白转运到膜上

髓质分泌肾上腺素。Ang Ⅱ能作用于下丘脑穹隆下器（subfornical organ, SFO）和终板血管器（organum vasculosum of the lamina terminalis, OVLT）的血管紧张素受体引起渴觉和饮水。因该处的血－脑屏障较薄弱，血液中的 Ang Ⅱ能够到达这些区域。Ang Ⅱ除有较强的收血管作用外，还能刺激肾上腺皮质球状带合成和分泌醛固酮；引起渴觉、刺激抗利尿激素的分泌。血管紧张素Ⅲ主要刺激肾上腺皮质球状带合成和分泌醛固酮，还有微弱的缩血管作用。肾素－血管紧张素－醛固酮系统的活动水平取决于肾素的分泌水平。

当动脉压下降，细胞外液量明显减少时，循环血量减少，超出肾血流量自身调节能力时，低血容量的信号由心肺感受器和压力感受器传入下丘脑，激活肾素－血管紧张素系统（包括脑内的肾素－血管紧张素系统），脑内和血液中的 Ang Ⅱ的含量增高。引起缩血管效应和醛固酮分泌增加。最终引起肾脏排水和排钠减少，使体液量和动脉血压恢复（图 12-22）。反之，当细胞外液量增多、动脉血压上升时，肾素、血管紧张素以及醛固酮水平下降，增强了肾脏排水和排钠效应，促使过多的体液排出体外，使动脉血压恢复到正常水平。所以，肾脏对动脉血压的长期调节起着重要的作用。这个由肾脏参与的调节体液的机制称为肾－体液控制系统（renal-body fluid system）。

ℯ 知识拓展 12-26
动脉血压的长期调节

ℯ 知识拓展 12-27
肾素－血管紧张素－
醛固酮系统（动画）

此外，肾素的分泌水平还与位于入球小动脉处的牵张感受器和致密斑感受器传入冲动有关（图 12-22）。入球小动脉的压力下降，肾血流量减少，对小动脉的牵张感受器刺激减弱，可使肾素释放量增加；同时，入球小动脉压的降低和血流量减少，肾小球滤过率下降，Na⁺ 滤出量因而也下降，以致到达致密斑的 Na⁺ 量减少，刺激了致密斑感受器，使肾素释放量增加。此外，交感神经兴奋（如循环血量减少时）、肾上腺素和去甲肾上腺素可直接刺激球旁细胞增加肾素的释放。

② 血 K^+ 和血 Na^+ 的浓度。血 K^+ 浓度增高或血 Na^+ 浓度降低可直接刺激肾上腺皮质球状带使醛固酮分泌增加，结果导致肾保 Na^+ 排 K^+，从而维持血 K^+ 和血 Na^+ 浓度的平衡；反之，则导致相反的结果。醛固酮的分泌对血 K^+ 浓度的升高比对血 Na^+ 浓度的降低更为敏感。

（3）心房钠尿肽（atrial natriuretic peptide, ANP）由心房肌细胞合成、释放的多肽，其主要生理功能是使血管平滑肌（特别是入球小动脉）舒张，肾小球 GFR 增高、可抑制抗利尿激素和醛固酮的分泌；对抗血管紧张素Ⅱ的缩血管作用和抑制球旁细胞分泌肾素。

（4）甲状旁腺激素（parathyroid hormone, PTH）甲状旁腺激素能促进远曲小管和集合管对 Ca^{2+} 的重吸收，抑制近端小管对磷酸盐的重吸收。

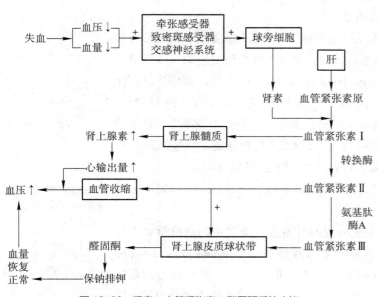

图 12-22　肾素－血管紧张素－醛固酮系统功能

抑制近端小管对 Na^+、K^+、HCO_3^- 和氨基酸的重吸收作用。

12.3.3 尿的浓缩与稀释

肾有较强的浓缩和稀释尿液的能力。动物主要依据体内水、盐的多少情况，通过对尿液的浓缩和稀释的机制，维持其体液的水盐平衡。渗透压高于血浆的尿称为高渗尿（hypertonic urine），低于血浆的尿称为低渗尿（hypotonic urine）。

12.3.3.1 尿液浓缩的机制

肾小球超滤液在流经肾小管各段时，小管液的渗透浓度（osmolality）发生变化，在近端小管为等渗重吸收，故小管液流至近端小管末端其渗透浓度仍与血浆相等。流入髓袢降支细段时渗透浓度逐渐升高，而在流经髓袢升支细段和髓袢升支粗段时，渗透浓度逐渐下降，流至升支粗段末端，小管液为低渗。可见尿液的稀释与浓缩主要发生在远端小管末端和集合管。

水的重吸收动力来自小管内、外的渗透压浓度梯度，因此，肾髓质部的渗透浓度差是水重吸收的动力；而远端小管和集合管对水的通透性又是决定水是否能被重吸收的关键因素。因此，尿液的稀释与浓缩取决于肾髓质部的渗透浓度的高低和集合管对水的通透性。

髓袢的逆流倍增系统是尿浓缩的结构基础。鸟类、哺乳类能产生高渗尿。哺乳类的尿的渗透浓度与肾单位的结构有关。髓袢降支和升支及其周围的直小血管的降支和升支相互平行、紧靠在一起，且里面的液体流动方向相反，是典型的逆流倍增器（countercurrent multiplier）。

（1）肾髓质部的渗透浓度的建立　髓袢降支对水有较好的通透性，对 Na^+、K^+、尿素的通透性很低，因此随着小管液水的重吸收，其渗透压和 NaCl 浓度逐渐升高；髓袢升支对水几乎不通透，对 Na^+、Cl^-、尿素有通透性，因此随着对 NaCl 的重吸收，小管液的渗透压又逐渐下降。由于 NaCl 在升支细段的扩散和升支粗段对 NaCl 的主动转运，提高了肾髓质组织的渗透压。通过肾髓袢的逆流倍增机制形成了从外髓层向内髓层逐渐升高的渗透梯度，组织间隙液与血浆渗透液浓度之比由皮质的 1.0 逐渐增加到 4.0，内髓乳头部最高（图 12-23，图 12-24）。

髓襻袢越长的动物尿液浓缩程度愈强，尿的渗透压愈高，沙漠里的哺乳动物如沙鼠、跳鼠、骆驼的髓袢特别长，其肾可产生 17～25 倍于血浆渗透压的高渗尿；猪的髓袢短，只能产生 1.5 倍于血浆渗透压的尿液。

（2）尿素的再循环作用　由于髓袢升支粗段、远曲小管和集合管的皮质段及外髓段对尿素的通透性都很低。小管液流经这些部位时，由于有抗利尿激素的作用和外髓部的高渗使水被吸收，小管内尿素浓度逐渐升高；到了集合管的内髓段，对尿素有了通透性，因而尿素扩散到内髓组

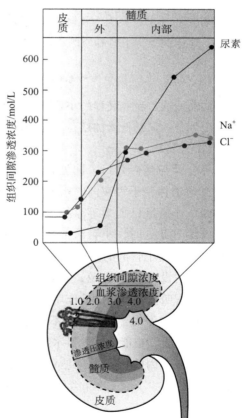

图 12-23　肾组织渗透梯度示意图

知识拓展 12-28
肾小管不同部分的通透性

知识拓展 12-29
尿浓缩的机制（动画）

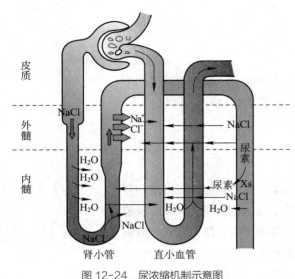

皮质

外髓

内髓

NaCl

Na⁺
Cl⁻
NaCl
尿素

H₂O
H₂O
H₂O
尿素 Xs
NaCl
H₂O H₂O

NaCl

NaCl

肾小管　　　直小血管

图 12-24　尿浓缩机制示意图
箭头表示升支粗段重吸收 Na⁺、Cl⁻，Xs 表示未被重吸收的
溶质

织中又使其渗透压升高。再之，髓袢升支细段对尿素有通透性，因此集合管扩散出来的尿素，一部分可进入升支细段，随小管液流入集合管内髓段，重新扩散到髓质，有利于尿素滞留在肾髓质内。这个过程称为尿素再循环（urea recycling）。所以尿素能起到维持内髓层的高渗透梯度作用（图 12-24）。

从髓质渗透梯度形成的全过程来看，髓袢升支粗段对 Na⁺ 和 Cl⁻ 的主动重吸收是髓质渗透梯度建立的主要动力，而尿素和 NaCl 是建立髓质渗透梯度的主要溶质。

（3）直小血管的作用　深入髓质的直小血管也是"U"型并与髓袢平行，能够产生逆流交换作用。直小血管在下降的过程中，由于周围组织间隙液的 Na⁺ 和尿素的浓度逐渐升高，而不断扩散到直小血管中；随着向髓质的深入，降支中的 Na⁺ 和尿素也不断升高。在血液折返进入直小血管升支时，由于血管内的 Na⁺ 和尿素的浓度都比同一水平的组织间隙液的高，于是 Na⁺ 和尿素又重新扩散到组织间隙液中，而且还可以再进入直小血管降支。这样 Na⁺ 和尿素可以不断地在直小血管降支和升支之间循环运行，因而髓质的溶质不会被血浆大量带走。又因为从降支渗透出的水量一般小于返回升支的量，所以水可随血浆返回体循环，这样就维持了肾髓质的渗透梯度（图 12-24）。

12.3.3.2　浓缩尿和稀释尿的形成

如前所述，流经髓袢的小管液都经历了一个浓缩与稀释的过程，到了远曲小管都是低渗的，但排出体外的尿是低渗的还是高渗的还取决于小管液流经远曲小管和集合管时 ADH 和醛固酮的分泌情况。

集合管与髓袢并行，同处在一个渗透梯度的环境中，若此时有 ADH 分泌，集合管上皮对水有通透性，小管液内的水就以渗透的方式进入组织液，小管液的渗透浓度升高，到进入髓质时，小管液已成为等渗液（与血浆渗透压浓度相等）；同时由于内髓部的组织液为高渗，集合管经过此处时，小管液可继续以渗透的方式被重吸收，而形成浓缩的尿排出体外。内髓部集合管内的小管液的渗透浓度最高可达到周围肾髓质组织液的渗透浓度。

若此时没有 ADH 分泌，远端小管和集合管对水的通透性就很低，由于远端小管对 Na⁺ 的进一步主动重吸收（醛固酮的作用），而水不被重吸收，因此进入集合管的小管液的渗透浓度将进一步下降，因为集合管对水也不通透，故大量低渗的尿排出体外。虽然在没有 ADH 的情况下，髓质部的集合管也能允许少量水通透，但另一方面髓质部的集合管因失去了 ADH 对尿素通透性增强的作用，因此从集合管进入髓质的尿素也减少，肾髓质的渗透浓度跟着会有一定程度的降低，从而也减少了髓质部集合管对水的重吸收。

12.4　尿的排出

哺乳动物的尿在肾单位中不断形成，经输尿管送入膀胱贮存。当膀胱贮尿达到一定量时，将引起排尿。排尿是一种反射活动，需要膀胱逼尿肌和尿道内、外括约肌的协调活动而实现。

12.4.1 尿排放的神经支配

支配膀胱和尿道活动的神经为盆神经、阴部神经、腹下神经。盆神经属副交感神经，来自荐部脊髓，兴奋时引起膀胱逼尿肌收缩，尿道内括约肌舒张，促进排尿；腹下神经属交感神经来自腰部脊髓，兴奋时主要引起尿道内括约肌收缩，阻止排尿；阴部神经（躯体神经，来自荐部脊髓），兴奋时引起外括约肌（横纹肌）收缩，阻止排尿，是高级中枢控制排尿活动的主要通路（图 12-25）。

12.4.2 排尿反射

正常情况下，膀胱内的尿充盈到一定程度时，内压升高，膀胱逼尿肌受到刺激而兴奋，其冲动沿盆神经传到脊髓的初级排尿反射中枢，同时冲动上传到大脑皮质的高位中枢，产生尿意。如无机会排尿，大脑皮质可暂时抑制脊髓排尿中枢的活动，不发生排尿反射。当有适宜机会时，抑制解除，脊髓排尿中枢可发出冲动使逼尿肌收缩、尿道内括约肌、尿道外括约肌松弛，引起排尿。当尿液流经尿道时，可刺激尿道的感受器，其传入冲动经阴神经再次传入脊（骶）髓排尿中枢，使排尿进一步加强，这属于正反馈作用。排尿末期腹肌、膈肌都发生收缩以增加对膀胱的压力，最后尿道海绵肌也收缩，使残留于尿道中的尿也排出体外（图 12-26）。排尿的最高级中枢在大脑皮层，易形成条件反射，因此在畜牧生产实践中，可以训练动物养成定点排尿，便于饲养管理。

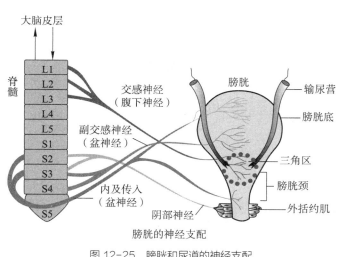

图 12-25 膀胱和尿道的神经支配

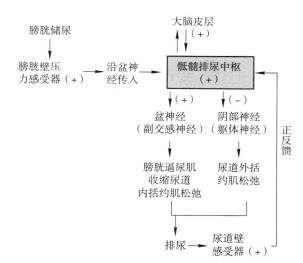

图 12-26 排尿反射示意图

12.5 机体的渗透压调节

动物体内水、盐浓度的稳定是内环境稳态的重要组成部分。机体的渗透压平衡包括体内的水和电解质的平衡两个方面，主要指细胞外液总量和电解质成分的稳态。动物机体必须具有一定机制来保持体内水、盐浓度的稳定，随时对体内水、盐含量进行调节，即渗透压调节（osmoregulation）。不同环境中的动物的渗透压调节方式和能力存在差异性（图 12-27）。如圆口类盲鳗的体液渗透压和水环境基本相近，并可随着水环境的渗透压变化而变化，被称为变渗动物

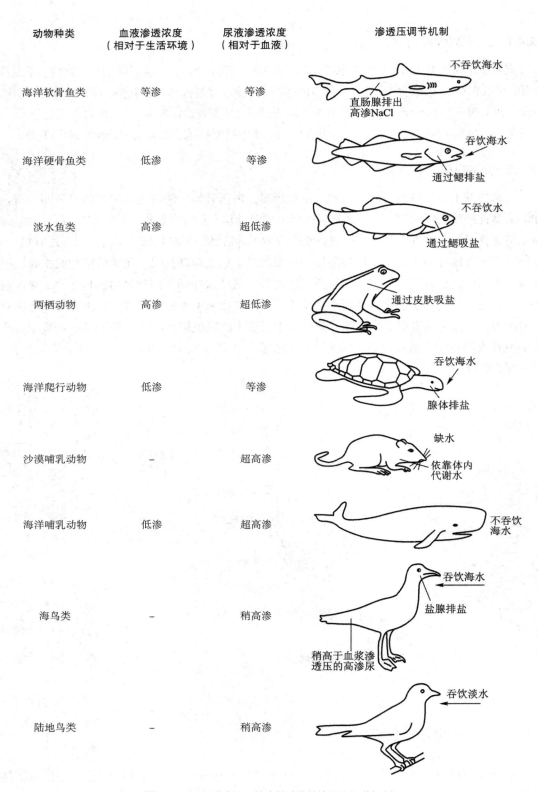

动物种类	血液渗透浓度 （相对于生活环境）	尿液渗透浓度 （相对于血液）	渗透压调节机制
海洋软骨鱼类	等渗	等渗	不吞饮海水 直肠腺排出 高渗NaCl
海洋硬骨鱼类	低渗	等渗	吞饮海水 通过鳃排盐
淡水鱼类	高渗	超低渗	不吞饮水 通过鳃吸盐
两栖动物	高渗	超低渗	通过皮肤吸盐
海洋爬行动物	低渗	等渗	吞饮海水 腺体排盐
沙漠哺乳动物	–	超高渗	缺水 依靠体内代谢水
海洋哺乳动物	低渗	超高渗	不吞饮海水
海鸟类	–	稍高渗	吞饮海水 盐腺排盐 稍高于血浆渗透压的高渗尿
陆地鸟类	–	稍高渗	吞饮淡水

图 12-27 不同生活环境中的动物的渗透压调节机制
图中表现了水盐的主动交换；通过皮肤、鳃、肺和消化道进行的水的被动散失在图中没有表示

（osmoconformer）；而鱼类、两栖类、爬行类、鸟类、哺乳类动物体液的渗透压比较稳定，具有渗透压调节的能力，称为调渗动物（osmoregulator）或恒渗动物。机体可通过神经调节和体液调节来控制排泄器官的调渗功能以维持细胞外液总量稳态和体内渗透压平衡。

ⓔ知识拓展 12-30
机体水盐平衡的神经调节

ⓔ知识拓展 12-31
机体水盐平衡的体液调节

12.5.1 脊椎动物的其他排泄器官

动物的排泄器官都具有渗透调节的作用。肾是机体最大、最重要的排泄和渗透调节器官。除肾外，某些脊椎动物还有其他排泄器官，这些器官在维持水、盐平衡及渗透压稳定中扮演着重要角色，承担了动物渗透压调节的作用。

12.5.1.1 盐腺

爬行动物和鸟类具有盐腺（salt gland），可以通过盐腺排出高渗的 NaCl 或 KCl 溶液，是一种非常重要的离子调节腺体（图 12-28）。盐腺的排盐机制类似于哺乳动物肾小管的 Na^+ 重吸收机制。爬行动物的盐腺多出现于生活在海洋或沙漠中的种类；有鼻腺（蜥蜴），泪腺（海龟），后舌腺（海水线蛇）；结构相对较简单，转运的离子有 Na^+、K^+、Cl^- 和 HCO_3^-。只有进食以后盐腺才分泌，而且受食物种类的影响，如海水类主要分泌 Na^+ 和 Cl^-，沙漠中的种类和摄食海藻的蜥蜴则排放较多的 K^+。鸟类的盐腺主要是眶上腺，开口于鼻腔，因此又叫鼻腺，能主动分泌 NaCl 和少量的 K^+、HCO_3^-。盐腺平时并不分泌，仅在吞饮海水或摄食咸的（如浮游甲壳类）食物后才开始分泌。

盐腺的分泌受神经支配，副交感神经兴奋，可刺激盐腺分泌；交感神经兴奋可以抑制或阻止盐腺的分泌活动。醛固酮对爬行类的盐腺具有典型的保 Na^+ 排 K^+ 作用；目前尚未发现鸟类的盐腺受体液调节。

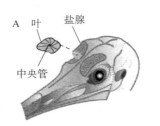

图 12-28 动物的盐腺（引自李永才，1985）
A 海鸟；B 鬣蜥

12.5.1.2 鳃和氯细胞

鱼类的鳃既是呼吸器官，又是离子转运、排泄含氮废物和维持酸碱平衡的器官。而执行这些功能的部位是鳃上皮（gill epithelium），鳃上皮中最主要的特征之一是氯细胞（chloride cell）的存在。氯细胞主要分布于鳃小片之间的鳃丝上皮和鳃丝尾缘的上皮内，或鳃小片基部的血管基板上。氯细胞的结构十分特化，含有密集分支的管状系统、大量线粒体和 Na^+–K^+–ATP 酶活性、碳酸酐酶等。氯细胞可随鱼类生存环境的变化而呈现出很大的变化。海水鱼类或适应于海水的广盐性鱼类的氯细胞（又称泌盐细胞）比淡水鱼类的体积大、数量多；结构也复杂，在细胞的顶部还形成隐窝（apical crypt），隐窝内含有大量的 Cl^-，是鳃排出 Cl^- 和 Na^+ 的部位（氯细胞由此得名）。每一个氯细胞旁都连有一个辅助细胞，它们都与邻近的上皮细胞形成多脊的紧密连接。氯细胞和辅助细胞之间的连接却十分松散，形成可渗漏的细胞旁途径（图 12-29，图 12-30）。这种细胞旁路是海水鱼类所特有的，对 NaCl 的排出起很重要的作用。淡水鱼类不仅氯细胞数量少，而且氯细胞旁没有辅助细胞，顶部也没有隐窝；和邻近细胞缺乏多脊的紧密连接；细胞内的管状系统、线粒体等均不发达，说明其排出 NaCl 的能力较弱。

尽管鳃上皮细胞的基膜对水的通透性比顶膜差，但由于鳃上皮的面积很大，因此通过鳃上皮的水量还是相当大的。进入体内的水绝大部分是跨细胞而进行的，只有少量（1.5% 左右）是通过细胞旁途径移动。

淡水硬骨鱼类，主要通过鳃小片上呼吸细胞主动吸收 Na^+ 和 Cl^-，而 Ca^{2+} 主要是通过氯细胞转运。

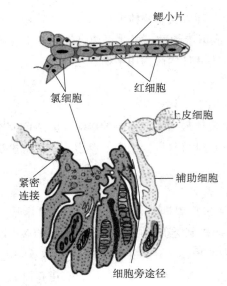

图 12-29　鱼类的氯细胞

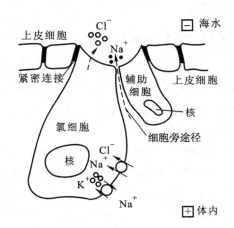

图 12-30　鱼类氯细胞的排泄机制

海水鱼类通过氯细胞和辅助细胞完成对 Na^+ 和 Cl^- 的排泄。鳃丝上皮的氯细胞通常只与流量小而压力很低的非呼吸作用的静脉、淋巴循环发生联系，与大流量、高压力气体交换的鳃小片循环无关，这样，血液中的物质和水不会由氯细胞和辅助细胞之间的细胞旁途径漏出去。由氯细胞将 Cl^- 以主动方式通过隐窝排出，Na^+ 则由氯细胞和辅助细胞之间的细胞旁途径扩散到体外（图 12-30）。

鱼类的呼吸上皮也能进行 Na^+/NH_4^+ 和 Cl^-/HCO_3^- 的离子转换。

e 知识拓展 12-32
鱼类氯细胞的排泄机制（动画）

12.5.1.3　直肠腺、消化道、泄殖腔等

直肠腺（rectal gland）是板鳃鱼类和空棘鱼类所特有的调渗器官，位于肠的末端，由肠壁向外延伸而成。直肠腺可排出多余的 1 价离子（图 12-31）。鱼类的消化道也有调渗作用，一般可吸收 1 价离子如 Na^+、K^+，分泌 2 价离子如 Mg^{2+}、SO_4^{2-}。爬行类和鸟类没有膀胱，肾产生的尿直接送到泄殖腔，其中的盐和水进一步被吸收，使尿呈半固体的形式排出。

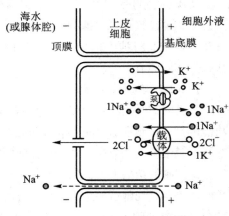

图 12-31　动物直肠腺的泌盐机制

12.5.2　鱼类的渗透压调节

各种鱼类对外界水环境中渗透压变化的适应程度极不一致。某些鱼类只能适应于变动极小的盐度（狭盐性鱼类），而另外一些鱼类则能生存在变化很大的盐度范围中（广盐性鱼类）。海水中所含的盐分一般比淡水高得多，两者相差约十倍，但淡水鱼类和海水鱼类体内所含的盐分浓度却相差不大，这说明鱼体内存在着渗透压的调节机制。

12.5.2.1　狭盐性鱼类的渗压调节

对于海洋性鱼类面临的问题是如何排盐保水的问题。

（1）海水板鳃类渗透压调节　海洋板鳃类血液中的无机离子的浓度比海水低，但由于血液中

有大量的尿素和氧化三甲胺而使其渗透压略高于海水，甚至还要有少量水渗入体内，才正好满足肾的排泄需要。板鳃类原尿中的 70% ~ 90% 的尿素可被重吸收，氧化三甲胺可大部分被肾小管重吸收。当血液中的尿素积累到一定程度，进入体内的水分增加，冲淡了血液中的尿素，排尿量增加。尽管肾小管对尿素有很强的重吸收能力，但随尿还是会丢失一些，当血液中尿素浓度降到一定程度，进入体内的水减少，尿量也减少，结果尿素又开始积累，如此循环下去。板鳃类虽不饮水，但随食物也有少量的水和离子进入体内，其中 2 价、3 价离子主要由肾排出，1 价离子通过直肠腺排出。板鳃类的鳃的排盐能力远不及直肠腺（图 12-32）。

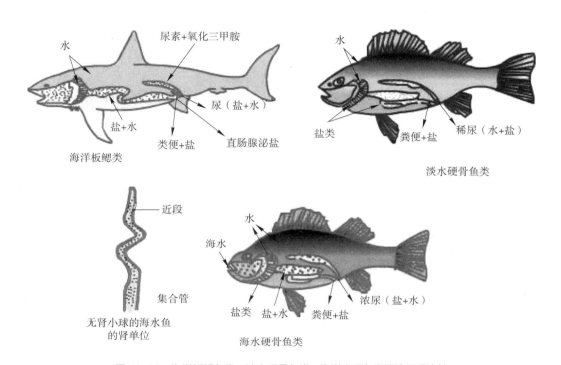

图 12-32　海洋板鳃鱼类、淡水硬骨鱼类、海洋真硬鱼类调渗原理比较

（2）海洋硬骨鱼类的渗透压调节　海洋硬骨鱼类体液的渗透浓度低于海水，约为海水的 1/3。体液中的水分通过鳃上皮和体表流失，为了补充水分，海洋硬骨鱼类需不断吞饮海水，为此 1 价离子（Na^+、Cl^-、NH_4^+ 和 HCO_3^-）进入血液，由鳃上皮氯细胞排出；2 价离子 Ca^{2+}、Mg^{2+}、SO_4^{2-} 留在肠中形成沉淀随粪便排出。海洋硬骨鱼类的肾小球少，且小。肾小管短，有较强的重吸收水能力。每天尿的排出量只占体重的 1% ~ 2%。肾小管还具有强的分泌功能。尿中 2 价离子的含量较高如 Ca^{2+} 的浓度比血浆高 4 ~ 10 倍，Mg^{2+} 高 50 ~ 100 倍，SO_4^{2-} 高 300 倍以上，PO_4^{3-} 接近于 Ca^{2+} 的水平（图 12-32），因此尿量少，尿液较浓。有些鱼类缺乏肾小球如鳉鱼（*Ospanus tau*），其尿液完全是由于肾小管分泌离子时带出的一部分水而形成。

（3）淡水硬骨鱼类的渗透压调节　生活在淡水中的硬骨鱼类的血液渗透浓度比淡水高。周围的水会通过皮肤，特别是鳃上皮渗入体内；摄食也有部分水随食物由消化道吸收，因此它们面临的问题主要是如何排水保盐。为了维持体内高渗透压，淡水硬骨鱼类的肾特别发达。肾小体的数目多，肾小球的比表面积（肾小球总面积与体表面积之比）高达 30 ~ 126.5 mm^2/m^2，而海洋硬骨鱼类只有 1.49 ~ 3.14 mm^2/m^2。肾小管对各种离子，特别是对 Na^+ 和 Cl^- 能完全重吸收。因此，淡水硬骨鱼类的肾排出的尿量比海洋硬骨鱼类多，尿液稀薄，其尿液的渗透压仅为海水硬骨鱼类的

0.5%（图12-32）。

12.5.2.2　洄游鱼类的渗透压调节

各种鱼类对于水中盐度的适应能力不同。广盐性鱼类能生活在盐度变化范围较大的水环境中，或能在淡水和海水之间迁移。如罗非鱼、刺鱼、虹鳟等以及溯河洄游的鲑鱼类和降河洄游的鳗鲡，它们都能在较大的盐度范围内维持稳定的渗透压和离子浓度。

（1）由淡水进入海水的调节　鱼类由淡水进入海水后由排水保盐状态转入排盐保水状态。因此，在淡水中的渗透压调节机制被抑制，而在海水中的渗透压调节机制被启动。

① 吞饮海水。美洲鳗鲡在进入海水后的头 10 h，通过体表渗透的失水量达体重的 4% 左右，然后吞饮海水，其吞水量可达 50 ~ 200 mL/（kg·d）。如果在进入海水的鳗鲡的食管口放置一个充气的小气球，不让其吞饮海水，它们会因继续失水过多，几天内死亡。虹鳟在淡水中并不喝水，但进入海水后每天的饮水量约等于体重的 4% ~ 15%。罗非鱼在海水中每天饮水量可达体重 30%。

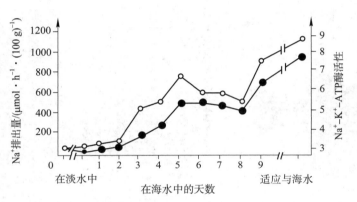

图 12-33　美洲鳗鲡进入海水后鳃 Na^+-K^+-ATP 酶活性（○）和 Na^+ 排出量（●）的变化

一般广盐性鱼类进入海水后几小时内饮水量显著增大，并在 1 ~ 2 天内可使体内的水代谢达到平衡，饮水量随之下降并趋于稳定。相反，离子外排机制的激活较为缓慢，一般需要几天。

② 减少尿量。广盐性鱼类进入海水后，在神经垂体分泌的抗利尿激素（ADH）的作用下，肾小球血管收缩，使肾小球滤过率（GFR）降低；肾小管壁对水的通透性增强，大部分水被重吸收，结果尿量减少，仅为数 mL/（kg·d）。

③ 排出 Na^+ 和 Cl^-。鱼类从淡水进入海水后鳃上皮的氯细胞发生明显的细胞学变化。随着水环境盐度增加氯细胞的 Na^+-K^+-ATP 酶活性增加，并与氯细胞的数量及鳃排出的 Na^+ 量成正比（图 12-33）

广盐性鱼类在海水中对 Na^+ 和 Cl^- 的排出量受激素的调节控制。进入海水后由于血液中的 Na^+ 含量升高，刺激了肾间组织分泌皮质醇（cortisol），使血浆皮质醇浓度升高。后者促使鳃的氯细胞产生增殖，提高 Na^+-K^+-ATP 酶活性，Na^+ 排出量增加。摘除肾间组织的鳗鲡在从淡水进入海水时，Na^+ 排出量显著比正常鱼降低（图 12-34，图 12-35）。

鱼类也能适应环境盐度的长期变化。如果将某种广盐性鱼类放在海水中饲养，鱼的肾单位变得不发达，尿量减少；如果放在淡水中饲养，肾变大，肾单位发达，尿量多。鱼的这些形态的变化与生理上的适应主要受脑垂体的催乳素（prolactin, PRL）的调节。如果将脑垂体切除，广盐性鱼类由淡水移入海水后因不能适应而很快死亡。

（2）由海水进入淡水　硬骨鱼由海水进入淡水后，由排盐保水状态转入排水保盐状态，海水中的渗透压调节机制受到抑制，而淡水中的渗透压调节机制被激活，从而维持体内高的渗透压。

① 停止吞饮水，Ca^{2+}、Mg^{2+}、SO_4^{2-} 等离子的吸收与排出迅速减少。开始几小时，因水分进入而体重增加；但 1 ~ 2 天内，由于神经垂体分泌的激素的调节作用，促使肾小球滤过率增大，肾小管对水的通透性下降，使肾排出大量稀释的尿，体重也恢复到正常。

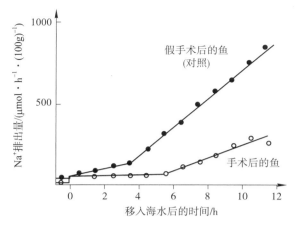

图 12-34 摘除肾间组织对鳗鲡从淡水进入海水后 Na⁺ 排出量的影响

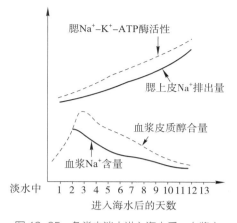

图 12-35 鱼类由淡水进入海水后，血浆内 Na+ 含量和皮质醇含量的变化以及鳃 ATP 酶活性和 Na⁺ 排出量的变化示意图

② 减少鳃对 Na^+ 和 Cl^- 的排出，尽管鳃上皮这时氯细胞和辅助细胞数量仍很多，但排出的 NaCl 的量也迅速下降到低水平。此时，如果将鱼又放回海水中，鳃上皮排出 NaCl 的量又会迅速增加，所以 Na^+ 的排泄量的多少主要取决于体内外的 Na^+ 量，而不是鳃上氯细胞的多少。由于水中 Na^+ 的含量很低，细胞的顶窝对 Cl^- 的通透性降低，细胞旁途径关闭。鳃上皮这种减少 Na^+ 和 Cl^- 的排出还受激素控制。当鱼类进入淡水时催乳素分泌细胞被激活，血液的催乳素水平升高；并能控制 Na^+-K^+-ATP 酶的活性，离子通道和氯细胞的分化与数量，以及与鳃上皮细胞的连接，可明显减少对 Na^+、Cl^- 的排出量。外界的 Ca^{2+} 也可影响广盐性鱼类对淡水环境的适应，如在水中加入 Ca^{2+}，会减少鳃对 Na^+ 和 Cl^- 的排出量。肾上腺素能抑制进入淡水的广盐性鱼类主动排出离子，如给鲻鱼注射肾上腺素可抑制 Na^+ 和 Cl^- 的排出。

③ 启动了离子主动转运系统。离子转运系统包括 Na^+/NH_4^+、Na^+/H^+ 和 Cl^-/HCO_3^- 的转运交换，从低渗水环境中吸收 Na^+ 和 Cl^-。主要在酸碱平衡和含氮代谢废物排泄中起作用。有些板鳃类也能进入淡水，如锯鳐（*Pristis*）和白真鲨（*Carchar hinus*）在淡水中时，血液中的尿素、Na^+ 和 Cl^- 的浓度均低于在海水中的水平，其中尿素可降低到海水中的 25% ~ 35%，但血液的渗透压仍高于周围水环境，因此水渗入过多形成稀释的尿液。

无肾小球的鱼类进入淡水后有特殊的调节机制。如广盐性的鳎鱼，平时在海水中生活，也可进入淡水。由于没有肾小球，不能通过滤过作用把水排出。它的鳃吸收 NaCl 的能力很强，使吸收量大大超过排出量，NaCl 在体内积累过多。NaCl 由血液运输到肾并分泌到肾小管中，体内多余的水也随之排出体外，因此它们的尿是等渗的。

许多洄游性淡水鱼类在洄游之前身体已发生一些变化，包括体表皮肤、肾结构的变化和尿量减少等，以便为洄游到海水中做预先的适应。通常同种鱼类较大个体比较小个体对盐度的变化有较强的适应能力，所以鱼类的幼体多半是狭盐性的，而成体则可能成为广盐性的。这可能是小鱼有比较大的体表面积，需要付出比较多的能量才能调节水和离子的渗透压平衡。

？ 思考题

1. 简述肾单位的功能特征，皮质肾单位和髓质肾单位在结构上有何差异？

2. 肾的血液供应与尿的形成有何种关系？决定肾小球滤过作用的动力是什么？影响肾小球滤过作用的因素有哪些？

3. 肾小管和集合管的物质转运方式主要有哪几种？回顾肾小管和集合管各段对主要离子、水重吸收与分泌过程，总结它们的特点。

4. 大量饮清水、大量出汗（或呕吐、腹泻）、静脉注射50%葡萄糖液100 mL、大量注射生理盐水后尿量有何变化？简述其机制。

5. 简述肾素－血管紧张素－醛固酮系统在调节内环境稳态中所起的作用。

6. 生活在不同水域中的鱼类及陆生动物，在正常情况下它们的排泄器官的结构和功能将会产生哪些适应性变化？

7. 何为等渗动物、调渗动物？简述机体渗透压稳态维持中的神经调节机制、肾素－血管紧张素－醛固酮调节机制和抗利尿激素调节机制的作用及其过程。

8. 简述各种环境中的鱼类是如何进行渗透压调节的。

网上更多学习资源……

◆本章小结　　◆自测题　　◆自测题答案

（李大鹏　杨秀平）

13　感觉器官与感觉

【引言】

作为多细胞生物需要使用特殊的感受器或感觉器官随时监测它们内部的或环境中的形形色色的刺激，再由感受器或感觉器官的信号转导过程对各种刺激引起反应，并将相关刺激的"感觉"信息通过特殊的感觉传入通路上行传递给中枢神经系统（脑）某些区域，最终在这些区域内以各种方式将其处理，并最终产生感觉。本章将重点讨论视、听、味、嗅及前庭系统等的特殊感觉功能。

【知识点导读】

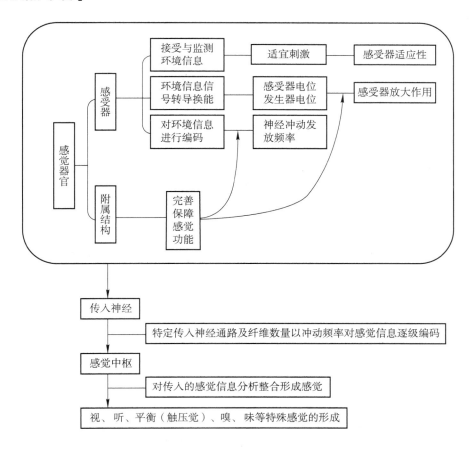

13.1 感受器与感觉器官

感觉 (sensation) 是客观世界的主观反应，是脑的一种功能。感觉是各种内外环境变化的信息被相应的感受器或感觉器官所接受，并转换为神经冲动；冲动通过专用的神经传入通路传送到大脑皮层特定区域，经过整合、分析处理而产生的主观感觉的过程。动物可通过眼、耳（包括前庭）、鼻、口（咽）腔等位于头部的感觉器官所产生视（vision）、听（hearing）、平衡（equilibrium）、嗅（smell）、味（taste）等一些非皮肤的感觉，称为特殊感觉。

机体中还存在另外一些感觉，其信息并不一定要传达到达大脑皮层，也不产生特定的主观感觉，其作用仅是向中枢神经提供内外环境中某个因素改变的信息，引起机体的某些调节反应。

13.1.1　感受器、感觉器官的结构与分类

动物机体通过存在于体表或组织内的一些专门结构或装置，感受内外环境的变化，这些结构和装置被称为感受器（sensory receptor）或感觉器官（sensory organ）。感受器（感觉器官）的功能是将各种能量形式的刺激转换成为可由神经系统解读、并传入的神经冲动。感受器（感觉器官）是一种生物换能器。

13.1.2　感受器的一般生理特性

各种感受器虽然在结构与其功能活动方面不尽相同，但却表现出某些共同特征。

13.1.2.1　适宜刺激

每一种感受器通常只对某种特定形式的能量变化最敏感，这种形式的刺激称为该感受器的适宜刺激（adequate stimulus）。如视网膜的适宜刺激为一定波长的电磁波，内耳柯蒂氏器的适宜刺激是一定频率的机械波，皮肤温度感受器的适宜刺激是温度变化等。适宜刺激作用于感受器，也必须达到一定的（最小）刺激强度和持续时间才能引起相应的感觉，称为感觉阈（sensory threshold），有强度阈值和时间阈值之分。有些感受器（如皮肤的触觉感受器），当刺激强度一定时，刺激作用还需要达到一定面积，才能产生感觉，称为面积阈值。此外，对同一种性质的两个刺激，其刺激强度的差异也必须达到一定（最小）程度时才能使机体有感觉上的差异，称为感觉辨别阈（discrimination threshold）。

感受器对一些非适宜刺激也可发生反应，但所需的刺激强度常常要比适宜刺激大许多。例如所有感受器均能被电刺激所兴奋，大多数感受器都能对突发的压力变化或化学环境的变化有反应，如打击或压迫眼球可刺激视网膜感光细胞产生光感觉等。

13.1.2.2　感受器的换能作用

感受器能将机体内外环境中的各种刺激的能量形式转换为传入神经纤维上的动作电位（神经冲动），称为感受器的换能作用 (transducer fanction)。

感受器并不是直接将刺激的能量转换成神经冲动，而是先在感受细胞膜上或感觉纤维末端膜上产生一种过渡性慢电位变化，称为感受器电位（receptor potential）。这是一次跨膜信号转导过程，由不同类型的 G 蛋白耦联受体或通道蛋白所介导。感受器电位的产生通常是由跨膜离子流引起膜的去极化结果，但也有例外，如感光细胞则是膜的超极化所致。

在各种感受器中，发生换能的部位有很大的差异，对于那些存在于皮肤、骨骼肌和内脏中的属于神经末梢的感受器，换能作用就发生在感觉神经纤维的末端；而那些在结构和功能上已高度分化的感觉细胞的换能作用一般发生在感觉细胞的某一特化的部位。但也有些感觉细胞则以整个细胞作为一个换能器而发挥作用，如颈动脉体中的球细胞。

感受器的换能部位和神经冲动发生部位通常是分开的，凡能引发传入神经冲动的膜电位称为发生器电位（generator potential），对于神经纤维末梢型感受器和某些感觉细胞（如原本属于神经元的嗅细胞）上的感受器电位常以电紧张形式扩散到感觉神经末端的第一个郎飞氏结或轴突的始段（轴丘）（见第 14 章），只要它

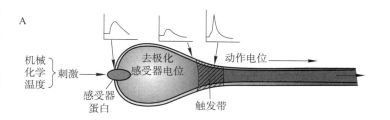

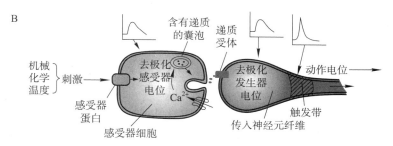

图 13-1 感受器电位（A）、发生器电位（B）转换为感觉传入纤维上的动作电位的示意图

能使神经纤维膜去极化达到阈电位水平，即可引发神经冲动，并沿着感觉神经向远处传导（图 13-1A）。因此对于神经纤维末梢型感受器来说，发生器电位就是感受器电位。而另一些感受器细胞以类似突触的形式与感觉传入神经末梢发生联系，感受器电位只能以电紧张形式在感觉细胞膜上扩布到突触的前膜并引起该部位释放递质，由递质引起突触后膜（初级感觉传入神经纤维末梢膜）发生一次过渡性膜电位变化（即突触后电位，也称发生器电位）。当此突触后电位引起感觉传入神经纤维末梢膜去极化达到阈电位水平时，即可引发神经冲动。所以此类感觉细胞的感受器电位和发生器电位产生的部位是分开的（图 13-1B）。

感受器电位和发生器电位本质相同，没有严格区分，与突触后电位和终板电位性质一样，具有局部兴奋的性质，仅以电紧张的形式向外做短距离地扩布；不具有"全"与"无"特性，可以总和。所以感受器电位或发生器电位均可通过其幅度、持续时间和波动方向的改变，真实地反映被转换的外界刺激携带的信息。

仅有感受器电位和（或）发生器电位的产生，并不能说明感受器或感觉器官完成了感觉功能，只有当这些过渡性慢电位引发了传入感觉神经纤维末端产生神经冲动时，才能说明它们完成了感觉功能。

13.1.2.3 感受器的编码作用

感受器在进行换能作用的同时，将刺激的质和量等信息转移到传入神经的电信号系统，即动作电位的序列中，这就是感受器的编码（encoding）作用。从感受器层面对刺激信息的编码作用主要涉及刺激的类型（modality）、部位（location）、强度（intensity）和持续时间（duration）4 个基本属性。

（1）刺激类型 每一种感受器只对一种主要能量形式的刺激敏感，即每种感受器都有其适宜刺激，感受器兴奋的本身就决定了感觉系统对刺激类型（即质）的识别。

实验和临床资料表明，不同性质感觉的产生，不仅取决于刺激的性质和被刺激的感受器，还取决于传输冲动所使用的通路和通路的特定终端部位，这是长期进化的结果。在这个特定的感觉传入通路上不论刺激该感觉通路的哪一部分，也不论这一刺激是如何引起，它所引起的感觉都

和刺激该通路的感受器所引起的感觉相同。如电刺激视神经或直接刺激枕叶皮层，都能引起光感觉。肿瘤或炎症等病变刺激听神经都时能引起耳鸣。临床上某些痛传导通路或相应中枢病变，常会引起身体一定部位的疼痛。德国的 Müller 在 1835 年依据这一现象提出特异神经能量定律（law of specifice nerve energy）。

（2）刺激部位　实验证明触觉、痛觉、温度觉等感受器在机体体表呈点状分布，而且是不均匀的，只有当刺激触及这些点时才能产生相应的感觉，而触及其间隙时却没有感觉。那些有反应的"点（空间）"称为感受器的感受野（receptive field），这对判断感觉发生的精确位置和感觉分辨力的高低有重要意义。在一个小区域内感受器的感受野及其间隔所占空间越小，它的感觉精度和分辨率就越高。

（3）刺激强度　刺激强度由感受器电位的幅度来反映。但是，由感受器电位（发生器电位）触发的动作电位的波形和幅度完全一致、无本质差别。因此不同强度的外界刺激是不可能通过动作电位的幅度高低和波形特征来进行编码的。

ⓔ知识拓展 13-2
感受器对刺激强度信息的编码及适应性

根据多数感受器实验的资料得知，对于刺激强度的识别，是通过单一神经纤维上冲动频率的高低来编码的。在自然情况下，当感受器电位的幅度随刺激强度平稳增加时，爆发神经冲动的频率逐渐增高；感受器电位幅度降低时，冲动频率即下降（图 13-2）。

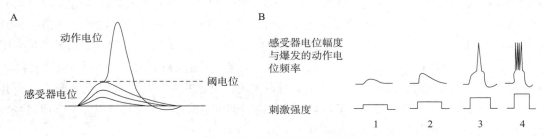

图 13-2　感受器对刺激强度编码示意图

A. 当感受器电位去极化达到阈电位水平时触发动作电位产生；B. 随刺激强度增加感受器电位幅度增加，动作电位产生后随刺激强度增加，动作电位发放频率增加，幅度不变

刺激强度（S）与动作电位频率（R）之间的关系可以用幂函数表述，即

$$R = K \cdot S^n$$

式中，K、n 为常数。

另外，一个较强的刺激可以募集到更多的感受器及其与之相联系的传入神经纤维共同参与对刺激的反应。

（4）刺激持续时间　是指从刺激开始到结束感受器反应的时间。这对感觉系统判断某些刺激（如伤害性刺激）是否继续存在有重要意义。但有些感受器（如 Meissner 小体、环层小体）对持续的、强度恒定的刺激会产生适应现象（见后），这可影响到感觉系统对刺激持续时间的判断。

ⓔ知识拓展 13-3
感觉信息在传入通路的编码整合过程

对于每一种感觉来说，信息传向中枢的感觉通路是由一系列以突触相连接的神经元组成。所以，对感觉传入冲动的编码过程不仅发生在感受器（或感觉器官），而且是每经过一次神经元间的传递过程，都要进行一次重新编码，使信息得到不断地处理和整合。感觉传入通路中的感觉冲动的编码仍围绕着对刺激的强度与性质进行，但又有了新的特性。

13.1.2.4　感受器的放大作用

许多感受器在将刺激能量转换成神经信号时表现出不同程度的功率放大作用，以脊椎动物的眼、耳和某些昆虫的嗅觉感受器最为突出。如一个红光的光子约含 3×10^{-19} J 的辐射能,而一个视觉感受器扑获单个光子可引发的感受器电流却约有 5×10^{-14} J 的电能。可见视觉系统的感觉输入与神经输出之间的功率至少放大了 1×10^5 倍(这也属细胞的跨膜信号转导过程中放大作用的特性,见第 3 章)。

13.1.2.5 感受器的适应作用

当一定强度的刺激持续作用于感受器时,将引起感觉传入神经纤维上的冲动频率随刺激时间延长而逐渐降低,这一现象称为感受器的适应(adaptation)。适应是所有感受器的一个功能特点,但适应的程度可因感受器的类型不同而有很大的差异。根据这些差异通常将感受器区分为快适应感受器(rapidly adapting receptor)或位相型感受器,(phasic receptor)与慢适应感受器(slowly adapting receptor)或紧张型感受器(tonic receptor)两类(图 13-3,图 13-4)。

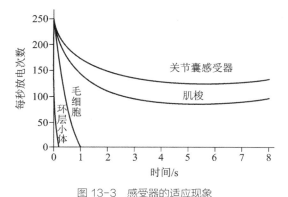

图 13-3 感受器的适应现象
某些感受器表现为快适应,而另一些则表现为慢适应

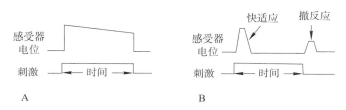

图 13-4 不同类型的感受器对刺激适应模式(仿自梅岩艾,2011)
A. 紧张型感受器对刺激产生慢适应;B. 相位型感受器对刺激产生快适应,并在刺激撤除时产生撤反应

例如,嗅觉和触觉感受器在接受刺激时,仅在刺激开始后的短时间内传入神经有冲动发放,以后虽刺激仍继续存在,但传入神经冲动的频率却很快降低到零,属于快适应感受器。当刺激撤销时感受器有轻微的去极化反应,展现出撤反应(off response)特性(图 13-3, ⓔ 知识拓展 13-2)。快适应感受器对刺激变化十分敏感,适于传送快速变化的信息,有利于机体探索新异的物体或障碍物,也有利于感受器和中枢再接受新的刺激。

肌梭、关节囊感受器和痛觉感受器、颈动脉窦的压力感受器都是适应很慢的感受器。它们的共同特点是,在刺激持续作用时,一般仅在刺激开始后不久出现感受器电位和传入冲动频率轻微的下降,并可在较长时间内维持在这一水平(图 13-3, ⓔ 知识拓展 13-2)。慢适应则有利于机体某方面的功能进行持久而恒定的调节,或者向中枢持续发放有害刺激信息,以达到保护机体的目的。

感受器适应的机制比较复杂,可发生在感觉信息转换的不同阶段。离子通道的功能状态以及感受器细胞与感觉神经纤维之间的突触传递特性等,均可影响感受器的适应。适应并非疲劳,因对某一强度的刺激产生适应之后,如增加同样刺激的强度,又可引起传入冲动的增加。

13.2 眼的视觉功能

眼是动物的光感觉器官,也是机体内最复杂的感觉器官。动物所获得的外界信息约有 70%

是通过眼接收的。动物通过视觉获得外界物体的大小、形状、颜色、亮度、动静和远近等信息。

13.2.1　眼的折光与成像

脊椎动物的眼由折光系统和感光系统两部分组成。折光系统包括角膜、房水、晶状体和玻璃体（图 13-5）。

光进入眼达到视网膜要经过 3 个折光面：空气 – 角膜界面、房水 – 晶状体界面、晶状体 – 玻璃体界面。由于空气与角膜之间折射率差别最大，角膜又近似球形，所以光线经过空气 – 角膜界面的折射最强。

正常状态下，来自远处物体的平行光线通过折光系统聚焦在视网膜上，形成清晰的像。当物体向眼移近时，来自物体的光线变得越来越辐散，如果眼的折光状态不变，那么辐散的光线通过折光系统将聚焦在视网膜之后，而在视网膜上光线尚未聚焦，因此成的像将是模糊的。但是，在一定范围内眼能自行调节，使来自较近物体的光线正好聚焦在视网膜上，形成清晰的图像，这个过程称为眼的调节（眼折光，accommodation）。动物眼的调节是靠增加折光系统的折光能力来完成的，包括晶状体变凸、瞳孔缩小以及眼球会聚三个方面。其中晶状体的凸出改变其折光力最为重要。

ⓔ 知识拓展 13-4
眼的调节、单眼视觉、
双眼视觉和立体视觉

13.2.2　视觉的形成

人和动物机体产生主观视觉意识的第一步就是视觉信息在视网膜上的形成和初步加工与处理。

13.2.2.1　视网膜的结构

脊椎动物的视网膜是位于眼球壁最内层的神经组织，其结构按主要细胞层次可简化为 4 层：色素上皮细胞层、感光细胞层、双极细胞层和神经节细胞层，它们组成纵向通讯通路（图 13-6）。

ⓔ 系统功能进化
13-1　鱼眼的调节
与视觉

（1）色素上皮细胞层　不属于神经组织，位于视网膜的最外层，紧靠脉络膜。内含有黑色素颗粒和维生素 A，对光感受细胞起到营养和保护作用。色素上皮细胞接受来自脉络膜一侧的血

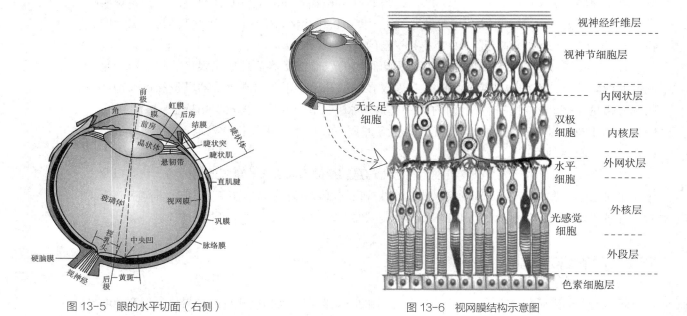

图 13-5　眼的水平切面（右侧）　　　　　　　图 13-6　视网膜结构示意图

液供应，并为视网膜外层输送养分；吞噬感光细胞脱落下来的膜盘或代谢产物。其内的黑色素颗粒能吸收光线，可防止光线在视网膜上反射而产生的视像干扰和消除来自巩膜侧的散射光线。当强光照射视网膜时，色素上皮细胞可伸出伪足样突起，将位于它前面的光感受细胞层内的视杆细胞外段包裹、相互隔离，仅由视锥细胞感受光刺激。强光下，有些鱼类的色素细胞层变厚，视杆细胞变得松弛、伸长并进入色素细胞层，以避免损伤。当光照减弱时，伪足样突起缩回胞体，暴露出视杆细胞外段，有助于视杆细胞充分接收光刺激。

（2）光感受细胞层　光感受细胞是特殊分化的神经细胞，哺乳动物的光感受细胞又分成视杆细胞（rod cell）和视锥细胞（cone cell）两种，是真正的光感受器细胞。

尽管在外形上两种光感受器细胞有差别，但是它们也有相似的特征：在整体上都可分为三部分，从外至内依次为外段、内段和终末（突触）（图13-7）。

外段：视杆细胞的外段，呈圆柱状，被一些重叠成层的、圆盘状的膜盘（membranous disk）所占据；视锥细胞呈圆锥状，膜盘由外段膜向内折叠而成，类似纤毛。膜盘与质膜相似，以脂质双分子层为骨架，上面镶嵌有大量蛋白质。这些蛋白质绝大部分结合有大量的生色团（chromophores）因此被称为视蛋白（opsin），二者的结合物被称为视色素（感光色素），是接收光刺激而产生视觉的物质基础。

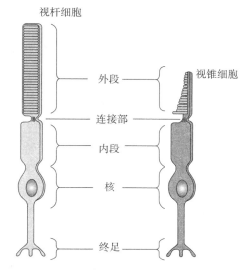

图 13-7　哺乳动物光感受细胞模式图

内段：包含细胞核、线粒体和其他细胞器，脊椎动物感光细胞的内段通过纤毛与外段相连。

终足（突触）：视杆、视锥细胞都通过突触终末与双极细胞的一极发生化学性突触联系。

（3）双极细胞层　双极细胞的一极与光感受细胞的突触终末形成突触联系，另一极与神经节细胞发生化学性突触联系。

（4）神经节细胞层　其轴突组成视神经向后穿透视网膜，由眼的后极出眼球，在视网膜表面形成视神经乳头，在此范围内无感光细胞，不能感受光刺激产生视觉，故称为盲点。

另外，在视网膜的同一层的双极细胞和神经节细胞中还存在有两层水平方向的横向联系：一层是水平细胞，位于外网层，在感光细胞间起联络作用。另一层是无长突细胞，位于内网层在神经节细胞之间起联络作用（图13-6）。因此，视网膜是一个立体的网络结构。

此外，在感光细胞突触（终末）之间、水平细胞之间、无长突细胞之间，甚至在各神经元之间还存在着缝隙连接，这些缝隙连接的通透性是可变的，因而细胞外的电位改变可影响到光感受活动。

13.2.2.2　视网膜中的两种感光系统

绝大多数脊椎动物的视网膜中存在着两种感光换能系统。一种是以视杆细胞和与它们相联系的双极细胞和神经节细胞组成的视杆系统（rod system），该系统对光的敏感性较强，能在暗环境中感受弱光刺激专司暗光，但对物体细微结构的分辨能力（称之为视敏度）差，无色觉，只能分辨明暗，因此又称为晚光觉（或暗视觉，scotopic vision）系统。另一种是由视锥细胞和与它们相联系的双极细胞和神经节细胞组成的视锥系统（cone system），该系统对光的敏感度低，只有在强光下才能激活，专司昼光觉，视物时能辨别颜色，且对物体细微结构具有高分辨率能力（即视敏度高），因此又称为昼光觉（或明视觉，phtopic vision）系统（图13-6，图13-8）。对视网膜

e知识拓展 13-5
光感受器

e系统功能进化
13-2　光感受器的演化与无脊椎动物的视觉器官

🅔 发现之旅 13-1
视网膜感光系统的研究源于对不同的动物的观察

中两种感光细胞机能的认识源自对不同动物的生活习性与视网膜结构的观察和研究的结果。

两种感光细胞的信息传入通路各有其特点：视杆系统多具会聚现象，即多个视杆细胞与同一个双极细胞联系，而多个双极细胞又与一个神经节细胞联系；在视网膜的边缘可看到多达 250 个视杆细胞经少数几个双极细胞会聚于同一个神经节细胞，两次会聚作用的会聚率可高达 105：1。这是视杆系统不可能有的精细分辨能力和能将刺激进行总和的结构基础。相比之下，视锥系统细胞之间的联系会聚则很少。在中央凹甚至还可看到一个视锥细胞只通过一个

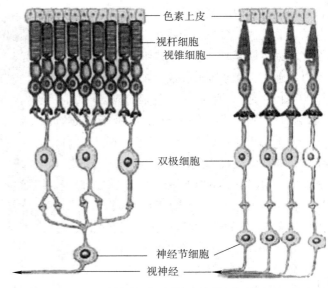

图 13-8 脊椎动物视网膜中光感受细胞会聚特征

双极细胞与一个神经节细胞联系，这种低会聚或无会聚的"单线联系"，使视锥系统具有高分辨能力（图 13-8）。

13.2.2.3 视色素的结构及其功能

🅔 知识拓展 13-6
生色基团决定着视色素对光的吸收

人和大多数脊椎动物的视杆和视锥细胞的视色素中的生色团为视黄醛（retinene retinal），视黄醛也称为维生素 A 醛，由维生素 A（vitamine A，又称为视黄醇，retinol）转化而来。各种不同视色素形成的主要原因在于视蛋白分子结构上氨基酸序列的微小差异，并决定了与它结合的视黄醛分子对某种波长的光最为敏感，因而才区分出视杆色素和三种不同的视锥色素。

和视锥细胞相比，视杆细胞的外段较长，内含的视色素为视紫红质（rhodopsin），含量也比较多。视杆细胞对光的反应较慢，与光信号结合的时间较长，因而有利于更多的光反应得以总和，在一定程度上提高了单个视杆细胞对光的敏感性，使其能觉察到单个光量子的强度。但在光相对低的水平上容易被饱和。许多夜间活动的哺乳动物在它们的眼中有数量相对多的视杆细胞，以致使它们在暗光中有较好的视觉（表 13-1）。三种不同的视锥色素（分别对红、绿、蓝色敏感），存在于 3 种不同的视锥细胞中，视锥只能在亮光中发挥功能。

表 13-1 哺乳动物的视杆和视锥细胞比较

特征	视杆	视锥
光感受器类别	纤毛状	纤毛状
形状	外段杆状	外段锥状
对光敏感性	对暗光敏感，光敏感性高	对亮光敏感，光敏感性低
感光色素种类	1 种，视紫红质	3 种，分别感受红、绿、蓝三种颜色
分布	位于视网膜周边	主要在中央凹周围
突触联系特征	会聚高	会聚低，中央凹处为 1：1
时间分辨率	分辨率低，反应慢，整合时间长	分辨率高，反应快，整合时间短
空间分辨率	分辨率低	分辨率高
功能特征	主司暗视觉	主司明视觉

在静息状态，视黄醛以顺式形式出现，当吸收光时 11-顺-视黄醛转变成全反-视黄醛。在顺式形式下，视黄醛能结合到视蛋白上，但当它转变成全反形式时，它就不能较长时间地与视蛋白结合，而被释放出来，这一过程被称为漂白。接着在异构酶的催化下，几分钟内又翻转变成顺式同分异构体。这是一个耗能过程，需要 ATP 参加（图 13-9）。在脊椎动物的视色素光化学反应中，从全反式视黄醛转变成顺式视黄醛必需在视网膜的色素上皮细胞中进行，这是因为色素上皮细胞能为这一反应提供能量和必要的酶，所有漂白过程中形成的全反视黄醛需从光感受器细胞排出，再进入附近的色素上皮细胞，在那儿再被转换成 11-顺-视黄醛，然后再进入光感受器细胞。这样视黄醛在进出细胞的过程中，有一部分会被消耗，这必须靠血液循环中的维生素 A 来补充，以维持足够量的视紫红质的再生。因此，当血液中维生素 A 不足时，就会影响视紫红质的再生及其光化学反应的正常进行，影响机体对暗光的感觉，导致夜盲症（nyctalopia）的发生（图 13-10）。

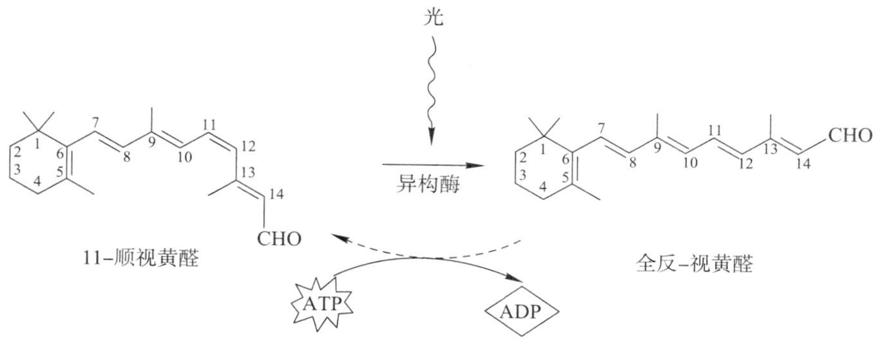

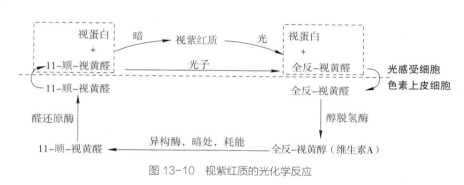

图 13-9 视黄醛的光化学反应
11-顺视黄醛吸收光后转变成全反-视黄醛

图 13-10 视紫红质的光化学反应

在无脊椎动物中视色素的这些光化学过程均发生在特定的光感受细胞内。

13.2.2.4 光感受器细胞的换能机制

用微电极细胞内记录视杆细胞外段膜电位发现：未经光照时视杆细胞的静息电位只有 $-40 \sim -30$ mV，比一般感受器细胞的膜电位小的多。感光细胞外段是进行光-电换能的关键部位，在其膜上有相当数量的 Na^+ 通道开放引起持续的 Na^+ 内流，而内段膜上 Na^+ 泵又连续活动不断将细胞内的 Na^+ 泵出膜外，维持细胞内 Na^+ 浓度相对稳定，因而在外段可产生稳定的 Na^+ 内向电流。该电流称为暗电流（dark current）。当光刺激时，Na^+ 通道关闭，Na^+ 内流减少或停止，但此时内段膜上的 Na^+-K^+ 泵的活动仍在进行，细胞膜出现超极化，所以光感受器细胞的感受器电位是一种超极化慢电位。

感受器换能过程中存在着生物放大作用。据统计，1 个视紫红质分子被激活时，至少能激活 500 个转导蛋白，而 1 个激活了的磷酸二酯酶每秒钟可使 2 000 个 cGMP 分子分解。则从光子到 cGMP 分子失活之间的级联反应中放大了 10^6 倍。所以，1 个光子在外段膜上引起大量化学门控 Na^+ 通道关闭，而产生的超极化电位变化，足以能被人所感知。

13.2.2.5 色觉的形成

颜色视觉（color vision）的产生，主要是视锥细胞的功能。是指由不同波长的可见光刺激动

🅔 知识拓展 13-7
视杆细胞换能机制（动画）

🅔 知识拓展 13-8
光-电换能的分子机制

🅔 系统功能进化 13-3
无脊椎动物光感受器细胞的光转导过程

物的眼后，在脑内引起的一种主观感觉。它不但取决于光本身的物理参数还取决于光刺激在视网膜及整个视觉系统中被加工和处理过程，是以中复杂的物理－心理现象。

关于颜色视觉的形成在视网膜水平上可以用三原色学说（trichromacy theory）解释。该学说认为，在视网膜上分布有三种不同的视锥细胞，分别含有对红、绿、蓝三种光敏感的视色素；当一定波长的光线作用于视网膜时，将以一定比例使三种视锥细胞分别产生不同程度的兴奋，这样的信息传至中枢就产生某一种颜色感觉。若某一波长的光作用于视网膜时，红、绿、蓝三种视锥细胞兴奋的程度的比例为4：1：0时，产生红色感觉；三者比例为2：8：1时，产生绿色感觉等。在光谱光照射情况下，若3种视锥细胞以同等程度被兴奋，产生的感觉是白色光；仅一种细胞受到刺激时，产生相应的色觉。所以一种颜色可以由某一固定波长的光线引起，也可由两种或两种以上波长光线的混合作用引起。若由于遗传原因，缺乏相应的视锥细胞，不能辨别某些颜色，称为色盲（图13-11）。

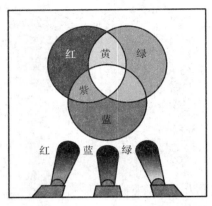

图 13-11　三原色原理

e 案例分析 13-1
"色盲"与"色弱"

三原色学说最先由 Young（1802）和 Helmhotz（1824）提出，应用三原色学说可较圆满地解释许多现象。也被一些实验所证明，如20世纪60年代首先在金鱼的视网膜上鉴别出三种不同类型的视锥细胞，它们所含的视色素的吸收光谱的峰值分别位于 625、530、455 nm。在人的视网膜中心凹也鉴定出三种不同类型的视锥细胞，它们所含的视色素的吸收光谱的峰值分别位于 564、534、420 nm，均位于红、绿、蓝三色光的波长范围内。但还有一些类似色对比的现象，如将黄色块和蓝色块互为背景地放在一起，或黑、白块放在一起时会感到各种颜色都显得格外明亮。这种现象叫颜色的对比，单用三原色学说尚不能做出很好地解释，为此 Hering 于1876年提出了对比色学说（oppnet color theory）。

e 发现之旅 13-2
对比色学说

e 知识拓展 13-9
视觉信息在视网膜中的处理

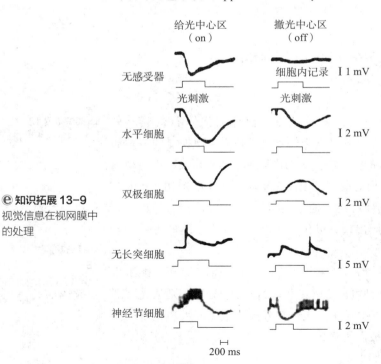

给光中心区（on）　撤光中心区（off）

无感受器　　　　　　　　　细胞内记录　I 1 mV

光刺激　　　　　　　　　　光刺激

水平细胞　　　　　　　　　　　　　I 2 mV

双极细胞　　　　　　　　　　　　　I 2 mV

无长突细胞　　　　　　　　　　　　I 5 mV

神经节细胞　　　　　　　　　　　　I 2 mV

200 ms

图 13-12　视网膜神经元对视觉信息传递和处理示意图

13.2.2.6　视觉信息在视网膜中的初步加工处理

视网膜中的 5 类神经细胞，在视觉信息传递中起着不同的作用。目前认为在视网膜的神经通路中，只有神经节细胞以及少数的无长突细胞能产生动作电位外，其他细胞只能产生分级式局部电位，以电紧张的形式传递给下一级神经元（图13-12）。这一方面因这些细胞的突起都很短，以电紧张传播方式足以能将信息传至其最远端；另一方面从分辨的信息范围的宽广性来说，等级性电位较"全或无"式电位更有效。所以视觉信息在视网膜中的加工处理主要发生在感光细胞、双极细胞和神经节细胞水平。

13.2.2.7　视觉的中枢机制

神经节细胞的轴突会聚穿过眼球的巩膜后形成视神经。视神经在进入中枢之前，在视交叉（opitic chiasm）处发生部分纤维交叉到对侧，汇合对侧未进行交叉的视神经纤维，延续成视束（视神经）。视束大部分投射到丘脑的外膝状体，此时神经冲动的型式也没有什么改变。交换神经元后再由外膝状体发出纤维辐射（optic radiation）状投射至初级视皮层。

ⓔ **知识拓展 13-10**
视觉的形成的中枢机制

13.3　耳的听觉、平衡觉功能

机械感受器（器官）是一些特殊的细胞（或器官），它们可以将机械性刺激，如压力的变化转化为神经系统可以识别和传递的电信号。几乎所有生物机体和细胞都能感觉机械刺激并对其产生反应。机械感受器对细胞体积的调控和机体的触、听、平衡感觉都很重要。脊椎动物中的机械感受器对血压的调控有关键性作用。

ⓔ **知识拓展 13-11**
机械感受器的分子构型

13.3.1　触觉和压力感受器

用来检测触或压力的机械感受器可分为三种：压力感受器（baroreceptors）、触觉感受器（tactile receptor）和本体感受器（proprioceptors）。脊椎动物的压力感受器主要分布在血管、心脏、消化道、尿道及生殖道，感受（检测）对其管（或腔）壁的压力变化，有关内容在相关章节已有讨论。触觉感受器主要检测对身体表面的触及、压力和振动的刺激，本体感受器主要检测动物身体的姿势（空间位置）。脊椎动物和无脊椎动物的触觉感受器和本体感受器在结构方面有很大差异。

13.3.1.1　脊椎动物的触觉感受器

脊椎动物的触觉感受器分布广泛，都是一些独立的感觉细胞，埋在皮肤中（表 13-2，图 13-13）。

ⓔ **知识拓展 13-11**
触觉感受器的结构

表 13-2　脊椎动物的触觉感受器

	感受器	分布	功能	特性
神经末梢	线状游离神经末梢	皮肤表层和真皮内	对皮肤轻微触、压敏感	感受野小，鉴别细微触觉，慢适应
	环绕状游离神经末梢	缠绕毛囊根部	对毛发位移毛囊运动敏感	对运动变化敏感，快适应
附属结构 + 神经末梢	梅（默）克尔盘（Merkel disk）	皮肤表层	对皮肤轻微触、压敏感	感受野小，鉴别细微触觉，慢适应
	环层小体（Pacinian corpuscle）	皮肤深层或肌肉、关节内部	对皮肤施压、皮肤变形、振动敏感	感受野较大，敏感度不高，快适应，仅在刺激开始和结束时有反应
	鲁菲尼小体（Ruffini corpuscle）	肢和关节皮肤的结缔组织	对皮肤伸展和关节运动敏感，和其他感受器一起可确定身体空间位置	
	麦斯纳小体即触觉小体（Meissner corpuscle or tactil corpusul）	皮肤乳头，毛发附近	触觉敏感	

13.3.1.2　脊椎动物的本体感受器

脊椎动物检测身体的姿势除了像鲁菲尼小体那样的触、压力感受器外，还有 3 种主要的与关节和肢体运动有关的本体感受器，它们分别是：

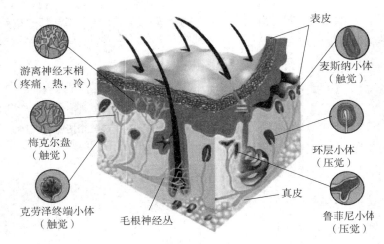

游离神经末梢
（疼痛，热，冷）

梅克尔盘
（触觉）

克劳泽终端小体
（触觉）

表皮

麦斯纳小体
（触觉）

环层小体
（压觉）

真皮

毛根神经丛

鲁菲尼小体
（压觉）

图 13-13　脊椎动物皮肤中的触、压感受器

ⓔ 知识拓展 13-12
肌梭、腱器官及肌梭
敏感性的调整

（1）肌梭（Muscle spindles）　分布于肌肉中，监测肌肉的长度变化信息。是梭内肌纤维与感觉和运动神经纤维末梢组成的较为复杂的感受器。其外有一层结缔组织囊，囊内含有细小的梭内肌纤维（intrafusal fiber）。梭内肌纤维的收缩成分位于肌梭的两端，感受装置位于肌梭的中间部分，二者呈串联关系。肌梭传入神经纤维有 Ia 类和 II 类两类。支配梭内肌纤维收缩的运动神经纤维是位于脊髓 γ 神经元的轴突。位于肌梭外的肌纤维又称为梭外肌纤维（extrafusal fiber）。肌梭附着在梭外肌纤维上，两者呈并联关系。

（2）Golgi 腱器官（Golgi tendon organs）　分布于跟腱与骨骼肌连接处，由包囊膜包裹着肌腱的胶原纤维而成，中间穿行着感觉 I$_b$ 类神经纤维。腱器官与梭外肌纤维呈串联关系。牵拉肌腱会使腱器官兴奋。腱器官也是感受肌肉长度变化的感受器，但主要感受梭外肌主动收缩时所产生的张力变化。

（3）关节囊感受器（Joint capsule receptors）　分布于包绕关节的囊中，包含好几种结构，如类似于游离神经末梢、环层小体和 Golgi 腱器官的感受器，用来检测关节中的压力、张力和运动。

典形的本体感受器不会对刺激产生适应，能持续向中枢发放冲动，以调整身体的姿势。

另外还有一类本体感受器属于快适应感受器，负责检测、产生运动和提供运动觉。

13.3.2　耳的听觉功能

脊椎动物负责听觉和平衡觉的器官是内耳的耳蜗和前庭器官。听觉是对声波的检测与说明的感觉。

13.3.2.1　外耳和中耳的传音功能

声波通过外耳传入中耳，通过鼓膜的振动引起鼓室空气的振动，再经听骨链、卵圆窗传入耳蜗，这种传入途径为气传导；声波也可直接引起颅骨的振动，再引起位于颞骨骨质中的耳蜗内淋巴的振动，此为骨传导。

（1）外耳的功能　外耳包括耳廓（pinna）和外耳道（auditory cannal）。耳廓有收集声波和保护外耳道的作用。大多数哺乳动物的耳廓很大，能随声音转动，这对辨别声音的来源和方向有一定作用。外耳道略呈 S 形弯曲管道，不仅是声波传入的通道，同时兼有"共鸣腔"的作用，与声波共振以提高声音强度。一段封闭的管道对于波长为其 4 倍的声波即能产生最大的共振作用，即有增压作用。

（2）中耳的功能　中耳包括鼓膜、听骨链和鼓室，其主要功能是将空气中的声波振动高效地传到内耳淋巴液。

鼓膜是一个顶点朝向中耳的漏斗形振动膜，具有很好的频率响应和较小失真。

听骨链由三块听小骨组成。锤骨柄附着于鼓膜上，镫骨脚板连于卵圆窗膜，砧骨居中将锤骨和镫骨连接起来，使三块小骨形成一个两臂之间呈固定角度的杠杆系统（图 13-14）。

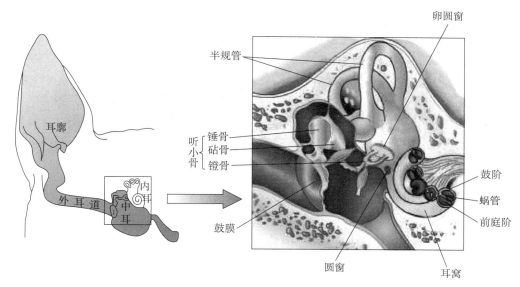

图 13-14 外耳道、中耳和内耳的关系图

杠杆的长臂是锤骨柄，短臂是砧骨长突，杠杆的支点恰好在整个听骨链的重心上，因而在能量传递过程中惰性最小、效率最高。当振动由鼓膜经听骨链传至卵圆窗时，如果听骨链传递时总压力不变，则作用于卵圆窗上的压强将增大 17 倍（为鼓膜与卵圆窗面积之比）；另外，听骨链中杠杆的长、短臂之比为 1.3，结果在短臂端的压力又可增加 1.3 倍，因此经过中耳的传递，声波振动波的压强从鼓膜到卵圆窗膜可增加 22 倍（17 × 1.3），这就是中耳的增压效应（图 13-15）。

咽鼓管是沟通鼓室和大气的管道，通常其鼻咽部的开口是关闭的，当吞咽或打哈欠时开放，有利于鼓室气压和大气压平衡，以维持鼓膜的正常位置、形状和振动性能。另外，中耳内还有鼓膜张肌和镫骨肌，过强的声音能反射性引起这两块肌肉收缩，结果使鼓膜紧张性增加；同时使各听小骨之间连接更紧密，减少声音传递过程中的振幅，阻力增大，使中耳传音效率降低，以保护内耳免受损伤。但完成这一反射需 40 ~ 60 ms，所以对突发性爆炸声的保护作用不大。

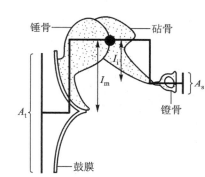

图 13-15 中耳的传音和增益效应
A_t 和 A_s 分别为鼓膜和镫骨板面积，它们相当于活塞的两端。l_m 和 l_s 为杠杆的长臂（锤骨）和短臂（砧骨）。杠杆的支点位于锤骨和砧骨的接点（圆点）

13.3.2.2 内耳（耳蜗）的听觉功能

（1）耳蜗的简略结构　内耳又称迷路（labyrinth），由耳蜗（cochlea）和前庭器官（vestibular apparatus）组成。与听觉有关的结构是耳蜗。耳蜗是一个螺旋形骨质盲管，腔内衬有膜性管道。管腔由两层膜（基底膜和前庭膜）分隔为前庭阶（scala vestibuli）、鼓阶（scala tympani）和蜗管（scala media）三室（图 13-16）。前庭阶和鼓阶在耳蜗顶部相通，内充满外淋巴，在耳蜗底部的前庭阶与卵圆窗相连、鼓阶与圆窗相连。蜗管是位于前庭阶和鼓阶之间的一膜性盲管，内充满内淋巴。在蜗管内的基底膜上有螺旋器（spiral organ，又称柯蒂器，organ of Corti），由内、外毛细胞、几种支持细胞和盖膜构成，并含有耳蜗神经。

脊椎动物耳蜗及前庭上的上皮细胞特化成为毛细胞，为听觉和平衡觉的感受器，属机械感受器。毛细胞顶端有多个纤毛样突起，其中有一根特别粗和特别长的纤毛（为成年哺乳动物内耳的毛细胞）或动毛（kinocilium，为前庭器官中的毛细胞）和许多短的纤毛，称为静毛

ⓔ知识拓展 13-13
毛细胞

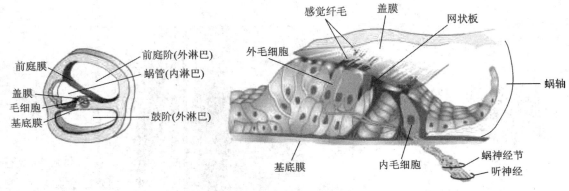

图 13-16　耳蜗管横切面示意图

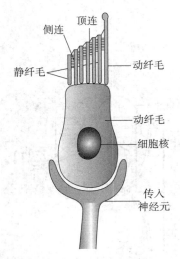

图 13-17　脊椎动物毛细胞结构

（stereocilia）。在细胞顶部静毛依长短紧靠最长静毛（或动毛）的一侧依次（阶梯式）排向另一侧。通过顶连（tip link）和侧连（side link）将纤毛连在一起成为一个活动单位（图 13-17）。

内毛细胞在靠近蜗管轴处纵向排列成一行，细胞的基底部有大量的传入神经末梢与之建立突触联系；外毛细胞在远离蜗管轴处纵向排列成 3～5 行，仅有少数、小直径的传入和传出神经纤维与之基底部建立突触联系。每个毛细胞顶端的纤毛穿过覆盖在细胞顶部的网状板（reticular lamina），浸润在内淋巴液中及胶冻状的盖膜（tectorial membrane）中。

盖膜的内侧连到耳蜗轴上，外侧端悬浮在内淋巴中。在盖膜相对应的膜性管壁的上皮中含有一种称为血管纹（stria vascularis）的血管结构。血管纹细胞对耳蜗内正电位的产生与维持有重要作用（后述）。听觉的初级神经元是一种双极型螺旋神经节细胞，其胞体位于蜗轴中的螺旋神经节（spiral ganglion）内，其外周突通过蜗轴内侧面到达毛细胞，中枢突起汇入耳蜗神经（cochlear nerve），由后者投射到脑干。

（2）毛细胞的换能机制　声波由听骨链通过卵圆窗传到前庭阶，相继引起前庭阶、鼓阶中的外淋巴振动，整个耳蜗内结构，包括基底膜及附着在其上的螺旋器也发生相应振动。振动使基底膜与盖膜之间发生了交错性移行运动，使毛细胞的纤毛受到一个剪切力发生偏转和弯曲。这是对声波振动刺激的一种特殊反应形式，也是引起内、外毛细胞兴奋并将机械能转换成电能的开始，ⓔ 知识拓展 13-14 介绍了换能的全过程。

ⓔ 知识拓展 13-14
耳蜗毛细胞感音换能
机制（动画）

ⓔ 知识拓展 13-15
毛细胞换能机制

用电压钳和膜片钳技术对听（毛）细胞感受器电位的研究发现，在毛细胞顶部（顶链之下）存在着机械门控通道，该通道对机械里十分敏感。在静息时，大约有 15% 的静毛顶端通道处于开放状态，伴有少量的内向（K^+）离子流，毛细胞轻微去极化，有适量的神经递质（可能是谷氨酸）释放（图 13-18）。当毛细胞受到机械（如振动）刺激而使静毛向最长静毛（或动毛）一侧弯曲时，顶连、侧连被牵张，毛细胞顶部的机械门控阳离子通道将进一步开放，纤毛外的阳离子（K^+、Ca^{2+}）内流，引起毛细胞去极化增强。毛细胞底部释放递质增加，结果初级传入神经元发放动作电位的频率也增加。如果纤毛向相反方向弯曲，顶连松弛，通道关闭，阻止 K^+ 内流，并引起毛细胞大约有 5 mV 的超极化（相对于静息状态时），减少神经递质的释放和初级传入神经元动作电位的发放频率。

（3）外毛细胞对声音的放大作用　一般认为耳蜗的内毛细胞的听阈值较高，主要行使对声音的分析，绝大部分的声波信息都是通过与它联系的听神经传向听觉中枢的。外毛细胞既是感受器又是效应器。其感受器的一面，听阈值较低，对声音刺激敏感。作为效应器对声音刺激的反应是能快速地主动收缩或舒张，改变细胞的体形。当感受器细胞膜出现超极化反应时，可以使细胞伸长，去极化反应时，可以使细胞缩短，这种现象与声音振动频率和幅度同步。这种以细胞体形的改变增强基底膜的振动，对该处的行波起到的放大作用，称为耳蜗放大（cochlear amplification）；同时也可以提高局部内毛细胞对相应振动频率的敏感性。

（4）耳蜗电位

①耳蜗内电位和毛细胞的静息电位特征。耳蜗的各阶内充满着淋巴液，前庭阶和鼓阶内充满着与脑脊液相似的外淋巴，而耳蜗管内充满的是内淋巴。与外淋巴相比，内淋巴中的 K⁺浓度要高出 30 倍，而 Na⁺浓度要低 10 倍。这就造成了静息状态下耳蜗的不同部位存在着一定的电位差。那么浸润在这两种淋巴液中的毛

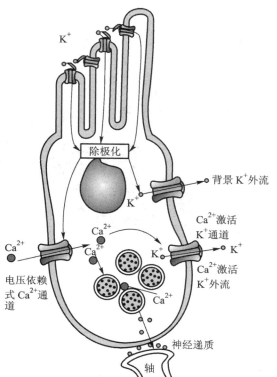

图 13-18　毛细胞的离子通道及其作用示意图

🄔 知识拓展 13-16
外毛细胞对声音的放大作用

细胞各部膜内外电位差将也有所差异。若以鼓阶的外淋巴为参照点，可测得蜗管内淋巴的电位是 +80 mV 左右，称为耳蜗内电位（endocochlear potential，EP；或称内淋巴电位，endolymphatic potential）（图 13-19）。已知毛细胞的静息电位为 -80 ～ -70 mV，则毛细胞的顶部毛细胞膜内外的电位差应为 150 ～ 160 mV；而毛细胞底部及膜内外电位差只有 80 mV，这就是毛细胞静息电位和其他一般细胞不同之处。

② 微音器电位。当耳窝受到声音刺激时，在耳窝及其附近结构可记录到一种与声波频率和幅度完全一致的电位变化，称为微音器电位（cochlear microphonic potential，CM）（图 13-20）。微音器电位是多个毛细胞接受声音刺激时所产生感受器电位的复合表现。

③ 听神经的动作电位。声音刺激引起耳蜗基底膜振动、进而引起毛细胞的去极化与超极化反应，产生感受器电位。毛细胞的电位变化，再引起与之相联系的听神经纤维产生并发放冲动等一系列反应，听神经的动作电位是上述相继出现的最后一种电位变化，是耳蜗对声音刺激进行换能和编码的结果，其作用是向听觉中枢传递声音的信息。由于引导的方法不同，可记录到听神经单根纤维动作电位和复合动作电位。

（5）基底膜在声波分析中的作用　声音到达内耳后引起基底膜的振动。并以一种行波（travelling wave）的方式在基底膜上传播。基底膜振动始于耳蜗的基部，逐渐向耳蜗顶端推进，在传播过程中，振幅逐渐增大，到达某一定距离后又迅速衰竭。这有点像拿着长绳的一端进行上下垂直抖动时的情形，而且声波频率愈低，行波传播愈远，所以最大振幅出现在愈靠近耳蜗的顶部；反之，频率愈高，行波传播的距离愈近，最大振幅愈靠近耳蜗的底部（图 13-21）。这种行波传播的特征就是耳蜗对声波频率进行初步分析的基础，对于每一个振动频率来说，在基底膜上都有一个特定的行波传播范围和最大振幅区，位于该区域的毛细胞受到的刺激也最强，与这部分

🄔 知识拓展 13-17
耳蜗电位、微音器电位和听神经复合动作电位

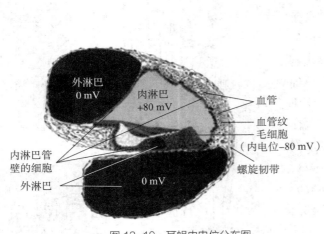

图 13-19　耳蜗内电位分布图

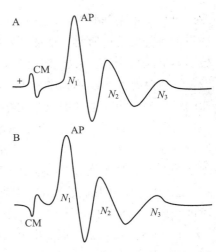

图 13-20　由短声刺激引起的微音器电位
和听神经动作电位

CM：微音器电位 AP：耳蜗神经动作电位
（包括N_1、N_2、N_3三个负电位）

ⓔ 知识拓展 13-18
不同频率行波传播
距离和最大振幅
（动画）

毛细胞相联系的听神经纤维传入冲动的频率也最高。

　　还有两个形态学研究结果将有助于对"耳蜗对声波进行初步分析"的认识与理解：①贯穿于蜗管的基底膜位于蜗底处窄而僵硬，位于蜗顶处的基底膜宽而松懈；②柯蒂器靠近蜗底部的毛细胞的静纤毛短，靠近蜗顶部的静纤毛逐渐变长，这种梯度性变化很可能是产生音频排列和调谐功能的形态学基础。

13.3.2.3　听神经对声音信息的编码

　　与一般感觉信息的编码相比较，听神经对声音信息的编码有与之相似的地方，包含空间、频率（音调）、音量（强度）信息。不同频率的声波可引起分布在耳蜗基底膜上不同部位的听觉传入神经兴奋；声波的不同频率不仅决定着听觉传入神经发放冲动的频率，还决定着发放冲动的神经纤维数目。也有不同的地方，对于单根神经纤维对声音的最高频率响应不超过 1 000Hz，但听神经的复合动作电位的频率仍能与 5 000 Hz 的纯音同步，有人提出可用排放论（Volly theory）加以解释。

ⓔ 知识拓展 13-20
听神经对声音信息的
编码

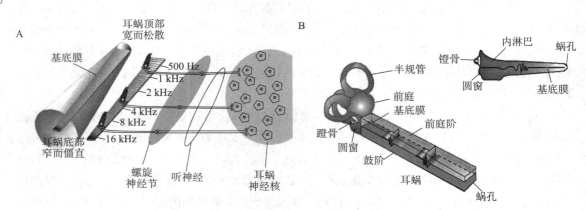

图 13-21　耳蜗中的行波在基底膜上的传播示意图

13.3.2.4 听觉中枢通路

与听觉有关的神经核团有：位于延脑的耳蜗核（cochlear nucleus）；位于脑桥的上橄榄复核（superior olivary complex）；位于脑干外侧的外侧丘脑系（lateral lemniscus）；下丘（inferior colliculus）；内膝状体（medial geniculate body）；听皮层（auditory cortex）从上橄榄核发出的传出纤维是听觉的下行通路。

ⓔ知识拓展 13-21
听觉中枢通路

13.3.3 耳（前庭器官）的平衡功能

人和动物在运动中时时要保持身体的平衡，维持一定的姿势，这些功能活动的实现有赖于前庭器官、视觉器官、本体感觉和皮肤的触压觉感受器的协同完成，其中最重要的是前庭器官的作用。

13.3.3.1 前庭器官的结构

前庭器官由内耳迷路中的前庭（椭圆囊、球囊）和其后的 3 个半规管组成（图 13-22）。

3 个半规管彼此互相垂直，与椭圆囊连接处每个半规管都有一个相对膨大的部分，称为壶腹（ampulla）。壶腹内有壶腹嵴（crista ampullaris）。在壶腹嵴上的感觉丘中有一排毛细胞，毛细胞顶部的纤毛又都埋植在一种胶性的圆顶形终帽之中（图 13-22a）。

前庭内含有膜性的椭圆囊和球囊。椭圆囊和球囊又称为位觉砂器官（otolithic organ），内有小的囊斑（macula）。囊斑主要由毛细胞、支持细胞和含有位觉砂（也称耳石，otolith，一种碳酸钙小结晶颗粒）的胶质膜块组成。毛细胞的纤毛插入位觉砂胶质膜块中（图 13-22b）。第Ⅷ对脑神经的前庭器官的传入神经。

当动物做旋转或直线加速度运动时，或由于位觉内淋巴，或由于位觉砂石膜的惯性，对纤毛产生压力（或牵拉力）使其发生弯曲或偏转，触发机械换能过程。

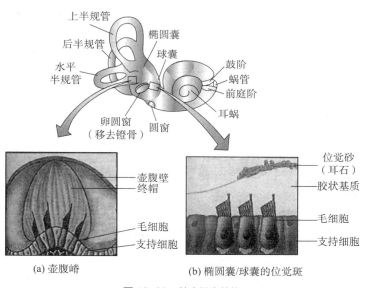

(a) 壶腹嵴

(b) 椭圆囊/球囊的位觉斑

图 13-22 前庭器官结构

13.3.3.2 前庭器官的功能

椭圆囊、球囊和 3 个半规管内的毛细胞转导的平衡感觉包括两方面：①静态平衡感觉，指前庭器官对机体处于静止状态时重心偏离刺激的感受，进而引发肌紧张和姿势平衡调节；②动态平衡感觉，指前庭器官对机体处于直线或旋转角加速度运动或减速度运动时，头部空间位置改变所引起的刺激的感受，进而引发肌紧张、眼球震颤和姿势平衡调节；有时还可引起以迷走神经占优势的自主神经反射性活动。

（1）半规管的适宜刺激与功能 半规管中壶腹嵴毛细胞的适宜刺激是躯体的旋转变速运动。前庭神经的轴突在静息时就有一定频率的放电，身体围绕不同方向的轴作旋转运动时，相应半规管壶腹中的毛细胞因管腔中内淋巴的惯性而受到冲击，当顶部纤毛向某一方向弯曲，使毛细胞发生去极化而被兴奋，引起传入神经元发放冲动频率增多。由于头两侧的 3 个半规管互为镜像，因此当旋转使一个半规管中的毛细胞兴奋时，对侧的另一个半规管的内淋巴却是向相反方向运动，毛细胞顶部的纤毛也向相反方向弯曲，发生超极化而被抑制，传入神经元发放冲动频相应减少。兴奋与抑制的信息传入中枢，反射性引起眼球震颤和躯体、四肢骨骼肌紧张性的改变，以调整姿势，保持平衡；同时冲动上传到大脑皮层，引起旋转的感觉（图 13-23）。

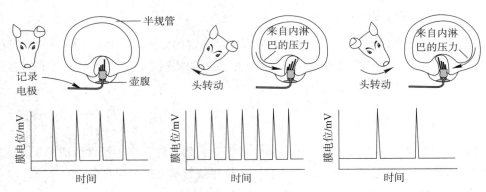

图 13-23 半规管对旋转加速运动的感觉功能（改引自 Moyes，2008）

（2）前庭的适宜刺激与功能　存在于前庭囊斑中的每一个毛细胞顶部的静毛和动毛的相对位置都不同，因此囊斑可分辨动物在该囊斑平面上所作的各种方向的直线变速运动。当头部空间位置改变，身体作重力变速或直线变速运动时，由于位觉砂胶质膜块的惯性，毛细胞与膜块的相对位置发生改变，总使得有些毛细胞正好发生静毛向动毛侧做最大的弯曲，产生去极化而兴奋，传入神经元发放冲动频率相应增加；同样有些毛细胞则受到不同方向的重力或变速运动的刺激，静毛远离动毛弯曲，而受到不同程度的抑制，传入神元发放冲动频率相应减少。不同毛细胞综合活动的结果，引起机体产生特定位置或变速运动的感觉，同时还引起各种姿势反射，以维持身体平衡（图 13-24）。

ⓔ 知识拓展 13-22
前庭反射

ⓔ 知识拓展 13-23
平衡觉的中枢通路

13.3.3.3　平衡觉的中枢通路

哺乳动物的第Ⅷ对脑神经将毛细胞的反应信息传至脑干的延脑的前庭核。在前庭核交换神经元后发出 4 个投射系统。它们是前庭脊髓束、前庭小脑脊髓束、前庭眼系统和前庭 – 丘脑 – 皮层束，将平衡的感觉与相应的肢体、眼球的运动联系与协调起来。

13.3.4　水生脊椎动物的毛细胞及其听觉、平衡觉

ⓔ 系统功能进化
13-4　水生脊椎动物的毛细胞及其听觉、平衡觉

毛细胞也在其他脊椎动物的耳中发现，并参与听和平衡感觉。绝大部分的非哺乳动物缺乏明显的外耳，鱼类缺少外耳和中耳，但所有脊椎动物都有内耳，而且内耳在结构上和听觉、平衡觉的形成机制上也大同小异。

13.4　嗅觉与味觉器官及化学感觉

多细胞生物通常是用嗅觉和味觉器官去完成它们对外环境的化学信息的感受。嗅觉和味觉所接受的刺激均属于物质的分子在溶解状态下对感受器细胞发生的化学性刺激，因此嗅觉和味

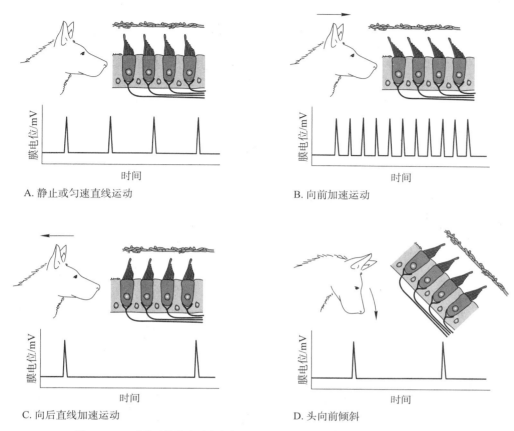

A. 静止或匀速直线运动

B. 向前加速运动

C. 向后直线加速运动

D. 头向前倾斜

图 13-24 哺乳动物前庭对直线变速运动的感觉功能（改引自 Moyes，2008）

觉又称为化学感觉（chemical sense），二者的感受器不仅形态、分布、对刺激的敏感性不同，与神经中枢的联系也不同。因嗅觉感受器能感受随风或随水流带来的、距离比较远的化学信息，因此称为距离感受器（telereceptor），而味觉感受器只能感受能接触到的、从食物中溶解出来的化学物质的信息，则称为接触性感受器。在水生脊椎动物中的味觉通常是与摄食有关的感觉，而嗅觉则是对更为广泛的各种环境的化学因素，包括食物、捕食者、配偶和特殊场所等有关因素的感觉。

作为鱼类的化学感受细胞除了有集中分布的鼻（嗅上皮）、口咽腔（味蕾）外，还有散在分布于皮肤、口腔表皮，成为孤立的化学感受器。它们与味蕾的各类感受细胞有相似的结构，脊神经末梢与其有广泛的联系，能对化学刺激产生反应。

13.4.1 嗅觉器官与嗅觉

13.4.1.1 嗅觉器官

脊椎动物的嗅觉器官位于鼻腔顶部（图 13-25），嗅觉（olfaction）的感受器官是嗅上皮（olfactory mucous），由嗅细胞（olfactory cell,olfactory receptor cell）、支持细胞、基底细胞和包曼（Bowman）腺组成。嗅细胞是嗅感受器，是一特化了的双极神经元。

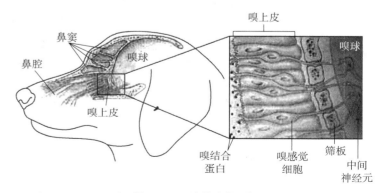

图 13-25 狗的嗅觉器官

13.4.1.2　嗅感受器的换能机制及嗅觉的产生

📧 知识拓展 13-24
嗅细胞及其换能机制

📧 知识拓展 13-25
嗅觉细胞换能机制
（腺苷酸环化酶）

（1）嗅感受器的适宜刺激与换能机制　嗅（觉）细胞的适宜刺激几乎都是有机的、挥发性化学物质。当嗅质分子与鼻腔内潮湿的嗅上皮接触时，气体的嗅质分子与纤毛外表面的受体结合，这种结合可以是嗅质直接与受体的结合，也可是经过黏液中的嗅质结合蛋白分子"扣留"后，再分送到受体，间接结合。被结合的嗅质或通过腺苷酸环化酶途径，或通过磷脂酶 C 途径，完成信号转导过程（图 13-26，📧 知识拓展 13-24）。

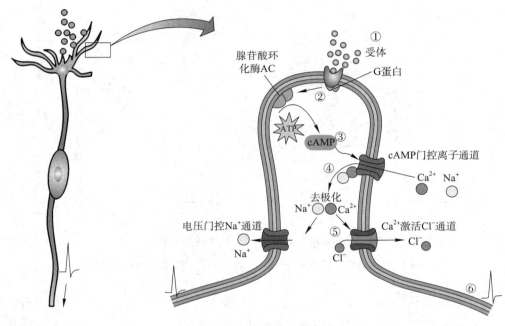

图 13-26　嗅感觉细胞的信号转导

（2）嗅觉细胞的基因表达特征与不同嗅质的组合是嗅觉产生的基础　脊椎动物的嗅觉系统具有庞大的辨别嗅味的能力，哪怕嗅质结构微小的变化，也可以引起主观上嗅觉的巨大差异。研究发现，脊椎动物的嗅质受体蛋白是一个多基因家族（如小鼠至少有 1000 种潜在的嗅质受体基因），每一个嗅觉细胞只能表达一种嗅质受体蛋白（受体基因）；每一个嗅质受体可辨认一种以上的嗅质，但反应程度各不相同，而一种嗅质又能兴奋多个嗅质受体（嗅细胞）。编码结果，每一种嗅质兴奋的是一组嗅神经元的组合体，因此可以产生大量嗅觉细胞的不同组合，形成大量的气（嗅）味模式。目前已知人的嗅觉器官能区分出多种基本嗅味，如樟脑、麝香、花卉香气、薄荷、辛辣和腐腥气味等，其余众多的非基本嗅味，则是由这些基本气味引起的反应以不同空间和时间组合的传输构型所致。

📧 知识拓展 13-26
脊椎动物嗅觉的多样性和诺贝尔生理学或医学奖

13.4.1.3　脊椎动物的犁骨器官和对信息素的检测

信息素（pheromones）也称为外激素，由动物释放，通过环境（空气、水流）传播并能影响到同种动物其他个体行为的特殊化学物质，在动物的社会体系的维持、刺激动物生殖繁衍中起重要作用。一些陆生脊椎动物常用一个称为犁（鼻）骨器官（vomeronasal organ）的结构负责探测该化学信号。哺乳动物的犁骨器官是一对辅助性嗅器官，位于每侧鼻腔底部，接近鼻中隔处，一个狭小的管道将犁骨器官与一侧的口腔或鼻腔联系了起来，因物种不同而有所差异。在爬行类动物的上腭也发现了类似的犁骨器官（称为鼓室器官，Jacobson's organ）。犁骨器官的上皮内也具有化学感受器，其受体激活的是由磷脂酶C（PLC）为基础的信号转导通路。在PLC信号转导的级联反应中，促进PIP_2转化为IP_3，IP_3促使细胞内（钙库）储存的Ca^{2+}释放，继而引起神经递质释放。

13.4.1.4 无脊椎动物的嗅觉

无脊椎动物的嗅觉器官分布在身体的许多地方，但大多数还都集中在身体头端。如昆虫的嗅感受器主要分布在触角上，是一种有由表皮突起的刚性纤毛被称为感器（sensilla）。感器内含有化学敏感和机械敏感的神经元，与嗅觉有关的神经元依靠树突上的受体和周围黏液中的嗅质结合蛋白捕捉嗅质，以cAMP为第二信使完成信号转导。陆生昆虫通常利用两个独立的感器系统分别检测嗅质和信息素，而且这些感器在触角上的分布具有雌、雄差异性。

13.4.2 味觉器官与味觉

13.4.2.1 脊椎动物的味觉器官与味觉

脊椎动物的味觉器官是味蕾，分布在舌、软腭、咽和食管；水生脊椎动物的味蕾还可分布在体表（如有些鱼的唇、触须、鳍尖和体表皮肤中）。味蕾是味觉细胞、支持细胞、基底细胞的集合体，形如洋葱，内呈橘瓣分布。味觉细胞是味（觉）感受器，由上皮细胞衍化而来。其顶端有纤毛伸向味蕾的味孔（taste pore），并在此处与唾液或水溶液相接触。（图13-27）。

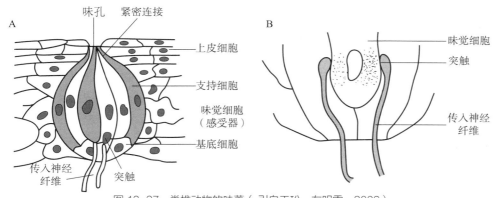

图13-27 脊椎动物的味蕾（引自王玢，左明雪，2009）

味觉和嗅觉一样，是由于化学物质作用于化学感受器引起。人和动物有多种多样的味觉，但最主要的基本味觉有5种类型酸（sour）、咸（salty）、甜（sweet）、苦（bitter）和鲜（umami，一种类似于肉香的味道）。

静息时，味觉细胞的膜电位为 -60～-40 mV。味觉细胞有多种形式的受体和跨膜信号转导机制，当给予味质刺激时，细胞膜对不同离子的通透性发生变化，从而产生去极化感受器电位，使细胞内Ca^{2+}浓度增加，触发神经递质释放，信息传向中枢。

13.4.2.2 无脊椎动物的味觉

无脊椎动物如昆虫的味觉发达，其味觉器官通常和嗅觉、机械感受器夹杂在一起分布，广泛

Ⓔ 系统功能进化
13-5 无脊椎动物与脊椎动物嗅觉的差异

Ⓔ 知识拓展 13-27
酸、咸味觉换能机制（动画）

Ⓔ 知识拓展 13-28
甜味觉换能机制（动画）

Ⓔ 知识拓展 13-29
鲜味觉换能机制（动画）

Ⓔ 知识拓展 13-30
苦味觉换能机制（动画）

Ⓔ 知识拓展 13-31
味觉细胞的跨膜信号转导通路

🅔 知识拓展 13-32
味觉的产生

分布于触角、口器、翅、足和产卵器上。有的昆虫，如节肢动物的味觉细胞就是双极神经元，味觉受体属于 G 蛋白耦联受体家族，存在着种间差异。

13.5 电磁感觉

🅔 知识拓展 13-33
鱼类的电感受器

（1）电感觉　鱼类有一套特殊的感受系统——侧线系统，侧线呈沟状或管状，沿一定的线条形式向身体前后延伸，前到头部，后到尾柄。侧线感受器是一封闭的长管并与皮肤完全分开，仅以一系列小孔与外界相通，电感受器存在于管内。电感受器在探测环境和物体定位方面起着重要作用。

🅔 系统功能进化
13-6
脊椎动物与脊椎动物味觉的差异性

（2）磁感觉　动物对磁场的感觉已在许多动物中发现。回游的鱼类（如鲑鱼）、迁徙的鸟类及许多其他生物都可利用地球的磁场帮助它们在迁徙中把握方向。虽对磁感受器已有广泛的研究，但对某一动物的磁感觉机制仍还不十分了解。

🅔 知识拓展 13-34
鱼类的磁感觉

？ 思考题

1. 简述感受器的一般生理特性。感受器对环境信息的编码作用包括哪几个重要方面？刺激强度、感受器电位（发生器电位）、传入神经末梢上的动作电位三者间有何关系？

2. 视色素的光化学反应过程对光感受细胞的跨膜信号转导有何意义？分别叙述黑暗和光照情况下脊椎动物的光感受细胞的信号转导过程和特点。

3. 比较视网膜上的两种感光系统的结构和功能特征。

4. 阐述分布在耳蜗和前庭器官中的毛细胞的结构特征和换能机制。分述外耳与中耳在采音、传音、放大声音信息方面的作用。

5. 行波在耳蜗基底膜上的传播有何特征？对听神经实现声音信息的编码有何意义？

6. 前庭器官主要包括哪几部分？其结构有何特征？分别叙述各部分的适宜刺激和在调机体的节姿势与维持身体平衡中的作用。

7. 了解嗅感受器和味感受器结构特征、适宜刺激及其换能机制。试分析比较嗅觉与味觉的差异性。

网上更多学习资源……

◆本章小结　　◆自测题　　◆自测题答案

（杨秀平）

14 神经系统的功能

【引言】

　　动物和人一样，也有喜痛哀乐，常常为了捕食和反捕食、为了争夺领地和配偶而迅速奔跑、战斗或展现出娓媚的舞姿……动物的行为千姿百态，总是能对内外环境的变化迅速作出适应性反应，神经系统在这其中是如何发挥协调、调控的作用呢？要想知道，请学习本章内容。

【知识点导读】

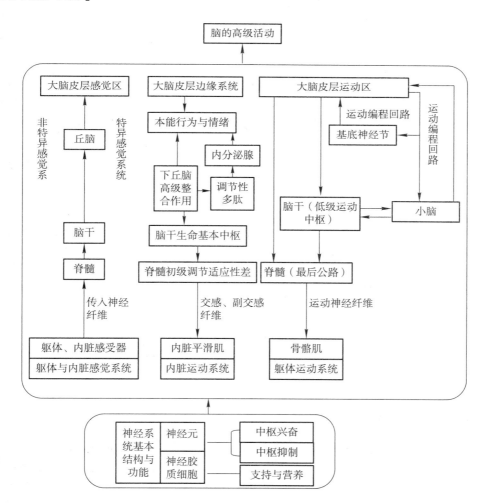

14.1 神经系统的组成及其细胞成分

14.1.1 神经系统的组成

神经系统（nervous system）是动物机体内起主导作用的系统，由脑、脊髓、脑神经、脊神经和植物性神经，以及各种神经节组成，分为中枢神经系统和周围神经系统两大部分。

14.1.1.1 中枢神经系统

中枢神经系统（central nervous system，CNS）是神经系统的主体部分，包括脑和脊髓，其主要功能是传递、储存和加工信息，产生各种感觉、心理活动，支配与控制人或动物的全部行为。

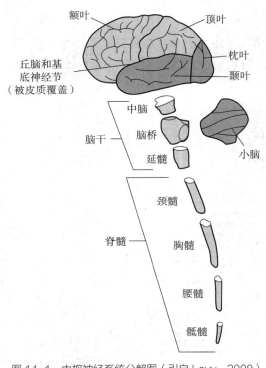

图 14-1 中枢神经系统分解图（引自 Levy，2008）

脑位于颅腔内，低等脊椎动物的脑较简单，人和哺乳动物的脑特别发达，可分为大脑、小脑和脑干三个部分（图 14-1）。

中枢神经系统内分布有调节某一特定生理功能的、或感受某种刺激的细胞群（或称核、团），称为神经中枢。参与某一反射活动的神经中枢称为该反射的反射中枢，如角膜反射中枢、吞咽反射中枢等。不同的反射中枢，它们在中枢神经系统内分布的范围及所在的部位不同。如人的膝跳反射的中枢在腰髓的 2～4 节段；而呼吸中枢分布于延髓、脑桥、下丘脑以及大脑皮层等部位。

脊髓是中枢神经系统的低级部位，具有传导与反射功能。来自组织器官的神经冲动到达脊髓后，经上行传导束到达脑；脑发出的大部分冲动，通过下行传导束传到脊髓，然后传至全身大部分器官；脊髓是许多反射活动的低级神经中枢，可完成某些基本的反射活动，如膝跳反射和排便，排尿等内脏反射等。正常情况下，脊髓的反射活动受高级中枢的调控。

ⓔ **知识拓展 14-1**
中枢的神经元池

14.1.1.2 周围神经系统

周围神经系统（peripheral nervous system，PNS）又称外周神经系统、周边神经系统，是神经系统的组成部分，包括除脑和脊髓以外的神经部分，可分为脊神经、脑神经和植物性神经（或自主神经）。根据其功能可分为传入神经（或感觉神经）和传出神经（或运动神经）。植物神经分为交感神经和副交感神经两类。

14.1.2 神经元与神经胶质细胞

神经系统内主要含神经细胞和神经胶质细胞两类。神经细胞（neurocyte）又称为神经元（neuron），是构成神经系统结构和功能的基本单位。神经胶质细胞（neuroglia）简称胶质细胞（glia 或 gliocyte），对神经元起支持、营养和保护等作用。

14.1.2.1　神经元的结构与功能

（1）神经元的基本结构与分类　大多数神经元与典型的脊髓运动神经元的结构相近（图14-2），由胞体和突起两部分组成。神经元的突起又分为树突和轴突。神经元的分类有多种方法，其中根据神经元所含的递质种类不同，可将神经元分为胆碱能神经元（cholinergic neuron）、肾上腺素能神经元（adrenergic neuron）和其他各种递质的神经元。

（2）神经元的一般功能特征　神经元的主要功能是接受、整合、传导和传递信息。中枢神经元经传入神经接收来自机体内外环境变化的信息，并将其转化为神经冲动；通过对中枢神经不同来源的信息进行分析和综合处理，再经传出神经将信号传递给所支配的器官和组织，产生调节和控制效应。有些神经元除具有上述功能外，还能分泌激素，将神经信号转变为体液信号。

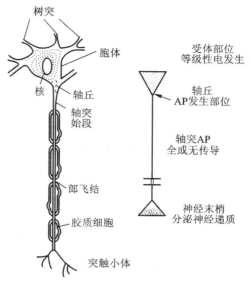

图14-2　有髓运动神经元的功能分段

从功能学上可将神经元划分成若干功能区域：胞体和树突是接受与整合信息的部位；轴突始段（轴丘）是形成与产生动作电位的部位；轴突是传导信息的区域；神经末梢是释放神经递质的部位；神经纤维的主要功能是传导兴奋，神经纤维传导兴奋具有如下特征。

① 完整性。神经冲动只能在结构与功能完整的神经纤维上传导。如果神经纤维被切断、损伤、麻醉或低温处理，破坏了其结构或功能的完整性，则会发生传导阻滞或传导功能丧失。

② 绝缘性。一条神经干内含有许多神经纤维，但多条神经纤维同时传导兴奋时基本上互不干扰。这是由于细胞外液的短路作用（当微弱的局部电流流入大容量的细胞外液后随即迅速消失的现象，相当于电路接地），以及神经纤维外的髓鞘和各神经纤维之间存在的结缔组织也起到绝缘作用。

③ 双向性。神经纤维上的任何一点产生的动作电位可沿神经纤维同时向两端传导。但在整体条件下，受到突触传递的单方向性影响，神经冲动总是由胞体传向末梢。

④ 相对不疲劳性。与突触传递相比较，神经纤维具有更长时间保持其传导兴奋的能力，表现为不易发生疲劳。如用 50 ~ 1000 Hz 的电刺激连续刺激 9 ~ 12 h，神经纤维仍可传导兴奋。这是因为神经冲动传导的耗能较突触传递少得多。

⑤ 不衰减性。神经纤维在传导冲动时，不论传导的距离多么长，其传导冲动的大小、频率和速度始终保持不变，这也是动作电位"全或无"的体现，称为兴奋传导的不衰减性（见第4章）。

（3）神经纤维的轴浆运输　轴突内的轴浆是经常流动的，轴浆流动具有运输物质的作用，称为轴浆运输（axoplasmic transport）。神经元不同于一般的分泌细胞，所有蛋白质都在胞体内的高尔基复合体内合成，然后通过轴浆流动将这些蛋白质运输到神经末梢的突触小体，再通过轴突末梢向外释放。轴浆运输可分为顺向轴浆运输（anterograde axoplasmic transport）和逆向轴浆运输（retrograde axoplasmic transport）两类。

（4）神经的营养性作用　神经纤维借助突触前膜释放的特殊递质作用于突触后膜，改变所支

ⓔ知识拓展 14-2
神经元的基本结构与分类

ⓔ知识拓展 14-3
影响神经纤维传导（兴奋）速度的因素及神经纤维的分类

ⓔ知识拓展 14-4
神经纤维的轴浆运输

配组织的功能活动，称为神经纤维的功能性作用。神经还能通过末梢经常性地释放某些物质，持续地调整被支配组织的内在代谢活动，影响其结构、生化和生理功能，这一作用与神经冲动无关，称为神经纤维的营养性作用（trophic action）。

在正常情况下，神经的营养性作用不易被观察出来，但在切断神经后就能明显地表现出来。例如，切断味觉神经则味蕾退化，当神经重新长入时味蕾又恢复；在机体发育过程中，如切断肌梭传入神经，则肌梭不再分化，不能出现结构特殊的梭内肌纤维；再如，切断运动神经后，肌肉内糖原合成减慢，蛋白质分解加速，肌肉逐渐萎缩。如将神经缝合再生，则肌肉内糖原合成加速，蛋白质分解减慢而合成加快，肌肉逐渐恢复正常。营养性作用的机制较复杂，目前认为，神经元生成的营养性因子由胞体经轴浆流运输到末梢，经常性地释放到所支配的组织，以维持组织正常代谢与功能。

14.1.2.2 神经胶质细胞

神经胶质细胞广泛分布于中枢和周围神经系统中。在中枢神经系统中，主要有星形胶质细胞、少突胶质细胞和小胶质细胞 3 类。周围神经系统的胶质细胞主要有施万细胞（Schwain cell）和位于脊神经节内的卫星细胞。施万细胞又称神经膜细胞（neurilemma cell），能沿轴突以纵链的方式分布，并包绕轴突形成髓鞘。与神经细胞相比，胶质细胞在形态与功能上有很大的差异。胶质细胞虽也有突起，但无树突和轴突之分；细胞之间不形成化学性突触，但普遍存在缝隙连接。虽然它们的膜电位也随细胞外 K^+ 浓度改变而改变，但不能产生动作电位。在某些胶质细胞膜上还存在多种神经递质的受体。胶质细胞终身具有分裂和增殖能力。神经胶质细胞的主要功能如下。

① 支持作用。在中枢神经系统中，星形胶质细胞的数量最多。在脑组织中，除神经细胞和血管外，其余空间主要由星形胶质细胞所填充，它们以其长突起在脑和脊髓内交织成网，或相互连接而构成支架，对神经元起机械性支架作用。

② 引导神经元的迁移。在人和猴的大脑和小脑皮层发育过程中，可观察到发育中的神经元沿着神经胶质细胞突起的方向迁移到它们最终的定居部位的现象。此外，外周神经再生时，轴突可沿着施万氏细胞形成的索道生长。

③ 修复与再生。在脑或脊髓受到损伤产生组织变性时，小胶质细胞能大量增殖，转变为巨噬细胞，清除或吞噬变性的神经组织碎片；碎片清除后留下的缺损，主要由增生的星状胶质细胞填充。外周神经受损时，施万细胞能吞噬溃变的轴突和髓鞘，同时增殖并在断裂处形成细胞桥，为再生轴突芽提供生长的通道，以形成新髓鞘。

④ 绝缘与隔离作用。施万细胞和少突胶质细胞能包绕轴突或长树突，形成髓鞘。髓鞘对传导冲动具有绝缘作用，可防止神经冲动传导时的电流扩散，使神经元之间的活动互不干扰。胶质细胞包绕单个或成群的神经元，使之彼此分隔，也起到绝缘作用。星形胶质细胞的突起末端膨大形成血管周足，其与毛细血管内皮及内皮下基膜是构成血－脑屏障的结构基础。

⑤ 物质代谢和营养性作用。星形胶质细胞通过血管周足和突起连接毛细血管与神经元，对神经元起运输营养物质和排除代谢产物的作用。另外，神经胶质细胞还能合成和分泌多种神经生长营养因子，对神经元的生长、发育和功能完整性的维持起重要作用。

⑥ 维持离子平衡、调节递质功能。在脑组织内，细胞外间隙很小，胶质细胞本身起到细胞外间隙的作用，通过 Na^+/K^+ 泵可将神经元兴奋时释放出的 K^+ 摄入，同时通过细胞间隙扩散到其

知识拓展 14-5
支持神经的生长因子

他细胞内，使细胞间隙中的 K^+ 浓度很快下降到原来的水平。胶质细胞还可以摄取及储存邻近突触释放的神经递质。

⑦ 免疫应答作用。当神经系统发生病变时，除了小胶质细胞转变为吞噬细胞，单核－吞噬细胞系统进入受损区外，星形胶质细胞也可成为中枢神经系统的抗原呈递细胞，将经处理过的外来的抗原呈递给 T 淋巴细胞。

14.2 反射活动的基本规律

14.2.1 反射活动及其反射中枢的复杂性

神经系统功能的基本方式是反射（reflex），反射的结构基础是反射弧（见第 1 章）。反射弧的各组成部分之间依靠突触传递信息（见第 5 章）。人和高等动物的反射活动分非条件反射和条件反射两类。反射中枢主要在大脑皮层，反射活动的复杂性在于反射中枢，不同反射的中枢范围可以相差很大，经过突触传递的数量也相差甚远，如腱反射的中枢在脊髓，其传入神经元与传出神经元在脊髓仅经过一次突触传递，因此被称为单突触反射（monosynaptic reflex）。而有的反射较为复杂，在中枢需要经过多次突触传递，称为多突触反射（polysynaptic reflex）。人和高等动物体内的大部分反射都属于多突触反射。在整体情况下，无论是单突触反射还是多突触反射，当传入冲动进入脊髓或脑干后，除在同一水平与传出部分发生联系并发出传出冲动外，还会通过上行神经束，将冲动上传到更高级的中枢部位，得到进一步整合，再由高级中枢发出下行冲动来调整反射的传出冲动。因此，完成一个反射往往既有初级中枢的整合活动，也有较高级中枢的整合活动。通过多级中枢的整合后，反射活动将更具复杂性和适应性。

14.2.2 中枢神经元的联系方式及其生理意义

14.2.2.1 中枢神经元的联系方式

中枢神经元的联系方式主要有以下几个类型：

（1）单线式联系 单线式联系是指一个突触前神经元仅与一个突触后神经元发生突触联系。如视网膜中央凹处的一个视锥细胞常只与一个双极细胞形成突触联系，而该双极细胞也只与一个神经节细胞形成突触联系。

（2）辐散式和聚合式联系 一个神经元通过其轴突末梢的分支与许多其他神经元建立突触联系，称为辐散式联系（divergence connection）（图 14-3A）。当一个神经元兴奋或抑制时，可同时引起许多神经元的兴奋或抑制。机体内的传入神经元和自主神经元主要以这种方式传递冲动。一个神经元的胞体与树突可接受许多不同轴突来源的突触联系，称为聚合式联系（convergence connection）（图 14-3B）。这种联系可使许多来源于不同神经元的兴奋或抑制在同一神经元上发生整合。

在脊髓，传入神经元的纤维进入中枢后，既有

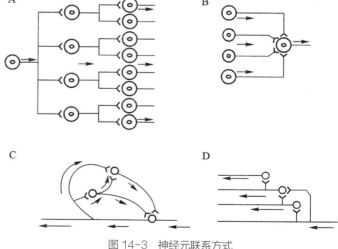

图 14-3 神经元联系方式
A. 辐散式联系；B. 会聚式联系；C. 环状式联系；D. 链锁式联系

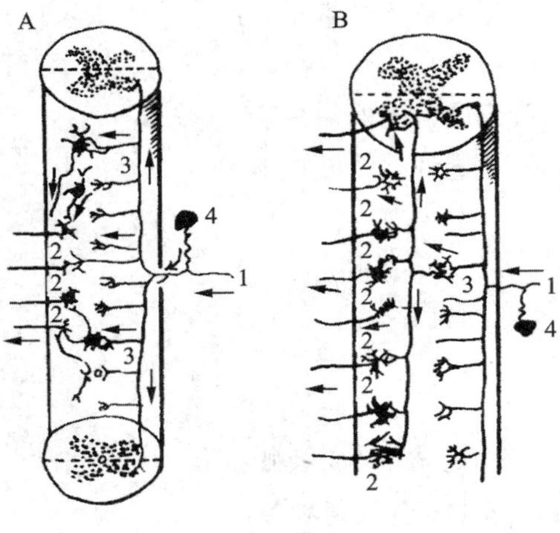

图 14-4 神经元联系方式立体示意图
A. 聚合式；B. 辐散式。1. 传入纤维；2. 传出神经元；3. 中间神经元；4. 脊神经节

分支与本节段脊髓的中间神经元及传出神经元发生联系，又有上行与下行分支发出的侧支与各节段脊髓的中间神经元发生突触联系。因此，传入神经元与其他神经元发生突触联系中主要表现为辐散式联系。传出神经元通常接受不同轴突来源的突触联系，主要表现为聚合式联系（图 14-4）。

（3）链锁式与环状式联系 在中间神经元之间，由于辐散与聚合联系同时存在可形成链锁式联系（chain circuit connection）和环状式联系（recurrent circuit connection）（图 14-3C、D）。神经冲动通过链锁式联系时，可以在空间上加强或扩大其作用范围。当兴奋通过环状式联系时，如果其中各神经元都是兴奋性神经元，起正反馈作用，兴奋得到加强和延续，并在停止刺激后，传导通路上冲动发放仍然持续一段时间，产生所谓"后放"或后放电（after discharge）现象。如果环路中的某些神经元是抑制性的，起负反馈调节作用，可使原来的神经活动及时终止。

14.2.2.2 局部回路神经元和局部神经元回路

e 知识拓展 14-6
局部回路神经元和局部神经元回路

e 知识拓展 14-7
局部回路神经元（动画）

e 知识拓展 14-8
局部神经元回路（动画）

中枢神经系统中存在长轴突的神经元和大量短轴突或无轴突的神经元。神经元之间在结构上并没有原生质相连，主要通过不同的突触回路（synaptic circuit）实现某一特定行为的调控和有关信息的传送和处理。而一个功能或行为受到不同水平的多级回路（或多级中枢）的调控，并在信息处理过程中出现巨大的时空差异。

14.2.3 反射中枢内兴奋的传播

在突触传递过程中，因突触前膜释放的神经递质的性质不同，可引起突触后神经元产生兴奋性突触后电位或抑制性突触后电位（见第 5 章），因而引起突触后神经元的兴奋性发生相应的改变。反射中枢内的兴奋传递是指兴奋在反射中枢经过多次突触接替而得到传播的过程。突触和突触传递是兴奋在反射（神经）中枢传播的结构与功能基础。

神经冲动在中枢传播时，往往需要通过一次以上的突触传递。由于受到突触的结构和化学递质等因素的影响，中枢兴奋的传播完全不同于神经纤维上的冲动传导。中枢兴奋的传播有以下特征：

（1）单向传播 中枢内存在大量的化学性突触，兴奋只能由突触前膜向突触后膜传递，即兴奋只能从一个神经元的轴突向另一个神经元的胞体或突起传递，或兴奋只能由传入神经元向传出神经元单方向传播（电突触传递除外）。但近年来的研究表明，突触后的细胞也能释放一些物质（如 NO，多肽）能逆向传递到突触前末梢，改变突触前神经元释放递质的过程。因此，从突触前、后的信息沟通角度看，也是双向的。

（2）中枢延搁 兴奋在中枢部分传递时所需时间较长的现象，称为中枢延搁（central delay）。中枢延搁产生的主要原因之一是反射通路跨越的突触数目较多，之二是每次突触传递经历了电—化学—电过程，分别发生在突触前膜、突触间隙和突触后膜上，所需时间比较长，即形成突触延搁（synaptic delay）。兴奋经过一次突触传递需要 0.3 ~ 0.5 ms。反射过程中，通过的突触数目愈多，中枢延搁耗时愈长。因此，测定中枢延搁时间可判断反射活动的复杂程度。

（3）总和 在中枢神经系统内，单根神经纤维的单一冲动所引起的 EPSP 通常是局部电位

（较小，明显小于骨骼肌单个终板电位），一般不能引发突触后神经元的扩布性动作电位。因此，兴奋在中枢传播需要多个 EPSP 的总和（summation），才能达到阈电位水平，爆发动作电位。兴奋的总和包括时间上或空间上的总和。如果总和没有达到阈电位水平，突触后神经元虽未表现出兴奋，但其兴奋性有所提高，表现为易化（facilitation）（图 14-5）。须指出的是，这里所说的易化与短时程突触可塑性的易化（第 5 章）虽概念不同，但其本质都是 EPSP 的幅度增大。

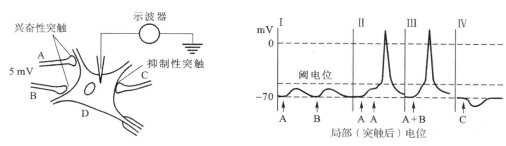

图 14-5　兴奋性突触后电位和抑制性突触后电位

A 神经元和 B 神经元的轴突分别与 D 神经元的胞体或树突形成兴奋性突触，C 神经元的轴突则与 D 神经元的胞体或树突形成抑制性突触。Ⅰ：兴奋 A 神经元或 B 神经元在 D 神经元上引起的 EPSP；Ⅱ：EPSP 的时间性总和，达到阈电位时引发动作电位；Ⅲ：EPSP 的空间性总和，达到阈电位时引发动作电位；Ⅳ：兴奋 C 神经元在 D 神经元上引起抑制性突触后电位（IPSP）

（4）兴奋节律的改变　在一个反射活动中，传入神经元的冲动进入中枢后，要通过许多中间神经元的传递。传出神经元发放冲动的频率不但取决于传入冲动的节律，还取决于中间神经元与传出神经元的联系方式及反射中枢的兴奋或抑制状态。

（5）后发放　前已述及，神经元之间的环状联系是产生后发放的主要结构基础。后发放也见于各种神经反馈活动中。例如，在效应器发生反应时，其本身的感受器（如肌梭）受到刺激，产生的继发性冲动经传入神经传到中枢，这种反馈作用起到纠正或维持原先的反射活动的作用，也可产生后放现象。

（6）局限化与扩散　感受器在接受一个适宜刺激后，一般仅引起较局限的反应，而不产生广泛的活动，称为反射的局限化（localization）。如电刺激脊蛙（破坏脑而保留脊髓的蛙）的后肢，仅引起蛙的后肢的屈肌反射；但如果用过强的刺激刺激皮肤或内脏时，均会引起蛙的广泛的活动，称为反射的扩散或泛化（generalization）。扩散的结构基础是神经元的辐散式连接方式，过强刺激引起大部分或整个脊髓节段大量神经元的放电，机体出现广泛的反应，包括大部分屈肌强烈的收缩，出现排尿、排粪、血压升高和大量出汗等群体反射（mass reflex）。

（7）对内环境变化的敏感性和易疲劳性　这与突触传递特性有关（见第 5 章）当一个不产生伤害性的有效刺激重复作用时，该刺激引起的反射性行为活动将逐渐减弱，甚至停止，称为反射的习惯化（habituation of reflex）；若一个强的伤害性刺激之后，同类的弱的非伤害性刺激也能引起明显的反射活动增强，称为反射的敏感化（sensitization of reflex）。

14.2.4　中枢抑制

中枢内的反射活动包括兴奋和抑制两个基本过程。与中枢兴奋一样，中枢抑制也是主动的过程。在中枢反射活动中，兴奋活动与抑制活动的密切配合可保证反射活动的协调进行。例如，吞咽时呼吸暂停；屈肌反射进行时，伸肌反射被抑制。中枢抑制主要通过突触抑制实现，根据其产生机制和部位的不同，可分为突触后抑制和突触前抑制。

14.2.4.1 突触后抑制

神经系统中突触后抑制的神经通路中一般都有抑制性中间神经元的参与。抑制性中间神经元释放抑制性递质，使突触后神经元产生 IPSP，突触后膜产生超极化，从而使突触后神经元受到抑制（见第 5 章），故称为突触后抑制（postsynaptic inhibition）（图 14-5 Ⅳ）。突触后抑制主要分为传入侧支性抑制和回返性抑制两类。

（1）传入侧支性抑制　传入纤维进入中枢后，在兴奋某一中枢神经元的同时，又发出侧支兴奋另一个抑制性中间神经元，通过后者的活动再抑制另一个中枢神经元，这种抑制称为传入侧支性抑制（afferent collateral inhibition）或交互抑制（reciprocal inhibition）（图 14-6A）。例如，脊髓腹角运动神经元有的支配伸肌，有的支配屈肌。伸肌肌梭的传入神经进入脊髓后，一方面直接兴奋所支配的伸肌运动神经元，另一方面通过其侧支兴奋一个抑制性中间神经元，通过后者抑制屈肌运动神经元，导致伸肌收缩而屈肌舒张。这种形式的抑制并非脊髓独有，脑内也存在，其作用是使不同中枢之间的活动相互协调。

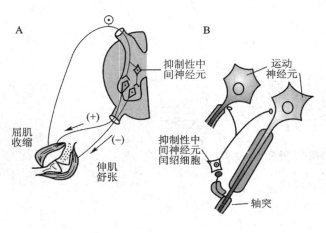

图 14-6　两类突触后抑制
A. 传入侧支性抑制；B. 回返性抑制

ⓔ知识拓展 14-9
传入侧支性抑制
（动画）

ⓔ知识拓展 14-10
回返性抑制（动画）

ⓔ知识拓展 14-11
中枢抑制的离子机制

（2）回返性抑制　中枢神经元兴奋时，传出冲动沿轴突传播，同时又经轴突的侧支兴奋一个抑制性中间神经元，后者释放抑制性递质，反过来抑制原先发动兴奋的神经元及同一中枢的其他神经元（图 14-6B），称为回返性抑制（recurrent inhibition）。这种抑制的结构基础是神经元之间的环状联系。例如，脊髓闰绍细胞是一种抑制性中间神经元，其末梢释放的抑制性递质为甘氨酸。当脊髓腹角运动神经元兴奋引起肌肉收缩的同时，经其侧支使闰绍细胞兴奋，闰绍细胞的轴突返过来又抑制脊髓腹角运动神经元的活动（图 14-6B）。回返性抑制是一种负反馈调节，能及时终止运动神经元的活动，或促使同一中枢内多个神经元之间的活动同步化。

14.2.4.2 突触前抑制

（1）概念　突触前抑制是指兴奋性突触前神经元的轴突末梢受到另一抑制性神经元的轴突末梢的作用（如图 14-7 中的神经元 1 受到 2 的抑制），使其兴奋性递质的释放减少，从而使 EPSP 减小，以至不易甚至不能引起突触后神经元（如图 14-7B 中的运动神经元）兴奋，呈现抑制效应。由于这种突触后神经元的抑制过程是通过改变突触前膜的活动而引起的，因此称为突触前抑制（presynaptic inhibition）

ⓔ知识拓展 14-12
突触前抑制（动画）

ⓔ知识拓展 14-13
突触前抑制过程和机制

ⓔ案例分析 14-1
为什么心交感和心迷走神经在功能上可以"既相颉颃又相统一协调"？

（2）突触前抑制的生理意义　突触前抑制广泛存在于中枢神经系统中，尤其在感觉传入途径中多见。如一个感觉兴奋传入中枢后，除沿特定的通路传向高位中枢外，还通过多个神经元的接替对其周围邻近的感觉传入纤维的活动产生突触前抑制，抑制其他感觉传入，有利于产生清晰、精确的感觉定位。

（3）突触前抑制与突触后抑制的差异　见表 14-1。

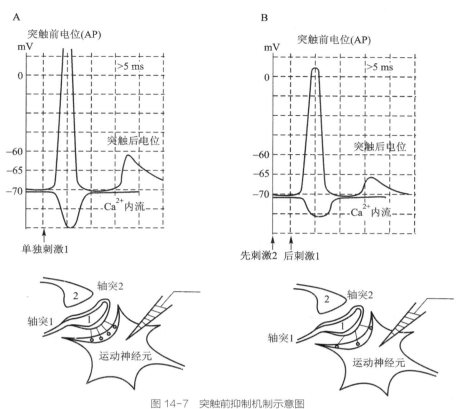

图 14-7 突触前抑制机制示意图
A 和 B 显示动作电位峰值变化，即突触前神经元的静息电位变化

表 14-1 突触前抑制与突触后抑制的主要区别

项 目	突 触 前 抑 制	突 触 后 抑 制
突触类型	轴突 – 轴突式（至少 3 个神经元联系）	轴突 – 胞体或轴突 – 树突式
突触前神经元	兴奋性神经元	抑制性神经元
递质的释放	兴奋性递质释放减少	释放抑制性递质
抑制部位	突触前膜	突触后膜
抑制机制	突触前膜除极化减弱（属于除极化抑制）	突触后膜超极化（属于超极化抑制）
突触后电位变化	产生的 EPSP 减小或不产生	产生 IPSP
突触后神经元兴奋性	不变	降低
潜伏期	较长	较短
持续时间	较长（200 ms）	较短（10 ms）
生理作用	调节传入神经元的活动，控制外周感觉信息的传入	调节传出神经元的活动，及时终止神经元活动，使不同中枢间或同一中枢内神经元活动相互协调

14.2.4.3 中枢易化

易化（facilitation）是指某些生理过程变得更容易发生的现象。中枢易化（central facilitation）可分为突触后易化和突触前易化。

突触后易化（postsynaptic facilitation）表现为 EPSP 的总和。突触后膜的去极化可使膜电位接近阈电位水平，如果在此基础上再出现一个刺激，就较易达到阈电位水平而产生动作电位。

突触前易化（presynaptic facilitation）与突触前抑制具有相同的结构基础。与突触前抑制相反，如果到达末梢 1 的动作电位时程延长（图 14-7），则 Ca^{2+} 通道开放时间延长，进入末梢 1 的 Ca^{2+} 量增多，末梢 1 释放的递质量增加，使运动神经元的 EPSP 增大，即产生突触前易化。末梢 1 动作电位的时程延长，可能是由于轴突 – 轴突式突触的突触前末梢释放某种神经递质（如 5–羟色胺），引起细胞内 cAMP 水平升高，使 K^+ 通道发生磷酸化而关闭，从而延缓动作电位的复极化过程。

14.2.5 反射活动的一般特性

（1）适宜刺激（adequate stimulus） 适宜刺激是感受器的生理特性之一（见第 13 章），也是反射活动的重要生理特性之一。

（2）最后公路 脊髓腹角运动神经元及其轴突是骨骼肌运动反射弧的最后传出通路，神经调节的所有信息（包括来自脊髓同段、脊髓其他节段和脑内兴奋性或抑制性后 / 下传纤维的投射）最终都通过这条通路而影响肌肉收缩，因此称为最后公路（final common path）。

（3）中枢兴奋状态和中枢抑制状态 在脊髓内，兴奋有时可长时间地存在，这可能与环状联系或突触调制的作用有关。在较长时间内，中枢出现兴奋性影响超过抑制性影响的状态，称为中枢兴奋状态（central excitatory state）。中枢兴奋状态可导致反射活动的出现或反射活动的增强。反之，中枢在较长时间内出现抑制性影响超过兴奋性影响的状态称为中枢抑制状态（central inhibitory state）。

（4）反射的习惯化和敏感化 反射反应（reflex response）的形式虽然是固定的，但也可被修改，如习惯和敏感化（见第 5 章）。

（5）反射活动的反馈性调节 反射的基本过程为：感受器→传入神经→神经中枢→传出神经→效应器，表观上是一个开放通路，但实际上反射活动是一个闭合回路形成的自动控制系统。刺激引起效应器产生效应后，效应器输出变量的一部分信息可反过来改变中枢或其他环节的活动状态，用以纠正反射活动中出现的偏差。这种调控方式称为反馈性调节（feedback regulation）（见第 1 章）。

14.3 神经系统的感觉功能

神经系统被认为是由几个具有不同功能部分（亚系统）组成的复合体，分别为负责探测环境因素的感觉部（sensory component）、处理感觉信号和储存记忆中信息的整合部（integrative component）和发起运动和其他活动的运动部（motor component）。

机体的感觉主要分为两大类，即特殊感觉和一般感觉。在第 13 章已经针对感觉的一般规律和机体的特殊感觉进行了讨论，本章将重点讨论中枢神经系统对躯体及内脏感觉的分析功能。

14.3.1 中枢对躯体感觉的分析

14.3.1.1 躯体感觉

躯体感觉包括刺激皮肤、黏膜时产生的触压觉、温度觉、痛觉和本体感觉。这些感觉除了本体感觉的感受器是肌梭和腱器官外，其余几乎都是游离的神经末梢。触压觉是对机械震动产生的触压感觉，有轻和精细之分。精细触觉是指能分辨两点距离和物体的纹理粗细等的感觉。轻触觉主要指存在于躯干和四肢浅层的感觉。温度觉感觉的是皮肤上热量丧失和获得的速率，以温度的变化表示，有冷感觉和热感觉之分。本体感觉包括肌肉、肌腱和关节的运动觉、位置觉和震动觉等。痛觉是伤害性刺激作用于感受器而引起的一种不愉快或痛苦的感觉。痛觉没有适宜刺激，无论是机械的、化学的或温度刺激，只要刺激增大到一定强度（具有伤害性时），就会引起痛觉。另外，痛觉感受器对刺激没有适应性，相反，它们对相同的持续性伤害刺激愈加敏感。这对机体有着重要的保护意义。痛觉有深痛和浅痛；快痛和慢痛之分（见 ⓔ 知识拓展 14-16）。

14.3.1.2 躯体感觉的传入通路

躯体感觉传入的通路一般由三级神经元接替。初级传入神经元的胞体（大部分）位于脊神经背根神经节或位于脑神经节内，其外周突起与感受器相连，向中枢端突起进入脊髓或脑干。第二级神经元一般位于脊髓或脑干内。传入神经纤维进入脊髓或脑干后发出两类分支。一类在脊髓或脑干的不同水平上，直接或通过中间神经元与运动神经元相连构成反射弧，完成一些最基本的反射活动；另一类经多级神经元的接替后到达丘脑，在丘脑有第三级神经元，经交换后向大脑皮层投射形成感觉传入通路，产生各种不同感觉。

（1）丘脑前的传入系统 初级神经元轴突中枢端（传入神经）经脊神经背根进入脊髓后，分别沿各自的前（上）行传导路径传至丘脑。由脊髓向前（上）传导的感觉传入通路可分为浅感觉传入和深感觉传入通路两大类。浅感觉传入通路传导痛觉、温度觉和轻触觉。深感觉传入通路传导肌肉与关节的本体感觉和深部压觉，精细触觉以及深痛觉。二者的传入通路基本一致，不同的是浅感觉传入通路在传入神经进入脊髓背（后）角交换神经元后（简称换元）在脊髓的界面上先交叉到对侧，在脊髓的腹（前）外侧组成腹（前）外侧丘系传入系统（束），前（上）行到丘脑特异感觉接替核或非特异投射核再换元；而深感觉传入通路是先上行到延脑的薄束核和楔束核换元后再发出纤维交叉到对侧组成内侧丘系传入系统（束），后者到达丘脑的特异感觉接替核－后外侧腹核，再换元。

来自头面部的痛觉、温度觉冲动主要由三叉神经脊束核中继换元，而触觉与肌肉本体感觉主要由三叉神经的主核和中脑核中继换元。自三叉神经主核和脊束核发出的二级纤维越至对侧组成三叉丘系，它与脊髓丘脑束毗邻前（上）行，终止于丘脑的后内侧腹核（图 14-8）。

丘系、丘外系及三叉神经束传入通路

上行纤维在脊髓内有规则地排列，使各种传入性冲动向脊髓的传入分布具有节段性的特点。这种分布特点有临床诊断意义，当脊髓半离断时，离断对侧发生浅感觉障碍，离断的同侧发生深感觉和辨别觉障碍。

ⓔ 资源拓展 14-15
躯体感觉传入通路（动画）

（2）丘脑的核团及其投射系统 丘脑是除嗅觉以外的各种感觉传入通路的重要中继站，并能对感觉传入进行初步的分析与综合。在大脑皮层不发达的动物，丘脑是感觉的最高级中枢。

① 丘脑与感觉有关的核团。根据神经联系和功能的不同，丘脑的各种细胞群大致分为如下 3 类：

特异感觉接替核（specific sensory relay nucleus）：接受各种感觉二级感觉传入纤维的投射，换元后发出纤维投射到大脑皮层的感觉区。包括后腹核（分后腹内侧核和后腹外侧核）、内、外膝状体等。后外侧腹核接受来自躯体四肢部位的传入纤维，有一定空间分布。来自足部的纤维在核的最外侧部换元；来自上肢的纤维在核的内侧部换元。后内侧腹核接受来自头面部的传入纤维，由后腹核发出纤维投射到大脑皮层躯体感觉区的特定部位。内侧膝状体是听觉传入通路的换

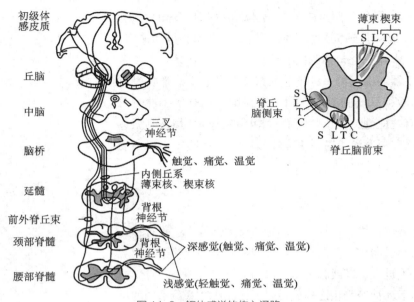

图 14-8 躯体感觉的传入通路

示丘系（外侧）、内侧丘系和三叉神经束

元站，外侧膝状体是视觉传入通路的换元站，换元后分别发出纤维投射到大脑皮层的听区和视区。后内侧腹核、内侧膝状体、外侧膝状体又被称为感觉接替核（sensory relay nucleus）。

联络核（associated nucleus）丘脑中还有一些与感觉有关的核团，包括丘脑前核和背侧核群等。在丘脑内感觉接替核和大脑新皮层间有着往返纤维联系。其功能是参与汇聚躯体和内脏的感觉信息，协调各种感觉在丘脑和大脑之间的联系。

非特异性核群（nonspecific projection nucleus）主要指靠近丘脑中线的髓板内核群，包括中央中核、束旁核和中央外侧核等。非特异性核群的纤维并不直接投射到大脑皮层，但可间接地通过丘脑网状核、纹状体等多突触接替后，弥散性地投射到整个大脑皮层，对维持大脑皮层的兴奋状态有重要作用。

② 丘脑的投射系统。根据丘脑各部分向大脑皮层投射特征的不同，可将丘脑感觉投射系统分为特异性投射系统（specific projection system）和非特异性投射系统（nonspecific projection system）。

特异性投射系统：指由丘脑的特异感觉接替核发出的纤维，以点对点的方式投射到大脑皮层特定区域的投射系统。其主要功能是引起特定的感觉，并激发大脑皮层产生传出神经冲动。丘脑联络核的大部分与大脑皮层有特定的投射关系，也归于特异性投射系统（图 14-9）。

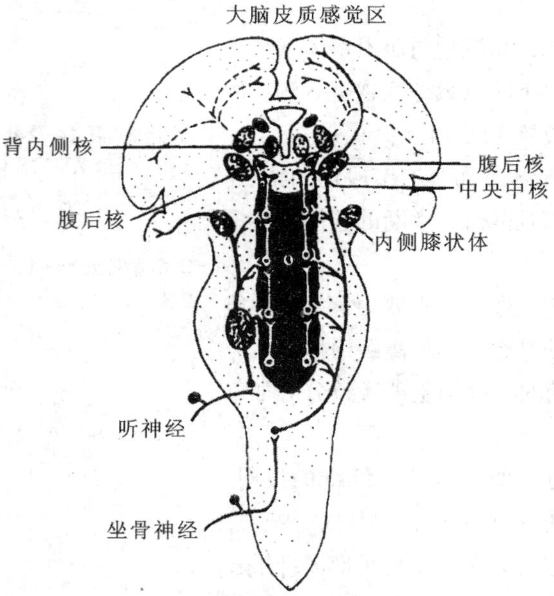

非特异性投射系统：丘脑非特异投射核发出的纤维弥散地投射到大脑皮层的广泛区域，不具有点对点的投射关系，该神经通路称为非特异性投射系统。当各种特异感觉前（上）传到脑干时，均发出侧支与脑干网状结构中神经元发生突触联系，在脑干内经多次换元后前（上）行，抵达丘脑髓板内核群后，进一步弥散投射到大脑皮层广泛区域。因各种感觉传入侧支进入脑干网状结构后，都发生了广泛的会聚，故非特异性投射系统不存在专一的特异性感觉传导功能，是各种不同感觉的共同前（上）传路径。该系统虽不产生特异感觉，但可提高大脑皮层兴奋性，维持动物的觉醒。实验观察表明，刺激中脑网状结构能唤醒动物；在中脑头端切断网状结构时，动物由清醒转入昏睡状态。研究表明，在脑干网状结构内存在有上行唤醒作用的功能系统，称为脑干网状结构上行激动系统（ascending reticular activating system）（图 14-9）。由于该系统包含较多的突触联系，因此易受药物的影响而产生传导阻滞。例如，巴比

图 14-9 感觉投射系统示意图

实线代表特异投射系统，虚线代表丘脑非特异投射系统

妥类药物及全身麻醉药（如乙醚）都是通过阻断该上行激动系统的兴奋传导而起作用的。

（3）大脑皮层的感觉代表区 从丘脑后腹核携带来的躯体感觉信息经特异投射系统投射到大脑皮层的躯体感觉代表区（somatic sensory area）。躯体感觉代表区位于大脑皮层的顶叶，主要包括体表感觉区和本体感觉区。

各区的细胞分Ⅰ～Ⅵ层排列。各层细胞具体功能不同，Ⅰ、Ⅱ、Ⅲ接受非特异性感觉传入；Ⅳ接受特异性感觉传入；Ⅴ、Ⅵ神经元投射到脑的深层结构。从Ⅰ～Ⅵ层个层中相同感觉功能的神经元呈纵向柱状结构排列，称为感觉（功能）柱（sensory column）。在层内各功能柱之间神经元功能各异，相互抑制，形成兴奋－抑制性镶嵌排列，而各功能柱内的各层神经元却相互联系，并对传入感觉信息进行分析。

① 体表感觉代表区又分为第一和第二感觉区，以第一感觉区为初级感觉区，更为重要。

第一感觉区上传的感觉信息始终保持与躯体的对应关系。

ⅰ 除头、面部外，躯干各部在该区的投影均为左右交叉和前后倒置排列。

ⅱ 感觉区所占的区域范围与体表感受器数量和感觉灵敏度成正比（图14–10）。

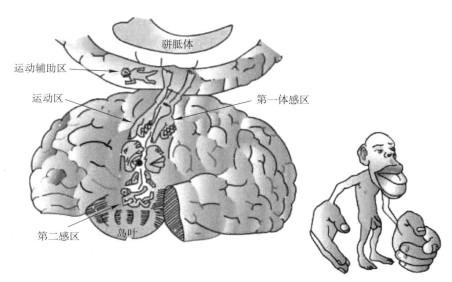

图14-10 大脑皮层体表感觉与躯体运动代表区示意图

人下肢代表区在中央后回的顶部，膝以下的代表区在半球的内侧面，上肢代表区在中央后回的中间部，而头面部则在底部，总体安排是倒置的，但在头面部代表区内部却是正立排列

ⅲ 感觉皮层具有可塑性，表现为感觉区神经元之间的广泛联系可发生较快的改变。

第二感觉区：猴等灵长类动物躯体感觉区位于顶叶中央后回。面积较小，是双侧、正向投射；第二感觉区虽有一定的分布空间，但精确性较差，只能对感觉进行粗略的分析。

② 本体感觉代表区。接受从小脑和基底神经节传来的反馈投射，可能与随意运动的形成有关。低等哺乳动物（如猫、兔和鼠等）的躯体感觉区和躯体运动区基本重合在一起（统称感觉运动区），动物越高等这两个区域越分离。如猴等灵长类动物的躯体感觉区在顶叶中央后回，而躯体运动区则在额叶中央前回。

14.3.2 中枢对内脏感觉的分析

由内脏感受器的传入冲动所产生的感觉称为内脏感觉。按适宜刺激性质的不同，内脏感觉可分为化学的、机械的、温度的、痛觉的等感觉类型。内脏中痛觉感受器较多，但无本体感受器，所含的温度觉和触压觉感受器也很少。因此，内脏感觉主要是痛觉。机械性牵拉、痉挛、缺血和炎症等刺激通常可导致内脏痛。

内脏痛的特点有：①定位不准确，因为内脏痛觉感受器的分布比躯体要稀疏得多；②发生缓慢，持续时间长，即主要表现为慢痛，常呈渐进性增强，但有时也可迅速转为剧烈疼痛；③中空器官（如胃、肠、胆囊和胆管等）壁上的感受器对扩张刺激和牵拉刺激十分敏感，但对切割、灼烧等通常易引起皮肤痛的刺激不敏感；④常引起不愉快的情绪活动，并伴有恶心、出汗、呕吐和血压、呼吸活动的改变等；⑤某些内脏器官病变时，在体表一定区域常常产生感觉过敏或疼痛感觉的现象，称为牵涉痛（referred pain）。

内脏痛的感受器是游离神经末梢，传入纤维一般是 C 类纤维；主要行走于迷走神经内。内脏痛信号的中枢传递更为复杂。

14.4　神经系统对躯体运动的调节

感觉系统可将内外环境的理化变化转变成神经系统可以识别的神经信号。运动系统是将由感觉系统转换来的神经信号在大脑及相关中枢内产生的抽象的运动概念变成具体的躯体运动。在运动过程中，感觉系统又将运动目标与动物本身位置之间的相互关系的信息和相关肌肉收缩的长度与张力、关节的位置等方面的信息反馈给运动中枢，使运动中枢不断调整发放冲动的指令，从而使运动更精确和有意义。

动物的躯体运动有 3 种类型：反射运动、随意运动和节律运动。

反射运动是最简单的运动形式，通常由特定的感觉刺激引起，产生的运动具有固定的轨迹，又被称为定型运动（stereotyped movement）。如扣击膝关节肌腱引起的膝跳反射（属牵张反射）、屈反射、吞咽反射等。上述反射很少受意识的影响，当一个特定的刺激出现时，反射即以固定的形式"自动地"发生，因而是一些定型的非随意性反应。

随意运动（voluntary movement）是为了达到某种目的而指向一定目标的运动或行为，它可以是对感觉刺激的反应，也可以因主观意愿而产生，如人类的写字、开汽车和弹钢琴都是极为复杂的随意运动；这类运动的方向、速度、轨迹和时程可以随意确定，并且在运动过程中能随意改变；可通过学习和实践提高随意运动的精确度，使得运动逐步熟练和完善。一旦随意运动被熟练地掌握，执行的时候就不需要具体思考运动的每一个步骤，而可以下意识地完成动作。

节律运动（rhythmic motor pattern）是介于反射运动和随意运动之间的一类运动。这类运动具有反射运动和随意运动两方面的特征。如搔爬反射、行走、跑步、呼吸和咀嚼等都是典型的节律运动。一般说来，这类运动可随意地开始和终止，但运动一旦发起就不再需要意识的参与并能够自主地重复进行。

从动物进化的角度看，动物越高等（如人类）随意运动的成分越多且越复杂。低等脊椎动物以反射运动和节律运动的模式居多。

14.4.1　躯体运动神经元与运动单位

14.4.1.1　脊髓中的运动神经元

脊髓是运动控制的最低层次的一个结构。它由一个位于脊髓中央的灰质区和一个包围灰质的白质区所组成。灰质是脊髓神经元胞体所在，白质则是由神经元的轴突所组成。

负责躯体运动的神经元包括存在于脊髓腹（前）角的运动神经元和存在于脑神经核团内的运动神经元（Ⅰ、Ⅱ、Ⅷ对脑神经核除外）。根据神经元胞体的大小和对肌纤维支配的情况，可将脊髓腹（前）角的运动神经元分为 α、β 和 γ 3 种。α 运动神经元胞体较大，其轴突经脊髓腹（前）根离开脊髓，直接支配骨骼肌；γ 运动神经元分散在 α 运动神经元之间，其胞体较小，轴突纤维很细，轴突经脊髓腹（前）根离开脊髓分布到骨骼肌的肌梭内肌纤维上；γ 运动神经元兴奋时引起梭内肌收缩，能增强肌梭对牵拉刺激的敏感性。β 运动神经元胞体较大，其纤维对骨骼肌的梭内肌和梭外肌都有支配，其功能还不十分清楚。在脊髓中支配某一特定肌肉的运动神经元集结成群，构成了运动核（motor nucleus），而且支配不同肌肉的运动神经元是按一定的顺序有规律排列的。

ⓔ 知识拓展 14-17
脊髓中运动神经元的排列

在脊髓除了运动神经元外，还分布着大量的中间神经元，对躯体运动起到信息整合和回返性抑制作用。

ⓔ 知识拓展 14-18
脊髓与运动有关的中间神经元

14.4.1.2 运动单位

由一个 α 运动神经元及其分支所支配的全部肌纤维组成了一个运动单位（motor unit）。不同运动单位的大小相差很大。一般而言，肌肉愈大，运动单位也愈多。如眼外肌的一个运动单位只含有 6～12 根肌纤维，而三角肌的一个运动单位含有多达 2000 根肌纤维。前者有利于进行精细的运动，后者有利于产生巨大的肌张力。同属一个运动单位的所有肌纤维具有相同的生理和生化特性。一个运动神经元所支配的肌纤维总是弥散地分布在一块肌肉中，一块肌肉中的不同肌纤维又接受不同运动神经元的支配，这样一方面可以保证一个运动单位活动时所产生的张力较均匀，另外一块肌肉中即使只有少数的运动单位活动时肌肉也可产生均匀的张力。当支配这块肌肉的部分神经元受损时，也不会影响到整块肌肉的收缩功能。支配一块肌肉的所有运动神经元组成运动神经元池（neuronal pool）或运动核。

在运动单位的水平上，神经系统可以通过控制运动神经元单位时间发放冲动的频率和募集动员参与肌肉的收缩的运动单位数量来控制肌肉收缩的力量。

ⓔ 知识拓展 14-19
运动单位的类型及肌肉张力的调节

14.4.1.3 躯体反射的最后公路

前已述及，脊髓的 α 运动神经元和脑的运动神经元接受来自躯干四肢和头面部皮肤、肌肉、关节等处的外周传入信息，同时也接受从脑干到大脑皮层各级中枢的下传信息。所有信息最终都会聚到运动神经元，经整合后最终产生相应的反射性传出冲动，冲动沿运动神经元的轴突直达所支配的骨骼肌，因此运动神经元的轴突被称为躯体反射的最后公路（final common path）。

14.4.2 中枢对姿势的调节

14.4.2.1 脊髓对姿势的调节功能

中枢神经系统通过调节骨骼肌的紧张度或产生相应的运动，以保持或改正身体在空间的位置和姿态，这种反射活动称为姿势反射（postural reflex）。在脊髓水平能完成的姿势调节反射有屈肌反射与对侧伸肌反射、节间反射和牵张反射。

ⓔ 实验与技术应用
14-1 脊休克

（1）屈肌反射与对侧伸肌反射　脊髓动物肢体的皮肤受到伤害性刺激时，同侧肢体的屈肌收缩，而伸肌舒张，肢体屈曲，称为屈肌反射（flexor reflex）（见 ⓔ 知识拓展 14-9）。通过屈肌反射可使受刺激的肢体避开伤害性刺激，具有保护性意义。屈肌反射的强弱与刺激强度有关。当刺激增大到一定强度时，在同侧肢体产生屈曲反射的同时，对侧肢体还出现伸直的反射活动，称为对侧伸肌反射（crossed extensor reflex）（图 14-11）。屈肌反射一般在刺激施加后几毫秒才出现，并有 6～8 ms 的后放；对侧伸肌反射要到刺激后 0.2～0.5 s 才出现。屈肌反射是一个多突触反射，伤害性刺激信号进入中枢，并不直接兴奋运动神经元，而是先进

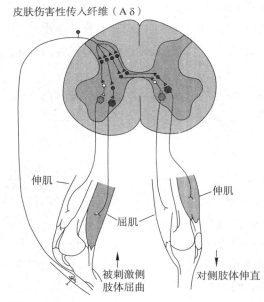

皮肤伤害性传入纤维（Aδ）

伸肌

伸肌

屈肌

被刺激侧
肢体屈曲

对侧肢体伸直

图 14-11 屈肌反射与对侧伸肌反射

🅔 知识拓展 14-20
动物躯体运动的力学
装置

🅔 知识拓展 14-21
搔扒反射是节律性
运动

入中间神经元池，然后再兴奋运动神经元，至少有 3~4 个神经元。其中的神经回路为：①通过辐散式联系兴奋支配屈肌的运动神经元；②通过与之颉颃的伸肌；③通过震荡环路引起后放。对侧伸肌反射是在一侧的屈肌反射的基础上反射活动的范围有所扩大，即通过交互抑制机制和兴奋扩散机制调整对侧相颉颃肌肉的肌紧张，属于姿势反射，可在一侧肢体屈曲时起到支持体重及维持姿势的重要作用。

在整体情况下引起躯体的弯曲或伸直除至少要有两组相颉颃的肌肉群参与外，还需要有以骨骼为杠杆，关节为枢纽的动力学装置为基础。

（2）节间反射 脊髓动物在反射恢复的后期可出现复杂的节间反射。节间反射（intersegmental reflex）是指脊髓某些节段神经元发出的轴突与邻近上下节段的神经元发生联系，通过上下节段之间神经元的协同活动所产生的一种反射活动。如刺激动物腰背皮肤，可引起后肢发生一系列的有节奏性的搔扒动作，称为搔扒反射（scratching reflex）。

鱼类脊神经的分布有明显的节段性。每一背根的感觉纤维在皮肤的分布区域，称为皮节；每一腹根的运动神经纤维所支配的躯体肌肉群，称为肌节。各皮节间或肌节间并不截然分开，相邻的数节互相重叠交错。因此刺激一对脊神经腹根，可引起多个肌节的收缩。

（3）牵张反射 骨骼肌在受到外力牵拉时，能反射性地引起受牵拉的同一块肌肉收缩的反射活动，称为牵张反射（stretch reflex）。肌肉内与牵张反射有关的感受器有 2 种，即肌梭和腱器官（见 🅔 知识拓展 13-12）。牵张反射有腱反射和肌紧张两种类型。

① 腱反射（tendon reflex）是指快速牵拉肌腱时引起的牵张反射，也称位相牵张反射。例如，叩击膝关节下的股四头肌肌腱，可反射性地引起股四头肌收缩，称为膝反射。另外，还有肘反射和跟腱反射等。腱反射的感受器是肌梭，传入纤维是 Ia 类纤维，基本中枢位于脊髓腹角的 α 运动神经元，效应器是同一肌肉中的梭外肌。腱反射的潜伏期短，传播时间只够一次突触传递时间（0.7 ms），因此是一种单突触反射，在腱反射中，主要使受牵拉的肌肉收缩，而同一关节的相对抗的肌肉则受到抑制（图 14-12，🅔 知识拓展 14-9）。

② 肌紧张（muscle tonus）是指缓慢而持久地牵拉肌肉时（如重力）引起的牵张反射，表现为受牵拉的肌肉发生微弱而持久的收缩，阻止其被拉长，以对抗重力引起的关节屈曲，从而维持站立姿势。这可能是同一肌肉内的不同肌纤维交替收缩的结果，因而不易疲劳。肌紧张是保持身体平衡和维持姿势的最基本反射活动，也是动物进行各种复杂运动的基础。肌紧

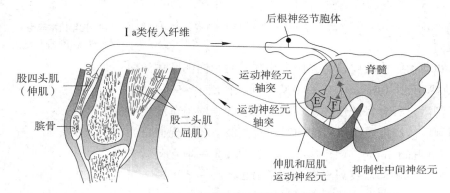

I a类传入纤维

后根神经节胞体

脊髓

股四头肌
（伸肌）

髌骨

股二头肌
（屈肌）

运动神经元
轴突

运动神经元
轴突

E F

伸肌和屈肌
运动神经元

抑制性中间神经元

图 14-12 腱反射的反射弧

张与腱反射的反射弧组成基本相似，但肌紧张是多突触反射，即在肌梭传入纤维末梢和运动神经元之间有中间神经元接替。肌紧张产生过程中还需要 γ 运动神经元的参与，否则肌梭的敏感性下降，传入的冲动减少，不能维持肌紧张。

14.4.2.2 脑干对肌紧张和姿势的调节

脑干具有广泛的生理功能。所有运动控制的下行通路中，除了皮质脊髓束外，其他神经束均起源于脑干，其中最重要的是起源于脑干网状结构的网状脊髓束和起源于前庭核的前庭脊髓束。脑干还接受其他脑区广泛的投射。这些脑区都是通过脑干的下行通路发挥作用的。

（1）脑干对肌紧张调节　在中脑上、下丘之间切断脑干的去大脑动物，由于脊髓与低位脑干相连接，因此不出现脊休克现象，躯体和内脏的很多反射活动仍可以完成。但肌紧张出现亢进现象，动物呈现四肢伸直，头尾昂起，脊柱挺硬呈角弓反张状的现象，称为去大脑僵直（decerebrate rigidity）（图 14-13）。去大脑僵直的动物主要表现为一种伸肌紧张亢进状态。若将局部麻醉药注入去大脑动物的肌肉中，或切断相应的脊髓背根，即阻断肌梭的传入冲动进入中枢，则该肌肉的僵直现象消失。因此，去大脑僵直是在脊髓牵张反射的基础上产生的一种增强性牵张反射。若用电刺激动物脑干网状结构的不同区域，可观察到网状结构中存在抑制或加强肌紧张和肌肉运动的区域，分别称为易化区（facilitatory area）和抑制区（inhibitory area）（图 14-14）。易化区较大，分布于整个脑干的中央区，包括延髓网状结构的背外侧部分、脑桥的被盖、中脑的中央灰质及被盖。易化区时常有自发产生的冲动，通过网状脊髓束下传到脊髓，增强 γ 运动神经元的活动，引起牵张反射增强，导致肌紧张增强。抑制区较小，位于延髓网状结构的腹内侧部分，抑制区本身没有自发活动，主要接受高位中枢，包括大脑皮质、基底神经节和小脑的驱动。抑制区的活动通常较弱，它通过脑干网状脊髓束抑制 γ 运动神经元的活动，使牵张反射减弱，导致肌紧张减弱。

去大脑僵直产生的原因是由于切断了脑干与高位中枢的联系，使得抑制区的下行抑制作用大大降低，汇聚在 γ 运动神经元上的易化与抑制的平衡被打破，易化区活动相对增强，表现出全身肌紧张度易化的结果。

（2）脑干对姿势的调节　由脑干整合而完成的姿势反射（postural reflex）有状态反射、翻正反射、直线和旋转加速度反射等。

图 14-13　兔的去大脑僵直

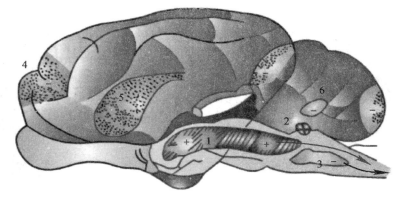

图 14-14　猫脑干网状结构下行易化（＋）和抑制（－）系统示意图

1. 脑干网状结构易化区；2. 延髓的前庭核；3. 脑干网状结构抑制区；4. 大脑皮层运动区；5. 纹状体；6. 小脑

① 状态反射：头部的空间位置及其与躯干部的相对位置发生改变时，都可反射性地改变躯体肌肉的紧张性，这种反射称为状态反射（attitudinal reflex）。状态反射包括迷路紧张反射（tonic labyrinthine reflex）和颈紧张反射（tonic neck reflex）。迷路紧张反射是内耳迷路的椭圆囊和球囊的传入冲动对躯体伸肌紧张性的反射性调节活动。颈部扭曲时，颈部脊椎关节韧带和肌肉本体感受器的传入冲动对四肢肌肉紧张性的反射性调节活动，称为颈紧张反射。

② 翻正反射：动物体处于异常体位时所产生的恢复正常体位的反射，称为翻正反射（righting reflex），亦称复位反射。若将动物四足朝天从空中落下，在下坠过程中可观察到，动物最初产生头颈扭转，随后前肢和躯干发生扭转，最后为后肢扭转，动物坠落到地面时总是四肢着地。该反射包括一系列的反射活动，最先是异常的头部位置刺激视觉与内耳迷路，引起头部的位置翻正；头部翻正后，由于头与躯干的相对位置异常，刺激颈部关节韧带及肌肉，从而使躯干的位置也翻正。

14.4.2.3 小脑、基底神经节、及大脑皮质对躯体运动的调节

（1）小脑 小脑是躯体运动调节重要中枢，根据传入和传出联系的不同可将小脑分为3个功能区，即前庭小脑（vestibulo cerebellum）、脊髓小脑（spino cerebellum）和皮层小脑（cerebro cerebellum）。前庭小脑主要功能是维持身体平衡。脊髓小脑的功能主要是通过调节肌紧张调节躯干和肢体活动，调节随意运动。位于小脑半球外侧部在进化中出现最晚，与大脑新皮层发展有关的新小脑主要参与随意运动计划和时序的设计安排。

（2）基底神经节 基底神经节位于皮质下白质内，靠近脑底部。主要包括纹状体、尾状核和杏仁核（广义上也包含黑质与丘脑底核）。与运动有关的主要是纹状体。它与大脑皮质构成往返神经环路，基底神经节与脊髓没有直接联系，主要通过上述神经环路对躯体运动进行调节，主要是完成对运动信息的处理，参与运动的"计划"过程。

ⓔ 知识拓展 14-22
小脑、基底神经节对躯体运动的调节

（3）大脑 大脑皮质对躯体运动的控制作用主要有两部分，其一是皮质运动区的的作用，主要是制定运动计划、编制运动程序，发布指令；其二是将运动指令输出，控制低位控制中枢。

① 大脑皮层运动区。人和灵长类动物的大脑皮层运动区主要位于中央前回和运动前区，包括初级运动皮层（primary motor cortex）、辅助运动皮层（supplementary motor cortex）和前运动皮层（premotor cortex）三部分（图 14-15）。按照 Brodmmann 分区，前者位于大脑皮层4区，后二者位于大脑皮层6区，是控制躯体运动最重要的区域。运动区接受本体感觉冲动，感受躯体的姿势和躯体各部分在空间的位置及运动状态，并借此调整和控制全身的运动。运动区具有下列功能特征：ⓘ交叉支配，即一侧皮层运动区支配对侧躯体的肌肉。但在头面部，除下部面肌和舌肌受对侧支配外，其余部分肌肉的运动均受双侧性支配。ⓘⓘ精细的功能定位，即刺激一定部位的皮层引起一定部位的肌肉收缩。运动越精细越复杂的肌肉，其代表区的面积越大。肉食性动物的前肢肌肉代表区面积比草食动物的大，这与动物的习性和食性有关。ⓘⓘⓘ运动区的定位从前到后（上、

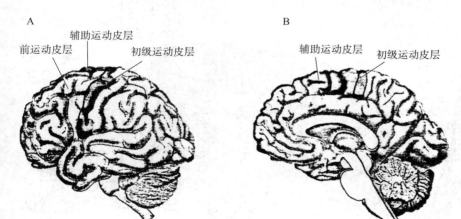

图 14-15 人的初级运动皮层、前运动皮层和辅助运动皮层在大脑皮层上的位置
（引自寿天德，2013）
A. 外侧观；B. 内侧观

下）的排列是倒置的，即支配下肢肌肉运动的代表区位于皮层运动区的顶部，膝关节以下的肌肉代表区在皮层的内侧面；上肢肌肉的代表区在中间部；而头面部肌肉代表区在底部，但在头面部代表区内部的排列却是正立的。从运动区前后分布来看，躯干和肢体近端肌肉的代表区在前（6区）；肢体远端代表区在后（4区）；指、趾、足、唇和舌的代表区在中央沟前缘（图14-16）。ⅳ运动愈精细在皮层的代表区愈大。ⅴ皮层运动区和其他大脑皮质一样神经元是分层排列的，功能（控制区域）相同的神经元又是从脑膜到白质是纵向呈柱状排列，称为功能柱。每一个功能柱是一个控制单位，管理协同肌的活动，通过控制几块协同肌肉的协调活动，使关节运动起来。大脑皮层运动区的定位并不是一成不变的，运动学习或进行其他肌肉训练时，支配这些肌肉运动的皮层代表区会增大。当某一运动代表区上发生损伤时，该运动代表区能够迁移至邻近的未损伤区，所以运动皮层的定位是可以改变的。

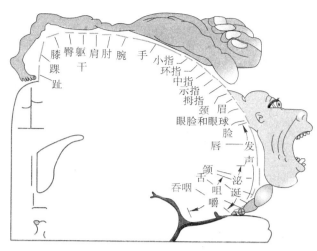

图 14-16　中央前回运动皮层对身体各部分运动控制的分布规律示意图

　　辅助运动区在在运动编程中起重要作用。运动前区的主要作用可能是为即将开始的运动做准备，并根据视觉信息调节运动。

　　② 运动传出通路。运动的中枢控制是分级的，运动系统由三个水平的神经中枢构成，即脊髓、脑干和大脑皮层运动区。这些神经结构都接受躯体感觉传入、通过反馈、前馈和适应机制来实现感觉－运动的整合。

　　脊髓、脑干和大脑皮层运动区三者之间既有高级结构与低级结构的等级关系，又有相对独立和各自分工的平行性关系（图14-17）。

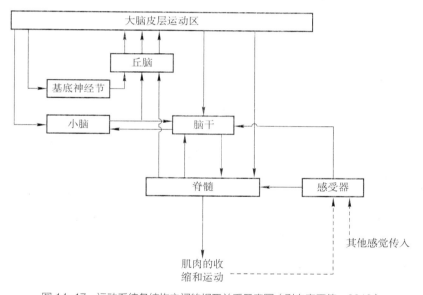

图 14-17　运动系统各结构之间的相互关系示意图（引自寿天德，2013）

ℯ 知识拓展 14-23
中枢神经系统等级式、平行管理模式的生理意义

　　大脑皮层的运动指令经皮层脊髓束（corticospinal tract）和皮层延髓（脑干）束（corticobulbar tract）两条通路下（后）行。皮层脊髓束中有80%的纤维在延髓锥体跨越中线，交叉到对侧脊髓的外侧索，下行而成为皮层脊髓侧束（图14-18）。侧束贯穿脊髓的全长，其纤维仅与同侧前（腹）角外侧部分的运动神经元发生突触联系。其余20%的纤维不跨越中线，在脊髓的同侧前索下行而成为皮层脊髓前束。前束一般只下降（后行）至胸部，其纤维通过中间神经元接替与双侧前（腹）角内侧部分的运动神经元发生突触联系。在系统发生上前束较为古老，其功能主要控制躯干和四肢近端肌肉，尤其是屈肌的舒缩，与姿势的维持和粗略的运动有关。而侧束发生上较新，其功能主要控制四肢远端肌肉的舒缩活动，与精细的、技巧性运动有关（图14-18）。

　　此外，上述通路发出的侧支一些直接起源于运动皮层的纤维，经脑干某些核团接替后形成顶盖脊髓束、皮层－网状－脊髓束和前庭脊髓束，皮层－红核－脊髓束（图14-19）。前二者与皮

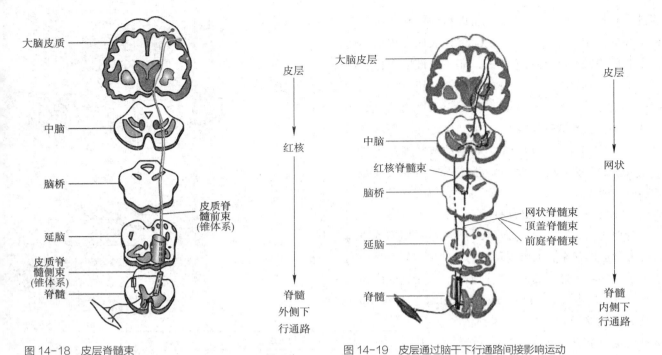

图 14-18　皮层脊髓束

图 14-19　皮层通过脑干下行通路间接影响运动

ⓔ 发现之旅 14-1
对锥体系与锥体外系
认识的变迁

质脊髓束相同，主要参与四肢近端肌肉粗略运动及姿势的调节；而红核脊髓束的功能可能与脊髓侧束相似，参与四肢远端肌肉精细运动的调节。

14.5　神经系统对内脏活动的调节

　　调节内脏活动的神经称为植物性神经系统或内脏神经系统。由于它们的活动一般不受意识支配，又称为自主神经系统。实际上，自主神经系统也接受中枢神经系统的控制，并不是完全独立自主的。自主神经系统也包括传入神经和传出神经，但习惯上自主神经仅指支配内脏器官的传出神经，且根据其结构特点，将其分为交感神经（sympathetic nerve）和副交感神经（parasympathetic nerve）两部分。

14.5.1　自主神经的结构特征

　　从神经中枢发出的自主神经并不直接到达效应器官，通常在外周神经节中交换神经元（支配肾上腺髓质的交感神经例外），由中枢发出的纤维称为节前纤维（preganglionic fiber）；由外周神经节发出的纤维称为节后纤维（postganglionic fiber）。交感神经节离效应器官较远，因此节前纤维短而节后纤维长；副交感神经节离效应器官较近，有的神经节就在效应器官壁内，因此节前纤维长而节后纤维短（图14-20，图14-21）。交感神经起源于脊髓胸腰段灰质侧角的中间外侧柱，分布广泛，几乎支配全身所有内脏器官。由于每根交感神经节前纤维往往与多个节后神经元（节前、节后的比值平均约1：10）发生突触联系，因此刺激交感神经节前纤维引起的反应比较弥散。副交感神经的起源比较分散，一部分起源于脑干的脑神经核，另一部分起源于脊髓骶部灰质侧角的部位。

　　副交感神经节的节后纤维分布比较局限，有些内脏器官无副交感神经支配，如皮肤和肌肉的血管、竖毛肌、肾上腺髓质、肾等。副交感神经节前、节后神经元的比值平均约为1:3，因此，刺激副交感神经节前纤维引起的反应比较局限。

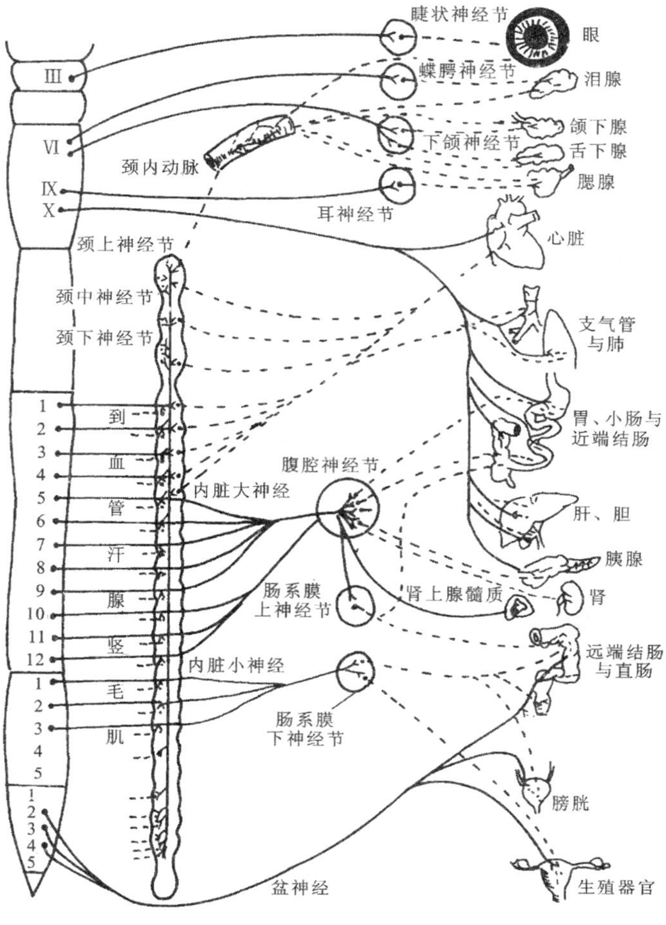

14.5.2　自主神经系统的功能特征

自主神经系统的主要功能是调节心肌、平滑肌和腺体（消化腺、汗腺、部分内分泌腺）的活动，其调节功能是通过不同的递质和受体系统实现的。交感神经和副交感神经的主要神经递质和受体分别是去甲肾上腺素和乙酰胆碱及其相对应的受体。交感和副交感神经系统对同一效应器的作用特点如下。

（1）双重支配　大多数组织器官都受交感和副交感神经的双重支配，两者的作用往往是相颉颃的。如心迷走神经对心脏活动起抑制作用；而交感神经却起兴奋作用；消化道迷走神经能增强小肠平滑肌运动；而交感神经则抑制其活动。自主神经系统的这一特点使机体能够从正反两方面调节内脏的活动，从

ℰ 知识拓展 14-24
关于植物性神经的递质与受体

图 14-20　自主（植物性）神经分布示意图
实线：节前纤维；虚线：节后纤维

而使内脏的活动能适合机体当时的需要。交感和副交感神经的作用也有一致的方面，例如交感和副交感神经都能促进唾液腺的分泌，但两者的作用也有差别，前者引起少量黏稠的唾液的分泌；后者引起大量稀薄的唾液的分泌。

（2）紧张性支配　自主神经对效应器的支配作用通常具有紧张性，即能持续调节所支配器官的活动。例如，切断心迷走神经，心率即加快；切断心交感神经，心率则减慢，说明两种神经对心脏的支配都具有紧张性活动。又如，切断支配虹膜的副交感神经，瞳孔即散大；切断其交感神经，瞳孔则缩小，也说明具有紧张性。一般认为，自主神经的紧张性来源于中枢，而中枢的紧张性来源于神经反射和体液调节等多种因素。

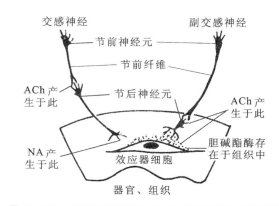

图 14-21　交感和副交感神经节前、节后纤维及有关递质

（3）受效应器所处的功能状态影响　自主神经的活动度与效应器当时的功能状态有关。例如，刺激交感神经可抑制无孕动物子宫的运动，而对有孕子宫却可加强其运动，这是因为未孕子宫和有孕子宫表达的受体有所不同。又如，胃幽门处于收缩状态时，刺激迷走神经能使之舒张，而幽门处于舒张状态时，刺激迷走神经则使之收缩。

（4）对脏器调节整体效应明显不同　当机体受到外界环境强烈刺激时，交感神经系统可以动

员机体许多器官的潜在功能以适应环境的急变。同时交感神经刺激肾上腺髓质分泌肾上腺素形成交感－肾上腺素系统参加应急反应（emergency reaction）（见第 15 章），机体出现心率加速、皮肤与腹腔内脏血管收缩、循环血量增加、血压升高、支气管扩张、肝糖原分解加速以及血糖浓度上升。在安静状态下，机体需要休整恢复、储备能量时，副交感神经活动水平增强，致使消化水平增强、糖原合成增加，促进排泄，能耗降低等。同时迷走神经兴奋，胰岛素分泌增强，形成迷走－胰岛系统，共同参与机体上的休整和恢复过程。

ⓔ 资源拓展 14-25
鱼类的自主神经

交感和副交感神经在对机体调节的整体效应上虽然不同，但二者活动的平衡是维持内环境相对稳定的基础和保障。

14.5.3 内脏活动的中枢调节

14.5.3.1 脊髓对内脏活动的调节

在脊椎动物，脊休克过去之后，动物的血管张力反射、发汗反射、排尿反射、排粪反射等可逐渐恢复，说明脊髓是许多内脏反射活动的中枢，一些基本的内脏反射在脊髓水平可独立完成。例如，脊髓动物的血压可以上升到一定水平，说明脊髓中枢可调节血管的紧张性，可以完成基本的血管张力反射，但由于缺乏脊髓以上心血管中枢的调节，机体体位性血压反射的调节能力很差。因此，这些反射调节功能是初级的，并不能很好地适应动物正常生理功能的需要。

14.5.3.2 低位脑干对内脏活动的调节

脑干网状结构中有许多与内脏活动有关的神经元。脑干网状结构从功能上可分为外侧区和内侧区，外侧区主要协调多种反射；内侧区有长的前行与后行纤维，与协调躯体运动、痛觉、维持觉醒以及调节内脏功能有关。

延髓在内脏活动的调节中具有非常重要的作用，许多基本生命现象的反射调节在延髓已能初步完成，如前面各章所述，调节心血管、呼吸、消化等的基本中枢都在延髓；如果延髓被破坏，可迅速导致死亡，所以延髓有"生命中枢"之称。

14.5.3.3 下丘脑对内脏活动的调节

下丘脑大致可分为前区、内侧区、外侧区和后区 4 部分。现已证明，下丘脑接受广泛的信息传入，是调节内脏活动的较高级中枢。下丘脑对自主神经的调节主要是它的整合作用，包括将不同内脏功能的整合和将内脏功能与躯体运动、内分泌、情绪等的整合。之所以能这样，是因为下丘脑本身具有多方面的调节功能：

① 下丘脑存在着多种生物调定点，包括血糖、血钠、渗透压、激素水平以及温度。下丘脑还有多种神经元具有感受器作用，能分别感受局部温度、血浆渗透压、血糖、血钠、循环激素等。各种感觉信息可在下丘脑内与生物调定点进行比对，如果偏离了调定点，下丘脑将通过调节自主神经活动水平、内分泌水平以及行为活动状况，从整体上进行调节和矫正。

② 对体温的的调节。下丘脑的视前区－下丘脑前部存在着温度敏感神经元，既能感受所在部位的温度变化，也能对传入的温度信息进行整合与分析，通过调节代谢和改变行为，调节和控制体温（见第 11 章）。

③ 对水平衡的调节。下丘脑前部存在脑渗透压感受器（brain osmoreceptor），能感受血液渗

透压的变化，调节抗利尿素的分泌，通过饮水和咸味觉控制血液容量和电解质组成，控制血压（见第 12 章）。

④ 对摄食活动的调节。下丘脑外侧区存在有摄食中枢（feeding center），腹内侧核存在有饱中枢（satiety center，）。血糖水平的高低可调节摄食中枢和饱中枢的活动（见第 10 章）。瘦素作为肥胖基因在脂肪细胞内表达，脂肪细胞分泌的瘦素可作为循环激素进入脑内，将"脂肪丰富"的信息传送给下丘脑神经元，下丘脑则调节摄食行为、代谢水平、内分泌功能，使它们发生相应的改变，最终通过减低食欲、增强代谢率（第 11 章）引起体重下降。下丘脑弓状核有含有神经肽 Y（NPY）的神经元，其内的 NPYmRNA 水平的表达与摄食有关，摄食过程中该水平升高，饱食后水平降低。

⑤ 对垂体内分泌功能的调节。下丘脑的许多神经元具有内分泌机能，可分泌多种激素（即下丘脑调节肽，hypothalamus regulatory peptide，HRP），促进或抑制腺垂体各种激素的合成和分泌，进而调节其他内分泌腺的活动。另外，下丘脑内还存在监察细胞，能感受血液中一些激素浓度的变化，参与下丘脑调节肽分泌的反馈性调节（见第 15 章）。

⑥ 生物节律控制。生物节律（biorhygym）是指机体内的各种生理活动按一定的时间顺序发生周期性变化的现象。下丘脑的视交叉上核可能是控制日周期节律的控制中心。视交叉上核可通过视网膜 – 视交叉上核束与视觉感受装置发生联系，外环境的昼夜光照变化可影响视交叉上核的活动，从而使体内日周期节律与外环境的昼夜节律相同步（生物节律的维持还与内分泌腺松果体有关，见第 15 章）。

⑦ 下丘脑和边缘系统参与情绪活动的调节和情绪生理反应的形成。

14.5.3.4　大脑皮层对内脏活动的调节

（1）新皮层　电刺激动物的新皮层，除能引起躯体运动外，也能引起内脏活动的改变。例如，刺激皮层内侧面 4 区的一定部位，可引起直肠与膀胱运动变化；刺激皮层外侧面一定部位，可引发呼吸与血管运动的变化。

（2）边缘叶　大脑半球内侧面皮层与脑干连接部和胼胝体旁的环周结构，称为边缘叶（图 14-26）。其结构包括海马、穹隆、扣带回和海马回等。一般认为内脏活动调节的高级中枢在大脑边缘叶，在这个区域的皮质可以找到呼吸、血压、胃肠和膀胱等内脏活动的代表区。由于边缘叶在结构和功能上与大脑皮层的岛叶、颞叶、眶回等，以及皮层下的杏仁核、隔区、下丘脑、丘脑前核等密切相关，于是有人把边缘叶和其相关的皮质及皮质下结构统称为边缘系统（limbic system）。边缘系统的功能较为复杂，主要与内脏活动的调节、情绪反应和学习记忆相关。

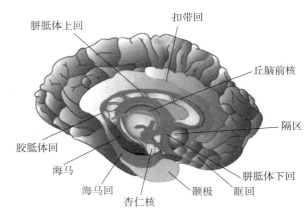

图 14-22　大脑内侧面示边缘系统的各部分

14.5.4　动物的本能行为与情绪

本能行为（instinctual behavior）是指动物进化过程中形成而遗传固定下来的，对个体和种族生存具有重要意义的行为，如摄食、饮水和性行为等。情绪是指人和动物对客观环境刺激所表达的一种特殊的心理体验和某种固定形式的躯体行为表现，如平静、恐惧、发怒、痛苦等。本能行

ⓔ 知识拓展 14-26
下丘脑对性行为和情绪的调节

ⓔ 实验技术与应用
14-2 现代脑成像技术

ⓔ 系统功能进化
14-2 脊椎动物脑的进化

为和情绪活动进行过程中，常伴随有自主神经和内分泌系统功能活动的改变。本能行为受下丘脑和边远系统的调节。

14.6 脑的高级功能

脑的高级功能包括学习、记忆、语言、情绪、睡眠等。近年来新发展起来、被广泛应用的电子计算机断层扫描（computed tomography，CT）、正电子发射断层扫描（positron emission tomography，PET）和功能核磁共振摄像（functionl magnetic resonance imagingm，FMRI）及其相关技术为脑高级功能的研究提供了新的手段。

14.6.1 学习与记忆

学习和记忆是两个相联系的神经活动过程。学习是指人和动物通过神经系统依赖于经验来改变自身行为以适应环境的神经活动过程。记忆则是将学习到的信息进行贮存和"读出"的神经活动过程。学习与记忆的基本过程大致可分为3个阶段：获得、巩固和再现。获得是感知外界事物或接受外界信息阶段，也就是通过感觉系统向脑输入信息的过程，即是学习阶段。巩固是获得的信息在脑内编码贮存和保持的阶段，至于保存时间的长短和巩固程度的强弱与该信息对个体的意义以及是否重复应用有关。再现是将贮存在脑内的信息提取出来使用、再现于意识中的过程。

14.6.1.1 学习

学习可分为联合型学习和非联合型学习两类。

（1）非联合型学习（nonassociativelearning） 不需要在刺激和反应之间形成某种明确的联系，因此又称简单学习。由突触可塑性引起的习惯化和敏感化属于这种学习类型（见第5章）。

① 习惯化是机体对某一反复出现的无伤害性刺激的反应逐渐降低的过程。例如，当一个有规律的强噪音长期重复作用时，机体对它的反应将降低甚至不产生反应。当一个新的刺激作用于机体时，动物最初会产生相应的反应。随着刺激的的重复作用，如果不给予奖励或惩罚，动物的反应将下降甚至消失。习惯化现象的生理意义是，使人和动物忽视那些已经丧失了新奇性或无意义的刺激，减少对不必要刺激性的反应，从而将注意力转向更重要的刺激。

② 敏感化是指人或动物受到某种强烈的或伤害性刺激后，对其他刺激反应增强的现象。例如，当动物受到某种强烈的痛刺激后，对弱的或温和的触觉刺激也会产生强烈的反应。强刺激和弱刺激之间不需要建立功能联系，在时间上也并不需要两者的结合。敏感化是比习惯化更为复杂的学习形式，是强的或有害刺激作用后造成的动物反射性反应增强的结果。通过敏感化的形成可使人或动物注意避开伤害性刺激。

（2）联合型学习 两个或两个以上事件在时间上很靠近地重复发生，最后在脑内逐渐形成联系的过程，称为联合型学习（associative learning）。经典条件反射（classical conditioninh reflex）和操作式条件反射（operant conditioning）都属于这种学习类型。

① 经典条件反射（classical conditioned reflex）。条件反射的概念是由俄国生理学家巴甫洛夫（Pavlov）提出的。形成条件反射的基本条件是无关刺激与非条件刺激在时间上的多次结合，这个过程称为强化（reinforcement）。在动物实验中，给狗吃食物能引起唾液分泌为非条件反射。给狗以铃声则不会引起唾液分泌，铃声称为无关刺激。如果每次给狗吃食物之前先出现一次铃声，

然后再给以食物，经过多次结合作用后，铃声
就可引起动物唾液分泌，这是铃声转变为条件
刺激后形成了条件反射。任何无关刺激与非条
件刺激结合应用，都可以形成条件反射。条件
刺激与非条件刺激多次结合强化之后，由于兴
奋的扩散，使这两个兴奋灶之间在功能上逐渐
接通，即建立了暂时联系（temporary connection）
（图 14-23）。条件反射的建立是由于在条件刺激
的皮质代表区和非条件刺激的皮质代表区之间
产生了多次的同时兴奋，发生了机能上的"暂
时联系"。

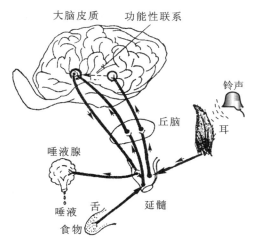

图 14-23 条件反射的形成原理

e 知识拓展 14-27
条件反射形成原理
（动画）

条件反射形成后，如果反复给予条件刺激
后而不再给予非条件刺激进行强化，条件反射
会逐渐减弱，甚至不再出现的现象，称为条件反射的消退（extinction）。例如，铃声与食物多次
结合应用，使狗建立了条件反射。然后，再反复单独应用铃声而不给予食物，即不强化，则铃声
引起的唾液分泌量会逐渐减少，最后完全不能引起分泌。条件反射的消退不是条件反射的简单丧
失，而是中枢把原先引起唾液分泌的条件刺激（信号）转化为引起中枢发生抑制的刺激，是一种
内抑制（internal inhibition）现象。即由于不强化使原先引起兴奋的条件反射（有唾液分泌）转化
成为引起抑制的条件反射（无唾液分泌）。

当有机体正在进行某个条件反射活动时，一个额外刺激突然出现后，使神经中枢产生一个
新的优势兴奋中心，并使原来正在进行的条件反射受到抑制，称为条件反射外抑制（external
inhibition）。如给马匹装蹄的过程中，如果突然出现新的声响或陌生人时，可能会引起马惊恐不
安，屈肢的条件反射即被抑制。

实验表明，非条件刺激若不能激动奖赏系统或惩罚系统，条件反射就很难建立；如果非条件
刺激能通过这两个系统引起愉快或痛苦情绪活动，条件反射就比较容易建立。一般将愉快性强化
称为正强化（positive reinforcement），痛苦性强化称为负强化（negative reinforcement）。

② 操作式条件反射（operant conditioned reflex）。由美国心理学家斯金纳命名，是一种由刺
激引起的行为改变。与经典条件反射不同，操作条件反射与自愿行为有关，而经典条件反射与非
自愿行为有关。该条件反射的特点是动物必须通过自己完成某种运动或操作后才能得到强化，属
于运动性条件反射。一个典型的实验是将饥饿的大鼠放入试验箱内，箱内设有一个杠杆，当动物
踩到杠杆时即可获得食物。开始时动物只是随机地踩杠杆，经训练后饥饿大鼠踩杠杆的频率大大
提高。通过多次强化后，大鼠就学会了自动踩杠杆而得到食物。然后，在此基础上进一步训练动
物，只有当某一特定的信号（如灯光）出现后再踩杠杆，才能得到食物，经强化训练建立条件反
射，即当动物见到特定的信号（灯光）时，就会去踩杠杆而得食。所以操作式条件反射又称为趋
向性条件反射（conditioned approach reflex）。

如果预先在食物中注入某种不影响食物色香味的物质，使动物食用后发生呕吐，则动物在多
次强化训练后，再见到信号就不会再踩动杠杆。这种由于惩罚而产生的抑制性条件反射，称为回
避性条件反射（conditioned avoidance reflex）。

③ 条件反射的生理学意义。条件反射的建立，极大地扩大了机体反射活动的范围，增加了
动物活动的预见性和灵活性，从而使动物能更精确地适应环境的变化。例如，食物条件反射建立

后，动物不再是消极地等待食物进入口腔后才开始进行消化活动，而是可以根据食物的形状和气味去主动寻找食物，即在食物入口之前就做好了消化的准备。

在动物个体的一生中，纯粹的非条件反射只在出生后一个较短的时间内可以看到，之后由于条件反射的不断建立，条件反射和非条件反射越来越不可分割地结合起来。因此，机体对内外环境的反射性反应，都是条件反射和非条件反射并存的复杂反射活动。随着环境变化，动物会不断形成新的条件反射，消退不适合生存的旧条件反射。从动物进化上看，动物越高等，形成条件反射的能力越强，适应环境而生存的能力也愈强。

在高等哺乳动物，大脑两个半球是形成条件反射的主要器官，也是暂时联系的主要接通部位。较低等的脊椎动物，如鱼等，切除其大脑两半球后仍可建立条件反射，因此其他脑部位可能是原始的条件反射器官；鱼类的条件反射包括食物条件反射、防御条件反射、逃避条件反射、体色变化条件反射和气味条件反射等。鱼类的条件反射建立很快，但不持久。

14.6.1.2 记忆与遗忘

（1）记忆 根据记忆持续时间，可将记忆分为短时程记忆（short-term memory）和长时程记忆（long-term memory）两类。人类的记忆过程可相应地分为四个阶段，即感觉记忆、第一级记忆、第二级记忆和第三级记忆。

根据记忆的储存和回忆方式，记忆可分成陈述性记忆（declarative memory）和非陈述性记忆（nondeclarativ memory）。

陈述性记忆是对于特定的时间、地点和任务有关的事实或事件的记忆。其记忆能进入人的主观意识，易于形成，也容易忘记。可以用语言表述出来，也可作为影像形式保留在记忆中。它包括短时程记忆和长时程记忆。

非陈述性记忆（nondeclarative memory）是与一定操作和实践有关（技巧与习惯）的记忆，它没有意识成分的参与，只涉及刺激程序的相互关系，贮存各个事件之间相关联的信息，只有通过顺序性操作过程才能体现出来。需要反复从事某种技能操作，经反复的经验积累才能缓慢保存下来。这种记忆进入人的主观意识，不容易遗忘。如弹钢琴、骑自行车等连续操作技能的运动。

陈述性记忆和非陈述性记忆可同时参加学习过程，并且两种记忆可以互相转化。

ⓔ资源拓展 14-28
记忆过程和遗忘

（2）遗忘（记忆的障碍） 遗忘是指部分或完全失去回忆和再确认的能力。遗忘是一种正常的生理现象。遗忘在学习开始时就有，最初遗忘的速率很快，以后逐渐减慢。遗忘并不意味着记忆痕迹的消失，因为复习已经遗忘的材料比学习新的材料容易。

14.6.1.3 学习与记忆的神经生物学机制

中枢神经系统有多个脑区与学习和记忆有密切关系，涉及大脑皮层联络区、海马及其邻近结构、杏仁核、丘脑和脑干网状结构等部位。脑的形态的改变，特别是脑内神经元环路的连接和不断有新的突触联系的建立都与学习记忆的形成有关，生活在复杂环境中的大鼠的皮层较生活在简单环境中的大鼠皮层要厚。突触的可塑性也是学习与记忆的神经生理学基础（见第5章）。从生物化学的角度来看，较长时间的记忆必然与脑内物质代谢有关，尤其是与脑内蛋白质的合成有关。

ⓔ知识拓展 14-29
学习记忆的机制

14.6.1.4 动物的动力定型

动物在一系列有规律的条件刺激与非条件刺激作用下，经过反复、多次的强化，使神经系统中（大脑皮层上）的兴奋和抑制过程在空间和时间上的关系固定下来，即建立了一种暂时性联系系统，称为动力定型（dynamic stereotype），也称为条件反射系统。

畜牧兽医实践中常可观察到，相同种类的不同动物个体在形成条件反射的速度、强度、精细程度和稳定性等方面，以及对疾病的抵抗力、对药物的敏感性和耐受性以及生产性能等方面，都存在着明显的个体差异。这种因大脑皮层的调节和整合活动存在的个体差异，称为神经活动的类型，简称为神经型（nervous type）。动力定型是调教动物的生理学基础。根据这个原理，人们可利用有规律的饲养管理方法，建立所需要的各种动物的动力定型，以利于动物生产。

ⓔ 资源拓展 14-30
神经活动的类型

14.6.2 脑电活动与觉醒和睡眠

14.6.2.1 脑电活动

大脑皮层的电活动有两种不同形式。一种是在无明显刺激情况下，大脑皮层经常地、自发地产生的一种节律性电位变化，被称为自发脑电活动（spontaneous electric activity of the brain）。在头皮表面记录到的自发脑电活动称为脑电图（electroencephalogram，EEG）（图14-24）。打开颅骨后，直接从皮层表面记录到的电位变化称为皮层电图

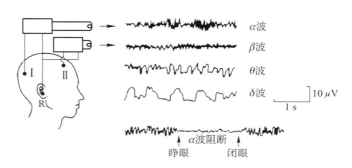

图 14-24 脑电图记录方法与正常脑电图波形
Ⅰ、Ⅱ：引导电极放置位置（分别为枕叶和额叶）；R：无关电极放置
位置（耳郭）

（electrocorticogram，ECoG）。大脑皮层表面的电位变化是由于大量神经元同步发生的突触后电位经总和所形成的。依据脑电活动的频率和振幅的不同，可将脑电波分为 α、β、θ、δ 等波形。

ⓔ 知识拓展 14-31
脑电图、觉醒与睡眠

另一种脑电波是感觉传入系统或脑的某一部位受到刺激时，在皮层某一局限区域引出的电位变化，称为大脑皮层诱发电位（evoked cortical potential）。

14.6.2.2 觉醒与睡眠

觉醒和睡眠是机体所处的两种不同生理状态。在醒觉状态下，脑电波一般呈去同步化快波，动物能对环境变化作出迅速的反应，从事各种体力和脑力活动。动物睡眠时，脑电波一般呈同步化慢波，嗅、视、听、触等感觉消退，动物的各种生理活动减弱，失去对环境精确的反应能力。睡眠的主要生理意义是促进动物的精力（神）和体力的恢复。

觉醒状态的维持与感觉传入直接有关。电刺激中脑网状结构，可唤醒动物，其脑电波呈现去同步化快波；而选择性破坏动物中脑网状结构的头端，动物即进入持久的昏睡状态，脑电波表现为同步化慢波。

睡眠不是脑活动的简单抑制，而是一个主动过程。实验证明，用电流刺激脑干网状结构的尾端，可引起动物睡眠，脑电图呈同步化慢波。

? 思考题

1. 中枢神经系统和周围神经系统各由哪几部分组成？神经元和神经胶质细胞各有哪些主要功能？

2. 何为中枢兴奋和中枢抑制？兴奋在中枢的传播有哪些特征？中枢抑制有哪些种类？它们产生的机制如何？对反射活动的协调有何意义？

3. 躯体感觉有哪些类型？躯体感觉传入通路有何特征？下丘脑中的特异投射系统和非特异投射系统在结构和功能上各有何特征？大脑皮层感觉区有何特征？

4. 何为运动单位？为什么说 α 运动神经元是躯体运动反射的最后公路？牵张反射有几种类型，各产生机制如何？去大脑僵直是如何形成的？大脑皮层运动区有何特征？大脑皮层及其以下躯体运动传出通路主要有哪几条？从它们的相互关系如何理解中枢神经系统对躯体运动的等级式平行管理模式的生理意义。

5. 自主神经系统的结构和功能有何特点？为什么说下丘脑是内脏活动的高级中枢？

6. 何为学习？学习有哪几种形式？

7. 睡眠有哪几个时相？各有何特征与意义？

网上更多学习资源……

◆本章小结　　◆自测题　　◆自测题答案

（伍晓雄）

15 内 分 泌

【引言】

长期摄食加碘的食盐可以预防因缺碘而造成甲状腺激素缺乏引起的"大脖子病"、"呆小症",将蝌蚪培养在加碘的溶液中,可以加快蝌蚪的尾巴消失,长出四肢变成青蛙来;有的医生给患有糖尿病的人注射胰岛素,不仅使病情得到缓解,而且患者还能长期存活;在人和动物群体中常会出现个别的"侏儒症"或"巨人症",这些都是什么原因造成的呢? 通过本章学习,就可以找到答案。

【知识点导读】

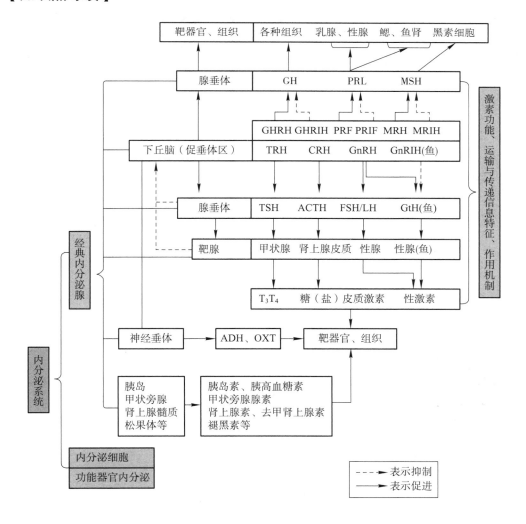

15.1 概述

15.1.1 内分泌与内分泌系统

经典的内分泌（endocrine）概念是指内分泌腺或内分泌细胞产生的生物活性物质—激素直接被分泌释放到血液中，通过血液循环运输到靶器官（target organ）或靶细胞（target cell），产生效应的一种功能活动方式。内分泌细胞集中的腺体统称为内分泌腺（endocrine gland）。与外分泌不同，内分泌腺及其细胞分泌激素没有固定的管道结构，因此内分泌腺是无管腺。

经典概念认为，激素主要通过内分泌方式经血液循环向远隔的部位传输信息，完成细胞间的长距离通讯，称为远距离分泌（telecrine）或血分泌（hemocrine）。随着科学研究和人们认识的深化，内分泌的概念也不断地延伸、扩展和完善，陆续发现一些特定功能的器官组织如消化道黏膜、胎盘等部位都含有"专职"的内分泌细胞；脑、心、肝、肾等器官除了它们自身固有的功能外，还兼有内分泌功能，如心房肌除了有收缩功能外，还能生成调节循环和肾功能的肽类激素。

研究发现，激素的远距离分泌不再是它传递调节信息的唯一途径与方式，还存在旁分泌（paracrine）、自分泌（autocrine）、神经分泌（nuerocrine），甚至还存在着内在分泌（intracrine）和腔内分泌（solinocrine）等短距离细胞通讯方式（见第 3 章，图 15–1）。

内分泌系统（endocrine system）是指动物机体内由经典内分泌腺（endocrine gland）以及兼有内分泌功能的器官、组织共同组成，通过向体液释放某些具有生物活性的化学物质——激素（hormone），实现对靶细胞（target cell）、靶组织（target tissue）或靶器官（target organ）的功能和代谢活动进行调节的控制系统。

机体内分泌系统中有 4 种具有内分泌功能的组织结构：①经典的内分泌腺包括垂体、甲状腺、甲状旁腺、肾上腺、性腺等（图 15-2）；②存在于其他器官内的内分泌细胞群（内分泌组

ⓔ 系统功能与进化
15-1 脊椎动物内分泌系统的起源与进化

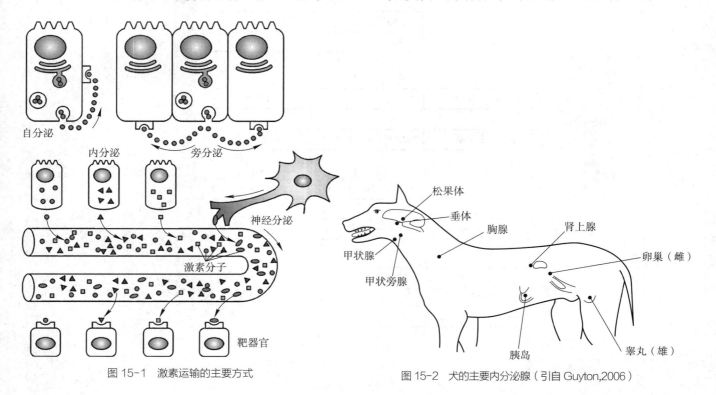

图 15-1 激素运输的主要方式　　　　　　图 15-2 犬的主要内分泌腺（引自 Guyton，2006）

织），如：胰岛、黄体等；③散在分布的内分泌细胞，如脑、消化道黏膜内的内分泌细胞；④兼具内分泌功能的器官、组织和细胞，如肾、肝、心、血管内皮细胞、胸腺以及各种免疫细胞等。

内分泌系统主要功能有以下 4 个方面：①维持内环境的稳定。内分泌系统通过参与机体的水盐代谢、酸碱平衡、体温、血压稳定、应激反应等调节过程，全面整合机体生理机能，维持内环境的稳定，增强动物机体适应环境变化的能力；②调节新陈代谢。很多激素如：甲状腺素、肾上腺素和去甲肾上腺素等参与了机体的物质代谢和能量代谢的调节，为机体的各种生命活动奠定基础；③维持动物机体的生长、发育，参与细胞分化、发育和凋亡的调控过程；④调控生殖过程，维持生殖器官正常发育和生殖活动，保证个体生命的延续和种群的繁衍。

15.1.2 激素

激素（hormone）是由内分泌腺或器官组织的内分泌细胞所分泌，以体液为媒介，在细胞之间传递调节信息的高效能生物活性物质。这一概念更加概括和强化了激素作为化学信息物质的基本属性。

15.1.2.1 激素的分类

激素的来源复杂、种类繁多、分类多样。根据化学结构可将激素分为 3 类。

（1）多肽 / 蛋白质类激素（peptide / protein hormone） 该类激素均含氨基酸残基构成的多肽结构。多肽激素主要有下丘脑激素、降钙素、胰岛素、胰高血糖素、胃肠道激素、促肾上腺皮质激素、促黑色素等。蛋白质类激素主要有生长激素、催乳素、促甲状腺素、甲状旁腺素等。

（2）胺类激素（amine hormone） 主要是酪氨酸衍生物，包括甲状腺素、儿茶酚胺类激素和褪黑素等。

多肽激素、蛋白质激素和胺类激素因都含氮元素，所以又称为含氮激素。

（3）脂质激素（lipid hormone） 指以脂质为原料合成的激素，均为脂质衍生物，包括类固醇激素（steroid hormone）（又称甾体激素）、固醇激素（sterol hormone）和脂肪酸衍生物（fatty acid derivative）。这类激素是脂溶性的非极性的小分子物质，可以通过单纯扩散方式直接通过细胞膜，多与细胞内受体结合发挥生理效应。

① 类固醇激素：具有环戊烷多氢菲母核的一类物质，主要包括肾上腺皮质和性腺分泌的激素，如醛固酮、皮质醇、雄激素、雌激素和孕激素等。

② 固醇激素：主要为由皮肤、肝、肾等器官转化并活化的胆固醇衍生物——1,25- 二羟维生素 D_3。

③ 脂肪酸衍生物：主要指衍生于 21 碳脂肪酸的激素，主要包括由花生四烯酸转化而来的前列腺素（prostaglandin，PG）、血栓烷类（thromboxane，TX）和白细胞三烯类（leukotriene，LT）等生物活性物质，它们均可作为短程信使参与细胞的代谢活动。

15.1.2.2 激素作用的一般特征

激素虽然种类很多，作用复杂，但它们在对靶细胞发挥调节作用过程中表现出以下共同特征。

（1）信使作用 激素在内分泌细胞和靶细胞之间充当"化学信使"（chemical messenger）的作用，将生物信息传递给靶细胞，从而加速或减慢、增强或减弱靶细胞原有的生理生化反应。

如：生长激素促进生长发育，甲状腺素增强代谢过程，胰岛素降低血糖等。在反应过程中，激素既不能增加新成分、产生新反应，也不提供额外能量。

（2）特异作用　激素的作用具有较高的组织和效应特异性，即某种激素经血液或组织液运送到全身各个部位，虽然它们与各处的组织、细胞有广泛接触，但该激素只作用于某些特定的器官、组织和细胞，这称为激素作用的特异性。被某激素专一作用的某内分泌腺体，称为该激素的靶腺。激素作用的特异性与靶腺细胞上存在能与该激素发生特异性结合的受体有关。有些激素作用的特异性很强，只作用于某一靶腺，如促甲状腺激素只作用于甲状腺，促肾上腺皮质激素只作用于肾上腺皮质，而垂体促性腺激素只作用于性腺等。有些激素没有特定的靶腺，其作用比较广泛，如生长激素、甲状腺激素等，它们几乎对全身的组织细胞的代谢过程都发挥调节作用，但这些激素也是通过与细胞的相应受体结合而发挥作用。

（3）高效作用　激素在血液中的浓度都很低，一般是纳摩尔（nmol/L），甚至是皮摩尔（pmol/L）。虽然激素的含量甚微，但其作用显著，如 1mg 的甲状腺激素可使机体增加产热量约 4.2×10^6 J（焦耳）。激素与受体结合后，在细胞内发生一系列酶促放大作用，逐步形成一个高效能的生物放大系统。例如，一分子的胰高血糖素使一分子的腺苷酸环化酶激活后，通过 cAMP-蛋白激酶，激活 10 000 个分子的磷酸化酶；又如，0.1 μg 的促肾上腺皮质激素释放激素，可引起腺垂体释放 1 μg 促肾上腺皮质激素，后者能引起肾上腺皮质分泌 40 μg 糖皮质激素，生物效应放大了约 400 倍。

（4）激素间的相互作用　当多种激素共同参与某一生理活动的调节时，激素与激素之间往往存在着协同作用或颉颃作用。多种激素联合作用所产生的总效应大于各激素单独作用所产生效应的总和，称为激素的协同作用（synergistic action）。例如，生长激素、肾上腺素、糖皮质激素和胰高血糖素，虽然发挥作用的途径不同，但均能提高血糖，在升糖效应上有协同作用；而胰岛素可产生这些升血糖激素相反的作用，通过多种途径降低血糖，表现出颉颃作用（antagonistic action）。再如，甲状旁腺激素和 1,25- 二羟维生素 D_3 均可提高血钙浓度，两种激素具有协同作用，而降钙素降低血钙浓度，表现出颉颃作用。

有的激素对某些组织细胞并无直接作用，但它的存在是其他激素发挥生理作用的前提或必要条件，这种现象称为允许作用（permissive action）。糖皮质激素不能直接对心肌和血管平滑肌产生收缩作用，但只有在它存在情况下，儿茶酚胺才能很好地发挥对心血管的调节作用，这就是糖皮质激素对儿茶酚胺的允许作用。

15.1.2.3　激素的合成、分泌、运输和代谢

（1）激素的合成　肽类和蛋白质激素的合成与一般蛋白质合成过程相似，需要通过基因转录、翻译并合成肽链等过程。先合成的是比激素相对分子质量大的前体物质，即前激素原（pre-prohormone），前激素原进一步裂解为激素原（prohormone），最后经高尔基复合体包装和降解形成有活性的激素。如类固醇激素和胺类激素分别以胆固醇、酪氨酸等为原料，依靠细胞质或分泌小泡产生的各种专门的酶，经过一系列酶促反应过程而合成。

（2）激素的分泌　内分泌细胞将激素释放到细胞外液的过程，称为分泌（secretion）。各种激素由于其合成和储存的方式不同，分泌的方式也有较大差异。含氮类激素合成后都以颗粒形式在细胞内储存，然后经胞吐作用从细胞释放到细胞外液中。类固醇激素合成后很少储存，主要通过单纯扩散经细胞膜释放至细胞外液中。

（3）激素的运输　激素分泌后，经体液运输，到达靶细胞。运输的路程有长、有短，方式也

多种多样。如肽类和胺类水溶性激素能直接溶于血浆，以游离状态随血液运输，而脂溶性激素和甲状腺激素必须与非特异性或特异性蛋白结合才能运输，只有少量呈游离状态。游离态激素与结合态激素之间可以相互转变，并保持动态平衡。虽然游离态激素比例很低，但只有这些游离态激素才能通过毛细血管壁进入靶细胞，发挥调节作用。因此，就生理意义而言，游离状态激素比结合状态更为重要。

（4）激素的代谢　激素从释放出来到失活并被消除的过程，称为激素的代谢。代谢通常以半衰期（half life），即指激素的浓度或活性在血液中减少一半时需要的时间表示。激素在血液中的半衰期很短，一般只有几分钟到几十分钟，最短的（如前列腺素）甚至不到 1 min，较长的如类固醇激素也不过几天。为了保证激素的经常性调控作用，各种内分泌细胞都经常处于活动状态，维持激素在血液中的基础浓度，并随着机体内环境的变化而不断调整它们的分泌速率。

激素在靶组织发挥作用后被降解，也可在肝、肾等被降解、破坏，随胆汁经粪或尿排出体外；极少量激素也可不经降解，直接随尿、乳等排出。

15.1.2.4　激素的作用机制

如前述，激素在体内要对靶细胞发挥作用，至少需要经过几个连续的基本环节：①靶细胞的受体从体液中众多的化学物质中识别出携带特定信息的激素；②激素与靶细胞上的特异受体结合被激活后，启动细胞内信号转导路径；③信号转导的终末信号改变靶细胞的固有功能，产生生物调节效应；④激素作用效应的终止。

20 世纪 60 年代，研究者们提出的"第二信使学说"和"基因表达学说"分别解释含氮激素和类固醇激素的作用机制。随着分子生物学的发展，激素作用机制的学说和理论不断得到修正和完善。概括而言，激素对靶细胞的作用机制实际上就是激素分别通过位于靶细胞膜或靶细胞内（包括细胞质和细胞核内）激素受体的介导而实现的细胞信号转导。依据激素的化学本质与脂（水）溶性特征和与其对应受体的分布特征，激素作用机制可分为两大类：与膜受体结合介导的信号转导和与胞内受体结合介导的信号转导机制（见第 3 章）。

🅔 知识拓展 15-1
激素作用机制

激素产生的调节效应只有及时终止，才能保证靶细胞不断接受新的信息，适时产生精确的调节。激素作用的终止是许多环节综合作用的结果：①在激素分泌调节的机制中存在着许多负反馈调节机制能使激素的分泌及时终止。最典型的例子是下丘脑－腺垂体－靶腺轴的负反馈调节机制（后述）；②在激素的跨膜信号转导过程中的每一个环节变化都可导致激素作用的终止：如激素被靶细胞内吞，经溶酶体灭活；激素经血液循环被运输走，在血液循环中及在肝、肾等外周器官通过多种生物化学方式处理激素被降解等造成激素与受体分离；又如改变细胞内某些酶的活性，提高磷酸二酯酶活性可加速 cAMP 水解、提高蛋白磷酸酶活性可以抵制蛋白激酶对底物的磷酸化反应，加速蛋白磷酸酶的去磷酸化（见第 3 章）过程，使之灭活而终止信号转导过程；③激素分泌细胞周围环境成分的改变也可终止激素的作用。如在下丘脑，神经元可产生降解 TRH 的胞外酶，能选择性地灭活，终止 TRH 对靶细胞的调节作用。

15.1.2.5　激素分泌的调控

激素是调节和维持机体内环境稳态的重要因素，其因机体的需要而适时、适量地分泌。激素的分泌除了本身的分泌规律外，如基础分泌、昼夜节律、脉冲式分泌等，还受神经和体液性调节。不同激素之间还存在多级调节关系，形成内分泌系统内部的反馈调控机制。

（1）激素的节律性分泌　许多激素具有节律性分泌的特征，有表现为以分钟或小时计的脉冲式短周期性的节律分泌方式和表现为月、季、年等长周期性节律分泌方式。使血液中的激素浓度（在频率和幅度上）呈相应的周期性波动。

（2）激素分泌的多级相互调节关系　下丘脑 – 腺垂体 – 靶腺轴（hypothalamus–adenohypophysis–target gland axis）在甲状腺激素、肾上腺皮质激素和性激素的分泌调节中起着重要的作用。这是一个三级水平的功能调节轴（系统）。在这些轴上，激素的调节作用具有等级性，下丘脑激素为第一级，腺垂体激素为第二级，外周靶腺激素为第三级，位于上级内分泌细胞分泌的激素对下位内分泌细胞的活动具有促进作用，而下级的内分泌细胞所分泌的激素对高位内分泌细胞的活动具有反馈调节作用，形成了一个闭合的反馈调节环路。在这反馈调节环路中，大多属负反馈调节。根据反馈路线的长短可分为长反馈、短反馈和超短反馈三种。长反馈（long-loop feedback）是指调节环路中的终端靶腺或细胞分泌的激素对上级腺体活动的反馈调节作用；短反馈（short-loop feedback）是指腺垂体分泌的激素对下丘脑分泌活动的反馈调节作用；超短反馈（ultrashort-loop feedback）是指下丘脑的神经内分泌细胞受其自身分泌的激素的调节作用。该闭合式自动调节环路的活动在于维持轴系内的各级激素在正常血液中的水平保持相对稳定（图15-3）。

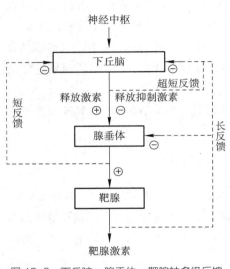

图 15-3　下丘脑 – 腺垂体 – 靶腺轴多级反馈调节系统示意图

（3）体内代谢产物对激素分泌的反馈性调节　几乎所有激素都参与机体内物质代谢过程的调节，而代谢产物又可反过来影响相应激素的分泌，形成直接的反馈调节。例如胰岛素是调节血糖浓度的激素，当血糖浓度增加时，可直接作用于胰岛 B 细胞，促使其分泌胰岛素，从而降低血糖；当血糖浓度降得过低时，反过来又使胰岛 B 细胞分泌胰岛素减少。因此，血糖和胰岛 B 细胞分泌胰岛素之间的反馈调节可维持血糖浓度的稳定。甲状旁腺素和降钙素调节血钙浓度，血钙浓度降低或升高则可分别调节甲状旁腺素和降钙素的分泌，以维持血钙浓度的相对稳定。

（4）激素分泌的神经调节　神经系统主要通过两条途径调节激素的分泌。一条是通过植物性神经对内分泌腺或内分泌细胞的调节，不少内分泌腺体含有丰富的交感或副交感神经纤维，植物性神经系统可直接调节和影响这些内分泌腺的活动。例如胰岛、肾上腺髓质等腺体以及许多散在的内分泌细胞受植物性神经的支配。在应激状态下，交感神经活动增强，刺激肾上腺髓质分泌肾上腺素和去甲肾上腺素。夜间睡眠期间，迷走神经活动占优势，可促进胰岛 B 细胞分泌胰岛素。进食期间，迷走神经活动增强，刺激幽门 G 细胞分泌胃泌素分泌等等（图 15-4）；另一条是通过下丘脑对垂体的调节。下丘脑是神经系统与内分泌系统联系的重要枢纽。一方面，下丘脑同中枢神经系统具有广泛的、复杂联系，另一方面，下丘脑又可通过下丘脑 – 腺垂体 – 靶腺轴影响和调节其靶腺激素的分泌，这种调节方式为间接神经调节或神经 – 体液调节。

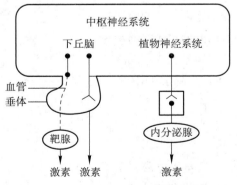

图 15-4　神经系统对内分泌功能的调节

15.2 下丘脑的内分泌

下丘脑（hypothalamus）与脑垂体（hypophysis pituitary）位于间脑的腹侧部，二者无论在结构上还是在功能上都无可分隔（图15-5）。一方面，下丘脑的一些神经元兼有神经元与内分泌细胞双重特征，能接受中枢神经系统其他部分的神经元传来的神经信号，并能合成和分泌神经激素，将神经信号转变为化学信号，因此被称为神经内分泌细胞（neuroendocrine cell）。另一方面，下丘脑与垂体在结构和功能上的密切联系作为一个功能单位把机体的神经调节和体液调节整合了起来，共同调控动物机体的生理功能，维护内环境的稳态（homeostasis）。

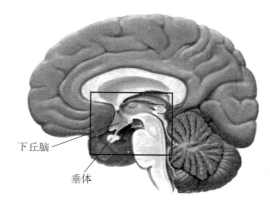

图 15-5　哺乳动物的下丘脑和垂体位置示意图

15.2.1　下丘脑与垂体的联系

根据下丘脑与垂体在结构和功能上联系的特征，可将其分为下丘脑－神经垂体和下丘脑－腺垂体两个功能系统。

下丘脑的视上核（鱼类的为视前核）和室旁核的神经内分泌大细胞轴突向下延伸投射，终止在神经垂体（neurohypophysis），形成下丘脑－垂体束（hypothalamo-hypophyseal tract）。视上核和室旁核主要产生抗利尿素（antidiuretic hormone，ADH）或称血管升压素（vasopresin，VP）和催产素或称缩宫素（oxytocin，OXT/OT）。它们暂时储存在神经垂体，在适宜的刺激下释放入血，发挥生理作用（第12章）。

下丘脑的神经内分泌小细胞能分泌产生多种调节腺垂体分泌活动的肽类物质，称为神经肽（neuropeptide）或下丘脑调节肽（hypothalamus regulatory peptide，HRP）。

丘脑与腺垂体之间存在一种独特的血管联系－垂体门脉系统（hypophyseal portal system）（图15-6，图15-7）PvC 的轴突短，其神经末梢多数终止于正中隆起（median eminence），垂体门脉系统的第一级（初级）毛细血管网，将其分泌物（激素）直接释放到毛细血管中，随血流下行到腺垂体的第二级（次级）毛细血管网进入腺垂体，就可调节相应的垂体细胞活动，无需通过体循环，因此将这些神经元胞体所在的下丘脑区域称为下丘脑促垂体区（hypophysiotrophic area）。

e 知识拓展 15-4
哺乳动物下丘脑的结构

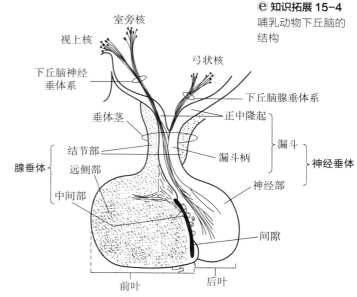

图 15-6　垂体（矢状切面）示意图（引自成令忠，2003）

15.2.2　下丘脑促垂体区激素及生理作用

下丘脑促垂体区神经分泌细胞分泌的各种激素在功能上可大致分为"促释放激素"（releasing hormone）和"释放抑制激素"（inhibiting homone，简称抑制激素），分别从促进与抑制两方面调节腺垂体相关细胞的内分泌活动。迄今为止已被鉴定出9种调节肽（表15-1）。

表 15-1　下丘脑调节肽化学本质及主要作用

下丘脑激素名称	化学本质	主要作用
生长激素释放激素（growth hormone releasing hormone，GHRH）	44 肽	↑生长激素（growth hormone，GH）分泌
生长激素释放抑制激素（growth hormone release-inhibiting hormone，GHRIH/ 生长抑素 somatostatin，SS）	14 肽	↓生长激素（growth hormone，GH）分泌
促性腺激素释放激素（gonadotropin releasing hormone，GnRH）	10 肽	↑卵泡刺激素（follicle stimulating hormone，FSH），黄体生成素（lutenizing hormone，LH）分泌
促甲状腺激素释放激素（thyrotropin releasing hormone，TRH）	3 肽	↑促甲状腺激素（thyroid stimulating hormone，TSH）分泌
促肾上腺皮质激素释放激素（corticotropin releasing hormone，CRH）	41 肽	↑促肾上腺皮质激素（adrenocorticotropin，ACTH）分泌
催乳素释放因子（prolactin relasing factor，PRF）	31 肽	↑催乳素（prolactin，PRL）分泌
催乳素释放抑制因子（prolactin release inhibiting factor，PIF）	多巴胺	↓催乳素（prolactin，PRL）分泌
促黑素细胞激素释放因子（melanophore-stimulating hormone releasing factor，MRF）	肽	↑黑色细胞刺激素（melanophore-stimulating hormone，MSH）分泌
促黑素细胞激素释放抑制因子（melanophore-stimulating hormone release-inhibiting factor，MIF）	肽	↓黑色细胞刺激素（melanophore-stimulating hormone，MSH）分泌

注：1. 鱼类下丘脑除能分泌促性腺激素释放激素（GnRH）外还能分泌促性腺激素释放抑制因子（GnRIF，多巴胺类），能抑制鱼类性腺发育、激素的生成和释放。

2.TRH 还能刺激 PRL 的释放；SS 除了抑制 GH 外，对腺垂体细胞内分泌活动有广泛地抑制作用。

有关下丘脑调节性多肽的生理功能见 ⓔ 知识拓展 15-5。

15.2.3　下丘脑激素分泌的调节

下丘脑分泌激素的功能活动，主要受神经和激素的调节，也受血液中其他因素的影响。

15.2.3.1　调节下丘脑肽能神经元活动的递质

下丘脑是神经 - 内分泌信息传递的枢纽，其传入、传出通路复杂。神经系统感受的各种刺激均经其他脑区和外周神经传输到下丘脑，通过神经递质对下丘脑发挥调节作用。参与下丘脑肽类激素分泌的神经递质可分为两大类：一类递质是肽类物质，如脑啡肽、β - 内啡肽、神经降压素、P 物质、血管活性肠肽和缩胆囊素等；另一类递质是单胺类物质，主要有多巴胺（DA）、去甲肾上腺素（NE）与 5- 羟色胺（5-HT）。

15.2.3.2　激素调节

下丘脑肽能神经元在功能上与腺垂体内相对应的分泌细胞和靶腺细胞之间构成了严密的"下丘脑 - 腺垂体 - 靶腺轴"三级轴系调节环路，下丘脑的分泌活动将受到下级部位激素的反馈性调节。多数为负反馈调节。但在某些情况下，也会出现正反馈性调节。如在雌性排卵前过程中，

ⓔ 知识拓展 15-5
下丘脑调节性多肽的生理功能

ⓔ 发现之旅 15-1
神经内分泌及下丘脑一些激素的发现

ⓔ 发现之旅 15-2
生长抑素的发现

ⓔ 知识拓展 15-6
单胺类递质对下丘脑调节肽分泌的影响

雌激素促进 GnRH 分泌，并形成黄体生成素（LH）分泌高峰，便是正反馈的结果。

在反馈调节的机制中，有长反馈、短反馈和下丘脑自身的超短反馈。肾上腺皮质激素和性激素的反馈作用部位以下丘脑为主，而甲状腺激素的负反馈作用部位主要是腺垂体。

15.3 垂体的内分泌

垂体（pituitary）又称脑垂体，为一扁圆形小体，位于脑的底部、蝶骨构成的垂体窝内。垂体可分为腺垂体和神经垂体两大部分（图 15-6）。垂体是很重要的内分泌腺（见表 15-2），对很多内分泌腺有调控作用，其本身内分泌活动又直接受下丘脑的控制，故其在神经系统和内分泌的相互作用中居枢纽地位。

ⓔ 知识拓展 15-7
脊椎动物的垂体

表 15-2 脑垂体的主要激素及生理作用

激素名称	主要生理作用
腺垂体激素	
生长激素（growth hormone，GH）	促进机体生长，刺激 IGF-1 分泌调节物质代谢
促肾上腺皮质激素（corticotropin，ACTH）	促进肾上腺皮质激素合成及释放
促甲状腺素（thyrotropin，TSH）	维持甲状腺生长，促进甲状腺激素合成及释放
卵泡刺激素（follicle-stimulating hormone，FSH）	维持卵泡生长，睾丸生精过程
黄体生成素（luterzilizing hormone，LH）	促进排卵和黄体生成，刺激孕激素、雄激素分泌
催乳素（prolactin，PRL）	促进乳腺成熟、促进乳汁合成
黑色细胞刺激素（melanocyte stimulating hormone，MSH）	促黑色细胞合成黑色素
β-促脂激素（β-lipotropic hormone，β-LPH）	溶脂作用和轻微的黑素细胞刺激作用
神经垂体激素	
抗利尿激素（antidiuretic hormone，ADH）	收缩血管，促进远曲小管和集合管对水重吸收
催产素（oxytocin，OT）	促进子宫收缩，乳腺泌乳

15.3.1 腺垂体激素

腺垂体是腺体组织，包括远侧部、中间部和结节部三个部分，腺垂体内含有多种内分泌细胞，目前已经分离出 8 种多肽激素见表 15-2。

15.3.1.1 生长激素

人们很早就发现垂体的提取液具有促生长作用，但直到 20 世纪 40 年代，加拿大华裔学者李卓浩才从牛的腺垂体中分离出一种具有促生长作用的蛋白质，并命名为生长激素（Growth hormone）。各种哺乳动物的生长激素大约由 190 个氨基酸组成，相对分子质量为 22 000 ~ 26 000，有很强的种属特异性。

（1）生长激素的作用

① 促生长作用：机体生长受多种激素的影响，而 GH 是起关键作用的激素。幼年动物摘除

垂体后，生长即停止，如及时补充 GH 则可使其生长恢复。人幼年时期缺乏 GH，将出现生长停滞，身材矮小，称为侏儒症（dwarfism）；如 GH 过多则患巨人症（giantsim）。成年后 GH 过多，由于长骨骨骺已经钙化，长骨不再生长，只能使软骨成分较多的手脚肢端短骨、面骨及其软组织生长异常，以致出现手足粗大、鼻大唇厚、下颌突出等症状，称为肢端肥大症（acromegaly）。GH 的促生长作用是由于它能促进骨、软骨、肌肉以及其他组织的细胞分裂增殖，蛋白质合成增加。GH 的促生长作用主要通过生长介素（somatomedin，SM）的介导。

ⓔ 知识拓展 15-8
有关生长素和生长介素的补充

② 调节新陈代谢：GH 可通过生长介素促进钙、磷、钠、钾、硫等元素以及氨基酸进入细胞，增加软骨、骨、肌肉、肝、肾、心、肺、肠、脑和皮肤等处的蛋白质合成；GH 能减少脂肪酸的氧化，促进脂肪分解，增加血液中游离脂肪酸；GH 抑制外周组织摄取与利用葡萄糖，减少葡萄糖的消耗，提高血糖水平。GH 对脂肪与糖代谢的作用似乎与生长介素无关，其机制尚不清楚。

（2）生长激素分泌的调节

① 下丘脑对 GH 分泌的调节：GH 的分泌受下丘脑 GHRH 和 GHRIH（SS）的双重调控，GHRH 促进 GH 的分泌，而 GHRIH 抑制 GH 的分泌。GH 呈脉冲式分泌，这是由于 GHRH 脉冲式释放的结果。通常情况下，GHRH 的调节作用占优势，而 GHRIH 只在应激状况下 GH 分泌过多时发挥抑制性的调节作用。GHRIH 主要抑制腺垂体 GH 的基础分泌和抑制其他因素，如运动、应激、低血糖等对 GH 分泌的刺激作用。GHRH 和 GHRIH 相互配合，共同维持血液中 GH 浓度的相对稳定（图 15-8）。

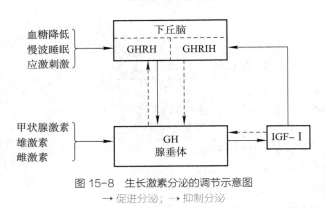

图 15-8 生长激素分泌的调节示意图
→ 促进分泌；┈▶ 抑制分泌

在胃黏膜和下丘脑等处可生成类似 GHRH 作用的生长激素释放肽（growth homone-releasing peotide,ghrelin），能促进 GH 的分泌、增加食欲，从多方面参与机体能量平衡的调节。

② 反馈调节：GH 可反馈性抑制下丘脑和腺垂体活动，当血液中 GH 和 IGF- Ⅰ（胰岛素样生长因子1）浓度升高，可促进下丘脑释放 GHRIH，从而抑制腺垂体分泌 GH，最终是血液中 GH 和 IGF-I 的水平降低；IGF-I 还可直接抑制 GH 的基础分泌和 GHRH 刺激引起 GH 的分泌。说明 IGF- Ⅰ 可通过下丘脑和垂体两个水平对 GH 的分泌进行负反馈调节。

③ GH 分泌的昼夜节律性波动和睡眠的影响：人在觉醒状态下，GH 分泌较少，进入慢波睡眠后，GH 分泌明显增加，有利于促进生长和体力恢复。

④ 代谢物质的影响：血中糖、氨基酸与脂肪酸均能影响 GH 的分泌，其中以低血糖对 GH 分泌的刺激作用最强。实验证明，当静脉注射胰岛素使血糖降低至 500 mg/L 以下时，经 30 ~ 60 min，血中 GH 的水平可升高 21 ~ 30 倍。相反，血糖升高，降低 GH 的分泌。高蛋白饮食或血中氨基酸和脂肪酸的增多可增加 GH 的分泌，有利于机体对这些物质的代谢与利用。此外，运动和禁食等所致的机体能量缺乏均能促进 GH 的分泌。

⑤ 激素的影响：甲状腺激素、雌激素、睾酮和应激刺激均能能促进 GH 分泌。在青春期，血中雌激素或睾酮浓度增高，可明显增加 GH 分泌。

15.3.1.2 催乳素

已经从羊、牛和人的垂体中分离出高纯度的 PRL，其分子结构、生物活性、免疫和电泳性质相似，相对分子质量都接近 24 000。羊的 PRL 含 198 个氨基酸，相对分子质量为 23 200，人的 PRL 由 199 个氨基酸构成，相对分子质量为 23 000。各种脊椎动物的 PRL 和 GH 可能都是由同一种或几种原始分子演化而来。

（1）PRL的生理作用　PRL有明显的动物种属特异性，在哺乳动物，PRL的主要生理功能是调节生殖活动和性行为。PRL可促进乳腺发育，使其具备泌乳能力，于分娩后发动和维持泌乳。此外，还可促进性腺的发育，在大鼠、小鼠和雪貂等动物中，PRL和LH配合能促进黄体的形成和维持黄体分泌孕酮。在卵泡发育过程中，PRL可刺激LH受体的生成。PRL能促进雄性动物前列腺和精囊的生长，增强LH对间质细胞的作用，促进睾酮的合成与分泌。

在鸟类动物，PRL能刺激鸟类产生新羽毛，促进嗉囊发育，抑制性活动。在两栖类动物，PRL可明显影响两栖动物的迁水现象，如用PRL处理去垂体的蝾螈，在4~10天之内便迁入水中。

在鱼类，PRL起水盐和渗透压平衡的作用。PRL能防止淡水鱼类体内的离子通过鳃和肾丢失，减少肠道对Na^+和水的吸收，促进水分从肾排出，从而在低渗环境中维持血液中无机离子的浓度。这一机能对于那些交替生活在海水和淡水中的鱼类是十分重要的。PRL能刺激鱼类黏液细胞的分化和增生，参与鱼体的脂肪代谢和脂肪的储存，降低血液中甲状腺素含量。

（2）PRL分泌的调节　PRL分泌受下丘脑PRF和PIF的双重调节，平时以PIF的抑制调节作用为主。现已证明PIF是一种多巴胺。用L-多巴（在体内可转化为多巴胺）或给予多巴胺激动剂（如阿扑吗啡）都可减少PRL的分泌；多巴胺不足或给予多巴胺阻断剂（如酚噻嗪等）都可促进PRL的分泌。此外，脑内5-羟色胺、内源性阿片肽、血管活性肠肽和血管紧张素II等神经递质具有促进PRL分泌的作用。近年发现下丘脑能产生一种特异性促进PRL分泌的神经肽——催乳素释放肽（prolactin-releasing peptide，PrRP），其结构序列与VIP（血管活性肠肽）有65%的相同，可能与多巴胺共同调节PRL的分泌。TRH具有很强的促进PRL分泌的作用。

哺乳动物每次哺乳或挤乳时，由于刺激乳头，能反射性地促进PRL的分泌，血液中PRL常出现高峰。低浓度的雌激素和孕酮能促进PRL分泌，而高浓度则起抑制作用。血液中PRL浓度升高时可反馈作用于下丘脑，抑制PRL分泌。

15.3.1.3　黑色细胞刺激素

黑色细胞刺激素（melanocyte-stimulating hormone，MSH）有两种类型，即α-MSH（14肽）和β-MSH（18肽），前者的促黑素活性是后者的4~5倍。目前已知，除圆口纲外，其他各纲脊椎动物都有α-MSH和β-MSH。在鱼类、两栖类和爬行类是由垂体中间叶分泌，因此也称为垂体中叶激素。α-MSH与ACTH同源，分子的前13个氨基酸相同。

黑色素细胞分布于皮肤、毛发、眼球虹膜和视网膜色素层等处，胞浆内含有特殊的黑色素小体，内含酪氨酸酶，可催化酪氨酸转化为黑色素。成熟的黑色素小体含有大量的黑色素，两栖类动物，黑色素以小颗粒形式存在，只能在黑色素细胞内移动。

MSH主要作用于黑色素细胞，黑暗情况下MSH分泌，能促使胞内的酪氨酸转化为黑色素，并使黑色素颗粒散布到整个胞质，肤色加深；在亮光背景下MSH分泌受到抑制，黑色素小颗粒聚集在细胞核周围，动物的皮肤颜色变淡，有助于动物自身隐蔽。

MSH的分泌主要受下丘脑MIH和MRH的调控，平时以MIH的抑制作用占优势。血液中MSH浓度升高时也可以通过负反馈机制抑制腺垂体分泌MSH。

硬骨鱼类的体色变化部分地受交感神经的支配，也受MSH的调节，但是依靠内源性的MSH来改变体色要缓慢得多，这是因为腺垂体的作用往往会被色素集结神经作用所抵消。

对于人确切的生理作用仍不十分清楚，但迄今有研究发现MSH有可能参与生长素、醛固酮、CRH、胰岛素、LH等的分泌调节，与多种神经肽参与摄食行为的调节。对一些本能的或后天获得的行为产生影响。

15.3.1.4　β－促脂解素

低等动物的腺垂体间叶可合成 β－促脂解素。β－促脂解素由 91 个氨基酸组成，相对分子质量约 9 500。分子中 41～58 片段中的 18 个氨基酸与牛、羊等动物的黑素细胞刺激素分子组成相同。α－促脂解素由 58 个氨基酸组成，与 β–LPH 的前 1～58 个氨基酸相同。

促脂解素主要是促进脂肪组织分解，具有溶脂作用和轻微的黑素细胞刺激作用。

15.3.1.5　促激素

腺垂体分泌的促肾上腺皮质激素、促甲状腺素、黄体生成素和卵泡刺激素等四种激素，均可作用于外周相应的下级内分泌靶腺，统称促激素（tropic hormone）。它们分别形成下丘脑－腺垂体－肾上腺皮质轴、下丘脑－腺垂体－甲状腺轴和下丘脑－腺垂体－性腺轴，构成激素分泌的轴心，可精细调节相关激素的分泌。

（1）促甲状腺素　促甲状腺素（thyroid–stimulatin hormone，TSH）由 207 个氨基酸组成，26 000。TSH 主要生理作用是促进甲状腺的增生以及合成、分泌甲状腺激素。

（2）促肾上腺皮质激素　从牛、羊、猪和人的垂体中已分离出高纯度的促肾上腺皮质激素（adrenocorticotropic hormone，ACTH）。这 4 种来源的 ACTH 都是直链多肽，由 39 个氨基酸组成，N 端有一个丝氨酸，C 端有一个苯丙氨酸，相对分子质量约 4500。虽然在分子结构上有种属差异，但功能相同。ACTH 主要作用于肾上腺皮质的束状带和网状带，使其细胞增生，并促进糖皮质激素的合成、分泌。此外，ACTH 也能促进肾上腺髓质激素的合成，这一作用部分是 ACTH 对酪氨酸羟化酶的直接作用，部分是通过糖皮质激素实现的。

（3）卵泡刺激素　卵泡刺激素（follicle–stimulating hormone，FSH）又称为促卵泡激素（follitropin），是一种糖蛋白，由 199 个氨基酸组成，相对分子质量为 27 000。FSH 作用于雄性动物睾丸，促进生精上皮的发育、精子的生成和成熟。在 LH 和性激素协同作用下，FSH 可促进雌性动物卵巢卵泡细胞增殖和卵泡生长发育并分泌卵泡液；在生产实践中，FSH 常用于诱导母畜发情排卵、超数排卵以及治疗卵巢机能疾病等。

（4）促黄体素　促黄体素（luteinzing hormone，LH）又称黄体生成素，是由 215 个氨基酸组成的糖蛋白，相对分子质量为 28 000。LH 对雄性和雌性生殖系统都有作用，它与 FSH 协同作用可促进卵巢合成雌激素、卵泡发育、排卵及排卵后的卵泡转变成黄体。LH 促进睾丸间质细胞增殖并合成雄激素，因而在雄性动物又称为间质细胞刺激素（interstitial cell stimulating hormone，ICSH）（见第 16 章）。

在硬骨鱼垂体中发现一种异促甲状腺因子（heterothyrotrophic factors，HTF），与促性腺激素十分相近，HTF、LH 和 FSH 对硬骨鱼的甲状腺都有刺激作用，这些发现提示，TSH、LH 和 FSH 可能起源于同一种原始分子。

15.3.2　神经垂体激素

15.3.2.1　下丘脑－神经垂体系统

神经垂体内不含腺细胞，不能合成激素，主要由源于下丘脑视上核（鱼类为视前核）和室旁核的大细胞神经元中的轴突向下延伸，形成下丘脑－垂体束。视上核和室旁核的神经内分泌大细胞合成的激素经轴突运输到神经垂体的末梢并储存，机体需要时再由此释放。神经垂体激素不仅存在于下丘脑—垂体束系统内，也存在于下丘脑正中隆起和第三脑室附近的神经元轴突中。神经垂体和腺垂体的毛细胞血管网之间也存在着垂体短门脉血管联系。

15.3.2.2 神经垂体激素及其功能

神经垂体激素主要有：抗利尿激素（antidiuretic hormone，ADH）或称血管升压素（vasopressin，VP）和催产素或称缩宫素（oxytocin，OXT/OT）。ADH 和 OXT 都是由 9 个氨基酸组成的小肽，除第 3 位、4 位和第 8 位上的氨基酸残基不同外，这两种激素的分子结构基本相同，因此两者在生理作用上也有交叉。

e 知识拓展 15-9
不同动物神经垂体激素氨基酸构成的差异

（1）抗利尿激素　在生理状态下，ADH 的主要生理作用是促进肾集合管和远曲小管后段对水分子的重吸收，起抗利尿效应。因此，ADH 分泌不足或过多以及肾小管对 ADH 反应失常都会影响尿量。

在正常生理情况下 ADH 几乎没有缩血管和升压效应，一般认为是药理作用。

ADH 分泌的调节：在生理情况下，ADH 主要受血容量和细胞外液渗透压变化的调节。血浆晶体渗透压和循环血量的改变，可分别通过脑内渗透压感受器和心房、肺容量感受器调节 ADH 的释放。动脉血压升高时，颈动脉窦压力感受器受到刺激，则可反射性地抑制 ADH 的释放，相反则促进 ADH 释放（见第 12 章）。

（2）催产素　催产素的生理作用主要有催产和促排乳效应。OXT 促进哺乳动物的输卵管和子宫在交配时收缩，促进精子和卵子在生殖道的运行；平时子宫平滑肌对 OXT 不敏感，但在妊娠末期由于雌激素的允许作用，大大提高了子宫对 OXT 的敏感性。分娩发动后子宫收缩，促进胎儿和胎衣排出，胎儿对子宫颈的刺激又通过正反馈作用增强 OXT 的分泌，起到催产的作用。在哺乳期 OXT 能促使乳腺腺泡周围的肌上皮细胞和导管平滑肌收缩，促进乳汁排出（见第 16 章）。

禽类的 OXT 除有促进子宫收缩和产蛋的作用外，还有降低血压的作用。精氨酸催产素是禽类的抗利尿素，也是产蛋的强烈刺激物质。催产素能影响到鱼类的生殖活动，如鱼类输卵管平滑肌对精氨酸催产素很敏感，用 10^{-12}g/mL 剂量就可使花鳉离体的输卵管出现反应，而且这种反应受到促性腺激素（GTH）和雌激素影响；催产素还能通过影响肾小球和微血管平滑肌参与鱼类的水盐代谢和渗透压调节。

有关催产素 OXT 对哺乳动物生殖活动及泌乳、排乳的影响作用见第 16 章。

15.4 甲状腺

从圆口动物到哺乳动物都有甲状腺（thyroid gland），但形态结构有所不同。

e 知识拓展 15-10
甲状腺的结构

15.4.1 甲状腺激素的化学结构

甲状腺激素是一类含碘的酪氨酸衍生物，主要有 3,5,3′,5′- 四碘甲腺原氨酸（甲状腺素，T_4）和 3,5,3′- 三碘甲腺原氨酸（T_3）以及少量的反 - 三碘甲腺原氨酸（rT_3），三种甲状腺激素分别约占分泌总量的 90%、8% 和 2%。T_4 含量虽占绝大多数，但 T_3 生物活性约为 T_4 的 3～8 倍，且引起生物效应所需的潜伏期短，rT_3 没有生物活性，T_4 在外周组织中可转化为 T_3。

e 知识拓展 15-11
甲状腺素的化学结构

15.4.2 甲状腺激素的合成

甲状腺激素合成原料是酪氨酸和碘。甲状腺球蛋白（TG）由甲状腺腺泡上皮细胞内的核糖体合成，释放入腺泡腔中贮存。甲状腺激素的合成完全在 TG 分子上进行。碘从食物中获取，人每天摄取 100～200 μg 碘，其中约 30% 进入甲状腺，碘过少或过多都将抑制甲状腺的功能。甲状腺过氧化酶（thyro peroxidase，TPO）在甲状腺激素合成过程的关键环节中起重要催化作用。甲状腺素整个合成过程分 3 步进行（图 15-9）。

e 知识拓展 15-12
甲状腺激素合成及代谢（动画）

（1）碘的摄取 甲状腺腺泡上皮细胞有很强的聚碘作用。由肠吸收的碘以 I⁻ 存在于血液中，约为 250 μg/L，而甲状腺内 I⁻ 浓度比血浆中高 25～50 倍，加上滤泡壁上皮细胞的静息膜电位为 –50 mV，因此甲状腺上皮细胞必须消耗能量才能使 I⁻ 逆电化学梯度进入细胞内。甲状腺上皮细胞存在与 Na^+–K^+–ATP 酶相耦联的钠 – 碘同向转运体（sodium–iodine symporter，也称钠 – 碘泵），由钠 – 碘泵将血液中 I⁻ 主动转运入细胞内，然后 I⁻ 再顺着碘的电化学梯度经细胞顶部进入滤泡腔。此过程需借助于 Na^+–K^+–ATP 酶分解 ATP 提供能量，并以 1 个 I⁻ 和 2 个 Na^+ 进行协同转运。

（2）碘的活化 I⁻ 被摄入甲状腺上皮细胞后，在细胞顶端质膜微绒毛与滤泡腔交界处由 TPO 催化无机碘（I⁻）迅速氧化为活化碘（I^0）。活化碘的形式目前仍不清楚，可能是 I_2 或碘自由基（iodine–free radical，I^0），也可能是 I⁻ 与过氧化酶形成的某种化合物。碘的活化是碘得以取代酪

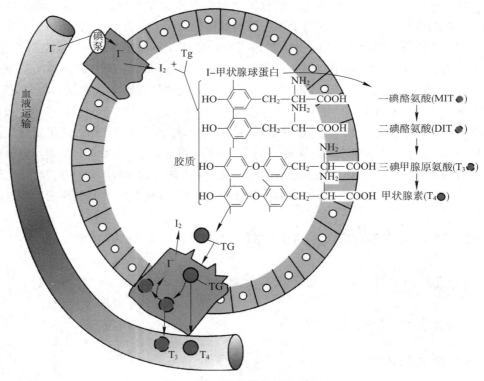

图 15-9 甲状腺激素合成及代谢

聚碘、碘的活化、酪氨酸碘化及其耦联均发生在甲状腺泡细胞膜上，甲状腺激素脱碘发生在胞质之中

氨酸残基上氢原子的先决条件。

（3）酪氨酸碘化和碘化酪氨酸的缩合 TPO 是甲状腺激素合成的关键酶，治疗甲状腺功能亢进的药物硫尿嘧啶即通过抑制过氧化物酶实现功效。在 TPO 催化下，活化碘迅速作用于 TG 分

子中的酪氨酸残基，取代其苯环 3，5 位上的 H^+。在酪氨酸苯环上的 3 位加碘生成一碘酪氨酸（monoiodotyrosine，MIT）残基；再在其 5 位上加碘，形成二碘酪氨酸（diiodotyrosin，DIT），完成 TG 分子中酪氨酸残基的碘化过程。然后，在同一 TG 分子上，两分子二碘酪氨酸耦联成一分子甲状腺素（T_4），一分子二碘酪氨酸和一分子一碘酪氨酸耦联成一分子三碘甲腺原氨酸（T_3）和极少量的 rT_3。

15.4.3 甲状腺激素的贮存、 释放、 转运与代谢

15.4.3.1 贮存

TG 是合成甲状腺激素的 "载体"。合成后的 T_3、T_4 结合在 TG 上，并以此形式贮存于滤泡腔胶质中。在内分泌系统中这是唯一的一种将激素大量储存在细胞外的贮存方式，可供机体长时间（50～100 天）使用。

15.4.3.2 释放

甲状腺激素的释放受垂体分泌的促甲状腺素（TSH）的调控。当机体需要时，在 TSH 作用下，甲状腺上皮细胞的微绒毛伸出伪足，以入胞的方式将胶质小滴胞饮至细胞内，并形成胶质小泡。胶质小泡在细胞质基质内与溶酶体融合成吞噬泡。在溶酶体蛋白水解酶作用下，TG 分子上连接碘化物的肽键被水解，释放出游离的 T_3、T_4、MIT 和 DIT，T_3 和 T_4 迅速由腺泡细胞底部分泌并进入滤泡周围的毛细血管中。

15.4.3.3 转运

甲状腺激素分泌入血后，大部分与血浆蛋白结合，并以此为主要形式进行运输。血液中能与甲状腺激素结合的血浆蛋白有甲状腺素结合球蛋白（thyroxine-binding globulin，TBG）、甲状腺素结合前白蛋白（thyroxine-binding prealbumin，TBA）和白蛋白（albumin）三种。各种蛋白与甲状腺激素亲和力不同，T_4 与 TBG 亲和力最高，约占 T_4 总量的 60%。另 30% 与 TBA 结合，其余 10% 与白蛋白结合。T_3 与各种运输蛋白的亲和力都较低，主要与 TBG 结合，但只有 T_4 结合量的 3%，所以 T_3 主要以游离的形式存在。只有游离激素才能发挥生理作用。在血液中，游离的甲状腺激素与结合的甲状腺激素保持动态平衡。当血液中游离的甲状腺激素水平降低时，结合的甲状腺激素可把其中的甲状腺激素游离出来，发挥其生理作用。

15.4.3.4 代谢

甲状腺激素是半衰期最长的激素。T_4 的半衰期是 6~7 天，T_3 约 1.5 天。肝、肾和骨骼肌是甲状腺激素降解的主要部位，脱碘是 T_4 与 T_3 降解的主要形式。血浆中的 T_4 在脱碘酶作用下变为 T_3（占 45%）与 rT_3（占 55%）。一般认为 T_3 可能是体内起主要作用的甲状腺激素，T_4 可以在外周组织脱碘酶的作用下生成 T_3，血液中 75% 的 T_3 由 T_4 转化而来。由于 T_3 的生物活性最强，而 rT_3 没有生物效应，因此 T_4 脱碘转变为 T_3 实际上是甲状腺激素的进一步活化。机体的状态可决定 T_4 脱碘转化为 T_3 还是 rT_3。当甲状腺激素需求量多时，如在寒冷环境中，T_4 脱碘产生的 T_3 多于 rT_3；相反，在妊娠、饥饿、应激等情况下，T_4 转化为 rT_3 增多。T_3 和 rT_3 可进一步脱碘。T_4、T_3 在肝内经脱碘后，与葡萄醛酸或硫酸结合灭活，形成代谢产物，通过胆汁分泌到小肠，绝大部分被细菌进一步分解，随粪便排出。少部分的 T_4、T_3 在肝和肾中脱去氨基和羧基，分别形成四碘甲状腺醋酸与三碘甲状腺醋酸，随尿排出体外。

15.4.4 甲状腺激素的生理作用

甲状腺激素几乎对机体所有的器官、组织都有作用，主要作用是促进物质与能量代谢以及生长与发育。甲状腺激素是脂溶性激素，可穿越细胞膜和细胞核膜，与细胞核内甲状腺激素受体（thyroid hormone receptor，TH-R）结合，通过调节靶基因的转录而产生生物效应。甲状腺激素除了与核受体结合，影响转录过程外，在线粒体、核糖体和细胞膜上也发现了它的结合位点，可能对转录后过程、线粒体的生物氧化作用及膜的转运功能均有影响。

15.4.4.1 对代谢的作用

（1）对能量代谢的作用 除脑、脾和性腺等少数器官外，甲状腺激素能使大多数器官组织，特别是心、肝、肾、骨骼和肌肉等器官组织的产热量和氧耗量增加，细胞内氧化速率加快，基础代谢率提高。切除甲状腺可使代谢率逐渐下降至正常水平的30%～50%，给动物注射甲状腺激素，经1～2天潜伏期后可出现产热效应。

（2）对物质代谢的作用 甲状腺激素几乎对所有的代谢途径都有调节作用，而且常表现为双向作用。生理水平的甲状腺激素对蛋白质、糖、脂肪的合成和分解代谢均有促进作用，而大剂量的甲状腺激素促进分解代谢的作用更明显。

① 糖代谢 甲状腺激素促进糖原的分解、增强小肠对葡萄糖和半乳糖的吸收，对肾上腺素、胰高血糖素、糖皮质激素和生长激素的升糖作用发挥允许作用。甲状腺激素还能增加胰岛素的分泌，促进脂肪、肌肉等组织对糖的摄取和利用，使糖的分解、氧化增加，血糖下降。甲状腺功能亢进时，血糖升高，甚至出现糖尿。

② 脂代谢 甲状腺激素可促进脂肪分解、氧化，增强儿茶酚胺与胰高血糖素对脂肪的分解作用。甲状腺激素既促进胆固醇的合成，又加速其降解，降解速度大于合成速度，因此血中胆固醇低于正常；而甲状腺机能低下时，血中脂质浓度增加，尤以胆固醇增加最为显著。

③ 蛋白质代谢 甲状腺激素对蛋白质代谢的作用依其剂量不同而不同。生理剂量的甲状腺激素可促进蛋白质合成。肌肉、肝与肾的蛋白质合成明显增加，细胞数量增多，体积增大，尿氮减少，表现为正氮平衡。T_3和T_4分泌不足时，蛋白质合成减少，肌肉无力。T_3和T_4分泌过多时，则又促使蛋白质分解，特别是骨骼肌和骨的蛋白质分解。甲状腺机能亢进的病人常感疲乏无力，即与骨骼肌蛋白质大量分解有关。

④ 对水和电解质的影响 甲状腺激素对毛细血管正常通透性的维持和细胞内液的更新有调节作用。甲状腺功能低下时，毛细血管通透性明显增大，可见组织特别是皮下组织发生水盐潴留，同时有大量黏蛋白沉积而表现黏液性水肿，补充甲状腺素后水肿可消除。甲状腺激素还可加速骨溶解，使尿中钙、磷排出增多，并促使K^+从细胞内释放和排出。

15.4.4.2 对生长发育的作用

（1）促生长作用 Gull 在 1874 年就观察到先天性甲状腺功能低下，会导致患儿智力低下、身材矮小，称为克汀病（cretinism）或呆小症。甲状腺激素具有全面促进组织细胞分化、生长发育的作用，且主要影响脑和长骨的发育与生长。在胚胎期，T_4和T_3可诱导神经因子的合成，促进神经元的分裂、突起的形成和胶质细胞以及髓鞘的生长。甲状腺发育不全的胎儿智力低下、生长停滞，形成呆小症。甲状腺激素能提高中枢神经系统兴奋性，增强交感神经的活动。而甲状腺功能低下时，出现感觉迟钝、行动迟缓、记忆力减退和嗜睡等症状。甲状腺功能亢进时，中枢神经系统兴奋性增高。甲状腺激素对生长激素的促生长作用有"允许作用"。

（2）促变态反应 1912 年，Gudernatsch 在试验中观察到，给幼龄蝌蚪喂以少量马的甲状腺组织碎片，可以使蝌蚪提前变态并发育成"微型蛙"。而切除甲状腺的蝌蚪，生长发育障碍，只能长成大蝌蚪而不能变成蛙，若及时给予甲状腺激素，又可恢复生长发育。缺乏甲状腺激素的鳗鲡不能从柳叶鳗变为玻璃鳗，比目鱼的眼睛不能移到一边。

（3）对心血管系统的作用 甲状腺激素可使心跳加快、加强。甲状腺机能亢进时，病人心率加快，心收缩力增强，心输出量增加。

（4）对生殖系统的影响 幼畜缺乏甲状腺激素可导致性腺发育停止、副性器官退化，副性征不表现等情况；成年动物甲状腺激素不足将影响公畜精子成熟、母畜发情、排卵和受孕。

ⓔ 案例分析 15-1
关于甲状腺激素促进
蝌蚪发育的探究

15.4.5 甲状腺激素分泌的调节

甲状腺激素分泌的主要调节系统为下丘脑–垂体–甲状腺轴，另外还有一定程度的腺体自身调节，交感神经系统和儿茶酚胺激素对其也有调节作用。

15.4.5.1 下丘脑–垂体–甲状腺轴

下丘脑分泌的 TRH 通过垂体门脉系统作用于腺垂体，促进 TSH 合成、分泌。TSH 由血液运送到甲状腺，促进甲状腺激素的合成和释放以及甲状腺增生。

当血液中甲状腺激素浓度增高时，可抑制腺垂体活动，使 TSH 分泌减少，从而使甲状腺激素的分泌不致过多；而当血中甲状腺激素的浓度降低时，由于对腺垂体的抑制作用减弱，便可引起 TSH 分泌增多，从而使甲状腺激素分泌增多。一般认为甲状腺激素的负反馈作用部位主要是腺垂体。血中 TSH 可负反馈性地抑制下丘脑 TRH 的分泌。

甲状腺分泌水平可随内外环境而变化。例如，寒冷或体温降低可直接或通过外周感受器间接作用于下丘脑，使 TRH 分泌增加。TRH 又引起 TSH 分泌增加，进而使甲状腺激素分泌增加（图 15-10）。

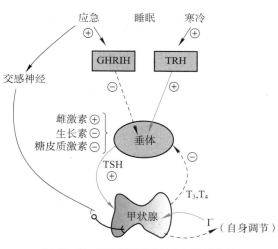

图 15-10 甲状腺激素分泌的调节示意图
⊕表示促进或刺激；⊖表示抑制

ⓔ 知识拓展 15-13
甲状腺激素分泌调节
（动画）

15.4.5.2 自主神经的作用

现已发现，甲状腺内分布有交感和副交感神经纤维末梢，腺泡细胞膜上含有 α– 和 β– 肾上腺素能受体和 M– 胆碱能受体。下丘脑 – 腺垂体 – 甲状腺轴主要调节各种效应激素的稳态；交感 – 甲状腺轴的调节作用主要在内外环境发生急剧变化时能确保应急情况下对高水平的甲状腺素的需求；副交感 – 甲状腺轴的调节作用则在激素分泌过多时发挥抗衡作用。

15.4.5.3 甲状腺的自身调节

甲状腺在 TSH 浓度不变或完全缺乏的情况下对碘供应变化的一种调节，称为自身调节。当食物中含碘量降低时，甲状腺摄取和聚碘的能力增强，反之，食物中含碘量增高时，血碘超过一定限度（如血碘水平超过 1 mmol/L）时，甲状腺摄取和聚碘能力下降，甲状腺激素合成减少。血碘水平过高产生的阻断甲状腺聚碘能力的作用，称为碘阻断效应（Wolff–Chaikoff 效应）。甲状腺的自身调节是一种比较缓慢的调节机能，可使甲状腺合成激素的量在一定范围内不受食物中碘含量的影响而急剧变化。

15.4.5.4　免疫系统对甲状腺活动的调节

甲状腺滤泡细胞膜上还存在许多免疫活性物质和细胞因子的受体，因而甲状腺活动受免疫系统调节，如胸腺素可调节 T_3、T_4 的合成；细胞因子如干扰素、白细胞介素等可调节甲状腺滤泡细胞表面对免疫细胞抗原的表达；B 淋巴细胞可以合成 TSH 受体抗体（TSH receptor antibody，TSHR–Ab），表现出类似 TSH 效应；人萎缩性甲状腺炎可引起甲状腺功能减退，体内存在激活 TSH 受体的抗体。TSH 受体也可发生突变而引起 TSH 受体自发激活，从而发生甲状腺功能亢进。

15.5　甲状旁腺、甲状腺 C 细胞（鳃后体）与调节钙、磷代谢的激素

钙和磷是保证机体生理活动正常进行的重要元素。钙离子与机体许多重要的生理功能有密切关系，如：骨骼的生长、膜电位的稳定、可兴奋组织的兴奋性、血液凝固、肌肉收缩、酶的活性等。磷是骨盐的主要成分，参与能量（ATP，肌酸）储备，与酶的磷酸化、DNA 和 RNA 的生成以及许多信号转导分子（cAMP、IP_3）的生物活性有关。机体中直接参与钙、磷代谢调节的激素主要有三种，即甲状旁腺激素（parathyroid hormone，PTH）、降钙素（calcitonin，CT）和 1,25- 二羟维生素 D_3（1,25–dihydroxycholecalciferol，1,25–$(OH)_2$–VD_3）。

15.5.1　甲状旁腺与甲状旁腺激素

15.5.1.1　甲状旁腺

甲状旁腺是豆状的小腺体，一般有两对。肉食兽和马的两对甲状旁腺都包埋在甲状腺内部。反刍动物有一对甲状旁腺在甲状腺内，另一对位于甲状腺前方。猪的两对甲状旁腺都位于甲状腺前方。禽类的两对甲状旁腺都位于甲状腺后方。鱼类没有甲状旁腺。甲状旁腺由主细胞和嗜酸细胞组成。主细胞合成和分泌甲状旁腺激素，嗜酸细胞的功能尚不清楚。

15.5.1.2　甲状旁腺激素

主细胞最先合成的是含 115 个氨基酸的前甲状旁腺素原，经两次酶解共脱去 31 个氨基酸肽段而成为 84 肽的 PTH，相对分子质量为 9 500。正常人血液中 PTH 的浓度呈昼夜节律波动。PTH 主要在肝水解灭活，其代谢产物经肾排出体外。

15.5.1.3　甲状旁腺激素的生理作用

PTH 的作用主要是升高血钙和降低血磷，是调节血钙和血磷水平的最重要的激素。将动物的甲状旁腺切除后，血钙水平逐渐下降，而血磷水平则逐渐升高。神经和肌肉的兴奋性异常升高，出现低血钙性手足抽搐，严重时可引起呼吸肌痉挛而造成窒息，最终导致死亡。

PTH 升高血钙和降低血磷的作用主要是通过动员骨钙进入血液，并影响肾小管对钙、磷的重

吸收。另外还能促进 1,25- 二羟维生素 D_3（$1,25-(OH)_2-VD_3$）的生成，后者可进一步调节钙磷代谢。PTH 对靶细胞的作用几乎都是通过 G 蛋白 - 腺苷酸环化酶 -cAMP 信号转导通路发挥作用的。

（1）PTH 对骨的作用　骨是体内最大的钙库，占体内钙总量的 99%。PTH 能加强溶骨活动，动员骨钙入血，升高血钙水平。PTH 的效应可分为快速效应（rapid action）和延迟效应（delayed action）两个时相。快速效应在 PTH 作用后数分钟即可出现，使骨细胞膜对 Ca^{2+} 的通透性迅速增高，Ca^{2+} 进入细胞，然后钙泵活动增强，将 Ca^{2+} 转运至细胞外液中，使血钙升高。延迟效应在 PTH 作用后 12～14 h 出现，一般需几天或几周后才达高峰，其效应是刺激破骨细胞的活动，加速骨组织的溶解，使钙、磷进入血液。两个时相效应相互配合，既可对急需钙的情况作出迅速反应，也能长时间调节和维持血钙水平。

（2）PTH 对肾的作用　PTH 能通过调节 Ca^{2+}-ATP 酶和 Na^+-Ca^{2+} 逆向转运体的活动，促进远曲小管和集合管对钙的重吸收，使尿钙排出减少、血钙升高。

PTH 可通过降低 Na^+ 和磷酸盐的同向转运，而抑制近曲小管对磷的重吸收，增加尿磷酸盐的排出，血磷降低。

PTH 还能抑制肾小管上皮细胞的 Na^+-H^+ 交换，使肾小管分泌 H^+ 和重吸收 HCO_3^- 均减少。甲状旁腺功能亢进可导致重吸收障碍，Cl^- 重吸收增加，引起高氯性败血症，酸血症又可加重骨组织的脱盐作用。

（3）PTH 对小肠吸收钙的作用　PTH 可激活肾内的 1α- 羟化酶，后者可促使 25-OH-D_3 转变为有高度活性的 1, 25- 二羟维生素 D_3（$1,25-(OH)_2-VD_3$），进而促进钙、磷和镁的吸收。另外，$1,25-(OH)_2-VD_3$ 能增强 PTH 对骨的作用。

15.5.1.4　甲状旁腺激素分泌的调节

（1）血钙水平对甲状旁腺分泌的调节　甲状旁腺主细胞对低血钙极为敏感，血钙浓度的轻微下降，在 1 分钟内即可引起 PTH 分泌增加，这是一个负反馈调节方式。如果发生长时间的低血钙，可使甲状旁腺增生；相反，长时间的高血钙则可使甲状旁腺发生萎缩（图 15-11）。

Ca^{2+} 浓度调节 PTH 分泌的调定点（set point）约为 90 mg/L 的水平。当血清 Ca^{2+} 浓度降低至 80 mg/L 时 PTH 分泌达到高峰，升至 100 mg/L 时 PTH 分泌停止。

（2）其他因素对甲状旁腺分泌的调节　血磷浓度升高可使血钙降低，从而刺激 PTH 的分泌。血镁浓度降至较低水平时，可使 PTH 分泌减少。$1,25-(OH)_2-VD_3$ 可直接作用于甲状旁腺，降低 PTH 的基因转录，使前 PTH mRNA 减少。儿茶酚胺和 PGE_2 可促进 PTH 的分泌，而 PGF_2 则使 PTH 分泌减少。此外，糖皮质激素、生长激素、雌激素和胰岛素等均在不同程度上参与骨和钙代谢活动的调节。

🄮 知识拓展 15-14
血钙对甲状旁腺激素分泌调节机制

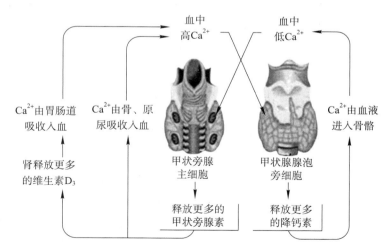

图 15-11　甲状旁腺素和降钙素的调节机制

15.5.2　甲状腺 C 细胞和降钙素

C 细胞位于滤泡上皮细胞之间，因此又称为滤泡旁细胞。哺乳动物降钙素（calcitonin，CT）

是由甲状腺 C 细胞分泌的肽类激素，鸟类、鱼类或其他脊椎动物的 CT 由鳃后体分泌。

CT 是含有一个二硫键的 32 肽，相对分子质量为 3 400。此外，在甲状腺 C 细胞以外的一些组织中也发现有 CT 存在。在人的血液中还存在一种与 CT 来自同一基因的肽，称为降钙素基因相关肽（calcitonin gene-related peptide，CGRP）。CGRP 含有 37 个氨基酸残基，主要分布于神经末梢和心血管系统，具有强烈的舒血管和心脏变力效应。

15.5.2.1　降钙素的生物学作用

CT 的生理功能主要是降低血钙和血磷，其受体主要分布在骨和肾。CT 与其受体结合后，经 cAMP-PKA 途径和 IP_3/DG-PKC 途径抑制破骨细胞的活动，前一途径反应出现较早，而后一途径则反应出现较迟。

（1）对骨的作用　CT 能抑制破骨细胞的活动，使溶骨过程减弱，同时还能使成骨过程增强，增加骨组织中钙和磷的沉积，降低血中钙、磷水平。CT 抑制溶骨作用的反应出现较快，此外，CT 还可提高碱性磷酸酶的活性，促进骨的形成和钙化过程，从而降低血钙和血磷水平。

（2）对肾的作用　CT 能减少肾小管对钙、磷、钠和氯等离子的重吸收，因此，可增加这些离子从尿中的排出量。CT 还可抑制肾内 $25-OH-VD_3$ 转变为 $1,25-(OH)_2-VD_3$，从而间接降低血钙和血磷水平。

（3）对小肠的作用　小剂量 CT 能抑制 $1,25-(OH)_2-VD_3$ 引起的小肠对钙离子的吸收，使血钙水平降低，但大剂量 CT 却能促进小肠对钙的吸收。

15.5.2.2　降钙素分泌的调节

（1）血钙水平　CT 的分泌主要受血钙水平调节。血钙浓度增加时，CT 分泌增多。当血钙浓度升高 10% 时，血中 CT 的浓度可增加 1 倍。CT 与甲状旁腺激素对血钙的作用相反，两者共同调节血钙浓度，维持血钙的稳态。与甲状旁腺激素相比，CT 对血钙的调节启动较快，1h 内即可达到高峰，而甲状旁腺激素分泌达到高峰则需数小时；CT 对血钙的调节作用快速而短暂，其作用很快被 PTH 部分或全部地抵消，因此 PTH 对血钙浓度发挥长期调节作用。由于 CT 的作用快速而短暂，故对高钙饮食引起血钙浓度升高后血钙水平的恢复起重要作用。

（2）其他调节机制　进食可刺激 CT 分泌，这可能与一些胃肠激素如促胃液素、促胰液素、缩胆囊素和胰高血糖素的分泌有关。这些胃肠激素均可促进 CT 的分泌，其中以促胃液素的作用为最强。此外，血中 Mg^{2+} 浓度升高也可以刺激 CT 分泌。

15.5.3　I,25- 二羟维生素 D_3

15.5.3.1　1,25- 二羟维生素 D_3 的生成

维生素 D_3（$1,25-(OH)_2-VD_3$）是胆固醇的衍生物，也称胆钙化醇，可由肝、乳、鱼肝油等含量丰富的食物中摄取，也可在体内由皮肤合成。在紫外线照射下，皮肤中的 7- 脱氢胆固醇迅速转化成维生素 D_3 原，然后再转化为维生素 D_3。维生素 D_3 需要经过羟化酶的催化才具有生物活性。首先，维生素 D_3 在肝内 25- 羟化酶的作用下形成 $25-OH-VD_3$，然后又在肾近端小管 $1\alpha-$ 羟化酶的催化下成为活性更高的 $1,25-(OH)_2-VD_3$。

15.5.3.2 1,25-二羟维生素 D_3 的生理作用及其调节

（1）对骨的作用　1,25-$(OH)_2$-VD_3 对动员骨钙入血和钙在骨中的沉积都有作用。一方面，1,25-$(OH)_2$-VD_3 可通过增加破骨细胞的数量，增强骨的溶解，使骨钙、骨磷释放入血，从而升高血钙和血磷；另一方面，1,25-$(OH)_2$-VD_3 又刺激成骨细胞的活动，促进骨钙沉积和骨的形成，但总的效应是使血钙浓度升高。此外，1,25-$(OH)_2$-VD_3 还可增强甲状旁腺激素的作用，如缺乏 1,25-$(OH)_2$-VD_3，则甲状旁腺激素对骨的作用明显减弱。

（2）对小肠的作用　1,25-$(OH)_2$-VD_3 可促进小肠黏膜上皮细胞对钙的吸收。1,25-$(OH)_2$-VD_3 进入小肠黏膜细胞后，与细胞核特异性受体结合，促进 DNA 的转录过程，生成与钙有很高亲和力的钙结合蛋白（calcium-binding protein,CaBP）。CaBP 参与小肠吸收钙的转运过程。同时，1,25-$(OH)_2$-VD_3 也能促进小肠黏膜细胞对磷的吸收。因此，它既能升高血钙，也能增加血磷。

（3）对肾的作用　1,25-$(OH)_2$-VD_3 可促进肾小管对钙和磷的重吸收。缺乏维生素 D_3 的患者或动物，在给予 1,25-$(OH)_2$-VD_3 后，肾小管对钙、磷的重吸收增加，尿中钙、磷的排出量减少。

在体内，1,25-$(OH)_2$-VD_3、PTH 和 CT 共同对钙、磷代谢进行调节。1,25-$(OH)_2$-VD_3 的生成受血钙、血磷水平、PTH、肾 1α-羟化酶活性和雌激素等因素的影响。

15.6　肾上腺

肾上腺（Adrenal gland）是机体重要的内分泌腺之一，大多数脊椎动物的肾上腺左右各一个，位于两侧肾的上方，每个肾上腺实质可分为外围的皮质和中央的髓质两部分。这两部分虽然在位置上联合在一起，但它们的来源、结构和机能却不相同。在一些低等鱼类中这两部分是完全分开的，其中与哺乳类肾上腺髓质同源，起源于外胚层和交感神经节细胞同一来源的是制造肾上腺素的嗜铬组织。而另一部分与哺乳类肾上腺皮质同源，发生于中胚层、制造皮质类固醇的肾间组织（见 ⓔ 系统功能进化 15-1）。

15.6.1　肾上腺皮质激素

哺乳动物的肾上腺皮质占腺体大部分，位于表层，从外向内可分为球状带、束状带和网状带三部分（图 15-12）。球状带腺细胞主要分泌盐皮质激素-醛固酮。束状带位于皮质中间，主要分泌糖皮质激素包括皮质醇（cortisol）和皮质酮（corticosterone）。网状带位于皮质最内层，主要分泌性激素,有脱氢表雄酮（dehydroepiandrodsterone,DEHA）和雌二醇（estradiol）。

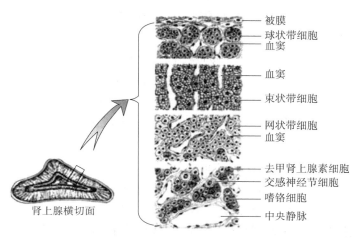

图 15-12　肾上腺结构图

ⓔ知识拓展 15-16
皮质激素的合成代谢

15.6.1.1 糖皮质激素

不同种属动物的皮质醇和皮质酮的比例不一。人、猴、羊和猫等以皮质醇为主，鸟和啮齿类动物以皮质酮为主，而狗则分泌等量的皮质醇和皮质酮。皮质酮的生物活性仅为皮质醇的 35%。血液中糖皮质激素以结合型和游离型两种形式存在。但只有游离型的激素才有生物效应。皮质醇进入血液后，75%~80% 与血浆中的皮质类固醇球蛋白（corticosteroid–binding globulin，CBG）结合，15% 与血浆白蛋白结合，只有 5%~10% 是游离型的才能进入靶细胞，发挥生物学作用。

肾上腺皮质激素主要通过调节靶基因的转录而发挥生物效应。其中糖皮质激素还可通过细胞膜上相应受体–第二信使信号转导作用产生快速效应，与基因转录无关，称为糖皮质激素的非基因组作用。

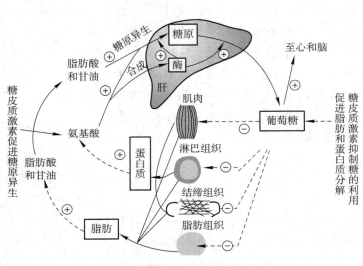

图 15-13 糖皮质激素对物质代谢的影响

（1）糖皮质激素的生理作用 体内大多数组织细胞存在糖皮质激素受体，因此糖皮质激素的作用非常广泛，在物质代谢、免疫反应和应急反应中起重要作用。

肾上腺皮质激素主要通过调节靶基因的转录而发挥生物效应。其中糖皮质激素还可通过细胞膜上相应受体–第二信使信号转导作用产生快速效应，与基因转录无关，称为糖皮质激素的非基因组作用。

① 对物质代谢的作用。糖皮质激素对机体的糖、脂肪和蛋白质代谢都有明显的影响（图 15-13）。

ⅰ 糖代谢：糖皮质激素是调节体内糖代谢的重要激素之一，主要促进糖异生和糖原合成，降低肌肉、脂肪等外周组织对葡萄糖的利用。糖皮质激素可降低外周组织对胰岛素的敏感性，抑制葡萄糖转运体，有显著的升血糖作用。糖皮质激素过多时血糖水平升高，甚至出现糖尿。

ⅱ 蛋白质代谢：糖皮质激素能促进肝外组织，特别是肌肉组织的蛋白分解，生成的氨基酸进入肝，成为糖异生的原料，抑制蛋白质合成。皮质醇分泌过多常引起生长停滞、肌肉消瘦、皮肤变薄、骨质疏松等现象。

ⅲ 脂肪代谢：糖皮质激素促进脂肪分解，增加脂肪酸在肝内的氧化，有利于糖异生。糖质激素分泌过多，能促进四肢脂肪的分解，但增加腹、面、肩和背脂肪的合成，导致脂肪组织由四肢向躯干重新分布，形成向心性肥胖、满月脸等特殊体形。

ⅳ 水盐代谢：糖皮质激素与盐皮质激素有一定交叉作用，因此具有一定的保钠、排钾和排水的作用。糖皮质激素分泌不足时，机体排水功能降低，严重时可导致水中毒、全身肿胀，补充糖皮质激素后可使症状缓解。

② 允许作用。糖皮质激素的允许作用表现在只有当糖皮质激素存在时，胰高血糖素和儿茶酚胺才能影响能量代谢。糖皮质激素还能加强儿茶酚胺的促脂肪水解、增加心肌和血管平滑肌上肾上腺素能受体数量、调节信号转导过程增强心肌收缩力使血压升高等。

③ 参与应激反应。应激（stress）是指当机体受到有害刺激（如创伤、手术、饥饿、疼痛、缺氧、寒冷以及惊恐等）时，除引起机体与刺激直接相关的特异性变化外，还引起一系列与刺激性质无直接关系的非特异性适应反应，称为应激反应（stressor response）。应激反应

中垂体－肾上腺轴被激活，使 ACTH 和糖皮质激素和一系列激素分泌量增加，从多方面调整机体机能，提高对伤害性刺激耐受力的适应性和防御性反应。如促进糖异生，降低外周组织对葡萄糖的利用，以维持反应过程中的能量需求。加强心肌的收缩、使血压升高。对炎症反应的全过程有广泛的抑制作用等（见第 17 章，第 19 章）。

糖皮质激素的作用广泛、复杂，除上述作用外还可促进胎儿肺泡发育和肺表面活性物质的合成等作用；参与胎儿中枢神经系统、视网膜、皮肤、胃肠管的发育。长期持久的应激刺激，会引起机体过强的应激反应，对机体造成伤害，甚至导致疾病发生。

（2）糖皮质激素分泌的调节　糖皮质激素的基础分泌和应激状态下的分泌都受下丘脑－腺垂体－肾上腺（皮质）轴（图 15-14）的调节。

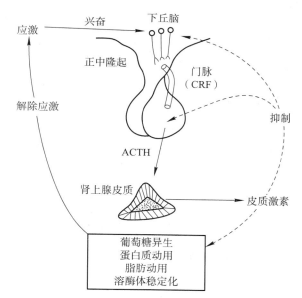

图 15-14　糖皮质激素分泌的调节示意图
图中实线箭头表示促进，虚线箭头表示抑制

知识拓展 15-17
糖皮质激素分泌调节（动画）

切除动物腺垂体后，肾上腺皮质的束状带和网状带萎缩，糖皮质激素的分泌也停止，如及时补充 ACTH，可使萎缩的组织和分泌功能都恢复。血中糖皮质激素对 CRH 和 ACTH 均有负反馈调节。血中糖皮质激素分泌过多时，能抑制 ACTH 的分泌，或使腺垂体分泌 ACTH 的细胞对 CRH 的敏感性降低，从而减少糖皮质激素的分泌，以维持血液中糖皮质激素的稳态。ACTH 和 CRH 之间也可能存在短环路负反馈调节。

由于受下丘脑视交叉上核生物钟的控制，下丘脑 CRH 的释放呈昼夜节律，因此 ACTH 和糖皮质激素的基础分泌也呈昼夜节律。ACTH 分泌的昼夜节律不受糖皮质激素的反馈调节，在肾上腺皮质功能低下或切除肾上腺的大鼠，ACTH 分泌的昼夜节律依然存在。

15.6.1.2　盐皮质激素

盐皮质激素主要包括醛固酮（aldosterone）和 11- 去氧皮质酮（deoxycorticosterone，DOC），其中醛固酮的生物活性最高，DOC 是醛固酮合成反应的中间产物，它的作用仅为醛固酮的 3%。

（1）盐皮质激素的生理作用　盐皮质激素是调节机体水盐代谢的重要激素。醛固酮的靶器官包括肾、唾液腺、汗腺和胃肠道外分泌腺等，肾是其主要靶器官。醛固酮通过作用于远曲小管和集合管的受体，保钠、保水和排钾（见第 12 章）。

此外，盐皮质激素与糖皮质激素一样具有允许作用，能增强血管平滑肌对儿茶酚胺的敏感性，且作用强于糖皮质激素。

（2）盐皮质激素分泌的调节　醛固酮的分泌主要受肾素－血管紧张素－醛固酮系统的调节（见第 12 章）。

血钠水平降低和血钾水平升高都能促进醛固酮的分泌，但肾上腺皮质对血钾水平的变化更敏感。

15.6.1.3　性激素

与性腺不同，肾上腺皮质可终生合成雄激素。肾上腺雄激素对两性的作用表现不同，对性腺功能正常的雄性动物作用甚微，但对幼年动物的雄性器官的发育有一定作用。在雌性动物一生中雄性激素都发挥作用，是雌激素的主要来源。对维持雌性征、性欲和性行为有一定作用。微量的肾上腺皮质酮可引起鳉鲅雌鱼卵巢的生长。

15.6.2 肾上腺髓质激素

从胚胎发生来看，髓质与交感神经来源相同，相当于一个交感神经节，只是没有神经轴突，受内脏大神经节前纤维的支配。肾上腺髓质的腺细胞较大，呈多边形，内含有细小颗粒，经铬盐处理后，一些颗粒与铬盐呈棕色反应，含有这种颗粒的细胞称为嗜铬细胞。嗜铬细胞分泌儿茶酚胺（catecholamne）类激素，以肾上腺素和去甲肾上腺素为主，另有少量的多巴胺。

ⓔ 知识拓展 15-18
肾上腺髓质激素生物合成

15.6.2.1 髓质激素的合成与代谢

见 ⓔ 知识拓展 15-18

15.6.2.2 髓质激素的生理作用

肾上腺髓质受交感神经节前纤维支配，组成交感 – 肾上腺髓质系统。髓质激素的作用与交感神经的作用类似（见第 5 章），均通过激动靶组织细胞相应的膜受体发挥生理效应，作用较为广泛。肾上腺素能受体有 α 和 β 两个亚型，α 受体通过磷酸肌醇（IP_3）信号转导系统发挥作用，β 受体通过 cAMP 信号转导系统发挥作用。

（1）对中枢神经系统的作用　提高其兴奋性，使机体处于警觉状态，反应灵敏。

（2）对心血管的作用　肾上腺素和去甲肾上腺素虽都有强心、升压作用，但肾上腺素以强心为主，去甲肾上腺素则以升压为主。但去甲肾上腺素长时期作用结果心率减慢的效应超过去甲肾上腺素本身的正性变时效应，总体上导致心率减慢（见第 8 章）。

（3）对代谢的作用　增加肝糖原分解，升高血糖；加强脂肪分解，血中游离脂肪酸增多，葡萄糖与脂肪酸氧化过程增强，以适应在应急情况下对能量的需要。

（4）在机体应急反应中起作用　在紧急情况下，如失血、缺氧、剧痛、寒冷及剧烈的情绪反应（恐惧、焦虑等）交感神经和肾上腺髓质（合称交感 – 肾上腺髓质系统，sympatho-adrenomedullary system）都被激活，全身多种功能动员起来，表现为肺通气增加、心肌收缩力加强、心率加快、全身血液重新分配（骨骼肌、心肌血流量增加、内脏血流量减少）、肝糖原和脂肪分解加强提供能量，以应付紧急情况。

机体遇到紧急情况时，交感 – 肾上腺髓质系统活动加强，生理学上称为"应急反应"（emergency reaction），引起应急的刺激也能引起应激反应，两种反应常相互伴行，难以截然分开（见前述）。应急反应是提高机体的应变能力，应激反应是提高机体对伤害性刺激的耐受力。二者共同作用的结果是提高机体的适应能力。

15.6.2.3 髓质激素分泌的调节

（1）交感神经的调节　髓质受交感神经胆碱能节前纤维支配，其末梢释放乙酰胆碱作用于髓质嗜铬细胞上的 N 型受体，引起肾上腺素与去甲肾上腺素的释放。

（2）ACTH 与糖皮质激素的调节　动物摘除垂体后，髓质中酪氨酸羟化酶、多巴胺 β – 羟化酶和 PNMT 的活性降低，而补充 ACTH 则能使这种酶的活性恢复；如给予糖皮质激素可使多巴胺 β – 羟化酶与苯乙醇胺 –N– 甲基转移酶（PNMT）活性恢复，而对酪酸羟化酶未见明显影响。

研究提示 ACTH、糖皮质激素有促进髓质合成儿茶酚胺的作用。ACTH 主要通过糖皮质激素发挥作用，也可能有直接作用。

（3）自身反馈调节　去甲肾上腺素或多巴胺在髓质细胞内的量增加到一定数量时，可抑制酪氨酸羟化酶。同样，肾上腺素合成增多时，能抑制 PNMT 的作用，当肾上腺素和去甲肾上腺素从细胞内释放进入血液后，胞浆内含量减少，解除了上述的负反馈抑制，儿茶酚胺的合成随即增加。

15.6.2.4　肾上腺髓质素

近年来的研究发现，肾上腺髓质嗜铬细胞、血管平滑肌细胞和内皮细胞也还能分泌一种多肽，即肾上腺髓质素（adrenomedullin，ADM）。ADM 可通过内分泌方式，但主要通过旁分泌方式调节血管平滑肌的张力。可抑制血管紧张素 Ⅱ 和醛固酮的释放，有强烈的舒血管和降压的作用；能促进肾排钠、排水的作用，对心肌细胞有正性变力的作用。

15.7　胰岛

胰腺是兼有外分泌和内分泌功能的腺体。胰岛（pancreatic islet）是胰腺的内分泌部，散在于胰腺（外分泌腺）之间，形于岛屿。胰岛大小、数量和集中部位随动物种属而有所不同。根据 Mallory 等特殊染色法可将胰岛细胞分为 A、B、D 和 PP 细胞。A 细胞（又称 α 细胞），约占胰岛细胞总数的 20%，主要位于胰岛的周边，分泌胰高血糖素（glucagon）；B 细胞（又称 β 细胞），约占 70%，主要位于胰岛的中间，分泌胰岛素（insulin）；D 细胞（又称 δ 细胞）约占总数的 4%～5%，分泌生长抑素；PP 细胞（又称 F 细胞），占 1%～3%，分泌胰多肽；另有少量的 D₁ 和 G 细胞，D₁ 可能分泌血管活性肠肽；G 细胞分泌促胃液素（图 15-15）。禽类胰岛的 A 细胞占多数，排列不如哺乳动物有规律；鱼类和其他有颚动物的胰岛组织含有与哺乳动物相同的 A、B、D 等 3 种细胞，另外，鱼类还含有小型无颗粒的 C 细胞，其作用尚不清楚。

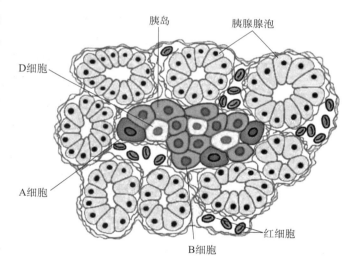

图 15-15　胰岛的内分泌细胞

15.7.1　胰岛素

胰岛素由 51 个氨基酸组成，含 A、B 两个肽链，其间以两个二硫键平行连接，如果二硫键断开，则失去活性（图 15-16）。B 细胞首先合成由 105 个氨基酸残基构成的前胰岛素原（preproinsulin），前胰岛素原经过蛋白水解作用生成 86 个氨基酸组成的长肽链——胰岛素原（proinsulin）。胰岛素原再经蛋白水解酶的作用，生成胰岛素，分泌到 B 细胞外，进入血液循环中。一小部分胰岛素原随胰岛素进入血液循环，胰岛素原的生物活性仅有胰岛素的 5%。

胰岛素半衰期为 5～15 min。在肝，先将胰岛素分子中的二硫键还原，产生游离的 A、B 链，再在胰岛素酶作用下水解成为氨基酸而灭活。

不同种族动物（人、牛、羊、猪等）的胰岛素功能大体相同，成分稍有差异。

发现之旅 15-3
胰岛和胰岛素的发现

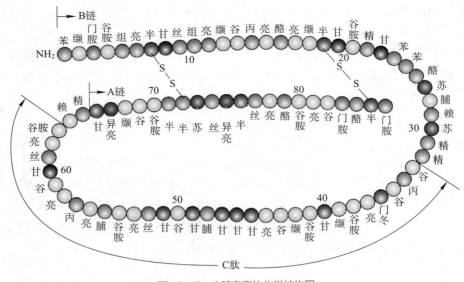

图 15-16　人胰岛素的化学结构图

15.7.1.1　胰岛素的生理功能

胰岛素的生理作用主要有两个方面：一是调节代谢，胰岛素是机体内唯一降低血糖的激素，也是唯一同时促进糖原、脂肪、蛋白质合成的激素；二是调节细胞的生长、增殖，抑制细胞的凋亡。

（1）调节糖代谢　胰岛素能促进全身组织，特别是肝、肌肉和脂肪组织对葡萄糖的摄取和利用，促进肝糖原和肌糖原的合成与储存，并抑制糖原的分解和糖异生，还可促进葡萄糖转变为脂肪酸，储存于脂肪组织，总的结果是降低血糖。

胰岛素分泌过多时，血糖下降迅速，脑组织受影响最大，可出现惊厥、昏迷，甚至引起胰岛素休克。相反，胰岛素分泌不足或胰岛素受体缺乏常使血糖升高。若超过肾糖阈，则糖从尿中排出，引起糖尿病。人的糖尿病通常可分为两类，因胰岛素缺乏引起的胰岛素依赖性糖尿病（又称I型糖尿病）和因胰岛素受体及受体功能下降引起的非胰岛素依赖性糖尿病（又称II型糖尿病）。由于糖尿病可导致血液成分的改变（含有过量的葡萄糖），最终可引起高血压、冠心病和视网膜血管病等病变。

（2）调节脂肪代谢　胰岛素能促进肝脂肪的合成与贮存，减少血液中游离脂肪酸；同时抑制脂肪组织中脂肪酶活性，降低脂肪的分解，还能促进糖转化为脂肪。胰岛素缺乏可导致糖利用受阻，促进脂肪分解，生成大量酮体，出现酮症酸中毒。同时，脂肪代谢紊乱使血脂增加，可引起动脉硬化，进而导致心脑血管的严重疾患。

（3）调节蛋白质代谢　胰岛素一方面促进蛋白质的合成，另一方面又可抑制蛋白质的分解。胰岛素的作用主要表现在三个方面：①加速氨基酸转入细胞内过程，为蛋白质的合成提供原料。②加速细胞核 DNA 和 RNA 的生成过程增强核糖体转录过程，促进蛋白质合成。③抑制蛋白质分解，减少氨基酸氧化。胰岛素还能抑制肝糖异生和氨基酸转化为糖。

胰岛素缺乏，蛋白质分解增强，肌肉释放氨基酸增加，为肝糖异生提供原料，糖异生加强，因此体内蛋白消耗增加，导致负氮平衡，出现机体消瘦。

（4）促生长作用　胰岛素是重要的促生长因子。实验发现同时切除胰腺和垂体的大鼠难以生长；然而仅单独给动物其中一种激素，或生长素，或胰岛素，动物也不生长，但如果两种激素同时应用，大鼠的生长速度快速增加。证明生长素和胰岛素有协同促进机体生长作用，同时每个激素都各自发挥自己独特的功能。

（5）其他功能　胰岛素可促进钾离子和镁离子穿过细胞膜进入细胞内；可促进脱氧核糖核酸（DNA）、核糖核酸（RNA）和三磷酸腺苷（ATP）的合成。

15.7.1.2　胰岛素分泌的调节

（1）血液中代谢物质的作用　在影响胰岛素分泌的诸多因素中，血糖浓度是最重要的调节因素。血糖浓度升高，促进 B 细胞分泌胰岛素；同时也作用于下丘脑，通过迷走神经引起胰岛素的分泌，使血糖浓度下降。低血糖时，则可通过负反馈调节抑制胰岛素的分泌，使血糖浓度增高。

血液中氨基酸浓度升高，胰岛素分泌也增加，其中精氨酸、赖氨酸、亮氨酸和苯丙氨酸均有较强的刺激胰岛素分泌的作用。氨基酸和血糖对刺激胰岛素的分泌具有协同作用。氨基酸单独作用时仅引起胰岛素轻微增加，但氨基酸和血糖同时升高时，胰岛素的分泌可成倍增加。血中游离脂肪酸和酮体含量增多时，也可促进胰岛素的分泌。

（2）激素的作用　生长激素、甲状腺激素、皮质醇等可通过升高血糖浓度间接引起胰岛素的分泌。肾上腺素和去甲肾上腺素可抑制胰岛素的分泌。胃肠激素如促胃液素、促胰液素、胆囊收缩素、抑胃肽和胰高血糖样多肽等均可促进胰岛素的分泌，其中以抑胃肽和胰高血糖样多肽的作用最强。胃肠激素与胰岛素分泌之间的功能关系形成"肠 – 胰岛轴"（entero–insular axis），当食物还在肠道内消化时，胰岛素分泌便增加，形成胰岛素分泌的所谓前馈性（feed–forward）调节，使机体预先做好准备，能及时和应用被吸收的各种营养成分。

胰岛内各激素间通过旁分泌作用相互影响。例如，胰岛 A 细胞分泌的胰高血糖素可促进胰岛素分泌，D 细胞分泌的生长抑素抑制胰岛素分泌（图 15–17）。

（3）神经调节　内脏大神经和迷走神经进入胰腺，支配胰腺腺泡和血管，也支配胰岛，因而胰岛细胞受到交感和迷走神经的双重支配。迷走神经兴奋时，B 细胞上的 M 受体接受刺激可促使胰岛素分泌增强；同时，迷走神经还通过刺激胃肠道激素的释放，间接促进胰岛素的分泌。迷走神经调节胰岛素的分泌作用，称为"迷走 – 胰岛系统"。交感神经兴奋时，通过 B 细胞 α 受体抑制胰岛素的分泌（图 15–18）。如果 α 受体被阻断，则可通过 β 肾上肾素能受体增加胰岛素分泌。

🄬 **知识拓展 15–19**
激素对胰岛功能的调节（动画）

🄬 **知识拓展 15–20**
自主神经系统对胰岛功能的调节（动画）

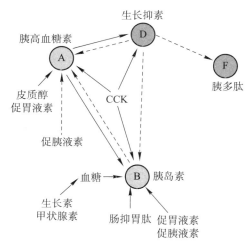

图 15–17　激素对胰岛功能的调节示意图
实线表示促进，虚线表示抑制

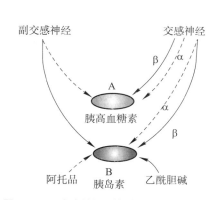

图 15–18　自主神经系统对胰岛素分泌的影响
实线表示促进，虚线表示抑制；β 示作用于 β 肾上腺素能
受体；α 示作用于 α 肾上腺素能受体

15.7.2 胰高血糖素

胰高血糖素由胰岛 A 细胞分泌，一种由 29 个氨基酸组成的直链多肽激素，相对分子质量约为 3 500，它也是由一个大分子的前体裂解而来。胰高血糖素在血液中的浓度为 50 ~ 100 ng/L，半衰期为 5 ~ 10 min，主要在肝灭活，肾也有降解作用。

15.7.2.1 胰高血糖素的生理功能

胰高血糖素的生理作用与胰岛素相反，可促进分解代谢，是动员机体储备能源的激素。胰高血糖素的基本作用是促进糖原分解、糖异生、脂肪分解和酮体生成等。

胰高血糖素对糖代谢的调节作用最为显著，其效应是使血糖明显升高。胰高血糖素通过 cAMP-PK 系统，激活肝细胞的磷酸化酶，促进糖原分解，使肝细胞内储备的糖原分解为葡萄糖。胰高血糖素促进氨基酸进入肝细胞，并激活糖异生过程有关的酶，使氨基酸加速转化为葡萄糖，导致肝糖输出量增加，血糖升高。

胰高血糖素还可激活脂肪酶，促进脂肪分解，使血液中游离脂肪酸增加；同时又能加强脂肪酸氧化，使酮体生成增多。

目前认为机体中糖、脂肪、氨基酸代谢的变化主要取决于胰岛素和胰高血糖素的比率（胰岛素 / 胰高血糖素，insulin–glucagon ration，I/G）

ⓔ 知识拓展 15-21
胰岛素和胰高血糖素的比率影响着糖、脂肪和氨基酸的代谢

15.7.2.2 胰高血糖素分泌的调节

（1）血液中代谢物质的作用　血糖是调节胰高血糖素分泌的最重要因素。和胰岛素分泌调节相反，血糖降低时，胰高血糖素分泌增加；血糖升高时，胰高血糖素分泌减少。氨基酸可刺激胰高血糖素的分泌。血中氨基酸增多一方面促进胰岛素的释放，使血糖降低，另一方面能刺激胰高血糖素的分泌，使血糖升高，有利于防止低血糖。

（2）激素的作用　胰岛素可通过降低血糖间接引起胰高血糖素的分泌。胰岛素和生长抑素也可通过旁分泌直接作用于邻近的 A 细胞，抑制胰高血糖素的分泌。胃肠道激素中，胆囊收缩素和促胃液素可刺激胰高血糖素的分泌，促胰液素则抑制胰高血糖素的分泌。

（3）神经调节　迷走神经兴奋通过 M 受体抑制胰高血糖素的分泌，交感神经兴奋通过 β 受体促进其分泌。

15.7.3 胰岛分泌的其他激素

除了胰岛素、胰高血糖素外，胰岛的 D 细胞还能分泌以十四肽（SS_{14}）为主的生长抑素（somatostatin，SS）；PP 细胞分泌胰多肽（pancreatic polypeptide，PP）；在 B 细胞内还有由 B 细胞分泌，并与胰岛素共存的胰岛淀粉样多肽。参与对消化道分泌、运动等的营养物质吸收和能量平衡调控；影响胰岛、垂体的分泌活动。

ⓔ 知识拓展 15-22
胰岛分泌的其他激素

15.8　松果体、尾下垂体、斯尼氏小体

15.8.1 松果体

松果体（pineal body）是位于四叠体和丘脑之间的红褐色卵圆形小体，由于位于第 3 脑室顶，故又称为脑上腺（epiphysis cerebri）。其一端借细柄与第三脑室顶相连，第三脑室凸向柄内形成

松果体隐窝。

松果体分泌的激素主要为褪黑素（melatonin，MLT），因其能使两栖类动物的皮肤褪色而得此名。褪黑素是色氨酸的衍生物，其化学结构为 N- 乙酰 -5- 甲氧色胺。1960 年代又从牛的松果体中发现了 8- 精加压催产素（8-arginine vasotoein，AVT）；1970 年代相继在牛、羊和猪的松果体中发现了 GnRH 和 TRH。

⊖ 知识拓展 15–23
褪黑素的生理功能及分泌调节

15.8.2 尾下垂体

鱼类的尾下垂体（urophysis）是位于脊髓后部的神经分泌器官，又称为尾神经分泌系统（caudal neurosecretory system）。尾下垂体的分泌细胞是变态的神经元。尾下垂体分泌多种激素，其中以尾紧张素 I（urotensin I, u–I）和尾紧张素 II（urotensinII, u–II）为主。

⊖ 知识拓展 15–24
尾紧张素的生理功能

15.8.3 斯尼氏小体

斯尼氏小体（斯氏小囊，corpusles of Stannius，SC）为硬骨鱼类所特有，它虽分布于肾上或肾内，但与肾上腺或肾间组织没有关系，亦不参与合成肾上腺皮质内固醇激素。

⊖ 知识拓展 15–25
斯尼氏小体的分泌功能

15.9　组织激素与功能器官内分泌

15.9.1　组织激素

组织激素是指那些分布广泛，而又不专属于某个特定功能系统器官的组织所分泌的激素。

15.9.1.1　前列腺素

全身许多组织细胞都能产生前列腺素（prostaglandin，PG），类型繁多，除了 PGA_2 和 PGI_2 可在循环系统以激素形式发挥作用外，多种类型的 PG 只能在组织局部产生、释放，调节局部组织功能，因此被视为组织激素。

⊖ 知识拓展 15–26
关于前列腺素

15.9.1.2　脂肪细胞分泌的激素

在动物机体内，脂肪细胞分两种类型：白色脂肪细胞和棕色脂肪细胞。人体内的脂肪组织主要由白色脂肪细胞构成。脂肪细胞能分泌几十种脂肪细胞因子或脂肪激素，对机体的生理功能有显著的调节作用。

瘦素（liptin）是 1995 年第一个被发现的脂肪激素，由白色脂肪细胞分泌，有显著的减肥作用。瘦素作用于下丘脑，抑制食欲，减少能量摄取，提高代谢率，增加能量消耗，抑制脂肪合成来协调身体的能量供给和能量储存，使身体的脂肪总量保持相对稳定（见 ⊖ 知识拓展 11–3）。

15.9.2　功能器官内分泌

功能器官主要指直接维护内环境稳态的循环、呼吸、消化和排泄等器官。它们除了完成特定的功能之外，还兼有内分泌功能，因而也在机体宏观整合中发挥调节作用。有关它们的内分泌功能在前面的章节已有介绍，将在 ⊖ 知识拓展 15–27 进行总结。

⊖ 知识拓展 15–27
功能性器官的内分泌活动

? 思考题

1. 内分泌和内分泌系统的概念是什么？经典的和现代的内分泌概念有何差异？

2. 什么是激素？有哪些基本属性？激素有哪些种类？激素的作用特点是什么？

3. 何为下丘脑－垂体功能单位？结合下丘脑分泌活动的神经体液调节机制论述机体功能调节中的等级式调节特征和下丘脑的重要作用。

4. 简述甲状腺激素种类、生理功能、合成、运输、代谢过程。

5. 简述与机体钙－磷代谢有关的激素的生理功能，相互之间的关系如何？

6. 总结与糖、脂肪、蛋白质代谢有关激素的生理功能，并说明在其功能调节中的相互协同和制约的关系。

7. 为验证甲状腺激素具有促进蝌蚪发育的作用，某小组的同学提出了三种试验方案。他们的共同点是：2 只相同的玻璃缸分为 A、B 两组，各放入清水 500 mL 和 10 只大小相似的蝌蚪，每天同时喂食并观察记录蝌蚪的发育情况。

方案一：A 组每天加入 5mg 甲状腺激素；B 组不加甲状腺激素。

方案二：破坏 A 组蝌蚪的甲状腺，并且每天向缸中加入 5mg 甲状腺激素；B 组蝌蚪不做处理，不加甲状腺激素。

方案三：破坏 A 组蝌蚪的甲状腺，并且每天向缸中加入 5mg 甲状腺激素；破坏 B 组蝌蚪的甲状腺，不加甲状腺激素。

请分析上述三种方案，并回答下列问题（答案参见数字课程"案例分析 15-1"）：

（1）你预期三个方案中 A、B 组蝌蚪的发育情况分别是怎样的？为什么？

（2）上述三个方案中，你认为比较合理的方案是哪一个？为什么？

网上更多学习资源……

◆本章小结   ◆自测题   ◆自测题答案

（王丙云　陈胜锋）

16 生殖与泌乳

【引言】

　　动物生长发育到一定时期，雌、雄动物为什么会表现出不同的形体特征？从此雌、雄动物之间便可开始一系列的生殖行为活动，最终产下与自己极为相似的子代个体？哺乳动物、鸟类和鱼类的生殖活动有什么特点？什么是人工授精？它对保护濒危动物、改良动物品质有什么意义？要想回答这些问题，请学习本章内容。

【知识点导读】

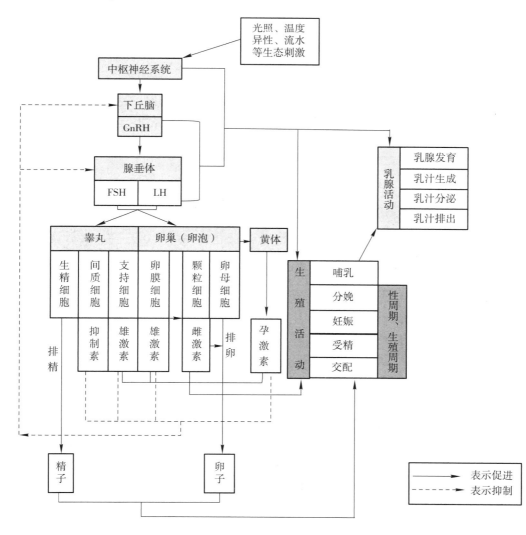

16.1 概述

ⓔ 系统功能进化
16-1 动物界多姿多彩的生殖方式

生物体生长、发育成熟后，能够产生与自己相似的子代个体，这种功能称为生殖（reproduction）。生殖功能是保证生物体延续和种族繁衍最基本的生命活动。脊椎动物的生殖活动是两性器官活动的结果，生殖过程包括生殖细胞（germ cell）的形成、受精和胚胎发育等过程，对于体内受精的哺乳动物还包括交配、妊娠、分娩和泌乳等重要环节。

脊椎动物的生殖器官包括主性生殖器官（primary sexual organ）和附性生殖器官（accessory sexual organ）。主性生殖器官为精巢（雄）和卵巢（雌），可以产生配子和分泌性激素，所以又称性腺（gonad, sexual gland）。附性生殖器官在低等动物如鱼类比较简单，包括输精（卵）管和某些体内受精的交换器（雄）或产卵管（雌）；而在高等脊椎动物则复杂得多，雄性动物包括附睾、输精管、精囊腺、前列腺、尿道球腺和阴茎，雌性动物包括输卵管、子宫、阴道和外生殖器。两性成熟后，动物会出现一些与性有关的特性，称为副性征或第二性征（secondary sexual characteristics），如个体的大小、皮毛的色泽、叫声的差异和角（冠）的出现等。鱼类也会出现婚装、追星、鳞片或鳍条色泽变深、粗糙等副性征。

自然界大多数脊椎动物是雌雄异体，即两性器官分布在不同个体中，其生殖方式有的为体内受精，行卵生（鸟类）、卵胎生（爬行类）和胎生（哺乳类）；有的是体外受精（如鱼类和两栖类）。

16.1.1 动物的性决定与性分化

有性生殖生物雌雄性别演变过程主要包括两个阶段：性（别）决定（sex determination）和性（别）分化（sex differentiation）。性分化指具有双向分化潜力的未分化性腺经过一系列程序性发生的事件，或精巢或发育成卵巢，并出现第二性征的过程。性决定是指决定未分化性腺是向精巢方向发育，还是向卵巢方向发育的过程。性决定对性分化起着向导作用，确定性别分化的方向，在受精的瞬间就已经确定。

ⓔ 知识拓展 16-1
关于性分化

性分化是一个十分复杂的生理过程，涉及遗传学、胚胎发生学和内分泌学等。伴随性分化，动物的性别出现一系列连续的演变，主要可分为：染色体性别→生殖腺性别→表型性别 3 个方面。

16.1.2 动物的性成熟与体成熟

动物生长发育达到一定阶段，生殖器官和副性征的发育已经基本完成，开始具备了生殖能力，这个时期称为性成熟（sexual maturity）。性成熟个体的性腺中开始形成成熟的配子（精子或卵子），表现出各种性反射，同时出现性的要求和配种欲望。这时雌、雄个体能交配和受精，并完成妊娠和胚胎发育过程。动物性成熟一般要经历初情期、性成熟期和性最后成熟三个阶段。

性成熟过程的开始阶段称为初情期（puberty），即动物首次表现发情，第一次排卵或开始产生精子。在初情期的动物虽然表现各种性行为，甚至有交配动作，但这时发情症状不完全，发情周期无规律，常常由于配子不成熟或公畜不射精而不具备生育力。从初情期到性的最后成熟（即具有正常生殖能力），需要经历几个月（猪、羊等）或 0.5～2 年（马、驴、牛、骆驼等）。性成熟的各种变化是由睾酮或雌激素分泌增多而实现的。性成熟期是性的基本成熟阶段，具备繁殖能力。性的最后成熟期则是性成熟过程的结束，具有正常生殖能力。

所谓体成熟（body maturity）是指动物的骨骼、肌肉和内脏各器官已基本发育成熟，而且具备了成年时固有的形态和结构。家畜性成熟时，正常的生长发育仍在继续进行，即体成熟要比性成熟晚得多。家畜达到性成熟时，虽然已经具备生育能力，但一般不宜立即配种和繁殖，而应在体成熟后才允许配种和繁殖。如果过早配种，不仅妨碍配种动物本身的健康发育，还可能产生孱弱的后代。但是，初配年龄如果过分推迟，对公畜和母畜也可产生不良影响（如引起母畜不育和公畜自淫），而且也不利于畜牧生产。

近年来，由于大规模地进行人工授精和推广"受精卵或胚胎移植"新技术，使初次采精和人工授精年龄已大大提早。一些研究指出：对达到性成熟的青年公畜进行有节制的采精，不会引起长期性的生理损害；"供卵母畜"因没有妊娠、哺乳等负担，即使没有达到体成熟，也不至于影响胎儿发育和母畜本身的生长发育。

ⓔ 知识拓展 16-2
几种动物性成熟与发情周期的时间

16.1.3 关于性周期与生殖季节

16.1.3.1 性周期（生殖周期）

雌性动物在性成熟后，卵巢在神经和体液的调节下，出现周期性的卵泡成熟期和排卵。伴随着每次卵泡的成熟和排卵，整个机体，特别是生殖器官发生一系列的形态和机能的变化，同时动物还出现周期性的性反射和性行为过程，称为性周期（sexual cycle），又称生殖周期（reproductive cycle）。这种周期性的性活动过程除了妊娠期之外，一直延续到性机能停止的年龄为止。哺乳动物的性周期一般称为发情周期（estrous cycle）或动情周期，灵长类和人则称为月经周期（menstrual cycle），由前一次发情开始到下一次发情开始的整个时期称为一个发情周期，也是卵巢活动周期的反映。各种动物的发情周期和发情持续时间不同，具有各自的节律（见ⓔ知识拓展 16-2）。动物的生殖周期经常受到内外环境因素、营养及健康状况的影响，突然而剧烈的环境变化会通过神经体液调节造成生殖周期的紊乱甚至停止。体外受精的动物（如鱼类、两栖类）当配子（精、卵）排出体外或哺乳动物排出的卵母细胞未被受精的个体，其性腺（主要指卵巢）经过一段短暂的时间间隔便自动进入到下一轮的生殖周期；如果哺乳动物排出的卵母细胞受精，其发情周期将就此暂时中断开始进入妊娠期，直到分娩后才重新进入下一轮的发情周期（见后述）。鸟（禽）类在孵化阶段其生殖周期也将会暂时中断。人为干涉（如断奶、取走所孵鸟的蛋）可以使其尽快地进入下一个生殖周期。

16.1.3.2 生殖（繁殖）季节

动物的繁殖，受光照、温度和食物来源等环境因素的影响。野生动物一般都在最适宜妊娠和幼子生活的季节繁殖；而家养动物由于环境因素和食物来源比较稳定，经过长期驯化，它们的繁殖季节逐渐延长。动物的繁殖季节（breeding season）可分为两大类，常年繁殖和季节繁殖。

（1）常年繁殖　动物达到性成熟后，雌性动物全年有规律地多次发情，雄性动物则全年不断形成精子，因而终年都能繁殖而无明显的生殖季节，如牛、猪、兔和鼠等。常年繁殖并不意味全年的繁殖活动毫无变化，大多数常年繁殖动物的生殖活动，在不同季节表现出有规律的高峰期和低谷期。例如：牛一般在秋季、春季和初夏出现繁殖高峰，冬季的繁殖力明显降低。又如：家兔已经成为常年繁殖动物，但它在 7~9 月间繁殖力明显降低。再如：鸡的产蛋率有明显的季节性高峰，而且与日照的季节性变化密切相关（图 16-1）。当日照开始增长时，产蛋率就明显上升；

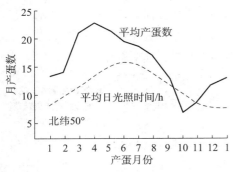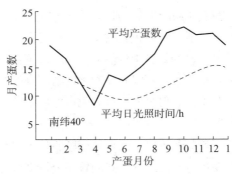

图 16-1 鸡在南、北半球饲养时的全年产蛋率比较
产蛋数与日照高度正相关

而日照开始缩短时，产蛋率迅速下降。

（2）季节繁殖 典型的季节性繁殖动物每年只出现一个或两个繁殖季节。在繁殖季节内，雄性动物能不断形成精子，而雌性动物能一次或多次发情，如绵羊、马、驴、鹿、水貂和猫等在一定季节里多次发情；而有些动物则在一定季节里发情一次，如犬、狐和熊等。野生动物如雪貂、紫貂则每年只在固定的时间发情一次。在非繁殖季节，卵巢或睾丸都不同程度的萎缩，甚至退化到幼畜那样的程度，两性配子的形成完全停止，动物无发情表现，称为乏情期（anestrus）。啮齿类在乏情期内，睾丸常缩回腹腔，各种依赖性激素控制的附性器官也都退化。总之，越接近原始类型或较粗放饲养的动物品种发情的季节性越明显。随着驯化程度的加深和饲养管理的改善，特别是营养条件的改善，动物的发情季节性变得不明显。

大多数鱼类的生殖活动具有季节性，只有少数鱼类是常年连续产卵的。季节性产卵的鱼类中，温带鱼类一般在春季、夏季产卵；冷水性鲑、鳟鱼类在秋季产卵；热带地区的鱼类多在雨季产卵。各种鱼类生殖周期有精确的时间性，其目的是为了保证所生产的仔鱼有适宜的生存条件。

影响季节性繁殖的主要环境因素是日照，大多数季节性繁殖动物都在日照逐渐延长时开始进入繁殖季节，这类动物称为"长日照动物"，如马、骆驼和大多数候鸟都在冬末或初春进入繁殖季节，并一直持续到夏末。少数季节性繁殖动物在日照逐渐缩短时开始繁殖，这类动物称为"短日照动物"，如绵羊是典型的代表，一般在秋季繁殖。

温度对季节性繁殖也有明显影响。在日照相同条件下，提高畜舍温度能使繁殖季节提前几周。适当的饲养和异性个体的存在，也能使繁殖季节提早。还有一些因素可以影响繁殖季节，例如，野鸭在繁殖季节中一般只产有限数量的蛋，但捕获后不给予孵蛋机会，繁殖季节就明显延长，年产蛋可高达 60~120 枚；鸽在产蛋期间如每天取走产出的蛋，可明显提高产蛋率。

流水刺激、异性存在、（卵子）附着物、甚至水的盐度等都可成为影响鱼类繁殖过程的因子。

16.2 性腺的功能与调控

脊椎动物的性腺有两个主要功能：①产生配子，即雌性动物的卵巢产生卵子，雄性动物的睾丸产生精子。②分泌激素，刺激、调节生殖系统和附性征的发育，触发动物交配、受精等行为。脊椎动物性腺的机能往往具有周期性，而且生殖活动都发生在适于受精、卵和胚胎发育的季节。

发现之旅 16-1
性激素的发现

16.2.1 睾丸

16.2.1.1 睾丸的生精作用

（1）精子的形成 雄性动物的睾丸（testis）由生精组织（如哺乳动物的曲细精管，鱼类的精小叶或精小管）及其周围的间质组成。生精组织上皮由生精细胞和支持细胞构成。其中的生精细胞（spermatogenic cell）经过①精母细胞发生；②精母细胞减数分裂和③精子形成（精子变态）三个过程衍化成精子，称为睾丸的生精作用（spermatogenesis）（图16-2）。

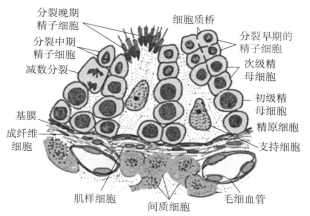

图 16-2　睾丸曲精小管生精过程

知识拓展 16-3
睾丸的结构和精子的发生、发育与成熟

在精子的发育过程中，生精组织上皮中的支持细胞（sustentacular cell，sertoli cell）发挥了重要作用：①可为各级生精细胞提供营养，起支持与保护作用，维持生精细胞所需的合适、稳定的环境。②可以合成和分泌雄激素结合蛋白（androgen binding protein, ABP），与雄激素发生特异性的结合，从而提高生精组织局部的雄激素浓度，是确保精子形成的必要条件。③支持细胞底部间的紧密连接构成了"血睾屏障"（blood-testis barrier），既限制了血浆中某些物质进入曲细精管，也防止抗原性极强的精子进入血液。④精子发育过程中向管腔方向移动，以及成熟精子向管腔内释放都有赖于支持细胞胞质运动和外形的改变。⑤支持细胞具有胞吞噬能力，精子变态中脱落的细胞质由支持细胞吞噬。⑥支持细胞上具有睾酮和 FSH 受体，能生成和分泌抑制素（inhibin）。通过抑制素，腺垂体促性腺细胞与睾丸支持细胞之间形成一条典型的负反馈环路，调控 FSH 维持在恒定水平；支持细胞含有芳香化酶，可使进入胞内的雄激素芳香化为雌二醇，能反馈性地抑制间质细胞合成和分泌睾酮，使生精过程调节更加精细、完善。

哺乳动物的精子生成被移出睾丸时并没有完全成熟，本身并不具有运动能力，需要靠曲细精管外周肌样细胞的收缩和管腔液的移动运送到附睾，在附睾内滞留几天才能完成最终成熟，并获得运动能力。但是由于附睾液内含有数种抑制精子运动的蛋白，所以只有在射精之后，精子才真正具有运动能力（见 知识拓展 16-3）。

鸟类与哺乳动物类似，进入附睾管和输精管后的精子才逐渐发育成熟，才有接近正常的受精能力。同样，鱼类的精子生成后在精液中已具有运动能力，但不能运动，只有当精子与水接触时才能被激活，产生运动，称为精子的活化。鱼类精液中精子运动的抑制可能与精浆中含有比血浆高出 $5 \sim 10$ 倍的 K^+ 有关，K^+ 是阻碍精子激活的主要因子。当精子与水接触，会引起细胞内 K^+ 外流而被激活。

精子包括头、颈（中段）和尾 3 部分。细胞核占据了整个头部，含有卵子受精所需要的遗传物质（图 16-3）。作为哺乳动物，精子的头部还包括顶体。顶体能分泌水解酶（如顶体素，一种蛋白水解酶）、透明质酸酶，都有助于精子穿透并进入卵子；中段含有线粒体，线粒体内存在与代谢有关的酶，能为精子运动提供能量；尾部由位于中段的中心粒的纤维组成，这些纤维的收缩和摆动引起精子的运动。精子的尾部富含三磷酸腺苷（ATP），分解时释放的能量可帮助精子在雌性生殖道中运动与卵母细胞会合。

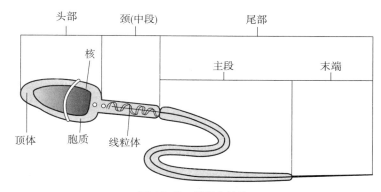

图 16-3　精子的结构

哺乳动物精子运动的能源物质主要由精液中的果糖、山梨醇和甘油磷酸提供。精液的 pH、渗透压、电解质、温度和光线等因素都能影响到精子的活力与寿命。

鱼类的精子头部没有顶体，精子运动的能源物质由精子储存的糖来提供，当精子运动时能源物质耗尽，寿命也就终止。鱼类将精子排到水中后，精子由于渗透压的调节而消耗能量，因而精子与水接触后寿命大大缩短。鱼类渗透压调节主要靠尾部的原生质，而且具有单方向性，也就是说淡水鱼类的精子只能在低渗透环境中阻止水分大量进入细胞；而海水鱼类只能阻止细胞内水分的丢失。这在将海水鱼类引种到淡水中进行人工繁殖时必须注意的。

（2）精液　精液包括精子和精清两部分。精清是各种副性腺的混合分泌物，pH 约为 7.0，渗透压与血浆相似。其化学成分极为复杂，含有 Na^+、K^+、Ca^{2+}、Mg^{2+} 等无机离子和果糖、柠檬酸、山梨醇、肌醇、甘油磷酸胆碱等有机物。每次射精量随动物品种不同而不同，在几百微升到几百毫升不等；精子数量也有很大的不同，从每毫升几百到几千万，甚至几亿不等。

精清的主要生理作用有：①稀释精子；②为精子提供运动、存活的适宜环境；③为精子提供运动能源；④保护精子，防止精子被氧化损伤（精清中的巯基组氨酸三甲基钠盐具有抗氧化作用）、阻止精子凝集（精清中有抗精子凝集素）；⑤精清中的前列腺素（PG）能刺激雌性生殖道的运动，有利于精子的运行；⑥有些动物的精清能在雌性生殖道中凝集形成栓塞，防止精液倒流。

随着人工繁殖技术、细胞工程技术的发展和保存、推广优良品种需要，精液保存技术的研究也不断深入和得到广泛应用。

ℓ **实验与技术应用**
16-1 精液的保存

16.2.1.2　睾丸的内分泌功能

睾丸的间质细胞分泌睾酮（testosterone, T）、双氢睾酮（dihydrotestosterone, DHT）和雄烯二酮（androstenedione）等雄激素，其中主要是睾酮 T，以 DHT 活性最高。

在鱼类的精巢和血清中均可检测出睾酮（星鳢为 7.4 mg/mL，含量比成年男性还高）、11–酮基睾酮（也称 11–氧睾酮，鲑鱼血清中的量可达 17 mg/mL）、17α 羟基孕酮（是睾酮生物合成中的高级形式）、雄酮（是睾酮的合成产物）、活性最强的是 11–酮基睾酮（11–keto testosterone, 11–KT）；精巢中还含有孕酮，特别是 17α,20β–双羟孕酮，可诱导排精。

睾酮等雄激素均属于类固醇激素，当它们进入靶细胞后，与细胞内的相应受体结合，形成激素–受体复合物。该复合物进入细胞核，与相应的靶基因结合，调节靶基因的转录过程。

ℓ **知识拓展 16-4**
关于性激素的合成机制

（1）雄激素的主要功能　①刺激雄性生殖器官的发育与成熟，维持生精作用。T 和 DHT 一方面与雄激素受体（androgen receptor）结合，另一方面还能与雄激素结合蛋白（ABP）结合，从而促进精子的生成。对生殖器官，T 主要刺激内生殖器（如曲细精管、输精管、附睾、精囊、射精管等）的生长；而 DHT 则促进外生殖器（如尿道、阴茎）、前列腺等的生长。②刺激和维持雄性副性征的出现。③影响性欲和性行为。④刺激骨骼肌的蛋白质合成和肌肉的生长；促进促红细胞生成素的合成，从而促进红细胞的生成；促进骨骼钙磷沉积和生长。⑤对下丘脑分泌 GnRH 及腺垂体分泌 GtH 分泌有负反馈抑制作用。在畜牧生产中，雄激素可用于治疗公畜性机能减退或用于试情动物。

（2）抑制素的功能　抑制素能抑制腺垂体 FSH 的合成和分泌，进而影响精子的生成。生理剂量的抑制素对 FSH 释放有抑制作用，而对 LH 无明显作用，大剂量的抑制素也能抑制 LH 的分泌。

16.2.1.3　睾丸功能的调节

睾丸的生精与内分泌功能受下丘脑–腺垂体的调节，下丘脑分泌 GnRH，GnRH 经垂体门脉到达腺垂体，与靶细胞膜受体结合，促进腺垂体分泌 LH 和 FSH；而下丘脑、腺垂体的活动又受到雄激素和抑制素的负反馈调节，从而构成了下丘脑 – 腺垂体 – 睾丸轴（hypothalamus–adenohypophysis–testis axis）。FSH 经血液循环到达精巢，与生精细胞和支持细胞上的相应受体结合，促进生精细胞完成第一次减数分裂，并促进支持细胞分泌精子生成所需的各种营养物质和抑制素。抑制素可反馈作用于腺垂体，抑制其分泌释放 FSH。

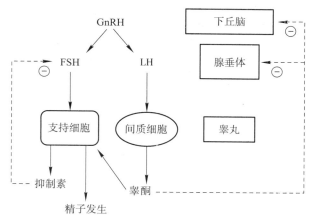

LH 经血液循环到达睾丸与间质细胞上的 LH 受体结合，促进间质细胞分泌大量的睾酮（T），并扩散至生精小管促进精子生成。当血中睾酮达到一定水平后，又以负反馈方式分别抑制下丘脑和脑垂体分泌 GnRH 和 LH，从而血中的睾酮维持在一定水平（图 16-4）。

图 16-4 下丘脑 – 腺垂体对睾丸功能的调节
实线表示促进作用，虚线表示抑制作用

ⓔ知识拓展 16-5
下丘脑 – 腺垂体对睾丸功能的调节（动画）

16.2.2 卵巢

卵巢的功能包括产卵及分泌性激素。在下丘脑 – 腺垂体 – 卵巢轴（hypothalamus–adenohypophysis–ovary axis）的调节下，卵巢的活动呈周期性变化，称为卵巢周期（ovarian cycle）。

16.2.2.1 卵巢的生卵作用

卵巢内部由 3 个部分组成，最主要的区域是卵巢皮质区，位于卵巢外层，生殖上皮下方。该区含有大量不同发育阶段的卵泡（图 16-5）。各卵泡之间有间质细胞和结缔组织构成卵巢的基质。卵巢的另外 2 个区是卵巢的髓质（含许多非同源性的细胞组分）和卵巢与血管相连的卵巢门网区。该 2 个区均含有一些能分泌类固醇激素的细胞，这些细胞在生殖过程中有何作用尚不清楚。

卵泡的发育经历了初级卵泡（primary follicle）、次级卵泡（secondary follicle）和成熟卵泡（mature follicle）3 个阶段。卵巢内的原始生殖细胞——卵原细胞（oogonium）的发育和卵泡同时进行，但又不完全同步。卵原细胞经多次有丝分裂逐步形成初级卵母细胞（primary oocyte），初级卵母细胞经历了第一次减数分裂，排出第一极体和发育成次级卵母细胞（secondary oocyte），接着次级卵母细胞又经历第二次成熟分裂，排出第二极体发育成成熟的卵母细胞（图 16-5，图 16-6）。

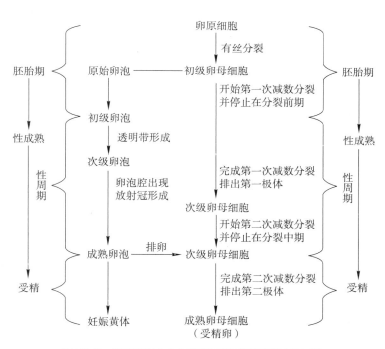

图 16-5 哺乳动物（人）卵泡和卵母细胞的发育和成熟

ⓔ资源拓展 16-6
卵泡及卵母细胞的发育（附鱼类的卵巢类型）

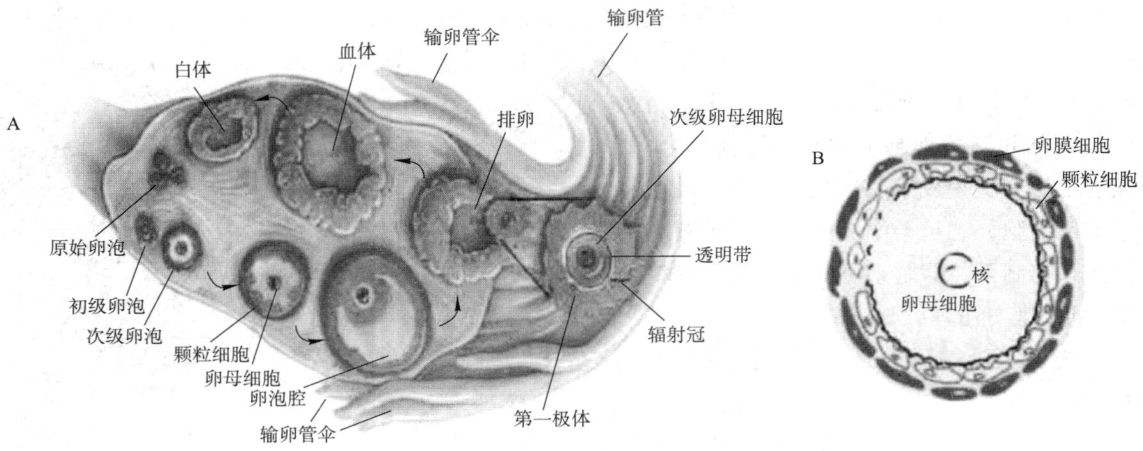

图 16-6　卵巢生卵过程示意图
A. 哺乳动物的卵巢及卵泡；B. 鱼类的一个卵泡

16.2.2.2　卵巢的内分泌功能

卵巢主要分泌雌激素、孕激素、少量的雄激素、松弛素（哺乳动物）和抑制素，在卵泡液中还存在一种可促进 FSH 分泌的蛋白质，称为促 FSH 释放蛋白（FSH-releasing protein，FRP）。哺乳动物在排卵前主要由卵泡颗粒细胞层分泌雌激素。排卵后主要由黄体分泌孕激素和雌激素。

雌激素、孕激素均属于脂溶性类固醇激素，可自由通过细胞膜进入细胞内，则两者对靶细胞的作用机制均属通过与胞内受体结合，将信息转移至细胞核内，调节靶基因的转录的通路，而产生生物效应。

（1）雌激素的生理功能　雌二醇（estradiol，E_2）、雌酮和雌三醇是卵巢分泌的 3 种主要雌激素，其中 E_2 最为重要。关于雌激素的化学合成见 ⓔ 知识拓展 16-4。雌激素的主要生理功能如下：

①促进雌性主性生殖器官的发育和功能活动：雌激素协同 FSH 促进卵泡发育，诱导排卵前 LH 峰的出现，促进排卵。②促进雌性附性生殖器官的发育和功能活动：对哺乳动物来说，雌激素促进输卵管上皮增生，分泌与运动加强，以利于精卵运行；促进子宫发育，内膜增生，分泌大量清亮稀薄液体，其中的黏蛋白沿子宫颈纵行排列，有利于精子穿行；分娩前雌激素能提高子宫平滑肌对催产素的敏感性；使阴道上皮细胞增生，表层细胞角质化，糖原分解加速，使阴道呈酸性，有利于排斥其他微生物的繁殖。在妊娠早期，雌激素与孕激素共同维持妊娠。在妊娠晚期，雌激素能促进子宫平滑肌收缩蛋白的表达，使子宫平滑肌收缩阈值降低，有利于子宫收缩的发起。③促进并维持雌性副性征的发育和维持性行为：刺激乳腺导管及结缔组织增生。对于体内受精的鱼类可刺激雌鱼发生性行为，接受雄鱼的交配。④对机体代谢的调节作用：促进蛋白质合成，促进成骨细胞活动和骨骼生长；高浓度雌激素导致水、钠潴留，降低血中胆固醇。在鱼类雌激素能刺激肝合成卵黄蛋白原（即卵黄蛋白前体），促进卵原细胞增殖进入卵黄期。⑤对下丘脑及腺垂体具有反馈性调节作用。在实践中，雌激素可在其他药物的协同下，诱导动物发情、刺激泌乳或用于人工流产。

（2）孕激素的生理功能　在哺乳动物，孕激素主要有孕酮、20α-羟孕酮与 17α-羟孕酮，其中孕酮活性最强。鱼类的孕激素是 17α,20β-双羟孕酮（17α,20β-dihydroxy-4-pregen-3-

ⓔ 知识拓展 16-7
雌激素、孕激素合成的双重细胞、双重促性腺激素学说（动画）

one；17α,20β-DHP）或 17α,20β,21-三羟孕酮（20β-S）。孕激素的生理功能主要有：①对子宫及其机能的影响：在雌激素作用的基础上使子宫内膜继续增生，内部腺体继续生长且分泌增强，以利于胚胎着床；使子宫黏液减少而变黏稠，黏蛋白分子弯曲，交织成网，使精子难以通过；降低子宫平滑肌的兴奋性，抑制子宫收缩，抑制母体对胎儿的排斥反应。②对乳腺及其机能的影响：在雌激素作用的基础上，促进乳腺腺泡发育，为妊娠后的泌乳做好准备。③孕酮可抑制 LH 高峰的形成，从而抑制排卵，以保证妊娠期间不会发生再次受孕。④中枢神经系统的影响：孕激素的受体存在于大脑皮层、下丘脑等脑区。孕激素可作用于下丘脑的体温调节中枢，使女性排卵后基础体温可升高 0.5℃ 左右，直到黄体结束。孕激素除了对下丘脑 GnRH 的分泌发生负反馈调控外，还作用于下丘脑的腹内侧核和视前区，参与性行为的调控。

对于鱼类，17α,20β-DHP 或 20β-S 一方面能促进卵泡的成熟和卵母细胞最终成熟，对未产出的卵可起到保存和维持的作用。另一方面还是一种有效的信息素，大量分泌时，一部分被释放到水中，能刺激雄鱼大量分泌促性腺激素。

（3）雄激素、松弛素和抑制素　无论是哺乳动物还是鱼类，雌性动物中的雄激素都是作为雌激素的前体形式存在，所以有时在卵巢中可以测到较高水平的雄激素。在人类，适量雄激素配合雌激素可刺激阴毛及腋毛的生长，雄激素过多可出现男性化特征和多毛症。雄激素可诱导雌鱼的卵泡分泌 17α,20β-DHP，因此与 GtH 促进卵成熟有协同作用，维持雌鱼性行为和促进蛋白质合成。对于妊娠期哺乳动物，还可由妊娠黄体（牛、猪）或胎盘（兔）分泌松弛素，使雌性动物骨盆韧带松弛，子宫颈和产道扩张，有利于分娩。卵巢颗粒细胞也能分泌抑制素，于卵泡成熟时抑制卵母细胞成熟，停留在第一次成熟分裂前期直至排卵前。

（4）促 FSH 释放蛋白（FRP）　与 FSH 的分泌增加有关。

（5）关于雌激素与孕激素的合成机制　哺乳动物的雌激素、鱼类的雌激素与孕激素的合成都是在卵泡内膜细胞和颗粒细胞两种细胞的参与下完成，整个过程依次受腺垂体 LH 和 FSH 的调控，解释此过程的学说称为雌激素合成的双重细胞和双重促性腺激素学说（two-cell and two-gonadotropin hypothesis）（图 16-7，ⓔ 知识拓展 16-4）。哺乳动物的孕激素主要合成场所是黄体细胞。

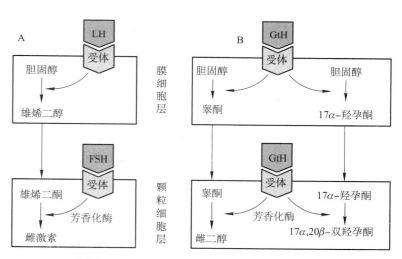

图 16-7　卵母细胞合成雌、孕激素的双重细胞学说
A.哺乳类；B.硬骨鱼类

16.2.2.3　卵巢功能的调节

卵巢的生卵作用和内分泌功能主要受下丘脑-腺垂体-卵巢轴的调节，即下丘脑分泌 GnRH，可促进腺垂体合成和分泌 GtH（包括 FSH 和 LH），而 GtH 能引起性腺合成和分泌性激素，从而影响到性腺中卵泡（及卵细胞）发育、成熟和排卵；另一方面，性腺分泌的性激素对腺垂体和下丘脑的分泌具有反馈性作用（图 16-8）。一般下丘脑分泌 GnRH 作用具有波动性，它可被性激素强烈的抑制。因此腺垂体的促性腺激素（LH 及 FSH）的分泌也呈波动性。

哺乳类、鸟类和鱼类的卵巢功能调节在某些具体环节上有很大差异，先就哺乳动物作以下介

ⓔ 知识拓展 16-8
下丘脑-腺垂体对卵巢功能的调节（动画）

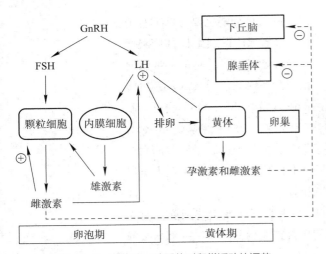

图 16-8 下丘脑 - 腺垂体对卵巢活动的调节
实线表示促进作用；虚线表示抑制作用

绍（其他种类见后述）。

（1）原始卵泡及初级卵泡的早期发育阶段 现已证明，此阶段基本不受垂体的调控，主要取决于卵泡内部因子，如 GH、胰岛素或胰岛素样生长因子（IGF–I），可刺激颗粒细胞增生；颗粒细胞的分泌物又可促进卵泡膜的形成。初级卵泡发育期，在卵泡液中有一种可促进 FSH 分泌的 FRP（促 FSH 释放蛋白），能使 FSH 的分泌增加。

（2）初级卵泡发育后期 此时期，颗粒细胞上出现 FSH 和 E_2 受体；在 FSH 和 E_2 的协同作用下，诱发颗粒细胞与内膜细胞出现 LH 受体；在此期间仅有少量获得了 FSH 和 LH 受体的卵母细胞，才能得以发育。

（3）性成熟前（即青春期前） 卵巢激素分泌量并不大，但由于下丘脑对卵巢激素的反馈抑制作用比较敏感，而且 GnRH 神经元尚未发育成熟，GnRH 分泌量很少，从而使腺垂体分泌 GtH 和卵巢的功能处于低水平状态。在卵泡发育成熟至排卵阶段则受到垂体促性腺激素和卵巢激素的调控。

（4）性成熟（青春期）阶段 即次级卵泡后期阶段，下丘脑神经元发育成熟，对卵巢的负反馈作用敏感性明显下降。随着 GnRH 分泌增加，FSH 和 LH 分泌也相应增加，卵巢功能活跃并呈周期性变化：① 卵泡期初始：血液中的雌激素、孕激素的浓度均处于低水平，对垂体的 FSH 和 LH 分泌的反馈作用较弱，血液中的 FSH 含量逐渐升高，随之 LH 也有所增加。② 排卵期前夕：排卵前一周，卵巢分泌的雌激素明显增多，血液中的浓度也迅速升高；与此同时，由于雌激素和抑制素对垂体分泌 FSH 的反馈性抑制作用，使血液中的 FSH 水平有所下降。虽然此时血液中 FSH 浓度暂时处于低水平，但雌激素的浓度并没下降，却反而继续上升，这可能是由于雌激素通过加快卵泡内膜细胞的分裂与生长，增加卵泡内膜细胞上 LH 受体的数量，而增强了自身的合成和分泌。另外，排卵前夕血中雌激素浓度达到高峰，通过对下丘脑 GnRH 分泌的正反馈作用而促进 FSH 和 LH 的释放，使 LH 达到高峰。③成熟卵泡排出前，优势卵泡增大，凸出卵巢表面。前已述及，在进入卵泡成熟的卵母细胞仅停留在第一次成熟分裂前期，是由于卵泡受到一种卵母细胞成熟抑制因子（oocyte maturation inhibitor, OMI）的抑制作用，当 LH 高峰出现的瞬间，LH 可抵消 OMI 的抑制作用，促使卵母细胞恢复和完成第一次成熟分裂，从而诱发排卵。

（5）黄体期：黄体的生成和维持主要靠 LH 的调节。黄体期，血中雌激素水平逐渐升高，使黄体细胞 LH 受体的数量增加，并促进 LH 作用于黄体细胞，增加孕激素的分泌。但随着雌激素和孕激素的进一步升高，又反馈性抑制了下丘脑和腺垂体对 LH、FSH 的分泌。若未妊娠，排卵后不久黄体退化，血中雌激素、孕激素浓度也明显下降。随后，卵巢的内分泌功能完全终止，对下丘脑、腺垂体的负反馈作用消失，使下一个卵泡周期开始；若妊娠，则由胎盘组织分泌可替代 LH 的促性腺激素（如人绒毛膜促性腺素，human chorionic gonadotropin, HCG），以继续维持黄体的内分泌功能。

16.3 哺乳动物的生殖活动

哺乳动物的生殖过程包括：配子的形成、交配、受精、妊娠、分娩和哺乳等一系列过程。哺乳动物有几千种，它们的生殖过程常常具有不同的特点。研究得比较深入的不过几十种，其中主要是家畜和实验动物。

16.3.1 哺乳动物的性周期

16.3.1.1 哺乳动物的初情期

需要强调的是初情期是雌性动物开始周期性生殖活动至关重要的阶段，初情期开始时间首先是身体发育要达到一定程度，如牛为 275 kg，绵羊 40 kg。如果因为营养达不到这一基本条件，初情期就会推迟。初情期形成的关键之一是下丘脑 GnRH 神经元的成熟程度。在性未成熟期因 GnRH 神经元尚未成熟，对雌激素的负反馈作用十分敏感，因此 GnRH 和促性腺激素的分泌被控制在低水平（见卵巢功能调节）。动物和人的情况有些类似，人的下丘脑－垂体－性腺轴功能性的分化在胎儿和快出生时期就已开始，但在童年期却处于一种被抑制的状态，直到十几年后（初情前期）才重新活化。童年期的这种抑制作用也是通过抑制 GnRH 合成和波动性释放实现的。

有研究认为，初情期的出现是在下丘脑－垂体－性腺轴对性腺激素的负反馈调节变得不敏感时就开始了。这种对负反馈调节不敏感的结果导致下丘脑分泌大量的 GnRH，因此垂体受到刺激而分泌大量的促性腺激素 (GtH)，GtH 出现第一次排卵前高峰（GtH 出现波动也是初情期产生的一个原因）从而性腺发育并分泌大量性激素，性行为开始。

另外，光照（光周期）的改变也能影响着动物的初情期的发生。研究表明，羊羔在初情期开始之前的发育阶段必须经历一个长光照时期（在实验室此长光周期可缩短至 1 ~ 2 周）。在自然界，长光照结束（发生在夏至）可使下丘脑对雌激素负反馈的敏感性下降，也是初情期产生的一个原因。自然状态下初情期中的第一次排卵通常发生在 9 月份后期（或夏至开始后 13 周左右）。这是长光照将要停止的一个转折点（尚未进入短光照期）。

16.3.1.2 哺乳动物的性周期

哺乳动物的性周期是一系列逐渐变化的、复杂的、难以严格区分的生理过程。

（1）性周期的分期　哺乳动物的性周期通常分为发情前期、发情期、发情后期和间情期。

发情前期（proestrus）是性周期的准备阶段和性活动开始的时期。

发情期（estrus）是性周期的高潮期。

发情后期（metestrus）指发情结束后的一段时期。

间情期（diestrus）也称休情期，是相对生理静止期。

一旦黄体彻底消失，新的卵泡开始发育，就转入下一个发情周期。

前已叙及性周期也是卵巢活动周期性变化的反映，所以按照卵巢周期性变化特征也可将性周期分为卵泡发育期（follicular phase）和黄体生成期（luteal phase），而排卵则是两期的分界线。卵泡期又可分为卵泡初期、中期和后期，卵巢周期和发情周期的关系如图 16-9 所示。

因此讨论性周期变化的机制也可以从下丘脑－腺垂体－卵巢轴的神经体液因素对卵巢（活动）周期影响的角度加以归纳、讨论，详见前述的卵巢功能调节和 ⓔ知识拓展 16-9。

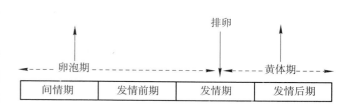

图 16-9　卵巢周期与发情周期

ⓔ知识拓展 16-9
性周期分期特征及调节

（2）从初情期到生殖周期的形成　有关初情期控制的生理机制数对绵羊的了解得较多。随着适当的身体增长（营养条件具备）和接触长光照，羊羔的促性腺激素的分泌明显引起卵泡的发育生长，并由于下丘脑对雌激素负反馈的敏感性下降，因此卵泡能一直持续发育下去（见卵巢功能的调节），雌激素的正反馈作用引起羔羊初情期促性腺激素排卵前高峰。促性腺激素高峰导致黄体结构的产生，这些黄体结构是由于那些短期的卵泡黄体化而形成的。当这些黄体退化后，在另一个促性腺激素峰出现时，引起排卵和形成正常的黄体。此时（绵羊羊羔的）周期性的卵巢活动才最终形成。

雄性动物的初情期是指第一次能够产生足够数量的精子，以使雌性动物受孕。对于马、牛、羊、猪第一次射出含有 5×10^7 个精子的精液，其中大于 10% 的精子有活力。初情期的始动关键是开始于下丘脑对雌激素反馈抑制敏感性的丢失，下丘脑分泌大量 GnRH。多数雄性动物发生在光照增加时期（这一点与雌绵羊相反）。精子在此时期同时开始发生。动物的初情期还受品种、出生季节的影响。

16.3.2　排卵与排卵后黄体

16.3.2.1　排卵

（1）排卵过程　成熟卵泡壁发生破裂，卵细胞、透明带与放射冠随同卵泡液冲出卵泡，称为排卵（ovulation）。排卵前，卵泡经历着三大变化：① 卵母细胞胞质和细胞核成熟。② 卵丘细胞聚合力松解，颗粒细胞各自分离。③ 卵泡膜变薄、破裂。所有这些变化都是由于 LH 和 FSH 的释放量骤增，并达到一定比例时引起。

动物的排卵有两种类型，有些动物由卵泡分泌的雌激素引发促性腺激素的排卵前释放高峰，成熟卵泡自行破裂排卵，称为自发性排卵（spontaneous ovulation），如人、猪、马、牛、羊和鼠等；相反，有些动物则需通过交配才能引起排卵，交配替代了雌激素的刺激诱导作用，称为诱发性排卵（induced ovulation）或反射性排卵，如猫、鼠、兔、骆驼、驼马（非洲驼）、羊驼、雪貂和水貂等。但无论哪种排卵形式，在形成促性腺激素释放高峰之前仍需要有升高的雌激素水平。

（2）排卵机制　垂体脉冲式地释放大量 LH 形成 LH 峰是激发排卵的必要条件，而 LH 峰的出现是高浓度雌激素（血液中至少要达到 200 pg/mL，并维持 2 天）的正反馈效应所导致的。升高的雌激素一方面能刺激下丘脑 GnRH 脉冲式分泌频率和幅度极大地增加；另一方面也使腺垂体对 GnRH 的反应超常的大，从而抑制雌激素对下丘脑和垂体的负反馈作用，使 LH 的分泌和血液中的水平达到顶峰（见 ⓔ 知识拓展 16-9）。

LH 可刺激孕酮的分泌，二者相互配合，使卵泡膜的许多蛋白水解酶（纤溶酶及胶原酶）活性增强，导致卵泡膜溶化和松解；LH 又可促使卵泡分泌前列腺素（PGE_2 或 $PGF_{2\alpha}$），增加纤维蛋白分解酶的活性，促进溶酶体膜和卵泡膜的破裂，并能促使卵泡壁肌样细胞收缩，便于卵的排出。另外，FSH 也能直接促进卵泡大量生成蛋白水解酶，有利于卵泡的破裂（见 ⓔ 知识拓展 16-9）。

16.3.2.2　黄体的生成与退化

（1）黄体生成　大多数动物的黄体在生成方式上大致相同，由卵泡壁和卵泡内的颗粒细胞形成。成熟卵泡破裂排卵后，由于卵泡液排出，卵泡壁塌陷皱缩，从破裂的卵泡壁血管流出血液和淋巴液，并聚积于卵泡腔内形成血体，称为红体（corpus hemorrhagicum）。此后随着血液的吸收和血管的生长，残留在卵泡中的颗粒细胞和内膜细胞在 LH 作用下增生肥大，并吸收类脂物质——黄素，而变成黄体细胞，这一细胞群称为黄体（corpus luteum）。早期黄体生长迅速，但黄体的成熟需要的时间较长。

在大家畜中，LH是最重要的促黄体激素，不论在妊娠还是非妊娠期都以相对慢的波动频率释放LH（每2~3 h一次的释放波）即可维持黄体。绵羊、啮齿类动物PRL也参与黄体生成的调节过程（见 ⓔ 知识拓展16-9）。

（2）黄体类型　在发情周期中，雌性动物如果没有妊娠，所形成的黄体在黄体期末退化，这种黄体称为周期性黄体或假黄体（cycling corpus luteum, corpus luteum spurium）。周期性黄体通常在排卵后维持一定时间才退化。雌性动物如果妊娠，黄体则转变为妊娠黄体即真黄体（corpus luteum of pregnancy, corpus luteum verum），此时黄体的体积稍增大。大多数动物的妊娠黄体一直维持到妊娠结束才退化，如牛、羊、猪。还有一些动物的妊娠黄体则存在于妊娠的大部分时间，如马妊娠5个月开始退化，到7个月完全消失，依靠胎盘分泌的孕酮来维持妊娠过程。

（3）黄体退化　黄体退化时，颗粒细胞转化的黄体细胞退化很快，表现在细胞质空泡化及核萎缩，微血管退化及供血减少，黄体体积变小，黄体细胞数目减少，逐渐被纤维细胞和结缔组织所代替，颜色变白称为白体（corpus albicans）。大多数动物的白体存在到下一周期的黄体期，即此时的功能性新黄体与大部分退化的白体共存。至第二个发情周期时，白体仅有疤痕存在，其形态已不清晰。有关黄体退化机制见 ⓔ 知识拓展16-10。

ⓔ **知识拓展16-10**
黄体的生成与退化

16.3.3　受精与授精

16.3.3.1　受精

精子穿入卵细胞并相互融合为合子的过程，称为受精（fertilization）（图16-10）。整个过程

ⓔ **知识拓展16-11**
哺乳动物的受精过程

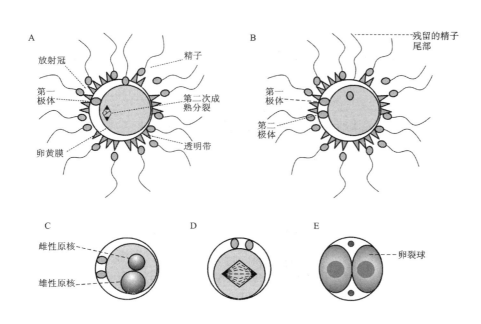

图16-10　哺乳动物受精过程
A.精子进入透明带；B.精子进入卵黄膜；C.两原核形成并开始融合；D.原核融合并开始卵裂；
E.卵裂为两个细胞

涉及精卵运行、精子获能、精卵相遇、顶体反应、精卵融合、透明带反应、卵黄膜反应和合子形成等重要生理过程。

16.3.3.2　授精

将雄性动物的精液输入雌性动物生殖道的过程称为授精（insemination），包括自然授精和人工授精两种。自然授精是通过雌雄动物交配而实现的，而人工授精则是通过人工将精液输入雌性生殖道而实现的。根据精液输入雌性生殖道的部位不同将自然受精分为阴道授精型和子宫授精型两种。牛、羊、兔等通过交配将精液输入雌性动物的阴道，称为阴道授精型，其特点是每次射精的精液量少，但精子密度高。马、驴、猪、骆驼等通过交配将精液直接射入雌性动物子宫内，称为子宫授精型，其特点是每次射精的精液量大，但精子密度低。

Ⓔ知识拓展 16–12
授精精液与精子

在施行人工授精时，一般都是将精液稀释一定倍数后，直接输入雌性动物的子宫内，这样可避免大量精子在阴道内被酶所杀伤（阴道授精型动物，每次射出的精子中 90% 以上在阴道内被杀伤而失去活力），而提高种公畜的利用率。

无论是自然授精还是人工授精，种公畜的健康状况和精液的品质（包括精子的形态、活力和密度等）直接影响受精率的高低。掌握好配种时间也是提高受精率的关键。因为无论是精子还是卵子都有一定的存活时间和保持受精能力的时间，超过这一时间，将失去受精能力。

配种时间的确定，主要是根据雌性动物排卵时间。在一个性周期中，各种动物的排卵时间是各不相同的；同一种动物由于年龄等的差异，排卵时间亦不相同，所以在生产实践中，必须掌握各种动物的排卵规律，然后确定其配种时间。对诱导排卵的动物施行人工授精之前，应先用输精管结扎的雄性动物进行交配，然后再进行输精，否则不能受孕。

16.3.4　妊娠与分娩

16.3.4.1　妊娠

Ⓔ知识拓展 16–13
妊娠过程

胚胎在雌性动物子宫内生长发育的过程称为妊娠（pregnancy）。妊娠从受精开始，包括卵裂、着床、胎盘形成和胎儿发育一系列生理过程。

16.3.4.2　分娩

Ⓔ知识拓展 16–14
分娩过程与机制

发育成熟的胎儿及其附属物（包括胎膜和胎盘）通过母畜生殖道产出的过程称为分娩（parturition）。

16.4　鸟（禽）类生殖活动的特点

鸟（禽）类的生殖生理与哺乳动物相比有许多方面的不同。

鸟（禽）类的生殖方式是体内受精、卵生。鸟类卵巢中的卵泡发育成熟是不同步的，因此禽类的卵巢是由处于不同发育阶段的卵泡组成。家禽在繁殖季节或受到光刺激时，充满卵黄的卵泡会按大小等级依次排列，最大的卵泡是将要排出的卵泡。

鸟（禽）类的卵泡结构与哺乳动物相似，卵膜最内层为卵黄基膜，向外依次为颗粒层、内膜和外膜。卵膜上有丰富的血管和肾上腺素能纤维与胆碱能纤维（图 16–11）。

鸟（禽）类的卵细胞属大型端黄卵细胞，细胞的绝大部分被卵黄所填充。细胞核与原生质偏向动物极，形成一个很小的胚盘区（germinal disk region）。

卵的生长大致分为 3 个阶段：即增殖期、生长期和成熟期。雌鸟（禽）接近成熟时，少数卵原细胞开始生长，卵黄物质在卵内积累。卵黄大部分成分来自血浆。卵黄的前体物质是血浆中的卵黄蛋白原（vitellogenin）和富含甘油三脂的脂蛋白。脂蛋白，特别是低密度脂蛋白（VLDL）和卵黄蛋白原是在雌激素作用下由肝脏产生，并通过血液运输到达卵巢，由受体介导途径进入生长的卵泡。

禽类卵巢的类固醇激素是由颗粒层和膜层细胞共同合成。和哺乳动物不同的是：卵泡内膜层细胞主要产生雄激素，而（在一些正在生长中的小卵泡的）外膜层是产生雌激素的地方；而（那些大卵泡的）颗粒层细胞层是产生孕激素的主要地方，孕激素扩散到外膜层也能产生雌激素（图 16-12，图 16-13）。

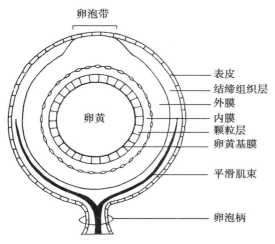

图 16-11　排卵前卵泡结构图
（引自 Reece，2014）

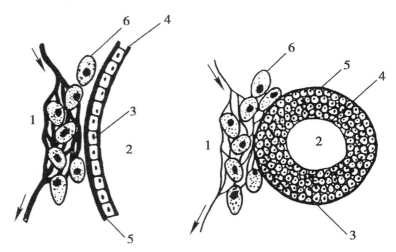

图 16-12　母鸡卵巢小白卵泡和大黄卵泡结构比较（引自 Reece，2014）
小卵泡含卵黄少，有数层颗粒细胞，血管系统不发达。1.毛细血管网；2.卵黄；3.颗粒细胞；4.卵黄膜；5.基膜；6.膜细胞

禽类在排卵前必须要有足够的 LH 分泌高峰和孕酮高峰出现（这一点和哺乳动物不同），才能引起排卵。这也是一种正反馈作用。孕激素刺激 GnRH 和 LH 的释放（图 16-14），LH 反过来刺激排卵前成熟卵泡从颗粒层分泌更多孕激素。鸟（禽）类的排卵还受光照的影响。

禽类的生殖周期分段明显，包括产蛋期、抱窝期和恢复期。受 LH 峰出现的时间和卵泡发育比例的调控。鸡的 LH 的释放开始于黑暗期，排卵前 LH 峰则出现在每次排卵之前。鸟 LH 峰由孕酮引起，排卵前 4～6 h 孕酮和 LH 峰出现，血浆中的睾酮浓度也同时出现升高。雌禽的抱窝行为是下丘脑 - 垂体 - 性腺轴活动下降，高浓度的 PRL 抑制生长抑素（GIH）的分泌和性腺功

雄禽的精子在精细管形成后，并无受精能力，只

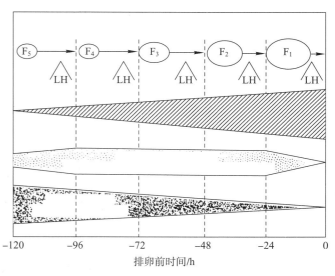

排卵前时间/h

图 16-13　卵泡成熟过程中膜层和颗粒层类固醇激素浓度的变化
（引自 Reece，2014）
排卵前 4～6 h 出现 LH 峰

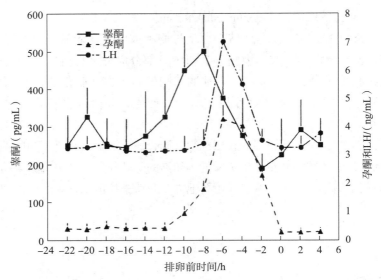

图 16-14　血浆孕酮、睾酮和 LH 浓度与排卵时间的关系
（引自 Reece，2014）

有经过附睾管和输精管才获得受精能力。睾丸的生长发育及活动受性腺和垂体的 FSH 和 LH 之间的负反馈机制的调节，光照、遗传和年龄都能影响精子产生；甲状腺素参与禽类季节性繁殖活动。在 0～30℃睾丸的生长和精子的生成随温度升高而加快，当温度升高到 30℃以上时，精子的生成将受到抑制。家禽精子的生成具有昼夜周期性变动，凌晨和午夜是精子发生最旺盛的时间。

🄴 知识拓展 16-15
鸟（禽）类的生殖
活动

16.5　鱼类的生殖活动

鱼类为变温动物，在自然界中存在大约 2.4 万种，它们生活在不同的环境中。鱼类具有多样的生殖方式。鱼类的生理活动是在一定的条件下实现和完成的。性腺的发育、成熟主要是受外界环境条件，如光照、温度和食物的获得等因素所控制，然后通过下丘脑 – 脑下垂体 – 性腺轴启动性腺的发育成熟；或通过下丘脑 – 垂体 – 肾间组织 – 卵巢轴启动性腺的发育成熟（见后述）。另外，鱼类的"性"具有可塑性，外界的作用可影响鱼类的性分化、性决定，有些鱼类存在性逆转现象。

16.5.1　鱼类的生殖活动的内分泌调控

16.5.1.1　鱼类的促性腺激素分泌细胞和激素

鱼类的 GtH 由腺垂体的促性腺激素分泌细胞所分泌。关于鱼类的促性腺激素分泌细胞，英国生理学家 Ball 曾这样定义："……在性成熟之前没有或者处于静止状态，其分泌活动与生殖周期相互联系而表现明显的变化，是分布在腺垂体的嗜碱性细胞。"

有关鱼类促性腺激素分泌细胞的种类及其分泌的激素一直是鱼类生殖学研究的重点话题。在许多鱼的免疫细胞化学研究中，发现鱼类的垂体有两种 GtH 细胞，如虹鳟（*Salmo gairdneri irideus*）和大西洋鲑（*Salmo salar*），它们分布在垂体的不同位置，其细胞内含物对 GtH I 和 GtH II β 亚基抗血清的特异性免疫反应有明显差异，分别命名为 GtH I 和 GtH II。电镜观察表明，GtH

II 细胞在排精和排卵期具有活跃的合成和分泌能力。虹鳟的这两种 GtH 细胞分别出现在生殖发育的不同阶段：在性未成熟的垂体中，只有 GtH I 细胞，在卵黄生成和精子生成的启动期才出现 GtH II 细胞；在生殖的最后成熟期，两种细胞都有，但 GtH II 细胞的数量要比 GtH I 细胞多得多。这说明不同的 GtH 细胞可能产生不同的 GtH，同时不同的 GtH 对性腺的调节功能有所不同。

ⓔ知识拓展 16-16
关于 GtH 分泌细胞及其分泌分泌物的研究

目前已经从多种硬骨鱼类，如鲤鱼、虹鳟、拟庸鲽、大麻哈鱼（*O. keta*）、大鳞大麻哈鱼（*Oncorhynchus tschawytscha*）、罗非鱼（*Tilapia mossambica*）等的脑下垂体中分离、纯化出两种 GtH。这些鱼类的 GtH 具有高等脊椎动物促性腺激素的一些结构特点。一种 GtH 不被伴刀豆球蛋白琼脂糖吸附，不是糖蛋白或者含糖量很少，称为 ConA I GtH；另一种 GtH 能被伴刀豆球蛋白琼脂糖吸附、含糖量很高的糖蛋白，称为 ConA II GtH。ConA I GtH 的生物活性只限于刺激卵黄蛋白渗入到正在发育的卵泡，以及刺激性激素生成，被称为促卵黄生成激素（即 GtH I）；ConA II GtH 的生物活性范围很广，包括刺激性腺组织产生 cAMP 和促进性激素生成、精子发生与释放、卵泡生长、成熟和排卵。被称为促性腺成熟激素（即 GtH II）。

虽然促性腺成熟激素能刺激卵泡成熟和性激素生成而可与哺乳类的 LH 相比拟，但促卵黄生成激素则不同于哺乳类的 FSH，因为哺乳类的 FSH 并不能够刺激卵黄蛋白原渗入硬骨鱼类的卵泡；而且，哺乳类的卵巢生长和成熟过程并没有卵黄生成阶段。所以，鱼类的两种促性腺激素并不完全同于哺乳类的 FSH 和 LH。

利用生物化学和分子生物学技术分别对大麻哈鱼、鲤鱼、红鲷、底鳟、东方狐鲣和鲟鱼都先后分离出两种 GtH，并定名为 GtH I 和 GtH II。对大麻哈鱼的研究还表明：GtH I 和 GtH II 对卵黄正在生成的卵巢都能同样地刺激滤泡产生 E_2；而在卵黄生成完成后的卵巢，GtH II 刺激滤泡产生诱导卵泡最后成熟的 $17\alpha,20\beta$–DHP 的活性要比 GtH I 强得多。因此，GtH I 是在鱼类性腺发育的早期，即精子生成和卵黄生成阶段起主导作用，刺激性腺分泌 E_2 和 T 等性激素，以调节配子生成；而 GtH II 在性腺成熟时大量分泌并达到高峰，主要刺激 $17\alpha,20\beta$–DHP 的生成，从而促使卵泡和精子最终成熟并刺激排精和排卵。

在大麻哈鱼的性腺中还检测出两种类型的 GtH 受体。第一种受体（GtHR I）分布在卵黄生成期卵泡的膜细胞层和颗粒细胞层，排卵前期卵泡的膜细胞层以及精子生成各个时期精巢的支持细胞；它能和 GtH I 和 GtH II 相结合，第二种受体（GtHR II）只分布在排卵前期卵泡的颗粒细胞层和排精期精巢的间质细胞，并且只特异性地和 GtH II 结合，而不和 GtH I 结合。

前已述及，诱导卵泡最终成熟的 $17\alpha,20\beta$–DHP 需要双重细胞作用。GtH I 和 GtH II 都能与存在于卵泡膜细胞层的 GtHR I 受体结合，刺激 17α–羟孕酮的生成；但颗粒层只有能与 GtH II 特异结合的 GtHR II 受体。只有 GtH II 才能促进 17α–羟孕酮转化为 $17\alpha,20\beta$–DHP。

16.5.1.2 鱼类促性腺激素分泌活动的调节

和哺乳动物一样，鱼类腺垂体分泌的 GtH 主要受到下丘脑–脑垂体–性腺轴的调控。用促性腺激素释放激素类似物（LHRH–A）刺激虹鳟的 GtH 分泌活动的实验结果表明：在卵黄生成和精子发生的早期，注射 LHRH–A 后，能明显刺激 GtH I 的释放，但对 GtH II 的分泌没有明显作用；相反，在卵泡成熟期，LHRH–A 明显刺激虹鳟脑垂体大量释放 GtH II，GtH I 则释放很少。很明显，GtH I 和 GtH II 在鲑科鱼类生殖周期的不同时期有不同程度的合成与分泌活动，因而对性腺的发育成熟与配子释放起着不同的生理调节功能。注射鲤鱼下丘脑的提取物能刺激离体的鲤鱼脑垂体分泌 GtH；同样注射鲤鱼下丘脑提取物，也能使鲤鱼血液中 GtH 浓度升高。鱼类的 GnRH 和哺乳类的促黄体素释放素（luteinixing–hormone releasing–hormone，LHRH）虽有相似的

ⓔ系统功能进化
16-2 关于 GnRH 家族的功能域及受体基因的表达

ⓔ知识拓展 16-17
鱼下丘脑与 GtH 合成与释放有关的神经核团

ⓔ知识拓展 16-18
硬骨鱼类 GtH 的分泌调节（动画）

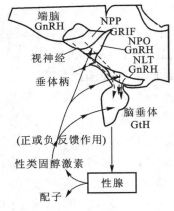

图 16-15 硬骨鱼类 GtH 分泌活动的神经活、内分泌调节示意图（引自林浩然，1999）

NLT: 外侧结节核；NPO: 视前核；NPP: 视前围脑室核；虚线箭头表示抑制

化学结构，但并不完全一样。

（1）促性腺激素释放激素（GnRH） 在硬骨鱼类，神经内分泌细胞的胞体在下丘脑内形成一些能促进 GtH 分泌的细胞群，主要集中在 3 个中心：外侧结节核（NLT）、视前核（NPO）和端脑（图 16-15），在这些神经核团中有两种性质的神经纤维同时支配着 GtH 分泌细胞。NLT 和 NPO 受刺激时分泌 GnRH 而促使垂体分泌 GtH。损伤金鱼和大西洋鲑（*Salmo salar*）的 NLT 和 NPO 都能使卵巢退化与性成熟系数降低，脑垂体的 GtH 含量明显下降。

卵巢正在发育或者已经发育成熟的雌金鱼，其血清 GtH 水平表现明显的昼夜周期性，而卵巢退化的雌金鱼则没有此现象。由此可见血液中 GtH 水平的明显昼夜周期性对促进性腺活动是很重要的。损伤 NLT 的金鱼，血清 GtH 水平不出现昼夜周期性，而对金鱼卵巢发育的影响，可能就是因为消除了血液 GtH 水平的昼夜周期性，血液 GtH 水平不会出现波动，这可能是导致卵巢退化的原因。

（2）促性腺激素释放抑制因子（GRIF） 在下丘脑的视前围脑室核（NPP）存在着一种能抑制 GtH 释放的抑制因子，即 GRIF。如果在脑垂体阻断 GRIF 的作用，就会引起 GtH 自动释放和由 GnRH 刺激的 GtH 的释放。产生这种抑制作用的物质是多巴胺，多巴胺通过与多巴胺 D2 型受体结合而发挥作用。

对不同季节和不同性腺发育状况的雌、雄金鱼进行下丘脑电流损伤试验和腺垂体移植试验表明：在性腺发育的整个时期，雌、雄金鱼的 GtH 分泌活动都受到 GRIF 的紧张性抑制，下丘脑似乎是经常地、持续不断地分泌 GRIF。当产生 GRIF 的部位被破坏，GRIF 对 GtH 分泌细胞的抑制作用被解除，就会引起脑垂体分泌 GtH 增加。学者们推测，排卵前金鱼血液中 GtH 急剧升高是由于：① GRIF 抑制作用解除后引起 GtH 自动分泌增加。② GRIF 抑制作用被解除后，GnRH 促进 GtH 分泌作用更加显现。多巴胺的这种作用在鲑形目、鲤形目、鳗形目、鲈形目等鱼类中广泛存在。

综上所述，硬骨鱼类 GtH 分泌活动受到神经、内分泌的双重调节：GnRH 刺激它的释放，而多巴胺起 GRIF 的作用，既抑制 GnRH 的作用，也抑制 GtH 的释放（图 16-16）。

（3）性激素对 GtH 分泌的反馈作用 在性成熟鱼类性腺发育期间，性激素对 GtH 的分泌有负反馈作用，在产卵期间尤为明显。例如，对鳟鱼在性腺开始发育之前剔除精巢，血液中的 GtH 水平只略为升高；在性腺发育早期剔除精巢，血液中的 GtH 水平增加约 2

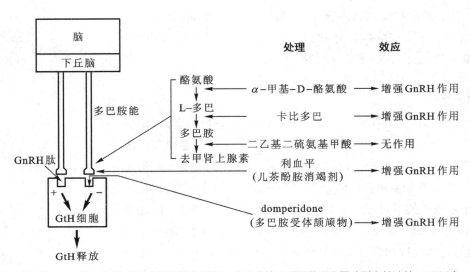

图 16-16 硬骨鱼类 GtH 分泌活动受神经、内分泌的双重调节示意图（引自林浩然，1999）

倍；在繁殖季节剔除精巢可增加 5 倍。如果给剔除精巢的成熟鳟鱼注射 T 或埋植 11-KT（11- 酮基睾酮），血液中的 GtH 水平就会降低。这种负反馈作用机制是：当血液中的性激素（雌激素或雄激素）达到一定水平就会和脑垂体与下丘脑的特异性受体相结合，使 GtH 分泌降低，从而使性激素含量相应降低并保持一定水平（图 16-17A）。如果注射或埋植抗雌激素物质，与雌激素竞争在脑垂体与下丘脑的特异性受体，而阻断雌激素的负反馈作用（图 16-17B），就会提高血液中 GtH 和性激素的水平；并且可以诱导正常的成熟金鱼、鲶鱼、泥鳅以及曾被消炎痛所阻碍的鲤鱼排卵。这种负反馈作用对于腺垂体来说比下丘脑 NLT 的促进作用更为重要。

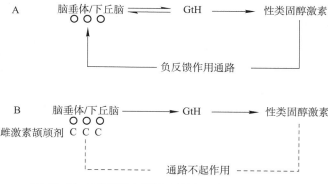

图 16-17 鱼类性激素分泌活动的负反馈调节机制示意图
（引自林浩然，1999）

A. 示负反馈作用正常进行，性激素和位于下丘脑与脑垂体的特异性受体相结合而抑制 GtH 的分泌活动；B. 示下丘脑或脑垂体的特异性受体为抗雌激素克罗米芬分子所结合，使性激素所产生的负反馈作用受阻，GtH 的分泌作用不受控制性激素的分泌也随之增加

和哺乳动物类似，性激素特别是雌激素对雌鱼 GtH 分泌的反馈性作用的性质可随性腺发育的不同阶段有所不同。在性未成熟的金鱼，性激素对 GtH 分泌有正反馈作用；给性未成熟大西洋鲑、虹鳟埋植或腹腔注射睾酮，或给性未成熟的雌欧洲鳗鲡注射 E_2，能显著促进 GtH 细胞的活性，增加 GtH 在血液中的浓度。这些活动的机制关键在于，雌激素以及（可以芳香化为雌激素的）雄激素是使虹鳟和鳗鲡等鱼提高 GtH 分泌的有效性激素。由此看来，雌性激素可能在下丘脑 – 脑垂体轴上起作用，以刺激性未成熟硬骨鱼类的 GtH 合成，而这可能就是启动性腺发育或成熟作用机制的一部分。

16.5.2 卵泡的生长与最终成熟

16.5.2.1 卵泡的生长

按照卵泡的发育情况、产卵次数和批数，可把鱼类的卵巢分为 3 种类型。完全同步型（synchronic）：卵巢内的卵泡都处于相同的发育阶段，通常一生中只产卵一次就死亡，如一些溯河鱼类（大西洋鲑、大麻哈鱼，以及降海鱼类如鳗鲡等）。部分同步型（partial synchronic）：卵巢内至少由两种处于不同的发育阶段的卵泡群组成，如虹鳟、鲽鱼、青鱼、草鱼、鲢鱼、鳙鱼、鲮鱼等，它们在一年内通常只产卵一次，生殖季节相当短。非同步型（asynchronic）：卵巢内含有各个发育阶段的卵泡，一年内产卵多次，生殖季节相当长，如金鱼、鳉鱼、罗非鱼等。

鱼类卵细胞从发生到成熟，卵细胞体积显著增大，除卵细胞质的增加外，同时完成卵黄物质的大量积累，所以成熟卵巢显得非常肥大。成熟卵巢的化学组成因鱼的种类不同有很大差异，其中水分为 55% ~ 75%，蛋白质为 20% ~ 33%，脂质为 1% ~ 25%，灰分为 0.7% ~ 2.2%。除水分外，在所有成分中以蛋白质含量最高，又以卵黄蛋白占绝大部分。

鱼类的卵母细胞通常有三种类型的卵黄物质，油滴（oil drop）、卵黄泡（yolk vesicle）、卵黄球（yolk globule），随鱼的种类而有所区别。鱼类卵黄蛋白的成分与两栖类、鸟类的相似，都由卵黄脂磷蛋白（lipovitellin）和卵黄高磷蛋白（phosvitin）组成。卵黄脂磷蛋白是一种含不稳定碱性磷较低的糖脂磷蛋白；卵黄高磷蛋白富含不稳定碱性磷，不含脂质和糖。虹鳟卵黄脂磷蛋白的相对分子质量约为 3.0×10^5，卵黄高磷蛋白的相对分子质量为 4.3×10^4。另外，虹鳟卵黄中还出现一种 β 成分，相对分子质量约为 2.1×10^4。

ⓔ 资源拓展 16-19
鱼类的卵黄物质及卵巢各期卵粒的化学组成

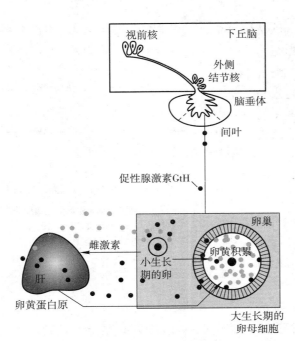

图 16-18 鱼类卵黄的生成和积累

知识拓展 16-20
鱼类卵黄的生成和积累（动画）

知识拓展 16-21
有关鱼的 GtH 促使性腺发育成熟的研究

知识拓展 16-22
鱼卵母细胞的最终成熟（动画）

（1）卵黄的生成和积累 从卵黄发生的来源看，Wallace（1978 年）认为有内源性卵黄发生和外源性卵黄发生两种方式，或由两种方式结合进行。卵母细胞的一部分卵黄由卵母细胞自身合成，称为内源性卵黄发生，主要发生在卵黄发生早期阶段（卵巢 III 期）。大量的卵黄蛋白来自由肝合成的卵黄蛋白前体（卵黄蛋白原，vitellogenin, Vtg），再由卵母细胞将其转化成卵黄蛋白，称为外源性卵黄发生。主要在卵黄发生的中、后期阶段（卵巢 IV 期及其以后），以卵黄颗粒的形式大量、迅速地积累。例如，虹鳟的内源性卵黄发生阶段为 5～7 月，外源性卵黄发生在 8～12 月。

鱼类也与其他卵生脊椎动物一样，卵黄发生是在卵巢分泌的雌激素作用下进行的。外源性卵黄发生过程中，在 GtH I 的促进下性腺分泌雌激素（E_2 和雌酮），雌激素的刺激通过对 Vtg mRNA 的诱导，在肝细胞合成二聚体卵黄蛋白原（相对分子质量约为 6.0×10^6）。然后由肝将其分泌，进入血液循环，运输到卵巢，Vtg 在一种非糖蛋白的 GtH I（即 Con-A I）的刺激下通过微吞饮的方式被卵泡的微绒毛摄入，而转化成卵黄蛋白（图 16-18）。

虹鳟血浆中卵黄蛋白原的浓度在 11 月最高，血浆中 E_2 的浓度在 10 月最高，比卵黄蛋白原的峰值早一个月出现；雌酮的浓度也在 11 月达到最高值，说明雌激素与卵黄发生的密切关系，以及 E_2 在诱导卵黄蛋白合成上的先导作用。

（2）性腺的发育成熟 鱼类性腺发育成熟是 GtH 分泌缓慢而稳定增加、促进的结果。而配子的最终成熟、排卵和排精则必须以 GtH 大量涌现为先导。如虹鳟血中 GtH 水平在生殖细胞成熟早期处于低水平；在雌鱼卵泡生长和卵母细胞中卵黄大量积累时，GtH 水平缓慢提高；雌、雄鱼达到性成熟时，GtH 水平显著升高；雌、雄鱼接近排卵、精时，GtH 达到高峰。

研究表明，鱼类卵原细胞增殖时期、卵母细胞生长（原生质合成）和滤泡形成早期，与脑垂体的 GtH 没有关系，而当卵母细胞发育到卵黄生成期时则需要 GtH I 的调节。

鱼类的甲状腺激素亦参与卵巢发育，和 GtH 的协同作用可促进卵巢发育，而甲状腺素本身的作用可能是提高卵巢对 GtH 刺激的敏感性。

16.5.2.2 卵泡的最终成熟

虽然一些黄体酮类都能诱导鱼类卵泡的最终成熟（即卵核偏位、融解和卵黄与原生质的极化），但最近的研究已经证明：鲑科鱼类、鳗鲡等鱼类最有效的成熟诱起激素（maturation-inducing hormone, MIH）是 $17\alpha,20\beta$-DHP，其次是 20β-羟孕酮和 17α-羟孕酮。另外，在河豚和石首鱼科鱼类的最有效 MIH 是 $17\alpha,20\beta,21$-三羟孕酮（20β-S）。

GtH 作用于滤泡膜而产生 $17\alpha,20\beta$-DHP 和 20β-S 和卵膜的特异性受体相结合，诱导产生促成熟因子（maturation promoting factor, MPF）（图 16-19，图 16-20）诱导卵泡最终成熟，为排卵和受精做好准备。在对金鱼、虹鳟、北美狗鱼的实验中，$17\alpha,20\beta$-DHP 在诱导卵母细胞成熟

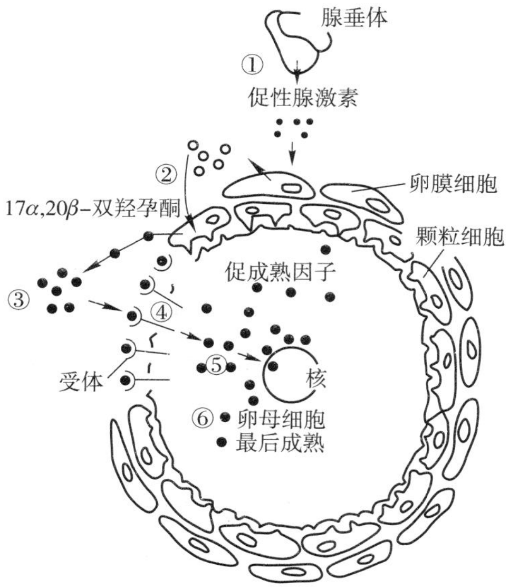

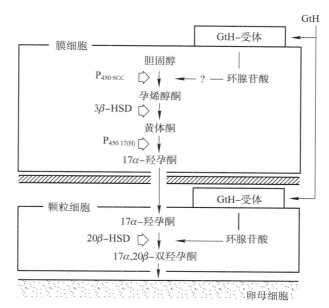

图 16-19 17α,20β-双羟孕酮诱导卵母细胞最
终成熟示意图（引自林浩然，1999）

图 16-20 硬骨鱼类卵母细胞滤泡膜的两层细胞合成 17α，
20β-双羟孕酮的模式图（引自林浩然，1999）

P₄₅₀ SCC：胆固醇侧键分裂细胞色素 P₄₅₀；3β-HSD：3β羟类固
醇脱氢酶；P₄₅₀ 17(H)：细胞色素 P₄₅₀ 17α 羟化酶；
20β-HSD：20β羟类固醇脱氢酶

方面是及其有效的，并且在低温情况下也可诱导鲤鱼产卵，但这种作用只限于在卵母细胞成熟后
期。这种对时间的严格要求使其在生产实践中的应用有很大的局限性（见 **e** 知识拓展 16-22）。

目前认为，GtH 诱导卵泡最终成熟有两种基本形式。第一种为具有垂体 - 卵巢轴的鱼类。
脑垂体分泌的 GtH 通过刺激卵泡合成和分泌一种成熟类固醇激素诱导卵泡（卵母细胞）最终成
熟。凡具有这种机制的鱼类，垂体和 GtH 制品能在离体的情况下诱导卵泡（卵母细胞）最终成
熟（图 16-19，图 16-21）。第二种为具有垂体 - 肾间组织 - 卵巢轴的鱼类。垂体分泌的 GtH 通
过刺激肾间组织合成和分泌皮质激素，后者作为一种诱导成熟的类固醇激素刺激卵泡最终成熟
（图 16-22）。如有一种印度鲶，将其卵巢单独与脑垂体一起培育，不能使卵泡最终成熟；但将其
卵巢、脑垂体、肾间组织一起培育能使卵泡最终成熟。

e 知识拓展 16-23
鱼卵泡最终成熟（垂
体 - 卵巢轴）（动画）

e 知识拓展 16-24
鱼卵泡最终成熟（垂
体 - 肾间组织 - 卵
巢轴）（动画）

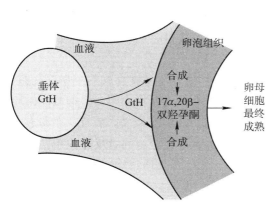

图 16-21 垂体 - 卵巢轴诱导卵泡最终成熟
（改引自 Hoar，1983）

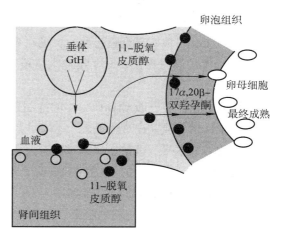

图 16-22 垂体 - 肾间组织 - 卵巢轴诱导卵母细胞最
终成熟（改引自 Hoar，1983）

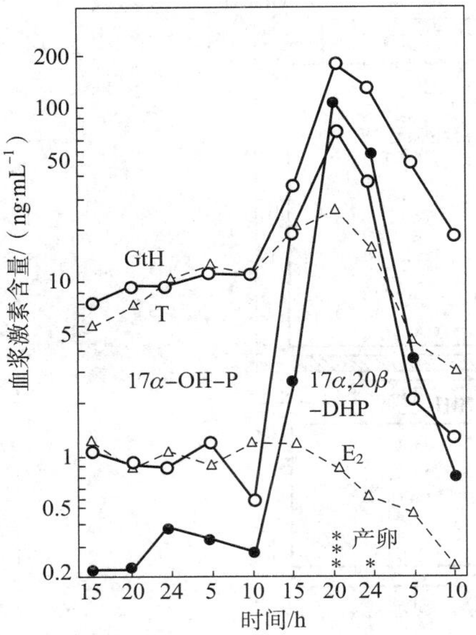

图 16-23 鲤鱼产卵前后血液中 GtH 和性激素含量的变化（引自林浩然，1999）
*表示温度由 15℃升高到 20℃。T：睾酮；
E_2：雌二醇；17α-OH-P：17α-羟黄体酮

皮质激素（皮质醇，cortocosteroids），特别是 11-脱氧皮质醇可提高卵泡对 17α,20β-DHP 作用的敏感性，间接促进卵泡（卵母细胞）的成熟。特别是那些在生殖季节血液中皮质激素含量增加的鱼类，很可能卵巢、肾间组织都参与诱导卵泡（卵母细胞）最终成熟。

血液中 E_2 含量在排卵过程中都很低，产卵后明显降低，表明 E_2 的合成在排卵之前就已经减弱（图 16-23），说明雌激素（包括 E_2、雌三醇和雌酮）对卵泡（卵母细胞）的最后成熟没有促进作用，但雌激素可能对卵泡（卵母细胞）的最后成熟时间性调节控制起间接作用，因为用抗雌激素处理能刺激金鱼和泥鳅排卵；而用 GtH 和鱼脑垂体制品对虹鳟和河鳟的离体卵泡进行孵育以促进最后成熟时，如果加入 E_2 就会减弱 GtH 或鱼脑垂体制品的作用。所以，E_2 可能直接抑制黄体酮类的作用，或者抑制它们的生物合成，从而调节卵泡（卵母细胞）自然达到最后成熟的时间性。

16.5.3 排卵与产卵

排卵是指最终成熟的卵母细胞脱离滤泡膜进入卵巢腔或体腔的过程。这时卵母细胞和滤泡细胞的微绒毛从卵膜上各自回缩，使滤泡和卵之间形成空隙，卵子脱离滤泡而剥落脱出。卵的释出不是被动过程，而可能是某种化学因子的作用，使滤泡主动收缩、破裂而把卵泡排出。

16.5.3.1 排卵

这个过程可能和哺乳类一样是某种蛋白酶的作用。在临排卵前的泥鳅中观察到：卵母细胞（卵核已消失）的周围存在一定量的具有蛋白酶活性的物质，而这种物质在不到临近排卵时是不存在的。

ⓔ 知识拓展 16-25
排卵过程电镜下的观察

卵泡如何从滤泡排出至今仍不清楚，但可以观察到排卵时滤泡出现类似平滑肌的收缩活动。

许多研究已经证明，硬骨鱼类卵泡的最终成熟和排卵是由于 GtH 大量而迅速释放所诱导。对性成熟雌金鱼，注射多巴胺颉颃物 PIM 不仅能增强 mGnRH-A 刺激 GtH 分泌的作用，还能使血液 GtH 含量升高到自然产卵的水平并且诱导排卵，显著提高排卵率。所以，金鱼的排卵反应可能既取决于血液 GtH 含量升高的幅度，也取决于含量升高的速率。因为血液 GtH 含量虽大量但缓慢地增加，如单独注射高剂量的 mGnRH-A 或埋植含有高剂量 mGnRH-A 所引起的缓慢释放，并不能有效地诱导金鱼排卵。可见在正常的情况下，清除多巴胺的抑制作用和增强 GnRH 对 GtH 分泌的刺激作用，对于迅速大量增加血液循环中 GtH 含量和诱导排卵，很可能都是必要的。

如前所述，多巴胺对 GtH 分泌的抑制作用是经常的，而且随着卵巢发育成熟至临近排卵，这种抑制作用愈强，这对金鱼进入生殖季节面临容易释放的 GtH 库存量增大时，保持血液循环中较低的 GtH 水平，以便在排卵时能有大量 GtH 迅速释放出来，十分有意义。而且，在卵泡成熟和排卵之前，血液中的 E_2 含量已下降，这就有可能消除 E_2 对 GtH 分泌的负反馈作用，也使 GtH 迅速释放，血液中的 GtH 剧增。

鱼类和哺乳类一样，前列腺素参与排卵活动。前列腺素的作用可能是刺激滤泡收缩。前列腺素除直接作用于卵巢之外，还可能作用于下丘脑-脑垂体轴，因为 PGE_1、$PGF_{2\alpha}$ 能够诱导鲶鱼排卵，但对切除脑垂体的鲶鱼就没有作用；而且注射前列腺素后，能使脑垂体和血液中的 GtH

含量增加。同样，用 HCG 或鱼脑垂体诱导排卵的鱼血液中的前列腺素含量要比不排卵的鱼高几倍。

16.5.3.2　产卵

排入卵巢腔或体腔中的卵母细胞，因卵巢壁平滑肌加速收缩以及腹壁肌的收缩，使卵母细胞从泄殖孔排出体外的过程称为产卵。

16.5.3.3　人工诱导排卵

环境因子的刺激，通过鱼类各种外感受器把兴奋传到中枢神经，特别是对下丘脑各种神经核团的刺激，能引起它们分泌神经激素，控制和调节垂体激素的分泌活动，进一步影响性腺，促使性激素合成和分泌，从而影响生殖细胞的发育、成熟、排卵和产卵过程。另一方面，对于即使性腺发育成熟的鱼类来说，如果外界因子没有达到产卵所需要的生态条件，就会影响鱼类的排卵、产卵，或使已发育成熟的性腺出现退化等生理现象。因此，在该调节系统的任何一个环节，如给予外源性激素、强化培育、环境因子的刺激等因素，便可达到促进或加速亲鱼性腺的发育过程，并获得成熟的配子（图 16-24）。

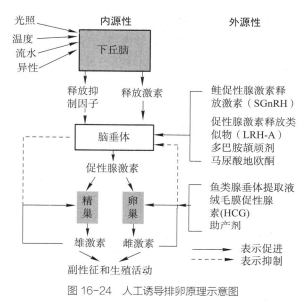

图 16-24　人工诱导排卵原理示意图

ℯ 知识拓展 16-26
人工诱导排卵原理
（动画）

16.5.4　鱼类的生殖周期与调控

鱼类和哺乳动物一样，当性腺发育到能产卵、排精时，即达到性成熟。除一生只产一次卵的鱼类（如鲑鳟鱼类）外，其他鱼类的性腺当第一次排出性产物（精子和卵子）后，性腺的发育、成熟与产卵（精）等过程则按季节呈现周期性变化，循环不已，称为性周期或生殖周期。

许多研究已经证明，鱼类能够按照环境条件的周期性综合调整体内各种激素的分泌活动。事实上，这些激素分泌的周期性变化也是对生殖活动的反应。以下简述主要环境因子如光照、温度等对鱼类生殖周期的影响。

16.5.4.1　光照

光周期是许多硬骨鱼类调节生殖周期的重要环境因子。光照信息经由鱼眼、松果体感官输入。春季产卵的鲤科鱼类和鳉科鱼类在长光照下，如果切除松果体或使其致盲，都会引起正在发育中的或已发育成熟的性腺退化，并且血液中的 GtH 水平失去昼夜周期性变化。

16.5.4.2　水温

对于水生动物来说，温度是生态因子中最重要的因素之一。在鱼类的生殖活动中最为明显的温度关系是鱼类产卵的温度阈（threshold temperature），而且产卵温度总是控制在比较狭窄的范围内。鲤科鱼类最适产卵的水温为 18℃，尽管卵巢已完全成熟，但是水温未达到 18℃ 也不能产卵；

若人工升温到产卵温度范围，即便在冬季也能产卵。温带鱼类最适产卵温度在 22~28℃；热带鱼类产卵阈在 25℃ 以上；冷水性鱼类如鲑鳟鱼类产卵温度一般低于 14℃。温度对鱼类性腺成熟、排卵、产卵过程主要起到 3 方面的作用：①直接作用于性腺，影响酶和激素的活性和作用。②影响性腺对脑垂体分泌 GtH 的敏感性。③影响垂体 GtH 的合成和分泌。

在生产中，春季产卵的鱼类常因春季寒流或长期阴雨，使水温不能顺利上升达到产卵所需的"温度阈"，性腺也不能顺利发育过渡到 IV 期末，而不能实施人工催产，但之后又因天晴，水温上升太快超过产卵的"温度阈"，错过了鱼类产卵的好时机，就将给生产带来损失。

许多研究证明，无论是春季产卵还是秋季产卵的鱼类，卵母细胞积累卵黄都是在秋季水温降低时开始。即低温是刺激营养物质向性腺中转移的条件，因此，卵黄积累主要过程在冬季和早春，那时正是鱼类生长最缓慢或接近停止的时候，鱼类代谢产生的能量主要消耗在配子的发育上。而较高温度是刺激机体积累营养物质的条件，鱼体快速生长，这时卵泡几乎停止生长，待进入冬季，鱼体肌肉和肝中的蛋白质和脂肪含量降低。光照和温度常协同作用于性腺。在温带鲤科鱼类中，对春季产卵的鱼类一般温度是影响其性腺发育的主要因子。

ⓔ 资源拓展 16-27
光周期对鱼类产卵活
动的影响

秋季产卵的鱼类如虹鳟和河鳟，光周期是影响性腺发育的主要因素。配子在夏末和秋季形成，而与光周期缩短及温度降低相联系。对秋季产卵的鱼类一般以缩短光照时间来刺激其提前产卵。

16.5.4.3 其他因子

鱼类产卵时，异性刺激、卵的附着物、流水刺激、盐度等生态因素也是必要的。雄鱼对雌鱼的刺激不仅通过视觉，而且雄鱼分泌的信息素也可以刺激雌鱼产卵。有些鱼类产卵需要有卵的附着物存在，如水生植物等，它们在缺乏附着物时即使满足了水温往往也不能产卵。流水刺激对许多在流水中产卵的鱼类性腺的成熟、排卵、产卵极为重要。蓄养条件下特别是雌鱼常由于某些生态环境刺激强度不够，卵泡不能从 IV 期顺利过渡到 V 期，而不能排卵、产卵。在进行人工催产时，适当给予流水刺激（人工冲水），对性腺迅速过渡到 V 期也有促进作用。对于洄游鱼类，盐度也是一个影响性腺发育成熟的因子。如大麻哈鱼在海水中生长，必须回到淡水中产卵；鳗鲡则相反，必须返回到海水中繁殖。

16.6 泌乳

正常情况下，雌性哺乳动物在分娩后即开始分泌并排出乳汁（有的动物在分娩前就有少量乳汁分泌）。乳腺分泌细胞从血液中摄取营养物质，生成乳汁后分泌入腺泡腔内的过程称为泌乳（lactation, milk secretion）；当哺乳或挤乳时，贮积在腺泡和导管系统内的乳汁迅速流向乳池的过程称为排乳（milk excretion, milk ejection）。泌乳和排乳是两个独立而相互制约的过程。

16.6.1 概述

乳腺（mammary gland）由皮脂腺体衍生而来，是皮肤的一部分。哺乳动物的雌雄两性都有乳腺，但只有雌性的乳腺才能充分发育并具备泌乳能力。各种动物乳腺的数量和位置存在明显差别，例如山羊和马只有一对位于胸部或腹股沟，猪 7~9 对在腹白线两侧，牛 2 对，位于腹股沟形成一个乳房。

16.6.1.1　乳腺的发育与乳汁的生成

（1）乳腺结构　乳腺由乳腺腺泡和导管构成的腺体组织（实质）和由结缔组织和脂肪组织构成的起保护和支持腺体组织作用的间质组成。腺泡的分泌上皮是分泌乳汁的部位。起始于腺泡的细小乳导管，逐级互相汇合，最后止于乳池（cistern）。腺泡、导管和乳池是储存乳汁的地方，统称为乳的容纳系统（milk-collecting system）（图16-25，图16-26）乳腺的血液供应极为丰富，在每个腺泡周围都布满稠密的毛细血管网和密集的毛细淋巴管，其皮肤和乳头也有丰富的淋巴网。支配乳房的神经包括躯体神经和植物性神经。乳腺各部分有丰富的内外感受器，腺泡之间形成稠密神经网丛，乳腺的传出神经属于交感神经（图16-27）。

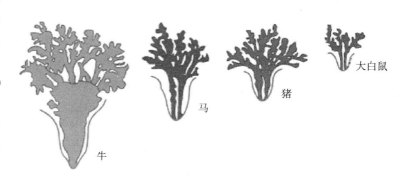

图16-25　家畜乳腺的容纳系统模式图

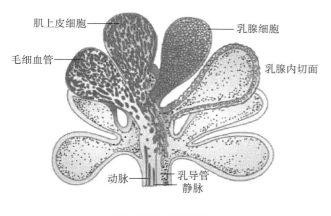

图16-26　乳房结构

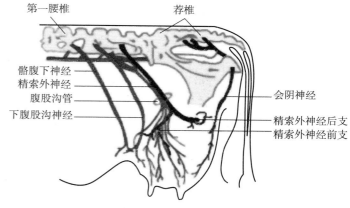

图16-27　乳牛乳房的神经支配

（2）乳腺的生长发育　乳腺的生长发育与生殖功能密切相关。各种哺乳动物的乳腺发育情况不尽相同，雪貂在怀孕后乳腺才开始发育；兔在性成熟时乳腺导管才稍有生长；猪的乳腺在怀孕时发育显得迟缓，分娩前4d才有明显的变化，分娩前2d乳腺腺泡和分泌物中初次出现脂肪小球。

📖知识拓展16-28
乳腺的发育与乳汁的生成

16.6.1.2　乳腺发育的调节

乳腺的生长发育主要受到激素和神经系统的调节。

（1）激素的调节作用

① 卵巢激素的调节作用：雌激素和孕酮对于乳腺的生长发育都是必需的。对于一些动物，如大鼠、小鼠、猫和兔等，单独给予雌激素只能引起导管系统的生长发育，而同时给予雌激素和孕酮则引起腺泡小叶生长。在山羊、绵羊、豚鼠和猴中，雌激素可使乳腺的导管和小叶腺泡都同时发育，其中山羊和绵羊甚至能分泌少量乳汁，这是因为这些动物的肾上腺皮质能分泌一定数量的孕酮。雌激素和孕酮的比例对乳腺的正常发育具有重要影响，而且存在明显的种间差

异。孕酮的需要量通常显著高于雌激素的需要量。

② 腺垂体激素的调节作用：除卵巢激素外，至少有 5 种腺垂体激素参与乳腺生长发育的调节，分别为 FSH、LH、GH、ACTH 和 PRL。其中 GH、PRL 与卵巢激素之间起着重要的协同作用；FSH 和 LH 主要通过控制卵巢激素的分泌而起调控作用；ACTH 则通过控制糖皮质激素的分泌而起作用。

③ 其他激素的调节作用：胎盘在妊娠后期对乳腺的生长发育有重要作用。其中除胎盘分泌的雌激素和孕酮起促进作用外，大鼠和灵长类的胎盘能分泌特殊的胎盘催乳素。人胎盘催乳素（HPL）在妊娠期间能竞争性地作用于两个靶器官黄体和乳腺，但在妊娠末期黄体退化后，乳腺就优先与 HPL 结合，使乳腺加速生长发育。另外，糖皮质激素、甲状腺激素和胰岛素等对乳腺的生长发育也起调节作用。

（2）神经系统的调节作用　实验证明，在山羊性成熟前、妊娠期和泌乳期切断支配乳腺的神经，可以分别导致乳腺停止发育、腺泡腔和小叶不能形成、腺泡处于静止等状况。刺激乳腺的感受器，发出神经冲动到中枢，通过下丘脑–垂体系统或直接支配乳腺的传出神经，能明显地影响乳腺的发育。在畜牧业生产中，按摩怀孕母牛和产后母牛的乳房，能够增强乳腺的发育和产乳量。

16.6.2　乳汁的分泌

16.6.2.1　乳汁的生成

乳汁的生成在乳腺腺泡上皮和终末乳导管的分泌上皮内进行。乳汁的前体来源于血液，但乳汁生成不是单纯的物质积聚，而是包括一系列物质合成和复杂的选择性吸收过程。因此，乳汁的生成是极其强烈的代谢活动（见 ⓔ 知识拓展 16-28）。

16.6.2.2　泌乳的发动和维持

（1）乳汁的分泌包括发动和维持两个阶段

① 泌乳的发动（initiation of lactation）：是指伴随分娩而发生的乳腺开始分泌大量乳汁的过程。一些动物如啮齿类在临产前开始分泌乳汁；而灵长类一般要在分娩后才开始分泌乳汁；反刍动物的乳腺在分娩前若干时间就开始分泌乳汁，但也只有在分娩后才能分泌大量乳汁。

② 泌乳的维持（maintainance of lactation）：泌乳发动后，乳腺能在相当长的一段时间内持续进行泌乳活动。母畜每次分娩后持续分泌乳汁的时期，称为泌乳期；从乳腺停止泌乳到下次分娩为止的一段时期，称为干乳期。对于役用动物来说，其泌乳期等于哺乳期，如役用母牛的泌乳期为 90～120 d，而人工培育的乳用牛其泌乳期远大于哺乳期，长达 300 d 左右。母牛产犊后，乳分泌迅速增加，并在 4～6 周内达高峰。这种高峰状态保持几个月后，泌乳量又逐渐下降。

（2）泌乳的发动和维持主要受神经和体液调节

① 泌乳的激素控制：腺垂体分泌的激素对于发动和维持泌乳是必不可少的。发动和维持泌乳的必需条件之一是腺垂体不断分泌催乳素。用少量腺垂体制剂或提纯的催乳素注入发育的兔乳腺内，能诱导泌乳。在妊娠期间由于胎盘和卵巢分泌大量的雌激素和孕激素对下丘脑和腺垂体起到反馈性抑制作用，使腺垂体不分泌催乳素；而分娩前后孕激素、雌激素水平的明显下降使它们对下丘脑和腺垂体的负反馈抑制作用解除，引起催乳素迅速释放；分娩后胎

盘催乳素的下降，使其对催乳素受体的封闭作用解除。以上这些变化导致了泌乳的发动。另外，甲状腺激素能提高机体的代谢，对泌乳有明显的促进作用；生长激素可提高泌乳；肾上腺皮质激素对机体的蛋白质、糖类、无机盐和水代谢有显著的调节作用，因此对泌乳也有影响。大鼠在假妊娠期间同时给予催乳素和糖皮质激素时能够诱导泌乳，但单独给予催乳素则无效。泌乳山羊切除垂体后，同时给予催乳素、生长激素、糖皮质激素和三碘甲腺原氨酸，可使泌乳恢复。

② 泌乳的神经控制：腺垂体分泌催乳素是由脑高级部位参与的反射活动。引起这种反射的有效刺激是哺乳和挤乳，即吮吸乳头或按摩乳房和乳头。一般认为从乳房感受器发出的冲动传到脑部后，能兴奋下丘脑的有关中枢，然后通过神经和体液途径，使腺垂体释放催乳素，促进泌乳。如果不哺乳或不挤乳，由于缺乏吮乳反射的刺激，腺垂体释放的催乳素、促甲状腺素、促肾上腺皮质激素、生长激素和神经垂体释放的催产素减少，从而抑制了泌乳。

16.6.2.3 初乳和常乳

（1）初乳 母畜在分娩期或分娩后最初几天内分泌的乳称为初乳（colostrum）。初乳色黄而浓稠，稍有咸味和一种特有的腥味，煮沸时凝固。初乳的干物质含量很高，含有丰富的球蛋白、清蛋白、酶、维生素及溶菌素等，但乳糖较少，酪蛋白的相对比例较少。其中蛋白质能直接被吸收，增强仔畜的抗病能力。初乳中的维生素 A 和 C 比常乳高 10 倍，维生素 D 比常乳高 3 倍。初乳中含有较高的无机质，特别富含镁盐，能促使仔畜排出胎粪和促进消化管蠕动，有利于仔畜的消化活动。

在分娩后的最初 1~2 d 内，初乳成分接近于母畜的血浆。以后，初乳成分几乎逐日都有明显变化，蛋白质和无机质含量逐日减少，乳糖含量逐日增加，酪蛋白比例逐日上升，经过 6~15 d 的时间转变为常乳。初乳成分的这种变化，对于新生仔畜有重要生理意义，能使新生仔畜逐步适应于胎儿出生后营养方式的转变。初乳是新生仔畜必不可少和不可替代的食物。

ⓔ 知识拓展 16-29
乳牛初乳的化学成分的逐日变化

（2）常乳 初乳期过后，乳腺所分泌的乳汁称为常乳（ordinary milk）。所有哺乳动物的常乳都含有水分、脂质、蛋白质、糖、无机质、维生素和酶等成分。其中糖和无机质溶解于水中成为溶液；蛋白质在水中呈超显微分散状，组成胶体溶液；脂质则以脂肪球的形式悬浮于乳汁中，成为悬浊液。但乳中各成分的比例存在明显的种间差别。

ⓔ 知识拓展 16-30
不同动物乳的成分

对于同种动物，品种、饲料、季节、年龄、气候、泌乳期、个体特性等，也会对乳的成分产生不同程度的影响。

16.6.3 乳汁的排出

16.6.3.1 乳汁的积累

在仔畜吮乳或挤乳之前，乳腺上皮细胞生成的乳汁连续地分泌到腺泡腔内。随着腺泡腔和细小导管中乳汁的充满，依靠各种反射使乳汁进入乳导管和乳池积聚，最后整个容纳系统充满乳汁。在母牛乳房中，乳池内的乳汁为总乳量的 20%~30%，导管系统内的乳汁占总乳量的 15%~40%，而腺泡乳汁占总乳量的 20%~60%。当乳汁容纳系统的充满程度还没有达到一定水平前，由于乳的压力可通过刺激腺体内的压力感受器而反射性地使管壁平滑肌的紧张性降低，乳腺内的压力不会明显升高，使乳汁继续生成分泌；但当乳汁容纳系统被充盈到一定限度时，乳汁继续积累将使容纳系统的内压迅速增大，从而压迫乳腺中的毛细血管和淋巴管，以致乳腺血液循环受阻，使乳生成的速度显著减慢，而且乳的成分也受到影响。在挤乳后的最初 3~4h 内，乳生成最旺盛，以后就逐渐减弱。乳脂、乳糖和乳蛋白的合成也有类似的波动。及时排乳是保证高效泌乳的必要条件。母牛的尿中出现乳糖可以作为乳房过度充满的指标，因为当乳汁容纳系统充满后，腺泡中的乳糖被吸收进血液，进而通过肾随尿排出。

16.6.3.2 排乳的调节

（1）排乳反射　研究表明，乳的排出至少包括两个先后出现的反射。当哺乳或挤乳时，首先排出来的是储存在乳池和大导管中的乳汁，称为乳池乳（cistern milk），主要依靠乳池和大导管周围平滑肌的反射性收缩和乳汁自身的重力而排出；随后，依靠排乳反射，腺泡和细小乳导管的肌上皮收缩，使腺泡中的乳汁流进导管和乳池系统，继而排出体外，称为反射乳（reflex milk）。由于大多数动物的乳汁主要积聚在腺泡腔中，所以第二个反射（排乳反射）更为重要，如乳牛的乳池乳一般约占排出乳量的 30%，反射乳约占排出乳量的 70%。可见，乳汁主要是在正压作用下主动排放的，而非由吸吮和挤压所造成的负压效应导致。

乳池大小与排乳反射时间长短有关。我国的黄牛和水牛乳池乳很少，甚至没有乳池乳。乳牛挤乳或哺乳刺激乳房不到 1 min 的时间就可以引起排乳反射。猪的乳池不发达，但猪的排乳反射需要较长时间，仔猪用鼻突冲撞乳头需 2~5 min 后排乳才开始，并持续 1~3 min，使仔猪获得乳汁，然后排乳突然停止。母猪排乳的突然开始和突然停止，主要是因为没有乳池，几乎全部乳汁都集聚在腺泡腔中。

（2）排乳的调节　排乳是由高级神经中枢、下丘脑和垂体共同参与的复杂反射活动，涉及神经体液调节。

① 排乳：乳池乳和大导管乳的排出是单纯的神经性阶段反射，而腺泡乳的排出则是依赖于催乳素和催产素为媒介的神经体液性反射。实验证明，只有乳房与中枢神经系统保持正常联系的情况下，排乳反射才能出现。切断乳腺的神经支配，麻醉动物，或者破坏下丘脑视上核都使排乳反射消失。挤压或吮吸乳头时对乳房内外感受器的刺激，可反射性地通过下丘脑–腺垂体轴促进腺垂体释放催乳素和通过下丘脑–垂体束途径促进神经垂体释放催产素。前者使乳腺处于分泌状态；后者可促进腺泡腔肌上皮细胞和乳腺导管平滑肌收缩以将乳汁排出。当向颈动脉灌注高渗盐水时不但激发抗利尿激素，还伴随有排乳，但效果比催产素低 5~6 倍。

在非条件排乳反射的基础上，可以形成大量条件反射。挤乳的时间、地点、人员、设备、操作乃至环境等，都能通过条件反射对排乳活动产生显著影响。在正确饲养管理制度下，可形成一系列有利于排乳的条件反射，促进排乳和增加挤乳量。

② 排乳的抑制：挤乳的时间、地点、人员或设备的更换，操作不规范，环境噪声，以及疼痛、不安、恐惧和其他情绪性纷乱等都能抑制动物排乳。排乳的抑制可通过反射中枢或传出环节而起作用。中枢的抑制性影响通常起源于脑的高级部位，导致神经垂体释放催产素受阻；外周性抑制效应通常通过交感神经系统兴奋和肾上腺髓质释放肾上腺素，导致乳房内小动脉收缩，结果使乳房循环血量下降，不能输送足够的催产素到达肌上皮。外周性抑制效应是泌乳母牛受到惊扰时，泌乳量明显下降的主要原因。

案例分析 16-1
案例分析讨论

？思考题

1. 性分化和性决定的生理学概念是什么？通过自学了解动物的性别分化由哪几个层次决定？动物的主性生殖器官和副性生殖器官分别包括哪些组成部分？

2. 何谓性成熟、体成熟？性成熟、初情期、体成熟三者有何关系？性周期、发情周期、卵巢周期间有何关系？除了神经内分泌因素外还有哪些因素能影响动物的繁殖？

3. 睾丸与卵巢主要生理功能有哪些？它们的功能调节机制有哪些？

5. 以哺乳动物和鱼类的性激素为例解释双重细胞和双重促性腺激素学说的内涵。根据哺乳动物卵泡发育和性成熟和性周期不同阶段卵巢的活动，阐述下丘脑－垂体－卵巢轴中各种激素释放的特征和对卵巢功能的影响。

6. 通过自学了解何为精子获能、顶体反应、透明带反应及卵黄膜反应？胎盘如何形成？有哪些内分泌功能？

7. 简述鱼、鸟（禽）类卵黄积累过程和排卵机制。诱导鱼类卵泡最终成熟的基本类型形式有哪些？谈谈它们的基本过程。

8. 何为乳池乳和反射乳？简述泌乳和排乳的调节过程。

网上更多学习资源……

◆本章小结　　◆自测题　　◆自测题答案

（曲宪成　杜　荣）

第三篇 整 合 生 理

　　机体总是以整体的形式与外界环境发生关系，各器官系统需要根据外环境条件的变化不断地改变、调整自己的活动、影响与之相关联的器官、系统的活动，达到相互协调，使机体能够在不断变化的环境中维持正常的生命活动。因此生理学还必须进行整体水平上的研究,即以完整的机体为研究对象，观察分析与阐明在各种环境条件和生理状况下，机体整体对环境变化而发生的各种反应规律，各相关的不同器官、系统在其中所起的作用、相互联系、相互协调的过程。

17 动物机体的神经、内分泌、免疫网络系统

【引言】

在内分泌概念提出后的二十多年中，人们曾一直认为内分泌系统和神经系统是两个独立的系统，分别完成各自调节机体功能系统的活动。但从 1928 年德国科学家 Scharrer 发现硬骨鱼下丘脑的神经细胞具有内分泌细胞的特征，最先提出神经内分泌（neuroendocrine）概念以后，有关神经系统与内分泌系统活动关系的研究愈来愈深入，证实神经内分泌系统（neuroendocrine system）的存在，它们共同调节机体各器官系统的功能，维持机体内环境的稳态。随着分子生物学技术的兴起和免疫学的迅速发展，人们又发现神经、内分泌和免疫系统能够共享某些信息分子和受体，而且能通过类似的信号转导途径发挥作用，提示体内可能还存在第三个调节系统——免疫系统。1977 年 Besedovsky 提出了神经－内分泌－免疫网络（neuroendocrine-immune netwok）概念。这三个系统各具独特功能，相互交联、优势互补、形成完整而精密的功能调节网络。本章将讨论神经、内分泌、免疫系统之间的相互作用及其网络系统建立的结构基础及机制。

【知识点导读】

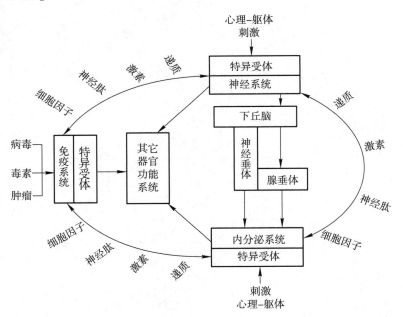

高等动物机体是由多个系统有机组合而成的结构和功能性整体。这些系统可粗略分为两类：一类主要执行机体的营养、代谢和生殖等基本功能，包括血液循环、呼吸、消化和泌尿生殖等系统；另一类由神经、内分泌和免疫三大系统构成，主要调节上述各系统的活动，参与机体防御及控制机体的生长和发育等重要功能。

17.1 神经、内分泌、免疫系统以各自特有的方式调节机体的机能

神经系统靠神经冲动传递信息，通过反射进行功能调节。具有作用广泛、信息传递迅速、灵敏、定位准确特征。内分泌和免疫系统均依靠体液运输信息物资和细胞，进行功能调节。作用范围广泛而缓慢，影响持久而深远。内分泌系通过下丘脑将电信号转换为化学信号，下丘脑和内分泌腺能合成和释放调节性多肽与激素。免疫细胞是动物机体内唯一的、能对生物性信息加以识别的感受器，免疫细胞及其产生的抗体、细胞因子、递质、激素及神经肽均通过体液运输调控机体功能，有流动脑之称。

三大系统在对机体功能调控也有共同的地方，它们都能感受和传递内外环境的信息，只不过各自有所偏重。对功能调节的作用方式既有直接和间接之分，也有同时和先后之分；作用性质都可能具有增强、减弱、修饰、允许或协同，变频、变时和变力等特征；既有生理性反应也可出现病理性反应，其作用的目的都是为了减少或消除刺激原所造成的影响，维持机体的内环境稳态（即为适应），若不能维持内环境稳态，则属于病态反应。

ⓔ 知识拓展 17-1
神经、内分泌、免疫系统对机体功能的调控及其特征

17.2 神经、内分泌、免疫系统之间复杂的相互作用

机体内神经、内分泌、免疫三大调节系统网络的形成在于三者之间复杂的相互作用，其结构和功能基础表现在：①神经系统主要通过植物性神经对内分泌器官（细胞）和免疫器官（细胞）进行支配而发挥作用；②三者不仅自己能合成、释放调节本系统功能的化学信使物质（神经递质、神经肽和激素），还能分别合成、释放原本是对方才有的化学信使物质；③三者除了有能完成本系统内信息传递必需的化学信使的受体外，还有能接受对方释放的化学信使的受体，以达到对自己和对对方功能的精细调节。三大系统之间存在着两两相重（神经⟷内分泌，神经⟷免疫，内分泌⟷免疫）和三重（神经⟷内分泌⟷免疫）的相互（双向）作用关系。

ⓔ 知识拓展 17-2
神经、内分泌、免疫系统之间复杂的相互作用

17.3 应激对免疫功能活动的调节

生物机体处于不断变化的内、外环境中，需要不断地作出反应和调节以适应环境。机体除了对各种外来刺激引起不同的特异性反应外，还有一种共同的非特异性反应，这种反应称为"应激"（stress）反应（Sely，1956）。应激是一切生物普遍存在的现象，是生物的本能。应激反应是一个复杂的神经、内分泌、免疫网络调节过程变化。应激时机体的免疫功能明显下降，短期应激出现行为变化或病样行为，长期应激出现心理精神紊乱症状。应激反应对免疫功能的抑制作用主要通过下丘脑-垂体-肾上腺皮质作用轴（HPA）和非下丘脑-垂体-肾上腺皮质作用轴（NHPA）实现。一些产生部位不清楚的免疫抑制因子、某些前激素（prohormoe）也可参与免疫的调节。

ⓔ 知识拓展 17-3
应激对免疫功能活动的调节

17.4 神经、内分泌、免疫系统间相互作用的网络机制

⊜ 知识拓展 17-4
神经、内分泌、免疫
系统间相互作用的网
络机制

三大系统既有各自独立的作用，在一定程度上起主导作用，又以两两相重、多重双向交流共同组成复杂的网络联系，称为神经 – 内分泌 – 免疫网络（neuro-endocrineo-immune network）。该网络系统机制形成的基础在于它们之间有公有、共用的化学信使及其相应受体；这些公有的、共用的化学信使具有独立的多功能位点或其分子在空间折叠中形成的特殊功能位点，均能与相应的受体结合对机体功能发挥调控作用。

？ 思考题

1. 简述神经、内分泌及免疫系统对机体功能调控的主要方式及其特征。有何异同点？
2. 简述神经系统、免疫系统相互调控的证据有哪些？
3. 有哪些证据可以说明免疫系统对神经内分泌系统有调控作用？
4. 神经内分泌系统通过何种机制对免疫系统进行调控？
5. 神经、内分泌及免疫系统为什么能构筑成一个网络机制对机体功能进行调控？

网上更多学习资源……

◆本章小结　　◆自测题　　◆自测题答案

（杨秀平）

18   机体的酸碱平衡

【导读】

细胞兴奋性的维持和功能活动过程中的许多酶促反应对 pH 变化十分敏感，但是机体的代谢活动却是不断产生大量酸和碱（少量 NH_3 和各种有机胺），如一个体重 60Kg 的人每天可产生约 15000 mmol CO_2（碳酸），若体液量按 36 L 计算，则相当于每升体液的 $[H^+]$ 提高了 416 mmol，约增加 1000 倍，这还不包括每天从食物或其他途径进入体液的非碳酸类的酸。若没有适当的机制来处理每天增加的酸和碱，那么酸碱平衡将难以维持，许多生命必需的活动就不可能发生。本章将从整体的角度探讨机体各器官系统是如何相互协调，建立起三道防线以保证在最短时间内、最快速度将酸碱 pH 维持在正常水平。

【知识点导读】

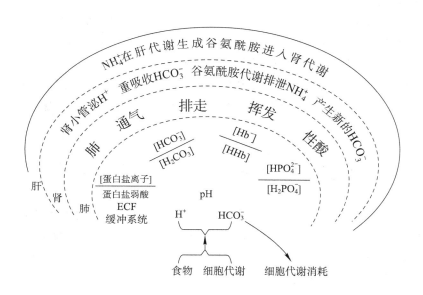

18.1 体液中的酸性、碱性物质

ⓔ 知识拓展 18-1
体液中的酸性、碱性
物质

体液中的酸、碱物质来自摄入的食物和细胞代谢产物。体内的酸可分为可挥发性酸（CO_2）和非挥发性酸（H_2SO_4、HCl、H_2PO_4 等）。机体在消化过程中也可能经消化道丢失一些 HCO_3^-，蛋白质及氨基酸代谢过程中尿素产生过程中也需要消耗一些 HCO_3^-，这些过程意味着体内酸的积累增多。

18.2 机体内的酸、碱平衡

体内酸和碱的生成是两个相反的代谢过程，在一定程度上能相应地减少体液中的碱或酸。如天冬氨酸和谷氨酸代谢产生的 HCO_3^- 和一些有机离子（如柠檬酸、苹果酸及乌头酸根）代谢所产生的 HCO_3^-，只能抵消一小部分非挥发性酸。一般正常情况下，在糖和脂肪代谢过程中，只要在组织灌流充分、能获取足够的 O_2 及胰岛素水平正常，其代谢时所生成的大量的 CO_2 均能通过肺通气有效地排出体外，这种生成的 CO_2 是不会影响到体液的酸碱平衡的。酸碱平衡的问题就是要解决如何排除与非挥发性酸产生量相等的酸的问题。而大部分非挥发性酸的排除需要靠机体通过泌 H^+ 和储备 HCO_3^- 的机制来完成。

当机体发生疾病时，如肺通气不足、呕吐、腹泻或肾功能不全时会导致酸或碱的异常丢失或生成（即发生酸碱紊乱），引起的 ECF 的 pH 变化，机体更需要通过一系列机制来对抗这些变化。需要指出的是这些防御机制不会纠正酸碱紊乱，而仅能使因酸碱紊乱引起的 pH 变化达到最小化，血液 pH 恢复正常值尚需纠正引起酸碱紊乱的根本原因。

机体的酸碱平衡机制包括 3 个方面：①细胞内、外的化学缓冲系统的作用；②通过改变肺通气率调整血液中的 P_{CO_2}；以及③肾的泌 H^+ 和 HCO_3^- 的重吸收与排泄作用的调整。在此调整过程中肾的排 NH_4^+ 产生新的 HCO_3^- 过程中尚需肝的协同作用。

缓冲体系和呼吸调整作用可在数分钟内阻止 H^+ 浓度的大幅度波动。但酸碱紊乱中，如果有非挥发性酸或碱的参与，肾会立即开始排泄 H^+ 或 HCO_3^-，但需要几个小时甚至数天才能恢复酸碱平衡。

18.3 体液的缓冲体系及其缓冲作用

ⓔ 知识拓展 18-2
体液的缓冲体系及其
缓冲作用

体内的酸碱缓冲体系有多种，其中最重要的是 $[NaHCO_3]/[H_2CO_3]$，$[Hb^-]/[HHb]$。通过等离子原理（isohydric principle），体内所有缓冲体系共同承担内环境中所增加的酸碱负荷，将其含量的变化转变成 $[NaHCO_3]$、$[H_2CO_3]$ 的变化，为呼吸器官排除 H_2CO_3 和肾排除 HCO_3^- 调节做好准备。该缓冲作用可即可发生，数分钟内完成。

18.4 呼吸器官以改变通气率调节酸碱平衡

P_{CO_2} 和 pH 轻微的变化都能刺激呼吸器官（肺）改变其通气率，来改变体液中的 P_{CO_2} 及 HCO_3^- 浓度，抵抗酸碱紊乱。此调节过程可在数分钟内发生，但需要数小时才能完成，调节效果最大，但 P_{CO_2} 对呼吸的调节仅是一种代偿性活动，酸碱平衡的彻底纠正，尚需去除引起酸碱平衡的病因。

🅔 知识拓展 18–3
呼吸器官以改变通气率调节酸碱平衡

18.5 肾与肝在酸碱平衡中的协同作用

如前所述，一般正常情况下体液的酸碱平衡主要解决的关键问题是要及时排除与非挥发性酸生成量相等的酸。另外，HCO_3^- 作为重要缓冲物质因缓冲了非挥发性酸而减少，必需防止其流失和及时补充。体液缓冲系统只能在有限的范围内缓冲 P_{CO_2} 及 pH 的变化，呼吸系统对 P_{CO_2} 的调节可在数分钟内启动，虽然酸碱比值可接近正常，但体内酸碱量仍不正常，这仅是一种代偿性的调节。酸碱失衡的完全纠正除了根除引起酸碱平衡紊乱的病因，还依赖于肾加强 H^+ 的排泄，HCO_3^- 的重吸收和产生新的 HCO_3^-。这是机体酸碱平衡的第 3 道防线。

肾可通过 H^+–ATP 泵、H^+、K^+–ATP 酶（H^+–K^+ 交换）、H^+ 与 HPO_4^{2-} 结合、NH_4^+ 的形成等途径向尿中排泄 H^+。影响肾泌 H^+ 的因素是全身酸碱平衡状态及 K^+ 浓度的变化；因 H^+ 的分泌与 Na^+ 的重吸收相耦联，因此凡能影响 Na^+ 重吸收的因素也能影响到 H^+ 的分泌。肾素 – 血管紧张素 – 醛固酮系统能增强肾单位对 Na^+ 的重吸收而促进对 H^+ 的分泌。换能直接促进集合管闰细胞分泌 H^+。

肾对 HCO_3^- 的重吸收与分泌 H^+ 相耦联，大多数 HCO_3^- 通过同向转运体（$1Na^+$–$3HCO_3^-$）同时被重吸收；Cl^-–HCO_3^- 逆向转运体每分泌一个 H^+，就有一个 HCO_3^- 被重吸收。HCO_3^- 被重吸收取决于 H^+ 分泌到小管液中的速率和滤过 HCO_3^- 速率。机体处于酸碱应激的状态。

肾的集合管还可通过排泄 HPO_4^{2-}、谷氨酰胺在肾内代谢产生一部分新的 HCO_3^-。该过程需要肝的辅助作用，并且与机体的酸碱平衡状态需要有关。

🅔 知识拓展 18–4
肾与肝在酸碱平衡中的协同作用

18.6 酸碱平衡紊乱

ECF 的 pH 取决于亨 – 哈二氏方程中的共轭碱和其弱酸的比值。血液中的弱酸总量可通过溶解的 CO_2 的量（如 P_{CO_2} 或 $s \cdot P_{CO_2}$）测定，依据等氢离子原理，缓冲对中的其他酸（主要是血红蛋白酸性形式，HHb）均随着 CO_2 的变化而变化。全血中的所有碱，包括 HCO_3^-、血红蛋白和其他不十分重要的碱，统称缓冲碱（buffer base，BB），这些碱是决定血液 pH 的代谢性组分。碱异常的减少或增加导致的酸碱紊乱称为代谢性酸中毒（metabolic acidosis）或代谢性碱中毒（metabolic alkalosis）。由呼吸系统异常引起的 P_{CO_2} 异常升高或降低导致的酸碱紊乱，分别被称为呼吸性酸中毒（respiratory acidosis）或呼吸性碱中毒（respiratory alkalosis）。

当酸碱平衡出现上述情况中的任何一种紊乱时，机体首先作出的迅速反应是通过与细胞外液（ECF）和细胞内液 (ICF) 的缓冲对反应来减轻 pH 的变化，然后通过（最初）还未受到影响的组织器官的代偿性活动（主要是肺通气改变）使 pH 恢复正常。如果肺通气也发生异常，那么肾则出现代偿性的泌 H^+ 和 HCO_3^- 重吸收的增加（或减少）。但是要纠正这种酸碱紊乱需根除病因，血液的 pH 和所有酸碱组分的浓度才恢复正常。

🅔 知识拓展 18–5
酸碱平衡紊乱时的生理特征

18.7 鱼类的酸碱平衡

鱼类是变温水生动物，受鱼体结构和水呼吸习性的限制其体液的 pH 受 P_{CO_2} 的影响较小，主要受体液中 HCO_3^- 浓度的调整。

🅔 知识拓展 18–6
鱼类的酸碱平衡

？ 思考题

1. 体内的酸，何为挥发性酸和非挥发性酸？它们是如何形成的？机体的酸碱平衡所要解决的核心问题是什么？体内可通过哪些机制维持其酸碱平衡？要彻底消除酸碱平衡紊乱的根本办法是什么？

2. 机体的缓冲体系有哪些？其中最有意义的是哪几对？等离子原理的含义是什么？缓冲体系对纠正酸碱紊乱有何意义？

3. 呼吸器官是如何参与酸碱平衡调节的？有何意义？

4. 肾分泌 H^+ 的途径有哪些？影响因素有哪些？

5. 机体通过什么途径保存和提高体内的 HCO_3^- 储备？有何生理意义？

6. 哺乳动物和鱼类在酸碱平衡稳态维持方面有何异同？

网上更多学习资源……

◆本章小结　　◆自测题　　◆自测题答案

（杨秀平）

19 应激与适应

【引言】

　　动物在生命活动过程中经常面临各种不利环境,如寒冷、炎热、饥饿、天敌等,动物如何克服不利环境的影响? 机体的神经系统和内分泌系统在这一过程中发挥怎样的作用? 机体的代谢会发生怎样变化? 这些变化的生理意义又是什么? 通过本章的学习将会一一找到答案。

【知识点导读】

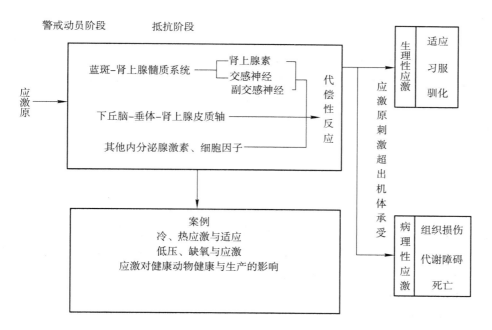

19.1 应激概述

19.1.1 应激的基本概念

机体在遭遇体内外环境和社会、心理等伤害性刺激时，除引起机体与刺激相关的特异性变化外，还会引起一系列与刺激性质无关的"非特异性"适应反应。后者为包括神经、内分泌和免疫系统在内的适应性和抵抗性变化的总称，称为全身适应综合征（general adaptation syndrome，GAS），也称为应激反应（stress reaction）。引起应激反应的刺激因子统称为应激原（stressor）。根据应激原的不同，可将应激分为不同种类。

© 发现之旅 19-1
对应激的有关认识

19.1.2 应激的三个阶段

适度的应激有利于调动机体全身各种功能，避开可能对机体带来损害的危险，因而具有防御和适应代偿作用，这种应激对机体是有利的，称为生理性应激或良性应激（eustress）；如果应激原过于强烈或持续时间过长，可直接导致机体代谢障碍和组织损伤，甚至危及生命，这种对机体造成明显损害的应激称为病理性应激或劣性应激（distress）。

应激可分为 3 个阶段。

（1）警戒与动员阶段（stage of alarm reaction or mobilization） 指机体对应激原刺激所作的早期反应和全身防卫总动员。如交感神经兴奋，警觉性增强；体内释放大量肾上腺髓质激素，加速糖原分解，动员体内贮存的能量以抵御应激原的刺激，恢复内环境的稳态。

但此阶段机体尚未获得适应，如果应激原极其强烈，在短时间内可导致动物死亡；如果机体能克服应激原而存活下来，则动员阶段可持续数小时至数天，然后进入下一阶段——适应或抵抗阶段。

（2）适应或抵抗阶段（stage of adaptation or resistance） 指机体对有害刺激通过神经内分泌系统动员所有的器官与组织，促进体内的结构发生变化、提高其功能，来应对应激原的刺激，使机体获得适应。该阶段可持续数小时至数周，在多数情况下，应激只发展到此阶段完成。应激时，动物的防御反应首先表现为行为上的反应。有些应激会通过动物自身行为的调节而消失，例如动物遭遇天敌时采取逃跑措施，当体温升高时找阴凉的地方躲避等等。动物的行为反应最经济的是躲避应激反应，但如果应激原太强或持续时间较长，机体不能克服应激原的作用，则获得的适应又会丧失，应激反应进入最后阶段——衰竭阶段。

（3）衰竭阶段（stage of exhaustion） 指应激原的刺激强度超过机体防御系统的补偿能力，动物反应程度急剧增强，出现各种营养不良，体重急剧下降，继而贮备耗竭，新陈代谢出现不可逆变化，适应性破坏，各系统陷入紊乱状态，动物可因机能衰竭而死亡。

由上可知，应激的意义是动员机体的防御系统以克服应激原刺激所造成的不利影响，使机体在不太适宜的环境中仍能保持体内平衡（稳态）。应激是动物在长期进化过程中形成的一种生理反应，一定程度内的应激可增强动物对应激原的耐受限度，扩大动物的生存空间。例如，把初生牛犊置于低温环境培育，其抵抗力和健康状况明显比常规培育的牛犊有所提高；把生长期的肉仔鸡置于适当的高温环境，可使鸡在极端高温（36℃以上）环境下的死亡率降低 40%。

19.2 应激反应的生理学机制

动物受到应激原刺激时，首先由中枢神经系统识别，然后引起一系列的生物学反应进行防御，这些生物学反应包括自主神经、内分泌和免疫系统等方面的反应。最终引起行为反应。

大脑是动物机体各器官活动的主宰，故应激反应无可非议的要受大脑的控制；但大脑也是应激作用的靶器官，应激原作用于机体的感受器，由感觉系统将信息传到大脑皮层，经过对比、分析和综合，产生情绪和行为，即心理应激反应；再通过脑干的感觉通路传递到丘脑和网状结构，后续传递到涉及生理功能调节的自主神经和内分泌系统，完成系列的应激反应过程。Chrousos GP(1992年)将应激的生理反应概括为两大系统：①下丘脑室旁核 – 皮质释放系统（PVN–CRH）（图19-1）。应激时下丘脑室旁核的小细胞分泌释放促肾上腺皮质激素释放激素（CRH）；CRH作用于腺垂体，促进其释放促肾上腺皮质激素（ACTH）；ACTH促进肾上腺皮质释放皮质激素（GC），再由GC发起，产生一系列的应激反应过程，其中包括抑制免疫系统的免疫反应（见第15章）。②位于低位脑干的以蓝斑为主的去甲肾上腺素能神经元 – 肾上腺髓质反应系统。肾上腺髓质分泌肾上腺素，直接作用于交感神经系统，交感神经末梢分泌去甲肾上腺素。副交感神经与其共同支配内脏器官、血管和腺体的活动（图19-1）。

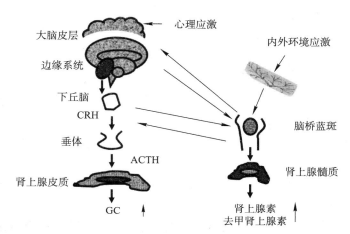

图 19-1　应激的神经内分泌反应

这些系统中的脑区之间均有广泛的神经联系，可以实现活动的整合。

当应激原消除后，体内交感神经 – 肾上腺髓质系统和下丘脑 – 垂体 – 肾上腺系统的活动以及血液中相关激素的含量在1～2天内可恢复至正常水平。若应激原未消除，则可使这两大系统一直处于高水平活动状态，对机体某些功能产生不利影响，主要有以下几方面：①中枢神经系统长时间过度兴奋后或能转为抑制；②血液中长时间高水平的糖皮质激素抑制机体的免疫反应，导致机体免疫力下降；③高浓度肾上腺素与去甲肾上腺素对心脏的长时间作用，增加了心肌的负担；④体内能量物质大量消耗而出现体重减轻和损伤组织修复能力下降。

⊕ 知识拓展 19–1
应激反应的生理学机制

综上所述，机体面对各种不同的应激原时，将这些刺激传入中枢神经系统，通过中枢神经系统的整合作用，迅速启动体内的反应机制：首先是神经系统的兴奋性增强，大脑中枢的警觉性与反应性增强，动物可能出现一些行为变化；随后相应的内分泌腺活动加强，多种激素分泌增加，特别是肾上腺素、去甲肾上腺素以及糖皮质激素之间的相互协调作用，引起机体全面持久的适应性反应。

应激反应是多种激素共同参与的复杂过程，除了上述提到的激素分泌增加外，血液中的生长素、甲状腺激素、催乳素、血管升压素、β – 内啡肽、胰岛素、胰高血糖素和某些细胞因子的分泌也会发生变化（表19-1）。

⊕ 知识拓展 19–2
与应激反应有关的其他激素

表 19-1 应激时其他激素的变化及其适应代偿意义

名称	分泌部位	变化	生理意义
β-内啡肽	腺垂体	↑	镇痛、抑制交感神经过度兴奋
抗利尿激素	下丘脑	↑	减小尿生成
生长激素	腺垂体	↑	升血糖、减少组织损伤
胰高血糖素	胰岛 α 细胞	↑	促进糖原分解及糖异生
胰岛素	胰岛 β 细胞	↓	抑制合成代谢，减少能量消耗
促性腺激素释放激素	下丘脑	↓	抑制繁殖
催乳素	腺垂体	↓	抑制泌乳
IGF-I	肝脏	↓	抑制生长
促甲状腺激素释放激素	下丘脑	因物种及应激原而异	
促甲状腺素	腺垂体		
甲状腺素	甲状腺		

ℯ 案例分析 19-1
动物机体的冷热应激与适应

ℯ 案例分析 19-2
低压、缺氧时的应激与适应

19.3 有关应激与适应的几个案例

参见 ℯ 案例分析 19-1，ℯ 案例分析 19-2。

19.4 应激对动物生产性能的影响

ℯ 知识拓展 19-3
应激对动物生产性能的影响

参见ℯ知识拓展 19-3。

？ 思考题

1. 何为应激、应激原？应激有哪几种类型？
2. 从应激发展的三个阶段如何正确理解应激对生命活动的意义与危害？
3. 通过蓝斑-肾上腺髓质反应系统对提高机体防御作用有何意义？
4. 应激时，下丘脑-垂体-肾上腺皮质轴如何发挥作用？
5. 甲状腺激素、生长素、胰岛素、胰高血糖素在应激中有何作用与意义？
6. 动物生产中，热（冷）应激与习服、驯化三者关系如何？

网上更多学习资源……

◆本章小结　　◆自测题　　◆自测题答案

（王丙云　陈胜锋）

主要参考文献

白波，2009. 生理学．6 版．北京：人民卫生出版社．

陈杰，2003. 家畜生理学．4 版．北京：中国农业出版社．

陈守良，2012. 动物生理学．4 版．北京：北京大学出版社．

陈耀星，2010. 畜禽解剖学．3 版．北京：中国农业大学出版社．

范少光，汤浩，张衡，2006. 人体生理学．3 版．北京：北京大学医学出版社．

冯志强，2006. 整合应用生理学．北京：人民军医出版社．

关新民，2002. 医学神经生物学．北京：人民卫生出版社．

胡仲明，柳巨雄，2003. 动物生理学前沿．长春：吉林人民出版社．

计慧琴，王丙云，陈志胜，等，2005. T 细胞的发育分化及胸腺激素的作用．动物医学进展，26（4）：47-50.

蒋正尧，谢俊霞，2010. 人体生理学．2 版．北京：科学出版社．

雷治海，2005. Ghrelin 研究进展．畜牧与兽医，37（5）：54-57.

李永才，黄益明，1985. 比较生理学．北京：高等教育出版社．

林浩然，1999. 鱼类生理学．广州：广东高等教育出版社．

刘士豪，1963. 塞里"应激学说概要"．上海：上海科学技术出版社．

柳巨雄，杨焕民，2011. 动物生理学．北京：高等教育出版社．

梅岩艾，王建军，王世强，2011. 生理学原理．北京：高等教育出版社．

奈特，2005. 人体生理学彩色图谱．朱大年主译．北京：人民卫生出版社．

欧阳五庆，2006. 细胞生物学．北京：高等教育出版社．

邱一华，2009. 生理学．2 版．北京：科学出版社．

施琭芳，1991. 鱼类生理学．北京：中国农业出版社．

寿天德，2013. 神经生物学．3 版．北京：高等教育出版社．

寿天德，2006. 神经生物学．2 版．北京：高等教育出版社．

唐典俊，2012. 应激与疾病．北京：人民卫生出版社．

王玢，左明雪，2009. 人体及动物生理学．3 版．北京：高等教育出版社．

王萌长，2004. 昆虫生理学．北京：中国农业出版社．

王清义，汪植三，王占彬，2008. 中国现代畜牧业生态学．北京：中国农业出版社．

王庭槐，2008. 生理学．2 版．北京：高等教育出版社．

王庭槐，2004. 生理学．北京：高等教育出版社．

王义强，黄世荃，赵维信，1990. 鱼类生理学．上海：上海科学技术出版社．

尾崎久雄，1983. 鱼类消化生理．吴尚忠，李爱杰，沈宗武译校．上海：上海科学技术出版社．

夏国良，2013. 动物生理学．北京：高等教育出版社．

徐科，2000. 神经生物学纲要．北京：科学出版社．

严进，2008. 现代应激理论概述．北京：科学出版社．

颜培实，2011. 家畜环境卫生学．4 版．北京：高等教育出版社．

杨秀平，2009. 动物生理学. 2 版. 北京：高等教育出版社.

杨秀平，2002. 动物生理学. 北京：高等教育出版社.

姚泰，2000. 生理学. 5 版. 北京：人民卫生出版社.

姚泰，2010. 生理学（八年及七年制）. 2 版. 北京：人民卫生出版社.

姚泰，2001. 生理学（七年制）. 北京：人民卫生出版社.

姚泰，2005. 生理学（七年制）. 上海：复旦大学出版社.

姚泰，2003. 生理学（上、下册）. 6 版. 北京：人民卫生出版社.

翟中和，王忠喜，丁明孝，2007. 细胞生物学. 3 版. 北京：高等教育出版社.

张镜如，乔健天，1998. 生理学. 4 版. 北京：人民卫生出版社.

张玉生，柳巨雄，李娜，2000. 动物生理. 长春：吉林人民出版社.

赵茹茜，2011. 动物生理学. 5 版. 北京：中国农业出版社.

赵维信，1993. 鱼类生理学. 北京：高等教育出版社.

赵新全，祁得林，杨洁，2008. 青藏高原代表性土著动物分子进化与适应研究. 北京：科学出版社.

郑洁敏，2005. Ghrelin 研究进展. 国外医学内科学分册，32（2）：80-82.

朱大年，吴博威，樊小力，2011. 生理学. 7 版. 北京：人民卫生出版社.

朱妙章，2009. 大学生理学. 北京：高等教育出版社.

朱思明，1998. 医学生理学. 北京：人民卫生出版社.

朱玉文，2003. 医学生理学. 北京：北京大学医学出版社.

Levy MN，Stanton BA，Koeppen BM，2008. Berne & Levy 生理学原理. 4 版. 梅岩艾，王建军主译. 北京：高等教育出版社.

Christopher DM，Patricia MS，2007. Principles of Animal Physiology. 2nd ed. Benjamin Cummings Publishing Company Press.

Chrtopher DM，Patricia MS，2005. Principles of Animal Physiology. Benjamin Cummings Publishing Company Press.

Hickman CP，1990. Biology of Animals. 5th ed. St. Louis：Time Mirror/Mosby College Pub.

Cooper GM. The Cell：A Molecular Approach. 2nd ed. Boston：Sinauer Associates Inc. ，2000.

Eric PW，Hershel R，Kevin TS，2006. Textbook of Physiology. 北京：科学出版社.

Ganong WF，1999. Review of Medical Physiology. 20th ed. New York：Mc Graw-Hill Publishing Co.

Germann WJ，Stanfield CL，2005. Principles of Human Physiology. 2nd ed. Benjamin Cummings Publishing Company Press.

Guyton AC，Hall JE，2006. Text Book of Medical Physiology. 11th ed. Boston：Elsevier Inc.

Hoar WS，1983. General and Compartive Endocrinology. 3rd ed. New Jersey：Prentice Hall Inc.

Lodish H，Berk A，Zipursky SL，et al，2000. Molecular Cell Biology. 4th ed. New York：W. H. Freeman.

Mark FB，Barry WC，Michael AP，2002. Neuroscience：Exploring the Brain. 2nd ed. 影印版. 北京：高等教育出版社.

Miller SA，Harley JP，2005. Zoology. Boston：Higher Education.

Moberg GP，2005. 动物应激生物学：动物福利的本质和基本原理. 卢庆萍，张宏福译. 北京：中国农业出版社.

Moyes CD，Schulte PM，2008. Principles of Animal Physiology. 2nd ed. London：Pearson Education Inc.

Nagahama Y，1983. The Functional Morphology of Teleost Gonads. New York：Academic Press.

Sacco A，Doyonnas R，Kraft P，et al，2008. Self-renewal and expansion of single transplanted muscle stem cells. Nature，456：502-506.

Sherwood L，2005. Animal Physiology：From Genes To Organisms. Belmont：Thomson Brooks/Cole.

Takeuchi JK，Bruneau BG，2009. Directed transdifferentiation of mouse mesoderm to heart tissue by defined factors. Nature，459：708-711.

Ganong WF，2001. 医用生理学概要 . 北京：人民卫生出版社 .

Reece WO，2004. Dukes Physiology of Domestic Animals. 12 ed. London：Comstock Publishing Associates.

Reece WO，2014. DUKES 家畜生理学 . 原著 12 版 . 赵茹茜主译 . 北京：中国农业出版社 .

索　引

嗅觉　251
嗅上皮　251
嗅细胞　251
悬浮稳定性　94
血沉　94
血分泌　284
血睾屏障　317
血管活性肠肽　129，170
血管紧张素Ⅰ　133，221
血管紧张素Ⅱ　133，221
血管紧张素Ⅲ　133，221
血管紧张素转换酶　133，221
血管升压素　134，295
血管舒张素　134
血管纹　246
血红蛋白　93，149
血红素　149
血浆　6，89
血浆晶体渗透压　220
血量　89
血流动力学　120
血流量　120
血流速度　120
血流阻力　120
血清　100
血栓烷类　285
血栓细胞　98
血细胞　89
血细胞渗出　96
血细胞生成素　97
血小板　98
血小板分泌　98
血小板聚集　98
血小板黏附　98
血小板生成素　99
血小板释放　98
血型　104
血压　120
血氧饱和度　150
血氧含量　149，150
血液　89
血液凝固　100
血液循环　109
血友病　101
循环系统平均充盈压　121
循环血量　89

Y

压力感受器　220，243
压力感受性反射　131
压抑　58
烟碱型胆碱能受体　28

烟碱型受体　64
延迟效应　301
延迟整流K⁺通道　79
颜色视觉　241
眼的调节　238
氧合　149
氧合血红蛋白　149
氧化三甲胺　217
氧离曲线　150
液态镶嵌模型　15
液相入胞　20
一碘酪氨酸　297
一氧化氮　98，134
胰岛　307
胰岛素　167，307
胰岛素依赖性糖尿病　308
胰岛素原　307
胰高血糖素　307
胰高血糖素样肽 -1　167
胰蛋白分解酶　180
胰淀粉酶　181
胰脂肪酶　181
移行性复合运动　171
乙酰胆碱　69，128
乙酰胆碱受体　69
乙酰胆碱酯酶　69
异长自身调节　127
异促甲状腺因子　294
异位节律　113
异源受体　63
异源脱敏　27，63
抑胃肽　167
抑制　47
抑制区　271
抑制素　317
抑制性突触　52
抑制性突触后电位　54
易化　56，58，261，263
易化扩散　16
易化区　271
应激　345
应激反应　304，352
应激原　352
应急反应　276，306
营养通路　124
营养性作用　258
用力呼气量　144
优势传导通路　111
有效不应期　110
有效滤过压　125，209
诱发性排卵　324
迂回通路　124

余气量　144
阈刺激　45
阈电位　44
阈强度　45
阈下刺激　47
原发性主动转运　18
原肌球蛋白　67
原尿　208
远距离分泌　9，284
月经周期　315
允许作用　286
运动单位　269
运动终板　69

Z

载体　17
再生性去极化　44
再生状态　10
在体　3
暂时联系　279
造血干细胞　92
造血生长因子　97
造血微环境　92
增强　58
张力　94
真黄体　325
真毛细血管　124
蒸发散热　198
整合生理学　5
整流型突触　57
正常起搏点　113
正反馈　10
正后电位　39
正强化　279
正性变传导作用　128
正性变力作用　128
正性变时作用　128
支持细胞　317
肢端肥大症　292
脂蛋白脂肪酶　185
脂肪酸衍生物　285
脂质激素　285
直肠腺　228
植物性神经系统　274
质膜　15
致密斑　207，218
致密体　82
致热原　201
中枢化学感受器　157
中枢神经系统　256
中枢兴奋状态　264
中枢延搁　260

中枢抑制状态　264
中枢易化　263
中枢整合形式　132
中心静脉压　123
中性粒细胞　91，97
终板膜　69
终板血管器　220，222
终末池　69
终尿　210
重链　67
周期性黄体　325
周围神经系统　256
轴浆运输　257
轴突反射　129
昼光觉　239
侏儒症　292
主动脉弓　131
主动脉神经　131
主动脉体化学感受器　132
主动转运　18
主细胞　214
主性生殖器官　314
转运体　17，19
状态反射　269，271，272
自动节律性　113
自动控制　10
自动中枢　113
自发脑电活动　281
自发性排卵　324
自分泌　9，23，164，284
自律心肌细胞　76
自律性　76
自身调节　9，135，299
自身受体　63
纵管　69
足细胞　205
阻断剂　62
组胺　172，173
组织换气　138
组织液　6
组织因子　101
组织因子复合物　101
组织因子途径抑制物　103
最大复极电位　80
最大舒张电位　80
最大转运率　213
最后公路　264，269
最适初长度　74
最适前负荷　74

郑重声明

高等教育出版社依法对本书享有专有出版权。任何未经许可的复制、销售行为均违反《中华人民共和国著作权法》,其行为人将承担相应的民事责任和行政责任;构成犯罪的,将被依法追究刑事责任。为了维护市场秩序,保护读者的合法权益,避免读者误用盗版书造成不良后果,我社将配合行政执法部门和司法机关对违法犯罪的单位和个人进行严厉打击。社会各界人士如发现上述侵权行为,希望及时举报,我社将奖励举报有功人员。

反盗版举报电话　　(010)58581999　58582371

反盗版举报邮箱　dd@hep.com.cn

通信地址　北京市西城区德外大街4号　高等教育出版社法律事务部

邮政编码　100120

读者意见反馈

为收集对教材的意见建议,进一步完善教材编写并做好服务工作,读者可将对本教材的意见建议通过如下渠道反馈至我社。

咨询电话　400-810-0598

反馈邮箱　gjdzfwb@pub.hep.cn

通信地址　北京市朝阳区惠新东街4号富盛大厦1座

　　　　　高等教育出版社总编辑办公室

邮政编码　100029

防伪查询说明

用户购书后刮开封底防伪涂层,使用手机微信等软件扫描二维码,会跳转至防伪查询网页,获得所购图书详细信息。

防伪客服电话　　(010)58582300